Gesamtverband Schadstoffsanierung GbR (Hrsg.)
Schadstoffe in Innenräumen und an Gebäuden

Schadstoffe in Innenräumen und an Gebäuden

Erfassen, bewerten, beseitigen

mit 187 Abbildungen und 77 Tabellen

Herausgeber:
Gesamtverband Schadstoffsanierung GbR

Autoren:
Dr. rer. nat. Alexander Berg
PD Dr. med. habil. Dr.-Ing. Wolfgang Bischof
Dipl.-Ing. Hans-Dieter Bossemeyer
Dipl.-Ing. Martina Clemens-Ströwer, ö. b. u. v. Sachverständige für Schimmelpilze u. a. Innenraumschadstoffe
Dr. rer. nat. Dipl.-Biologin Ingrid Dill, ö. b. u. v. Sachverständige für Schimmelpilze, Hausschwamm und andere holzzerstörende Pilze
Prof. Dr. rer. nat. Guido Fischer (Juniorprofessor)
Dr. rer. nat. Udo Jäckel
Prof. Dr. Dr.-Ing. Peter Kämpfer
Dipl.-Ing. Martin Kessel
Dipl.-Ing. Frank Koser
Dipl.-Geol. Thomas Osberghaus, ö. b. u. v. Sachverständiger für Altlasten – Erkundung, Bewertung, SV nach § 18 BBodSchG
Martin Schauer, ö. b. u. v. Sachverständiger für das Elektrotechniker-Handwerk und elektrische, magnetische und elektromagnetische Felder
Dipl.-Biologin Evelyn Schwarz
Dipl.-Mineraloge Andreas Stache
Dipl.-Biochem. Hubert Theißen
Dipl.-Chem. Jörg Thumulla, ö. b. u. v. Sachverständiger für Schadstoffe und Gerüche in Innenräumen
Dr. rer. nat. Hans Gerhard Varbelow
Prof. Dr. med. Gerhard Andreas Wiesmüller
Rechtsanwalt und Notar Matthias Wilke
Dr. rer. nat. Gerd Zwiener

Fachliche Koordination:
Dr. rer. nat. Gerd Zwiener

Rudolf Müller

Bibliografische Information der Deutschen Nationalbibliothek
Die Deutsche Nationalbibliothek verzeichnet diese Publikation in der Deutschen Nationalbibliografie; detaillierte bibliografische Daten sind im Internet über http://dnb.d-nb.de abrufbar.

Maßgebend für das Anwenden von Regelwerken, Richtlinien, Merkblättern, Hinweisen, Verordnungen usw. ist deren Fassung mit dem neuesten Ausgabedatum, die bei der jeweiligen herausgebenden Institution erhältlich ist. Zitate aus Normen, Merkblättern usw. wurden, unabhängig von ihrem Ausgabedatum, in neuer deutscher Rechtschreibung abgedruckt.

Das vorliegende Werk wurde mit größter Sorgfalt erstellt. Verlag, Herausgeber und Autoren können dennoch für die inhaltliche und technische Fehlerfreiheit, Aktualität und Vollständigkeit des Werkes keine Haftung übernehmen.

Wir freuen uns, Ihre Meinung über dieses Fachbuch zu erfahren. Bitte teilen Sie uns Ihre Anregungen, Hinweise oder Fragen per E-Mail: fachmedien.bau@rudolf-mueller.de oder Telefax: 0221 5497-6141 mit.

Lektorat: Dieter Schlichting, Hamburg
Umschlaggestaltung: Pizzicato Design-Agentur, Köln
Satz: WMTP Wendt-Media Text-Processing GmbH, Birkenau
Druck und Bindearbeiten: AZ Druck und Datentechnik GmbH, Kempten
Printed in Germany

ISBN 978-3-481-02501-4

Geleitwort

Die dramatische Finanz- und Wirtschaftskrise ist wie ein Tsunami über Wirtschaft und Gesellschaft weltweit hinweggefegt. Die geradezu verzweifelten Rettungsversuche der Staaten haben die begründete Sorge ausgelöst, dass die Gefährdungen der ökologischen Stabilität dieses Blauen Planeten Erde in den Hintergrund treten und auf die lange Bank geschoben werden. Dabei werden die wissenschaftlichen Analysen immer eindeutiger und belegen die katastrophalen Auswirkungen menschlichen Handelns auf die großen Ökosysteme dieser Welt, auf die Atmosphäre und das Klima, auf die Ozeane, auf die Böden, auf die Eismassen, auf die Wälder. Die damit verbundenen Konsequenzen für die Lebens- und Überlebensmöglichkeiten der Menschen insbesondere in den Entwicklungsländern, etwa in stark ansteigenden Migrationsbewegungen aus Afrika heraus, lassen langfristige Destabilisierungen und Konflikte ganzer Gesellschaften und Regionen befürchten.

Entscheidend ist es daher, die Überwindung der Weltwirtschaftskrise zu verbinden mit Maßnahmen, die die Belastungen der Ökosysteme stoppen, insbesondere den Klimawandel so abbremsen, dass ein Anstieg der globalen Mitteltemperatur um mehr als 2 Grad nicht eintritt.

Konzentriert man sich insbesondere auf die mit der Verbrennung fossiler Energien verbundenen Emissionen von CO_2, rückt der Bestand an Gebäuden sofort in den Mittelpunkt jedes Handlungsprogramms. Rund 40 % der CO_2-Emissionen sind direkt oder indirekt mit dem Bau und der Nutzung der Gebäude verbunden. Die von der Europäischen Union akzeptierte Zielsetzung, die CO_2-Emissionen bis zum Jahr 2020 um 20 % zu reduzieren und in diesem Zeitraum auch die Energieeffizienz um 20 % zu erhöhen und den Anteil erneuerbarer Energien an der gesamten Energieversorgung auf 20 % zu steigern, ist ohne massive Investitionen in den Gebäudebestand nicht realisierbar. Die Ziele der EU bedeuten für Deutschland, dass gegenüber 1990 die Reduktion sogar bei 40 % liegen muss.

Es ist erfreulich, dass in der Bundesrepublik Deutschland Regierung und Parlament diese Herausforderung angenommen haben. Die neue Energieeinsparverordnung (EnEV) ist in Kraft getreten. Die Wärmeschutzverordnung und die Heizungsanlagenverordnung wurden mit dem Ziel zusammengeführt, den Energieverbrauch durch bauliche Maßnahmen und Sanierungen entscheidend zu senken. In dem Konjunktur- und Stabilisierungsprogramm sind außerdem Investitionsförderungen für Gebäudesanierungen eingeplant. Ein guter Beleg dafür, dass die Bekämpfung der Wirtschaftskrise durch Investitionen – und damit erhaltenen Arbeitsplätzen – einerseits und eine wirksame Klimapolitik andererseits eng miteinander verzahnt werden können und müssen. Ein gutes Beispiel dafür, dass 2 Krisen „mit 1 Klappe geschlagen“ werden können.

Deutschland hat auf dem Gebiet der Altbausanierung wichtige Anstöße mit Blick sowohl auf die technologischen Verfahren als auch auf die legislativ-administrativen Abläufe gegeben. Daraus ergeben sich gute Chancen für Exportmärkte, die wiederum zur Entstehung neuer und zur Sicherung vorhandener Arbeitsplätze beitragen.

Die Sanierung des Gebäudebestands kann und sollte nie allein mit Blick auf die energetische Sanierung vorgenommen werden. Es ist ökonomisch und ökologisch sinnvoll, hier ganzheitlich zu denken und im Sinne eines nachhaltigen Lebenszyklusmanagements in diese Investitionen auch solche Sanierungsmaßnahmen einzubinden, die besonders in den Gebäuden aus den 1950er- bis 1980er-Jahren mit Gebäudeschadstoffen verbunden sind. Dazu zählen sicherlich Asbestverkleidungen und -ummantelungen, künstliche Mineralfasern mit ihrem Potenzial krebserregender Wirkungen, Holzschutzmittel und vieles andere. Damit wird mit gleicher Maßnahme auch ein dringend erforderlicher Beitrag zur Verbesserung der gesundheitlichen Wohnbedingungen und des Wohnumfelds geleistet werden können.

Es ist den vielen Sachverständigen und Experten im breiten Feld der Immobilienwirtschaft zu danken, dass sie diese Herausforderung frühzeitig angenommen haben.

Dieser Band ist ein sehr gezielter Beitrag, um diese Entwicklung zu unterstützen. Ich wünsche mir, dass möglichst viele Menschen sachverständig und offen für die Änderung bisheriger Verhaltensweisen diese Informationen studieren werden.

Prof. Dr. Klaus Töpfer

Vorwort

Schadstoffe in Innenräumen und an Gebäuden sind ein hochsensibles Thema und deshalb seit Jahrzehnten aus den Schlagzeilen der Tagespresse nicht wegzudenken. Das muss nicht verwundern – ist doch die Verunsicherung tief, wenn sich herausstellt, dass in den eigenen 4 Wänden oder in Schulen und Arbeitsstätten die Gesundheit gefährdet ist. Vertrauens- und Imageverlust kommen hinzu, wenn Verschweigen und Verharmlosen durch die Verantwortlichen vorausging.

Weitsichtiges, nachhaltiges Immobilienmanagement schließt dagegen das Erstellen von Schadstoffkatastern und Gefährdungsanalysen sowie eine angemessene Information der Nutzer ein – und ist im Ergebnis auch kostengünstiger.

Wenn wir heute von Schadstoffen reden, meinen wir Asbest, PCB, PAK, PCP, Lindan, DDT und andere Stoffe, die ursprünglich wegen ihrer besonderen Eigenschaften Bestandteil von geschätzten und begehrten Bauprodukten waren.

Tragischerweise mussten Menschen erst schwer erkranken und sterben, bis Schadstoffe als solche erkannt wurden. Oft war es dann noch ein weiter Weg, bis die Wirkmechanismen medizinisch aufgeklärt waren, Verwendungsbeschränkungen und -verbote erlassen wurden und gesetzliche Regelwerke zur Sanierung entstanden.

Selbst heute wird der unbestreitbare Zusammenhang zwischen dem Einatmen von Asbestfasern und dem Entstehen von Krebserkrankungen in einigen Ländern außerhalb der EU noch ignoriert. Anstelle eines globalen Herstellungs- und Verwendungsverbots wird Asbest unverändert weiter gefördert, sogar mit leicht steigender Tendenz.

Die gefährlichen chemischen und biologischen Stoffe und die winzigen mineralischen Fasern können die Schranken des menschlichen Organismus spielend überwinden, weil das körpereigene Alarmsystem auf sie nicht vorbereitet ist und versagt. Die Folgen sind verheerend. Krankheiten zeigen sich vielfach erst nach Jahren oder Jahrzehnten, werden chronisch – und die Ursachen werden selbst dann häufig nicht erkannt. Viele Geschädigte erleben eine Odyssee, bis sie endlich auf einen Arzt treffen, der ihre Symptome richtig deutet.

Die Unterlassung von notwendigen Schutzmaßnahmen oder von Sanierungen im Zusammenhang mit Gebäudeschadstoffen ist deshalb nicht hinnehmbar.

Schadstofferfassung, -bewertung und -sanierung sind jedoch sehr anspruchsvolle Aufgaben, deren sachkundige Ausführung umfangreiches Spezialwissen und große Praxiserfahrung erfordert.

Wer sich als Immobilienbesitzer oder -verwalter, als Bauherr, Planer, Energieberater oder Mieter einen fundierten Überblick verschaffen möchte, um diese Leistungen einschätzen, kalkulieren, beauftragen und beaufsichtigen zu können, sieht sich einer Fülle von Veröffentlichungen gegenüber, die sich teils sehr detailliert mit einzelnen Schadstoffen beschäftigen.

Der Bedarf an einer übersichtlichen Querschnittsdarstellung in gestrafftem, aber dennoch ausreichend informativem Umfang, in der Arbeits- und Nutzerschutz gleichermaßen behandelt werden, ist jedoch groß. Bisher existierte kein entsprechendes Kompendium, das den aktuellen Stand von Wissenschaft und Technik und das Regelwerk für die wichtigsten Schadstoffe und Gefährdungen in Gebäuden zusammenführt und dabei die rechtlichen und planerischen Rahmenbedingungen sowie die Entsorgung mit einschließt.

Der Herausgeber hat sich dieser Aufgabe gestellt und möchte mit diesem Buch allen an der Erhaltung, der Sanierung und dem Rückbau von Bausubstanz Beteiligten Hilfestellung und Sicherheit geben, ihre Verantwortung umfassend und effizient wahrnehmen zu können.

Wer zu einzelnen Fragen und Themen vertiefende Informationen benötigt, findet in den Beiträgen zahlreiche Hinweise auf Fachliteratur und Regelwerke, die jeweils im Anhang zusammengestellt sind.

Besonderen Wert haben wir darauf gelegt, die Thematik kompakt und anwenderfreundlich aufzubereiten, sodass dieses Buch sowohl als Arbeits- und Lehrmaterial als auch als Nachschlagewerk genutzt werden kann. Insbesondere mit dem Fokus auf zeitsparende Schnellsuche wurden ein Katalog typischer Schadstoffvorkommen in Innenräumen und an Gebäuden (Kapitel 3) und tabellarische Kurzübersichten zu den behandelten Schadstoffen bzw. Schadstoffgruppen (Kapitel 5) aufgenommen.

Oft gibt das gesetzliche Regelwerk aus unterschiedlichen Gründen noch unbefriedigende oder gar keine Richt- oder Grenzwerte vor, wie z. B. bei den künstlichen Mineralfasern oder den biologischen Gefährdungen. Auf vielen Gebieten sind die Erkenntnisse der Grundlagenforschung zudem noch unzureichend. So sind Wechselwirkungen verschiedener Schadstoffe untereinander und mit anderen Faktoren generell nur ansatzweise erforscht bzw. lassen sich nur schwer bewerten. Aus diesen Gründen haben die Autorinnen und Autoren im Interesse einer Gesundheitsvorsorge auch eigene Empfehlungen zur Risikobewertung gegeben.

Um gegenwärtig noch kontrovers diskutierte Themen wie elektromagnetische Felder und das Sick-Building-Syndrom zu dokumentieren, sind auch hierzu Beiträge aufgenommen worden.

Wir bedanken uns bei allen Autorinnen und Autoren, die neben ihrer beruflichen Tätigkeit Zeit gefunden haben, uns bei diesem Vorhaben mit ihren praxisnahen Beiträgen zu unterstützen.

Unser besonderer Dank gilt Herrn Dr. Gerd Zwiener, Köln, den wir gewinnen konnten, die fachliche Koordination zu übernehmen.

Der Verlagsgesellschaft Rudolf Müller, insbesondere Frau Brigitte van Eymeren als Projektmanagerin, sowie dem Lektor, Herrn Dieter Schlichting, Hamburg, danken wir für die hilfreiche, geduldige Betreuung.

Für Anregungen und Hinweise sind Herausgeber und Autorinnen und Autoren stets dankbar.

November 2009
Der Herausgeber

Inhalt

1 Rechtliche und planerische Grundlagen

1.1 Übersicht über die rechtlichen Grundlagen für das Erkennen, Bewerten und Beseitigen von Schadstoffen in Bauwerken

Matthias Wilke

1.1.1 Überblick und begriffliche Einordnung

Bei der Sanierung, dem Umbau und dem Abbruch von Gebäuden ist grundsätzlich mit dem Auftreten von Schadstoffen zu rechnen. Über die Richtigkeit dieser Aussage scheint auf den ersten Blick auch zwischen Juristen und Angehörigen technischer Disziplinen kein Streit möglich. Gleichwohl ist es geboten, auf der Suche nach den rechtlichen Grundlagen zunächst die Begrifflichkeiten zu klären und die einschlägigen Rechtsgebiete im Überblick vorzustellen.

Thema dieser Übersicht sind „Schadstoffe", obwohl es hierfür – soweit ersichtlich – keine gesetzliche oder juristische Definition gibt. Der allgemeine Sprachgebrauch meint mit „Schadstoffen" organische und anorganische Stoffe, die für die Umwelt und/oder den Menschen deshalb gefährlich sind, weil sie schädliche Wirkungen haben können. Das Gefährdungspotenzial chemischer Stoffe ergibt sich dabei aus den spezifischen (z. B. krebserregenden, erbgutschädigenden oder toxischen), akuten oder auch chronischen Wirkungen der Stoffe, aus ihrer Anzahl und Menge sowie aus der Art und Weise ihrer Verbreitung[1)].

Diese Übersicht befasst sich mit Schadstoffen in Bauwerken nicht nur unter einem juristischen Blickwinkel. Zwar geht es in erster Linie um die Erläuterung **rechtlicher Vorschriften**, gleichzeitig aber auch um die Bedeutung **technischer Regeln.** Letztere können schon deshalb nicht außer Betracht bleiben, weil sie an vielen Stellen von rechtlichen Vorschriften in Bezug genommen werden. Zu klären wird daher auch sein, welchen (rechtlichen) Verbindlichkeitsgrad technische Regeln durch gesetzliche Inbezugnahme oder auf andere Weise erlangen.

Die Gesamtheit derjenigen gesetzlichen Regelungen, die dem Schutz der Umwelt sowie dem Schutz des Menschen vor der Verbreitung von Stoffen und beim Umgang mit Stoffen dienen, die das beschriebene Gefährdungspotenzial aufweisen, wird als „Gefahrstoffrecht" bezeichnet. Das Gefahrstoffrecht stellt einen Bereich des Umweltrechts dar[2)].

Das Gefahrstoffrecht umfasst unzählige Rechtsnormen. Ermächtigungsgrundlagen und rechtsverbindliche Vorschriften finden sich sowohl auf eu-

1) Vgl. Kloepfer, Umweltschutzrecht, 2008, § 16, Rn. 2.
2) Kloepfer, Umweltschutzrecht, 2008, § 1, Rn. 21.

ropäischer Ebene[3)] als auch im (teilweise nachrangigen) nationalen Recht in Form von Gesetzen und Verordnungen. Daneben erlassen die Unfallversicherungsträger gemäß § 15 Abs. 1 Sozialgesetzbuch (SGB) VII Unfallverhütungsvorschriften (sogenannte Berufsgenossenschaftliche Vorschriften, BGV) als autonomes Recht, wobei das staatliche Recht einen faktischen Vorrang genießt[4)]. Unterhalb dieser Ebene formulieren Berufsgenossenschaftliche Regeln (BGR) und Technische Regeln größtenteils unverbindliche Empfehlungen und Vorschläge.

Wesentliche Rechtsquellen des besonders stark europarechtlich geprägten Gefahrstoffrechts[5)] sind das Gesetz zum Schutz vor gefährlichen Stoffen (Chemikaliengesetz – ChemG)[6)] und die REACH-Verordnung[7)]. § 1 ChemG hebt dabei auch die Zielsetzung hervor, dem Entstehen gefährlicher Stoffe vorzubeugen. Die REACH-Verordnung wiederum soll durch ihren harmonisierenden Ansatz (auch) den freien Verkehr von Stoffen im Binnenmarkt gewährleisten und gleichzeitig Wettbewerbsfähigkeit und Innovation verbessern. Die letztgenannten Aspekte berühren das Thema der hier zu gebenden Übersicht nicht, machen aber deutlich, dass die Regelungen zum Umgang mit Gefahrstoffen nur einen Ausschnitt des Gefahrstoffrechts bilden.

Einschlägig für den Umgang mit Schadstoffen ist jedoch nicht allein das Gefahrstoffrecht. Auch in den gesetzlichen Vorschriften anderer Rechtsgebiete finden sich Regelungen, die beim Auftreten von Schadstoffen in Gebäuden beachtet werden müssen. Der Umgang mit Schadstoffen löst höchst unterschiedliche Anforderungen aus, je nachdem, welche (natürliche oder juristische) Person aufgrund gesetzlicher oder vertraglicher Regelungen zu einem bestimmten Zeitpunkt für das Erkennen, Bewerten und Beseitigen von Schadstoffen verantwortlich und/oder zuständig ist.

Mit dem Thema dieser Übersicht, dem Erkennen, Bewerten und Beseitigen von Schadstoffen in Bauwerken, werden **3 Verantwortungs- und Hand-**

---

3) Hier sind z. B. die Asbestrichtlinie (Richtlinie 2003/18/EG vom 27. März 2003 zur Änderung der Richtlinie 83/477/EWG des Rates über den Schutz der Arbeitnehmer gegen Gefährdung durch Asbest am Arbeitsplatz, Amtsblatt der Europäischen Union, Nr. L 97, 15.04.2003, S. 48), die Gefahrstoffrichtlinie (Richtlinie 98/24/EG vom 7. April 1998 zum Schutz von Gesundheit und Sicherheit der Arbeitnehmer vor der Gefährdung durch chemische Arbeitsstoffe bei der Arbeit, Amtsblatt der Europäischen Gemeinschaften, Nr. L 131, 05.05.1998, S. 11) und die Krebsrichtlinie (Richtlinie 2004/37/EG vom 29. April 2004 über den Schutz der Arbeitnehmer gegen Gefährdung durch Karzinogene oder Mutagene bei der Arbeit, Amtsblatt der Europäischen Union, Nr. L 158, 30.04.2004, S. 50) zu nennen, die beiden letztgenannten Richtlinien wiederum als Teil der Rahmenrichtlinie Arbeitsschutz (Richtlinie 89/391/EWG vom 12. Juni 1989 über die Durchführung von Maßnahmen zur Verbesserung der Sicherheit und des Gesundheitsschutzes der Arbeitnehmer bei der Arbeit, Amtsblatt der Europäischen Gemeinschaften, Nr. L 183, 29.06.1989, S. 1), Änderung: Richtlinie 2007/30/EG vom 20. Juni 2007, Amtsblatt der Europäischen Union, Nr. L 165, 27.06.2007, S. 21.

4) Kittner/Pieper, Arbeitsschutzrecht, 3. Aufl., 2006, Teil IV, SGB VII, Rn. 10, S. 889 f., sowie die BG-Regel BGR A1 Grundsätze der Prävention v. Oktober 2005, S. 3, siehe http://www.arbeitssicherheit.de/arbeitssicherheit/cms/website.php (Zugriff: 22.06.2009); vgl. auch Koepfer, Baurecht 2005, S. 28, 33.

5) Kloepfer, Umweltschutzrecht, 2008, § 16, Rn. 3.

6) Neufassung durch Bekanntmachung v. 02.07.2008, Bundesgesetzblatt, Teil I (BGBl. I), 2008, S. 1146.

7) Verordnung (EG) 1907/2006 vom 18. Dezember 2006 zur Registrierung, Bewertung, Zulassung und Beschränkung chemischer Stoffe (REACH [Registration, Evaluation, Authorisation and Restriction of Chemicals]), Amtsblatt der Europäischen Union, Nr. L 396, 30.12.2006, S. 1.

lungsphasen beschrieben. Gegenstand der **ersten Phase** ist dabei das **Erkennen**; hier stellt sich vor allem auch die Frage, wer für das Erkennen zuständig ist bzw. wen die Pflicht zur Einleitung entsprechender Untersuchungsmaßnahmen trifft. Gegenstand der **zweiten Phase** ist die **Bewertung** „erkannter" Schadstoffe und die auf der Grundlage der gewonnenen Erkenntnisse zu fällende Entscheidung, ob und wie eine Beseitigung zu erfolgen hat. Die **dritte Phase** schließlich betrifft das **Beseitigen** des erkannten und bewerteten Schadstoffs, wobei hinsichtlich der Handelnden zu unterscheiden ist zwischen demjenigen, der – etwa wegen seiner Stellung als Eigentümer – aufgrund gesetzlicher Bestimmungen zur Beseitigung verpflichtet ist, und denjenigen, die vom Pflichtigen mit der Durchführung der erforderlichen Arbeiten beauftragt werden.

Das **Bauordnungsrecht** hat vor allem (auch) die Abwehr von Gefahren für Leben und Gesundheit der Nutzer und Besucher zum Gegenstand. Es liegt auf der Hand, dass sich insbesondere die Beantwortung der Frage, wer für das Erkennen von Schadstoffen und die Einleitung der hierfür erforderlichen Untersuchungen zuständig ist, insoweit auch nach dem Bauordnungsrecht der Länder richten muss.

Wenn aufgrund bestehender Verdachtsmomente oder durch Zufall Schadstoffe in einem Bauwerk festgestellt worden sind, wird es meist Aufgabe von Sachverständigen oder hinreichend sachkundigen Mitarbeitern von Fachbetrieben sein, die Gefährlichkeit der identifizierten Schadstoffe zu bewerten und Hinweise zu deren Beseitigung zu geben. Die mit diesen Aufgaben betrauten Personen haben die Technischen Baubestimmungen des Bauordnungsrechts und – soweit sie selbst mit den Schadstoffen umgehen und mit ihnen in Berührung kommen – die zum Arbeitsschutz gehörenden Vorschriften des Gefahrstoffrechts zu beachten.

Die Beseitigung von Schadstoffen erfolgt meist durch geeignete Fachunternehmen. Für deren Mitarbeiter sind die Schadstoffe gleichzeitig „Arbeitsstoffe" und die Orte ihrer Beseitigung „Arbeitsstätten" im Sinne des **Arbeitsschutzrechts**, weshalb die entsprechenden Tätigkeiten selbstverständlich (auch) unter dem Regime der arbeitsschutzrechtlichen Normen stehen. Erfolgt die Beseitigung von Schadstoffen im Zuge von Baumaßnahmen, ist zugleich das Bauordnungsrecht einschlägig, das allen am Bau Beteiligten einen umfassenden Pflichtenkatalog auferlegt. Da bei der Beseitigung von Schadstoffen regelmäßig auch Abfälle entstehen, müssen die (Entsorgungs-) Fachunternehmen zudem das zum **Umweltrecht** zählende Abfallrecht beachten. Werden bei der Beseitigung von Schadstoffen bestimmte technische Anlagen eingesetzt, kann auch das Gesetz zum Schutz vor schädlichen Umwelteinwirkungen durch Luftverunreinigungen, Geräusche, Erschütterungen und ähnliche Vorgänge (Bundes-Immissionsschutzgesetz – BImSchG) vom 26. September 2002[8)] einschlägig sein, dessen Vorschriften ebenfalls dem Umweltrecht zuzuordnen sind.

Zwischen Arbeitsschutzrecht, Bauordnungsrecht und Umweltrecht gibt es vielfältige Verschränkungen. Insbesondere die Nähe von Arbeitsschutz und

8) BGBl. I, 2002, S. 3830, zuletzt geändert durch Art. 1 des Gesetzes v. 23.10.2007, BGBl. I, 2007, S. 2470.

Umweltschutz zeigt sich in der zunehmenden normativen Verzahnung von neueren Gesetzen. So finden sich z. B. für die Verordnung zum Schutz vor Gefahrstoffen (Gefahrstoffverordnung – GefStoffV) vom 23. Dezember 2004[9] u. a. Ermächtigungsgrundlagen im ChemG, im Gesetz über die Durchführung von Maßnahmen des Arbeitsschutzes zur Verbesserung der Sicherheit und des Gesundheitsschutzes der Beschäftigten bei der Arbeit (Arbeitsschutzgesetz – ArbSchG) vom 7. August 1996[10], im BImSchG und im Gesetz zum Schutz vor schädlichen Bodenveränderungen und zur Sanierung von Altlasten (Bundes-Bodenschutzgesetz – BBodSchG) vom 17. März 1998[11].

1.1.2 Bauordnungsrecht

Die Bedeutung des Bauordnungsrechts wird beim Auftreten von Schadstoffen in Gebäuden oft unterschätzt. Dies ist aber nicht der Hauptgrund dafür, dass es am Anfang dieser Übersicht steht. Die vorrangige Behandlung des Bauordnungsrechts rechtfertigt sich vielmehr daraus, dass es während sämtlicher Verantwortungs- und Handlungsphasen (Erkennen, Bewerten und Beseitigen) Anforderungen an die unterschiedlichen Beteiligten stellt; es hat also eine Art Klammerwirkung.

Das Bauordnungsrecht regelt die materiell-rechtlichen Aspekte des Bauens. Rechtsquellen des Bauordnungsrechts sind die insgesamt 16 Landesbauordnungen, die sich an der von der Arbeitsgemeinschaft ARGEBAU (Konferenz der für Städtebau, Bau- und Wohnungswesen zuständigen Minister und Senatoren der Länder – Bauministerkonferenz) ausgearbeiteten Musterbauordnung (MBO) orientieren und mit dieser jedenfalls in den wesentlichen Regelungen übereinstimmen[12]. Die MBO weist keine Normqualität auf; allein verbindlich sind die jeweiligen Landesbauordnungen.

Als zentrale Vorschrift beinhaltet § 3 Abs. 1 MBO die allgemeinen Anforderungen an bauliche Anlagen. Darin heißt es:

„Anlagen sind so anzuordnen, zu errichten, zu ändern und instand zu halten, dass die öffentliche Sicherheit und Ordnung, insbesondere Leben, Gesundheit und die natürlichen Lebensgrundlagen, nicht gefährdet werden.“

§ 3 Abs. 1 MBO richtet sich an die Beteiligten von Baumaßnahmen (z. B. Errichtung, Änderung und Abbruch von Gebäuden). In diesem Zusammenhang wird aber oft übersehen, dass § 3 Abs. 1 MBO auch außerhalb der eigentlichen Bautätigkeit Bedeutung entfaltet. So ergibt sich aus dieser Vorschrift auch die Verpflichtung, Bauwerke „instand zu halten“, d. h. sie so zu erhalten, dass Leben und Gesundheit und die natürlichen Lebensgrundlagen nicht gefährdet werden. Dies bedeutet, dass insbesondere der Eigentümer eines Gebäudes in Einzelfällen einer bauordnungsrechtlichen Pflicht zur

9) BGBl. I, 2004, S. 3758, zuletzt geändert durch Art. 2 der Verordnung v. 12.10.2007, BGBl. I, 2007, S. 2382.

10) BGBl. I, 1996, S. 1246, zuletzt geändert durch § 62 Abs. 16 des Gesetzes v. 17.06.2008, BGBl. I, 2008, S. 1010.

11) BGBl. I, 1998, S. 502, zuletzt geändert durch Art. 3 des Gesetzes v. 09.12.2004, BGBl. I, 2004, S. 3214.

12) Vgl. dazu die verschiedenen Fassungen unter http://www.bauordnungen.de; eine Synopse der Vorschriften findet sich bei Finkelnburg/Ortloff, Öffentliches Baurecht, Bd. 2, 5. Aufl., 2005, Anhang.

Instandhaltung unterliegen kann[13]. Im Ergebnis kann diese Verpflichtung dazu führen, dass der Eigentümer beim Vorliegen entsprechender Verdachtsmomente Maßnahmen zur Erkennung von Schadstoffen ergreifen muss.

Hauptgegenstand der Regelungen der Landesbauordnungen sind jedoch die eigentlichen baulichen Vorgänge, nämlich das Anordnen, Errichten und Ändern sowie die nach § 3 Abs. 4 MBO gleichgestellte Beseitigung von baulichen Anlagen. Für die Einschlägigkeit der Landesbauordnungen kommt es dabei nicht darauf an, ob es sich um genehmigungspflichtige oder nicht genehmigungspflichtige Maßnahmen handelt. Außerhalb des Anwendungsbereichs der Landesbauordnungen liegen lediglich solche baulichen Maßnahmen, die – wie z. B. Reparaturen oder bestimmte Modernisierungsmaßnahmen – deshalb unerhebliche Änderungen sind, weil sie sich nicht auf die bauordnungsrechtlichen Schutzgüter auswirken[14].

Bei der Errichtung, Änderung, Nutzungsänderung und Beseitigung von Anlagen sind der Bauherr und im Rahmen ihres Wirkungskreises die anderen am Bau Beteiligten dafür verantwortlich, dass die öffentlich-rechtlichen Vorschriften eingehalten werden (§ 52 MBO). Der Bauherr übernimmt dabei unter den am Bau Beteiligten die Hauptverantwortung. Die übrigen am Bau Beteiligten, der Entwurfsverfasser (§ 54 MBO), der Unternehmer (§ 55 MBO) und der Bauleiter (§ 56 MBO), sind lediglich von ihm herangezogene Erfüllungsgehilfen, denen deshalb auch nur eine eingeschränkte bauordnungsrechtliche Verantwortung zugewiesen wird[15].

Gleichwohl sind insbesondere die den Unternehmer und den Bauleiter betreffenden Vorschriften der §§ 55 und 56 MBO von großer Bedeutung, weil sie Unternehmer und Bauleiter nicht nur verpflichten, für eine den öffentlich-rechtlichen Anforderungen übereinstimmende Ausführung der Baumaßnahmen zu sorgen, sondern auch den sicheren Betrieb der Baustelle zu gewährleisten (vgl. hierzu auch § 11 MBO). Damit wird auch auf die geltenden Vorschriften des Arbeitsschutzrechts verwiesen. Einige Landesbauordnungen sind in dieser Verweisung noch konkreter; die Bauordnung für das Land Nordrhein-Westfalen (BauO NRW) z. B. erlegt dem Unternehmer ausdrücklich die Verantwortlichkeit für die Einhaltung der Arbeitsschutzbestimmungen auf.

Klarzustellen ist allerdings, dass – soweit für die Betriebssicherheit einer Baustelle andere als bauordnungsrechtliche Bestimmungen zu beachten sind – sich die Pflicht des Unternehmers zur Beachtung dieser nicht bauordnungsrechtlichen Bestimmungen nicht unmittelbar aus dem Bauordnungsrecht ergibt. Die Verbindlichkeit der nicht bauordnungsrechtlichen Bestimmungen beruht vielmehr auf den einschlägigen Ermächtigungen des Arbeitsschutzrechts[16].

Besondere Aufmerksamkeit verdient eine Vorschrift der MBO, die die „Qualität" von technischen Regeln zum Gegenstand hat; § 3 Abs. 3 Satz 1 MBO lautet wie folgt:

13) Vgl. Gädtke/Temme/Heintz/Czepuck, BauO NRW, 11. Aufl., 2008, § 3, Rn. 27.
14) Vgl. Gädtke/Temme/Heintz/Czepuck, BauO NRW, 11. Aufl., 2008, § 3, Rn. 23.
15) Vgl. Gädtke/Temme/Heintz/Czepuck, BauO NRW, 11. Aufl., 2008, § 57, Rn. 2.
16) Vgl. Gädtke/Temme/Heintz/Czepuck, BauO NRW, 11. Aufl., 2008, § 59, Rn. 25.

„Die von der obersten Bauaufsichtsbehörde durch öffentliche Bekanntmachung als Technische Baubestimmungen eingeführten technischen Regeln sind zu beachten.“

Zwischenzeitlich sehen alle Landesbauordnungen entsprechende Regelungen vor[17]), da als letztes Bundesland Niedersachsen die Liste der Technischen Baubestimmungen in der Fassung Mai 2008 eingeführt hat[18]). Dementsprechend werden in den Bundesländern die bauaufsichtlich eingeführten Technischen Baubestimmungen regelmäßig als Listen veröffentlicht[19]). In den jeweiligen Listen enthalten sind insbesondere folgende technische Regeln zum Gesundheitsschutz:

- Richtlinie für die Bewertung und Sanierung PCB-belasteter Baustoffe und Bauteile in Gebäuden (PCB-Richtlinie)[20])
- Richtlinie für die Bewertung und Sanierung schwach gebundener Asbestprodukte in Gebäuden (Asbest-Richtlinie)[21])
- Richtlinie für die Bewertung und Sanierung Pentachlorphenol (PCP)-belasteter Baustoffe und Bauteile in Gebäuden (PCP-Richtlinie)[22])

Die als Technische Baubestimmung eingeführte Asbest-Richtlinie ist dabei nicht identisch mit der TRGS 519 Asbest: Abbruch-, Sanierungs- oder Instandhaltungsarbeiten[23]) und den europarechtlichen Asbest-Richtlinien[24]). Bemerkenswert ist in diesem Zusammenhang auch, dass für die Bewertung und Sanierung von alten Mineralwolleprodukten kein bauaufsichtliches Pendant zur TRGS 521 Abbruch-, Sanierungs- und Instandhaltungsarbeiten mit alter Mineralwolle[25]) existiert. Beim Umgang mit sogenannten künstlichen Mineralfasern (KMF) wird die TRGS 521 daher nicht durch bauordnungsrechtliche Bestimmungen ergänzt.

---

17) Vgl. den Überblick unter http://www.archifee.de/etb.html (Zugriff: 23.06.2009); der Überblick enthält allerdings noch nicht die jüngsten am 11.09.2008 eingeführten Technischen Baubestimmungen des Landes Niedersachsen.
18) Niedersächsisches Ministerialblatt, 11.09.2008, S. 925 ff.
19) Beispielsweise in Hessen: Liste und Übersicht der im Land Hessen bauaufsichtlich eingeführten Technischen Baubestimmungen, Erlass v. 04.12.2006, VI 2-1-64-b-16-01, Staatsanzeiger für das Land Hessen (StAnz.), 2006, S. 2920, sowie dessen Ergänzung v. 22.01.2007, StAnz., 2007, S. 349; in Bayern: Vollzug des Art. 3 Abs. 2 Satz 1 der Bayerischen Bauordnung (BayBO), Bayerisches Gesetz- und Verordnungsblatt, 2007, Nr. 18, S. 588–624; Liste der als Technische Baubestimmungen eingeführten technischen Regeln, Bekanntmachung des Bayerischen Staatsministeriums des Innern v. 27.11.2007, IIB 9-4132-014/91, in der Fassung v. Januar 2008, Allgemeines Ministerialblatt (AllMBl.), 2008, Nr. 15.
20) In Hessen: StAnz., 1993, S. 2848, Stand: September 1993; in Bayern: AllMBl., 1995, S. 496, Stand: September 1994.
21) In Hessen: StAnz., 1997, S. 3587, Stand: Januar 1996; in Bayern: AllMBl., 1997, S. 582, Stand: Januar 1996.
22) In Hessen: StAnz., 1998, S. 3932, und 2000, S. 1665, Stand: Oktober 1996; in Bayern: AllMBl., 1997, S. 589, Stand: Oktober 1996.
23) Gemeinsames Ministerialblatt (GMBl.), Nr. 6/7, S. 122, berichtigt: GMBl., Nr. 18, S. 398, Stand: Januar 2007.
24) Richtlinie 1999/77/EG vom 26. Juli 1999 zur sechsten Anpassung von Anhang I der Richtlinie 76/769/EWG des Rates zur Angleichung der Rechts- und Verwaltungsvorschriften für Beschränkungen des Inverkehrbringens und der Verwendung gewisser gefährlicher Stoffe und Zubereitungen (Asbest), Amtsblatt der Europäischen Gemeinschaften, Nr. L 207, 06.08.1999, S. 18, sowie Richtlinie 2003/18/EG zur Änderung der Richtlinie 83/477/EWG des Rates über den Schutz der Arbeitnehmer gegen Gefährdung durch Asbest am Arbeitsplatz, Amtsblatt der Europäischen Union, Nr. L 97, 15.04.2003, S. 48.
25) GMBl., Nr. 14, S. 279–286, Stand: Februar 2008.

Als Technische Baubestimmungen werden grundsätzlich nur diejenigen technischen Regeln eingeführt, die unerlässlich sind, um die Anforderungen des Bauordnungsrechts zu erfüllen. Mit ihrer öffentlichen Bekanntmachung werden die Technischen Baubestimmungen allerdings nicht zu Rechtsnormen; man spricht insoweit aber von der Wahrnehmung einer gesetzlichen Konkretisierungsermächtigung[26)]. Auch technische Regeln, die nicht entsprechend eingeführt wurden, können als anerkannte Regeln der Technik bauordnungsrechtlich Wirkung entfalten[27)]. Gleichzeitig haben technische Regeln zivilrechtlich eine nicht zu unterschätzende Bedeutung, wenn und soweit sie die Vermutung begründen, die nach zivilrechtlichen Vorschriften geschuldeten anerkannten Regeln der Technik wiederzugeben. Es besteht jedoch entgegen landläufiger Meinung keine Deckungsgleichheit zwischen den Anforderungen des Bauordnungsrechts und z. B. dem Recht der unerlaubten Handlungen[28)], das offener formuliert ist, sodass die Pflichten der Betroffenen zur Verkehrssicherung (erst) durch die Rechtsprechung erheblich konkretisiert werden[29)].

1.1.3 Arbeitsschutzrecht

Den Schwerpunkt rechtlicher Normen zum Schutz vor Gefahrstoffen bilden die Rechtssätze aus dem Arbeitsschutzrecht[30)]. Darin sind die Anforderungen an den Arbeitsschutz formuliert und es werden umfassend alle Arbeitsabläufe geregelt, bei denen Arbeitnehmer in irgendeiner Weise mit Gefahrstoffen in Berührung kommen. Das Arbeitsschutzrecht selbst ist wiederum in das Umweltrecht und das technische Sicherheitsrecht integriert. Mit Einführung des Arbeitsschutzgesetzes hat es eine eigene gesetzliche Grundlage erhalten[31)]. Erforderlich ist im Vorfeld der Aufnahme von Tätigkeiten eine umfassende und genaue Gefährdungsbeurteilung. Hierfür stellen u. a. viele berufsgenossenschaftliche Einrichtungen Prüflisten bereit, die speziell für die verschiedenen Branchen und Arbeitsverfahren entwickelt wurden. Auch im Internet finden sich Hilfen hierzu[32)]. Auch die Berufsgenossenschaften beraten hinsichtlich der Gefährdungsbeurteilung Unternehmen, insbesondere kleine und mittelständische Betriebe.

1.1.3.1 Arbeitsschutzgesetz

Die zentrale Rechtsquelle des Arbeitsschutzrechts ist das ArbSchG[33)]. Das ArbSchG gilt in allen Tätigkeitsbereichen und dient dazu, Sicherheit und Gesundheitsschutz der Beschäftigten durch Maßnahmen des Arbeitsschutzes zu sichern und zu verbessern. § 18 ArbSchG ermächtigt die Bundesregierung, durch Rechtsverordnung mit Zustimmung des Bundesrats vorzu-

26) Vgl. Hornmann, Hessische Bauordnung, 2004, § 3, Rn. 41, mit Verweis auf Entscheidungen des Bundesverwaltungsgerichts (BVerwGE) 72, S. 300.
27) Vgl. z. B. § 3 Abs. 1 Satz 2 Bauordnung für das Land Nordrhein-Westfalen und Art. 3 Abs. 2 Satz 4 Bayerische Bauordnung.
28) Halstenberg, Baurecht (BauR) 2008, S. 892 f.
29) Vgl. Bundesgerichtshof (BGH), Neue Juristische Wochenschrift (NJW) 1987, S. 372, 373; darin stellt der BGH fest, dass u. a. technische Regeln auch Sorgfaltspflichten konkretisieren, jedoch prinzipiell kein abschließendes Verhaltensprogramm gegenüber Schutzgütern enthalten und gelegentlich noch ergänzungsbedürftig sind.
30) Vgl. zur Gliederung des Arbeitssicherheitsrechts: Kittner/Pieper, Arbeitsschutzrecht, 3. Aufl., 2006, Einleitung, Rn. 22 ff., 60, S. 46 ff., 58.
31) Kloepfer, Umweltschutzrecht, 2008, § 1, Rn. 32.
32) Vgl. z. B. http://www.gefahrstoffe-im-griff.de (Zugriff: 09.10.2008).
33) Siehe oben Fn. 10.

schreiben, welche Maßnahmen der Arbeitgeber und die sonstigen verantwortlichen Personen zu treffen haben und wie sich die Beschäftigten zu verhalten haben, um ihre jeweiligen Pflichten, die sich aus dem Arbeitsschutz ergeben, zu erfüllen.

1.1.3.2 Chemikaliengesetz

Wesentliche gesetzliche Regelungen des Arbeitsschutzes enthält das ChemG[34]. Zweck des ChemG ist es, den Menschen und die Umwelt vor schädlichen Einwirkungen gefährlicher Stoffe und Zubereitungen zu schützen, insbesondere sie erkennbar zu machen, sie abzuwenden und ihrem Entstehen vorzubeugen. In § 2 Abs. 1 ChemG wird dabei geklärt, was unter den Begriffen „gefährliche Stoffe" und „gefährliche Zubereitungen" zu verstehen ist. In Bezug auf Maßnahmen zum Schutz von Beschäftigten ermächtigt § 19 ChemG die Bundesregierung, durch Rechtsverordnung Maßnahmen betreffend u. a. die Beschaffenheit, die Einrichtung und den Betrieb von Arbeitsstätten vorzuschreiben, damit diese auch dem Stand der Technik entsprechen.

1.1.3.3 Gefahrstoffverordnung

Insbesondere aufgrund der Verordnungsermächtigungen des ArbSchG sowie des ChemG wurde die GefStoffV[35] erlassen. Ziel der GefStoffV ist es u. a., Beschäftigte und andere Personen vor Gefährdungen ihrer Sicherheit und Gesundheit durch Gefahrstoffe und die Umwelt vor stoffbedingten Schädigungen zu schützen. Gerade in Bezug auf die Gebäudesanierung erschließt sich die Regelungssystematik der GefStoffV allerdings nicht auf den ersten Blick. Gemäß § 9 Abs. 12 GefStoffV hat der Arbeitgeber, der Tätigkeiten gemäß Anhang III der GefStoffV nachgeht, die Vorschriften der §§ 7 bis 19 GefStoffV sowie die umfangreichen und sehr detailliert formulierten Vorschriften des Anhangs III zu beachten. Insbesondere § 7 GefStoffV formuliert Beurteilungskriterien zur Informationsermittlung und Gefährdungsbeurteilung. § 9 GefStoffV gibt dem Arbeitgeber eine allgemeine Schutzpflicht gegenüber Beschäftigten auf, §§ 10 bis 17 GefStoffV benennen weitere, ergänzende Schutzmaßnahmen[36]. Anhang III der GefStoffV enthält schließlich besondere Vorschriften für bestimmte Gefahrstoffe und Tätigkeiten, so insbesondere die Nr. 2 (partikelförmige Gefahrstoffe, vor allem Asbest) und Nr. 3 (Tätigkeiten in Räumen und Behältern, insbesondere Nr. 3.1 Abs. 1 Ziff. 1, Reinigen einschließlich Restmengenbeseitigung).

1.1.3.4 Technische Regeln für Gefahrstoffe

Die TRGS sind im Unterschied zur GefStoffV reine Empfehlungen und Vorschläge. Sie stellen so lange keine Rechtsnormen dar, wie sie nicht ausdrücklich von einer gesetzlichen Vorschrift zu ihrem Bestandteil erklärt werden[37]. Fehlt eine solche Anordnung, dienen TRGS bei einem Unfall allein der Entlastung des Arbeitgebers. Soweit die Empfehlungen eingehalten wurden, ist in der Regel davon auszugehen, dass dem Stand der Technik entsprechend ge-

---

34) Siehe oben Fn. 6.
35) Siehe oben Fn. 9.
36) Kloepfer, Umweltschutzrecht, 2008, § 16, Rn. 42.
37) Bundesverwaltungsgericht, Deutsches Verwaltungsblatt (DVBl) 1962, S. 137 f.

handelt wurde und dem Arbeitgeber deshalb kein Verschulden vorgeworfen werden kann. Eine Übersicht der Technischen Regeln gibt die Bundesanstalt für Arbeitsschutz und Arbeitsmedizin (BAuA) auf ihrer Website[38)]. Zusammengefasst werden die TRGS in dem Technischen Regelwerk zur Gefahrstoffverordnung. Dieses umfasst die vom Ausschuss für Gefahrstoffe beschlossenen Regeln und Erkenntnisse nach Maßgabe des § 21 Abs. 3 GefStoffV sowie Regelungen aus konkreten EG-Vorschriften, auf die in der Verordnung begleitend verwiesen wird und die dadurch in nationales Recht umgesetzt werden.

Eine der Aufgaben des Ausschusses für Gefahrstoffe ist u. a., dem Stand der Technik entsprechende Regeln für Tätigkeiten mit Gefahrstoffen einschließlich ihrer Einstufung und Kennzeichnung zu ermitteln (vgl. § 21 Abs. 3 GefStoffV). § 21 Abs. 4 GefStoffV ermächtigt das Bundesministerium für Arbeit und Soziales, diese vom Ausschuss für Gefahrstoffe ermittelten Regeln und Erkenntnisse im Gemeinsamen Ministerialblatt bekannt zu geben.

Zum Inkrafttreten der „neuen“ GefStoffV zum 1. Januar 2005 hat das Bundesministerium für Wirtschaft und Arbeit in seiner Bekanntmachung vom 31. Dezember 2004 darauf hingewiesen, dass die GefStoffV keine Übergangsbestimmung für das Technische Regelwerk enthält[39)]. Der neu zu berufende Ausschuss für Gefahrstoffe hatte und hat deshalb die Aufgabe, festzustellen, welche der bisherigen TRGS – gegebenenfalls nach redaktioneller Anpassung – weitergelten können. Soweit eine Technische Regel nicht weitergelten kann, muss sie geändert und überarbeitet werden[40)]. Alle zurzeit gültigen TRGS finden sich auf der Website der BAuA[41)]. Sollte dort eine TRGS nicht aufgeführt sein, kann davon ausgegangen werden, dass sie zurzeit überarbeitet wird. Allerdings kann eine „alte“, noch nicht überarbeitete TRGS weiterhin als Auslegungs- und Anwendungshilfe für die GefStoffV herangezogen werden, sofern sie nicht im Widerspruch zu der „neuen“ GefStoffV steht. In solchen Fällen sind die entsprechenden Festlegungen im Technischen Regelwerk als gegenstandslos zu betrachten[42)].

Das Regelwerk gliedert sich in derzeit 6 Reihen[43)], die bestimmte Bereiche des Gefahrstoffumgangs abdecken:

- Inverkehrbringen von Stoffen, Zubereitungen und Erzeugnissen (Reihe 200)
- Gefährdungsbeurteilung (Reihe 400)
- Schutzmaßnahmen bei Tätigkeiten mit Gefahrstoffen (Reihe 500)
- Ersatzstoffe und Ersatzverfahren (Reihe 600)
- Brand- und Explosionsschutz (Reihe 700)
- Grenzwerte, Einstufungen, Begründungen und weitere Beschlüsse des Ausschusses für Gefahrstoffe (Reihe 900)

---

38) Vgl. http://www.baua.de, Navigation: Themen von A-Z\Gefahrstoffe\Technische Regeln für Gefahrstoffe (TRGS)\Übersicht über die Bekanntmachung zu Technischen Regeln (Zugriff: 23.06.2009).

39) Bekanntmachung des Bundesministeriums für Wirtschaft und Arbeit v. 31.12.2004, III b3-35122, zur Anwendung der TRGS vor dem Hintergrund der neuen GefStoffV; siehe http://www.baua.de (Zugriff: 08.10.2008).

40) Kittner/Pieper, Arbeitsschutzrecht, 3. Aufl., 2006, Teil III, Gefahrstoffverordnung, Rn. 18, S. 583.

41) Siehe http://www.baua.de (Fn. 38) (Zugriff: 08.10.2008).

42) Bekanntmachung des Bundesministeriums für Wirtschaft und Arbeit v. 31.12.2004, III b3-35122; vgl. oben Fn. 38, http://www.baua.de (Zugriff: 08.10.2008).

43) Jüngst aufgehoben wurde die TRGS 300 Sicherheitstechnik, GMBl., Nr. 12–14, 27.03.2009.

In Bezug auf den Umgang mit Gefahrstoffen in Gebäuden sind insbesondere folgende Technische Regeln zu nennen (und zu beachten):

- TRGS 400 Gefährdungsbeurteilung für Tätigkeiten mit Gefahrstoffen[44)]
- TRGS 402 Ermitteln und Beurteilen der Gefährdungen bei Tätigkeiten mit Gefahrstoffen: Inhalative Exposition[45)]
- TRGS 519 Asbest: Abbruch-, Sanierungs- oder Instandhaltungsarbeiten[46)]
- TRGS 521 Abbruch-, Sanierungs- und Instandhaltungsarbeiten mit alter Mineralwolle[47)]
- TRGS 522 Raumdesinfektion mit Formaldehyd[48)]
- TRGS 524 Sanierung und Arbeiten in kontaminierten Bereichen[49)]
- TRGS 905 Verzeichnis krebserzeugender, erbgutverändernder oder fortpflanzungsgefährdender Stoffe[50)]
- TRGS 906 Verzeichnis krebserzeugender Tätigkeiten oder Verfahren nach § 3 Abs. 2 Nr. 3 GefStoffV[51)]

1.1.3.5 Baustellenverordnung und Sicherheits- und Gesundheitsschutzkoordinator

Aufgrund § 19 ArbSchG wurde die Verordnung über Sicherheit und Gesundheitsschutz auf Baustellen (Baustellenverordnung – BaustellV) vom 10. Juni 1998[52)] durch die Bundesregierung erlassen. Sie dient der wesentlichen Verbesserung von Sicherheit und Gesundheitsschutz der Beschäftigten auf Baustellen. Ergänzt werden diese Vorschriften durch die Regeln zum Arbeitsschutz auf Baustellen[53)]. Diese Regeln geben bezüglich Sicherheit und Gesundheitsschutz den Stand der Technik wieder. Sie werden vom Ausschuss für Sicherheit und Gesundheitsschutz auf Baustellen (ASGB) ermittelt und erarbeitet.

Gemäß § 3 Abs. 1 BaustellV ist der Bauherr von Baustellen, auf denen Beschäftigte mehrerer Arbeitgeber tätig werden, verpflichtet, einen oder mehrere geeignete Koordinatoren zu bestellen. Hervorzuheben ist, dass sich die BaustellV ausdrücklich auch an den Bauherrn richtet und nicht nur an den Arbeitgeber, obwohl es sich bei der Vorschrift um eine rein arbeitsschutzrechtliche Vorschrift handelt. Durch die Regelungen der BaustellV können gegebenenfalls alle an der Vorbereitung und Ausführung der Bauarbeiten Beteiligten je nach dem Grad ihrer Verantwortlichkeit und ihrer Aufgabe zu Maßnahmen des Arbeitsschutzes (mit)verpflichtet sein[54)].

---

44) GMBl., Nr. 11/12, S. 211–223, Stand: Januar 2008.
45) GMBl., Nr. 28, S. 558–575, Stand: Juli 2008.
46) Siehe oben Fn. 23.
47) Siehe oben Fn. 25.
48) Bundesarbeitsblatt (BArbBl.), 1992, Nr. 6, S. 35–41, zuletzt geändert: BArbBl., 2001, Nr. 9, S. 86, Stand: Juni 1992.
49) BArbBl., 1998, Nr. 3, S. 60–66, Stand: März 1998.
50) BArbBl., 2005, Nr. 7, S. 68–78, zuletzt geändert und ergänzt: GMBl., Nr. 26, S. 528, Stand: Juli 2005.
51) BArbBl., 2005, Nr. 7, S. 79–80, zuletzt geändert und ergänzt: GMBl., Nr. 24, S. 514, Stand: Juli 2005.
52) BGBl. I, 1998, S. 1283, zuletzt geändert durch Art. 15 der Verordnung v. 23.12.2004, BGBl. I, 2004, S. 3758.
53) Eine Übersicht findet sich auf der Website der Bundesanstalt für Arbeitsschutz und Arbeitsmedizin (BAuA), http://www.baua.de, Navigation: Themen von A-Z\Branchenschwerpunkt Bauarbeiten und Baustellen\Regeln zum Arbeitsschutz auf Baustellen (RAB) (Zugriff: 23.06.2009).
54) Vgl. Kittner/Pieper, Arbeitsschutzrecht, 3. Aufl., 2006, Teil III, BaustellV, Rn. 3, S. 293.

Mit der Bestellung des Sicherheits- und Gesundheitsschutzkoordinators (SiGeKo) sollen Sicherheits und Gesundheitsschutz der Beschäftigten auf der Baustelle wesentlich verbessert werden. Der SiGeKo hat alle Maßnahmen gemäß § 3 Abs. 2 (Planungsphase) und Abs. 3 (Ausführungsphase) BaustellV zu veranlassen. Wahrnehmen können die Aufgaben des SiGeKo insbesondere Architekten, Bauingenieure, Ingenieure, Meister, Poliere, Altgesellen, Sicherheitsingenieure oder andere Personen, die über die Qualifikation nach Ziff. 4 der Regeln zum Arbeitsschutz auf Baustellen RAB 30 Geeigneter Koordinator vom 27. März 2003[55] verfügen.

1.1.3.6 Berufsgenossenschaftliche Regeln

Schließlich spielen im Arbeitsschutzrecht auch die Berufsgenossenschaftlichen Regeln eine nicht unerhebliche Rolle[56]. Zwar haben Berufsgenossenschaftliche Regeln nicht den rechtsverbindlichen Charakter von Rechtsvorschriften und gelten deshalb auch nicht als „allgemein anerkannte Regeln der Sicherheitstechnik", sie dienen allerdings dazu, dem Anwender eine gewisse Hilfestellung bei der Durchführung von Schutzmaßnahmen zu geben. Die Berufsgenossenschaftlichen Regeln für Sicherheit und Gesundheit bei der Arbeit (BGR) sind Zusammenstellungen bzw. Konkretisierungen von Inhalten, die sich aus staatlichen Arbeitsschutzvorschriften (Gesetze, Verordnungen) und/oder berufsgenossenschaftlichen Vorschriften (Unfallverhütungsvorschriften, BGV) und/oder technischen Spezifikationen und/oder den Erfahrungen berufsgenossenschaftlicher Präventionsarbeit ergeben. Der Unternehmer kann bei Beachtung der in BGR enthaltenen Empfehlungen davon ausgehen, dass er die in den BGV geforderten Schutzziele erreicht. Hierzu gibt die BGR A1 Grundsätze der Prävention[57] grundsätzliche Anhaltspunkte und Hilfestellungen. Im Hinblick auf den konkreten Umgang mit Gefahrstoffen in Gebäuden ist vor allem die BGR 128 Kontaminierte Bereiche[58] von Bedeutung. Sie findet Anwendung auf Arbeiten in kontaminierten Bereichen u. a. bei Bauarbeiten und Abbrucharbeiten auf industriell oder gewerblich genutztem oder ehemals genutztem Gelände, auf dem mit dem Vorhandensein von kontaminierten Bereichen oder noch unbekannten Gefahrstoffbelastungen gerechnet werden muss, sowie bei Arbeiten zur Sanierung von Schadstoffen in kontaminierten Gebäuden.

1.1.3.7 Biostoffverordnung

Eine weitere Rechtsverordnung aufgrund des ArbSchG und des ChemG ist die Verordnung über Sicherheit und Gesundheitsschutz bei Tätigkeiten mit biologischen Arbeitsstoffen (Biostoffverordnung – BioStoffV) vom 27. Januar 1999[59]. Die BioStoffV gilt für sämtliche Tätigkeiten mit biologischen Arbeitsstoffen[60] einschließlich aller Tätigkeiten in deren Gefahrenbereich.

55) BArbBl., 2003, Nr. 6, S. 64 ff.
56) Siehe http://www.hvbg.de (Zugriff: 09.10.2008).
57) Siehe oben Fn. 4.
58) Siehe http://www.arbeitssicherheit.de/arbeitssicherheit/cms/website.php (Zugriff: 22.06.2009).
59) BGBl. I, 1999, S. 50, zuletzt geändert durch Art. 2 der Verordnung v. 06.03.2007, BGBl. I, 2007, S. 261.
60) Zur Begriffsbestimmung vgl. § 2 Abs. 1 BioStoffV.

Zweck der Verordnung ist der Schutz der Beschäftigten vor der Gefährdung ihrer Sicherheit und Gesundheit bei diesen Tätigkeiten.

1.1.4 Umweltschutzrecht

1.1.4.1 Abfallrecht

Die zentralen Rechtsvorschriften für die Abfallbehandlung enthält das Gesetz zur Förderung der Kreislaufwirtschaft und Sicherung der umweltverträglichen Beseitigung von Abfällen (Kreislaufwirtschafts- und Abfallgesetz – KrW-/AbfG) vom 27. September 1994[61)]. Das Hauptanliegen des Gesetzgebers bei der Umsetzung des Konzepts der Kreislaufwirtschaft war neben der Privatisierung des Abfallrechts u. a. auch die Umsetzung des Vorrangprinzips: Vermeidung vor Verwertung und Verwertung vor Beseitigung von Abfällen (vgl. § 4 KrW-/AbfG). Aufgrund des KrW-/AbfG wurde eine Vielzahl weiterer Verordnungen erlassen.

Nach dem KrW-/AbfG sind sowohl Erzeuger als auch Besitzer von Abfällen verpflichtet, Abfälle zu entsorgen. Bei Bau- und Abbrucharbeiten spricht zunächst vieles dafür, allein den Auftraggeber (den Bauherrn) als Abfallerzeuger anzusehen, weil er durch seinen Auftrag für die anfallenden Abfälle verantwortlich ist und zudem im Regelfall als Eigentümer und unmittelbarer Grundstücksbesitzer die Sachherrschaft über die zu Abfall gewordenen Bauteile ausübt[62)]. Die behördliche Vollzugspraxis weist hingegen regelmäßig (auch) dem Auftragnehmer die Abfallerzeugereigenschaft zu, da er die Abbruchtätigkeit unmittelbar selbst vornimmt. Die Gerichte tendieren dazu, Abbruchunternehmen zumindest dann als Abfallerzeuger anzusehen, wenn sie die Bauabfälle sortieren und anschließend abtransportieren. Da eine natürliche oder juristische Person dann Abfallbesitzer wird, wenn sie die tatsächliche Sachherrschaft über Abfälle erlangt, sind Abfallbesitzer regelmäßig auch Transport- und Verwertungsbetriebe.

Wichtig ist in diesem Zusammenhang, dass der Abfallbesitzer nicht dadurch von seiner Entsorgungspflicht frei wird, dass er den Besitz am Abfall aufgibt oder Dritten überlässt. Im Gegenteil: Gemäß dem Urteil des Bundesverwaltungsgerichts vom 28. Juni 2007 bleibt die Pflicht des Abfallbesitzers auch dann bis zur vollständigen Verwertung bzw. Beseitigung bestehen, wenn er sich zur Pflichterfüllung eines Dritten bedient und diesem den Abfallbesitz zur Durchführung des Auftrags überträgt[63)]. Gemäß § 16 Abs. 1 Satz 2 KrW-/AbfG ist es auch nicht möglich, die entstandene Entsorgungspflicht auf Dritte zu übertragen. Zulässig ist lediglich die Übertragung der Pflicht zur Erfüllung, nicht jedoch die Übertragung der Pflicht selbst[64)].

Im Hinblick auf den Umgang mit Schadstoffen in Gebäuden sind von den Beteiligten insbesondere die folgenden Verordnungen zu beachten:

---

61) BGBl. I, 1994, S. 2705, zuletzt geändert durch Art. 5 des Gesetzes v. 19.07.2007, BGBl. I, 2007, S. 1462.

62) Klett/Enders, Betriebs-Berater (BB) 1996, S. 2003, 2005; Krahnefeld, Natur und Recht (NuR) 1996, S. 269 ff.

63) Bundesverwaltungsgericht, Zeitschrift für Umweltrecht (ZUR) 2007, S. 474 ff.

64) Reese/Schütte, ZUR 1999, S. 136, 137; ausführlich zur abfallrechtlichen Verantwortung jüngst Kropp, ZUR 2008, S. 401 ff.

- Verordnung über die Nachweisführung bei der Entsorgung von Abfällen (Nachweisverordnung – NachwV) vom 20. Oktober 2006[65)]
- Verordnung über die umweltverträgliche Ablagerung von Siedlungsabfällen (Abfallablagerungsverordnung – AbfAblV) vom 20. Februar 2001[66)], inhaltsgleich fortgeführt ab dem 16. Juli 2009 in der Verordnung zur Vereinfachung des Deponierechts[67)]
- Verordnung über die Entsorgung von gewerblichen Siedlungsabfällen und von bestimmten Bau- und Abbruchabfällen (Gewerbeabfallverordnung – GewAbfV) vom 19. Juni 2002[68)]
- Verordnung über Anforderungen an die Verwertung und Beseitigung von Altholz (Altholzverordnung – AltholzV) vom 15. August 2002[69)]
- Verordnung über die Entsorgung polychlorierter Biphenyle, polychlorierter Terphenyle sowie halogenierter Monomethyldiphenylmethane (PCB/PCT-Abfallverordnung – PCBAbfallV) vom 26. Juni 2000[70)]
- Verordnung über Verbote und Beschränkungen des Inverkehrbringens gefährlicher Stoffe, Zubereitungen und Erzeugnisse nach dem Chemikaliengesetz (Chemikalien-Verbotsverordnung – ChemVerbotsV) vom 13. Juni 2003[71)]

Als normkonkretisierende Verwaltungsvorschriften auf Grundlage des KrW-/AbfG sind die TA Abfall[72)] und die TA Siedlungsabfall[73)] zu nennen. Während in der TA Abfall Anforderungen an die Verwertung und Entsorgung von besonders überwachungsbedürftigen Abfällen formuliert werden, hat die TA Siedlungsabfall zum Ziel, schnellstmöglich die Verwertung von Abfällen, die Reduzierung des Schadstoffgehalts von Abfällen sowie die Sicherstellung einer umweltverträglichen Behandlung und Ablagerung von nicht verwert-

---

65) BGBl. I, 2006, S. 2298, zuletzt geändert durch Art. 4 des Gesetzes v. 19.07.2007, BGBl. I, 2007, S. 1462.

66) BGBl. I, 2001, S. 305, zuletzt geändert durch Art. 1 der Verordnung v. 13.12.2006, BGBl. I, 2006, S. 2860.

67) Die Verordnung zur Vereinfachung des Deponierechts vom 27. April 2009, BGBl. I, 2009, S. 900, ist am 16. Juli 2009 in Kraft getreten und ersetzt u. a. auch die bis zu diesem Tage geltende AbfAblV. Mit der Verordnung zur Vereinfachung des Deponierechts werden die Anforderungen der Deponieverordnung (Verordnung über Deponien und Langzeitlager [Deponieverordnung – DepV] v. 24.07.2002, BGBl. I, 2002, S. 2807), zuletzt geändert durch Art. 2 der Verordnung v. 13.12.2006, BGBl. I, 2006, S. 2860), der Deponieverwertungsverordnung (Verordnung über die Verwertung von Abfällen auf Deponien über Tage und zur Änderung der Gewerbeabfallverordnung [Deponieverwertungsverordnung – DepVerwV] v. 25.07.2005, BGBl. I, 2005, S. 2252) sowie der AbfAblV in einem Regelwerk zusammengeführt; vgl. Veröffentlichung des Bundesministeriums für Umwelt, Naturschutz und Reaktorsicherheit, http://www.bmu.de/Abfallwirtschaft/doc/1854.php (Zugriff: 23.06.2009).

68) BGBl. I, 2002, S. 1938, zuletzt geändert durch Art. 7 der Verordnung v. 20.10.2006, BGBl. I, 2006, S. 2298.

69) BGBl. I, 2002, S. 3302, zuletzt geändert durch Art. 2a der Verordnung v. 20.10.2006, BGBl. I, 2006, S. 2298.

70) BGBl. I, 2000, S. 932.

71) BGBl. I, 2003, S. 867, zuletzt geändert durch die Verordnung v. 21.07.2008, BGBl. I, 2008, S. 1328.

72) Technische Anleitung zur Lagerung, chemisch/physikalischen, biologischen Behandlung, Verbrennung und Ablagerung von besonders überwachungsbedürftigen Abfällen v. 12.03.1991, GMBl., Nr. 8, S. 139, zuletzt geändert am 21.03.1991 durch Berichtigung der Gesamtfassung der Zweiten allgemeinen Verwaltungsvorschrift zum Abfallgesetz (TA Abfall), GMBl., Nr. 16, 23.05.1991, S. 469.

73) Technische Anleitung zur Verwertung, Behandlung und sonstigen Entsorgung von Siedlungsabfällen (Dritte Allgemeine Verwaltungsvorschrift zum Abfallgesetz) v. 14.05.1993, Bundesanzeiger, Nr. 99a, 29.05.1993, zuletzt geändert durch Art. 2 des Gesetzes v. 26.06.1992, BGBl. I, 1992, S. 1161.

baren Abfällen zu erreichen. Mit Wirkung zum 16. Juli 2009 sind (neben der AbfAblV) u. a. auch die TA Abfall und die TA Siedlungsabfall aufgehoben[74]. Hintergrund ist das Bestreben des Bundesumweltministeriums, das historisch gewachsene, aber deshalb auch zersplitterte Deponierecht in einer einheitlichen Regelung zusammenzuführen. Mit der Verordnung zur Vereinfachung des Deponierechts liegt nunmehr erstmals ein solches Regelwerk vor. Da mit der novellierten Deponieverordnung alle deponierelevanten Anforderungen nach dem Stand der Technik (neu) festgelegt werden, sind u. a. die TA Abfall und die TA Siedlungsabfall obsolet[75].

Im Rahmen des Abfallrechts sind auch die sogenannten LAGA-Mitteilungen von Bedeutung, die von der Bund/Länder-Arbeitsgemeinschaft Abfall (LAGA) erarbeitet werden[76]. Sie stellen Merkblätter, Informationsschriften und Richtlinien dar, die keine unmittelbare rechtliche Verbindlichkeit haben. Ihre Beachtung ist für rechtskonformes Verhalten allerdings unerlässlich.

1.1.4.2 Immissionsschutzrecht

Zweck des Immissionsschutzrechts ist es u. a., Menschen vor schädlichen Umwelteinwirkungen zu schützen und dem Entstehen schädlicher Umwelteinwirkungen vorzubeugen. An dieser Stelle sind vor allem die Vorschriften des Bundes-Immissionsschutzgesetzes (BImSchG)[77] zu nennen. Konkrete Vorschriften zu Gefahrstoffen enthält das BImSchG zwar nicht, im Hinblick auf die Sanierung von Schadstoffen spielen die Vorschriften des BImSchG aber insoweit eine Rolle, als davon gewisse Anlagen erfasst werden, die zur Sanierung regelmäßig verwendet werden (Absaug- und Filteranlagen z. B. auf Asbestbaustellen[78]). Bei solchen Anlagen handelt es sich mangels Erwähnung in der Anlage zur Vierten Verordnung zur Durchführung des Bundes-Immissionsschutzgesetzes (Verordnung über genehmigungsbedürftige Anlagen – 4. BImSchV) vom 14. März 1997[79] zwar um genehmigungsfreie Anlagen, für sie gilt aber § 22 BImSchG. Diese Anlagen sind so zu errichten und zu betreiben, dass solche schädlichen Umweltwirkungen verhindert werden, die nach dem Stand der Technik vermeidbar wären, und alle nach dem Stand der Technik unvermeidbaren schädlichen Umwelteinwirkungen auf ein Mindestmaß beschränkt werden. Folglich sind Sanierungsbaustellen unter Einhaltung aller technisch verfügbaren Emissionsbegrenzungsmaßnahmen und mit Einsatz modernster Maschinen und sonstiger technischer Geräte zu betreiben.

---

74) Die AbfAblV ist aufgrund der Verordnung zur Vereinfachung des Deponierechts vom 27. April 2009, BGBl. I, 2009, S. 900, aufgehoben (vgl. dazu oben Fn. 67), die Verwaltungsvorschriften TA Abfall und TA Siedlungsabfall aufgrund der allgemeinen Verwaltungsvorschrift zur Aufhebung von Verwaltungsvorschriften zum Deponierecht vom 27. April 2009, Bundesanzeiger, 2009, Nr. 65, S. 1577.

75) Vgl. dazu Mitteilung des Bundesministeriums für Umwelt, Naturschutz und Reaktorsicherheit (Stand: 30.05.2008) unter http://www.erneuerbare-energien.de/inhalt/print/41593 (Zugriff: 23.06.2009).

76) Die LAGA-Mitteilungen können unter http://www.laga-online.de abgerufen werden (Zugriff: 09.10.2008).

77) Siehe oben Fn. 8.

78) Vgl. Koepfer, BauR 2005, S. 28, 30.

79) BGBl. I, 1997, S. 504, zuletzt geändert durch Art. 3 des Gesetzes v. 23.10.2007, BGBl. I, 2007, S. 2470.

1.1.4.3 Umweltschadensgesetz

Während das Deliktsrecht und die sonstigen Haftungstatbestände des deutschen Rechts vor allem Personen- oder Sachschäden regeln, ist Sinn und Zweck des im November 2007 in Kraft getretenen Gesetzes über die Vermeidung und Sanierung von Umweltschäden (Umweltschadensgesetz – USchadG) vom 10. Mai 2007[80)] der Schutz der Umwelt selbst. Das USchadG verfolgt hierbei 2 Ansätze: die Vermeidung zukünftiger Schädigungen und die Sanierung bereits eingetretener Umweltschäden. Es begründet eine verschuldensunabhängige Gefährdungshaftung für Umweltschäden (§ 2 Nr. 1 und 2 USchadG), also direkt oder indirekt eintretende, feststellbare und nachteilige Veränderungen einer natürlichen Ressource oder die Beeinträchtigung ihrer Funktion. Anwendung findet es für Schäden, die durch Emissionen, Ereignisse, Vorfälle oder berufliche Tätigkeiten ab dem 30. April 2007 verursacht worden sind. Etwaige Ansprüche gegen den Verursacher aufgrund des USchadG (die äußerst kostenträchtig sein können) sind nicht durch die Berufshaftpflichtversicherung z. B. der Architekten abgedeckt[81)].

1.1.5 Strafrecht

Der falsche Umgang mit Schadstoffen kann neben zivilrechtlichen und öffentlich-rechtlichen auch strafrechtliche Konsequenzen nach sich ziehen. Unterschieden werden das sogenannte Umweltstrafrecht, das Baustrafrecht, das allgemeine Strafrecht und die strafrechtlichen Nebengesetze. Einen rechtlichen Sonderstatus nimmt das Recht der Ordnungswidrigkeiten als „Strafrecht im weiteren Sinne“ ein[82)].

Unternehmen als juristische Personen können strafrechtlich allerdings mangels „Verbandsstrafbarkeit“ im deutschen Strafrecht (§ 14 Strafgesetzbuch [StGB]) selbst nicht bestraft werden (anders in Verfahren zur Ahndung von Ordnungswidrigkeiten, vgl. § 30 Abs. 1 Gesetz über Ordnungswidrigkeiten [OWiG]). Letztlich sind daher das vertretungsberechtigte Organ (Vorstand, Geschäftsführer) oder der vertretungsberechtigte Gesellschafter Adressaten der strafrechtlichen Verfolgung[83)].

1.1.5.1 Umweltstrafrecht

Im Hinblick auf den Umgang mit Schadstoffen sind zunächst die umweltstrafrechtlichen Bestimmungen der §§ 324 bis 330d StGB[84)] zu beachten. Die Besonderheit dieser Vorschriften liegt in der Verzahnung strafrechtlicher Normen mit Vorschriften des Verwaltungsrechts. Aufgrund der Einheit der Rechtsordnung kann strafrechtlich nur das relevant sein, was nicht mit verwaltungsrechtlichen Vorschriften und Entscheidungen im Einklang steht. In Bezug auf Gebäudeschadstoffe kommen vor allem § 325 StGB (Luftverunrei-

80) Gesetz zur Umsetzung der Richtlinie des Europäischen Parlaments und des Rates über die Umwelthaftung zur Vermeidung und Sanierung von Umweltschäden v. 10.05.2007, BGBl. I, 2007, S. 666.
81) Kuhn, Zeitschrift für Immobilien- und Baurecht (IBR) 2008, S. 196.
82) Mitsch, Recht der Ordnungswidrigkeiten, 2. Aufl., 2005, Rn. 6.
83) Vgl. dazu Tröndle/Fischer, Strafgesetzbuch, 54. Aufl., 2007, § 14, Rn. 1c; Koepfer, BauR 2005, S. 28, 40.
84) BGBl. I, 1998, S. 3322, zuletzt geändert durch Art. 6 des Gesetzes v. 08.04.2008, BGBl. I, 2008, S. 666.

nigung), § 326 Abs. 1 Nr. 1 und 2 StGB (Umweltgefährdende Abfallbeseitigung), § 328 Abs. 3 Nr. 1 StGB (Unerlaubter Umgang mit gefährlichen Stoffen) und § 330a StGB (Freisetzen von Giften) als Straftatbestände in Betracht.

1.1.5.2 Baustrafrecht

Eine spezielle Vorschrift für den Bereich des Bauens enthält § 319 Abs. 1 StGB, der die sogenannte Baugefährdung unter Strafe stellt. Nach § 319 Abs. 1 StGB macht sich derjenige strafbar, der bei Planung, Leitung oder Ausführung eines Baus oder des Abbruchs eines Bauwerks gegen die allgemein anerkannten Regeln der Technik verstößt und dadurch Leib und Leben eines anderen Menschen gefährdet. Hinsichtlich der allgemein anerkannten Regeln der Technik ist die Einführung als Technische Baubestimmung nicht maßgebend[85)].

1.1.5.3 Strafrechtliche Nebengesetze

Bei der Sanierung von Schadstoffen in Gebäuden kann die strafrechtliche Bestimmung des § 25 Abs. 2 GefStoffV i. V. m. § 27 Abs. 1 Nr. 1, Abs. 2 bis 4 ChemG einschlägig sein. Danach macht sich insbesondere derjenige strafbar, der vorsätzlich oder fahrlässig entgegen § 9 Abs. 5 GefStoffV eine persönliche Schutzausrüstung nicht oder nicht rechtzeitig bereitstellt, entgegen § 9 Abs. 9 Satz 2 GefStoffV einen Bereich nicht oder nicht rechtzeitig einrichtet, entgegen § 9 Abs. 12 GefStoffV i. V. m. Anhang III Nr. 2.4.2 Abs. 3 Satz 2 GefStoffV nicht dafür sorgt, dass eine weisungsbefugte sachkundige Person vor Ort tätig ist oder entgegen § 9 Abs. 12 GefStoffV i. V. m. Anhang III Nr. 2.4.4 Satz 1 GefStoffV einen Arbeitsplan nicht oder nicht rechtzeitig aufstellt und dabei das Leben oder die Gesundheit eines anderen oder fremde Sachen von bedeutendem Wert gefährdet.

1.1.5.4 Allgemeines Strafrecht

Schließlich kommen beim Umgang mit Schadstoffen insbesondere auch die Körperverletzungsdelikte der §§ 223 und 224 Abs. 1 Nr. 1 StGB in Betracht. Besonderheiten im Zusammenhang mit Gebäudeschadstoffen bestehen hier jedoch nicht.

1.1.5.5 Recht der Ordnungswidrigkeiten

Im Gefahrstoffrecht sind in den unterschiedlichen Rechtsgebieten umfassende Ordnungswidrigkeitentatbestände verankert. Bei der Sanierung von Schadstoffen in Gebäuden ist insbesondere § 25 Abs. 1 GefStoffV zu beachten. Ordnungswidrig handelt demnach, wer durch seine ahndungsrelevante Handlung einen der unter § 25 Abs. 1 GefStoffV i. V. m. § 27 Abs. 1 Nr. 1 und Abs. 2 bis 4 ChemG genannten Tatbestände erfüllt, ohne dass dadurch Leben oder Gesundheit eines anderen oder Sachen von bedeutendem Wert gefährdet werden.

---

85) Tröndle/Fischer, Strafgesetzbuch, 54. Aufl., 2007, § 319, Rn. 11.

1.2 Zivilrechtliche Haftung in Fällen unsachgemäßer Sanierung

Matthias Wilke

1.2.1 Einleitung

Fälle unsachgemäßer Sanierung treten in höchst unterschiedlichen Erscheinungsformen auf. Häufig vorkommende „Haftungsfälle" sind

- der fehlerhafte Umgang mit Schadstoffen bzw. schadstoffbelasteten Bauteilen im Rahmen von Sanierungsmaßnahmen,
- die unvollständige Schadstoffbeseitigung wegen Schlechtleistung des ausführenden Unternehmens oder im Vorfeld nicht erkannter Risiken,
- fehlerhafte Schadstoffgutachten oder -kataster wegen nicht ausreichender Beprobung oder falscher Beurteilung und
- Schlechtleistungen der Planer und Fachingenieure wegen unzureichender Grundlagenermittlung, unvollständiger Ausschreibung und/oder fehlerhafter Bauüberwachung.

Allen vorgenannten Fällen ist gemeinsam, dass ein Auftragnehmer (Entsorgungsunternehmen, Planer oder Sachverständiger) den an ihn gestellten Anforderungen nicht gerecht wird, d. h. die ihm übertragenen Aufgaben schlecht erfüllt.

Ein Auftragnehmer kann aber auch dadurch für eine unsachgemäße Sanierung verantwortlich sein, dass er vor Ausführung des Auftrags gegenüber seinem Auftraggeber gebotene Hinweise über zu erwartende Schwierigkeiten, Risiken oder Kosten unterlässt.

Denkbar ist darüber hinaus, dass außerhalb des eigentlichen Vertragsverhältnisses stehende Dritte – z. B. der Erwerber, der auf der Grundlage eines vom Verkäufer beauftragten (unrichtigen) Schadstoffkatasters eine schadstoffbelastete Immobilie kauft – geschädigt werden. Hier stellt sich die Frage, ob der schlechtleistende Auftragnehmer auch Dritten gegenüber haftet.

Schließlich müssen die rechtlichen Folgen betrachtet werden, die entstehen, wenn ein Auftraggeber, der in Kenntnis von Schadstoffen entweder keine oder nur eine unsachgemäße Sanierung hat durchführen lassen, seine Vertragspartner beim Verkauf oder bei der Vermietung einer Immobilie nicht über die vorhandene Schadstoffbelastung informiert.

1.2.2 Zivilrechtliche Haftung – Abgrenzung zur öffentlich-rechtlichen und strafrechtlichen Verantwortlichkeit

In der Rechtssprache ist der Begriff der Haftung nicht eindeutig definiert. Im engeren Sinne wird darunter das zivilrechtliche Unterworfensein des Schuldnervermögens unter den Vollstreckungszugriff des Gläubigers verstanden[1)]. Von „Haftung" ist oft aber auch im Sinne von „verpflichtet sein" die Rede, so insbesondere beim Schulden von Ersatzleistungen[2)].

Im Rahmen dieses Kapitels wird Haftung in einem umfassenden Sinne dergestalt verstanden, dass damit das zivilrechtliche Einstehenmüssen für die unzureichende Erfüllung von vertraglichen oder gesetzlichen Pflichten gemeint ist.

1) Palandt/Heinrichs, Bürgerliches Gesetzbuch, 68. Aufl., 2009, Einleitung vor § 241, Rn. 10.
2) Palandt/Heinrichs, Bürgerliches Gesetzbuch, 68. Aufl., 2009, Einleitung vor § 241, Rn. 10.

Die zivilrechtliche Haftung ist damit vor allem vom Begriff der **öffentlich-rechtlichen Verantwortlichkeit** im Sinne des Kapitels 1.1 abzugrenzen. Öffentlich-rechtlich verantwortlich ist, wer zu gewährleisten hat, dass die öffentlich-rechtlichen Vorschriften und Anordnungen von Behörden eingehalten werden[3)]. Diese Verantwortlichkeit erfasst u. a. die Ordnungsmäßigkeit der Bauausführung, die Betriebssicherheit der Baustelleneinrichtung sowie die Einhaltung von Sondervorschriften bei der Schadstoffsanierung. Häufig ist es so, dass der öffentlich-rechtlich Verantwortliche im Falle der Nichterfüllung der an ihn gestellten Anforderungen auch zivilrechtlich haften kann.

Inhalt der **strafrechtlichen Verantwortung** ist der Grundsatz, dass jedermann die persönliche Verantwortung dafür trägt, dass durch seine eigenen Handlungen fremde Rechtsgüter nicht durch Außerachtlassung der erforderlichen Sorgfalt in ihrem Bestand und ihrer Sicherheit gefährdet werden[4)]. Auch hier gilt, dass derjenige, der Strafrechts- oder Bußgeldnormen verletzt, wegen des Verstoßes gleichzeitig oft auch zivilrechtlichen Ansprüchen ausgesetzt sein wird.

1.2.3 Vertragliche Haftung

Schuldverhältnisse, insbesondere Verträge, entfalten Wirkung immer nur zwischen Gläubiger und Schuldner, also den Vertragsparteien. Verträge begründen somit nur relative Rechte. Diese sind abzugrenzen von den Herrschaftsrechten (absolute Rechte), die gegenüber jedermann wirken. Das bedeutet, dass im Rahmen von Vertragsverhältnissen regelmäßig nur der Schuldner zur ordnungsgemäßen Erbringung seiner Leistung verpflichtet ist und er folglich bei einer Verletzung seiner (Leistungs-)Pflichten grundsätzlich nur Haftungsansprüchen seines Vertragspartners ausgesetzt ist. Diese Beschränkung des Schuldverhältnisses auf die Parteien wird durch den Vertrag mit Schutzwirkung zugunsten Dritter und der sogenannten Drittschadensliquidation aufgelockert (vgl. hierzu Kapitel 1.2.3.5).

1.2.3.1 Umfang der Haftung

Das Bürgerliche Gesetzbuch (BGB) kennt unterschiedliche Ansprüche aus Vertrag. Von zentraler Bedeutung sind dabei die Regelungen des BGB für die einzelnen schuldrechtlichen Vertragstypen. Im Zusammenhang mit unsachgemäßen Sanierungsmaßnahmen sind vor allem die Mängelansprüche des Werkvertragsrechts (§§ 633 ff. BGB) von Bedeutung. Zu den Mängelansprüchen gehören auch Schadensersatzansprüche, deren Art und Umfang durch die Regelungen gemäß § 249 ff. BGB bestimmt wird[5)].

Neben der reinen Leistungspflicht werden durch Schuldverhältnisse auch Verhaltens- und Schutzpflichten begründet (§ 241 Abs. 2 BGB), deren Verletzung vor allem zu Schadensersatzansprüchen führt. Schutzgegenstand der vertraglichen Haftung ist primär das sogenannte Integritätsinteresse des

---

3) Vgl. Simon/Busse, Bayerische Bauordnung, 94. Erg.-Lfg., 2008, Art. 77, Rn. 12.
4) Heil, Neue Zeitschrift für Baurecht und Vergaberecht (NZBau) 2005, S. 545 f.
5) Vgl. Palandt/Heinrichs, Bürgerliches Gesetzbuch, 68. Aufl., 2009, Vorbemerkung vor § 249, Rn. 1.

anderen Teils, d. h. sein personen- und vermögensrechtlicher Status quo[6]. Im Gegensatz zur deliktischen Haftung (vgl. hierzu Kapitel 1.2.4) greift die vertragliche Haftung auch bei reinen Vermögensschäden ein.

1.2.3.2 Der Werkvertrag als regelmäßiger Vertragstyp bei der Sanierung schadstoffbelasteter Gebäude

Abzugrenzen ist der Werkvertrag hauptsächlich vom Dienstvertrag (§§ 611 ff. BGB), der wie der Werkvertrag die entgeltliche Erbringung einer Arbeitsleistung zum Inhalt hat. Hauptunterscheidungsmerkmal ist der Umstand, dass beim Dienstvertrag die Arbeitsleistung als solche, beim Werkvertrag dagegen die Herbeiführung eines vorher vereinbarten Erfolges geschuldet wird.

Bei der Sanierung von schadstoffbelasteten Gebäuden schuldet der Auftragnehmer regelmäßig einen „Erfolg". Je nachdem, welchen Beteiligten man im Blick hat, kann der Erfolg allerdings höchst unterschiedlich definiert sein (vgl. hierzu Kapitel 1.2.3.4). Grundsätzlich ist aber davon auszugehen, dass das Werkvertragsrecht für alle relevanten Vertragsbeziehungen im Zusammenhang mit der Sanierung von Schadstoffen einschlägig ist.

1.2.3.3 Vereinbarung der Beschaffenheit

Die entscheidende Frage ist damit, wann der vom Auftragnehmer geschuldete Erfolg eingetreten, d. h. sein Werk mangelfrei ist.

In § 633 Abs. 2 BGB ist ausdrücklich geregelt, dass es für die Mangelfreiheit zunächst auf die vertraglich vereinbarte Beschaffenheit des Werkes ankommt (subjektiver Fehlerbegriff). Welche Beschaffenheit ein Werk haben soll, ergibt sich letztlich aus der Auslegung des Werkvertrags[7]. Wenn eine Beschaffenheitsvereinbarung fehlt oder unzureichend ist, kann und muss auf die objektiven Umstände gemäß § 633 Abs. 2 Satz 2 BGB (Eignung zur vorausgesetzten Verwendung im Sinne von Abs. 2 Satz 2 Nr. 1 und Eignung zur gewöhnlichen Verwendung im Sinne von Abs. 2 Satz 2 Nr. 2) zurückgegriffen werden (vgl. Abb. 1.1). Nach diesen wird dann beurteilt, ob ein Werk mangelfrei ist[8].

Über die vertragliche Beschaffenheitsvereinbarung haben die Parteien es in der Hand, selbst zu definieren, welche Qualitätsmerkmale die Leistung des Auftragnehmers aufweisen muss, um nicht als mangelhaft zu gelten[9].

Der Vereinbarung der Beschaffenheit der zu erbringenden Leistung kommt auch bei der Sanierung schadstoffbelasteter Gebäude eine zentrale Bedeutung zu, weil der Auftraggeber über das vertragliche Aufgabenprofil festlegen kann, ob z. B. ein umfassendes Schadstoffkataster oder nur eine Stichprobenprüfung durch einen Sachverständigen erfolgen soll oder ob bei fest gebun-

---

6) Im Gegensatz zu den reinen Mängelrechten, die vor allem das Äquivalenzinteresse schützen; vgl. Palandt/Heinrichs, Bürgerliches Gesetzbuch, 68. Aufl., 2009, Einleitung vor § 241, Rn. 4.

7) Bundesgerichtshof (BGH), Baurecht (BauR) 2008, S. 344.

8) Vgl. dazu ausführlich jüngst Seibel, Zeitschrift für deutsches und internationales Bau- und Vergaberecht (ZfBR) 2009, S. 107.

9) Allerdings geht die Rechtsprechung davon aus, dass mangels ausdrücklicher Vereinbarung die anerkannten Regeln der Technik grundsätzlich vereinbart sind und beachtet werden müssen. Eine Unterschreitung ist nur bei ausdrücklicher Vereinbarung möglich; vgl. jüngst Oberlandesgericht (OLG) München, Urteil v. 19.05.2009 – 9 U 4198/08.

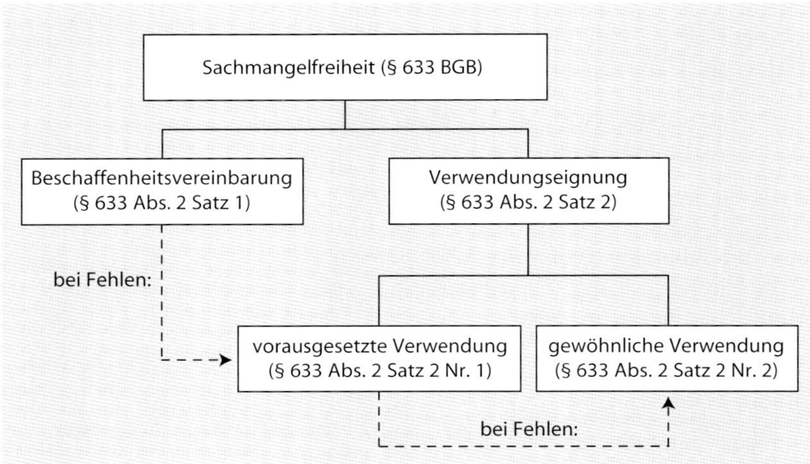

Abb. 1.1: Sachmangelfreiheit im Werkvertrag

denem Asbest nur eine Kennzeichnung der kontaminierten Bereiche oder eine Entsorgung der betroffenen Bauteile zu erfolgen hat[10)].

Wird in einem Bauvertrag (d. h. einem Werkvertrag) die Geltung der Vergabe- und Vertragsordnung für Bauleistungen – Teil B (VOB/B)[11)] vereinbart, ändert dies nichts an dem vorstehend dargestellten Prüfungsprogramm, da die Vorschriften zu den Mängelrechten in § 13 Nr. 1 VOB/B nahezu wortgleich mit § 633 Abs. 2 BGB formuliert sind. Dies gilt allerdings mit einer Einschränkung: Nach § 13 Nr. 1 Satz 2 VOB/B ist die Leistung frei von Sachmängeln, wenn sie die vereinbarte Beschaffenheit hat **und** den anerkannten Regeln der Technik entspricht. Dies bedeutet jedoch nicht, dass sich bei BGB-Bauverträgen eine andere Rechtslage ergibt. Die Rechtsprechung geht nämlich davon aus, dass sich der Auftraggeber, sofern nicht ein anderer Standard vereinbart ist, in der Regel stillschweigend zur Beachtung der anerkannten Regeln der Technik als Mindeststandard verpflichtet[12)].

1.2.3.4 Pflichtverletzungen

Leistungspflicht und Nebenleistungspflicht

Anknüpfungspunkt für eine etwaige Haftung ist das Vorliegen einer Pflichtverletzung, wobei neben der reinen Leistungspflicht auch Nebenleistungs- und Verhaltenspflichten verletzt werden können[13)]. Unterschieden werden zunächst die Nichterfüllung (die Leistung wird überhaupt nicht erbracht)

10) BGH, BauR 2008, S. 344, 346 f.

11) Vergabe- und Vertragsordnung für Bauleistungen – Teil B: Allgemeine Vertragsbedingungen für die Ausführung von Bauleistungen (Fassung 2006), Bekanntmachung v. 04.09.2006, Bundesanzeiger, Nr. 196a, 18.10.2006; in Anwendung seit dem 01.11.2006 gemäß § 6 Vergabeverordnung in der Fassung aufgrund der Dritten Verordnung zur Änderung der Vergabeverordnung v. 23.10.2006, Bundesgesetzblatt, Teil I (BGBl. I), 2006, S. 2334, i. V. m. § 10 Nr. 1 Abs. 2 VOB/A 2006, Bekanntmachung v. 20.03.2006, Bundesanzeiger, Nr. 94a, 18.05.2006.

12) Vgl. Palandt/Sprau, Bürgerliches Gesetzbuch, 68. Aufl., 2009, § 633, Rn. 6a.

13) BGH, BauR 2008, S. 344, 348; darin stellt der BGH ausdrücklich fest, dass Verletzungen von Prüfungs- und Hinweispflichten keinen Tatbestand erfüllen, der eine Mängelhaftung begründet.

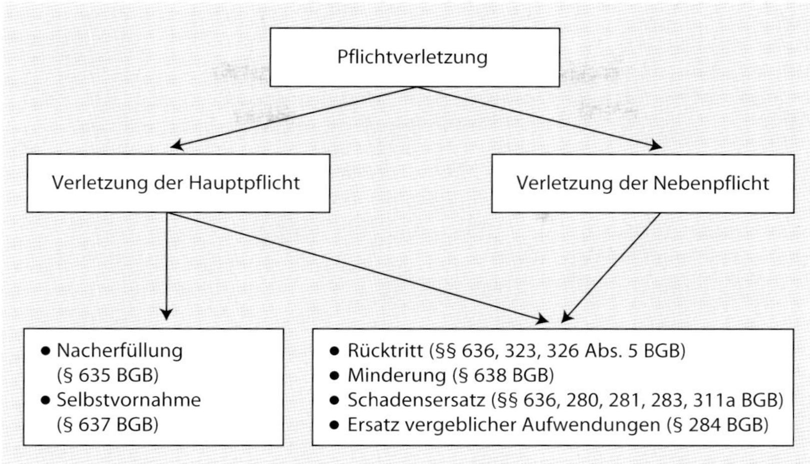

Abb. 1.2: Mängelrechte im Werkvertrag

und die Schlechterfüllung (die Leistung wird nicht wie geschuldet erbracht), wobei für die Schlechterfüllung die Sondervorschriften des Werkvertragsrechts maßgeblich sind (sogenannte Mängelrechte).

Haftungsrisiken ergeben sich für den Auftragnehmer im Rahmen von Werkvertragsverhältnissen aber nicht nur dann, wenn er seine (Haupt-)Leistungspflicht schlecht oder gar nicht erfüllt. Wegen der reinen Leistungspflicht besteht nämlich eine ganze Reihe weiterer Pflichten, deren Verletzung ebenfalls Ansprüche des Auftraggebers (des Bestellers) begründen können (sogenannte Nebenleistungspflichten, § 241 Abs. 2 BGB). Nebenleistungspflichten dienen der Vorbereitung, Durchführung und Sicherung der Hauptleistung und sind als Ergänzung zur Hauptleistungspflicht auf die Herbeiführung des Leistungserfolgs bezogen[14)]. Von besonderer Bedeutung bei der Sanierung von Schadstoffen sind insbesondere die Schutz- und Hinweispflichten des ausführenden Unternehmers und des Planers.

Aus der Übersicht in Abb. 1.2 ergibt sich, dass dem Besteller die „Mängelrechte" Nacherfüllung und Selbstvornahme nur bei Verletzung einer Hauptpflicht zustehen, während für alle weiteren Rechte (Rücktritt, Minderung, Schadensersatz und Ersatz vergeblicher Aufwendungen) die Art der Pflichtverletzung unerheblich ist.

Nachfolgend wird im Einzelnen dargestellt, welche Haftungsrisiken bei der Sanierung schadstoffbelasteter Gebäude für die unterschiedlichen Beteiligten bestehen.

Ausführendes Unternehmen

Das ausdrücklich mit der Vornahme der **Sanierungs**arbeiten beauftragte (ausführende) Unternehmen schuldet eine vertragsgemäße und fachgerechte Sanierung unter Beachtung der allgemein anerkannten Regeln der Technik.

---

14) Palandt/Heinrichs, Bürgerliches Gesetzbuch, 68. Aufl., 2009, § 241, Rn. 5.

Wird die Leistung diesen Anforderungen nicht gerecht, ist sie mangelhaft[15]. Es ist bereits darauf hingewiesen worden, dass das Anforderungsprofil der Sanierungsleistung (gegebenenfalls einschließlich der Entsorgung) über die Vereinbarung einer detaillierten Leistungsbeschreibung festgelegt werden sollte, um späteren Streit über den Erfolg der Sanierung zu vermeiden.

Je nach Fallgestaltung stellt sich aber auch die Frage, welche Hinweispflichten das ausführende Unternehmen gegenüber dem Auftraggeber vor und während der Ausführung zu erfüllen hat. Hier kommt es immer auf die Umstände des Einzelfalls an. Wenn z. B. ein erfahrenes Entsorgungsunternehmen für einen privaten Bauherrn tätig wird, wird dieser möglicherweise erwarten können, dass er rechtzeitig – und damit gegebenenfalls schon vor Vertragsabschluss – auf besondere Risiken der beabsichtigten Sanierung hingewiesen wird. Eine andere Beurteilung ergibt sich, wenn sich der Bauherr zur Vorbereitung und Durchführung der Sanierung sachkundiger Planer oder Sachverständiger bedient. Auch in diesen Konstellationen ist der Auftragnehmer jedoch verpflichtet, z. B. im Hinblick auf mögliche Unfallgefahren Bedenken gegen die vorgesehene Art der Ausführung oder deren unzureichende Vorbereitung anzumelden (vgl. § 4 Nr. 3 VOB/B).

Ist ein Unternehmen lediglich mit dem **Abbruch** eines Gebäudes oder von Bauteilen eines Gebäudes beauftragt und treten im Zuge der Abbruchmaßnahmen unerwartet Schadstoffe auf, ist zu prüfen, ob das ausführende Unternehmen gegenüber dem Auftraggeber Prüfungs-, Hinweis- oder gar Untersuchungspflichten zu erfüllen hat. Das Oberlandesgericht (OLG) Hamm hat in einem Urteil aus dem Jahre 2002[16] entschieden, dass jedenfalls dann, wenn das Vorkommen bestimmter Schadstoffe (im konkreten Fall Asbest) nur mit speziellen Analyseverfahren festgestellt werden kann, das ausführende Unternehmen nicht zur Durchführung einer solchen Untersuchung verpflichtet ist. Vielmehr dürfe der Unternehmer sich darauf verlassen, dass der Eigentümer und/oder seine Fachplaner sich um dieses Problem gekümmert haben[17].

Festzuhalten bleibt jedoch, dass immer dann, wenn ein Ausführungsunternehmen durch seine besondere Fach- und Sachkenntnis Risiken erkennen kann, es schon zur Vermeidung der Schlechterfüllung der eigenen (Haupt-) Leistungspflicht gehalten ist, Hinweise zu erteilen oder Bedenken anzumelden.

Planer und Fachingenieure

Auch der sogenannte Planervertrag ist regelmäßig ein Werkvertrag. Eine ergänzende Anwendung des Dienstvertragsrechts zieht die Rechtsprechung nur noch dann in Betracht, wenn lediglich einzelne Leistungen der Koordinierung, Beratung oder Steuerung beauftragt sind[18]. Demzufolge schulden Planer und Fachingenieure eine fachgerechte (und genehmigungsfähige) Leistung unter Beachtung der allgemein anerkannten Regeln der Technik.

15) OLG München, Urteil v. 19.05.2009 – 9 U 4198/08.
16) OLG Hamm, BauR 2003, S. 406.
17) Vgl. zu ähnlichen Sachverhalten auch OLG Rostock, Zeitschrift für Immobilien- und Baurecht (IBR) 2005, S. 464, und OLG Düsseldorf, IBR 2002, S. 307.
18) Kniffka/Koeble, Kompendium des Baurechts, 3. Aufl., 2008, 12. Teil, Rn. 55 f., mit weiteren Nachweisen.

Sie schulden nicht das Bauwerk selbst, ihre Leistung soll nur die Entstehung des Bauvorhabens ermöglichen[19].

Besonderheiten gelten für Architektenleistungen im Rahmen von Umbauarbeiten im Bestand: Hier muss der Objektplaner einen erhöhten Untersuchungs-, Aufklärungs- und Überwachungsaufwand betreiben[20]. Geht man von den Leistungsphasen gemäß § 3 der Honorarordnung für Architekten und Ingenieure (HOAI) aus, erweisen sich insbesondere die Leistungsphasen 1 (Grundlagenermittlung), 6 (Vorbereitung der Vergabe) und 8 (Objektüberwachung) als haftungsträchtig.

So kann eine Grundlagenermittlung mangelhaft sein, weil der Architekt gegen seine Bestandserkundungspflicht und die damit verbundene Pflicht zur Aufklärung und Beratung seines Bauherrn verstoßen hat. Grundsätzlich gilt, dass bei Umbauten, Modernisierungen und Instandsetzungen frühzeitig die aufgrund der Gegebenheiten notwendigen Maßnahmen zu klären sind. Nur eine sorgfältige Bestandserkundung kann dabei die Beurteilungsgrundlage für die Entscheidung über das Ob und Wie eines etwa geplanten Umbaus schaffen. Dazu gehört die Prüfung, inwieweit sich die Bausubstanz hinsichtlich der vorhandenen Baustoffe, der Bauart und des altersbedingten Abnutzungsgrads für einen Umbau eignet. Die insoweit bestehende Bauwerkserkundungspflicht des Architekten wird umso intensiver, je stärker in den Bestand des Gebäudes eingegriffen wird[21]. Obwohl der Bauherr grundsätzlich das sogenannte „Boden- und Kontaminierungsrisiko" trägt, muss der Architekt beim Bauen im Bestand somit einen erhöhten Untersuchungs- und Aufklärungsaufwand betreiben, damit seine Leistung als mangelfrei angesehen werden kann.

Selbstverständlich wird vom Objektplaner nicht verlangt, dass er selbst die für das Erkennen und Bewerten von Schadstoffen erforderliche Sachkunde besitzt. Aufgrund gegenüber dem Bauherrn bestehender umfassender Beratungs- und Hinweispflichten ist der Architekt jedoch u. a. verpflichtet, bei einem Verdacht des Vorliegens von Gebäudeschadstoffen auf die Einholung eines Sachverständigengutachtens zu drängen.

Besondere Risiken bestehen für den Planer auch im Rahmen der Leistungsphase 6 (Vorbereitung der Vergabe). Ist das vom Architekten zu erstellende Leistungsverzeichnis hinsichtlich etwaig erforderlicher besonderer Schutz- und Entsorgungsmaßnahmen aufgrund von Gebäudeschadstoffen unvollständig und entstehen dadurch vermeidbare Mehrkosten, kann dies zulasten des Planers gehen[22].

Übernimmt der Architekt zusätzlich zu seiner eigentlichen planerischen Tätigkeit auch die Objektüberwachung (Leistungsphase 8), können sich hieraus weitere Prüfungs- und Hinweispflichten gegenüber dem Bauherrn ergeben. Grundsätzlich gilt, dass bei Umbauten und Modernisierungen eines Gebäudes eine intensivere Bauaufsicht als bei Neubauten geschuldet ist[23].

19) BGH, BauR 2002, S. 1536.
20) OLG Brandenburg, BauR 2008, S. 526; Jochem, BauR 2007, S. 281.
21) Vgl. OLG Brandenburg, BauR 2008, S. 526.
22) Vgl. OLG Celle, IBR 2002, S. 538.
23) BGH, Neue Juristische Wochenschrift (NJW) 2000, S. 1500 f.

Schadstoffgutachter

Beim Schadstoffgutachter kommt der Beschreibung der von ihm zu erfüllenden Aufgaben besondere Bedeutung zu. So liegt es in der Entscheidung des Bauherrn, ob

- er ein Gebäude nur partiell (etwa hinsichtlich bestimmter Bauteile) auf Schadstoffe untersuchen lassen will,
- Gegenstand der Begutachtung nur bestimmte Schadstoffe (z. B. Asbest) sein sollen oder
- eine umfassende Untersuchung in Form eines Schadstoffkatasters erfolgen soll.

Im letztgenannten Fall ist klar, dass der Gutachter/Sachverständige Mängelansprüchen ausgesetzt ist, wenn er sein Gutachten/Schadstoffkataster unvollständig erstellt oder falsche Bewertungen vornimmt. Grundsätzlich stellt sich die Frage, ob die Nichtentdeckung verborgener Schadstoffe, die etwa nur durch Bauteilöffnungen aufgespürt werden können, einen Mangel der Gutachterleistung darstellen kann. In diesem Zusammenhang ist zu berücksichtigen, dass es letztlich nur bei Abbruchmaßnahmen möglich ist, im Wege begleitender Untersuchungen (fast) jeden Schadstoff zu identifizieren.

Im Hinblick darauf, dass die Tiefe von Schadstoffbelastungen – und damit der erforderliche Umfang der Sanierung – oft erst im Zuge der Untersuchung erkannt werden kann, kann es für beide Vertragsparteien sinnvoll sein, wenn die Beauftragung des Sachverständigen stufenweise erfolgt und nach einer Erstuntersuchung weitere (tiefere) Untersuchungen (gegebenenfalls mit Bauteilöffnung) erst dann abgerufen werden, wenn sich bei der Erstuntersuchung entsprechende Verdachtsmomente ergeben haben.

Immer dann, wenn der Auftrag des Gutachters begrenzt ist, wird die Erfüllung von Hinweispflichten besonders wichtig. Insoweit ist zu beachten, dass der Sachverständige nicht nur gegenüber dem Bauherrn, sondern oft auch im Verhältnis zu den Planern und Entsorgungsunternehmen über eine überlegene Sachkunde verfügen wird. Wenn also der Gutachter/Sachverständige z. B. erkennt, dass gesundheitsgefährdende Schadstoffe vorhanden sind, diese aber nicht zum Gegenstand seines Auftrags gehören, dürften Hinweispflichten bestehen, deren Verletzung Schadensersatzansprüche auslösen kann.

Von großer Bedeutung für den Schadstoffsachverständigen ist die sogenannte „Expertenhaftung“ gegenüber Dritten (vgl. hierzu „Vertrag mit Schutzwirkung zugunsten Dritter“ in Kapitel 1.2.3.5).

Sicherheits- und Gesundheitsschutzkoordinator (SiGeKo)

Die Rolle des SiGeKo auf der Baustelle wirft viele Fragen auf, da er für die Erfüllung von Koordinierungspflichten zuständig ist, die nur einen kleinen Ausschnitt der (arbeitsschutzrechtlichen) Verpflichtungen darstellen, die die Verordnung über Sicherheit und Gesundheitsschutz auf Baustellen (Baustellenverordnung – BaustellV) vom 10. Juni 1998[24] vor allem auch dem Bauherrn auferlegt.

24) BGBl. I, 1998, S. 1283, zuletzt geändert durch Art. 15 der Verordnung v. 23.12.2004, BGBl. I, 2004, S. 3758.

Schon die rechtliche Einordnung des Vertrages zwischen Bauherrn und SiGeKo ist nicht einfach und daher auch umstritten[25]. Häufig wird dieser Vertrag verbunden sein mit dem Planervertrag, zwingend ist dies allerdings nicht. Als rechtliche Grundlagen für eine Haftung des SiGeKo kommen daher neben dem Koordinierungsvertrag selbst das Deliktsrecht sowie das Straf- und Ordnungswidrigkeitenrecht in Betracht[26]. Höchstrichterlich noch nicht bestätigt ist die Auffassung des OLG Celle[27], wonach der Vertrag mit dem SiGeKo Schutzwirkung zugunsten aller Personen entfaltet, die sich berechtigterweise auf der Baustelle aufhalten[28].

Da die Aufgaben des SiGeKo reine Koordinierungsmaßnahmen darstellen und vertragliche Ansprüche des Bauherrn nur in Fällen von Verzögerungen aufgrund fehlerhafter Koordination entstehen, spielt die vertragliche Haftung des SiGeKo in Bezug auf die Gefahrstoffsanierung keine besondere Rolle.

Dagegen kann der SiGeKo deliktisch dann haften, wenn aufgrund seines Verstoßes gegen Pflichten aus § 3 BaustellV auf der Baustelle Beschäftigte geschädigt werden (§ 823 BGB)[29]. Eine Haftung des SiGeKo kommt daher regelmäßig nur dann in Betracht, wenn und soweit er durch entsprechende Anordnungen vorsätzlich oder fahrlässig Gefahrenquellen selbst (aktiv) schafft[30].

Eigentümer/Bauherr

Es wird oft übersehen, dass nicht nur die Auftragnehmer im Zusammenhang mit der Sanierung schadstoffbelasteter Bauteile Haftungsrisiken ausgesetzt sind. Auch dem Eigentümer/Bauherrn drohen rechtliche und wirtschaftliche Nachteile, wenn er insbesondere bei der Ausschreibung und Vergabe von Leistungen Verpflichtungen missachtet. So kann nach einem Urteil des OLG Düsseldorf z. B. ein Abbruchunternehmen in Fällen des unerwarteten Auftretens von Schadstoffen berechtigt sein, den Bauvertrag gemäß § 6 Nr. 6 und 7 VOB/B zu kündigen[31]. Diese Entscheidung darf allerdings nicht verallgemeinert werden, da ihr ein Sachverhalt zugrunde lag, in dem ein kommunaler Auftraggeber es unter Missachtung von § 9 Nr. 3 Abs. 3 der Vergabe- und Vertragsordnung für Bauleistungen – Teil A (VOB/A)[32] trotz bestehender Verdachtsmomente unterlassen hatte, das Vorliegen von Asbest in der Ausschreibung zu berücksichtigen.

25) Vgl. Meier, Bauversicherungsrecht, 2006, Kap. C, II, mit weiteren Nachweisen (http://www.ibr-online.de, Stand: 20.02.2007).
26) Portz, BauR 2002, S. 1160, 1164.
27) Urteil v. 03.03.2004 – III U 208/03, IBR 2006, S. 133; siehe auch Portz, BauR 2002, S. 1160, 1165.
28) Locher/Koeble/Frik, Kommentar zur HOAI, 9. Aufl., 2006, § 15, Rn. 213.
29) Portz, BauR 2002, S. 1160, 1165.
30) Thode/Wirth/Kuffer/Hebel, Praxishandbuch Architektenrecht, 2004, § 17, Rn. 46.
31) Vgl. OLG Düsseldorf, IBR 1999, S. 303; OLG Düsseldorf, BauR 1999, S. 491.
32) Vergabe- und Vertragsordnung für Bauleistungen – Teil A: Allgemeine Bestimmungen für die Vergabe von Bauleistungen (Fassung 2006), Bekanntmachung v. 20.03.2006, Bundesanzeiger, Nr. 94a, 18.05.2006; in Anwendung seit dem 01.11.2006 gemäß § 6 Vergabeverordnung in der Fassung aufgrund der Dritten Verordnung zur Änderung der Vergabeverordnung v. 23.10.2006, BGBl. I, 2006, S. 2334.

1.2.3.5 Ausnahmefälle der vertraglichen Haftung gegenüber natürlichen und juristischen Personen, die nicht Vertragspartner sind

In bestimmten Konstellationen ist es von Literatur und Rechtsprechung als unbilliges Ergebnis empfunden worden, dass Schäden nur deshalb nicht ersatzfähig sind, weil die (engen) deliktsrechtlichen Schranken die Durchsetzbarkeit eines Schadensersatzanspruchs verhindern. Dies sind insbesondere solche Fälle, in denen der Schädiger im Rahmen von § 831 BGB den Entlastungsbeweis führen (sich exkulpieren) kann oder nach Deliktsrecht Vermögensschäden nicht ersatzfähig sind, weil es an der Verletzung der von § 823 BGB erfassten Rechtsgüter fehlt[33]. Hier hielt es die Rechtsprechung für geboten, das Relativitätsprinzip des Vertragsrechts (siehe Kapitel 1.2.3) zu durchbrechen und einen sogenannten quasideliktischen Anspruch auf Grundlage des Vertragsrechts zu bilden. Dem Geschädigten stehen in diesem Fall 2 Rechtsinstitute zur Verfügung: der Vertrag mit Schutzwirkung zugunsten Dritter sowie die sogenannte Drittschadensliquidation.

Vertrag mit Schutzwirkung zugunsten Dritter

Beim Vertrag mit Schutzwirkung zugunsten Dritter erhält ein Dritter einen vertraglichen Anspruch, ohne selbst Vertragspartei zu sein. Grund hierfür ist, dass er selbst zwar geschädigt ist, gegen die schädigende Partei allerdings keinen eigenen (vertraglichen) Anspruch hätte.

Die Rechtsprechung gewährt dem geschädigten Dritten daher diesen Anspruch, soweit dieser in typischer Weise in den Vertrag mit einbezogen ist (sogenanntes Fürsorgeverhältnis, z. B. hinsichtlich Familienmitgliedern, Mietern, Arbeitnehmern). Allerdings hat die Rechtsprechung diesen Schutzkreis weiter ausgedehnt und damit auch Dritte in den Schutzbereich des Hauptvertrags einbezogen, die in engem Zusammenhang mit dem Vertragszweck stehen.

Dies ist regelmäßig auch der Fall, wenn z. B. ein Sachverständiger eingeschaltet wird, um im Rahmen eines sich anbahnenden Hauskaufvertrags ein Gutachten zur Schadstofffreiheit des Gebäudes zu erstellen[34]. Dass dadurch die Haftung von Gutachtern und Planern erheblich erweitert wird, nimmt die Rechtsprechung in Kauf, wobei der Bundesgerichtshof (BGH) eine restriktive Handhabung hinsichtlich der Leistungsnähe zum Dritten und zu deren Erkennbarkeit für den Gutachter entwickelt hat: So muss das Gutachten zunächst erkennbar auch für Dritte erstellt worden sein. Überdies muss der Sachverständige über eine besondere, durch staatliche Anerkennung oder einen vergleichbaren Akt ausgewiesene Sachkunde verfügen. Diese beiden Voraussetzungen müssen zum Zeitpunkt des Vertragsabschlusses bekannt und für alle Seiten erkennbar gewesen sein. Liegen diese Voraussetzungen vor, so kann z. B. auch der Erwerber einer schadstoffbelasteten Immobilie Ansprüche gegenüber dem Schadstoffgutachter geltend machen, obwohl dieser allein vom Verkäufer beauftragt wurde[35].

33) Palandt/Grüneberg, Bürgerliches Gesetzbuch, 68. Aufl., 2009, § 328, Rn. 13.
34) Zur Erstellung eines Wertgutachtens durch einen Sachverständigen: BGH, NJW 1995, S. 392.
35) BGH, Entscheidungen des Bundesgerichtshofes in Zivilsachen (BGHZ) 127, S. 378; ausführlich zum Vertrag mit Schutzwirkung zugunsten Dritter jüngst Zenner, NJW 2009, S. 1030 ff.

Drittschadensliquidation

Die Grundsätze zur Drittschadensliquidation hat die Rechtsprechung für Fälle entwickelt, in denen es zu einer zufälligen Schadensverlagerung kommt, also Schaden und Ersatzanspruch zufällig nicht in einer Person liegen, sondern auseinanderfallen. Aus dem Bau- und Schadstoffrecht sind bislang allerdings keine Fälle bekannt geworden, in denen Gerichte die Haftung eines am Bau Beteiligten nach den Grundsätzen der Drittschadensliquidation bejaht haben.

1.2.4 Deliktische Haftung

Es ist bereits dargelegt worden, dass im Rahmen der vertraglichen Haftung grundsätzlich – mit Ausnahme der in Kapitel 1.2.3.5 genannten Fälle – nur Ansprüche des direkten Vertragspartners gegeben sind. Neben die vertragliche Haftung kann jedoch die deliktische Haftung treten (Recht der unerlaubten Handlung). Sie hat zur Folge, dass der Schädiger Schäden ausgleichen muss, die bei Dritten (außerhalb des Vertragsverhältnisses) entstanden sind. Der Kreis der möglichen Anspruchsteller ist damit praktisch nahezu unbegrenzt. So kann z. B. eine Vielzahl von Nutzern infolge des Auftretens von Schadstoffen in Gebäuden gesundheitlich geschädigt werden oder Grundstücksnachbarn können Eigentumsschäden erleiden. Selbst Schaulustige können z. B. bei einer falschen Asbestsanierung geschädigt werden und dementsprechend Ansprüche geltend machen. Schließlich sind natürlich auch die potenziellen Gesundheitsgefahren für die Beschäftigten der Sanierungsunternehmen zu erwähnen.

Im Rahmen der deliktischen Haftung kommen insbesondere die Vorschriften des § 823 Abs. 1 und 2 BGB in Betracht. Vorläufig differenziert nach dem jeweiligen Beteiligten müssen aber unterschiedliche Pflichten beachtet werden.

1.2.4.1 Verletzung der Rechtsgüter des § 823 Abs. 1 BGB

§ 823 Abs. 1 BGB knüpft grundsätzlich an die rechtswidrige und schuldhafte Verletzung von Rechtsgütern an, namentlich Leben, Körper, Gesundheit, Freiheit und Eigentum sowie sonstige absolute Rechte (z. B. der „eingerichtete und ausgeübte Gewerbebetrieb“). Zweck der Vorschrift ist im Grundsatz der Schutz des Einzelnen gegen widerrechtliche Eingriffe in seinen Rechtskreis.

Werden Personen durch Bauarbeiten z. B. an ihrer Gesundheit geschädigt, kommt also neben einer (eventuell bestehenden) vertraglichen auch eine deliktische Haftung in Betracht. Betroffene können dabei sowohl die Arbeitnehmer des Bauunternehmens als auch Nachbarn oder sonstige Dritte (z. B. Zuschauer an Großbaustellen) sein. Voraussetzung für einen solchen deliktischen Schadensersatzanspruch ist dann neben der eingetretenen Gesundheitsschädigung die vorsätzliche oder fahrlässige Verletzung von Sicherungspflichten; in diesen Fällen muss der eingetretene Schaden zudem kausal durch die Sorgfaltspflichtverletzung entstanden sein.

Besondere Bedeutung kommt in diesem Zusammenhang den sogenannten Verkehrssicherungspflichten zu. Eröffnet jemand in seinem Verantwortungsbereich eine Gefahrenlage, durch welche Dritte gefährdet werden können, so muss er Rücksicht auf diese Gefährdung nehmen und sämtliche Vorkehrungen treffen, um eine eventuelle Schädigung Dritter zu verhindern[36)]. Geschützt ist jeder, mit dessen Gefährdung üblicherweise gerechnet werden muss. Regelmäßig kommt es vor, dass mehrere Pflichtige nebeneinander zur Rücksichtnahme verpflichtet sind.

Vor diesem Hintergrund treffen die an einer Sanierung Beteiligten teilweise völlig unterschiedliche Verpflichtungen.

Haftung des Bauherrn

Grundsätzlich hat der Bauherr dafür zu sorgen, dass von seinem Bauvorhaben keine Gefahren ausgehen, durch die Dritte einen Schaden erleiden können. Zwar kann er die Verkehrssicherungspflicht zulässigerweise auf Dritte (z. B. den Architekten) übertragen, allerdings verbleibt ihm in diesem Fall letztlich immer eine Anweisungs- und Überwachungspflicht[37)]. Hat der Bauherr Anlass zu Zweifeln, ob der von ihm Beauftragte die ihm übertragene Verkehrssicherungspflicht verlässlich erfüllt, muss er den Sachverhalt unverzüglich erforschen und gegebenenfalls erforderliche Maßnahmen einleiten. Unterlässt er dies, macht er sich ebenfalls schadensersatzpflichtig.

Haftung des bauausführenden Unternehmens

Das bauausführende Unternehmen muss die Bauarbeiten so durchführen und die Baustelle mit zumutbaren Mitteln so absichern, dass objektiv vorhersehbare Gefahren von Dritten ferngehalten werden[38)]. Diese Pflicht trifft ihn so lange, wie er die tatsächliche Herrschaft über das Baugeschehen und die Baustelle hat.

Haftung des Architekten/Planers

Den Architekten treffen im Rahmen der von ihm übernommenen Aufgaben unterschiedliche Verkehrssicherungspflichten sowohl gegenüber dem Bauherrn als auch gegenüber außen stehenden Dritten. Der Umfang seiner Haftung richtet sich nach dem Umfang seiner Beauftragung.

Soweit der Architekt Aufgaben der Leistungsphase 8 (Objektüberwachung) wahrnimmt, haftet er (künftigen) Benutzern des Bauwerks für solche Körper- und Sachschäden, die aufgrund von Mängeln entstanden sind, die auf Planungs- und Überwachungsfehlern des Architekten beruhen. Einer ausdrücklich vertraglichen Übernahme dieser Aufgabe bedarf es insoweit nicht[39)]. So hat der BGH aus einer häufigen Anwesenheit des Architekten auf der Baustelle und dessen Erteilung von Weisungen eine Haftung des Architekten für etwaige Schäden abgeleitet[40)]. Allerdings schränkt die Rechtspre-

36) BGH, NJW 2007, S. 762, 1684.
37) Vgl. BGH, NJW 1982, S. 2187; BGH, Neue Juristische Wochenschrift: Rechtsprechungsreport Zivilrecht (NJW-RR) 1989, S. 394.
38) BGH, NJW 1996, S. 2035.
39) So OLG Celle, BauR 2008, S. 863.
40) BGH, Zeitschrift für Versicherungsrecht, Haftungs- und Schadensrecht (VersR) 1959, S. 904, 905.

chung diese weitreichende Haftung dahin gehend ein, dass dies nur für Tätigkeiten gilt, die gerade der Vermeidung solcher Schäden dienen sollen[41)].

Übt der Architekt die Funktion des Bauleiters im Sinne des Bauordnungsrechts aus, die von der Objektüberwachung der Leistungsphase 8 nach § 3 HOAI grundsätzlich zu unterscheiden ist, so treffen ihn gleichermaßen Verkehrssicherungspflichten. Dies gilt unabhängig von der Frage, ob die Vorschriften zur Bauleitung in den Landesbauordnungen Schutzgesetze im Sinne von § 823 Abs. 2 BGB sind. Ist der Architekt Adressat von Verkehrssicherungspflichten, gelten diese auch gegenüber allen Dritten, die bestimmungsgemäß mit dem Bauwerk in Berührung kommen. Dies können auch Zuschauer und Nachbarn sein[42)].

1.2.4.2 Haftung wegen Verletzung eines Schutzgesetzes (§ 823 Abs. 2 BGB)

Auch die vorsätzliche oder fahrlässige Verletzung eines Schutzgesetzes begründet Schadensersatzansprüche der Geschädigten. Als Schutzgesetze kommen alle Rechtsnormen in Betracht, die mindestens auch den Schutz von Individualrechtsgütern bezwecken.

Damit stellen Normen, die Sicherungsmaßnahmen zum Schutz von Leib und Leben während des Baus vorschreiben, Schutzgesetze im Sinne von § 823 Abs. 2 BGB dar. Gleiches gilt für Normen über die Sicherheit baulicher Anlagen – z. B. § 3 Abs. 1 der Hessischen Bauordnung (HBO)[43)]. Auch die strafrechtliche Norm zur Baugefährdung (§ 319 StGB) stellt ein solches Schutzgesetz dar, zumindest soweit sie zum Schutz des Lebens und der Gesundheit, nicht aber zum Schutz des Vermögens dient[44)].

Ob die strafrechtlichen Normen zum Schutz der Umwelt (§§ 324 bis 330d StGB) als Schutzgesetze einzuordnen sind, ist von der Rechtsprechung bislang nicht entschieden. Nach einer verbreiteten Ansicht wird die Umwelt nicht um ihrer selbst willen geschützt, sondern nur in Bezug auf das menschliche Interesse an der Erhaltung von Umweltbedingungen[45)]. Soweit die Vorschriften allerdings um den Schutz von Leib und Leben erweitert sind, spricht einiges dafür, sie als Schutzgesetze im Sinne von § 823 Abs. 2 BGB zu qualifizieren.

Regelwerke privater Verbände sind grundsätzlich nicht als Schutzgesetze im Sinne von § 823 Abs. 2 BGB zu qualifizieren und können nach ständiger Rechtsprechung auch nicht die deliktischen Sorgfaltspflichten näher bestimmen[46)]. So verweigert die Rechtsprechung z. B. den Unfallverhütungsvor-

---

41) BGH, NJW 1991, S. 562.

42) Landgericht (LG) Frankfurt am Main, IBR 2005, S. 204; OLG Stuttgart, IBR 2003, S. 1030; OLG Karlsruhe, IBR 1998, S. 24; OLG Düsseldorf, IBR 1996, S. 339.

43) Hessische Bauordnung (HBO) v. 18.06.2002, Gesetz und Verordnungsblatt für das Land Hessen, Teil I (GVBl. I), S. 274, zuletzt geändert durch Gesetz v. 06.09.2007, GVBl. I, S. 548; Säcker/Rixecker/Wagner, Münchener Kommentar zum Bürgerlichen Gesetzbuch, Bd. 5, 5. Aufl., 2009 (MüKo), § 823, Rn. 170; Bamberger/Roth/Spindler, Kommentar zum Bürgerlichen Gesetzbuch, 2. Aufl., 2008, § 823, Rn. 173.

44) MüKo/Wagner, § 823, Rn. 177.

45) Tröndle/Fischer, Strafgesetzbuch und Nebengesetze, 54. Aufl., 2007, vor § 324, Rn. 3a, mit weiteren Nachweisen.

46) Vgl. Koepfer, BauR 2005, 28, 37.

schriften der Berufsgenossenschaften die Eigenschaft als Schutzgesetz[47]. Auch Technische Regeln weisen keinen Schutzgesetzcharakter auf[48].

1.2.4.3 Organhaftung

Nur ausnahmsweise kann eine persönliche Haftung des Organs (Geschäftsführer) angenommen werden, insbesondere bei Verwirklichung eines den Repräsentanten treffenden Haftungstatbestands, z. B. Haftung aus Delikt aufgrund positiven Tuns. Eine persönliche Haftung aufgrund Unterlassens ist nur möglich, soweit den Repräsentanten eine Garantenstellung, d. h. eine Rechtspflicht zum Schutz von Rechtsgütern bzw. vor einer bestimmen Gefahrenquelle, trifft. Eine persönliche Haftung des Geschäftsführers einer Bauträgergesellschaft mbH wegen einer mangelhaften und von der Baubeschreibung abweichenden Ausführung setzt gemäß einer Entscheidung des OLG Koblenz den Nachweis voraus, dass der Geschäftsführer die abweichende Ausführung vorsätzlich angeordnet und eine Schädigung der Käufer zumindest in Kauf genommen hat[49].

1.2.5 Gesamtschuldnerhaftung und Haftungsquote

Haben mehrere Beteiligte einen eingetretenen Schaden zu verantworten, kann sich der Geschädigte grundsätzlich an einen der Beteiligten wenden und von diesem Ersatz des gesamten Schadens verlangen. Gegebenenfalls kann der in Anspruch genommene Schädiger Regress bei den anderen Beteiligten nehmen. Zu differenzieren ist also zwischen der Haftung im Außenverhältnis (gegenüber dem Geschädigten) und der Haftung im Innenverhältnis (der Haftungsquote).

Bislang galt in der Rechtsprechung der Grundsatz, dass der bauaufsichtsführende Architekt im Innenverhältnis im Verhältnis zum ausführenden Unternehmer regelmäßig von der Haftung frei ist, da er lediglich seine im Verhältnis zum Auftraggeber bestehende Aufsichtspflicht verletzt hatte und der Schwerpunkt der Schädigung durch den bauausführenden Unternehmer erfolgt sei[50]. Wurde also der Architekt im Außenverhältnis vom Auftraggeber haftbar gemacht, konnte er (bzw. sein Haftpflichtversicherer) im Innenverhältnis meist in voller Höhe Regress beim Bauunternehmen nehmen. In seinem Urteil vom 27. November 2008 hat der BGH diesen Weg nun erheblich erschwert[51]. Der BGH hebt in der Entscheidung nämlich hervor, dass der Verletzung von Prüfungs- und Hinweispflichten trotz ihrer rechtlichen Einordnung als Nebenpflichten eine erhebliche Bedeutung zukomme. Deren Verletzung stelle regelmäßig eine beträchtliche Ursache für Schäden am Bauwerk dar. Es ist daher davon auszugehen, dass die Haftungsquote des Architekten im Verhältnis zum ausführenden Unternehmen in Zukunft höher ausfallen wird[52].

---

47) Vgl. MüKo/Wagner, § 823, Rn. 334; Palandt/Sprau, Bürgerliches Gesetzbuch, 68. Aufl., 2009, § 823, Rn. 56.
48) MüKo/Wagner, § 823, Rn. 335.
49) OLG Koblenz, IBR 2007, S. 322.
50) BGH, BGHZ 43, S. 227, 231.
51) BGH, BauR 2009, S. 515.
52) Vgl. Schulze-Hagen, IBR 2009, S. 93; vgl. ausführlich zu den Haftungsquoten Schwenker/Wessel, Zeitschrift für Immobilienrecht (ZfIR) 2009, S. 279.

1.2.6 Haftungsrisiken für den Verkäufer und Vermieter bei unterbliebenen oder unsachgemäßen Schadstoffsanierungen

Die unzureichende Aufklärung, Prüfung, Beurteilung und Beseitigung von Schadstoffen kann in den Fällen der Veräußerung oder Vermietung erhebliche Auswirkungen auf das Rechtsverhältnis zwischen Käufer und Verkäufer bzw. Vermieter und Mieter haben.

1.2.6.1 Die Arglisthaftung des Verkäufers bei verschwiegenen bzw. nicht offenbarten Schadstoffen

In Kaufverträgen über gebrauchte Immobilien wird meist geregelt, dass das Objekt so verkauft wird, „wie es steht und liegt", und sämtliche Rechte des Käufers wegen Sachmängeln des Grundstücks und des Gebäudes ausgeschlossen sind. Derartige Haftungsausschlüsse sind zwar üblich und zulässig, bieten für den Eigentümer schadstoffbelasteter Gebäude jedoch nicht die Sicherheit, beim nachträglichen Auftreten von Schadstoffbelastungen von Ansprüchen des Käufers verschont zu bleiben. § 444 BGB stellt nämlich klar, dass sich der Verkäufer auf eine Vereinbarung, durch die die Rechte des Käufers wegen eines Mangels ausgeschlossen oder beschränkt werden, nicht berufen kann, soweit er den Mangel arglistig verschwiegen oder eine Garantie für die Beschaffenheit der Sache übernommen hat.

Insbesondere bei privaten Verkäufern bestehen oft völlig falsche Vorstellungen darüber, wann das Unterlassen von Hinweisen auf (mögliche) Schadstoffbelastungen den Tatbestand des arglistigen Verhaltens erfüllt.

Eindeutig sind hier zunächst die Fälle, in denen der Verkäufer trotz Kenntnis einer gesundheitsgefährdenden Schadstoffbelastung Schadstofffreiheit behauptet. Arglistig handelt aber auch derjenige, der bei einem älteren Gebäude „ins Blaue hinein" Schadstofffreiheit versichert, obwohl er überhaupt keine Untersuchungen veranlasst hat.

Arglistiges Verhalten liegt aber auch dann vor, wenn der Verkäufer offenbarungspflichtige Tatsachen verschweigt. Nach der gefestigten Rechtsprechung des BGH handelt bei einer Täuschung durch Verschweigen eines offenbarungspflichtigen Mangels derjenige arglistig, der den Fehler zwar nicht positiv kennt, sein Vorhandensein aber für möglich hält und ihn dennoch nicht offenbart, obwohl er weiß oder billigend in Kauf nimmt, dass der Fehler für die Entschließung des Käufers über den Abschluss des Vertrages von Bedeutung ist[53)]. Damit kann auch ein Handeln oder Verhalten des Verkäufers arglistig sein, das nicht von betrügerischer Absicht getragen ist, sondern „nur" auf bedingtem Vorsatz – im Sinne eines bloßen „Fürmöglichhaltens" und „Inkaufnehmens" – beruht.

Die Frage, unter welchen Voraussetzungen der Verkäufer den Käufer z. B. über vorhandene Asbestbelastungen aufklären muss, hat die Rechtsprechung der Land- und Oberlandesgerichte in den vergangenen Jahren immer wieder beschäftigt[54)]. In seinem Urteil vom 27. März 2009 hat der BGH nun we-

53) Vgl. BGH, Deutsche Notar-Zeitschrift (DNotZ) 2004, S. 691.

54) Vgl. etwa OLG Hamm, OLG-Report Hamm (OLGR Hamm) 2003, S. 312 ff.; OLG Celle, Immobilienverwaltung & Recht (IMR) 2007, S. 235; LG Hannover, Urteil v. 25.05.1998 – 20 O 83/97.

sentliche Grundsätze formuliert, die nicht nur für den Problemkreis „Asbest“ von Bedeutung sind[55].

Zum einen hat der BGH klargestellt, dass die Frage, ob der bei der Errichtung eines Gebäudes übliche oder als unbedenklich angesehene Einsatz bestimmter Techniken oder Materialien aufgrund des technischen Fortschritts oder besserer wissenschaftlicher Erkenntnisse zur Bewertung der Kaufsache als mangelhaft führt, nicht schematisch für alle Fälle gleichermaßen beantwortet werden könne. Einerseits bestehe zwar bei dem Einsatz von Baumaterialien, die ein gravierendes gesundheitsschädigendes Potenzial aufweisen, eine Gemeinsamkeit mit Fällen, in denen ein Grundstück mit sogenannten Altlasten kontaminiert ist, deren Gefährdungspotenzial ursprünglich als nicht gegeben oder nur als geringfügig eingestuft, später aber als gravierend erkannt worden ist. In den Altlastenfällen sei das Vorliegen eines offenbarungspflichtigen Mangels aber in der Regel anzunehmen. Andererseits gilt es nach Auffassung des BGH aber auch, dem Umstand Rechnung zu tragen, dass selbst Baustoffe mit bedenklichen Inhaltsstoffen je nach der Art ihrer Verwendung und Nutzung keine konkrete Gefährlichkeit aufweisen und sie ihre Funktion unproblematisch erfüllen können, solange es nicht zu einem Substanzeingriff kommt. Von einem offenbarungspflichtigen Mangel sei daher erst, aber auch schon dann auszugehen, wenn die ernsthafte Gefahr bestehe, dass Stoffe mit einem erheblichen gesundheitsgefährdenden Potenzial im Rahmen der üblichen Nutzung des Kaufobjekts austreten können. Dabei liege eine erhebliche Einschränkung der Nutzbarkeit eines Wohngebäudes auch dann vor, wenn übliche Umgestaltungs-, Renovierungs- oder Umbaumaßnahmen nicht ohne gravierende Gesundheitsgefahren vorgenommen werden können.

Auch wenn die Entscheidung des BGH den Verkauf eines Wohngebäudes unter Privatleuten zum Gegenstand hatte, wird man sie dahin verallgemeinern können, dass immer dann, wenn der Verkäufer von Schadstoffbelastungen positive Kenntnis hat und von diesen Schadstoffen ein **konkretes** (Gesundheits-)Gefährdungspotenzial ausgeht, eine Offenbarungspflicht besteht. Damit löst z. B. die Kenntnis schwach gebundener Asbestfasern immer eine Offenbarungspflicht aus. Auch dann, wenn – wie bei fest gebundenen Asbestfasern – ohne Substanzeingriff grundsätzlich nur ein abstraktes Gefährdungspotenzial gegeben ist, muss der Verkäufer das Vorhandensein von Schadstoffen offenbaren, wenn im Rahmen der Nutzung und Instandhaltung des Objekts die Gefahr besteht, dass durch Veränderungen an den betreffenden Bauteilen ein konkretes Gefährdungspotenzial entsteht. Berücksichtigt man, dass die Nutzungszeiträume bei gewerblichen Bauten immer kürzer werden und eine Neuvermietung meist umfangreiche „Revitalisierungsmaßnahmen“ erfordert, wird man davon ausgehen können, dass praktisch jede positive Kenntnis von gesundheitsgefährdenden Schadstoffen die Offenbarungspflicht auslöst.

Der BGH hat nicht entschieden, ob der Verkäufer auch Verdachtsmomente, die sich aus Bauart, Baualter und vorherrschender Nutzung ergeben, gegenüber dem Kaufinteressenten offenlegen muss. Letztlich muss wohl im Einzel-

55) BGH, Urteil v. 27.03.2009 – V ZR 30/08, IBR 2009, S. 320.

fall abgegrenzt werden, ob die vorhandenen Verdachtsmomente konkret oder nur vage sind. Von Bedeutung dürfte auch sein, welche Kenntnisnahmemöglichkeiten und welche Fachkunde jeweils auf Verkäufer- und Käuferseite vorhanden sind und wie konkret die Gefahren sind, von denen die möglichen Schadstoffbelastungen ausgehen. Es ergibt sich schon aus der erforderlichen „Sorgfalt in eigenen Angelegenheiten", dass bei Verdachtsmomenten, die auf konkrete Gefährdungspotenziale (etwa schwach gebundene Asbestfasern) hinweisen, eher ein „Aktivwerden" gefordert ist, als bei Verdachtsmomenten, die „nur" abstrakte Gefährdungspotenziale (etwa fest gebundene Asbestfasern oder gesundheitsgefährdende künstliche Mineralfasern [KMF] in einer Fassadendämmung) betreffen.

1.2.6.2 Die Haftung des Eigentümers/Vermieters

Die Frage, wann der Vermieter schadstoffbelasteter Räume im Verhältnis zum Mieter arglistig handelt, hat die Gerichte bislang dergestalt nicht beschäftigt, weil im Mietrecht derart weitgehende Haftungsausschlüsse wie im Kaufrecht nicht möglich sind. Vielmehr stehen dem Mieter bei gesundheitsgefährdenden Schadstoffbelastungen umfassendere Rechte bis hin zur fristlosen Kündigung des Mietverhältnisses zu.

Diese Rechtslage sollte dem Vermieter grundsätzlich Veranlassung geben, bei Verdachtsmomenten für das Vorliegen gesundheitsgefährdender Schadstoffe vorbeugend tätig zu werden. Dies gilt jedenfalls dann, wenn eine Neuvermietung eines Bestandsobjekts ansteht, bei dem schon aufgrund des Baujahrs und der bisherigen Nutzung mit Schadstoffen gerechnet werden muss. Letztlich muss der Eigentümer/Vermieter die Kosten, die durch vorbeugende Untersuchungen und gegebenenfalls Sanierungsmaßnahmen entstehen, gegen den Schaden abwägen, der entstehen kann, wenn z. B. ein Mieter nach Erklärung der fristlosen Kündigung des Mietverhältnisses Umsatzausfälle und Kosten für eine erforderlich gewordene Betriebsverlagerung geltend macht.

1.3 Vorgehensweise bei Sanierung, Rückbau und Umnutzung

Thomas Osberghaus

1.3.1 Allgemeines

Immobilienbesitzer und -verwalter müssen sich aus unterschiedlichen Gründen mit Schadstoffen in Innenräumen und an Gebäuden auseinandersetzen.

Bauwerke sind grundsätzlich so zu erhalten, dass Leben und Gesundheit und die natürlichen Lebensgrundlagen nicht gefährdet werden. Bei entsprechenden Verdachtsmomenten müssen deshalb Maßnahmen zum Auffinden von Schadstoffen ergriffen werden. Die juristischen Grundlagen werden hierzu ausführlich in Kapitel 1.1 erläutert.

Spätestens wenn Mieter und Nutzer über gesundheitliche Beschwerden klagen, bei denen ein Zusammenhang mit Schadstoffen in der Bausubstanz vermutet werden kann, besteht akuter Handlungsbedarf. Es ist abzuklären, ob tatsächlich eine gesundheitliche Gefährdung vorliegt. Sofern eine Dringlichkeit für die Sanierung besteht, sind die entsprechenden Maßnahmen einzuleiten. Auf die einzelnen Schadstoffe und Gefährdungen wird in Kapitel 2 eingegangen.

Bei Renovierungs- und Modernisierungsarbeiten, bei Rückbauarbeiten (Entkernung, Teil- oder Komplettrückbau; siehe Kapitel 1.3.2 bis 1.3.8) sowie bei einer Umnutzung von Gebäuden (Umbau- und Ausbauarbeiten; siehe Kapitel 1.3.9) fallen häufig ebenfalls schadstoffbelastete Bauprodukte an.

Insbesondere bei energetischen Gebäudesanierungen, bei denen in der Regel die Gebäudehülle und große Teile der technischen Gebäudeausrüstung teilweise oder komplett erneuert werden, muss davon ausgegangen werden, dass im Zuge der Arbeiten schadstoffhaltige Materialien zu entsorgen sind.

Die grundsätzliche Vorgehensweise ist in allen genannten Fällen identisch. Im Vorfeld der Baumaßnahmen ist in jedem Fall eine ausreichende Planung notwendig. Ein wichtiges Instrument sind Bausubstanzuntersuchungen. Aus den hieraus gewonnenen Erkenntnissen lassen sich Pflichten und Aufgaben ableiten für

- den Arbeitsschutz,
- den Sanierungs- bzw. Entkernungsablauf mit der Festlegung der geeigneten Verfahren und
- die Entsorgung.

Bausubstanzuntersuchungen sind nicht zuletzt die Grundlage für qualifizierte Ausschreibungen und für eine wirtschaftliche und termintreue Durchführung der geplanten Maßnahme. Vergleichbares gilt für Grundstücke (z. B. Bodenverunreinigungen), deren Untersuchung hier nicht behandelt wird.

Typische Schadstoffe, die erfahrungsgemäß in bestimmten Bauteilen enthalten sein können, sind in Tabelle 1.1 aufgeführt (eine Übersicht gibt Kapitel 3).

Tabelle 1.1: Schadstoffe, die in Bauteilen enthalten sein können (Beispiele)

Bauteile			**möglicherweise enthaltene Schadstoffe**
Bodenplatten		Tragschichten, Dränschichten	PAK
		Sperrschichten, Isolierungen	PAK, MKW, KMF
Wände	erdberührte Wände	Schwarzanstriche, Außenisolierungen	PAK, KMF
		Sperrschichten	PAK
	Außenwände/Fassaden	Fassadenverkleidungen	KMF, Asbest
		Isolierungen	KMF, PAK, Asbest
	Innenwände	Wandverkleidungen	KMF, Asbest, Sulfat, Holzschutzmittel
		Leichtbau- und Brandschutzelemente	Asbest
Decken		Fehlbodenschüttungen	Schwermetalle, PAK
		Brandschutzverkleidungen (Zwischenböden, Träger, Stützen usw.)	Asbest, PCB
		Dämmungen	KMF, Asbest
		Deckenverkleidungen (z. B. Faserplatten)	KMF, Asbest, PCB, Holzschutzmittel
Böden		Fliesenkleber	PAK, Asbest, Phenole
		Kunststoffbeläge	Asbest
		Parkettkleber	PAK, Phenole
		Guss- und Spachtelmassen	PCB, Asbest
		Gussasphalt, Fußbodenplatten aus Asphalt	PAK
		Trittschalldämmungen	KMF, PAK
		Industrieestriche	Asbest, Chlorid, Phenole
		Trennlagen und Sperrschichten	PAK
Fenster, Türen, Treppen		Kitt in Anschluss- oder Dehnfugen	PAK, PCB
		Dämmungen, Randbereiche Fenster–Rollladenkasten	Asbest, KMF, PAK
		Fensterbänke	Asbest
		Feuerschutztüren	Asbest, KMF
Dächer		Isoliermaterialien	KMF, PAK
		Dachpappen	PAK
		Flachdach- und Ausgleichsschüttungen aus Schlacke	Schwermetalle, PAK
		Faserzementplatten	Asbest
		Konstruktionshölzer	Holzschutzmittel

Tabelle 1.1: Fortsetzung

Bauteile		**möglicherweise enthaltene Schadstoffe**
Kamine	Verbrennungsrückstände	PAK, Schwermetalle (einschließlich Arsen)
	Feuerschutzklappen, Putztüren	Asbest
	Isolierungen zwischen Außenhülle und Ausmauerung	KMF, Asbest
Haustechnik	Rohrleitungen	Asbest
	Rohrisolierungen	KMF, Asbest, PAK
	Kabelkanäle	Asbest
	Leuchtstofflampen	Quecksilber
	Flüssigkeitsschalter	Quecksilber
	Transformatoren, Hydraulikanlagen	PCB
	Flanschdichtungen (Heiz- und raumlufttechnische Anlagen)	Asbest
	Bremsbeläge von Aufzügen	Asbest
Sonstiges	Holzkonstruktionen, Holzverkleidungen	Holzschutzmittel (z. B. PCP)
	Stopfmassen bei Wand- und Deckendurchbrüchen	Asbest, KMF
	Putze	Sulfat
	Baustoffe auf Gipsbasis	Sulfat
	Farben, Anstriche	Blei, Cadmium, Chrom, Zink, PCB
	Fugenmassen	PCB, PAK
	Isolierungen bei Feucht- und Kühlräumen	KMF, PAK
befestigte Freiflächen	Schwarzdecken	PAK
	Trennfugen und Fugenverguss	PAK

KMF künstliche Mineralfasern
MKW Mineralölkohlenwasserstoffe
PAK polycyclische aromatische Kohlenwasserstoffe
PCB polychlorierte Biphenyle
PCP Pentachlorphenol

Neben diesen materialbedingten Belastungen sind möglicherweise vorhandene Kontaminationen infolge der Nutzung zu beachten, z. B. wenn früher mit Wasser gefährdenden Stoffen wie Mineralölen umgegangen wurde.

1.3.2 Bestandsaufnahme (Grundlagenermittlung)

Im ersten Schritt stimmen Bauherr und Sachverständiger die Aufgabenstellung ab. Bei einem Ortstermin wird festgestellt, ob und in welchem Umfang Raumluftmessungen, laborchemische Untersuchungen der Bausubstanz und weitere Analysen notwendig sind. So entfällt die Voruntersuchung häufig, wenn z. B. eine Abbruchmaßnahme aufgrund des geringen Umfangs als genehmigungsfreies Vorhaben eingestuft werden kann (dies ist in den jeweiligen Landesbauordnungen geregelt). Wenn eine beprobungslose Klassifikation möglich ist, d. h., wenn die verwendeten Materialien zweifelsfrei bestimmt werden können (z. B. Holzkonstruktionen, Asbestzementplatten) und kein Verdacht auf nutzungsbedingte Schadstoffbelastungen besteht, sind Untersuchungen ebenfalls nicht unbedingt erforderlich.

Wenn der Augenschein jedoch nicht ausreicht, um die Art oder das Ausmaß möglicher Schadstoffbelastungen zu beurteilen oder die gesundheitlichen Beschwerden von Mietern und Nutzern zu erklären, erfolgen in der Regel Materialanalysen und Raumluftmessungen sowie gegebenenfalls weitere Analysen. Hierbei sind Kenntnisse über die zu verschiedenen Zeiten verwendeten Baustoffe sowie deren Gefahrstoffpotenziale erforderlich. Daher sind Angaben zum Baujahr des Gebäudes bzw. nachträglicher Umbau- und Einbaumaßnahmen zu erheben. Mit diesen Daten kann eine erste Beschränkung des Untersuchungsumfangs erfolgen, da einige der uns heute bekannten Schadstoffe nur über einen bestimmten Zeitraum in Bauprodukten eingesetzt wurden. Für einige häufige Schadstoffe sind die Zeiträume in Tabelle 1.2 zusammengestellt.

Tabelle 1.2: Verwendungsverbote relevanter Gebäudeschadstoffe in der Bundesrepublik Deutschland

Schadstoff	**Verbot**
Asbest:	
Spritzasbest	ab 1979
schwach gebundener Asbest	ab 1982
Asbestzement	ab 1992
PCB:	
offene Anwendung (z. B. Dichtmassen, Anstriche)	ab 1978
Produkte mit Gehalten über 50 mg/kg (z. B. Trafoöle)	ab 1989
PCP:	
offene Anwendung	ab 1978
Produktion, Einfuhr, Verwendung	ab 1989
PAK:	
Asphaltestriche, Bauwerksabdichtungen, Korkisolierungen	ab Mitte 1960
Stabparkette	ab 1979
Stirnholzparkette (Holzpflaster)	ab 1995
KMF mit einer Länge von mehr als 5 µm, einem Durchmesser von weniger als 3 µm und einem Verhältnis der Länge zum Durchmesser, das größer ist als 3 : 1 (sog. WHO-Fasern)	ab 2000

In den meisten Fällen stehen Planunterlagen des Eigentümers zur Verfügung. Anderenfalls kann gegebenenfalls bei den Genehmigungsbehörden (z. B. Baurechtsamt) eine Akteneinsicht erfolgen. Die konkrete Erfassung der Baumaterialien sollte im Zuge einer Objektbegehung geschehen, da die Bauprodukte in den Planunterlagen oft nur nach ihrer jeweiligen Funktion benannt sind (z. B. Kühlraumisolierung – hier können z. B. Teerkork, KMF oder Styropor verwendet worden sein). Dazu werden stichprobenartig Aufbrüche an allen wesentlichen Bauteilen durchgeführt (Bodenplatte, Geschossdecken, Böden, Wände, Decken und Dach). Je nach Umfang der Maßnahme kann es hierbei zweckmäßig sein, die gewonnenen Ergebnisse in einem **Raumbuch** darzustellen. Das Raumbuch führt alle jeweiligen Einbauteile, Maße und Baustoffe auf. Besonders bei großen Vorhaben sind Raumbücher im Hinblick auf die Erstellung der Ausschreibungsunterlagen, zur Beweissicherung, zur Massenkontrolle sowie zur Untersuchungsplanung (Optimierung des Untersuchungsumfangs durch Auflistung vergleichbarer Bauprodukte) hilfreich.

Auch junge Gebäude können Stoff- oder Schadstoffbelastungen aufweisen, die für den Arbeitsschutz oder die Entsorgung bzw. die abfallrechtliche Einstufung in der Ausschreibung relevant sind, wie Phenole in Estrichen auf Kunstharzbasis oder eine erhöhte Leitfähigkeit im Beton z. B. durch Sulfat oder Calziumhydroxid. Daher ist es riskant, lediglich aufgrund des Baualters auf Voruntersuchungen der Bausubstanz zu verzichten.

Für das Erkundungsprogramm sind ferner Angaben zur **Nutzungsgeschichte des Gebäudes** erforderlich (vgl. auch Kapitel 1.3.9).

1.3.3 Bausubstanzuntersuchung

Das Ziel der Gebäudeuntersuchung besteht darin, Erkenntnisse über den Gebäudeaufbau und über die wesentlichen verwendeten Materialien zu gewinnen. Hieraus werden später ein Sanierungs- bzw. Rückbau- und Entsorgungskonzept sowie ein Arbeitsschutzkonzept entwickelt (vgl. Kapitel 1.3.6).

Die Erstuntersuchung wird auf Basis der Bestandsaufnahme (Grundlagenermittlung) durchgeführt. Bei Verdacht auf materialbedingte Kontaminationen erfolgt eine sogenannte **Typenbeprobung**. Die Ergebnisse können anschließend auf gleiche Baumaterialien, Gebäudeteile und -bereiche übertragen werden. Bei Verdacht auf nutzungsbedingte Kontaminationen erfolgt eine sogenannte **Bereichsbeprobung**, da in der Regel keine homogenen Schadstoffbelastungen vorliegen. Im Gegensatz zu den Analyseergebnissen der Typenbeprobung können die Ergebnisse von Bereichsbeprobungen nicht auf andere Verdachtsbereiche übertragen werden.

Bei speziellen Fragestellungen kann eine vertiefende Untersuchung notwendig werden. Hierzu gehören z. B.:

- Untersuchung der Eindringtiefen von schadstoffhaltigen Produkten wie Mineralöl, Schwarzanstrichen und Klebern oder die Beprobung der einzelnen Elemente einer mehrschichtig aufgebauten Bodenplatte
- vollständige Überprüfung aller Räume bezüglich der verwendeten Materialien, auch wenn nach Bauart, Baualter und hauptsächlicher Nutzung kein Verdacht auf Belastungen besteht (z. B. bei unvollständigen Planunterlagen oder nicht zweifelsfrei zuzuordnenden Materialien)

- Untersuchung von vorab beprobungslos eingestuften Materialien zur Beweissicherung oder zur Bestätigung der Annahmen
- Untersuchung von Materialien aus potenziell unverdächtigen Bereichen zum Ausschluss möglicher Verunreinigungen

Vor der Durchführung solcher Untersuchungen sind folgende Aspekte zu prüfen:

- Möglichkeiten, das Planungsergebnis zu verbessern und praktisch umzusetzen
  - vertiefte Planung von Arbeits- und Gesundheitsschutzmaßnahmen
  - genauere Ermittlung von Entsorgungsmengen und -wegen
  - Klärung, ob z. B. unterschiedlich belastete Horizonte in einer mehrschichtig aufgebauten Bodenplatte separat ausgebaut werden können (Deckentraglasten, Erreichbarkeit, Zugänglichkeit, Einsatzmöglichkeiten von technischen Hilfsmitteln)
- Beitrag zusätzlicher Untersuchungen zur Kostensenkung
  - Variantenvergleich mit dem Ziel, in der Summe aus Rückbau- und Entsorgungsaufwand eine kostengünstige Bilanz zu erreichen
  - Verringerung möglicher Nachtragsrisiken durch detailliertere Leistungsbeschreibungen

Insbesondere bei komplexen Maßnahmen ist es notwendig, im Zuge der Ortsbegehungen eine **Baubeschreibung** vorzunehmen. Hierbei werden die wesentlichen Bauprodukte sowie ihre Anfallorte erfasst und der jeweilige Aufbau beschrieben. Diese Zusammenstellungen dienen als Grundlage eines Schadstoffkatasters (vgl. Kapitel 1.3.4) sowie im Weiteren für die Leistungsbeschreibung.

Beispiel einer Baubeschreibung

Konstruktion:	voll unterkellerter Stahlbetonskelettbau, viergeschossig, Flachdach
Baujahr:	1971
Rohdecken:	Plattenbalken-Massivdecken
Fußbodenaufbau:	PVC- und Textilbelag, Estrich (5,5 cm), Pappe mit Mineralwolle (3 cm)
Unterdecke:	Holzfaserplatte (2 cm), Deckenfaserplatte abgehängt
Außenwände:	zweischalig, Stahlbetonfassadenplatte mit rückseitiger Mineralwolledämmung, Kalksandsteinhintermauerung, Innenputz, elastische Fugendichtungen
Innenwände:	leichte Ständerwände aus Gipsplatten
Dach:	Kies, Filzmatte, Blähton, Pappe, Styrodur, Pappe auf Stahlbetondecke
Installationen:	Elektro-, Wasser-, Abwasserinstallationen, Beleuchtung
Heizung:	Ölheizung
Ein-/Anbauten:	Sanitäranlagen, gedämmte Rohrleitungen

1.3.4 Schadstoffkataster

Im Schadstoffkataster werden die schadstoffbelasteten Bauprodukte katalogisiert; ein Beispiel zeigt Tabelle 1.3. Das Schadstoffkataster liefert in Verbindung mit dem Raumbuch (vgl. Kapitel 1.3.2) wichtige Kenngrößen zur Sanierungs-, Umbau- bzw. Rückbauplanung.

Tabelle 1.3: Schadstoffkataster (Beispiel)

Bereich	**Bauteil**	**Bauprodukt**	**Stärke (cm)**	**Analyseergebnis (relevanter Wert)**	**Zuordnung**
Erdgeschoss, Werkhalle	Bodenplatte	Estrich	5,0	MKW: 6.000 mg/kg	gefährlicher Abfall[1)]
		Beton	15,0	MKW: 53 mg/kg	Abfall[1)]
2. Obergeschoss, Raum 203	Bodenplatte	Estrich	5,5	Asbestfasern nachgewiesen	gefährlicher Abfall (TRGS 519)
		Pappe mit Mineralwolle	3,0	WHO-Fasern nachgewiesen	gefährlicher Abfall (TRGS 521)
		Stahlbeton	10,0	Chrom: 0,32 mg/l	Abfall[1)]
	Innenwand	Gipsplatten	1,5	Sulfat: 1.200 mg/l	Abfall[1)]
4. Obergeschoss, Raum 401	abgehängte Decke	Faserplatten	2,0	WHO-Fasern nachgewiesen	gefährlicher Abfall (TRGS 521)
Außenwand	Stoßfuge der Fassadenplatten	elastischer Fugenkitt	2,0	PCB_6: 38 mg/kg PCB_{ges}: 190 mg/kg	gefährlicher Abfall (PCBAbfallV)
	Fassadenrückseite	Mineralwolle	10,0	WHO-Fasern nachgewiesen	gefährlicher Abfall (TRGS 521)
Dach	Belag (mehrschichtig)	Pappe (obere Lage)	3,0	PAK: 12 mg/kg	Abfall[1)]
	Belag (einschichtig)	Pappe (untere Lage)	0,5	PAK: 370 mg/kg	gefährlicher Abfall[1)]
	Dachplatte	Beton mit Kleberanhaftungen	10,0	PAK: 68 mg/kg MKW: 970 mg/kg	Abfall[1)]

PCB_{ges} gesamter PCB-Gehalt
PCBAbfallV „Verordnung über die Entsorgung polychlorierter Biphenyle, polychlorierter Terphenyle sowie halogenierter Monomethyldiphenylmethane" (PCB/PCT-Abfallverordnung – PCBAbfallV) vom 26. Juni 2000
PCB_6 Gehalt der 6 PCB-Leitkongenere (siehe hierzu Kapitel 2.1.2.2)
TRGS 519 TRGS 519 „Technische Regeln für Gefahrstoffe – Asbest: Abbruch-, Sanierungs- oder Instandhaltungsarbeiten" (2007-03)
TRGS 521 TRGS 521 „Technische Regeln für Gefahrstoffe – Abbruch-, Sanierungs- und Instandhaltungsarbeiten mit alter Mineralwolle" (2008-02)

1) Die Einstufung als „Abfall" bzw. „gefährlicher Abfall" kann je nach Bundesland variieren.

Einzelne Bereiche wie Fundamente oder überdeckte Bauteile sind in der Regel erst während der Sanierungs- oder Rückbaumaßnahmen zugänglich, sodass sie erst nach dem Ausbau abfallrechtlich eingestuft werden können.

1.3.5 Genehmigungsplanung

Der Bauherr muss bei Umbau- und Rückbaumaßnahmen im baurechtlichen Verwaltungsverfahren **Genehmigungsverfahren** und **Kenntnisgabeverfahren** beachten.

Genehmigungsverfahren

Beim Genehmigungsverfahren prüft die zuständige Behörde nicht nur baurechtliche Fragen, sondern auch, ob andere Behörden eingebunden werden müssen, wie z. B.:

- Denkmalamt
- Wasserwirtschaftsamt
- Abfallwirtschaftsamt
- Veterinäramt
- Gewerbeaufsichtsamt

Ein Sonderfall ist die Verfahrensfreiheit. Die als verfahrensfrei eingestuften Maßnahmen sind in den jeweiligen Landesbauordnungen oder Bauordnungen aufgeführt. Hierunter können z. B. kleinere Gebäude und Anlagen wie Schuppen, Gartenlauben oder Gewächshäuser fallen.

Kenntnisgabeverfahren

Das Kenntnisgabeverfahren als baurechtliches Verwaltungsverfahren kann in einigen Bundesländern (z. B. Baden-Württemberg) bei Abbruchmaßnahmen praktiziert werden. Hierbei muss der Bauherr einerseits eigenverantwortlich prüfen, welche Rechtsbereiche betroffen sind, andererseits besteht aber eine Vereinfachung bei den Genehmigungsunterlagen. Hier sind in der Regel folgende Unterlagen einzureichen:

- Übersichtsplan mit Grundstücksbezeichnung nach Straße und Hausnummer
- Angabe von Lage und Nutzung der abzubrechenden Anlage
- Bestätigung des vom Bauherrn bestellten Fachunternehmers, dass er
  - über die notwendige Befähigung zur Durchführung der Abbrucharbeiten, insbesondere über ausreichende Kenntnisse in Standsicherheitsfragen und Fragen des Arbeits- und Gesundheitsschutzes sowie über ausreichende praktische Erfahrungen beim Abbruch baulicher Anlagen, sowie
  - über die für den Abbruch notwendigen Einrichtungen und Geräte verfügt
- Bestätigung des Bauherrn, dass er die für den Abbruch erforderlichen Genehmigungen nach anderen öffentlich-rechtlichen Vorschriften, insbesondere nach den denkmalschutzrechtlichen Vorschriften, beantragt hat

Das Genehmigungsverfahren führt im Unterschied zum Kenntnisgabeverfahren zu einer Mitverantwortung der Ämter im Planungsprozess.

Schadstoffbelastungen, Art und Umfang der Baumaßnahme oder die Entsorgung führen zu weiteren Pflichten des Bauherrn im Bereich Arbeitsschutz und Abfallrecht, die in Tabelle 1.4 zusammengestellt sind.

Tabelle 1.4: Grundsätzliche Pflichten des Bauherrn bei Vorhandensein von Gebäudeschadstoffen oder anderen zu entsorgenden Materialien

Rechtsbereich	Voraussetzung	Pflichten
Arbeitsschutz: Sicherheit und Gesundheitsschutz auf Baustellen (BaustellV)	Arbeiten mit einem Zeitbedarf von mehr als 30 Arbeitstagen und mehr als 20 gleichzeitig Beschäftigten oder Abbruch mit einem Aufwand von mehr als 500 Personentagen	Vorankündigung bei der zuständigen Behörde spätestens 2 Wochen vor Baubeginn
	Arbeiten mit Beschäftigten mehrerer Arbeitgeber (hierzu gehören auch Subunternehmer)	Koordinationspflicht in der Planung und Ausführung
	Arbeiten mit Beschäftigten mehrerer Arbeitgeber sowie entweder Vorankündigung oder Ausführung besonders gefährlicher Arbeiten gem. Anhang II der Baustellenverordnung	Erstellung eines Sicherheits- und Gesundheitsschutzplans (SiGe-Plan) (vor Baubeginn)
Arbeitsschutz: Asbest (TRGS 519)	asbesthaltige Materialien	Beauftragung eines hierfür zugelassenen Unternehmers
Arbeitsschutz: KMF (TRGS 521)	krebserzeugende künstliche Mineralfasern (WHO-Fasern)	Beauftragung eines hierfür zugelassenen Unternehmers
Arbeitsschutz: kontaminierte Bereiche (BGR 128)	Verdacht auf Verunreinigungen durch Gefahrstoffe	Gefahrstofferkundung
	Verunreinigungen durch Gefahrstoffe und Arbeiten mit Beschäftigten mehrerer Arbeitgeber (hierzu gehören auch Subunternehmer)	Koordinationspflicht in der Planung und Ausführung
	Verunreinigungen durch Gefahrstoffe	Erstellung eines Arbeits- und Sicherheitsplans (A+S-Plan)
Abfallrecht (KrW-/AbfG)	Entsorgung (Verwertung oder Beseitigung) von Abfällen und gefährlichen Abfällen (soweit der Bauherr Erzeuger oder Besitzer der Abfälle ist)	Nachweisführung gem. NachwV; Abfälle zur Beseitigung unterliegen ggf. der Überlassungspflicht an den öffentlich-rechtlichen Entsorgungsträger, ferner besteht für gefährliche Abfälle ggf. eine Andienungspflicht an Sonderabfallgesellschaften (vgl. Kapitel 4)

BaustellV	„Verordnung über Sicherheit und Gesundheitsschutz auf Baustellen" (Baustellenverordnung – BaustellV) vom 10. Juni 1998
BGR 128	BGR 128 „Berufsgenossenschaftliche Regel für Sicherheit und Gesundheit bei der Arbeit – Kontaminierte Bereiche" (1997-04)
KrW-/AbfG	„Gesetz zur Förderung der Kreislaufwirtschaft und Sicherung der umweltverträglichen Beseitigung von Abfällen" (Kreislaufwirtschafts- und Abfallgesetz – KrW-/AbfG) vom 27. September 1994
NachwV	„Verordnung über die Nachweisführung bei der Entsorgung von Abfällen" (Nachweisverordnung – NachwV) vom 10. September 1996

Beispiele für Pflichten des Bauherrn aus den Bereichen Arbeitsschutz und Abfallrecht, wie sie sich abhängig vom jeweiligen Objekt im konkreten Einzelfall ergeben können, sind in Tabelle 1.5 aufgeführt. Ein Großteil der Vorschriften im Abfall- und Arbeitsschutzrecht richtet sich vor allem an die ausführenden Unternehmen und nicht unmittelbar an den Bauherrn; diese Vorschriften sind hier nicht genannt.

Tabelle 1.5: Pflichten des Bauherrn in Abhängigkeit von der jeweiligen Schadstoffbelastung und vom Umfang des Bauvorhabens (Fallbeispiele)

Objekt	**Pflichten**						
	Erkundung1)	**Koordination**2)	**Zulassung**3)	**Vorankündigung**4)	**SiGe-Plan**4)	**A+S-Plan**5)	**Nachweise**6)
Wohnhaus ohne Risiken durch versteckte Schadstoffe	–	–	–	–	–	–	–
Haus mit Außenwandbekleidung aus Asbestzementplatten; 1 Arbeitgeber	+	–	+	–	–	–	+
Werkstatt mit stark ölbelastetem Boden, PCB-Kondensatoren und asbesthaltigen Flanschdichtungen; Bauunternehmer mit Subunternehmer	+	+	+	–	+	+	+
Krankenhauskomplex einschließlich Heizwerk mit unterschiedlichen schadstoffhaltigen Bauprodukten; Arbeitsaufwand von voraussichtlich mehr als 500 Personentagen	+	+	+	+	+	+	+

– keine Verpflichtung
\+ Verpflichtung

1) Gefahrstofferkundung (Bausubstanzuntersuchung) gemäß BGR 128
2) je nach Fall gemäß Baustellenverordnung oder BGR 128
3) gemäß TRGS 519
4) gemäß Baustellenverordnung
5) gemäß BGR 128
6) gemäß Nachweisverordnung; Andienungspflichten sind zu beachten

Wenn der Bauherr nicht selbst über die notwendige Sachkunde verfügt, ist er gesetzlich verpflichtet, im Bedarfsfall zumindest folgende Leistungen bereits in der Planungsphase an geeignete Dritte – z. B. an einen Bauunternehmer oder ein Ingenieurbüro – zu vergeben:

- Koordination nach Baustellenverordnung und BGR 128
- Erstellung eines SiGe-Plans (und dessen Fortschreibung in der Bauphase)
- Erstellung eines A+S-Plans (und dessen Fortschreibung in der Bauphase)

1.3.6 Ausführungsplanung

Aus den Bausubstanzuntersuchungen (vgl. Kapitel 1.3.2 bis 1.3.4) stehen bereits wesentliche Daten zur Verfügung, um auf Grundlage der Kenntnisse der jeweiligen örtlichen Verhältnisse Arbeitsabläufe im Entwurf zu planen (z. B. maschinelles Abfräsen von Bodenbelägen oder Farbbeschichtungen) und nach Prüfung der Randbedingungen (z. B. Deckentraglasten, Zugänglichkeit der Arbeitsbereiche) festzulegen. In der Folge werden ein Sanie-

Tabelle 1.6: Entsorgungskonzept (Beispiel)

Bereich	Bauteil	Bauprodukt	abfallrechtliche Zuordnung	Abfallschlüssel[1)]
Erdgeschoss, Werkhalle	Bodenplatte	Estrich	Gemische aus oder getrennte Fraktionen von Beton, Ziegeln, Fliesen und Keramik, die gefährliche Stoffe enthalten	170106*
		Beton	Beton	170101
unverdächtige Bereiche	Wandplatten, Stützenkonstruktionen, Zwischendecken	Beton	Beton	170101
2. Obergeschoss, Raum 203, und vergleichbare Räume	Bodenplatte	Estrich	asbesthaltige Baustoffe	170605*
		Pappe mit Mineralwolle	anderes Dämmmaterial, das aus gefährlichen Stoffen besteht oder solche Stoffe enthält	170603*
	Innenwände	Gipsplatten	Gipsabfälle	170802
4. Obergeschoss, Raum 401, und vergleichbare Räume	abgehängte Decken	Faserplatten	anderes Dämmmaterial, das aus gefährlichen Stoffen besteht oder solche Stoffe enthält	170603*
Außenwand	Fassadenrückseite	Mineralwolle	anderes Dämmmaterial, das aus gefährlichen Stoffen besteht oder solche Stoffe enthält	170603*
Dach	Belag (mehrschichtig)	Pappe (obere Lage)	Bitumengemische mit Ausnahme derjenigen, die unter 170301 fallen	170302
	Isolierung	Styrodur	Dämmmaterial mit Ausnahme desjenigen, das unter 170601 und 170603 fällt	170604
	Belag (einschichtig)	Pappe (untere Lage)	kohlenteerhaltige Bitumengemische	170301*
	Dachplatte	Beton mit Kleberanhaftungen	Gemische aus oder getrennte Fraktionen von Beton, Ziegeln, Fliesen und Keramik, die gefährliche Stoffe enthalten	170106*
alle Räume	Lampen	Leuchtstoffröhren	Leuchtstoffröhren und andere quecksilberhaltige Abfälle	200121*

1) Abfallschlüssel gemäß „Verordnung über das europäische Abfallverzeichnis" (Abfallverzeichnis-Verordnung – AVV) vom 10. Dezember 2001

rungs- bzw. Rückbau- und Entsorgungskonzept sowie ein Arbeitsschutzkonzept erstellt. Das Rückbau- und Entsorgungskonzept enthält funktionale Vorgaben (z. B. Bergen von Bauteilen oder Anlagen für Folgenutzungen, Abkapseln der Rückbaubereiche zur Staubminimierung bei fortlaufender Produktion, Verwertung von mineralischem Bauschutt durch den Bauherrn) und wird so gestaltet, dass die ausführenden Unternehmen eigenständige Optimierungsmöglichkeiten nutzen können. Ein einfaches Entsorgungskonzept ist in Tabelle 1.6 dargestellt.

geschätzte Masse (t)	**Ausbau**	**Bereitstellung**	**Hinweise**
100	vor dem Abbruch (z. B. Fräsen)	Container	–
300	nach Abtrag des Estrichbelags	Haufwerk zur Deklaration	–
10.800	Separierung während des Rückbaus	Haufwerke zur Deklaration	–
425	vor dem Abbruch (z. B. Fräsen)	Big Bags	Baustelleneinrichtung und Arbeitsschutz gem. TRGS 519; Freimessen nach Sanierung
50	nach Abtrag des Estrichbelags	Big Bags	Baustelleneinrichtung und Arbeitsschutz gem. TRGS 521; Prüfung, ob gemeinsamer Ausbau und Entsorgung mit asbesthaltigem Estrich möglich ist
400	vor dem Abbruch	Container	–
20	vor dem Abbruch	Big Bags	Baustelleneinrichtung und Arbeitsschutz gem. TRGS 521
50	vor dem Abbruch	Big Bags	Baustelleneinrichtung und Arbeitsschutz gem. TRGS 521
320	vor dem Abbruch	Container	–
240	Separierung bei Ausbau der Beläge	Container	–
150	vor dem Abbruch	Container	–
300	nach Abtrag des Estrichbelags	Container	–
0,2	vor dem Abbruch	bruchsichere Behälter	–

1.3.7 Ausführungsunterlagen

Mit den in den vorangegangenen Planungsschritten geschaffenen Grundlagen (vgl. Kapitel 1.3.2 bis 1.3.6) liegen alle für eine Ausschreibung notwendigen Daten vor.

Je detaillierter die Leistungsbeschreibung ist und je genauer die Angaben im Leistungsverzeichnis vorgenommen werden, desto höher ist die Kostensicherheit der geplanten Maßnahme. Bei unvollständigen Ausschreibungsunterlagen erhöht sich das Kalkulationsrisiko für die Sanierungs- bzw. Baufirma. Die Folge sind erhöhte Baukosten durch Sicherheitszuschläge oder – bei erfolgter Beauftragung – Nachtragsforderungen. Ungenaue Ausschreibungsunterlagen können außerdem dazu führen, dass die eingehenden Angebote nicht vergleichbar sind. Auch hierdurch entstehen Mehrkosten für den Bauherrn durch ein erneutes Ausschreibungsverfahren und durch die zeitliche Verzögerung z. B. bei Folgeterminen. Die Vergabe- und Vertragsordnung für Bauleistungen (VOB; Teil A: DIN 1960 [2006], Teil B: DIN 1961 [2006], Teil C: DIN 18299 [2006]) regelt, dass die Leistungen eindeutig und erschöpfend zu beschreiben sind. Die VOB ist im Unterschied zu öffentlichen Bauherren für private Bauherren zwar nicht vorgeschrieben, dennoch empfiehlt sich schon aus den genannten wirtschaftlichen Gründen grundsätzlich ihre Anwendung.

Im Leistungsverzeichnis sind insbesondere jene Leistungsbereiche ausführlich zu beschreiben, in denen eine Nichtbeachtung der Vorgaben oder eine falsche Ausführung Gefahren für Mensch und Umwelt bedeuten oder zu nicht geplanten Mehrkosten führen kann. Dies betrifft vor allem die Schadstoffsanierung (Ausbau von Gefahrstoffen im Zuge von Entkernungsarbeiten) und die Entkernung selbst (Vermeidung von Materialvermischungen). Die anfallenden Bauprodukte sind mengenmäßig darzustellen, wobei die abfallrechtliche Zuordnung vorerst nur auf der Grundlage der Bausubstanzuntersuchung und des daraus entwickelten Entsorgungskonzepts erfolgen kann. Die abschließende Zuordnung kann insbesondere für mineralischen Bauschutt wie Beton- und Ziegelbruch häufig erst nach dem Ausbau erfolgen.

1.3.8 Bauüberwachung

Entsprechend den jeweiligen Landesbauordnungen hat der Bauherr zur Vorbereitung, Überwachung und Ausführung eines nicht verfahrensfreien Bauvorhabens sowie zur Beseitigung von Anlagen geeignete Erfüllungsgehilfen zu bestellen, soweit er nicht selbst zur Erfüllung der Verpflichtungen geeignet ist. Hierfür kann er einen oder mehrere Bauleiter bzw. Fachbauleiter berufen.

Die fachtechnische Begleitung der Sanierungs- und Baumaßnahmen erfolgt in Bezug auf die Durchführung und Einhaltung der gesetzlichen Vorschriften (u. a. „Gesetz über die Durchführung von Maßnahmen des Arbeitsschutzes zur Verbesserung der Sicherheit und des Gesundheitsschutzes der Beschäftigten bei der Arbeit“ [Arbeitsschutzgesetz – ArbSchG] vom 7. August 1996 sowie Baustellenverordnung). Eine weitere Aufgabe der Fachbauleitung ist die Kontrolle der vertraglich festgelegten Leistungsumfänge. Hierbei sind insbesondere die ordnungsgemäße Durchführung der Schadstoffsanierungen und der Separierung der insgesamt anfallenden Bauprodukte zu kontrollieren. Die Fachbauleitung veranlasst und überprüft die gegebenenfalls notwendigen Untersuchungen (Probenahmen und Analysen) zur abfallrechtlichen Deklaration. Die ordnungsgemäße Entsorgung der Materialien wird auf Grundlage der erforderlichen Nachweise (Entsorgungsnachweise, Transportgenehmigung, Begleit-, Übernahme-, Wiegescheine usw.) kontrolliert.

Alle ausgeführten Leistungen, Besonderheiten, Entsorgungswege und -massen, Analyseergebnisse usw. werden in einem Abschlussbericht zusammenfassend dargestellt. Im Wesentlichen beinhaltet die Dokumentation Folgendes:

- Durchführung der Schadstoffsanierung und Separierung der gefährlichen Abfälle
- Durchführung weiterer Entkernungsarbeiten
- baubegleitende Analyseergebnisse mit Probenahmeprotokollen
- Entsorgungsnachweise und -massen
- gegebenenfalls Einbau von mineralischem Abbruchmaterial am Standort

Gutachten und Dokumentationen aller Leistungsphasen (vgl. Kapitel 1.3.2 bis 1.3.7) müssen folgenden Kriterien genügen:

- Vollständigkeit und – soweit erforderlich – Benennung offener Fragen
- Übersichtlichkeit
- Nachvollziehbarkeit sowie Differenzierung zwischen Feststellungen und Vermutungen
- Plausibilität von Daten und Feststellungen

1.3.9 Risiken bei Umnutzungen

Die Nutzungsänderung einer Anlage ist ein baurechtliches Vorhaben, das planungsrechtlich zulässig sein muss und eine Baugenehmigung erfordert. Eine Nutzungsänderung liegt vor, wenn die Funktion der bisherigen zulässigen Nutzung sich wesentlich ändert und damit die Genehmigungsvoraussetzungen neu geprüft werden müssen.

Risiken einer solchen Gebäudeumnutzung können entstehen, wenn von den verwendeten Bauprodukten Gefährdungen für die Nutzer ausgehen. Deshalb sind zu deren Schutz gesetzliche Regelungen geschaffen worden. In § 3 Abs. 1 der Musterbauordnung wird dazu ausgeführt: „*Bauliche Anlagen sind so zu errichten und instand zu halten, dass insbesondere Leben, Gesundheit und die natürlichen Lebensgrundlagen nicht gefährdet werden.*“ In § 3 Abs. 3 wird bestimmt: „*Bauprodukte und Bauarten, die in Vorschriften anderer Vertragsstaaten des Abkommens vom 2. Mai 1992 über den europäischen Wirtschaftsraum genannten technischen Anforderungen entsprechen, dürfen verwendet oder angewendet werden, wenn das geforderte Schutzniveau in Bezug auf Sicherheit, Gesundheit und Gebrauchstauglichkeit gleichermaßen dauerhaft erreicht wird.*“

Entsprechend können – analog zur Planung von Rückbaumaßnahmen – bei einer Gebäudeumnutzung Bausubstanzuntersuchungen notwendig werden. Die Untersuchungen sind jedoch unter dem Aspekt zu planen, dass zum einen der Schutz der beim Umbau Beschäftigten gewährleistet werden kann und zum anderen die Nutzer keinen Belastungen durch die Bauprodukte aus dem Bestand oder durch neu eingebaute Produkte ausgesetzt sind.

Häufig wurde bereits in der Vergangenheit die Gebäudenutzung verändert, wobei unterschiedliche Stoffe und Bauteile eingesetzt bzw. eingebaut wurden. Wenn solche Nutzungsänderungen aufgrund persönlicher Kenntnis oder anhand von Aktenauswertungen bekannt sind, sollten sie sorgfältig recherchiert werden. Insbesondere bei früherer industrieller oder gewerblicher Nutzung ist der Umgang mit Stoffen abzuklären, die für eine nutzungsbedingte Verunreinigung der Bausubstanz verantwortlich sein können. Dies kann z. B. eine Verunreinigung durch Öle und Kraftstoffe an Maschinenstandorten oder durch den Einsatz von Lösemitteln bei Reinigungsprozessen sein.

Wie bei der Rück- oder Sanierungsbauplanung sind somit auch bei geplanten Gebäudeumnutzungen Daten über die verwendeten Bauprodukte und über die vorangegangenen Nutzungen zu erheben. Im Ergebnis muss festgelegt sein, in welchen Bereichen Teilabbrüche (z. B. Wandscheiben, Fußböden, Zwischendecken, Durchbrüche) erfolgen und wo Entkernungsarbeiten notwendig sind (z. B. Ausbau von Parkett- und anderen Bodenbelägen, Demontage von Leichtbauwänden oder technischen Anlagen). Anhand der Untersuchungsergebnisse können Arbeitsschutzmaßnahmen und die Entsorgung der anfallenden Materialien geplant werden. Insoweit unterscheiden sich die Planungsschritte von Umnutzungen nicht grundsätzlich von denjenigen bei Sanierungs- oder Rückbaumaßnahmen (vgl. hierzu Kapitel 1.3.2 bis 1.3.8).

Ein Ausbau von schadstoffhaltigen Bauprodukten ist nicht zwingend erforderlich, wenn nachgewiesen wird, dass keine Belastung der Umgebungsluft erfolgt und ein Direktkontakt mit diesen Schadstoffen ausgeschlossen werden kann (z. B. durch Versiegelung PAK-belasteter Bodenbeläge, Vormauerung bei schadstoffhaltigen Anstrichen oder Beschichtungen oder Einkapselung von Asbestkanälen). Bei dieser Vorgehensweise muss jedoch bedacht werden, dass nachträgliche Eingriffe in die abgetrennten bzw. versiegelten kontaminierten Bereiche erschwert sind, da die notwendige Schutzwirkung dann beeinträchtigt oder aufgehoben würde. Ferner sind bei Vorhandensein von Asbest entsprechende Kennzeichnungen im Raum vorzunehmen, womit gegebenenfalls eine weitere, eher psychologische Beeinträchtigung verbunden sein kann. Auch im Sinne eines nachhaltigen Nutzungskonzepts wird daher einem Ausbau schadstoffhaltiger Bauprodukte – über das gesetzlich notwendige Maß hinaus – häufig der Vorzug zu geben sein.

2 Schadstoffe und andere Gefährdungen

In diesem Kapitel werden bedeutende in Innenräumen und an Gebäuden auftretende Schadstoffe und Gefährdungen hinsichtlich Vorkommen und Eigenschaften, gesundheitlicher Gefährdungen, Risikobewertungen und Sanierungsmöglichkeiten dargestellt.

Dem Aufbau dieses Kapitels liegen hierbei die unterschiedlichen Wirkprinzipien zugrunde:

Am Anfang stehen mit organischen Schadstoffen (Kapitel 2.1) und anorganischen Schadstoffen (Kapitel 2.2) **chemische Schadwirkungen**.

Kapitel 2.3 behandelt Asbest- und künstliche Mineralfasern, die aufgrund ihrer **Lungengängigkeit** und **Biobeständigkeit** Krankheiten verursachen.

In Kapitel 2.4 werden **biologische Gefährdungen** beschrieben.

Gegenstand des Kapitels 2.5 sind Gefährdungen durch **ionisierende und nicht ionisierende Strahlung**.

Abgerundet wird die Thematik in Kapitel 2.6 mit Darstellungen zum **Sick-Building-Syndrom** und zum Phänomen **„Fogging“**, für die eine Vielzahl von Faktoren als ursächlich angesehen wird.

2.1 Organische Schadstoffe

Einleitung

Andreas Stache

In den folgenden 6 Beiträgen werden Schadstoffgruppen sowie einzelne Verbindungen beschrieben, die eine Gemeinsamkeit haben: es sind organische Verbindungen. Organische Verbindungen bestehen immer aus Kohlenstoff, enthalten fast immer Wasserstoff, können aber auch viele andere Elemente wie Sauerstoff, Stickstoff, Schwefel, Phosphor und Halogene oder auch Metalle enthalten.

In der Natur kommen organische Verbindungen z. B. in Erdöl- oder Erdgaslagerstätten vor. Diese in großen Mengen natürlich vorkommenden Kohlenwasserstoffverbindungen werden sowohl als Brennstoffe als auch als Grundstoffe der chemischen Industrie verwendet. Aus anthropogenen Quellen (also aus menschlichen Aktivitäten wie z. B. Emissionen aus Anlagen und Fahrzeugen) werden ständig große Mengen Kohlenwasserstoffverbindungen freigesetzt. In Innenräumen und Gebäuden emittieren Kohlenwasserstoffverbindungen außerdem aus den dort verwendeten Materialien wie z. B. Farben, Lacken, Klebstoffen oder Kunststoffen.

Aufgrund der besonderen Eigenschaften von Kohlenstoff existieren außerordentlich viele unterschiedliche stabile Kohlenstoffverbindungen. Kohlenstoff hat neben seinen besonderen Bindungseigenschaften auch die Fähigkeit zur Isomerie. Mit Isomerie wird die Eigenschaft einer Verbindung bezeichnet, bei derselben Zahl gleichartiger Atome, aber abweichender Anordnung im Raum unterschiedliche chemische und physikalische Eigenschaften zu besitzen.

Organische Verbindungen werden nach ihren funktionellen Gruppen oder nach ihrem Kohlenstoffgerüst eingeteilt:

- aliphatische Kohlenwasserstoffe oder Aliphaten: acyclische (nicht ringförmige) Kohlenwasserstoffe
  - gesättigt (Alkane)
  - ungesättigt (Alkene und Alkine)
- aromatische Kohlenwasserstoffe oder Aromaten: cyclische (ringförmige) Kohlenwasserstoffe
  - einfache Aromaten (mit 1 Ring)
  - kondensierte Aromaten (mit mehreren Ringen)
- Heterocyclen: ringförmige Kohlenstoffverbindungen mit mindestens 1 Nichtkohlenstoffatom (Heteroatom)

Die Bezeichnung der verschiedenen organischen Verbindungen erfolgt zum einen aus historischen Gründen mit Trivialnamen (z. B. Furan, Pyridin, Formaldehyd), zum anderen gemäß den Nomenklaturregeln der organischen Chemie (vgl. Hellwinkel, 2006).

Für Innenräume relevante organische Schadstoffe werden nach ihrem Dampfdruck bzw. Siedepunkt zu den in Tabelle 2.1 aufgeführten Gruppen zusammengefasst.

Da diese Einteilung starke Überschneidungszonen aufweist und die Bezeichnungen in der Literatur häufig mit unterschiedlicher Bedeutung verwendet werden, sollten bei Untersuchungen die analysierten Verbindungen eindeutig definiert werden, wie z. B. bei der Bestimmung der VOC gemäß DIN ISO 16000-6 „Innenraumluftverunreinigungen – Teil 6: Bestimmung von VOC in der Innenraumluft und in Prüfkammern, Probenahme auf TENAX TA®, thermische Desorption und Gaschromatographie mit MS/FID“ (2004).

Tabelle 2.1: Einteilung organischer Innenraumschadstoffe nach ihrem Siedepunkt (nach Zwiener/Mötzl, 2006, Eintrag „VOC")

Siedebereich (°C)	Gruppe	englische Bezeichnung	deutsche Bezeichnung
< 0 bis 50–100	VVOC	very volatile organic compounds	leichtflüchtige organische Verbindungen
50–100 bis 240–260	VOC	volatile organic compounds	flüchtige organische Verbindungen
240–260 bis 380–400	SVOC	semi volatile organic compounds	schwerflüchtige organische Verbindungen
> ca. 380	POM	particulate organic matter	staubgebundene organische Verbindungen

Die Überprüfung auf organische Schadstoffe erfolgt je nach Untersuchungsauftrag bzw. Untersuchungsziel mittels **Material-**, **Hausstaub**- oder **Raumluftprobenahmen** und anschließender Analytik. **Material**untersuchungen werden in der Regel dann eingesetzt, wenn überprüft werden soll, ob die Materialien (z. B. Baustoffe) die zu untersuchenden Verbindungen enthalten (Primär- und Sekundärquellensuche). **Staub**untersuchungen werden in der Regel als Screeningmethode zur Übersichtsanalyse vorhandener SVOC und POM verwendet, aber auch im Falle der polycyclischen aromatischen Kohlenwasserstoffe (PAK) zur Überprüfung der Sanierungsdringlichkeit. **Raumluft**untersuchungen sind in der Regel notwendig, wenn das Gefährdungspotenzial und die Sanierungsdringlichkeit ermittelt werden sollen.

Aus der Vielzahl existierender organischer Verbindungen werden im Folgenden typische organische Schadstoffe, die bei der Begutachtung von Innenräumen und Gebäuden relevant sein können, näher beschrieben: Holzschutzmittelwirkstoffe wie z. B. Pentachlorphenol und DDT (Kapitel 2.1.1), polychlorierte Biphenyle (PCB; Kapitel 2.1.2), Dioxine und Furane (Kapitel 2.1.3), polycyclische aromatische Kohlenwasserstoffe (Kapitel 2.1.4), Formaldehyd (Kapitel 2.1.5) und flüchtige organische Verbindungen (VOC; Kapitel 2.1.6).

Die behandelten Holzschutzmittelwirkstoffe, die PCB und die PAK sind in der Bundesrepublik Deutschland in der Regel nur noch als Altlasten vorhanden, da für diese Stoffe seit einigen Jahren ein Verwendungsverbot besteht. Da diese Verbindungen aber ebenso wie die Dioxine und Furane sehr stabil (persistent) sind und in der Umwelt kaum abgebaut werden, stellen sie auch heute noch ein relevantes Problem dar. Insbesondere bei Umbauarbeiten oder beim Abriss bestehender Gebäude sind diese Schadstoffe als gefährliche Abfälle einzustufen und vorab zu lokalisieren, auszubauen und zu entsorgen. Andere organische Schadstoffe, wie z. B. Formaldehyd und andere VVOC sowie VOC, werden nach wie vor durch verschiedenste Produkte und Prozesse in Innenräume eingebracht und können zu gesundheitlichen Beeinträchtigungen der Verarbeiter und der Raumnutzer führen.

2.1.1 Holzschutzmittel: PCP, Lindan, DDT, Carbolineum

Andreas Stache

2.1.1.1 Einleitung

Seitdem Holz als Baumaterial verwendet wird, ist auch bekannt, dass Holz durch Pilze und Insekten zerstört werden kann. Schon in vorchristlicher Zeit wurde daher versucht, Holz durch Ankohlen, pflanzliche Öle oder durch Anstrich mit Teer und Pech aus natürlichen Asphaltvorkommen (Bergteer, Erdpech) haltbarer zu machen. Es wurden auch schon Salze sowie Quecksilber- und Arsenverbindungen eingesetzt. Durch einen vermehrten Einsatz von Holz beim Hausbau und die Entwicklung von einfach einzusetzenden und haltbaren chemischen Holzschutzmitteln kam es vor allem seit den 1960er-Jahren zu einer Blüte des chemischen Holzschutzes.

Unter Holzschutz werden alle Maßnahmen verstanden, die Holz und Holzwerkstoffe vor einer Wertminderung oder Zerstörung schützen. Verbindungen wie Pentachlorphenol (PCP), Lindan, DDT und Carbolineum können früher Bestandteil chemischer Holzschutzmittel gewesen sein. Chemische Holzschutzmittel enthalten biozide Wirkstoffe, die aufgrund ihrer Zusammensetzung einen Befall von Holz durch Holz zerstörende oder verfärbende Pilze und Holz zerstörende Insekten verhindern, vorhandene Organismen töten und anschließend für einen anhaltenden Schutz gegen Neubefall sorgen.

Früher war chemischer Holzschutz für tragende oder aussteifende Bauteile aus Holz oder Holzwerkstoffen verbindlich vorgeschrieben. Heute ist es erlaubt, durch rein konstruktive Maßnahmen und den Einsatz resistenter Holzarten vollständig auf vorbeugenden chemischen Holzschutz verzichten. Der konstruktive Holzschutz hat mittlerweile Vorrang vor dem chemischen Holzschutz. Im Innenraumbereich ist chemischer Holzschutz generell überflüssig.

Chemische Holzschutzmittel werden vom Deutschen Institut für Bautechnik (DIBt) wie folgt eingeteilt und zugelassen (Deutsches Institut für Bautechnik, 2009):

- wasserbasierte Holzschutzmittel (im wesentlichen Salze) zum vorbeugenden Schutz
- Holzschutzmittel in organischen Lösemitteln zum vorbeugenden Schutz
- Steinkohlenteer-Imprägnieröle zum vorbeugenden Schutz
- Sonderpräparate ausschließlich für Holzwerkstoffe zum vorbeugenden Schutz
- Mittel mit bekämpfender Wirkung gegen Holz zerstörende Insekten (Bekämpfungsmittel)
- Schutzmittel zur Verhinderung des Durchwachsens von Hausschwamm durch Mauerwerk (Schwammsperrmittel)

Alle Holzschutzmittel enthalten Verbindungen mit gewissen Giftwirkungen auf Lebewesen. Unterschieden wird zwischen Mitteln, die gegen Insekten wirken (Insektizide), und solchen, die gegen Pilze und Schimmelpilze wirken (Fungizide).

In diesem Kapitel werden die Holzschutzmittelwirkstoffe Pentachlorphenol (PCP), Lindan (γ-HCH), DDT (Dichlordiphenyltrichlorethan) und Carbolineum behandelt. Diese Holzschutzmittelwirkstoffe werden in der Bundesrepublik Deutschland nicht mehr eingesetzt, sind aber noch als relevante Altlasten in Gebäuden sowie in Importware vorhanden.

Die chemischen Holzschutzmittel werden vor allem im Baubereich gezielt eingesetzt. In den alten Bundesländern waren nach DIN 68800-3 „Holzschutz; Vorbeugender chemischer Holzschutz" (1990) bis Ende der 1980er-Jahre alle tragenden und maßhaltigen Hölzer mit einem chemischen Holzschutz auszustatten. Durch das Aufkommen von Baumärkten und die Vermarktung von wirkstoffhaltigen Farblasuren für den Innenraumbereich kam es insbesondere in den 1970er-Jahren durch Heimwerker auch zu intensiven Holzschutzmittelanwendungen in Innenräumen. In der ehemaligen DDR bestand für Bauholz eine generelle Behandlungspflicht mit vom Amt für Standardisierung, Meßwesen und Warenprüfung (ASMW) zugelassenen Holzschutzmitteln. Die einzelnen Holzschutzmittelwirkstoffe werden in der Regel in Wirkstoffkombinationen angewendet, d. h., in den einzelnen Zubereitungen werden meistens fungizide und insektizide Wirkstoffe zusammen verwendet. Im Folgenden werden zunächst jeweils die einzelnen Wirkstoffe beschrieben, während die Darstellung zu Bewertung und Sanierung sich dann auf die anzutreffenden Holzschutzmittelkombinationen bezieht.

2.1.1.2 Pentachlorphenol (PCP)

Eigenschaften und Verwendung

PCP ist eine synthetisch hergestellte Chemikalie aus der Gruppe der chlorierten aromatischen Kohlenwasserstoffe mit der Ausgangsverbindung Phenol, an das 5 Chloratome gebunden sind. PCP ist in Wasser schwer löslich, besitzt aber eine gute Löslichkeit in organischen Lösemitteln. PCP weist fungizide, bakterizide, herbizide und algizide Eigenschaften auf. Nach 1945 begann die industrielle Herstellung von PCP. Das verwendete technische PCP ist produktionsbedingt immer mit anderen chlororganischen Verbindungen von zum Teil hoher Giftigkeit (z. B. Dioxinen und Furanen; vgl. Kapitel 2.1.3) verunreinigt. Die Gefährdung des Menschen durch Chlordibenzodioxine – auch beim Umgang mit PCP – ist spätestens seit 1957 weltweit bekannt (Daunderer, 1995). Bis Mitte der 1980er-Jahre lag der Haupteinsatzbereich vor allem im Holz- und Bautenschutz. Teilweise wurden PCP-haltige Spanabfälle auch zu Spanplatten verarbeitet.

PCP wurde in der Regel durch Anstrich auf die Holzoberflächen aufgebracht, es ist im Holz allerdings ungleichmäßig verteilt. Die höchsten PCP-Konzentrationen treten oberflächennah auf, mit zunehmender Holztiefe nimmt die PCP-Konzentration ab; daher finden sich in einer äußeren, 3 bis 5 mm starken Schicht meistens 90 % der PCP-Konzentration. Je nach Holzart, Wirkstoffkonzentration und Zahl der Aufträge werden in der äußeren Schicht bis zu einer Tiefe von mehreren Millimetern PCP-Konzentrationen bis 1.000 mg/kg, zum Teil aber auch deutlich höhere Konzentrationen erreicht. PCP diffundiert wie auch andere biozide Wirkstoffe zur Oberfläche der behandelten Materialien und geht von dort in die Raumluft über. Über die Raumluft werden im Laufe der Zeit alle anderen Oberflächen im Raum sekundär kontaminiert. Da das Ausgasungsvermögen der bioziden Wirkstoffe noch nach Jahren und Jahrzehnten besteht, können auch heute noch relevante Raumluftkonzentrationen erreicht werden.

PCP wurde zum einen als vorbeugender Schutz für Holzbauteile und zum anderen als bekämpfende Maßnahme bei der Hausschwammsanierung auch im Mauerwerk und im Verputz eingesetzt. Bei Heimwerkeranwendungen standen in der Regel dekorative Zwecke im Vordergrund. Deshalb können alle in Gebäuden und Einrichtungen vorkommenden Holzbauteile und im Einzelfall auch Mauerwerk und Putz als Primärquelle fungieren. Aufgrund der Ausgasung bzw. diffusiven Ausbreitung können neben den primär behandelten Bauteilen und Hölzern auch alle anderen Innenraumoberflächen, Textilien und Einrichtungsgegenstände sekundär kontaminiert sein. Hier sind auch die Gefache von älteren Holzständerbauten (insbesondere ältere Fertighäuser) zu nennen, wo aufgrund der Sekundärkontamination in den letzten 2 Jahrzehnten eine neue Problematik entstanden ist. In diesen Gebäuden können bei ausreichender Feuchte PCP und TCP (Tetrachlorphenol) durch Mikroorganismen in Chloranisolverbindungen umgewandelt werden. Diese Chloranisole zeichnen sich durch eine äußerst niedrige Geruchsschwelle aus und können einen intensiven muffigen Geruch in der Innenraumluft verursachen. Diese geruchliche Problematik ist nicht zu unterschätzen, da sie vor allem als sozialer und wertmindernder Faktor weitreichende Folgen haben kann.

Auch in den folgenden Bereichen wurde PCP eingesetzt:

- Konservierungsmittel in Lacken, Farben, Klebstoffen, Textilien, Leder, Zellstoff und Papier
- Pflanzenschutzmittel
- Desinfektionsmittel
- Sanitärbereich
- Forstwirtschaft
- Kautschuk und Kosmetika

In verschiedenen Teilen der Welt ist die flächendeckende Anwendung von PCP zur Bekämpfung der Bilharziose (durch Saugwürmer der Gattung *Schistosoma* hervorgerufene, in den Tropen und Subtropen weit verbreitete chronische Infektionskrankheit des Menschen) in Gewässern nach wie vor üblich.

In den alten Bundesländern wurden 1978 Kennzeichnungspflichten für PCP-haltige Zubereitungen eingeführt und die Anwendung in Räumen zum dauernden Aufenthalt von Personen untersagt. Mit der „Pentachlorphenolverbotsverordnung“ (PCP-V) vom 12. Dezember 1989 wurde dann auch das Herstellen, das Inverkehrbringen und die Verwendung von PCP und PCP-haltigen Produkten verboten.

Gesundheitsrisiken

Die Toxizität von PCP wird entscheidend durch verschiedene polychlorierte Verbindungen sowie durch Dioxine und Furane bestimmt, die als technische Verunreinigungen im PCP enthaltenen sind. PCP ist ein starkes Zellgift und gemäß TRGS 905 „Technische Regeln für Gefahrstoffe – Verzeichnis krebserzeugender, erbgutverändernder oder fortpflanzungsgefährdender Stoffe" (2005-07) als krebserzeugend in die Kanzerogenitätskategorie K2 eingestuft und weist erbgutverändernde und fruchtschädigende Wirkungen auf. PCP besitzt eine starke akute Toxizität für eine Vielzahl von Organismen. Durch die lipophilen Eigenschaften (Löslichkeit in Fetten) kann es zu einer Anreicherung im Organismus kommen. Nach dem Verbot von PCP-haltigen Zubereitungen treten akute Vergiftungen in Deutschland praktisch nicht mehr auf. Die Auswirkungen chronischer Belastungen durch in Innenräumen auftretende PCP-Konzentrationen hängen von der Einwirkdauer, von der Konzentration und der spezifischen Empfindlichkeit der betroffenen Personen ab. Bei chronischen PCP-Belastungen werden vielfältige und unspezifische Symptome genannt, u. a. Müdigkeit, Kopfschmerzen, Ekzeme, Konzentrationsstörungen, Schlafstörungen, Haarausfall, Depressionen und Kreislaufbeschwerden. Eine mögliche Schädigung der Blutbildung, eine Beeinträchtigung des Immun- und des Nervensystems, Schädigungen von Haut und Schleimhäuten sowie Nierenfunktionsstörungen und Lebererkrankungen sind als Auswirkungen einer chronischen PCP-Vergiftung beschrieben worden und werden als Holzschutzmittelsyndrom bezeichnet. Bei einer PCP-Exposition im häuslichen Bereich wurden folgende signifikant gehäufte gesundheitliche Beschwerden aufgeführt (Krause/Englert, 1980):

- Frauen: Rötungen der Rachenschleimhaut und der Rachenmandeln, vergrößerte Leber, Haarausfall
- Männer: Aggressivität, Muskelschwäche, Bronchitis
- Mädchen: Kopfschmerzen, Müdigkeit, Halsentzündung, Hauterkrankungen
- Jungen: Bronchitis

PCP kann gasförmig sowie partikelgebunden aus der Raumluft über die Atmung oder über die Haut sowie über die Nahrung in den menschlichen Körper aufgenommen werden. Die Aufnahme über die Haut kann durch direkten Kontakt mit behandelten Hölzern oder durch belastete Textilien oder Leder eintreten.

Kleinkinder sind wegen einer höheren Aufnahme von Staub und der immunsystemschädigenden Wirkung als Risikogruppe anzusehen.

Bewertung von PCP

Zur Bewertung von PCP-Belastungen wurden von der Kommission „Human-Biomonitoring" des Umweltbundesamtes 1997 neben Referenzwerten in der Raumluft auch Human-Biomonitoring-(HBM-)Werte zur Einschätzung der gesundheitlichen Relevanz einer Belastung durch das im Körper akkumulierte PCP festgelegt (vgl. Kommission „Human-Biomonitoring" des Umweltbundesamtes, 1997); beim Human-Biomonitoring werden Menschen auf PCP z. B. im Blut oder im Urin, die einen Rückschluss auf die PCP-Belastung erlauben, untersucht. Da die Datenlage für die Bewertung der gesundheitlichen Auswirkungen von PCP-Belastungen im Niedrigdosisbereich unzureichend ist, was auch die Kommission eingeräumt hat, gab es kritische Stellungnahmen zu den HBM-Werten für PCP. Die Mitglieder des Arbeitskreises der Umweltmedizinischen Beratungsstellen/Ambulanzen (UMB/UMA) kritisierten z. B., dass die Festlegung von festen HBM-Werten für die Allgemein-

Tabelle 2.2: Bewertungen von PCP-Konzentrationen

Bereich	Konzentration	Bewertung, Hinweise	Quelle
Raumluft	0,1 µg/m³	Richtwert I	Ad-hoc-Arbeitsgruppe, 1997
	1 µg/m³	Richtwert II	Ad-hoc-Arbeitsgruppe, 1997
	0,1 µg/m³	Wohnungen und andere Aufenthaltsräume[1)]	PCP-Richtlinie
	1 µg/m³	sonstige Räume	PCP-Richtlinie
Hausstaub	< 1 mg/kg	unbelastet	PCP-Richtlinie
	0,2 mg/kg	normal	Thumulla/Maraun, 2007
	1,5 mg/kg	auffällig	Thumulla/Maraun, 2007
	< 1 mg/kg	Hintergrundbelastung	Gift im Holz, 1994
	1 bis 2 mg/kg	geringe Belastung	Gift im Holz, 1994
	2 bis 5 mg/kg	deutliche Belastung	Gift im Holz, 1994
	> 5 mg/kg	hohe bis sehr hohe Belastung	Gift im Holz, 1994
Erzeugnisse	5 mg/kg	Herstellungs- und Verwendungsverbot[2)]	GefStoffV
Zubereitungen	0,01 %	Herstellungs- und Verwendungsverbot	GefStoffV
Arbeitsplatz	–	kein Arbeitsplatzgrenzwert festgelegt, da Herstellung und Anwendung von PCP verboten ist	–
Trinkwasser	0,1 µg/l	allgemeiner Grenzwert für Pflanzenschutzmittel	TrinkwV 2001
Boden	50 mg pro kg TM	Prüfwert für Kinderspielflächen	BBodSchV
	100 mg pro kg TM	Prüfwert für Wohngebiete	
	250 mg pro kg TM	Prüfwert für Park- und Freizeitanlagen	
	250 mg pro kg TM	Prüfwert für Industrie- und Gewerbegrundstücke	
Gesamtaufnahme	3 µg	ADI-Wert der WHO (tägliche höchste Aufnahmemenge pro kg Körpergewicht)	US-EPA, 1998

ADI	acceptable daily intake: duldbare tägliche Aufnahme
BBodSchV	„Bundes-Bodenschutz- und Altlastenverordnung" (BBodSchV) vom 12. Juli 1999
GefStoffV	„Verordnung zum Schutz vor Gefahrstoffen" (Gefahrstoffverordnung – GefStoffV) vom 23. Dezember 2004
PCP-Richtlinie	Richtlinie für die Bewertung und Sanierung Pentachlorphenol (PCP)-belasteter Baustoffe und Bauteile in Gebäuden (1996-10)
TM	Trockenmasse
TrinkwV 2001	„Verordnung über die Qualität von Wasser für den menschlichen Gebrauch" (Trinkwasserverordnung – TrinkwV 2001) vom 21. Mai 2001
WHO	World Health Organization: Weltgesundheitsorganisation der Vereinten Nationen

1) Dies gilt, wenn gleichzeitig im Blut eine PCP-Belastung von mehr als 70 µg pro l Serum oder im Urin eine PCP-Belastung von mehr als 40 µg/l vorliegt.
2) Das Verbot gilt nicht für Holzbestandteile von Gebäuden und Möbeln sowie für Textilien, die vor dem 23. Dezember 1989 mit Zubereitungen behandelt wurden, die Pentachlorphenol, Pentachlorphenolnatrium oder andere Pentachlorphenolsalze und -verbindungen enthielten. Es gilt ferner nicht für Altholz, das nach der „Verordnung über Anforderungen an die Verwertung und Beseitigung von Altholz" (Altholzverordnung – AltholzV) vom 15. August 2002 verwertet wird.

bevölkerung unzulässig sei, da mit den HBM-Werten für PCP ein Holzschutzmittelsyndrom weder bewiesen noch ausgeschlossen werden könne, weil keine weiteren Verunreinigungen wie z. B. Dioxine und Furane, keine weiteren krankeitsverursachenden Faktoren und auch keine Expositionszeit berücksichtigt würden. Außerdem gelte für kanzerogene Verbindungen ein Minimierungsgebot und es sei offen, für welche gesundheitlichen Endpunkte die HBM-Werte überhaupt Gültigkeit haben sollen (vgl. Alsen-Hinrichs/Bauer/Wassermann, 1998).

Bei der Bewertung von PCP sollten die Verunreinigungen des technischen Gemisches, d. h. insbesondere Dioxine und Furane, sowie die Anwesenheit anderer biozider Wirkstoffe, wie z. B. Lindan, auch immer berücksichtigt werden. Tabelle 2.2 gibt eine Übersicht der Bewertungen von PCP-Konzentrationen in unterschiedlichen Bereichen.

Das PCP-Verbot wurde in der Pentachlorphenolverbotsverordnung 1989 verfügt und aus dieser 1993 in die Gefahrstoffverordnung übernommen. Entsprechende europäische Regelungen fehlen bis heute. Die Beschränkung des Inverkehrbringens nach Anhang I Nr. 23 der Richtlinie 76/769/EWG vom 27. Juli 1976 ist hierfür unzureichend. PCP ist umweltgefährlich und krebserzeugend. Für die Anwendung als Pflanzenschutzmittel besteht ferner ein vollständiges Anwendungsverbot nach der „Verordnung über Anwendungsverbote für Pflanzenschutzmittel“ (Pflanzenschutz-Anwendungsverordnung – PflSchAnwV) vom 10. November 1992.

2.1.1.3 Lindan (γ-HCH)

Eigenschaften und Verwendung

Lindan (Hexachlorcyclohexan, HCH) gehört ebenfalls zur Gruppe der chlorierten Kohlenwasserstoffe; Ausgangsverbindung ist das Hexan, an das 6 Chloratome gebunden sind. Aufgrund der verschiedenen möglichen Anordnungen der Chloratome am Hexangrundgerüst sind insgesamt 8 HCH-Isomere möglich. Bei der technischen Herstellung entstehen stets Gemische der verschiedenen Lindan-Isomere, wobei die 3 Hauptisomere immer in folgender Verteilung vorliegen:

- α-HCH: 65 bis 70 %
- β-HCH: 7 bis 10 %
- γ-HCH: 14 bis 15 %

Die insektizide Wirkung von Lindan wurde 1935 entdeckt. Die Hauptanwendung lag im Bereich der Holz- und Forstwirtschaft. Die insektizide Wirkung des technischen Gemisches geht allein von γ-HCH aus, d. h., dass ca. 85 % des technischen Gemisches Verunreinigungen darstellen. Das Isomer γ-HCH ist ein wirksames Fraß-, Atem- und Kontaktgift. Wegen der alleinigen insektiziden Wirkung von γ-HCH wurde technisches HCH 1977 in der Bundesrepublik Deutschland als Pflanzenschutzmittel verboten und es durfte – mit Einschränkungen – nur noch 99%iges γ-HCH eingesetzt werden. In der Europäischen Union (EU) wurde die Anwendung von technischem HCH als Insektizid ab 1981 verboten (vgl. Umweltprobenbank des Bundes).

Bei den Lindan-haltigen Holzschutzmitteln ist erst ab 1983 gesichert, dass nur noch 99%iges γ-HCH eingesetzt wurde. Lindan wurde in der Regel mit anderen Wirkstoffen wie Pentachlorphenol in Produkten wie „Xylamon-Echtbraun" oder „Xyladecor" oder – mit DDT – in „Hylotox 59" kombiniert.

Die Anwendung von Lindan-haltigen Holzschutzmitteln ist in der Bundesrepublik Deutschland nicht verboten. Aufgrund der Holzschutzmittelprozesse in den 1980er-Jahren und der negativen gesundheitlichen Auswirkungen von Lindan wurde der Einsatz jedoch stark eingeschränkt. In der Bundesrepublik Deutschland befindet sich kein zugelassenes Lindan-haltiges Holzschutzmittel mehr auf dem Markt. Lindan wurde vor allem durch Pyrethroide und andere Verbindungen ersetzt. Lindan darf als Biozidprodukt zur professionellen Schutzbehandlung und industriellen Behandlung von Schnitt-, Bau- und Rundholz sowie zur industriellen und privaten Anwendung in Innenräumen seit dem 1. September 2006 in der EU nicht mehr verwendet werden (Verordnung [EG] Nr. 850/2004 vom 29. April 2004), findet sich aber trotzdem noch in verschiedenen Produktlisten zur Schädlingsbekämpfung (vgl. Schneider/Oltmanns/Gartiser, 2008). In Ländern der EU durfte 99%iges γ-HCH als Insektizid im öffentlichen Gesundheitswesen und im Veterinärwesen noch bis Ende 2007 eingesetzt werden.

In der Medizin wird Lindan als Wirkstoff gegen Hautparasiten, vornehmlich bei Krätze und Kopfläusen, genutzt. Ferner wurde Lindan als Insektengift in Form von Sprays, Streifen, Ameisenpulvern usw. direkt in Innenräume eingebracht.

Lindan wurde in Regel durch Anstrich auf die Holzoberflächen aufgebracht und ist meistens in niedrigerer Konzentration als PCP enthalten. Je nach Wirkstoffkonzentration und Zahl der Aufträge können unmittelbar nach dem Auftrag Wirkstoffkonzentrationen bis zu einigen 100 mg Lindan pro kg Holz in der äußeren Schicht bis zu einer Tiefe von mehreren Millimetern vorhanden sein. Lindan diffundiert wie auch andere biozide Wirkstoffe zur Oberfläche der behandelten Materialien und geht von dort in die Raumluft über. Über die Raumluft werden im Laufe der Zeit alle anderen Oberflächen im Raum sekundär kontaminiert. Da das Ausgasungsvermögen der bioziden Wirkstoffe noch nach Jahren und Jahrzehnten besteht, können auch heute noch relevante Raumluftkonzentrationen erreicht werden. Auch wenn die Lindan-Konzentration in der Raumluft höher als die PCP-Konzentration ist, wird im Staub oftmals eine höhere PCP- als Lindan-Konzentration gefunden; der etwas höhere Dampfdruck von Lindan bewirkt die höheren Luft-, aber niedrigeren Staubkonzentrationen.

Gesundheitsrisiken

Das Isomer α-HCH wird relativ schnell biologisch abgebaut, β-HCH ist dagegen schwer abbaubar und reichert sich in großem Maß im Organismus an. Beide Isomere besitzen eine geringe akute, aber eine hohe chronische Toxizität gegenüber Warmblütern und werden als mutagen und kanzerogen eingestuft. Das Isomer γ-HCH weist gegenüber den anderen Isomeren eine geringere chronische, aber eine sehr hohe akute Toxizität gegenüber Warmblütern und Fischen auf. Es ist in die Wassergefährdungsklasse 3 (stark wassergefährdend) eingestuft (vgl. „Allgemeine Verwaltungsvorschrift zur Änderung der Verwaltungsvorschrift wassergefährdende Stoffe" vom 27. Juli 2005).

Im Körper verhalten sich die einzelnen Isomere unterschiedlich. Abbauprodukte von γ-HCH und β-HCH werden im Fettgewebe gespeichert und angereichert. Es werden mögliche nerven- und nierenschädigende Wirkungen beschrieben. Bei chronischer Belastung können auch Auswirkungen auf die Blutbildung, das Immunsystem und die Leber auftreten. Im Tierversuch zeigt Lindan eine krebserzeugende Wirkung und ist gemäß TRGS 905 in die Kanzerogenitätskategorie K3 eingestuft.

Bewertung von Lindan

Tabelle 2.3 gibt eine Übersicht der Bewertungen von Lindan-Konzentrationen in unterschiedlichen Bereichen.

Tabelle 2.3: Bewertungen von Lindan-Konzentrationen

Bereich	Konzentration	Bewertung, Hinweise	Quelle
Raumluft	0,1 µg/m³	Richtwert I (vorläufig)	Richtwerte, 2005
	1 µg/m³	Richtwert II (vorläufig)	
Hausstaub	< 0,1 mg/kg	normal	Thumulla/Maraun, 2007
	0,3 mg/kg	auffällig	Thumulla/Maraun, 2007
	< 0,3 mg/kg	Hintergrundbelastung	Gift im Holz, 1994
	bis 1 mg/kg	geringe Belastung	Gift im Holz, 1994
	1 bis 3 mg/kg	deutliche Belastung	Gift im Holz, 1994
	3 bis 15 mg/kg	hohe Belastung	Gift im Holz, 1994
	> 15 mg/kg	sehr hohe Belastung	Gift im Holz, 1994
Arbeitsplatz	0,5 mg/m³	Arbeitsplatzgrenzwert 1)	TRGS 900
Trinkwasser	0,1 µg/l	allgemeiner Grenzwert für Pflanzenschutzmittel	TrinkwV 2001
Boden	–	in der BBodSchV keine Prüfwerte für Lindan-Konzentrationen festgelegt	–
Gesamtaufnahme	5 µg	ADI-Wert der WHO (tägliche höchste Aufnahmemenge pro kg Körpergewicht)	Mendez, 2003

TRGS 900 TRGS 900 „Technische Regeln für Gefahrstoffe – Arbeitsplatzgrenzwerte" (2006-01)

1) technisches Gemisch aus α-HCH und β-HCH

2.1.1.4 DDT

Eigenschaften und Verwendung

Bei DDT (Dichlordiphenyltrichlorethan) handelt es sich um eine synthetische Chemikalie, die aus den Ausgangsverbindungen Chlorbenzol und Chloralhydrat hergestellt wird. Die erste Synthese erfolgte schon 1873 durch Othmar Zeidler. Die insektiziden Eigenschaften wurden 1939 von dem Schweizer Chemiker Paul Müller entdeckt. Damit begann die massenhafte Produktion und der weltweite Einsatz von DDT als Insektizid. DDT löste die bis dahin gebräuchlichen Insektizide auf Basis von Arsen, wie z. B. Bleiarsenat, ab, die auch Warmblütern gegenüber als hoch toxisch gelten.

Die Hauptanwendungsbereiche sind die Malaria- und Typhusbekämpfung, die häusliche Insektenbekämpfung, der Einsatz in der Landwirtschaft (Baumwolle), in der Forstwirtschaft und im baulichen Holzschutz.

Spätestens nachdem DDT-Kontaminationen in den Polregionen der Erde festgestellt wurden, wo DDT niemals verwendet wurde, war klar, dass DDT als POP (persistent organic pollutant: langlebiger organischer Schadstoff) eingestuft werden muss. Der Transport von DDT erfolgt über die Atmosphäre und das Wasser. 2001 wurde unter Regie der Vereinten Nationen ein internationales Umweltabkommen (vgl. The Stockholm Convention on Persistent Organic Pollutants) verabschiedet, das die Anwendung von POP (z. B. DDT, Hexachlorbenzol, Aldrin) weltweit verbietet bzw. stark einschränkt. Eine Ausnahme stellt die Anwendung von DDT zur Bekämpfung der Anopheles-Mücke (Malaria) und der Tse-Tse-Fliege (Schlafkrankheit) in Tropenländern dar.

DDT wurde in der Bundesrepublik Deutschland bereits 1972 verboten. In der ehemaligen DDR war eine Verwendung sowohl als Insektizid in der Landwirtschaft als auch beim chemischen Holzschutz üblich und es wurde bis 1990 als Holzschutzmittel eingesetzt. Restbestände durften nach dem Holzschutzmittelverzeichnis von 1990 noch bis Ende Juni 1991 verbraucht werden (vgl. Institut für Bautechnik, 1990). DDT war in den Holzschutzmitteln „Hylotox IP", „Hylotox IP braun" und „Hylotox 59" enthalten. In Ländern der sogenannten Dritten Welt wird es seit den 1940er-Jahren bis heute in der Landwirtschaft und zur Malariabekämpfung eingesetzt.

DDT kann durch lange zurückliegende Desinfektionsmaßnahmen noch in Innenräumen vorhanden sein. Neben den Luftwerten sind bei DDT die Staubkonzentrationen zu berücksichtigen, die je nach Anwendungsort und baulichen Gegebenheiten stark schwanken können.

Da „Hylotox 59" (Wirkstoffkombination aus DDT und Lindan) insbesondere für die Imprägnierung von Dachstühlen verwendet wurde, sind neben Dachstühlen auch Dachwohnungen und Etagenwohnungen betroffen. Weiterhin wurden auch Holzeinbauten oder Möbel im Innenraumbereich mit „Hylotox" behandelt. Auf dem im Streich- oder Sprühverfahren bzw. in Tränkbädern behandelten Holz bildeten sich nach einiger Zeit weißgraue, glitzernde DDT-Kristalle. Der Oberflächenstaub war zusätzlich Lindan-belastet. Eine Gefährdung für den Menschen besteht durch Einatmen der Staubpartikel und abgeriebener DDT-Kristalle.

Gesundheitsrisiken

DDT wirkt als Kontakt- und Fraßgift und schädigt die Nervenzellen (neurotoxisch). Es zeigt eine große Toxizität gegenüber Arthropoden (Gliederfüßer) inklusive Insekten (geflügelte, luftatmende Gliederfüßer), hat gegenüber Warmblütern und Pflanzen aber nur eine geringe Toxizität. Die Wirkung tritt rasch ein und hält lange an.

Im Tierversuch wurden kanzerogene und mutagene Effekte nachgewiesen. Ebenso wirkt DDT leber- und nierenschädigend sowie fortpflanzungsgefährdend. Nach der Verordnung (EG) 1272/2008 vom 16. Dezember 2008 wurde DDT in die Kanzerogenitätskategorie 2 eingestuft. DDT beeinflusst bei chronischer Belastung auch das Immunsystem und ist schwer abbaubar, weshalb es sich aufgrund seines lipophilen Charakters über die Nahrungskette auch im menschlichen Körper anreichert. DDT gilt als minder bienengiftig, ist aber als toxisch für Fische und Fischnährtiere eingestuft. DDT steht im Verdacht, hormonähnliche Wirkungen zu besitzen.

Typisch für akute DDT-Vergiftungen sind neurotoxische Wirkungen wie Zungentaubheit, Parästhesien (anormale Körperempfindungen wie Kribbeln, Einschlafen der Glieder), Schwindel, Zuckungen der Gesichtmuskulatur bis hin zum Krampfanfall und Lähmungen. Die letale Dosis (LD_{50}) für Menschen und Säugetiere beträgt 0,1 bis 0,5 g pro kg Körpergewicht (LD_{50}: Konzentration, bei der die Hälfte der Versuchstierpopulation stirbt). Der NOAEL (no observed adverse effect level), ein Schwellenwert, bis zu dem keine erkennbaren Veränderungen eintreten, wurde mit 0,184 mg pro kg Körpergewicht je Tag bestimmt (Hassauer et al., 1993).

Bewertung von DDT

Sanierungszielwerte von DDT werden insbesondere bei „Hylotox 59"-Anwendungen in der Regel bereits durch den hohen Lindan-Anteil erreicht. Tabelle 2.4 gibt eine Übersicht der Bewertungen von DDT-Konzentrationen in unterschiedlichen Bereichen.

Tabelle 2.4: Bewertungen von DDT-Konzentrationen

Bereich	Konzentration	Bewertung, Hinweise	Quelle
Raumluft	0,3 µg/m³ 3 µg/m³	Richtwert I (vorläufig) Richtwert II (vorläufig)	Richtwerte, 2005
Hausstaub	< 0,3 mg/kg 0,7 mg/kg	normal auffällig	Thumulla/ Maraun, 2007
Material	–	keine Einstufung als krebserzeugend vorgenommen	–
Zubereitungen	–	keine Einstufung als krebserzeugend vorgenommen	–
Arbeitsplatz	–	kein Arbeitsplatzgrenzwert festgelegt	–

Tabelle 2.4: Fortsetzung

Bereich	Konzentration	Bewertung, Hinweise	Quelle
Trinkwasser	0,1 µg/l	allgemeiner Grenzwert für Pflanzenschutzmittel	TrinkwV 2001
Boden	40 mg pro kg TM	Prüfwert für Kinderspielflächen	BBodSchV
	80 mg pro kg TM	Prüfwert für Wohngebiete	
	200 mg pro kg TM	Prüfwert für Park- und Freizeitanlagen	
	–	Prüfwert für Industrie- und Gewerbegrundstücke[1)]	
Gesamtaufnahme	10 µg	ADI-Wert der WHO (tägliche höchste Aufnahmemenge pro kg Körpergewicht)	Solecki, 2001

1) in der BBodSchV kein Prüfwert für Industrie- und Gewerbegrundstücke festgelegt

2.1.1.5 Carbolineum

Eigenschaften und Verwendung

Carbolineum bezeichnet Gemische von Teerölen, die seit über 150 Jahren als Holzschutzmittel eingesetzt werden. Carbolineum wird aus Steinkohlenteer gewonnen und mit weiteren fungiziden und insektiziden Wirkstoffen versetzt. Carbolineum ist eine braunrote, wasserunlösliche, teerartige Flüssigkeit mit starkem teertypischem Geruch. Alle Steinkohlenteeröle sind als krebserzeugend eingestuft. Ihre Anwendung wurde in der Bundesrepublik Deutschland erstmals mit der „Verordnung zur Beschränkung des Herstellens, des Inverkehrbringens und der Verwendung von Teerölen zum Holzschutz" (Teerölverordnung – TeerölV) vom 27. Mai 1991 beschränkt. Mittlerweile wird die Anwendung bzw. das Verbot von Holzschutzmitteln, die Teeröle enthalten, in Anhang IV Nr. 13 der Gefahrstoffverordnung geregelt. Holzschutzmittel, die Teeröle enthalten, dürfen heute nicht mehr als 50 mg Benzo[*a*]pyren pro kg und mehr als 3 % wasserlösliche Phenole enthalten (siehe auch Kapitel 2.1.4). Sie dürfen nur für gewerbliche und industrielle Zwecke wie z. B. für Eisenbahnschwellen verwendet werden. In Innenräumen, bei der Herstellung von Spielzeugen, auf Spielplätzen, in Gärten und Parks und weiteren in der Gefahrstoffverordnung genannten Bereichen dürfen diese Holzschutzmittel ausnahmslos nicht verwendet werden. Erzeugnisse, die ganz oder teilweise aus Holz oder Holzwerkstoffen bestehen und mit teerhaltigen Holzschutzmitteln behandelt wurden, dürfen – außer im industriellen Einsatz oder bei Verwertung nach der Altholzverordnung – nicht mehr verwendet werden.

Gesundheitsrisiken

Die krebserzeugenden, erbgutverändernden und fruchtschädigenden Eigenschaften der Inhaltsstoffe von Carbolineum (insbesondere polycyclische aromatische Kohlenwasserstoffe) werden ausführlich in Kapitel 2.1.4 beschrie-

Tabelle 2.5: Bewertungen von Carbolineum-Konzentrationen

Bereich	bewertete Verbindungen	Konzentration	Bewertung, Hinweise	Quelle
Innenraumluft	Naphthalin	2 µg/m³	Richtwert I	Sagunski/Heger, 2004
		20 µg/m³	Richtwert II	
	16 EPA-PAK		Summe der Kanzerogenitätsäquivalente (KE_{sum}):	Weis/Köhler/Zorn, 2007
		< 2	vernachlässigbares zusätzliches Krebsrisiko	
		2–10	unter Vorsorgegesichtspunkten zu minimieren	
		> 10	relevantes zusätzliches Krebsrisiko	
Erzeugnisse/ Materialien	Benzo[*a*]pyren	> 50 mg/kg	krebserzeugend	TRGS 905
Zubereitungen	Benzo[*a*]pyren	> 50 mg/kg	krebserzeugend	GefStoffV
Hausstaub	Benzo[*a*]pyren und Summe 16 EPA-PAK	> 1 mg BaP pro kg Frischstaub oder > 20 mg PAK pro kg Frischstaub	Empfehlung expositionsmindernder Maßnahmen für Wohnungen	eigene Untersuchungen sowie Ergebnisse verschiedener Labore (in Anlehnung an Thumulla/Maraun, 2007)
	Summe 16 EPA-PAK		Orientierungswerte:	Thumulla/Maraun, 2007
		0,7 mg/kg	normal	
		19,3 mg/kg	auffällig	
Trinkwasser	Benzo[*a*]pyren	0,00001 mg/l	Grenzwert	TrinkwV 2001
	Summe von Benzo[*b*]fluoranthen, Benzo[*k*]fluoranthen, Benzo[*g,h,i*]perylen, Indeno[1,2,3-*cd*]pyren	0,0001 mg/l	Grenzwert	
Arbeitsplatz	Benzo[*a*]pyren	–	kein Arbeitsplatzgrenzwert festgelegt; krebserzeugend (K2)	TRGS 905
Boden	Benzo[*a*]pyren		Prüfwerte für direkte Aufnahme:	BBodSchV
		2 mg pro kg TM	Kinderspielflächen	
		4 mg pro kg TM	Wohngebiete	
		10 mg pro kg TM	Park- und Freizeitanlagen	
		12 mg pro kg TM	Industrie- und Gewerbegrundstücke	
		1 mg pro kg TM	Prüfwert für Wirkungspfad Boden–Nutzpflanze (Ackerbaufläche, Nutzgarten)	
	15 EPA-PAK (ohne Naphthalin)	0,2 µg/l	Prüfwert für Wirkungspfad Boden–Grundwasser	
	Naphthalin	2 µg/l	Prüfwert für Wirkungspfad Boden–Grundwasser	

ben. Hinzu kommen starke Reizwirkungen auf die Haut und auf die Atemwege. Tabelle 2.5 gibt eine Übersicht der Bewertungen von Carbolineum-Konzentrationen in unterschiedlichen Bereichen.

2.1.1.6 Untersuchung auf Holzschutzmittelbelastungen

Zur Ermittlung einer Belastung mit den Holzschutzmitteln PCP, Lindan und DDT können Untersuchungen von **Hausstaub**, **Material** und **Luft** durchgeführt werden. Carbolineum-haltige oder chlornaphthalin-, phenol- oder kresolhaltige Hölzer oder Holzwerkstoffe werden meisten schon am auffälligen Geruch in Innenräumen erkannt. Die Verifizierung erfolgt dann über die zuvor genannten Untersuchungen.

Mithilfe von **Hausstaubuntersuchungen** können größere Bereiche mit wenigen Proben untersucht werden. Dies dient als Screeningmethode, um potenziell vorhandene Holzschutzmittelbelastungen abschätzen zu können. Dabei wird der Umstand genutzt, dass sich mittel- bis schwerflüchtige organische Verbindungen im Staub als Sekundärkontamination nachweisen lassen. Je höher die Raumluftkonzentrationen dieser Wirkstoffe sind und je älter der gesammelte Staub ist, desto höhere Wirkstoffkonzentrationen finden sich im Staub. Ergebnisse von Staubuntersuchungen reichen allerdings noch nicht für eine Risikobeurteilung aus. Sie können aber als Hinweise auf mögliche Belastungen mit Holzschutzmitteln und als Ergänzung zu Raumluftuntersuchungen dienen, da sie die Belastungssituation über einen längeren Zeitraum widerspiegeln.

Materialuntersuchungen werden herangezogen, um zu prüfen, ob Holz oder Holzwerkstoffe gezielt mit Holzschutzmittelwirkstoffen behandelt worden sind oder ob Sekundärkontaminationen auftreten. Hierfür werden oberflächennahe Spanproben (bis maximal 2 mm Tiefe) entnommen und untersucht. Wenn die behandelte Bauteiloberfläche dann zum Raumvolumen ins Verhältnis gesetzt wird, kann abgeschätzt werden, ob Raumluftbelastungen wahrscheinlich sind. Die PCP-Richtlinie geht von einer relevanten Raumluftbelastung aus, wenn das Verhältnis der PCP-behandelten Holzfläche zum Raumvolumen größer als 0,2 m^{-1} ist. Erfahrungen zeigen jedoch, dass auch schon bei einem niedrigeren Wert eine relevante PCP-Belastung vorliegen kann. Ferner werden Materialuntersuchungen zur Ermittlung des Entsorgungswegs durchgeführt. In diesem Fall darf nicht nur die Oberfläche untersucht werden, vielmehr muss der gesamte Querschnitt einbezogen werden, um einen repräsentativen Wert zu erhalten.

Anhand der festgestellten Wirkstoffkonzentrationen kann zwischen **Primärquellen** und **Sekundärquellen** unterschieden werden. Wirkstoffkonzentrationen bis etwa 10 mg/kg können unterschiedliche Ursachen haben:

- Hölzer und andere Materialien können über die Luft kontaminiert worden sein, wenn sie über einen längeren Zeitraum in Räumen gelagert haben, in denen entsprechende Holzschutzmittel verstrichen worden sind (Sekundärkontamination).
- Geringe Wirkstoffbelastungen können auch von einer Behandlung des Holzes direkt nach dem Einschlag im Wald oder auf Holzlagerplätzen herrühren.

Wirkstoffkonzentrationen über 10 mg/kg kommen in der Regel nur durch eine gezielte Behandlung des Holzes zustande. Wenn im gleichen Objekt auch hoch belastete Primärquellen und entsprechende Raumluftbelastungen vorhanden sind, können auch Sekundärbelastungen über 10 mg/kg auftreten.

Zur **Risikobeurteilung** biozider Wirkstoffe werden zum einen **Raumluftuntersuchungen** herangezogen. Hier ist auf jeden Fall zu berücksichtigen, dass die Randbedingungen bei einer Raumluftmessung nachhaltig auf das Ergebnis Einfluss nehmen. Neben den Raumluft- und Oberflächentemperaturen, der relativen Luftfeuchte und dem Lüftungsstatus beeinflussen auch der Reinigungszustand und eine sachgerechte Nutzungssimulation maßgeblich die Höhe der gemessenen Raumluftkonzentration. Diese Randparameter sind bei der Beurteilung der Messergebnisse mit zu berücksichtigen. Zum anderen sollten bei der Risikobeurteilung neben den Ergebnissen der Raumluftuntersuchungen, die je nach Probenahmebedingungen stark schwanken können, auch **Hausstaub- und Materialkonzentrationen** berücksichtigt werden. Wenn mehr als 1 biozider Wirkstoff nachgewiesen wird, ist dies in der Risikobeurteilung ebenfalls zu berücksichtigen, da Kombinationswirkungen bei den einzelverbindungsbezogenen Richt- und Grenzwerten nicht berücksichtigt werden. Ferner sind die Verunreinigungen der eingesetzten technischen Gemische zu würdigen. Im Fall von PCP ist auch mit Dioxinen und Furanen (vgl. Kapitel 2.1.3) zu rechnen. Die Verwendung von Human-Biomonitoring-Werten ist im Fall von PCP-Belastungen wenig praktikabel. In öffentlichen Gebäuden, insbesondere Kindergärten und Schulen, wird kein Verantwortlicher Human-Biomonitoring-Untersuchungen aller Raumnutzer veranlassen, wenn der Richtwert I für PCP deutlich überschritten ist und Materialuntersuchungen eine Behandlung der Holzbauteile belegen.

Zur **Risikobeurteilung** von Holzschutzmittelexpositionen in Innenräumen sind also folgende Schritte notwendig:

- Begehung durch sachkundige Personen, Erfassen der baulichen Gegebenheiten und der Historie sowie von organoleptischen, d. h. sinnlich, z. B. durch Geruch oder Geschmack, wahrnehmbaren Auffälligkeiten
- Erstellen eines objektbezogenen Untersuchungsplans mit der notwendigen Probenahmestrategie; mögliche Probenahmen:
  - Staubproben
  - Materialproben
  - Luftmessungen

Ein Grundansatz der Baubiologie ist, den Menschen ein möglichst schadstofffreies Wohnumfeld zu bieten. Beim Nachweis von hohen Konzentrationen an bioziden Wirkstoffen in einem Gebäude ist dies in der Regel nicht mehr gegeben. Entsprechend dem Minimierungsgebot und aus Vorsorgegründen sollten beim Nachweis von auffälligen Hausstaub- und Raumluftkonzentrationen Minimierungsmaßnahmen durchgeführt werden. In welchem Zeitrahmen und in welchem Umfang Sanierungsmaßnahmen durchgeführt werden müssen, ist von der jeweiligen Risikobeurteilung abhängig. Der Sachverständige hat im Einzelfall eine objektbezogene individuelle Beurteilung durchzuführen.

2.1.1.7 Sanierung holzschutzmittelbelasteter Bauteile

Allgemeines

Biozide Wirkstoffe in Innenräumen – insbesondere in holzschutzmittelbelasteten Bauteilen – sind aus hygienischen Gründen und aus baubiologischer Sicht nicht erwünscht. Im Hinblick auf einen baubiologisch und ökologisch einwandfreien Wohnraum, unter Berücksichtigung der Pflichten der Gebäudeeigentümer gemäß § 3 Musterbauordnung und angesichts nicht kalkulierbarer Folgekosten und Probleme beim Verbleib der persistenten bioziden Wirkstoffe im Gebäude ist in der Regel eine komplette Sanierung des Gebäudes sinnvoll. Holzschutzmittelbelastete Materialien, die nach der Sanierung im Gebäude verbleiben, sind im Hinblick auf eventuelle spätere Sanierungs-, Umbau- oder Rückbaumaßnahmen und die sachgerechte Entsorgung zu dokumentieren.

Grundsätzlich muss bei einer Holzschutzmittelsanierung die Raumluftbelastung und die Aufnahme der Holzschutzmittelwirkstoffe über direkten Hautkontakt sowie eine orale Aufnahme über sekundär kontaminierte Lebensmittel (bzw. direkte Aufnahme von Staub durch Kleinkinder) dauerhaft gesenkt bzw. ausgeschlossen werden. Es muss gewährleistet werden, dass unbelastete und angrenzende Bereiche sowie die Raumnutzer und die Umwelt durch die Sanierungsmaßnahmen nicht kontaminiert und gefährdet werden.

Für die Sanierung holzschutzmittelbelasteter Bauteile gelten die gleichen Grundregeln wie für andere Gefahrstoffe. Für den Umgang mit PCP- und Lindan-haltigen Produkten gelten besondere Vorschriften hinsichtlich technischer, organisatorischer und personeller Schutzvorkehrungen; die Anforderungen regeln die PCP-Richtlinie und die BGR 128 „Berufsgenossenschaftliche Regel für Sicherheit und Gesundheit bei der Arbeit – Kontaminierte Bereiche" (1997-04).

Grundlage jeder Sanierung ist die genaue Bestandsaufnahme mit entsprechendem Holzschutzmittelkataster. Hier sind die Massen aller Primär- und Sekundärquellen zu erfassen. Anhand des Katasters und des vereinbarten Sanierungsziels wird ein Sanierungskonzept mit Kostenschätzung erstellt. Unter Umständen übersteigen die Sanierungskosten den Wert des Gebäudes bzw. kommt der notwendige Umfang der Sanierungsmaßnahmen einem kompletten Rückbau des Gebäudes gleich, insbesondere wenn tragende Bauteile betroffen sind. Die Sanierung ist messtechnisch zu begleiten und abzunehmen.

Bei der Sanierung steht prinzipiell das Entfernen belasteter Bauteile im Vordergrund. Bei behandelten Holzbauteilen kann je nach Eindringtiefe der Wirkstoffe auch ein teilweises Entfernen der belasteten Oberfläche minimierend wirken. Des Weiteren können Beschichtungen oder Bekleidungen der belasteten Bauteile durchgeführt werden. Hierfür stehen verschiedene Lacksysteme oder auch diffusionsdichte Materialien zur Verfügung.

Bei Holzschutzmittelsanierungen dürfen keine Heißbearbeitungen durchgeführt werden. Ebenso sind stark staubende Arbeitsverfahren nicht zulässig. Die Regeln der Technik sind einzuhalten und entsprechende Verfahren und Geräte auszuwählen. Der PCP-Richtlinie sind Hinweise zu den einzuhaltenden Schutzmaßnahmen bei den jeweiligen Arbeitsvorgängen zu entnehmen. Ferner sind die Gefahrstoffverordnung und die BGR 128 zu beachten.

Vorläufige Maßnahmen

Unabhängig von den eigentlichen Sanierungsmaßnahmen sind bei weiterer Nutzung der Räume Minimierungsmaßnahmen einzuleiten. In diesem Rahmen sollte die Raumluftbelastung und die Staubbelastung durch Erhöhung des Luftwechsels (vermehrtes Lüften), durch Entfernen von Stäuben (insbesondere Altstäube) und durch wiederholtes feuchtes Reinigen aller festen Oberflächen im Raum (Holzbauteile, Bodenflächen, Einrichtungsgegenstände usw.) mit 0,5%iger Sodalösung unter Zusatz von etwas Spülmittel minimiert werden. Die Verträglichkeit der Sodalösung mit den verschiedenen Oberflächen sollte vor der Anwendung geprüft werden. Teppiche, Gardinen und Textilien sind zu reinigen. Materialien aus Wolle und Seide lassen sich in der Regel nicht durch Waschen dekontaminieren, da bei diesen Geweben die Holzschutzmittel zu stark an die Fasern gebunden werden. Insbesondere wenn für Kinder Berührungsmöglichkeiten mit Primärquellen gegeben sind, sollten PCP-belastete Hölzer durch einfache Maßnahmen überdeckt werden, sodass kein direkter Hautkontakt mehr erfolgen kann. Wenn die Minimierungsmaßnahmen von den Wohnraumnutzern selbst durchgeführt werden, sind nur Sauger mit einem Feinfilter (HEPA-Filter; high efficiency particulate air filter: Hochleistungspartikelluftfilter) zu verwenden. Gewerbliche Firmen müssen für Reinigungsarbeiten baumustergeprüfte Industriesauger mit Filter der Staubklasse H13 entsprechend DIN EN 60335-2-69 „Sicherheit elektrischer Geräte für den Hausgebrauch und ähnliche Zwecke – Teil 2-69: Besondere Anforderungen für Staub- und Wassersauger einschließlich kraftbetriebener Bürsten für industrielle und gewerbliche Zwecke“ (2008) (bisher K1 und K2) einsetzen. Diese Maßnahmen sind nur als vorläufige Übergangslösung, nicht als Dauerzustand geeignet. Insbesondere die Lüftungsmaßnahmen führen in der Praxis zu keiner anhaltenden, sondern nur zu einer sehr kurzfristigen Verringerung der Raumluftkonzentration, da eine effektive Querlüftung in den meisten Fällen nicht möglich ist und sich schon nach kurzer Zeit wieder die Ausgleichskonzentration in der Raumluft einstellt.

Entfernen von Bauteilen

Der komplette Ausbau der behandelten Bauteile ist bei Decken- und Wandbekleidungen oder Fußböden in der Regel ohne Probleme möglich. Da bei dieser Sanierungsvariante erhebliche Mengen an Altstäuben freigesetzt werden, sind staubarmes Arbeiten und entsprechender Arbeits- und Umgebungsschutz zwingend notwendig. Im Holzständer- und Fachwerkbau sind wie bei Dachgeschossen auch oftmals tragende Balken oder statisch aussteifende Holzwerkstoffplatten betroffen. In diesem Fall käme der Ausbau einem kompletten Rückbau gleich. Hier kann geprüft werden, inwiefern andere Minimierungsmaßnahmen wirkungsvoll einsetzbar sind.

Auch helle Hölzer können deutliche PCP- und Lindan-Konzentrationen aufweisen; von der Färbung des Holzes kann nicht auf eine Behandlung oder Nichtbehandlung mit Holzschutzmitteln geschlossen werden. Die Sanierung im abgebildeten Beispiel (Abb. 2.1) erfolgte durch kompletten Rückbau der

Abb. 2.1: Wohnraum mit Decken- und Wandbekleidungen aus Holz; auch 30 Jahre nach dem Einbau lagen die Raumluftkonzentrationen von PCP und Lindan noch bei 1.000 ng/m^3

Decken- und Wandbekleidungen sowie Entfernen von Sekundärquellen. Nach der Feinreinigung lagen die PCP-Konzentrationen in der Raumluft unter 50 ng/m^3.

Entfernen behandelter Bereiche

Behandelte Oberflächen können durch mechanische Verfahren (Hobeln oder Fräsen) entfernt werden. Im Vorfeld ist die Eindringtiefe des Holzschutzmittels zu prüfen und die Tiefe des Abtrags festzulegen. Gegebenenfalls müssen statische Belange berücksichtigt werden. Rissigkeit mit erhöhter Eindringtiefe, Holzart und Behandlungsart sind entsprechend zu beachten. Bei dieser Vorgehensweise müssen auch nicht zugängliche Bereiche (Rückseiten, Auflager usw.) in die Sanierung einbezogen werden. Bei allen spanabhebenden Verfahren ist auf eine staubarme Bearbeitung zu achten. Der Arbeitsschutz sowie der Schutz angrenzender Bereiche und Bauteile und eine sehr gründliche Endreinigung sind besonders wichtig.

Chemische Behandlung PCP-behandelter Bereiche mit Entfernen der obersten Holzschicht

Wenn die Eindringtiefe des Holzschutzmittels weniger als 2 mm beträgt und nur sehr kleine Flächen (z. B. Fensterrahmen) betroffen sind, kann PCP auch durch Ablaugen saniert werden; dies gilt jedoch nicht für die anderen Holzschutzmittelwirkstoffe. Hier ist besonders zu beachten, dass die kontaminierten Flüssigkeiten vollständig erfasst und sachgerecht entsorgt werden. Angrenzende Bauteile müssen mit einer Folie dicht abgeklebt werden. Lack- und Lasurschichten sowie die oberste Holzschicht können nach der Behandlung mit Natronlauge oder Sodalösung mittels Spachtel entfernt werden. Bei

Abb. 2.2: In dieser zu einem Wohnraum umgebauten ehemaligen Scheune wurden erhöhte PCP-Konzentrationen im Hausstaub, im Material und in der Raumluft festgestellt.

diesem Verfahren bleiben Reste an PCP zurück, das durch die alkalische Behandlung in Natriumphenolat umgewandelt wird. Natriumphenolat gast zwar nicht mehr aus, muss aber durch einen geeigneten Deckanstrich vor CO_2 und Luftfeuchte geschützt werden, damit keine Rückumwandlung in PCP stattfindet; der Deckanstrich stellt dabei gleichzeitig einen Berührungsschutz dar.

Beschichten behandelter Bauteile mit Decklacken

Durch den Einsatz geprüfter Beschichtungssysteme können Innenraumbelastungen durch Holzschutzmittelwirkstoffe deutlich minimiert werden. Diese Maßnahme ist allerdings nicht für große Flächen geeignet. Insbesondere Decken- und Wandbekleidungen sollten vollständig entfernt werden. Mit einer gewissen Emission an Holzschutzmittelwirkstoffen ist jedoch auch nach einem Beschichten zu rechnen, da nicht alle Flächen erfasst werden können (Rückseite der Bauteile, Auflager usw.) und eine neue Rissbildung insbesondere bei dem Baustoff Holz nicht ausgeschlossen werden kann. Diese Methode ist daher keine nachhaltige Sanierung, da die biozidenWirkstoffe im Gebäude verbleiben, dokumentiert und spätestens beim Rückbau des Gebäudes gesondert ausgebaut und entsorgt werden müssen. Wirksame Beschichtungssysteme werden von verschiedenen Herstellern angeboten, darunter befinden sich auch ökologische Produkte auf Schellackbasis.

Im Fall der umgebauten Scheune in Abb. 2.2 erfolgte die Minimierung der Raumluftkonzentration durch Behandlung der Holzoberflächen mit einem Beschichtungssystem. Die Sekundärbelastung des Sichtmauerwerks und der

Fußböden aus Natursteinplatten war minimal. Nach Endreinigung und Einbau einer geregelten dezentralen Lüftung wurden PCP-Konzentrationen in der Raumluft von deutlich weniger als 50 ng/m^3 erreicht.

Bekleiden mit Folien und räumliche Trennung behandelter Bauteile

Diese Maßnahmen sind nur im Ausnahmefall empfehlenswert und gegebenenfalls für Sekundärkontaminationen geeignet. Anforderungen an die zu verwendenden Materialien sind in der PCP-Richtlinie angegeben. Es gilt hier das oben zum Beschichten behandelter Bauteile mit Decklacken Gesagte entsprechend.

2.1.1.8 Entsorgung

Die Abfälle aus PCP-haltigen Produkten sowie alle behandelten Holzabfälle sind gefährliche Abfälle im Sinne der „Verordnung über das europäische Abfallverzeichnis“ (Abfallverzeichnis-Verordnung – AVV) vom 10. Dezember 2001 und der Regeln der Länderarbeitsgemeinschaft Abfall „Anforderungen an die stoffliche Verwertung von mineralischen Reststoffen/Abfällen – Technische Regeln“ (2003) und entsprechend zu behandeln. Zu weiteren Hinweisen zur Einstufung und Entsorgung siehe Kapitel 4.

2.1.2 Polychlorierte Biphenyle (PCB)

Gerd Zwiener

2.1.2.1 Geschichte

Die industrielle Produktion polychlorierter Biphenyle begann 1929. Aufgrund interessanter technischer Eigenschaften wie geringer Wasserlöslichkeit, guter elektrischer Isolierfähigkeit, Schwerentflammbarkeit, hoher chemischer Stabilität und guter Eignung als Weichmacher sowie wegen des relativ niedrigen Preises wurden weltweit ca. 1,5 Millionen t PCB für vielfältige Zwecke eingesetzt. 1966 wurde festgestellt, dass sich die langlebigen PCB inzwischen auf der ganzen Erde verbreitet und auch in Lebewesen angereichert hatten.

1973 empfahl die OECD (Organisation for Economic Co-Operation and Development: Organisation für wirtschaftliche Zusammenarbeit und Entwicklung) ihren Mitgliedstaaten, PCB nicht mehr in offenen Systemen einzusetzen. Der deutsche Gesetzgeber setzte diese Empfehlung 1978 um. 1983 stellte die Bayer AG, der einzige Hersteller in der Bundesrepublik Deutschland, die PCB-Produktion ein (zu den Verwendungszeiträumen PCB-haltiger Produkte in Deutschland vgl. Tabelle 2.6). Noch 1984 war das Bundesgesundheitsamt davon überzeugt, dass „polychlorierte Biphenyle – wenn überhaupt – in Baustoffen nur in seltenen Fällen eingesetzt" würden (Zur chronischen Gesundheitsbelastung durch Baustoffe, 1984, S. 192). Nach Untersuchungen, die 1989 wegen Erkrankungsfällen an einer Kölner Gesamtschule durchgeführt wurden, stellte sich heraus, dass dauerelastische Fugenmassen eine PCB-Raumluftbelastung verursacht hatten; etwa 15 km der Fugenmasse waren in dem betroffenen Schulzentrum verbaut worden. Als Reaktion auf die in Gebäuden gemessenen PCB-Konzentrationen wurden vom Bundesgesundheitsamt daher 1990 Richtwerte für die Innenraumluft festgelegt (vgl. Roßkamp, 1992). Inzwischen haben viele Bundesländer PCB-Richtlinien erlassen und damit die Risikobewertung und die Feststellung der Sanierungsdringlichkeit für PCB-belastete Gebäude geregelt.

Tabelle 2.6: Verwendungszeiträume PCB-haltiger Produkte in Deutschland

PCB-haltige Produkte	Verwendungszeitraum
Dichtmassen	alte Bundesländer: • 1955 bis ca. 1975, in Einzelfällen auch deutlich danach • Verwendungsmaximum: 1964 bis 1972 neue Bundesländer: • nicht verwendet
Anstrichmittel	alte Bundesländer: • bis 1971: Anstrich von Akustikdeckenplatten (Holzfaserplatten) der Fa. Wilhelmi • 08.05.1973: Beschluss des Verbandes der deutschen Lackindustrie, auf PCB in Lacken zu verzichten neue Bundesländer: • Zeitraum unbekannt
Kondensatoren, Transformatoren	alte Bundesländer: • bis 1984 neue Bundesländer: • Zeitraum unbekannt

2.1.2.2 Eigenschaften und Verwendung von PCB

Eigenschaften

Bei PCB handelt es sich um eine synthetische Chemikalie aus der Gruppe der chlorierten aromatischen Kohlenwasserstoffe. Durch Variation des Herstellungsverfahrens wurden technische PCB-Gemische mit verschiedenen Eigenschaften und unterschiedlicher Konsistenz hergestellt. Die äußere Beschaffenheit der Gemische reicht von fast farblosen öligen Flüssigkeiten bis zu hellgelben Weichharzen. Chemisch betrachtet gibt es insgesamt 209 verschiedene PCB, die auch als PCB-Kongenere bezeichnet werden. Technische PCB-Gemische bestehen aus etwa 50 bis 70 verschiedenen Kongeneren, von denen etwa 10 die Hauptmenge ausmachen.

In der Routineanalytik ist es nicht möglich, alle in einem Material oder in der Raumluft enthaltenen PCB-Kongenere zu bestimmen. Daher werden lediglich 6 sogenannte Indikator- bzw. Leitkongenere bestimmt (Tabelle 2.7). Die Gehalte dieser 6 Verbindungen werden addiert und die Summe mit 5 multipliziert, um die PCB-Gesamtkonzentration näherungsweise zu berechnen. Diese Berechnung geht auf eine Empfehlung der Länderarbeitsgemeinschaft Abfall (LAGA) zurück, weshalb die Angabe „Gesamt-PCB-Gehalt nach LAGA“ verwendet wird (vgl. LAGA-Merkblatt „Entsorgung von PCB-haltigen Reststoffen und Abfällen“ [1992-02]).

Tabelle 2.7: Nummern und chemische Bezeichnungen der PCB-Leitkongenere nach Ballschmiter/Zell, 1980

PCB-Nr.	chemische Bezeichnung
28	2,4,4'-Trichlorbiphenyl
52	2,2',5,5'-Tetrachlorbiphenyl
101	2,2',4,5,5'-Pentachlorbiphenyl
153	2,2',4,4',5,5'-Hexachlorbiphenyl
138	2,2',3,4,4',5'-Hexachlorbiphenyl
180	2,2',3,4,4',5,5'-Heptachlorbiphenyl

Verwendung

PCB in Kondensatoren

Beim Einsatz von PCB werden geschlossene und offene Systeme unterschieden. In geschlossenen Systemen sind die PCB durch ein Gehäuse von der Umgebung getrennt. Dies sind insbesondere Transformatoren und Kondensatoren. Letztere wurden in Leuchtstofflampen und Elektrogroßgeräten eingesetzt und enthielten zwischen 50 und ca. 200 g PCB als Tränkmittel. Bei Leuchtstofflampen befinden sich die zylinderförmigen, silberfarbenen Gehäuse mit einer Länge von ca. 10 cm auf der Montageplatte oder in einer Mulde oberhalb der Montageplatte.

Bis 1974 wurden in der Bundesrepublik Deutschland als Tränkmittel für Kondensatoren die von der Bayer AG unter den Handelsnamen „Clophen“ vertriebenen PCB-Gemische A40, A50 und A60 verwendet (die Zahlen zei-

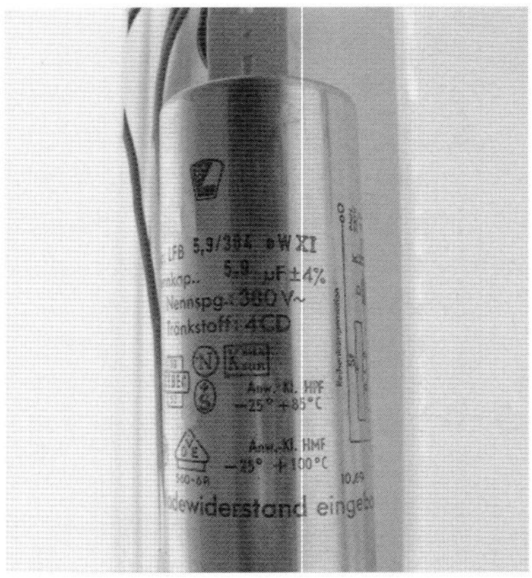

Abb. 2.3: PCB-haltiger Kondensator einer Leuchtstofflampe (hier erkennbar an der Kennzeichnung „4CD")

gen jeweils den [steigenden] Chlorgehalt der Clophen-Typen an). Diese technischen PCB-Gemische zeichneten sich durch vergleichsweise hohe Gehalte an Verunreinigungen mit polychlorierten Dibenzofuranen (PCDF) und polychlorierten Dibenzodioxinen (PCDD) aus. Ab 1975 durfte daher für Kondensatoren nur noch das niedrig chlorierte Clophen A30 (41,3 Masse-% Chloranteil) verwendet werden, das deutlich geringere Mengen PCDF und PCDD enthielt. Dieses wurde von 1977 an bis zur endgültigen Produktionseinstellung 1982 durch das Produkt OC 4500 abgelöst, ein PCB-Gemisch mit 39 Masse-% Chloranteil. Ab 1984 werden in der Bundesrepublik Deutschland keine PCB-haltigen Kondensatoren mehr in den Verkehr gebracht. Als unbedenklicher Ersatz für PCB-haltige Kondensatoren werden im Niederspannungsbereich MP-(Metall-Papier-)Kondensatoren (trocken bzw. mit pflanzlichen Imprägnierstoffen) und Kondensatoren mit Epoxidharz verwendet.

Ob ein Kondensator PCB-haltig ist, lässt sich in vielen Fällen anhand der aufgedruckten Typenkennzeichnung ermitteln. Kennzeichnungen wie z. B. CD, Cp, CPA, DC, PCB, A30 oder A40 und Bezeichnungen wie „Chlordiphenyl" oder „Clophen" weisen auf ein PCB-haltiges Tränkmittel hin (Abb. 2.3). Wegen der hohen Dichte der PCB haben solche Kondensatoren gegenüber PCB-freien Kondensatoren ein erheblich höheres Gewicht.

Kondensatoren mit bis zu 100 ml PCB-haltigem Tränkmittel dürfen bis zur Außerbetriebnahme verwendet werden, solche mit mehr als 100 ml bis 2010. Trotz dieser großzügigen Regelung des Gesetzgebers sollten PCB-haltige Kondensatoren möglichst nicht mehr betrieben werden, denn auch diese Systeme sind nur vermeintlich vollkommen abgeschlossen; sie können jederzeit undicht werden und PCB freisetzen.

Kondensatorstörfälle können zu einer erheblichen PCB-Kontamination von Räumen führen. Zu unterscheiden sind:

- Leckagen ohne Beteiligung der Drosselspule, die sich durch tropfenweises Austreten von PCB aus dem Kondensator und durch eine honigfarbene oder glasklare, zähe Flüssigkeit in der Leuchtstofflampenschale bemerkbar machen; fehlt die Schale, tropfen PCB direkt in den Raum
- Leckagen infolge von energiereichen Oberwellen in den aus Kondensatoren und Drosselspulen bestehenden Schwingkreisen, die zu einer gra-

Abb. 2.4: PCB-haltige Fugenmasse am Anschluss Fußboden/Wand

vierenden Überlastung mit der Folge eines Windungsschlusses führen können; dies macht sich durch Austreten von Schwelgasen aus der Drosselspule und Austreten von flüssigen und dampfförmigen PCB aus dem Kondensator bemerkbar

Bei derartigen Vorfällen muss der Raum umgehend verlassen und ein PCB-Sachverständiger eingeschaltet werden.

PCB in Bauprodukten

Quellen für offen verwendete PCB im Baubereich sind insbesondere:

- dauerelastische Dichtmassen
- Farb- und Brandschutzanstrichstoffe (mineralische Untergründe, Holz und Holzwerkstoffe, Stahl)
- Buntsteinputze
- Klebstoffe
- Vergussmassen

Auch eine PCB-Kontamination von Schalölen ist denkbar.

PCB-haltige Dichtmassen wurden eingesetzt für:

- Gebäudetrennfugen
- Bewegungsfugen
- Anschlussfugen (z. B. von Fenstern, Fensterbänken, Türzargen)
- Fugen im Sanitärbereich

Die häufigste Verwendung von PCB im Baubereich war die als Weichmacher in dauerelastischen Dichtmassen auf Basis eines Polysulfidkunstharzes (Abb. 2.4). Eines der wichtigsten Handelsprodukte im Bereich der Polysulfidkunstharze trug den Namen „Thiokol"; entsprechend wurden die damit hergestellten Dichtmassen auch als „Thiokol-Massen" bezeichnet. Diese heute noch gebräuchliche Bezeichnung bedeutet aber keinesfalls, dass die Produkte immer PCB-haltig sind. Thiokol-Massen sind meist grau, haben eine stumpfe Oberfläche und sind sehr zäh. PCB-freie Thiokol-Massen sind von PCB-haltigen äußerlich nicht zu unterscheiden. Die Frage der PCB-Haltigkeit kann nur durch eine Analyse geklärt werden. Der PCB-Gehalt in Thiokol-Massen kann zwischen ca. 1 % und mehr als 50 % liegen. Die hohen Gehalte kamen dadurch zustande, dass auf der Baustelle PCB zugemischt wurden.

Abb. 2.5: Stahlrohrkonstruktion mit PCB-haltigem Anstrich

Abb. 2.6: Wilhelmi-Deckenplatten mit PCB-haltigem Anstrich

Thiokol-Massen wurden nicht nur zur Abdichtung von Fugen verwendet, sondern wie ein Klebstoff auch zur Befestigung von Bauteilen. Ferner diente das Material zur Verfüllung der Spannhülsen von Betonfertigteilen.

Für die elastischen Silikon- und Acryldichtmassen wurden keine PCB verwendet. Leinölkitte, die eine ähnliche Farbe und Konsistenz wie PCB-haltige Fugenmassen aufweisen können, sind an ihrem Leinölgeruch zu erkennen und ebenfalls PCB-frei.

Im Innenbereich von Wohngebäuden wurden PCB-haltige Dichtmassen nur selten verwendet. Mögliche Einsatzorte sind Anschlussfugen an Fenstern sowie Balkon- und Terrassentüren. In Einzelfällen kann es jedoch auch infolge von PCB-haltigen Fugenmassen in Gebäudetrennfugen und Bewegungsfugen zwischen Betonfertigteilelementen zu einer Raumluftbelastung in Wohngebäuden kommen.

Ebenfalls als Weichmacher wurden PCB Buntsteinputzen zugesetzt. Für Anstrichmittel wurden PCB zum Zweck des Brandschutzes (Holz, Stahl; Abb. 2.5) und zur Weichmachung (auch in Wohngebäuden) eingesetzt. Akustik-Deckenplatten der Fa. Wilhelmi (Abb. 2.6) wurden bis 1971 mit einem PCB-haltigen Flammschutzanstrich versehen. Die PCB-Gehalte in Anstrichmitteln betragen bis ca. 15 %.

Merkmale und Einsatz verschiedener Clophen-Typen

Der Chlorgehalt der von der Bayer AG vertriebenen Clophen-Typen hat Einfluss auf die physikalischen Eigenschaften und die Toxizität. In der Reihe Clophen A30 bis Clophen A60 – also mit steigendem Chlorgehalt – nimmt die Flüchtigkeit der PCB ab und die Toxizität zu. Die Hauptverwendungen im Gebäudebereich sind in Tabelle 2.8 zusammengestellt.

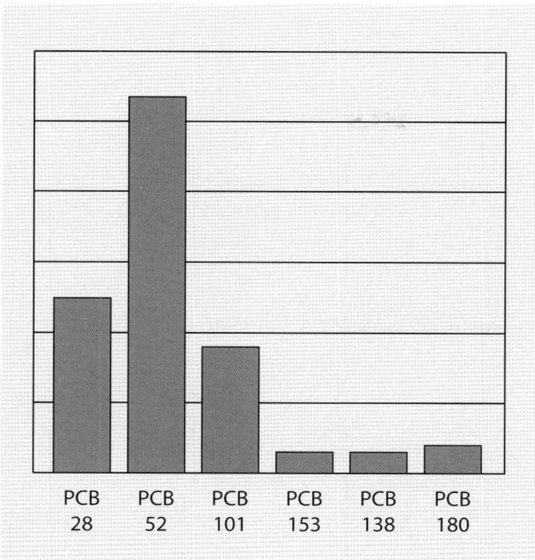

Abb. 2.7: PCB-Kongenerenmuster von Clophen A40 (48,6 Masse-% Chloranteil)

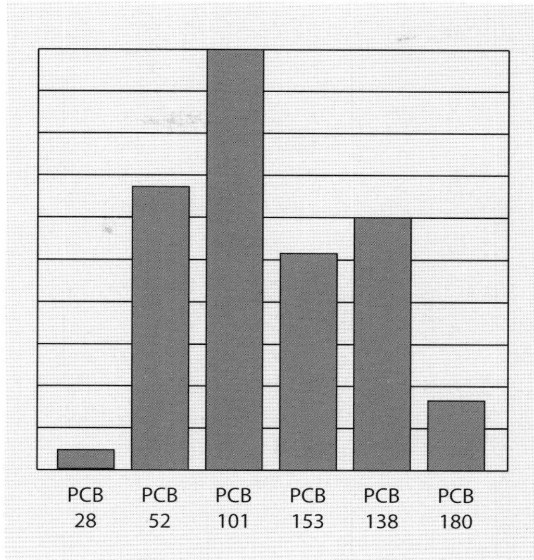

Abb. 2.8: PCB-Kongenerenmuster von Clophen A50 (54,3 Masse-% Chloranteil)

Tabelle 2.8: Einsatzbereiche der Clophen-Typen A30 bis A60 in Gebäuden

Clophen-Typ	Einsatzbereich			
	Kondensatoren	**Fugenmassen**	**Anstrichstoffe**	**Buntsteinputze**
A30	X	(X)	–	–
A40	X	X	–	–
A50	X	X	(X)	–
A60	X	X	X	X

X verwendet
(X) in Einzelfällen verwendet
– nicht verwendet

Entsprechend den differierenden Chlorgehalten weisen die einzelnen Clophen-Typen eine unterschiedliche Verteilung der PCB-Kongenere auf. Das Mengenverhältnis der in einem technischen PCB-Gemisch enthaltenen Leitkongenere (siehe Tabelle 2.7) liefert bei der Analyse einen „Fingerabdruck“, der meist auf einen der genannten Clophen-Typen hinweist. Im Rahmen der Analyse von Materialien oder Raumluft erlaubt der „Fingerabdruck“ des Clophen-Typs Rückschlüsse auf die Belastungssituation im Gebäude und dient der Plausibilitätskontrolle im Zuge der Quellenermittlung. Beispielhaft sind in Abb. 2.7 und 2.8 die Kongenerenmuster für die PCB-Leitkongenere von Clophen A40 und Clophen A50 wiedergegeben.

2.1.2.3 Gesundheitsrisiken

Obwohl die akute Toxizität der PCB vergleichsweise gering ist, gehören PCB zu den gefährlichsten Umweltgiften. Bedeutsam sind insbesondere die hohe Persistenz (Langlebigkeit) und die Fettlöslichkeit der PCB, die bei kontinuierlicher Aufnahme zur Anreicherung im Körper führen. Eine längere Aufnahme auch vergleichsweise kleiner PCB-Mengen kann zu chronischen Gesundheitsschäden führen. Im Gefahrstoffrecht (TRGS 905 „Technische Regeln für Gefahrstoffe – Verzeichnis krebserzeugender, erbgutverändernder oder fortpflanzungsgefährdender Stoffe“ [2008-05]) sind PCB als Stoffe eingestuft, die nachweislich die Fortpflanzungsfähigkeit beeinträchtigen und fruchtschädigend sein können. Diese beiden Schadwirkungen werden dort unter dem Begriff Reproduktionstoxizität (R2) zusammengefasst. Darüber hinaus besteht nach TRGS 905 ein begründeter Verdacht auf krebserzeugende Wirkung (K3). Weitere chronische Wirkungen von PCB resultieren aus ihrer Neuro-, Immun- und Lebertoxizität. Wegen ihrer Schadwirkung und der Eigenschaft, sich in der Umwelt anzureichern, sind PCB nach der „Verordnung zum Schutz vor Gefahrstoffen“ (Gefahrstoffverordnung – GefStoffV) vom 23. Dezember 2004 als umweltgefährlich (N) eingestuft.

Infolge des umfangreichen und weltweiten Einsatzes sowie der hohen Beständigkeit in Wasser und Boden sind Spuren von PCB praktisch überall zu finden. Den größten Anteil an PCB nimmt der Mensch über die Nahrung auf. Fettreiche tierische Nahrungsmittel enthalten relativ viel PCB, während Gemüse und Obst nur sehr geringe PCB-Gehalte aufweisen. Im Vergleich zu der mit der Nahrung aufgenommenen PCB-Menge ist der Beitrag der Atemluft zur PCB-Belastung des Menschen in der Regel deutlich geringer. Unter Vorsorgeaspekten soll jedoch eine zusätzliche Belastung über die eingeatmete Luft so weit wie möglich minimiert werden. Bauproduktbedingt ist neben der Aufnahme über die Inneraumluft in bestimmten Fällen auch eine orale Aufnahme von PCB-kontaminierten Partikeln aus Abrieb (z. B. Anstriche) und die Aufnahme von PCB durch Mund- bzw. Hautkontakt (Schulen, Kindergärten u. Ä.) zu berücksichtigen.

2.1.2.4 Bewertung

Primär- und Sekundärquellen

PCB-haltige Materialien in Gebäuden können zu Raumluftbelastungen führen, deren Höhe von vielen Faktoren abhängt. Dazu zählen insbesondere die Art der PCB (Clophen-Typ) und ihr Gehalt im Produkt, die Art des PCB-kontaminierten Materials, die Menge und Beschaffenheit der PCB-haltigen Materialien im Raum, die Klimabedingungen des Raumes, die Oberflächentemperaturen der Bauteile und die Witterungsbedingungen.

Unterschieden wird zwischen Primär- und Sekundärquellen:

- **Primärquellen** sind Materialien, denen PCB zur Erzielung bestimmter technischer Eigenschaften wie Weichmachung oder Flammschutz in einer Menge von 0,1 bis über 50 Masse-% zugesetzt wurden.
- **Sekundärquellen** sind Bauteile wie Wände oder Decken und Ausstattungsgegenstände wie Möbel, Teppichböden oder Gardinen, die PCB meist über längere Zeit aus der belasteten Raumluft aufgenommen haben.

Sie vermögen die in die Oberfläche eingelagerten PCB nach und nach wieder in die Raumluft freizusetzen. Großflächige Sekundärkontaminationen können – selbst nach vollständigem Entfernen der Primärquellen – erhöhte PCB-Raumluftkonzentrationen aufrechterhalten.

PCB-Richtlinien

Zur Vermeidung gesundheitlicher Gefahren können in Abhängigkeit von der Höhe der PCB-Raumluftkonzentration und der Raumnutzung Sanierungsmaßnahmen notwendig werden. Die Bewertung und Sanierung PCB-belasteter Baustoffe und Bauteile in Gebäuden regeln die in vielen Bundesländern baurechtlich eingeführten PCB-Richtlinien. Sie enthalten Hinweise für Gebäudeeigentümer und -nutzer sowie Baufachleute, wie Bauprodukte, die PCB enthalten, gesundheitlich zu bewerten sind, wie Sanierungen durchgeführt werden können, welche Schutzmaßnahmen dabei beachtet werden müssen, wie die Abfälle und das Abwasser zu entsorgen sind und wie sich der Erfolg einer Sanierung kontrollieren lässt. Die PCB-Richtlinien gelten für Gebäude mit Bauprodukten oder mit Bauteilen, die PCB in offener Anwendung enthalten (Primärquellen) oder damit kontaminiert sind (Sekundärquellen). Sie basieren auf einem Musterentwurf der Projektgruppe „Schadstoffe" der Fachkommission Baunormung der Arbeitsgemeinschaft der für das Bau-, Wohnungs- und Siedlungswesen zuständigen Minister der Länder (ARGEBAU) (vgl. Richtlinie für die Bewertung und Sanierung PCB-belasteter Baustoffe und Bauteile in Gebäuden, 1994).

Die durch die einzelnen Bundesländer als Technische Baubestimmung eingeführten PCB-Richtlinien enthalten zwar übereinstimmende Richtwerte, differieren jedoch hinsichtlich der Empfehlungen für die zu treffenden Maßnahmen bei Überschreitung der Richtwerte. Unterscheiden lassen sich

- Bundesländer mit einer PCB-Richtlinie, die zwar in weiten Teilen dem ARGEBAU-Musterentwurf entspricht, aber deutlich strengere Handlungsmaßstäbe festlegt und bei der Anwendung der Richtwerte nicht auf die Aufenthaltsdauer Bezug nimmt (z. B. Hessen, Nordrhein-Westfalen), und
- Bundesländer mit einer PCB-Richtlinie, die dem ARGEBAU-Musterentwurf entspricht. Zur Anwendung des Interventionswertes von 3.000 ng PCB pro m^3 Luft wird darauf hingewiesen, dass dieser Wert nur bei einer Aufenthaltsdauer von 24 Stunden pro Tag Gültigkeit hat (ng: Nanogramm; $1\ ng = 10^{-9}\ g$). Bei geringerer Aufenthaltsdauer ist das Vorliegen einer konkreten Gefahr an entsprechend höhere Raumluftkonzentrationen geknüpft (z. B. Schleswig-Holstein, Berlin, Baden-Württemberg).

Daneben gibt es Bundesländer, die keine PCB-Richtlinie eingeführt, sondern anderweitige Regelungen getroffen haben (z. B. Hamburg). Eine Übersicht der verschiedenen Handlungsempfehlungen gibt Tabelle 2.9.

Der Bewertung nach den PCB-Richtlinien liegt eine tolerierbare tägliche Aufnahmemenge (TDI: tolerable daily intake) von 1 µg PCB pro kg Körpergewicht zugrunde. Die täglich über die Nahrung aufgenommene Menge betrug zum Zeitpunkt der Richtlinienerstellung ca. 0,1 µg PCB pro kg Körpergewicht (dieser Wert liegt heute niedriger). Um eine zusätzliche Belastung über die Atemluft unter Vorsorgeaspekten so weit wie möglich zu minimie-

Tabelle 2.9: Handlungsempfehlungen der PCB-Richtlinien im Vergleich

PCB-Raumluftkonzentration (ng/m³)	Handlungsempfehlungen		
	Bundesländer mit PCB-Richtlinie entsprechend dem ARGEBAU-Musterentwurf[1]) (außer Nordrhein-Westfalen und Hessen)	PCB-Richtlinie Nordrhein-Westfalen[2)]	PCB-Richtlinie Hessen[3)]
≤ 300	Diese Werte sind langfristig tolerierbar (Vorsorgewert).	Diese Werte sind langfristig tolerierbar (Vorsorgewert).	Diese Werte sind langfristig tolerierbar (Vorsorgewert), sollten jedoch durch regelmäßiges Aufnehmen von Staub (d. h. durch feuchtes Reinigen der Räume) und Lüften möglichst weit gesenkt werden. Langzeitziel ist das Erreichen der Außenluftwerte auch im Innenraum.
300–3.000	Es wird empfohlen, die Quelle der Raumluftverunreinigung festzustellen und nach Möglichkeit unter Beachtung der Verhältnismäßigkeit zu beseitigen oder zumindest eine Verminderung der PCB-Konzentration (z. B. durch regelmäßiges Lüften sowie gründliche Reinigung und Entstaubung der Räume) anzustreben. Der Zielwert liegt bei weniger als 300 ng PCB pro m³ Luft.	Die Quelle der Raumluftverunreinigung ist aufzuspüren und unter Beachtung der Verhältnismäßigkeit mittelfristig zu beseitigen. Zwischenzeitlich ist durch regelmäßiges Lüften sowie gründliche Reinigung und Entstaubung der Räume eine Verminderung der PCB-Konzentration anzustreben. Der Zielwert liegt bei weniger als 300 ng PCB pro m³ Luft.	Es werden mittelfristige Maßnahmen gefordert. Hierzu zählen insbesondere die intensive Quellensuche sowie zwischenzeitlich das regelmäßige, gründliche Reinigen sowie das verstärkte Lüften der Räume. Als Sanierungsziel gilt die Verringerung der Konzentration innerhalb von 1 bis 2 Jahren auf Werte unter 300 ng PCB pro m³ Luft.
> 3.000	Diese Konzentrationen sollten im Hinblick auf mögliche andere nicht kontrollierbare PCB-Belastungen vermieden werden. Bei entsprechenden Befunden sollten unverzüglich Kontrollanalysen durchgeführt werden. Bei Bestätigung des Wertes sind in Abhängigkeit von der Belastung zur Vermeidung gesundheitlicher Risiken in diesen Räumen unverzüglich Maßnahmen zur Verringerung der PCB-Raumluftkonzentration zu ergreifen. Die Sanierungsmaßnahmen müssen geeignet sein, die PCB-Aufnahme wirksam zu vermindern. Der Zielwert liegt auch hier bei weniger als 300 ng PCB pro m³ Luft (Sanierungsleitwert).	Akute Gesundheitsgefahren sind nicht auszuschließen (Interventionswert für Sofortmaßnahmen). Bei entsprechenden Befunden sollen unverzüglich Kontrollanalysen durchgeführt werden. Bei Bestätigung des Wertes sind in Abhängigkeit von der Belastung zur Vermeidung gesundheitlicher Risiken in diesen Räumen unverzüglich Maßnahmen zur Verringerung der PCB-Raumluftkonzentrationen zu ergreifen. Der Zielwert liegt auch hier bei weniger als 300 ng PCB pro m³ Luft.	Dieser Wert gilt als Interventionswert. Als unverzügliche Maßnahmen (zur Abwehr möglicher Gefahren für die Gesundheit) werden Kontrollanalysen und das Aufstellen eines Sanierungsplans gefordert. Die Sanierung sollte möglichst schnell durchgeführt werden. Lassen sich mit Erstmaßnahmen die Werte nicht innerhalb von maximal 3 Monaten auf unter 3.000 ng PCB pro m³ Luft senken, sollte der entsprechende Raum oder Gebäudeteil geschlossen werden.

1) Richtlinie für die Bewertung und Sanierung PCB-belasteter Baustoffe und Bauteile in Gebäuden, 1994
2) Richtlinie für die Bewertung und Sanierung PCB-belasteter Baustoffe und Bauteile in Gebäuden (PCB-Richtlinie NRW), 1996
3) Richtlinie für die Bewertung und Sanierung PCB-belasteter Baustoffe und Bauteile in Gebäuden (PCB-Richtlinie), 1993

ren, soll dieser Beitrag maximal bis zu 10 % des TDI-Wertes betragen, also täglich 0,1 µg PCB pro kg Körpergewicht. Dieser Wert wird bei einer Aufenthaltsdauer von 24 Stunden pro Tag bei Raumluftkonzentrationen von 300 ng PCB pro m^3 Luft (Vorsorgewert) erreicht. In Räumen mit im Jahresmittel zu erwartenden Raumluftkonzentrationen über 3.000 µg PCB pro m^3 Luft (Interventionswert) kann der genannte TDI-Wert allein durch die inhalative Aufnahme überschritten werden. In einem solchen Fall sind daher Maßnahmen zur Gefahrenabwehr angezeigt.

Bewertung hochchlorierter PCB

Die Toxizität der PCB variiert je nach Chlorierungsgrad. Großflächige Primärquellen wie Farb- und Brandschutzanstriche enthalten in der Regel ein hochchloriertes PCB-Gemisch aus Clophen A50 und A60. Daraus ergeben sich für die Gebäudenutzer besondere Risiken. Hochchlorierte PCB-Gemische enthalten Kongenere mit dioxinähnlicher Molekülstruktur und entsprechend einer dioxinähnlichen Wirkung. Ferner enthalten die hochchlorierten PCB-Gemische herstellungsbedingt als Verunreinigung die besonders toxischen polychlorierten Dibenzofurane (PCDF) und die chemisch eng verwandten polychlorierten Dibenzodioxine (PCDD).

Bei hochchlorierten PCB-Quellen kann daher bereits eine Raumluftkonzentration von 1.000 ng PCB pro m^3 Luft und weniger eine konkrete Gesundheitsgefahr für die Gebäudenutzer bedeuten. Zudem ist bei großflächigen Anstrichen mit hochchlorierten PCB auch eine Direktaufnahme über die Haut und oral durch kontaminierte Partikel aus Abrieb möglich.

Für die hochchlorierten PCB wurden daher Ende 2007 – ergänzend zu den PCB-Richtlinien – Empfehlungen für die „Gesundheitliche Bewertung dioxinähnlicher polychlorierter Biphenyle in der Innenraumluft“ veröffentlicht (Ad-hoc-Arbeitsgruppe der Innenraumlufthygiene-Kommission des Umweltbundesamtes und der obersten Landesgesundheitsbehörden, 2007). Grundlage hierfür ist ein Vergleich der Toxizität der dioxinähnlichen PCB-Kongenere mit dem sogenannten Seveso-Dioxin (2,3,7,8-Tetrachlordibenzodioxin, die giftigste Einzelverbindung unter den Dioxinen), das 1976 bei einem Chemieunfall in der norditalienischen Stadt Seveso ausgetreten ist; die Angabe erfolgt in Toxizitätsäquivalenten (TEQ: toxic equivalent). Mittels der TEQ ist eine gemeinsame Bewertung der 12 dioxinähnlichen PCB zusammen mit den polychlorierten Furanen (PCDF) und den polychlorierten Dioxinen (PCDD) möglich.

Da die Ermittlung von PCB-TEQ relativ aufwendig ist, wird für die Analytik hilfsweise PCB 118 (2,3′,4,4′,5-Pentachlorbiphenyl) als Leitkongener verwendet, mit dem die Summe der PCB-TEQ auf der Basis von PCB-Raumluftkonzentrationen, die mit Standardmethoden ermittelt werden, abgeschätzt werden kann. 2 Fälle werden unterschieden:

Wenn ausschließlich Fugenmassen mit PCB vorliegen, deren Chlorierungsgrad geringer ist als der von Clophen A60, dient der PCB-Gesamtgehalt (ohne PCB 118) als Beurteilungsmaßstab. Bei einem PCB-Gesamtgehalt über 3 µg pro m^3 Luft sind umgehend expositionsmindernde Maßnahmen zu prüfen, da eine Gesundheitsgefahr durch dioxinähnliche PCB nicht ausgeschlossen werden kann. Bei Konzentrationen darunter ist das Lüftungsverhalten zu überprüfen und gegebenenfalls zu verbessern.

Liegen Anstriche vor, die Clophen A50 oder Clophen A60 enthalten (u. a. Akustik-Deckenplatten der Fa. Wilhelmi), kann ebenfalls der PCB-Gesamtgehalt zur Beurteilung herangezogen werden. Bis zu einem PCB-Gesamtgehalt von 1 µg pro m^3 Luft wird ein TEQ-Wert von 5 pg pro m^3 Luft sicher unterschritten (pg: Picogramm; 1 pg = 10^{-12} g). Bei höheren PCB-Gesamtgehalten (über 1 µg pro m^3 Luft) soll die Konzentration von PCB 118 zur Beurteilung herangezogen werden. Bei Raumluftkonzentrationen oberhalb von 0,01 µg PCB 118 pro m^3 Luft sind umgehend expositionsmindernde Maßnahmen zu prüfen, da eine Gesundheitsgefahr durch dioxinähnliche PCB nicht ausgeschlossen werden kann. Bei Konzentrationen unterhalb dieses Wertes ist das Lüftungsverhalten zu überprüfen und gegebenenfalls zu verbessern.

Angesichts der begrenzten Datenlage sind die vorgenannten Abschätzungen auf Basis des PCB 118 allerdings mit erheblichen Unsicherheiten verbunden.

2.1.2.5 Überprüfung von Gebäuden

Zur Überprüfung von Gebäuden auf eine mögliche PCB-Belastung soll gemäß PCB-Richtlinien wie folgt vorgegangen werden:

1. Begehung durch sachkundige Personen, repräsentative Probenahme und Analyse verdächtiger Materialien inklusive exakter Dokumentation
2. repräsentative Raumluftprobenahme inklusive Begründung und Dokumentation der Probenahmestrategie
3. Erstellung eines Schadstoffkatasters (Materialproben, Schichtenprofile, Luftproben) als Grundlage für die Erstellung eines Sanierungskonzepts sowie zur Ermittlung der Belastungssituation des Gesamtgebäudes

Im Rahmen der Erkundung werden Materialproben von Primär- und Sekundärquellen, Wischproben von Oberflächen sowie Luftproben genommen. Die gebräuchlichen Einheiten zur Angabe der Analyseergebnisse sind in Tabelle 2.10 zusammengestellt.

Tabelle 2.10: Einheiten für die Angabe von Analyseergebnissen PCB-haltiger Proben

Probenart	Einheit	Erläuterungen
Materialproben	mg/kg	Milligramm PCB pro Kilogramm Material 1 mg = 10^{-3} g bei Primärquellen auch Angabe in Prozent 1 % ≙ 10.000 mg/kg
Wischproben	µg/m^2	Mikrogramm PCB pro Quadratmeter Bauteilfläche 1 µg = 10^{-6} g
Luftproben	ng/m^3	Nanogramm PCB pro Kubikmeter Luft 1 ng = 10^{-9} g

Charakteristische Messwerte für PCB-Konzentrationen in der Außenluft und in der Raumluft sind in Tabelle 2.11 aufgeführt.

Tabelle 2.11: PCB-Konzentrationen in der Außenluft und in der Raumluft

Bereich	Konzentration
Außenluft	bis ca. 1 ng/m³
Raumluft in Gebäuden:	
• ohne definierte Primärquellen	bis ca. 100 ng/m³
• mit hochchlorierten Primärquellen (geringere Flüchtigkeit aufgrund höheren Chlorgehalts)	bis zu mehreren 1.000 ng/m³
• mit niedrig chlorierten Primärquellen (höhere Flüchtigkeit aufgrund geringeren Chlorgehalts)	bis zu mehreren 10.000 ng/m³

Die Höhe der PCB-Raumluftkonzentration wird durch eine Reihe von baulichen und klimatischen Gegebenheiten erheblich beeinflusst. Neben Art und Umfang der Primär- und Sekundärquellen wirkt sich insbesondere die Temperatur auf die Höhe der PCB-Raumluftkonzentration aus. Messungen bei sehr niedrigen oder sehr hohen Außentemperaturen können zu einer Fehlbeurteilung der mittleren Belastungssituation führen. So können die PCB-Quellen infolge eines direkten Kontakts mit der Außenluft oder mit kalten Bauteilen (z. B. Fugenmassen am Fensteranschluss) eine deutlich niedrigere Temperatur aufweisen als die Raumluft (deren Temperatur im Zuge der Luftmessung ermittelt wird). Eine niedrige Quellentemperatur führt zu einer Verringerung der PCB-Emission und in der Folge zu niedrigeren PCB-Raumluftkonzentrationen. Raumluftmesswerte in den Sommermonaten liegen daher oft um ein Vielfaches über denen der Wintermonate. Eine Erhöhung der Raumlufttemperatur um ca. 5 °C führt erfahrungsgemäß in etwa zu einer Verdopplung der PCB-Raumluftkonzentration.

2.1.2.6 Vorläufige Maßnahmen (Minderungsmaßnahmen)

Sollen Räume mit PCB-Raumluftkonzentrationen oberhalb des Vorsorgewertes von 300 ng PCB pro m³ Luft weiter genutzt werden, müssen vorläufige Maßnahmen (siehe Übersicht in Tabelle 2.12) getroffen werden. Ziel dieser baulichen und/oder betrieblichen Maßnahmen ist die Verminderung der PCB-Aufnahme durch die Gebäudenutzer. Die Wirksamkeit vorläufiger Maßnahmen ist durch Luftmessungen zu überprüfen.

Das Ziel einer deutlichen Verringerung der PCB-Raumluftkonzentration kann am besten durch intensive Lüftungsmaßnahmen, also den verstärkten Austausch der belasteten Raumluft durch Frischluft, erreicht werden. Zu beachten ist aber, dass von den Primärquellen und den großen sekundär belasteten Oberflächen (Wände, Fußböden, Decken) ständig erhebliche PCB-Mengen an die Raumluft nachgeliefert werden. Dadurch erreicht die PCB-Raumluftkonzentration nach einmaligem Lüften in der Regel nach etwa 1 Stunde wieder die Ausgangskonzentration. Nach Möglichkeit sollte daher in der Übergangszeit bis zur Sanierung ein permanent erhöhter Luftwechsel realisiert werden (Spaltlüftung).

Tabelle 2.12: Vorläufige Maßnahmen (Minderungsmaßnahmen)

Ziele	**betriebliche Maßnahmen**
• Verminderung der PCB-Raumluftkonzentration und der Aufnahme von PCB-belastetem Staub	• gründliche Reinigung und Entstaubung der Räume • Erhöhung des Luftwechsels • Erhöhung der Reinigungsintervalle, vermehrte Feuchtreinigung • Einsatz von Luftreinigern auf Basis von Aktivkohle • Änderung der Raumnutzung (z. B. Verringerung der Nutzungsdauer)
	bauliche Maßnahmen
• Verminderung der PCB-Raumluftkonzentration und der Aufnahme von PCB-belastetem Staub	• Beschichtung von großflächigen Quellen mit hochchlorierten PCB (z. B. Deckenplatten)
• Vermeidung von Hautkontakt in Kindergärten und Schulen	• Verhinderung des direkten Zugriffs auf PCB-haltige Dichtmassen durch Anbringen von Leisten bis in Greifhöhe

In Kindergärten und Schulen ist neben der Aufnahme von PCB über die Atemluft auch eine Gefährdung der Kinder durch direkten Kontakt mit PCB-belasteten Materialien möglich. Durch primär belastete Fugenmassen oder Wandanstriche haben die Kinder Zugang zu hochkonzentrierten PCB-Quellen. Erfahrungen zeigen, dass Kinder in Einzelfällen die elastischen Fugendichtungen herauskratzen, damit spielen (Radiergummi) und sie sogar in den Mund nehmen. Angekohlte Dichtmassen in Schulen belegen ferner, dass auch mit Feuerzeugen oder heißen Metallgegenständen an den Materialien manipuliert wird (Entstehung von PCDF und/oder PCDD). Durch einfache bauliche Maßnahmen, wie z. B. Anbringen von Leisten bis zur erforderlichen Höhe (kein luftdichtes Versiegeln), kann der direkte Zugriff von Kindern auf PCB-haltige Fugenmassen wirksam verhindert werden.

2.1.2.7 Sanierung

Die Dringlichkeit der Sanierung PCB-belasteter Gebäude wird durch die PCB-Richtlinien der Bundesländer und – bei Vorhandensein hochchlorierter Quellen – durch die ergänzenden Empfehlungen des Umweltbundesamtes geregelt (vgl. Ad-hoc-Arbeitsgruppe der Innenraumlufthygiene-Kommission des Umweltbundesamtes und der obersten Landesgesundheitsbehörden, 2007). Die Sanierung hat zum Ziel, die PCB-Raumluftkonzentration dauerhaft auf Werte bis maximal 300 ng PCB pro m^3 Luft zu senken. Dies kann durch Entfernen, Beschichten oder räumliche Trennung der PCB-Quellen erfolgen.

Die PCB-Sanierung erfordert ein schlüssiges Gesamtkonzept durch einen PCB-erfahrenen Planer, das in Abstimmung mit dem Bauherrn auch weitere schadstoffhaltige Bauteile und Materialien einbezieht. Grundlage der Sanierungsplanung ist eine detaillierte Erfassung, die über Verwendungsstellen, PCB-Gehalte, Kongenerenverteilung und Mengen der Primär- und Sekundärquellen Aufschluss gibt. Zusätzliche Informationen liefern die bereits im Rahmen der Risikobewertung durchgeführten Raumluftmessungen. Die Ergebnisse der im Zuge der Gebäudeerkundung genommenen Material-, Wisch- und Raumluftproben sind sachgerecht und gebäudebezogen zu beurteilen. Allgemeine Aussagen zur Relevanz der PCB-Gehalte von Material- und Wischproben im Hinblick auf das Sanierungskonzept lassen sich jedoch nicht treffen, da die baulichen Gegebenheiten und die Belastungssituation in den jeweiligen Gebäuden zu unterschiedlich sind. Die Sanierung wird in der Regel aber nur dann zum Erfolg führen, wenn neben den Primärquellen auch die Sekundärquellen in angemessener Weise berücksichtigt werden.

Folgende Rechtsbereiche sind im Rahmen der Planung und Ausführung der Sanierung zu beachten:

- Bauordnungsrecht (PCB-Richtlinien)
  Ziel: Ausschluss einer Gefährdung der Gebäudenutzer infolge der Sanierungsarbeiten und Unterschreiten des Zielwertes von 300 ng PCB pro m^3 Luft unmittelbar nach der Sanierung
- Arbeitsschutzrecht (Gefahrstoffverordnung)
  Ziel: Ausschluss einer Gefährdung des Sanierungspersonals
- Immissionsschutzrecht („Gesetz zum Schutz vor schädlichen Umwelteinwirkungen durch Luftverunreinigungen, Geräusche, Erschütterungen und ähnliche Vorgänge" [Bundes-Immissionsschutzgesetz – BImSchG] vom 15. März 1974)
  Ziel: Ausschluss einer unkontrollierten Freisetzung von Gefahrstoffen an die Umwelt und Ausschluss einer Gefährdung der Anwohner
- Abfallrecht (insbesondere das „Gesetz zur Förderung der Kreislaufwirtschaft und Sicherung der umweltverträglichen Beseitigung von Abfällen" [Kreislaufwirtschafts- und Abfallgesetz – KrW-/AbfG] vom 27. September 1994)
  Ziel: ordnungsgemäße Verpackung und Entsorgung der schadstoffhaltigen Abfälle

Die gefahrstoffrechtliche Einstufung von PCB für Arbeitnehmer, die im Rahmen von Sanierungen Tätigkeiten mit PCB-belasteten Materialien ausführen, ist in Tabelle 2.13 dargestellt.

Tabelle 2.13: Gefahrstoffrechtliche Einstufungen von PCB

Regelwerk	Kategorie bzw. Stoff	Erläuterung bzw. Grenzwert
TRGS 905	K3	begründeter Verdacht auf krebserzeugende Wirkung
	R_E2	fruchtschädigend (entwicklungsschädigend)
	R_F2	fruchtbarkeitsgefährdend (Beeinträchtigung der Fortpflanzungsfähigkeit [Fruchtbarkeit])
Gefahrstoffverordnung	Xn	gesundheitsschädlich
	N	umweltgefährlich
	R 33	Gefahr kumulativer Wirkungen
	R 50/53	sehr giftig für Wasserorganismen; kann in Gewässern langfristig schädliche Wirkungen haben
MAK- und BAT-Werte-Liste 2008	H	Gefahr der Hautresorption
	PCB mit 54 Masse-% Chloranteil	0,7 mg pro m^3 Luft
	PCB mit 42 Masse-% Chloranteil	1,1 mg pro m^3 Luft

Musterraumsanierung

Die Erfahrung zeigt, dass erfolgreich in einem Gebäude durchgeführte Maßnahmen in einem anderen Gebäude nicht notwendigerweise den gleichen Erfolg zeitigen müssen. Im Vorfeld der Sanierung eines Gebäudes mit vielen baugleichen Räumen ist es daher zweckmäßig, eine Pilotmaßnahme in einem repräsentativen Raum durchzuführen. Eine Musterraumsanierung mit schrittweiser Vorgehensweise und jeweiliger Erfolgskontrolle verschafft wichtige Informationen zum erforderlichen Umfang der Sanierungsarbeiten, zur Eignung der angewandten Verfahren, zum Zeitbedarf und zu den Kosten für Sanierung und Wiederherstellung des Gebäudes.

Die Musterraumsanierung gliedert sich in folgende Schritte:

1. Auswahl eines geeigneten Raumes unter den Aspekten
   - gebäudetypische Belastung
   - Zugänglichkeit
   - Gebäudebetrieb
2. luftdichte Abtrennung vom übrigen Gebäude und vom Außenbereich
3. Erschließung von außen (gegebenenfalls über ein Gerüst)
4. Ausbau der Primärquellen
5. Ausbau bzw. Behandlung von Sekundärquellen
6. Kontrolle des Sanierungserfolgs

Sanierung der Primärquellen

Gemäß PCB-Richtlinien kommt für einen dauerhaften Sanierungserfolg nur das restlose Entfernen der Primärquellen in Betracht. Das Beschichten von PCB-haltigen Fugenmassen hat sich bereits im Zuge der ersten PCB-Sanierungen Anfang der 1990er-Jahre als untauglich erwiesen.

Die Schutzmaßnahmen für die Sanierung gliedern sich in:

- organisatorische Schutzmaßnahmen
- technische Schutzmaßnahmen
- hygienische Schutzmaßnahmen/persönliche Schutzausrüstung

Art und Umfang der Schutzmaßnahmen orientieren sich an den Erfordernissen für Nutzerschutz, Arbeitsschutz und Umgebungs-/Nachbarschaftsschutz. Zu beachten ist § 11 „Ergänzende Schutzmaßnahmen bei Tätigkeiten mit krebserzeugenden, erbgutverändernden und fruchtbarkeitsgefährdenden Gefahrstoffen (Schutzstufe 4)“ der Gefahrstoffverordnung.

Der Arbeitsbereich ist durch eine standfeste Abschottung staubdicht von angrenzenden Räumen abzutrennen; Baunebenwege sind sorgfältig zu verschließen. Die Persönliche Schutzausrüstung für das Sanierungspersonal umfasst Schutzanzug, Atemschutzmaske mit Partikelfilter, Handschuhe aus Nitrilkautschuk und gegebenenfalls Augen- und Kopfschutz. Die Erschließung des Arbeitsbereichs erfolgt über eine 3- bzw. 4-Kammer-Personenschleuse entsprechend TRGS 519 „Technische Regeln für Gefahrstoffe – Asbest: Abbruch-, Sanierungs- oder Instandhaltungsarbeiten“ (2007-03). Durch eine ausreichend dimensionierte raumlufttechnische Anlage – ebenfalls entsprechend TRGS 519 – ist sicherzustellen, dass der Arbeitsbereich zur Verringerung der PCB-Raumluftkonzentration ausreichend durchlüftet und ein

Abb. 2.9: Ausbau PCB-haltiger Fugenmassen

ausreichender Unterdruck aufrechterhalten wird. Zum Aufsaugen von Stäuben sind baumustergeprüfte Sauger der Staubklasse H einzusetzen.

Ziel der Anforderungen ist es – neben dem Schutz der Beschäftigten des Sanierungsunternehmens –, eine unkontrollierte Ausbreitung von PCB-belastetem Staub unter allen Umständen zu vermeiden. Außerhalb des Sanierungsbereichs darf keine Erhöhung der vor Aufnahme der Arbeiten vorhandenen PCB-Raumluftkonzentration auftreten.

Bei allen Arbeiten ist die Minimierungsverpflichtung gemäß Gefahrstoffrecht (Gefahrstoffverordnung) zu beachten. Das heißt, das Arbeitsverfahren ist so zu gestalten, dass PCB-haltige Stäube im abgeschotteten Bereich nur so weit freigesetzt werden, wie dies nach dem Stand der Technik unvermeidbar ist. Dazu sind staubminimierte Arbeitsabläufe zu wählen. Beim Ausbau von Fugenmassen sind PCB-haltige Stäube an der Entstehungsstelle durch eine zweite Person aufzunehmen (Abb. 2.9).

Fugenmassen werden mit Elektrofugenschneider (oszillierendes Messer) oder elektrischem Meißelhammer ausgebaut. Nach dem restlosen Entfernen der Fugenmassen wird die Fuge sorgfältig gereinigt (keine Verwendung von Lösemitteln) und die Fugenflanken werden mit einem Sperranstrich versehen.

Abfälle sind in resistenten und verschließbaren Behältern zu sammeln. Die Entsorgung von PCB-Primärquellen erfolgt als gefährlicher Abfall mit dem Abfallschlüssel 170902* gemäß „Verordnung über das europäische Abfallverzeichnis“ (Abfallverzeichnis-Verordnung – AVV) vom 10. Dezember 2001.

Sanierung der Sekundärquellen

In den meisten Fällen lässt sich durch den Ausbau der Primärquellen allein die PCB-Raumluftkonzentration nicht dauerhaft unter den Sanierungszielwert von 300 ng PCB pro m^3 Luft absenken und es ist zusätzlich eine Sanierung von Sekundärquellen erforderlich.

Betonoberfläche:	8 mg/kg
Spachtelmasse:	37 mg/kg
Anstrich:	330 mg/kg

Abb. 2.10: Beispiel eines sekundär mit PCB belasteten Wandaufbaus mit Angaben der PCB-Gehalte

PVC-Bodenbelag:	490 mg/kg
Kleber:	50 mg/kg
Estrich:	< 3 mg/kg

Abb. 2.11: Beispiel eines sekundär mit PCB belasteten Fußbodenaufbaus mit Angaben der PCB-Gehalte

Relevante Sekundärquellen sind insbesondere Bodenbeläge, abgehängte Decken sowie Anstriche von Wänden, Decken und sonstigen Flächen. Welche Vorgehensweise zur Verringerung der Sekundärbelastung angezeigt ist, lässt sich nicht allgemein vorgeben, sie hängt vielmehr von den baulichen Gegebenheiten, der Art und Ausdehnung der Sekundärquellen sowie ihren PCB-Gehalten ab.

Beispiele für sekundär belastete Systemaufbauten sind in Abb. 2.10 und 2.11 anhand eines Wandaufbaus bzw. eines Bodenaufbaus dargestellt.

Relevante, großflächige Sekundärquellen sollten möglichst entfernt werden. Im Fall einer Beschichtung oder Abtrennung ist der Langzeiterfolg dieser Maßnahmen zu belegen.

Für die Sanierung von Wänden (gegebenenfalls auch Decken) – mit oder ohne Entfernen der Sekundärquelle – stehen verschiedene Verfahren zur Auswahl, die mit ihren wesentlichen Vor- und Nachteilen in Tabelle 2.14 und 2.15 dargestellt sind.

Die Entsorgung von sekundär mit PCB belasteten Abfällen erfolgt entsprechend ihrem PCB-Gehalt und in Abstimmung mit der Annahmestelle.

Tabelle 2.14: Verfahren zur Sanierung von sekundär mit PCB belasteten Wänden ohne Entfernen der Quelle

Verfahren	**Vorteile und Nachteile/Einschränkungen**
Sperranstrich	Vorteil: • relativ geringe Kosten Nachteile/Einschränkungen: • kein Entfernen der Quelle • bei hohen Belastungen ungeeignet • evtl. Mehraufwand beim erstmaligen Überstreichen
Spezialtapeten	Vorteil: • sehr wirksam (insbesondere Aluminiumfolie bzw. Polyethylen/Aluminium-Systeme) Nachteile/Einschränkungen: • hohe Kosten • kein Entfernen der Quelle • Aktivkohle: langfristige Kontrolle erforderlich, späterer Austausch notwendig • Polyethylen/Aluminium: wasserdampfundurchlässig

Abb. 2.12: Abtrag von PCB-belastetem Wandanstrich im Wasserhochdruckverfahren

Tabelle 2.15: Verfahren zur Sanierung von sekundär mit PCB belasteten Wänden mit Entfernen der Quelle

Verfahren	**Vorteile und Nachteile/Einschränkungen**
Abbeizen	Vorteil: • relativ geringe Kosten Nachteile/Einschränkungen: • bei mineralischen Untergründen nur bedingtes Entfernen der Quelle • evtl. Hineintragen der Kontamination in den Untergrund • Toxizität und Geruch der Abbeizmittel
mechanisches Abfräsen	Vorteil: • relativ geringe Kosten Nachteile/Einschränkungen: • bei Beton vielfach ungeeignet; Hineinreiben der Kontamination in den Untergrund • notwendige Vermeidung einer Staubfreisetzung
Reinigungskrake	Vorteile: • relativ geringe Kosten • gute Reinigungswirkung • keine Staubfreisetzung Nachteil/Einschränkung: • praktisch kein Oberflächenabtrag
Wasserhochdruckverfahren, bis ca. 2.500 bar (Abb. 2.12)	Vorteile: • sehr effektives Entfernen der Quelle auf harten Oberflächen • keine Staubfreisetzung • Regulierung der Abtragtiefe über den Wasserdruck Nachteile/Einschränkungen: • relativ hohe Kosten (hoher Maschinenaufwand) • mehr oder weniger starke Freisetzung von Wasser (je nach Untergrund) • evtl. Verputzen erforderlich

Abschließende Arbeiten und Erfolgskontrolle der Sanierung

Nach Abschluss der Arbeiten erfolgt die Feinreinigung. Hierzu wird der Arbeitsbereich gesaugt und feucht gereinigt. Während der Feinreinigung sollte der sanierte Bereich mit Frischluft gespült werden.

Konkrete Vorgaben in Form einer Messstrategie für die Erfolgskontrolle nach einer Sanierung gibt die PCB-Richtlinie Nordrhein-Westfalen. Danach sollen die Messungen vor der erneuten Nutzung der Räume, d. h. vor Wiederherstellung und Möblierung, erfolgen. Umfang und Häufigkeit der Messungen zur Erfolgskontrolle werden so angesetzt, dass eine hinreichend verlässliche Aussage über den Erfolg der Sanierung getroffen werden kann. Bei Sanierungen im Winterhalbjahr ist zu berücksichtigen, dass infolge kalter Bauteile eventuelle PCB-Restausgasungen vermindert sind und so Raumluftmesswerte erzielt werden, die einen erfolgreichen Abschluss der Sanierung lediglich vortäuschen. Gemäß PCB-Richtlinie Nordrhein-Westfalen sollen daher zur endgültigen Erfolgskontrolle möglichst repräsentative Messungen bei sommerlichen Witterungsbedingungen (Außen- und Innentemperatur über 23 °C) durchgeführt werden.

Raumluftmessungen werden dort durchgeführt, wo sich Personen bei typischer Raumnutzung vorwiegend aufhalten oder wo eventuell eine höhere Konzentration vermutet wird. Da vor einer erneuten Nutzung gemessen werden muss, wird Normalbetrieb simuliert, d. h., die Simulation orientiert sich an der normalen Raumlüftung und den einer konkreten Nutzung tatsächlich entsprechenden Verhältnissen. In der Regel sollten die Messungen 1 Stunde nach Beendigung einer halbstündigen Stoßlüftung des Raumes durchgeführt werden. Andere Messbedingungen sind möglich und zu dokumentieren.

Aus gutachterlicher Sicht sollte die PCB-Raumluftkonzentration nach Möglichkeit direkt nach Beendigung einer Sanierung den Vorsorgewert von 300 ng PCB pro m^3 Luft unterschreiten.

2.1.2.8 Schlussbemerkung

Die heute zur Verfügung stehenden Erfahrungen und Techniken machen es nicht mehr erforderlich, ein Gebäude wegen PCB-Belastung gegebenenfalls abzureißen, da jedes PCB-belastete Gebäude erfolgreich saniert werden kann. Der Erfolg jeder PCB-Sanierung hängt dabei allerdings wesentlich von der Qualität des Sanierungskonzepts und der Güte der Ausführung ab. Einem vorhersehbaren Qualitätsmangel bei der Ausführung der Sanierung muss bereits bei der Vergabe entgegengewirkt werden.

2.1.3 Dioxine und Furane

Hans Gerhard Varbelow

2.1.3.1 Eigenschaften

Dioxine und Furane sind seit dem Chemieunfall in der norditalienischen Stadt Seveso 1976 und ihrer Entdeckung in Flugasche und Abgas zunehmend in die öffentliche Diskussion geraten. Auch heute wird die Öffentlichkeit noch durch Funde in Nahrungsmitteln aufgeschreckt. Die korrekte Bezeichnung der 210 verschiedenen Isomere dieser chlororganischen Verbindungen ist polychlorierte Dibenzo-*para*-dioxine (PCDD) und polychlorierte Dibenzofurane (PCDF). Daneben gibt es auch bromierte sowie gemischthalogenierte Dioxine und Furane. Die chlorierten, bromierten und gemischthalogenierten Dioxine und Furane umfassen zusammen mehr als 5.000 Verbindungen, die unterschiedlich giftig sind.

Dioxine und Furane gehören zu den sogenannten persistenten organischen Schadstoffen (POP), sie werden in der Umwelt kaum abgebaut. Sie sind relativ reaktionsträge und gut fettlöslich. Daher werden sie auch in Organismen nur in geringem Maß abgebaut und reichern sich im Fettgewebe an. Ob eine chemische Verbindung im Körper dioxinartig wirkt, hängt wesentlich mit von der räumlichen Struktur des Moleküls ab, auch einzelne Verbindungen aus anderen Stofffamilien wie die polychlorierten Biphenyle (PCB; siehe Kapitel 2.1.2) wirken dioxinartig.

Dioxine und Furane sind schwerflüchtig. Mit steigendem Chlorierungsgrad nimmt der Dampfdruck (die Verdunstungstendenz) ab und der Siedepunkt zu. Die Wasserlöslichkeit ist sehr schlecht, die Fettlöslichkeit sehr gut. Diese chemisch-physikalischen Eigenschaften führen dazu, dass die Substanzen die Tendenz zeigen, sich an Oberflächen, die organischen Kohlenstoff enthalten, anzulagern oder sich in einen organischen Stoff einzulagern. Dennoch werden diese Stoffe überall auch in der Innenraumluft und in der Atmosphäre meist im Picogrammbereich, manchmal auch im Nanogrammbereich, nachgewiesen, wobei ein Teil partikelgebunden vorliegt.

2.1.3.2 Entstehung und Verbreitung

Dioxine und Furane entstehen ungewollt als Nebenprodukte bei zahlreichen chemischen Prozessen und thermischen Prozessen (wie z. B. metallurgische Verfahren oder Brände), an denen Halogenverbindungen beteiligt sind.

Chemische Prozesse

Weite Verbreitung fanden Dioxine und Furane als unerwünschte Bestandteile chlorierter Industriechemikalien, durch die sie auch in Gebäude gelangten.

Die wichtigsten dioxinhaltigen Stoffe, die in Farben, Fugenmassen, Beschichtungen oder Teppichklebern, aber z. B. auch in Kondensatoren von Leuchtstoffröhren, Waschmaschinen oder Kühlschränken sowie in Akustikdeckenplatten der Fa. Wilhelmi in Gebäude kamen, sind die polychlorierten Biphenyle (PCB). Hochchlorierte Biphenyle enthalten Dioxinkonzentrationen von bis zu 0,15 % TEQ (oder TE; toxic equivalents: Toxizitätsäquivalente; siehe hierzu Kapitel 2.1.3.3).

Ebenfalls größere Mengen an Dioxinen wurden über das Pentachlorphenol (PCP) bis zu seinem Verbot 1989 in Gebäude eingetragen. PCP kam wegen seiner fungiziden Wirkung vor allem in Holzschutzmitteln und in der Lederproduktion zum Einsatz (vgl. auch Kapitel 2.1.1).

Die Dioxinquellen lassen sich anhand der Verteilung der einzelnen Kongenere (chemische Verbindungen mit der gleichen Grundstruktur) identifizieren (sogenannter „Fingerabdruck"; vgl. hierzu Kapitel 2.1.2.2). Bei PCB als Quelle der Dioxinbelastung finden sich in der Analyse überwiegend niedrig chlorierte Tetra- und Pentachlordibenzofurane, bei PCP als Dioxinquelle ist das Octachlordibenzodioxin in hoher Konzentration vorhanden.

Es ist nicht möglich, von der PCB- oder PCP-Raumluftkonzentration generell Rückschlüsse auf die Dioxinkonzentration in der Raumluft zu ziehen. Liegen hochchlorierte PCB als Dioxinquelle vor, so enthalten diese zwar hohe Konzentrationen an Furanen und dioxinartigen PCB (bis zu 15 %). Da aber die hochchlorierten PCB einen niedrigeren Dampfdruck als die hoch toxischen Dioxine haben, kann es vorkommen, dass die PCB-Konzentration in der Raumluft niedrig, die Dioxinkonzentration jedoch hoch ist.

Um Holzschutzmittel leichter verarbeiten zu können, wurde das PCP zur Erzielung einer besseren Wasserlöslichkeit zu Natriumphenolat (NaPCP) umgesetzt. Diese Verbindung hat als Salz keinen Dampfdruck, sodass bei Raumluftmessungen kein gasförmiges, sondern ausschließlich partikelgebundenes PCP gemessen wird. Dies führt zu Minderbefunden und falschen Rückschlüssen hinsichtlich der Dioxinkonzentration in diesen Produkten. Außerdem ist durch die Umsetzung zum Phenolat die Octachlordibenzodioxin-Konzentration höher als im nicht umgesetzten PCP (vgl. Blessing, 1997).

Thermische Prozesse

Mit der Entstehung von Dioxinen ist immer dann zu rechnen, wenn chlor- bzw. halogenhaltige organische Stoffe an Bränden oder Schwelprozessen beteiligt sind. Das Ausmaß der Dioxinkontamination wird durch die Halogen- bzw. Chlorkonzentration, die Anwesenheit von Kupfer sowie die Art des Brandes bestimmt. Besonders stark ist die Dioxinbildung dann, wenn am Brand sogenannte Vorläuferstoffe wie PCB, Chlorphenole oder Flammschutzmittel wie polybromierte Diphenylether beteiligt sind.

Als Stoffe mit besonders hohen Halogengehalten sind PVC, Chloropren, chlorkohlenwasserstoffhaltige Lösemittel und Chlorparaffine zu nennen. Besonders PVC ist in Gebäuden allgegenwärtig, da es z. B. in Fensterrahmen, Bodenbelägen, Tapeten, Korrosionsschutzfarben, Isoliermaterialien oder Kabelummantelungen verarbeitet wird (bis zum Verbot der Kabelverschwelung gehörten Kabelverschwelungsanlagen zu den größeren Dioxinemittenten). Bromierte Dioxine und Furane sind über polybromierte Flammenhemmer, die besonders in der Unterhaltungselektronik, in PCs und in der Wärmedämmung eingesetzt wurden, in Gebäude gelangt.

Beim Gebäudeabbruch oder bei der Sanierung von Gebäuden ist darum bei Verbrennungsanlagen und Schornsteinen (Rauchgaswege) mit einer erhöhten Dioxinkonzentration zu rechnen, da immer die Möglichkeit besteht, dass behandelte Hölzer oder chlorhaltige Abfälle verbrannt wurden.

Dioxinkonzentrationen in Rauchkondensaten nach Brandfällen

Die Bildung von Dioxinen aus thermischen Prozessen erfolgt durch eine Reihe komplexer Reaktionen, die bis heute noch nicht alle aufgeklärt sind. Eine besonders starke Dioxinbildung ist dann zu erwarten, wenn viele Partikel in den Rauchgasen vorhanden sind, die Temperatur der Rauchgase lange bei einer Temperatur zwischen 250 und 350 °C liegt und viel halogenhaltiges Material an dem Brand beteiligt ist.

Besonders hohe Dioxinkonzentrationen

In den Jahren 1960 bis ca. 1975 wurde viel PCB in offenen Anwendungen wie Fugenmassen, Schallschutzplatten, Farben und Beschichtungen verarbeitet. Entgegen der ursprünglichen Annahme, dass eine Dioxinbildung erst durch unmittelbare Brandeinwirkung eintritt, hat sich gezeigt, dass auch in Brandrandbereichen, die durch die heißen Rauchgase betroffen sind, eine extreme Dioxinbildung stattfindet (z. B. bei dem Brand im Düsseldorfer Flughafen 1996).

Bei Bränden, insbesondere Schwelbränden, von Hölzern, die mit PCP und Lindan (γ-Hexachlorcyclohexan) als Holzschutzmittel behandelt sind, ist ebenfalls mit einer extremen Dioxinbildung zu rechnen. Dies betrifft vor allem Holzfenster mit Drahtgitterglas, bei denen das Holz mit PCP-haltigem Holzschutzmittel angestrichen ist, der Fensterkitt aus PCB-haltiger Fugenmasse besteht und die Fläche zwischen Glas und Holz mit schwach gebundenen Asbestschnüren versehen ist.

Hohe Dioxinkonzentrationen

Mit einer deutlichen Belastung durch Dioxine muss gerechnet werden, wenn an einem Brand halogenhaltige Kunststoffe wie z. B. PVC und Chloropren oder Flammschutzmittel beteiligt sind. Zu nennen sind hier insbesondere Bodenbeläge, Fenster, Vinyltapeten, Kabelisolierungen, aber auch Polystyrol z. B. aus Fernsehgeräten oder PCs. Die Konzentration der gebildeten Dioxine hängt hierbei von der Menge des halogenhaltigen Materials, der Brandtemperatur und der Art der Entrauchung ab. Auf der kalten Brandstelle sind Dioxine immer nur gebunden an den Rauchkondensaten, insbesondere am Ruß, zu finden.

Dagegen führen der Abbrand halogenfreier Stoffe, hohe Temperaturen und gute Entrauchung zu geringen Dioxinkonzentrationen. Das heißt, am Hauptbrandort sind meist nur geringe Dioxinkonzentrationen zu finden, während dort, wo sich leichter, „flaumiger“ Ruß niedergeschlagen hat, die Dioxinkonzentrationen in der Regel deutlich höher sind.

Mittlere Dioxinkonzentrationen

Fehlt eine der oben genannten Randbedingungen wie niedrige Temperatur oder schlechte Entrauchung und sind nur geringe Halogenmengen an einem Brand beteiligt, ist die Dioxinkonzentration in den Rauchkondensaten erheblich niedriger.

Geringe Dioxinkonzentrationen

Sind keine halogenhaltigen Stoffe an einem Brand beteiligt, ist mit keiner nennenswerten Dioxinbelastung zu rechnen. Bei schlechter Entrauchung und niedrigen Temperaturen kann allerdings mit hohen Konzentrationen an polycyclischen aromatischen Kohlenwasserstoffen (PAK) gerechnet werden.

2.1.3.3 Bewertung

Toxizitätsäquivalenzfaktoren (TEF)

Um die Giftigkeit der einzelnen dioxinartig wirkenden Verbindungen in Stoffgemischen besser abschätzen zu können, wurde das Modell der Toxizitätsäquivalente (TEQ oder TE) eingeführt. Jede Verbindung erhält einen Toxizitätsäquivalenzfaktor (TEF), der ihre Giftigkeit im Verhältnis zum giftigsten Dioxin, dem 2,3,7,8-Tetrachlordibenzodioxin (2,3,7,8-TCDD), angibt. Das als Seveso-Dioxin bekannt gewordene 2,3,7,8-TCDD hat den Toxizitätsäquivalenzfaktor 1. Eine Probe, die 1 g einer Verbindung mit einem TEF von 0,1 enthält, wirkt demnach ein Zehntel so giftig wie 1 g 2,3,7,8-TCDD und die Probe hätte einen Dioxingehalt von 0,1 g TEQ. Der Gesamt-TEQ-Gehalt eines Stoffgemisches ergibt sich, indem die Konzentrationen der einzelnen Verbindungen mit ihrem jeweiligen TEF multipliziert (gewichtet) und die Ergebnisse addiert werden.

Für 7 der 75 PCDD (Dioxine), 10 der 135 PCDF (Furane) und 12 der 209 PCB wurden TEF abgeschätzt. Sie werden in Tabelle 2.16 und 2.17 angegeben (da die alten TEF des ehemaligen Bundesgesundheitsamtes [BGA-TEF; vgl. Sachstand Dioxine, 1985] nicht mehr verwendet werden, sind sie nicht mit aufgeführt). Angegeben sind die heute gebräuchlichsten Toxizitätsäquivalenzfaktoren: die vom Committee on Challenges of Modern Society (CCMS) der NATO erarbeiteten I-TEF (international toxicity equivalency factor; vgl. International Toxicity Equivalency Factor [I-TEF], 1988) und die WHO-TEF 2005 der Weltgesundheitsorganisation WHO (World Health Organization; vgl. van den Berg et al., 2006).

Tabelle 2.16: Toxizitätsäquivalenzfaktoren (TEF) für Dioxine und Furane (nach Dioxin-Datenbank des Bundes und der Länder)

chemische Bezeichnung	I-TEF[1)]	WHO-TEF 2005[2)]
2,3,7,8-Tetrachlordibenzodioxin	1	1
1,2,3,7,8-Pentachlordibenzodioxin	0,5	1
1,2,3,4,7,8-Hexachlordibenzodioxin	0,1	0,1
1,2,3,6,7,8-Hexachlordibenzodioxin	0,1	0,1
1,2,3,7,8,9-Hexachlordibenzodioxin	0,1	0,1
1,2,3,4,6,7,8-Heptachlordibenzodioxin	0,01	0,01
1,2,3,4,6,7,8,9-Octachlordibenzodioxin	0,001	0,0003

Tabelle 2.16: Fortsetzung

chemische Bezeichnung	I-TEF[1)]	WHO-TEF 2005[2)]
2,3,7,8-Tetrachlordibenzofuran	0,1	0,1
1,2,3,7,8-Pentachlordibenzofuran	0,05	0,03
2,3,4,7,8-Pentachlordibenzofuran	0,5	0,3
1,2,3,4,7,8-Hexachlordibenzofuran	0,1	0,1
1,2,3,6,7,8-Hexachlordibenzofuran	0,1	0,1
1,2,3,7,8,9-Hexachlordibenzofuran	0,1	0,1
2,3,4,6,7,8-Hexachlordibenzofuran	0,1	0,1
1,2,3,4,6,7,8-Heptachlordibenzofuran	0,01	0,01
1,2,3,4,7,8,9-Heptachlordibenzofuran	0,01	0,01
1,2,3,4,6,7,8,9-Octachlordibenzofuran	0,001	0,0003

1) Toxizitätsäquivalente nach International Toxicity Equivalency Factor (I-TEF), 1988
2) Toxizitätsäquivalente nach van den Berg et al., 2006

Tabelle 2.17: Toxizitätsäquivalenzfaktoren (TEF) für PCB (nach Dioxin-Datenbank des Bundes und der Länder)

PCB-Nr.	chemische Bezeichnung	WHO-TEF 2005
77	3,3',4,4'-Tetrachlorbiphenyl	0,0001
81	3,4',4,5-Tetrachlorbiphenyl	0,0003
126	3,3',4,4',5-Pentachlorbiphenyl	0,1
169	3,3',4,4',5,5'-Hexachlorbiphenyl	0,03
105	2,3,3',4,4'-Pentachlorbiphenyl	0,00003
114	2,3,4,4',5-Pentachlorbiphenyl	0,00003
118	2,3',4,4',5-Pentachlorbiphenyl	0,00003
123	2',3,4,4',5-Pentachlorbiphenyl	0,00003
156	2,3,3',4,4',5-Hexachlorbiphenyl	0,00003
157	2,3,3',4,4',5'-Hexachlorbiphenyl	0,00003
167	2,3',4,4',5,5'-Hexachlorbiphenyl	0,00003
189	2,3,3',4,4',5,5'-Heptachlorbiphenyl	0,00003

Vorgaben in Rechtsvorschriften, Richtlinien und Empfehlungen

Tolerierbare Konzentrationen auf Flächen, in Böden, Bodenabfall und Produkten

Für verschiedene Bereiche wurden in Vorschriften oder Empfehlungen Werte für Konzentrationen von PCDD/PCDF festgelegt bzw. empfohlen, die in Tabelle 2.18 zusammengestellt sind.

Tabelle 2.18: Konzentrationen von PCDD/PCDF: Vorgaben ausgewählter Vorschriften und Empfehlungen

Quelle	Kategorie	Geltungsbereich	Konzentration der PCDD/PCDF
BGA	Vorsorgewert	Raumluft	0,5 pg TEQ pro m³
	Interventionswert		5 pg TEQ pro m³
BBodSchV	Maßnahmewert	Kinderspielflächen	100 ng I-TEQ pro kg
		Wohngebiete	1.000 ng I-TEQ pro kg
		Park- und Freizeitanlagen	1.000 ng I-TEQ pro kg
		Industrie- und Gewerbegebiete	10.000 ng I-TEQ pro kg
bundesländerspezifische Regelungen	Entsorgungsgrenzwert	Bauschutt (Deponieklasse 1)	< 1.000 ng I-TEQ pro kg
		Bauschutt (Deponieklasse 2, Sonderbereiche)	< 10.000 ng I-TEQ pro kg
		Bauschutt (Deponieklasse 3)	> 10.000 ng I-TEQ pro kg
		Sonderabfallverbrennung	> 10.000 ng I-TEQ pro kg
		Hausmüllverbrennung	> 1.000 ng I-TEQ pro kg
2. Bericht der Bund/Länder-Arbeitsgruppe Dioxine, 1993	Zielwert	alle Bodennutzungen	< 5 ng I-TEQ pro kg
	Prüfwert (Prüfaufträge und Handlungsempfehlungen im Sinne der Vorsorge)	landwirtschaftliche und gärtnerische Bodennutzung	5–40 ng I-TEQ pro kg
		eingeschränkte landwirtschaftliche und gärtnerische Bodennutzung	> 40 ng I-TEQ pro kg
	Maßnahmewert (Empfehlung von Maßnahmen)	Kinderspielplätze	100 ng I-TEQ pro kg
		Siedlungsgebiete	1.000 ng I-TEQ pro kg
		Industrieflächen	10.000 ng I-TEQ pro kg
VdS 2357	Orientierungswert für Wischproben nach Brandschäden	Wohnungen, Büros[1)]	< 10 ng I-TEQ pro m²
	Sanierungszielwert	alle Räume	< 50 ng I-TEQ pro m²
	Orientierungswert	selten begangene Räume	< 100 ng I-TEQ pro m²
17. BImSchV	Emissionsgrenzwert	thermische Abfallbehandlung (Verbrennung)	0,1 ng I-TEQ pro m³
TRGS 557	MAK-Wert, Kategorie 4	Arbeitsplatz	10 pg 2,3,7,8-TCDD pro m³

BBodSchV „Bundes-Bodenschutz- und Altlastenverordnung" (BBodSchV) vom 12. Juli 1999
BGA Bundesgesundheitsamt 1992 (nach Rotard, 1992, S. 189; Blessing, 1997, S. 306)
I-TEQ Toxizitätsäquivalent nach International Toxicity Equivalency Factor (I-TEF), 1988
pg Picogramm; 1 pg = 10^{-12} g
TEQ Toxizitätsäquivalent (toxic equivalent)
TRGS 557 TRGS 557 „Technische Regeln für Gefahrstoffe – Dioxine" (2008-08)
VdS 2357 VdS 2357 (05) „Richtlinien zur Brandschadensanierung" (2007-04)
17. BImSchV „Siebzehnte Verordnung zur Durchführung des Bundes-Immissionsschutzgesetzes" (Verordnung über Verbrennungsanlagen für Abfälle und ähnliche brennbare Stoffe – 17. BImSchV) vom 23. November 1990

1) zugleich Schwellenwert in Hessen

Neben den in Tabelle 2.18 aufgeführten Werten gibt es noch weitere Grenzwerte. So wird für Lebensmittel und Futtermittel durch EU-Gesetzgebung die Dioxin-, Furan- und PCB-Konzentration über die WHO-TEF 1998 (vgl. van den Berg et al., 1998) geregelt, so z. B. in der Verordnung (EG) Nr. 1881/2006 vom 19. Dezember 2006.

In Abschnitt 4 „Dioxine und Furane" des Anhangs zu § 1 der „Verordnung über Verbote und Beschränkungen des Inverkehrbringens gefährlicher Stoffe, Zubereitungen und Erzeugnisse nach dem Chemikaliengesetz" (Chemikalien-Verbotsverordnung – ChemVerbotsV) vom 14. Oktober 1993 werden für das Inverkehrbringen (z. B. in Farben, Flammenhemmern oder Kunststoffen) Grenzwerte auf einer anderen Basis bestimmt. Dioxine und Furane werden hier in verschiedene Gruppen eingeteilt und für jede Gruppe wird ein Summengrenzwert festgelegt, der die Toxizität der Gruppe widerspiegelt. Bromierte Dioxine und Furane werden hier den entsprechenden chlorierten Verbindungen gleichgestellt. Dioxinähnliche PCB werden nicht erfasst.

Tägliche Aufnahmewerte

1997 erfolgte durch die Weltgesundheitsorganisation WHO eine neue Bewertung der Wirkung von PCDD und PCDF, auch wurden die dioxinähnlichen PCB in das TEF-Konzept einbezogen (vgl. Polychlorinated Dibenzo-para-dioxins and Polychlorinated Dibenzofurans, 1997).

Auf der Grundlage dieser Neubewertung der Wirkung von PCDD und PCDF durch die WHO ergeben sich folgende tolerierbare tägliche Aufnahmewerte (vgl. Bewertung von Schadstoffen, 2004; die zugrunde gelegten TEF entsprechen bereits den WHO-TEF 2005):

- Zielwert: weniger als 1 pg WHO-TEQ pro kg Körpergewicht je Tag
- Interventionswert: 1 bis 4 pg WHO-TEQ pro kg Körpergewicht je Tag

Unter Berücksichtigung der täglichen Aufnahme über Lebensmittel ergeben sich 0,5 pg WHO-TEQ pro m^3 als Interventionswert für die Innenraumluft von Kindergärten und 5 pg WHO-TEQ pro m^3 für die Luft anderer Innenräume.

2.1.3.4 Probenahme

Allgemeines

Da Dioxine stets vergesellschaftet mit anderen Stoffen vorkommen, sollte die Entscheidung über eine Probenahme immer von den konkreten Gegebenheiten ausgehen.

So erfolgt **nach einem Brand unabhängig von der Dioxinkonzentration** in den Rauchkondensaten in der Regel immer eine Sanierung. Bei ausreichendem Personenschutz ist daher eine Dioxinuntersuchung der Rauchkondensate nicht sinnvoll, es sei denn für deren spätere Entsorgung. Besteht der **Verdacht erhöhter Dioxinbildung**, kann der Sanierungserfolg durch Raumluft- oder Oberflächenuntersuchungen geprüft werden.

In der Bundesrepublik Deutschland besteht keine einheitliche Regelung zur Entsorgung von Brandschutt und anderen Gegenständen aus Bränden. Je nach Bundesland wird unterschiedlich vorgegangen. Häufig gilt ein **Anfangs-**

verdacht. Um diesen zu entkräften und gegebenenfalls einen günstigeren Entsorgungsweg einschlagen zu können, ist es sinnvoll, eine Dioxinuntersuchung zu veranlassen. Wird auf eine Untersuchung verzichtet oder haben sich erhöhte Dioxinkonzentrationen ergeben, müssen diese Stoffe in der Regel kostspielig in Sonderabfallbehandlungsanlagen oder Deponien für mineralische Baustoffe wie Schornsteine oder Asbestzementplatten entsorgt werden. Gleiches gilt in der Regel für Schornsteine der konventionellen Gebäudeheizungen. Hier kann es sinnvoll sein, Dioxinanalysen durchführen zu lassen, um einen günstigeren Entsorgungsweg wählen zu können. Manchmal kann es wirtschaftlich sein, z. B. Gegenstände oder Gebäude vor der Analyse bzw. vor der Entsorgung zu reinigen. Dioxinhaltige Proben dürfen nur in Behältnissen gelagert werden, die hierfür geeignet sind, z. B. in Gefäßen aus Glas oder Metall, nicht aber in Kunststoffgefäßen.

Der Ort der Probenahme ist zu dokumentieren; er sollte dabei bezüglich der Entfernung zum Brand charakterisiert werden. Auch spielen die Ausbreitungsbedingungen und die Schornsteine eine wesentliche Rolle. Zur Beweissicherung und zur Abgrenzung der Belastungsbedingungen sind unterschiedliche Proben zu nehmen, die dann bei Bedarf untersucht werden können.

Dioxinbelastungen von Flächen und Materialien nach Bränden sind in Tabelle 2.19 zusammengestellt. Die Angaben dort erfolgen noch in den alten BGA-TEQ des Bundesgesundheitsamtes (vgl. Sachstand Dioxine, 1985), die etwas niedriger als die I-TEQ (vgl. International Toxicity Equivalency Factor [I-TEF], 1988) sind.

Tabelle 2.19: Dioxinbelastungen von Flächen und Materialien nach Bränden (nach Funcke et al., 1989)

am Brand beteiligte Materialien und Stoffe	Flächenbelastung[1)] (ng/m²)	Materialbelastung in Brandresten[2)] (ng/kg)
Stromkabel	0,7–920	300–8.600
chloroprenhaltige Materialien	8–250	100–1.200
PVC und PVC-haltige Materialien	3–9.700	100–11.000
Verpackungsmaterialien	0,5–55	300–1.200
chemische Stoffe	50–2.300	100–5.300
Sondermüll	5–80	100–19.000
Hausmüll	0,5–500	[3)]
Fernsehgeräte	3–170	[3)]
Küchen- und Wohnungseinrichtung	5–25	[3)]
PCB-haltige Stoffe	100–200.000	2.000–2.800.000

1) Die Spannen der Analysewerte resultieren aus der Probenahme in unterschiedlich großen Abständen zum Brandort.
2) Die Spannen der Analysewerte resultieren aus dem jeweils unterschiedlichen Brandverlauf (Temperatur, Sauerstoffgehalt).
3) nicht untersucht

Die Probenahme, die umfangreiche Kenntnisse, viel Erfahrung und spezielle Sachkenntnis erfordert, wird im Folgenden kurz skizziert.

Flächenbelastungen

Um Flächenbelastungen festzustellen, werden Wischproben von den entsprechenden glatten Flächen genommen. Hierzu werden mit Toluol getränkte dioxinfreie Papier- oder Baumwolltücher verwendet. Die Probenahme erfolgt von einer definierten ausgemessenen Fläche, die so auszuwählen ist, dass durch das Lösemittel keine Dioxine tiefer in den Untergrund verfrachtet werden oder der Untergrund gar mit dem Lösemittel reagiert. Geeignete Flächen sind z. B. Glas, Metall oder Keramik.

Brandschutt, Lösch- und Reinigungswasser

Die Untersuchung von **Brandschutt** sollte differenziert erfolgen mit

- Proben aus den Bereichen der Chlorquellen,
- Proben aus den mäßig bis stark verkohlten Bereichen sowie
- Proben aus den Randbereichen (zur Abgrenzung).

Es ist darauf zu achten, dass bei der Probenahme repräsentative Mischproben entnommen werden. Die Probemenge für eine Untersuchung muss mindestens 1.000 g betragen.

Um den Arbeits- und Umgebungsschutz bei der Sanierung festzulegen, wird – falls hier Unklarheiten bestehen – eine „worst case"-Probe vom Ruß genommen.

Für die Untersuchung von **Lösch- und Reinigungswasser** sollte das Probevolumen mindestens 2 l betragen.

Bausubstanz

Bei der Untersuchung von Bausubstanz ist zu unterscheiden zwischen Baumaterialien, die erhalten bleiben, und solchen, die später abgebrochen und entsorgt werden sollen.

Bausubstanz, die aufgrund der Verwendung von PCB Dioxine, dioxinähnliche PCB und Furane enthält

Die Eindringtiefen der Dioxine, dioxinähnlichen PCB und Furane in das Baumaterial sind nahezu identisch. Hier sind die Grenzschichten extrem hoch belastet. Wie tief die Belastung durch verschiedene Einflüsse gelangt ist, kann durch eine tiefendifferenzierte Bauwerksbeprobung und die Analyse des Bohrmehls ermittelt werden. Die Bohrmehlprobe ist so zu nehmen, dass sich der Baustoff nicht auf über 150 °C erwärmt.

Bausubstanz, die durch direkte thermische Belastung möglicherweise kontaminiert ist

Je nach Alter, Belastung und Porigkeit ist manchmal nur der Staub, der auf der Bausubstanz liegt, belastet. Deshalb ist es sinnvoll, den Staub vor der Probenahme zu entfernen (vor der Sanierung bzw. vor der Entsorgung muss der Staub dann ebenfalls entfernt werden). In Schamotte- oder Hohlblocksteinen lassen sich bei einer tiefendifferenzierten Probenahme hohe Dioxinkonzentrationen in den tieferen Schichten des Baumaterials finden, denn niedrig chlorierte, aber hoch toxische Dioxine befinden sich in den tieferen Schichten des Baumaterials, während sich die hochchlorierten Dioxine mit niedrigem Dampfdruck an der Oberfläche anlagern. Offenporiger Mörtel ist in der Regel bis in tiefere Schichten belastet.

Aufgrund der Geringporigkeit von Beton findet sich die Dioxinbelastung durch Staub oder Ruß an den Oberflächen, während PCB-Öle als Lösemittel tief in Beton eindringen können.

Bausubstanz, die durch einen Brand kontaminiert wurde

Kontaminierte Bereiche sind an der schwarzen Verunreinigung durch die Rauchkondensate zu erkennen.

Wird die Bausubstanz abgebrochen und entsorgt, sollte geprüft werden, ob nicht durch das Entfernen der Rauchkondensate eine günstigere Deponieklasse gewählt werden kann. Meist reicht ein einfaches Absaugen oder Abwaschen der Rauchkondensate mit einem Hochdruckreiniger aus. Anschließend ist durch Querschnittsproben der Zustand zu dokumentieren.

Bleibt die Bausubstanz erhalten, erfolgt in der Regel eine Sanierung, die mit dem Entfernen von Tapeten, Absaugen und/oder Abwaschen beginnt. Ziel ist es, die optischen Verunreinigungen und den Brandgeruch zu entfernen. Bei Beton ist das wesentliche Kriterium die Chloridbelastung und deren Eindringtiefe. Erfolgt eine Sanierung mit diesen Zielsetzungen, ist nach Erfahrungswerten eine eventuell vorhandene Dioxinkontamination ebenfalls beseitigt.

2.1.3.5 Sanierung

Allgemeines

Dioxine, die über Verunreinigungen durch PCP oder PCB in und an Gebäude gelangen, werden zusammen mit diesen Stoffen entfernt (siehe hierzu Näheres in Kapitel 2.1.1 und 2.1.2).

Ein umfangreiches und praxisgerechtes Konzept zum Umgang mit kalten Brandstellen hat der Gesamtverband der Deutschen Versicherungswirtschaft e. V. (GDV) mit den Richtlinien VdS 2357 zur Verfügung gestellt. Die VdS 2357 beschreiben die systematische Vorgehensweise der Planung mit dem Ziel eines ganzheitlichen Sanierungskonzepts. Sie können von der Internetseite des GDV (http://www.gdv.de) heruntergeladen werden.

Dioxine befinden sich – in der Regel vergesellschaftet mit anderen Stoffen – fast immer an der Oberfläche oder im oberflächennahen Bereich von Gebäuden und werden mit an die jeweiligen Verhältnisse angepassten Verfahren beseitigt.

Der Einsatz von sogenannten staubigen Sanierungsverfahren ist dabei in der Schadstoffsanierung immer stärker zurückgegangen. Ursache ist zum einen die Minimierungsverpflichtung der „Verordnung zum Schutz vor Gefahrstoffen" (Gefahrstoffverordnung – GefStoffV) vom 23. Dezember 2004, zum anderen die Tatsache, dass extreme Staubsituationen auch durch Abdichtung und Unterdruckhaltung nur schwer zu beherrschen sind. Bei der Auswahl der Verfahren ist gemäß Gefahrstoffverordnung immer die für die jeweiligen Arbeiten zur Verfügung stehende beste Technik zu wählen, um die Exposition so gering wie möglich zu halten.

Sanierungsverfahren für Oberflächen

Für die Sanierung von Oberflächen stehen Trockenverfahren (Tabelle 2.20 bis 2.23), Nassverfahren (Tabelle 2.24) und Flüssigverfahren (Tabelle 2.25 und 2.26) zur Verfügung. Im Folgenden werden die wichtigsten Verfahren in Tabellenübersichten vorgestellt.

Trockenverfahren

Die zur Verfügung stehenden Trockenverfahren werden nach Handverfahren bzw. Verfahren unter Einsatz von Kleingeräten mit abrasiver Wirkung (Tabelle 2.20) und ohne abrasive Wirkung (Tabelle 2.21) sowie nach Strahlverfahren mit guter abrasiver Wirkung (Tabelle 2.22) und mit geringer abrasiver Wirkung (Tabelle 2.23) unterschieden.

Tabelle 2.20: Handverfahren bzw. Einsatz von Kleingeräten mit abrasiver Wirkung

Verfahren	Beschreibung	Vorteile	Nachteile
Schaben	Verwendung z. B. zum Abschaben von Farben und Ruß	kaum Untergrundbeschädigungen; kann mit Beize unterstützt werden	geringe Abtragtiefe; hoher Arbeitsaufwand
Schleifen	Verwendung von Sandpapier oder Stahlbürsten	geeignet für kleine Flächen	sehr starke Staubentwicklung
Fräsen	Fräsen bis 2 cm Tiefe, mit Vorrichtungen für Wand und Boden	gut geeignet für Putz, Farben und Beschichtungen	starke Staubentwicklung
Nadeln/Nageln	Bearbeitung des Untergrunds mit pulsierenden Nägeln	Kleingeräte zur Farb- und Putzentfernung verfügbar	sehr starke Staubentwicklung
Abspitzen/Abstemmen	Farb- und Putzentfernung	Pressluft- und Elektrokleingeräte in allen Größen verfügbar	Staubentwicklung
Abbeilen	Oberflächenentfernung an Holzbalken	sehr selektiv einsetzbar; geringe Staubentwicklung	nur von Fachleuten durchzuführen
Hobeln	Oberflächenentfernung von Holz oder Putz	geringe Staubentwicklung	geringe Arbeitsleistung
oszillierende Messer, Sägen, Schaber	Abtrennen von Fugen	schnell	Wärmeentwicklung

Tabelle 2.21: Handverfahren bzw. Einsatz von Kleingeräten ohne abrasive Wirkung

Verfahren	**Beschreibung**	**Vorteile**	**Nachteile**
Kehren/ Fegen	meist händische Entfernung von Grobverunreinigungen	schnell und einfach	Staubentwicklung
Kehrsaugen	meist Einsatz kleiner Geräte	hohe Flächenleistung	nur für glatte Flächen geeignet
Saugen	Sauger in allen Größen mit problemangepassten Filtersystemen	gute Reinigungsleistung; kaum Staubentwicklung	kaum Tiefenwirkung
Blassaugen	meist kleinere Geräte für die Bodenreinigung und die Elektroniksanierung	gut geeignet für Elektronikbauteile	keine vollständige Entfernung des aufgewirbelten Staubes

Tabelle 2.22: Strahlverfahren mit guter abrasiver Wirkung

Verfahren	**Beschreibung**	**Vorteile**	**Nachteile**
Sandstrahlen	Sand wird mit Druckluft aus einem Kompressor beschleunigt.	gute Wirkung bei Farben; Oberflächenabtrag auf Beton von einigen Millimetern möglich	extrem starke Geräusch- und Staubentwicklung, daher nur noch in geschlossenen Systemen verwendet
Korund- oder Schlackestrahlen	Schlacke wird mit Druckluft aus einem Kompressor beschleunigt.	bessere Tiefenwirkung als Sand; kann nach Staubabtrennung mehrfach genutzt werden	extrem starke Geräusch- und Staubentwicklung, daher nur noch in geschlossenen Systemen verwendet; starker Materialverschleiß
Gussstrahlen	Gussgranulat wird mit Druckluft aus einem Kompressor beschleunigt.	bessere Wirkung als Sand, Schlacke und Korund; Strahlgut lässt sich bis zu 50-mal im Kreis führen, sofern der Staub abgetrennt werden kann	starke Geräusch- und Staubentwicklung; nur in geschlossenen Systemen anzuwenden
Kugelstrahlen	Glas- oder Stahlkugeln werden von bodengeführten Geräten unter Absaugung und Separierung des Strahlguts beschleunigt. Glaskugeln haben eine geringe, Stahlkugeln eine starke abrasive Wirkung.	gut geeignet für den Abtrag von Bodenbeschichtungen; Strahlgut kann einige Male im Kreis geführt werden	mäßige Staubentwicklung; schlecht geeignet für Ränder, Treppen usw.

Tabelle 2.22: Fortsetzung

Verfahren	Beschreibung	Vorteile	Nachteile
Glaspudermehlstrahlen	Einsatz in Kleingeräten zur wasserfreien Denkmalsanierung, z. B. bei Gips, Stuck o. Ä.	kaum Oberflächenabtrag; geeignet für wasserempfindliche Restaurationsobjekte	starke Staubentwicklung, daher Anwendung meist in Abzügen; geringe Flächenleistung
Steinpudermehlstrahlen	speziell zur Reinigung von Natur- und Kunststeinen, Glas, Keramik und polierten Natursteinoberflächen und hochwertigen Untergründen; mit speziellen Rotordüsen auch mit Wasser verwendbar	gut geeignet für die Restauration wertvoller Gläser	starke Staubentwicklung; geringe Flächenleistung
Trockeneisstrahlen mit Pellets oder gemahlenem Trockeneis	Geräte zur Mischung des Trockeneises mit Druckluft; Wirkung über Impuls, Versprödung und schlagartige Sublimation des Trockeneises	gut geeignet für die Entfernung von Beschichtungen; kein Abfall durch Strahlmittel	Feinstaubbildung; Atemluftkontrolle erforderlich; niedrige Strahlmitteltemperatur von –78 °C

Tabelle 2.23: Strahlverfahren mit geringer abrasiver Wirkung

Verfahren	Beschreibung	Vorteile	Nachteile
Sand-, Guss- oder Schlackestrahlen	sanfte Wirkung bei geringem Druck und großem Abstand	gute Flächenleistung auch auf unebenen Untergründen	hohe Anforderungen an den Arbeits- und Umgebungsschutz
Backpulverstrahlen	meist mit Niederdruckrotationsdüsen	gut geeignet z. B. für Druckplatten und Oldtimer; abspülbar, da Backpulver in Wasser löslich ist; in Kläranlagen gut abbaubar	geeignet nur für spezielle Anwendungen; Strahlgut mit geringer Härte, scharfkantig
Nuss- und Maisgranulatstrahlen	zum Polieren von Oberflächen ohne Abtrag	sehr gute Polierwirkung auf empfindlichen Flächen	geeignet nur für spezielle Anwendungen
Trockeneisschneestrahlen	Anwendung mit speziellen Düsen	geeignet auch für empfindliche elektronische Geräte	Feinstaubbildung; Atemluftkontrolle erforderlich

Nassverfahren

Als Nassverfahren zur Sanierung von Oberflächen stehen die in Tabelle 2.24 beschriebenen Handwischverfahren zur Verfügung.

Tabelle 2.24: Handwischverfahren

Verfahren	Beschreibung	Vorteile	Nachteile
Wischen	sanfte Wirkung bei geringem Druck mit unterschiedlichen Temperaturen und Zusätzen; Maschinenunterstützung möglich	gute Flächenleistung	geeignet nur für ebene und glatte Untergründe
Wischen und Bürsten	Reinigung von Flächen mit abrasiven Schwämmen und Bürsten; neben Saugen häufig als Basisreinigung in der Brandschadensanierung eingesetzt	geringe abrasive Leistung; geringer Wasserverbrauch; keine Staubentwicklung; gut geeignet für die Entfernung hoch toxischer Rauchkondensate	Entsorgung von Putzmaterial erforderlich; Verschmierungen möglich; nicht geeignet für poröse Oberflächen
Schleifen	leichte abrasive Wirkung; Maschinenunterstützung möglich	Flächenabtrag durch Auswahl der Korngröße bestimmbar	neigt mit Wasser zur Verschlammung
Beizen	Auftrag von Beizen, um Farbanstriche zu entfernen; anschließend Schaben und Waschen	gut geeignet für die Entfernung von Farben und Beschichtungen von glatten Metallflächen	ungenügende Wirkung bei der Entfernung von PCB-Anstrichen an poriger Bausubstanz; sehr arbeitsaufwendig; hoher Arbeitsschutzaufwand
Läppen, Polieren	mit speziellen Zusätzen für die Bearbeitung hochwertiger Oberflächen	geeignet für Spezialanwendungen	–

Flüssigverfahren

Bei den zur Verfügung stehenden Flüssigverfahren werden Maschinenverfahren mit Niederdruck (Tabelle 2.25) und Maschinenverfahren mit Hoch- und Höchstdruck (Tabelle 2.26) unterschieden.

Tabelle 2.25: Maschinenverfahren mit Niederdruck

Verfahren	Beschreibung	Vorteile	Nachteile
JOS-Verfahren	Niederdruckrotationswirbelwaschverfahren unter Zusatz z. B. von Backpulver, Nussmehl, Glasmehl	geringe abrasive Wirkung	aufwendige Schlammbeseitigung; häufiges Verstopfen der Düsen
Rotec-Verfahren	Weiterentwicklung des JOS-Verfahrens	geringe abrasive Wirkung	hohe Wassertemperaturen; Einsatz von Lösungsvermittlern; Gefahr der Wasserdampfdestillation von Schadstoffen
Schaumreinigung mit gleichzeitiger Absaugung	Aufsprühen von Schaum mit nachfolgender Absaugung	geeignet für die Oberflächenreinigung von textilen Gegenständen wie Teppichen, Sofas usw.	Gefahr der Streifenbildung; Entfernung auch der Imprägnierung; keine Tiefenreinigung
Sprühextraktionsverfahren	Geräte mit Wasserbürsten und Vakuumextraktion; geeignet für Wände und Böden	geringer Wasseranfall	Gefahr der Streifenbildung; an Wänden hoher körperlicher Einsatz erforderlich
Airlessverfahren	Verfahren mit niedrigem Druck; geeignet zum Abschwemmen und zum großflächigen Aufbringen von Flüssigkeiten verschiedener Viskosität	geringer Aufwand	–
Versprödung durch Abkühlung	Abkühlung von Wandoberflächen mit flüssigem Stickstoff oder Trockeneis; aufgrund der unterschiedlichen Ausdehnungskoeffizienten löst sich der Putz bzw. die Farbe unter leichter mechanischer Einwirkung vom Untergrund	gut geeignet für sensible Bereiche; die Schadstoffe werden eingefroren und können vor dem Auftauen schnell entfernt werden	hohe Kosten; erfordert viel Erfahrung
Latexverfahren (Airless)	Auftrag von Latex ohne Stabilisator mittels Airlessgerät; der polymerisierte Latex wird mit den Verunreinigungen von der Oberfläche abgezogen	gut geeignet für fein strukturierte Oberflächen; Tiefenwirkung	hoher Aufwand; erfordert viel Erfahrung

Tabelle 2.26: Maschinenverfahren mit Hoch- und Höchstdruck

Verfahren	Beschreibung	Vorteile	Nachteile
Nassstrahlen mit Hochdruck	unterschiedliche Düsen (Punktstrahler, Rotations- und Breitstrahldüse); Temperaturen bis 80 °C; Druck bis 300 bar	leicht einsetzbar; Zusatz von Tensiden möglich	starker Wasseranfall; Reinigung des Schmutzwassers erforderlich
Nassstrahlen mit Hochdruck unter Zusatz von Abrasiven	Injektion von Sand, Schlacke oder Glasperlen; Druck bis 300 bar	geringe Staubentwicklung	Wasseranfall und Strahlmittelabfall
Dampfstrahlen	Hochdruckstrahler mit Dampferzeuger	sehr gute Reinigungswirkung	Wasserdampfextraktion der Schadstoffe; hohe Anforderungen an den Arbeitsschutz
Abbeizkrake	kleine handgeführte Geräte mit rotierenden Düsen, Gummilippen und Wasserabsaugung; Wasserdruck bis 300 bar	geringer Wasseranfall; Reinigung in einem kleinen, nahezu gekapselten Gerät	geringe Flächenleistung aufgrund kleiner Geräte; hoher Arbeitsaufwand; nur für ebene und glatte Untergründe geeignet
Nassstrahlen mit Höchstdruck	Wasser wird mit sehr hohem Druck beschleunigt; Druck: 300 bis 4.000 bar.	sehr gute abrasive Wirkung auch auf Beton; in vielen Bereichen Alternative zum Sandstrahlen; relativ geringer Wasseranfall	starke Geräuschentwicklung; hohe Anforderungen an den Arbeitsschutz; Aerosolbildung

2.1.3.6 Resümee

Dioxine und Furane sind mittlerweile überall nachzuweisen. In Gebäude haben sie über Bauhilfsstoffe und über die Verbrennung auch in hohen Konzentrationen Eingang gefunden. Sofern sie sachgemäß identifiziert sind, können sie relativ einfach mit Verfahren entfernt werden, die aus dem Gebäudereinigerhandwerk, der Brandschadensanierung, der Industriereinigung und der Denkmalpflege bekannt sind. Aufgrund ihrer Toxizität und Persistenz gelten dabei hohe Anforderungen an den Personen- und Umgebungsschutz sowie an die Entsorgung. Die Vielzahl an Grenzwerten, orientierenden Werten und Empfehlungen auf Basis unterschiedlicher Berechnungsmodelle spiegelt die immer noch bestehende Unsicherheit bezüglich dieser extrem toxischen Stoffe wider. Aufgrund der Komplexität der Sanierungsverfahren und der zahlreichen Arbeits- und Umweltschutzvorschriften sollte die Dioxinsanierung nur durch Fachfirmen und mit gutachterlicher Beratung durchgeführt werden.

2.1.4 Polycyclische aromatische Kohlenwasserstoffe (PAK)

Andreas Stache

2.1.4.1 Einleitung

Polycyclische aromatische Kohlenwasserstoffe (PAK) sind organische chemische Verbindungen; im englischen Sprachraum werden sie auch als PAH (polycyclic aromatic hydrocarbons) bezeichnet. Unter PAK werden Kohlenwasserstoffverbindungen zusammengefasst, deren Molekülgerüst aus mehreren miteinander verbundenen Benzolringen besteht (kondensierte Aromaten bzw. Aromaten mit mehreren Benzolringen). Dabei werden kondensierte Aromaten mit mindestens 3 Ringen zu den PAK gezählt, ferner Naphthalin mit 2 Ringen. Bislang wurden mehrere Hundert Einzelverbindungen identifiziert. Da nicht immer alle Einzelverbindungen analysiert werden können, gelten 16 Verbindungen mit unterschiedlicher chemischer Struktur als repräsentativer Standard, erstellt von der US-amerikanischen Umweltbehörde EPA (Environmental Protection Agency) in den 1980er-Jahren (EPA-PAK). Hierfür wurde aus Hunderten Einzelverbindungen eine Liste mit den am häufigsten in Umweltproben nachgewiesenen PAK zusammengestellt. Bei den 16 EPA-PAK handelt es sich um folgende Verbindungen: Acenaphthen, Acenaphthylen, Anthracen, Benzo[*a*]anthracen, Benzo[*a*]pyren, Benzo[*b*]fluoranthen, Benzo[*g,h,i*]perylen, Benzo[*k*]fluoranthen, Chrysen, Dibenzo[*a,h*]anthracen, Fluoranthen, Fluoren, Indeno[1,2,3-*cd*]pyren, Naphthalin, Phenanthren, Pyren. Als Leitsubstanz für die Bewertung und Einstufung PAK-haltiger Stoffe wird in der Regel die Einzelsubstanz Benzo[*a*]pyren (BaP) herangezogen. Bei dieser Vorgehensweise ist allerdings zu beachten, dass die Bewertung nur einer Einzelsubstanz aus mehreren Hundert Verbindungen für eine Risikobeurteilung nicht ausreichend ist und das gesamte System der PAK berücksichtigt werden muss.

2.1.4.2 Entstehung

PAK sind in der Natur vor allem in fossilen Brennstoffen (Erdöl und Kohle) enthalten. Sie sind auch Bestandteile der weltweit vorkommenden Naturasphaltvorkommen, die sich über geologische Zeiträume durch Verdunsten der leichter flüchtigen Anteile des Erdöls gebildet haben. Bereits in der Antike wurden natürliche Asphaltvorkommen (auch als Erdpech oder Bergteer bezeichnet) verwendet. Naturasphalt wurde als Abdichtungsmaterial, als Mörtel und im Straßenbau verwendet. Ebenso sind medizinische Anwendungen bekannt.

PAK entstehen auch immer beim Erhitzen oder Verbrennen von organischem Material unter Sauerstoffmangel (unvollständige Verbrennung) sowie bei der Pyrolyse (thermische Spaltung organischer Verbindungen unter Abwesenheit von Sauerstoff, auch als trockene Destillation bezeichnet). Je nach Ausgangsmaterial und Reaktionsbedingungen entstehen bei Temperaturen unter 1.000 °C in der Regel PAK mit 3 bis 4 Benzolringen, oberhalb von 1.000 °C überwiegend PAK mit 5 bis 7 Ringen. In Innenräumen ist Tabakrauch eine bedeutende PAK-Quelle.

Alle Teerprodukte enthalten hohe PAK-Konzentrationen. Steinkohlenteer (siehe auch Kapitel 2.1.1) entsteht als Nebenprodukt bei der trockenen Destillation von Steinkohle in Kokereien und Gasfabriken. Daher rühren auch die zum Teil erheblichen Boden- und Grundwasserverunreinigungen alter Kokerei- und Gaswerkstandorte. Ursprünglich war Steinkohlenteer ein Abfallprodukt, ab Mitte des 19. Jahrhunderts wurde er aber als wichtiger Rohstoff für die chemische Industrie zur Erzeugung hochwertiger Farbstoffe, Arzneimittel, Explosivstoffe, Riechstoffe, Kunstharze, Lösemittel, Desinfektionsmittel und Kraftstoffe entdeckt.

2.1.4.3 Begriffe

Bezeichnungen für PAK-haltige Stoffgemische werden – zum Teil aus der Geschichte der Begriffe resultierend – oft mit unterschiedlicher Bedeutung verwendet. Einige wichtige Bezeichnungen werden daher im Folgenden kurz erläutert.

Asphalt

Asphalt besteht aus Gesteinsbestandteilen unterschiedlicher Korngröße, die mit Bitumen gebunden werden und hauptsächlich als Straßen- oder Bodenbelag Verwendung finden. Naturasphalt hat sich über geologische Zeiträume durch Verdunsten der leichter flüchtigen Anteile aus Erdöl gebildet. Im Englischen werden die Begriffe „Asphalt“ und „Bitumen“ nicht klar unterschieden und „Asphalt“ synonym für beides verwendet.

Bitumen

Natürlich vorkommendes Bitumen (Naturbitumen) hat sich durch das Verdunsten der leichter flüchtigen Bestandteile von Naturasphaltvorkommen gebildet. Das industriell eingesetzte Bitumen wird mittlerweile größtenteils bei der Erdölraffination erzeugt. Je nach Rohölherkunft ist das erzeugte Bitumen chemisch unterschiedlich zusammengesetzt. Der PAK-Gehalt ist erheblich niedriger (um den Faktor 1.000) als in Teeren.

Gussasphalt

Gussasphalt ist eine in heißem Zustand gieß- und streichfähige Masse aus Steinmehl, Splitt oder Kies und Sand sowie Bitumen als Bindemittel, die vor allem als Fahrbahnbelag und im Industriebaubereich verwendet wird. Gussasphaltestrich ist auch im Wohnungsbau bekannt; er ist nach Abkühlung sofort gebrauchsfähig. Bei der Verarbeitung sind insbesondere im Innenraumbereich hohe Konzentrationen an Bitumendämpfen und -aerosolen zu erwarten.

Pech

Als Pech wird der bei der Destillation von Steinkohlenteer verbleibende Rückstand bezeichnet.

Teer

Bei Teer handelt es sich um ein flüssiges bis zähes, meist schwarzes oder braunes, übel riechendes Gemisch aus etwa 10.000 Einzelverbindungen, je nach Ausgangsmaterial in unterschiedlicher chemischer Zusammensetzung.

Teer entsteht bei der Schwelung, Vergasung oder Verkokung von Steinkohle zu Steinkohlenteer und von Braunkohle, Torf oder Holz zu Holzteer. Teere haben einen hohen Gehalt an PAK; dies begründet ihre gesundheits- und umweltgefährdende Bedeutung. Im Bausektor wurden Teerprodukte seit den 1970er-Jahren durch weniger toxische Bitumenprodukte ersetzt. Teer wird auch zu den bituminösen Stoffen gezählt.

2.1.4.4 Vorkommen in Baustoffen und anderen Produkten

In älteren Gebäuden finden sich immer wieder schwarzbraune **Abdichtungs-, Isolier- und Klebstoffe**, die oft als Teer oder Teerpech bezeichnet werden und hohe PAK-Konzentrationen enthalten. Diese Produkte können leicht mit ähnlich aussehenden Stoffen wie Bitumen oder Gussasphalt mit sehr geringen PAK-Konzentrationen verwechselt werden.

In Innenräumen wurden vor allem PAK-haltige Klebstoffe für Parkett und Holzpflaster verwendet, wobei teerhaltige **Parkettklebstoffe** seit der Jahrhundertwende bis in die 1970er-Jahre allgemeiner Stand der Bautechnik waren und verbreitet eingesetzt wurden und teerhaltige **Klebstoffe für Holzpflaster** bis 1999 gemäß DIN 68701 „Holzpflaster GE für gewerbliche Zwecke" (1993) Stand der Technik waren. Vor allem im industriellen und gewerblichen Bereich wurden für die Verlegung von Holzpflaster lange Zeit teer- oder bitumenhaltige Klebstoffe verwendet.

Bei der Parkettverlegung wurden Heißklebstoffe und kalt streichbare Massen unterschieden. Beide wurden aus Steinkohlenteerpechen oder Bitumen gewonnen. Bis etwa 1981 konnten auch Bitumenklebstoffe noch relevante Teer- und damit auch PAK-Anteile enthalten. Im **Bodenaufbau** können neben den Teerklebstoffen auch bituminierte Spanplatten, Torfoleumplatten (mit Bitumen gebundene Torfplatten), Bitumenkorkplatten, Bitumenfilz oder Bitumenkorkfilz als PAK-haltige Produkte vorhanden sein. Bis Mitte der 1960er-Jahre wurden auch **Teerasphaltestriche** eingebaut. Auch andere Bodenbeläge wurden mit Teerklebstoffen verklebt, so z. B. Floor-Flex-Platten (siehe hierzu auch Kapitel 2.3.1). Weitere Anwendungen von Teerprodukten waren Asphaltfußbodenplatten mit Steinkohlenteerweichpech als Bindemittel sowie **Außenabdichtungen von Gebäuden** im erdberührten Bereich und **Isolierungen** in Kabelkanälen. Teerbestandteile finden sich auch in alten **Dachdeckungen.**

PAK sind ferner Bestandteil von Carbolineum, das als **Holzschutzmittel** eingesetzt wurde (vgl. Kapitel 2.1.1.5). Die Verwendung von Teerölen als Holzschutzmittel ist unter bestimmten Voraussetzungen im gewerblichen und industriellen Bereich (z. B. bei Eisenbahnschwellen oder Strom- und Telegrafenmasten) auch heute noch möglich. Diese Ausnahmen vom Verwendungsverbot PAK-haltiger Erzeugnisse sind in Anhang IV Nr. 13.2 und 13.3 der „Verordnung zum Schutz vor Gefahrstoffen" (Gefahrstoffverordnung – GefStoffV) vom 23. Dezember 2004 geregelt.

In Tabelle 2.27 sind die bekannten teerhaltigen Bauprodukte und ihre Verwendungszeiträume aufgeführt.

Tabelle 2.27: Teerhaltige Bauprodukte (nach Zwiener/Mötzl, 2006)

Einsatzbereich	**Verwendungszeitraum**
Straßenbau: • Beläge mit dem Produktnamen „Carbobitumen" • Fugenvergussmassen	 bis ca. 1984 bis ca. 1984
Bauwerksabdichtungen: • Dachbahnen • Anstriche	 bis ca. 1979 bis ca. 1979
teergebundene Korkdämmplatten	bis ca. 1965
Holz- und Bautenschutz	bis ca. 1991
Klebstoffe für Parkett und Holzpflaster: • Stabparkett • Mosaikparkett • Holzpflaster	 bis ca. 1979 bis ca. 1965 z. T. bis 1995
Asphaltfußbodenplatten	unbekannt
Asphaltestriche	unbekannt
Binde- und Imprägniermittel für feuerfeste Baustoffe	bis heute
Korrosionsschutzanstriche (Stahlwasserbau, Druckrohrleitungen, Betonbeschichtungen)	z. T. bis 2000
teergetränkte Trennlagen (unter Estrichen, Pohlmann-Decken)	unbekannt
teergetränkte Papierkaschierungen von Mineralwollmatten	unbekannt

In den Fokus der Öffentlichkeit gelangten diese teerhaltigen Produkte 1997 durch gesundheitliche Probleme von Wohnungsnutzern in Frankfurt am Main. In diesen Wohnungen, die 1955/56 für Angehörige der US-amerikanischen Streitkräfte errichtet und mit Stabparkett ausgestattet worden waren, wurden neben verschiedenen Pestiziden hohe Belastungen mit PAK festgestellt. Aufgrund der jahrelangen und weitverbreiteten Verwendung teerhaltiger Produkte fanden seit Anfang 1998 Expertengespräche auf Bundesebene und daraufhin auch auf Länder- und kommunaler Ebene statt, die zu den in Kapitel 2.1.4.6 aufgeführten Hinweisen und Richtlinien zum Umgang mit PAK-haltigen Parkettklebern führten.

Außer in verschiedenen PAK-haltigen Bauprodukten können auffällige PAK-Konzentrationen auch enthalten sein in

- geräucherten, gegrillten und gebratenen Fleischprodukten,
- Tabakrauch,
- Kfz-Abgasen und Heizabgasen sowie
- Ablagerungen auf Oberflächen nach Brandschäden.

So wurden 1995 durch das Chemische Untersuchungsamt Hagen erhöhte PAK-Konzentrationen in **Nahrungsmitteln**, und zwar in Traubenkernöl, entdeckt. Untersuchungen der Stiftung Warentest im Jahr 2005 ergaben hohe PAK-Konzentrationen in verbrauchernahen Produkten wie Werkzeuggriffen oder Kabelummantelungen. Daraufhin wurde im Rahmen der vorläufigen Kunststoffkommission des Bundesinstituts für Risikobewertung (BfR) eine Ad-hoc-Arbeitsgruppe PAK gegründet. Von der PAK-Problematik in **Gebrauchsgegenständen** können alle Produkte betroffen sein, in denen weichgemachtes Polymermaterial verwendet wird, da die bei Elastomeren eingesetzten aromatischen Weichmacheröle PAK-haltig sind. Eine weitere PAK-Quelle in diesen Produkten sind Ruße, die einer besseren Zugfestigkeit dienen.

Die natürlich und anthropogen (durch menschliche Tätigkeit) verursachten PAK verbreiten sich als Bestandteile von Rauch, Staub und Rußpartikeln über die Atmosphäre weltweit, sodass sie seit Längerem überall in der Umwelt nachweisbar sind.

2.1.4.5 Gesundheitsrisiken

Allgemeines

Zahlreiche Verbindungen aus der Gruppe der PAK sind nachweislich kanzerogen (krebserzeugend), mutagen (erbgutverändernd) und immuntoxisch (immunsystemschädigend). Darüber hinaus sind zahlreiche PAK lebertoxisch und wirken reizend auf die Schleimhäute. Kleinkinder, die in der Regel auf dem Boden spielen und deutlich mehr Bodenstaub aufnehmen als Erwachsene, sind diesen Verbindungen am stärksten ausgesetzt und sollten bei der gesundheitlichen Vorsorge im Vordergrund stehen.

Neben der kanzerogenen Wirkung sind nach chronischer Exposition über die wesentlichen Aufnahmepfade – Mund (oral), Einatmen (inhalativ) und Haut (dermal) – folgende Symptome bekannt:

- Hautentzündungen, Hautschäden
- Atembeschwerden
- Störungen des zentralen Nervensystems
- Kopfschmerzen
- Erbrechen
- Fieber
- Nierenreizungen
- Ohrensausen, Schwindel

Bei hoher Exposition sind Veränderungen im Blutbild, Nieren- und Leberschäden sowie Herzversagen beobachtet worden.

Im Vordergrund der toxikologischen Betrachtung der PAK steht jedoch das kanzerogene Potenzial. Die umfangreichsten Kenntnisse liegen über die Einzelsubstanz Benzo[*a*]pyren vor. Deshalb wurde BaP auch als Leitsubstanz in vielen Bewertungen und Monitoringprojekten herangezogen. Aufgrund der Kanzerogenität von PAK und PAK-haltigen Produkten werden neben vorkommenden Gemischen auch einzelne PAK als krebserzeugend eingestuft.

Aufgrund verbesserter Kenntnisse zu Wirkungsmechanismen und Wirkungsstärke krebserzeugender Verbindungen wurde 1998 ein erweitertes

Einstufungsschema eingeführt. Im Folgenden werden die Kategorien krebserzeugender Stoffe vorgestellt (vgl. MAK- und BAT-Werte-Liste 2008).

Kategorien krebserzeugender Stoffe

Kategorie 1

In Kategorie 1 werden Stoffe eingestuft, die beim Menschen Krebs erzeugen und bei denen davon auszugehen ist, dass sie einen nennenswerten Beitrag zum Krebsrisiko leisten. Epidemiologische Untersuchungen geben hier hinreichende Anhaltspunkte für einen Zusammenhang zwischen einer Exposition beim Menschen und dem Auftreten von Krebs. Liegen solche Untersuchungsergebnisse nicht vor, werden Daten zum Wirkungsmechanismus beim Menschen herangezogen. Für Stoffe dieser Kategorie werden keine MAK- oder BAT-Werte festgelegt, da keine noch als unbedenklich anzusehende Konzentration angegeben werden kann (MAK: maximale Arbeitsplatzkonzentration; BAT: biologischer Arbeitsstofftoleranzwert).

Kategorie 2

In Kategorie 2 werden Stoffe eingestuft, die als krebserzeugend für den Menschen anzusehen sind, weil durch hinreichende Ergebnisse aus Langzeittierversuchen oder Hinweise aus Tierversuchen und epidemiologischen Untersuchungen davon auszugehen ist, dass sie einen nennenswerten Beitrag zum Krebsrisiko leisten. Liegen solche Untersuchungsergebnisse nicht vor, werden Daten zum Wirkungsmechanismus und aus In-vitro- und Kurzzeittierversuchen herangezogen. Für Stoffe dieser Kategorie werden keine MAK- oder BAT-Werte festgelegt.

Kategorie 3

In Kategorie 3 werden Stoffe eingestuft, die wegen erwiesener oder möglicher krebserzeugender Wirkung Anlass zur Besorgnis geben, aber aufgrund unzureichender Informationen nicht endgültig beurteilt werden können. Die Einstufung ist vorläufig.

Kategorie 3A

In Kategorie 3A werden Stoffe eingestuft, bei denen die Voraussetzungen erfüllt wären, sie der Kategorie 4 oder 5 zuzuordnen. Für die Stoffe liegen jedoch keine hinreichenden Informationen vor, um einen MAK- oder BAT-Wert abzuleiten.

Kategorie 3B

In Kategorie 3B werden Stoffe eingestuft, für die aus In-vitro- oder Tierversuchen Anhaltspunkte für eine krebserzeugende Wirkung vorliegen, die jedoch zu einer Einordnung in eine andere Kategorie nicht ausreichen. Zur endgültigen Entscheidung sind weitere Untersuchungen erforderlich. Sofern die Stoffe oder die im Stoffwechsel aus ihnen entstehenden Verbindungen keine genotoxischen (genverändernden) Wirkungen aufweisen, kann ein MAK- oder BAT-Wert festgelegt werden.

Kategorie 4

In Kategorie 4 werden Stoffe mit krebserzeugender Wirkung eingestuft, bei denen ein nicht genotoxischer Wirkungsmechanismus im Vordergrund steht und genotoxische Effekte bei Einhaltung des MAK- und BAT-Wertes keine oder nur eine untergeordnete Rolle spielen. Unter diesen Bedingungen ist kein nennenswerter Beitrag zum Krebsrisiko für den Menschen zu erwarten. Die Einstufung wird insbesondere durch Befunde zum Wirkungsmechanismus gestützt, die z. B. darauf hinweisen, dass eine Steigerung der Zellvermehrung, eine Hemmung der Apoptose (genetisch programmierter Zelltod) oder eine Störung der Differenzierung (Ausbildung des genetisch vorgesehenen Zelltyps) im Vordergrund stehen. Zur Charakterisierung eines Risikos werden die vielfältigen Mechanismen, die zur Krebsentstehung beitragen können, sowie ihre charakteristischen Dosis-Zeit-Wirkung-Beziehungen berücksichtigt.

Kategorie 5

In Kategorie 5 werden Stoffe mit krebserzeugender und genotoxischer Wirkung eingestuft, deren Wirkungsstärke jedoch als so gering angesehen wird, dass unter Einhaltung des MAK- und BAT-Wertes kein nennenswerter Beitrag zum Krebsrisiko für den Menschen zu erwarten ist. Die Einstufung wird im Speziesvergleich aus Informationen zum Wirkungsmechanismus und zur Dosisabhängigkeit sowie aus toxikokinetischen Daten gewonnen (dies sind Daten zur Geschwindigkeit, mit der eine Substanz in die Blutbahn gelangt, zu ihrer Verteilung im Körper bzw. Anreicherung in Organen und Geweben und zur Geschwindigkeit, mit der sie um- bzw. abgebaut und ausgeschieden wird).

Der Begriff maximale Arbeitsplatzkonzentration (MAK) wurde mittlerweile durch die Bezeichnung Arbeitsplatzgrenzwert (AGW) ersetzt. Die Arbeitsplatzgrenzwerte für Gefahrstoffe sind in der TRGS 900 „Technische Regeln für Gefahrstoffe – Arbeitsplatzgrenzwerte“ (2006-01) veröffentlicht. In der TRGS 905 „Technische Regeln für Gefahrstoffe – Verzeichnis krebserzeugender, erbgutverändernder oder fortpflanzungsgefährdender Stoffe“ (2005-07) sind die krebserzeugenden, erbgutverändernden und fortpflanzungsgefährdenden Stoffe mit ihrer Einstufung und Bewertung aufgeführt.

Im Rahmen der weltweiten Vereinheitlichung zur Einstufung und Kennzeichnung von Chemikalien durch die Vereinten Nationen werden bestehende nationale Systeme durch das GHS (Globally Harmonised System of Classification and Labelling of Chemicals: Global harmonisiertes System zur Einstufung und Kennzeichnung von Chemikalien) umgestellt. Für die Europäische Union sind hier Übergangsfristen für Stoffe voraussichtlich bis Dezember 2010 und für Zubereitungen (zukünftig dann als „Gemische“ bezeichnet) bis zum Juni 2015 vorgesehen (vgl. Verordnung [EG] Nr. 1272/2008 vom 16. Dezember 2008 [sogenannte GHS-Verordnung]). Während der Übergangsfristen müssen in den Sicherheitsdatenblättern auch die alten Einstufungen angegeben werden. Im Rahmen des GHS werden auch veränderte Einstufungskriterien und neue Gefahrenklassen eingeführt. Ferner ändern sich Symbole und Darstellungen. Die Änderungen hinsichtlich der krebserzeugenden Kategorien sind in Tabelle 2.28 dargestellt. Für eine Übersicht der

GHS-Gefahrenklassen und der zugehörigen Piktogramme siehe Umweltbundesamt, 2009.

Tabelle 2.28: Änderungen der Kategorien krebserzeugender Stoffe durch das GHS

Kriterium	**Einstufung**	
	alt[1)]	**neu**[2)]
beim Menschen nachgewiesen	Kategorie 1	Kategorie 1A
im Tierversuch nachgewiesen	Kategorie 2	Kategorie 1B
Verdachtsstoffe	Kategorie 3	Kategorie 2

1) nach MAK- und BAT-Werte-Liste 2008
2) nach Verordnung (EG) Nr. 1272/2008 vom 16. Dezember 2008, Anhang VII

2.1.4.6 Bewertung

Anhand epidemiologischer Untersuchungen an Arbeitsplätzen mit hohen PAK-Konzentrationen (z. B. Kokereien, Teer verarbeitende Industrie, Schornsteinfeger) gab es schon früh Hinweise auf relevante gesundheitsgefährdende Wirkungen von PAK und eine durch sie bedingte Förderung der Krebsentstehung. Bislang gibt es für Innenräume jedoch keine toxikologisch hinreichend begründeten Bewertungsmaßstäbe für PAK-Belastungen.

1998 wurden in mehreren Bundesländern Erlasse, Hinweise und Richtlinien zur PAK-Problematik in Wohnungen mit Parkettklebstoffen veröffentlicht. Die Projektgruppe „Schadstoffe" der Arbeitsgemeinschaft ARGEBAU (Konferenz der für Städtebau, Bau- und Wohnungswesen zuständigen Minister und Senatoren der Länder – Bauministerkonferenz) hat mit dem neu gebildeten Unterausschuss „PAK" im Frühjahr 2000 „Hinweise für die Bewertung und Maßnahmen zur Minderung der PAK-Belastung durch Parkettböden mit Teerklebstoffen in Gebäuden (PAK-Hinweise)" erarbeitet (vgl. Projektgruppe Schadstoffe, 2000). Das dort angegebene Ablaufschema zur Ermittlung der PAK-Belastung in Innenräumen und die daraus resultierenden Empfehlungen expositionsmindernder Maßnahmen gelten nur für PAK-haltige Parkettklebstoffe. Für eine Risikobeurteilung sind sie allerdings nicht immer ausreichend, da nicht die Gesamtheit der PAK und gegebenenfalls zusätzlich vorkommende toxikologisch relevante Wirkstoffe berücksichtigt werden, sondern nur die Einzelsubstanz Benzo[*a*]pyren. Die dort angegebenen Werte für BaP erscheinen daher deutlich zu hoch angesetzt.

Als **teerhaltig** werden Materialien bezeichnet, die 100 mg oder mehr PAK pro kg enthalten (Klug/Stettnisch/Henzel, 2007). Die Abgrenzung zu gefährlichen Abfällen erfolgt gemäß EU-Stoffrichtlinie (Richtlinie 67/548/EWG vom 27. Juni 1967) bei kanzerogenen Verbindungen allgemein bei einer Konzentration über 1.000 mg/kg bzw. 0,1 Masse-%. Gemäß TRGS 905 gilt für Benzo[*a*]pyren in Zubereitungen eine Höchstkonzentration von 0,005 %, das entspricht 50 mg/kg. Die EU-Stoffrichtlinie und die EU-Zubereitungsrichtlinie (Richtlinie 1999/45/EG vom 31. Mai 1999) werden bis 2015 durch die GHS-Verordnung abgelöst. Weitere Hinweise zur Einstufung und Entsorgung werden in Kapitel 4.3.6 gegeben.

Für Naphthalin besteht seit 2004 ein toxikologisch begründeter Richtwert II (RW II) von 20 $\mu g/m^3$ und ein Richtwert I von 2 $\mu g/m^3$. Das Basisschema zur Ableitung von **Richtwerten** für die Innenraumluft wurde 1996 veröffentlicht (vgl. Ad-hoc-Arbeitsgruppe, 1996). Dabei ist der RW II ein wirkungsbezogener Wert, der auf Grundlage gegenwärtiger toxikologischer und epidemiologischer Erkenntnisse zur Wirkungsschwelle abgeleitet wurde. Bei Überschreiten des RW II ist unverzüglich Handlungsbedarf (Prüfbedarf) gegeben. Ausgehend vom RW II wird unter Einbeziehung eines Sicherheitsabstands RW I abgeleitet. Im Konzentrationsbereich unterhalb des RW I sind – bei Einzelstoffbetrachtung – auch bei lebenslanger Exposition keine gesundheitlich negativen Folgen zu erwarten. Bei Überschreitung des RW I, aber Unterschreitung des RW II ist aus Gründen der Prävention jedoch dennoch Handlungsbedarf gegeben.

Als Monitoringverbindung für PAK-Gemische wurde bislang Benzo[*a*]pyren herangezogen. Da die BaP-Konzentration jedoch nicht in allen Gemischen gleich ist, wurde vom Bremer Umweltinstitut ein Schema zur Bewertung des krebserzeugenden Potenzials PAK-belasteter Innenraumluft mit **Kanzerogenitätsäquivalenten** vorgeschlagen (vgl. Weis/Köhler/Zorn, 2007). In diesem Schema werden zur Berechnung der kanzerogenen Äquivalenzsumme die Toxizitätsäquivalenzfaktoren TEF (toxicity equivalency factor) für die 16 EPA-PAK mit den gemessenen PAK-Konzentrationen multipliziert, aus den so erhaltenen Produkten wird die Summe KE_{sum} gebildet und wie folgt bewertet:

- $KE_{sum} < 2$:
  Das zusätzliche Krebsrisiko durch die PAK-Konzentration in der Raumluft kann in Relation zum vorhandenen Krebsrisiko vernachlässigt werden.
- KE_{sum} 2–10:
  Unter Vorsorgegesichtspunkten sollte eine Verminderung der Raumluftbelastung angestrebt werden.
- $KE_{sum} > 10$:
  Es besteht ein relevantes zusätzliches Krebsrisiko, sodass für den betroffenen Bereich ein Nutzungsverzicht empfohlen wird.

Wenn bei der Bewertung von Innenraumluftbelastungen für die Allgemeinbevölkerung Toxizitätsäquivalenzfaktoren verwendet werden, ist zu berücksichtigen, dass Benzo[*a*]pyren mit einem Toxizitätsäquivalenzfaktor von 1 nicht die stärkste kanzerogene Verbindung ist, sondern andere PAK wie z. B. Dibenzo[*a,l*]pyren eine wesentlich stärkere Wirkung (TEF = 10) besitzen. Zur toxikologischen Bewertung der PAK wurde deshalb von der Kommission zur Prüfung gesundheitsschädlicher Arbeitsstoffe der Deutschen Forschungsgemeinschaft 2008 eine Prioritätenliste von 19 Verbindungen zur routinemäßigen Bestimmung vorgeschlagen (vgl. Tabelle 2.29), die hinsichtlich der Werte und der berücksichtigten Verbindungen gegenüber früheren Vorschlägen aktualisiert ist. Dabei ist zu beachten, dass die Liste der vorgeschlagenen PAK als vorläufig anzusehen ist, da die kanzerogene Wirkung vieler nachgewiesener PAK bislang nicht untersucht wurde. Zukünftig werden sicher weitere relevante PAK auch in der Routineanalytik messbar sein. In Tabelle 2.30 sind für unterschiedliche Bereiche geltende bzw. vorgeschlagene Grenz- und Richtwerte zusammengestellt.

Tabelle 2.29: Zur routinemäßigen Bestimmung vorgeschlagene PAK (nach Gesundheitsschädliche Arbeitsstoffe, 2008, Abschnitt „Polycyclische Aromatische Kohlenwasserstoffe [PAH]", S. 93, Tabelle 16)

Verbindung	TEF	Verbindung	TEF
Anthanthren	0,1	Dibenzo[*a,l*]pyren	10
Benzo[*a*]anthracen	0,1	Dibenzo[*a,e*]pyren	1
Benzo[*b*]fluoranthen	0,1	Dibenzo[*a,h*]pyren	10
Benzo[*j*]fluoranthen	0,1	Dibenzo[*a,i*]pyren	10
Benzo[*k*]fluoranthen	0,1	Indeno[1,2,3-*cd*]pyren	0,1
Benzo[*b*]naphthol[2,1-*d*]thiopen	0,01	1-Methylpyren	0,1
Benzo[*a*]pyren	1	Naphthalin	0,001
Chrysen	0,01	Phenanthren	0,001
Cyclopental[*c,d*]pyren	0,1	Pyren	0,001
Dibenzo[*a,h*]anthracen	1		

Tabelle 2.30: Bewertungen von PAK-Konzentrationen

Bereich	bewertete Verbindungen	Konzentration	Bewertung, Hinweise	Quelle
Innenraumluft	Naphthalin	2 µg/m³ 20 µg/m³	Richtwert I Richtwert II	Sagunski/Heger, 2004
	16 EPA-PAK	 < 2 2–10 > 10	Summe der Kanzerogenitätsäquivalente (KE_{sum}): vernachlässigbares zusätzliches Krebsrisiko unter Vorsorgegesichtspunkten zu minimieren relevantes zusätzliches Krebsrisiko	Weis/Köhler/Zorn, 2007
Erzeugnisse/ Materialien	Benzo[*a*]pyren	> 50 mg/kg	krebserzeugend	TRGS 905
Zubereitungen	Benzo[*a*]pyren	> 50 mg/kg	krebserzeugend	GefStoffV

Tabelle 2.30: Fortsetzung

Bereich	bewertete Verbindungen	Konzentration	Bewertung, Hinweise	Quelle
Hausstaub	Benzo[*a*]pyren		Empfehlung expositionsmindernder Maßnahmen:	Projektgruppe Schadstoffe, 2000
		> 10 mg pro kg Frischstaub	Wohnungen und wohnungsähnliche Räume	
		> 100 mg pro kg Frischstaub	Aufenthaltsräume	
	Benzo[*a*]pyren und Summe 16 EPA-PAK	> 1 mg BaP pro kg Frischstaub oder > 20 mg PAK pro kg Frischstaub	Empfehlung expositionsmindernder Maßnahmen für Wohnungen	eigene Untersuchungen sowie Ergebnisse verschiedener Labore (in Anlehnung an Thumulla/Maraun, 2007)
	Summe 16 EPA-PAK		Orientierungswerte:	Thumulla/Maraun, 2007
		0,7 mg/kg	normal	
		19,3 mg/kg	auffällig	
Staub/Flächenkontamination nach Brandschadensereignissen	Summe 16 EPA-PAK		Hintergrundwerte (entsprechen Sanierungszielwerten):	VdS 2357
		≤ 100 µg/m²	Industriebereich	
		≤ 10 µg/m²	Wohn- und Büroräume	
Trinkwasser	Benzo[*a*]pyren	0,00001 mg/l	Grenzwert	TrinkwV 2001
	Summe von Benzo[*b*]fluoranthen, Benzo[*k*]fluoranthen, Benzo[*g,h,i*]perylen, Indeno[1,2,3-*cd*]pyren	0,0001 mg/l	Grenzwert	
Arbeitsplatz	Benzo[*a*]pyren	–	kein Arbeitsplatzgrenzwert festgelegt; krebserzeugend (K2)	TRGS 905
Boden	Benzo[*a*]pyren		Prüfwerte für direkte Aufnahme:	BBodSchV
		2 mg pro kg TM	Kinderspielflächen	
		4 mg pro kg TM	Wohngebiete	
		10 mg pro kg TM	Park- und Freizeitanlagen	
		12 mg pro kg TM	Industrie- und Gewerbegrundstücke	
		1 mg pro kg TM	Prüfwert für Wirkungspfad Boden–Nutzpflanze (Ackerbaufläche, Nutzgarten)	
	15 EPA-PAK (ohne Naphthalin)	0,2 µg/l	Prüfwert für Wirkungspfad Boden–Grundwasser	
	Naphthalin	2 µg/l	Prüfwert für Wirkungspfad Boden–Grundwasser	

BBodSchV „Bundes-Bodenschutz- und Altlastenverordnung" (BBodSchV) vom 12. Juli 1999
TM Trockenmasse
TrinkwV 2001 „Verordnung über die Qualität von Wasser für den menschlichen Gebrauch" (Trinkwasserverordnung – TrinkwV 2001) vom 21. Mai 2001,
VdS 2357 VdS 2357 (05) „Richtlinien zur Brandschadensanierung" (2007-04)

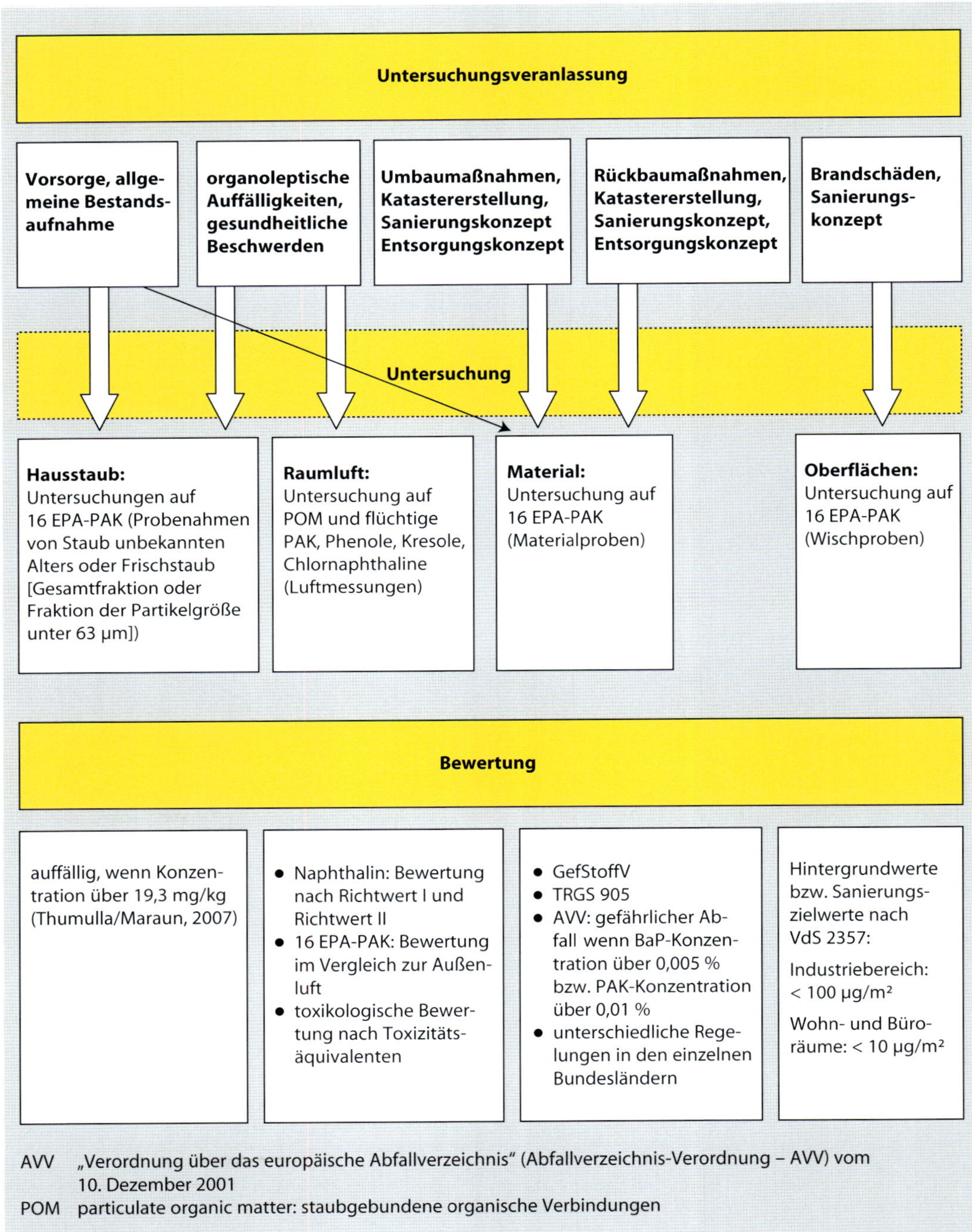

Abb. 2.13: Vorgehensweise bei der Ermittlung von PAK-Expositionen in Innenräumen

Um eine Risikobeurteilung von PAK-Expositionen in Innenräumen durchführen zu können, sind folgende Schritte notwendig:

- Begehung durch sachkundige Personen, Erfassen der baulichen Gegebenheiten sowie von organoleptischen, d. h. sinnlich, z. B. durch Geruch oder Geschmack, wahrnehmbaren Auffälligkeiten
- Erstellen eines objektbezogenen Untersuchungsplans mit der notwendigen Probenahmestrategie; mögliche Probenahmen:
  - Materialproben
  - Staubproben
  - Luftmessungen
  - Wischproben

Abb. 2.13 veranschaulicht in Abhängigkeit von der Untersuchungsveranlassung die Vorgehensweise bei der Ermittlung von PAK-Expositionen in Innenräumen.

2.1.4.7 PAK-haltige Parkettklebstoffe

Beurteilung PAK-haltiger Parkettklebstoffe

Auf der Grundlage der Erkenntnisse der Ad-hoc-Arbeitsgruppe aus Mitgliedern der Innenraumlufthygiene-Kommission des Umweltbundesamtes und der Arbeitsgemeinschaft der Obersten Landesgesundheitsbehörden (AOLG) werden gesundheitliche Risiken von teerhaltigen Parkettklebstoffen in Räumen wie folgt bewertet (vgl. Projektgruppe Schadstoffe, 2000):

a) Für den Fall der PAK-Belastung durch teerhaltige Parkettklebstoffe kann keine Gefahrenschwelle festgelegt werden, von der über Vorsorgemaßnahmen hinausgehende Maßnahmen baurechtlich zwingend geboten sind. Die Ad-hoc-Arbeitsgruppe hält jedoch das Auftreten bestimmter BaP-Konzentrationen aus hygienischen Gründen für unerwünscht und empfiehlt die folgende Bewertung nach b) und c). BaP gilt bei dieser Bewertung entsprechend internationaler Praxis als Leitkomponente für die im teerhaltigen Parkettklebstoff vorkommenden PAK.
b) In Aufenthaltsräumen sollten expositionsmindernde Maßnahmen eingeleitet werden, wenn die Hausstaubkonzentration 100 mg BaP pro kg Frischstaub überschreitet.
c) Bei Wohnungen oder bei anderen Räumen, in denen sich Säuglinge und Kleinkinder über einen längeren Zeitraum regelmäßig mehrere Stunden am Tag aufhalten und in denen nutzungsbedingte Expositionen über Staub zu erwarten sind, wie z. B. in Kindertagesstätten oder Heimen, sollten expositionsmindernde Maßnahmen bereits durchgeführt werden, wenn die Hausstaubkonzentration 10 mg BaP pro kg Frischstaub überschreitet.
d) Sollte in Einzelfällen beim Zusammentreffen mehrerer ungünstiger Umstände der begründete Verdacht bestehen, dass die in a) und b) empfohlene Bewertung die Belastung nicht ausreichend charakterisiert, so wird zusätzlich eine medizinische Untersuchung empfohlen, die ein Human-Biomonitoring einschließen soll (Untersuchung der Betroffenen auf Abbauprodukte von PAK z. B. im Blut oder im Urin, die einen Rückschluss auf die PAK-Belastung erlauben).

Die genannten BaP-Konzentrationen sind allerdings für die Allgemeinbevölkerung als sehr hoch angesetzt anzusehen. Nach der Bundes-Bodenschutz- und Altlastenverordnung besteht auf Kinderspielflächen z. B. schon ab 2 mg pro kg Boden Prüf- bzw. Handlungsbedarf. In den statistisch abgeleiteten Hausstauborientierungswerten der Arbeitsgemeinschaft ökologischer Forschungsinstitute (AGÖF) liegt die auffällige Konzentration für BaP bei 0,6 mg/kg (vgl. Thumulla/Maraun, 2007).

Ein Grundansatz der Baubiologie ist, den Menschen ein möglichst schadstofffreies Wohnumfeld zu bieten. Beim Nachweis von krebserzeugenden Gefahrstoffen im Gebäude ist das in der Regel nicht mehr gegeben. Entsprechend dem Minimierungsgebot und aus Vorsorgegründen ist beim Nachweis von PAK-haltigen Parkettklebstoffen generell eine Sanierung durchzuführen. In welchem Zeitrahmen und in welchem Umfang Sanierungsmaßnahmen durchgeführt werden müssen, ist von der jeweiligen Risikobeurteilung abhängig. Jeder Sachverständige hat im Einzelfall eine objektbezogene Beurteilung durchzuführen und zu begründen. Kurzfristige expositionsmindernde Maßnahmen in Wohnräumen sollten ab einer BaP-Konzentration über 1 mg pro kg Frischstaub bzw. einer Gesamtkonzentration der 16 EPA-PAK über 20 mg/kg durchgeführt werden. Als Orientierung dienen die Hausstauborientierungswerte der AGÖF (Thumulla/Maraun, 2007), da offizielle toxikologisch abgeleitete Werte zurzeit nicht verfügbar sind. Weitere Auffälligkeiten (zusätzliche Schadstoffe, Raumluftkonzentrationen geruchlich auffälliger PAK usw.) müssen in der Beurteilung ebenfalls berücksichtigt werden.

Ermittlung der PAK-Belastung in Räumen mit PAK-haltigen Parkettklebstoffen

Die Überprüfung der potenziellen PAK-Belastung erfolgt nach folgender Vorgehensweise:

- Begehung durch sachkundige Personen
- Probenahme von schwarz oder dunkel gefärbtem Parkettklebstoff (Abb. 2.14) und von Hausstaub mit anschließender Analyse auf PAK
- Raumluftuntersuchungen bei Vorliegen organoleptischer Auffälligkeiten
- Beurteilung der ermittelten PAK-Konzentration

Wenn die BaP-Konzentration im Klebstoff höher als 10 mg/kg ist, sollte in einem weiteren Schritt der Parkettzustand mit berücksichtigt werden. Gemäß den „PAK-Hinweisen“ sind bei einem Parkettboden in ordnungsgemäßem Zustand und unabhängig von der BaP-Konzentration des Klebstoffs keine weiteren Untersuchungen und Maßnahmen notwendig; der Parkettboden soll regelmäßig überprüft und in einem ordnungsgemäßen Zustand gehalten werden (vgl. Projektgruppe Schadstoffe, 2000). Hier stellt sich jedoch die Frage, ob diese Vorgehensweise praktikabel ist und wer die regelmäßige Prüfung bei einer Mietwohnung veranlasst und durchführt.

Neben einer Klebstoffuntersuchung sollte in jedem Fall auch eine Hausstaubprobe entnommen und auf PAK analysiert werden. Erfahrungsgemäß können auch bei einwandfreiem Parkettzustand auffällige PAK-Konzentrationen im Hausstaub auftreten. So können z. B. im Vorfeld der Untersuchung Arbeiten am Parkett durchgeführt worden sein, ohne dass z. B. die Neubesitzer einer Immobilie darüber informiert sind. Bei geruchlichen Auffälligkei-

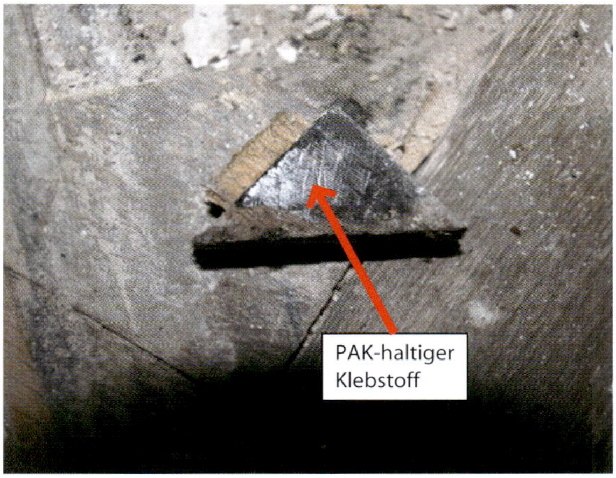

Abb. 2.14: Schwarzer PAK-haltiger Teerklebstoff auf der Unterseite von Parkettstäben

Abb. 2.15: Parkettboden mit einer Fugenbreite über 2 mm; stellenweise besteht kein Verbund mit dem Untergrund

ten sind zusätzliche Raumluftmessungen notwendig, deren Ergebnisse in der Bewertung mit berücksichtigt werden müssen. Insbesondere leichter flüchtige PAK (z. B. naphthalinische Verbindungen), phenolische Verbindungen und Kresole sollten neben den anderen PAK in der Raumluft überprüft werden. Anhand der Raumluftmessergebnisse kann eine toxikologische Beurteilung mittels Toxizitätsäquivalenten durchgeführt werden.

Bei einem schadhaften Parkettboden können teerhaltige Parkettklebstoffe zu erhöhten PAK-Konzentrationen in Innenräumen führen. Als schadhaft werden Parkettböden angesehen, wenn das Parkett ganz oder in größeren Teilbereichen lose liegt und nicht mehr mit dem Untergrund verbunden ist oder Hohlstellen vorhanden sind und das Parkett nachfedert. Durch die mechanische Beanspruchung können relevante Mengen Parkettklebstoffe in den Innenraum gelangen. Das ist auch der Fall, wenn die Fugen zwischen den Parkettstäben größer als 2 mm sind (Abb. 2.15). In diesen Fällen ist gemäß den „PAK-Hinweisen" Bodenstaub (Frischstaub nach VDI 4300 Blatt 8 „Messen von Innenraumluftverunreinigungen – Probenahme von Hausstaub" [2001]) zu entnehmen, quantitativ auf PAK zu analysieren und zu bewerten. Bei Überschreitung der nutzungsabhängigen Eingreifwerte sind expositionsmindernde Maßnahmen durchzuführen (vgl. Projektgruppe Schadstoffe, 2000).

Abb. 2.16: Schwarz gefärbte Konstruktions- und Lagerhölzer mit auffälligen Geruchsemissionen

Bei geruchlichen Auffälligkeiten im Zusammenhang mit einem Parkettboden (Abb. 2.16) ist eine alleinige PAK-Untersuchung des Hausstaubs nicht ausreichend. Insbesondere leichter flüchtige PAK (z. B. naphthalinische Verbindungen), phenolische Verbindungen und Kresole sollten neben den anderen PAK in der Raumluft überprüft werden. Anhand der Analyseergebnisse kann auch hier eine toxikologische Beurteilung mittels Toxizitätsäquivalenten durchgeführt werden.

Expositionsminderung und Sanierung

Minderungsmaßnahmen

Unabhängig von den eigentlichen Sanierungsmaßnahmen sind in Räumen, die weiterhin genutzt werden, bis zur Sanierungsdurchführung Minderungsmaßnahmen einzuleiten. Hierzu zählen insbesondere vermehrtes Lüften und regelmäßiges feuchtes Reinigen. Neben den Bodenflächen sind auch Einrichtungsgegenstände, Möbel, Teppiche und Gardinen gründlich zu reinigen. Diese Maßnahmen stellen keinen Ersatz für eine Sanierung dar, da sie allenfalls kurzfristig zu einer Expositionsminderung führen. Von den Wohnraumnutzern sollten nur Sauger verwendet werden, die mit einem HEPA-Filter (high efficiency particulate air filter: Hochleistungspartikelluftfilter) ausgestattet sind. Von gewerblichen Firmen sind Industriesauger mit Filter der Staubklasse H13 entsprechend DIN EN 60335-2-69 „Sicherheit elektrischer Geräte für den Hausgebrauch und ähnliche Zwecke – Teil 2-69: Besondere Anforderungen für Staub- und Wassersauger einschließlich kraftbetriebener Bürsten für industrielle und gewerbliche Zwecke“ (2008) (bisher K1 und K2) oder vergleichbare Geräte, die dem Stand der Technik entsprechen, zu verwenden.

Sanierung

Generell sind PAK in Innenräumen aus hygienischen Gründen und aus baubiologischer Sicht nicht erwünscht. Bei einem Nachweis von Gefahrstoffen in der Bausubstanz sollten sie möglichst vollständig entfernt werden. Insbesondere im Hinblick auf die Pflichten der Gebäudeeigentümer gemäß § 3 Musterbauordnung, unabsehbare Folgekosten und Probleme beim Verbleib der Gefahrstoffe im Gebäude sowie nicht zuletzt wegen der steigenden Nachfrage nach ökologisch einwandfreiem Wohnraum ist eine komplette Sanierung sinnvoll. Die Minimierung von PAK-Belastungen in Räumen mit Teerklebstoffen sollte nur in Ausnahmefällen ohne Entfernen des Parketts und des Klebstoffs erfolgen.

Ein **Entfernen des Parkettbodens und des teerhaltigen Klebstoffs** ist die aus hygienischen und baubiologischen Gründen anzustrebende Sanierungsmaßnahme und sollten immer erfolgen, wenn die Tragfähigkeit des Parkettbodens nicht mehr gegeben ist.

Beim Entfernen des Parkettbodens ist mit der Freisetzung PAK-haltiger Stäube (Gefahrstoffe) zu rechnen. Es sind deshalb nur Arbeitsverfahren mit der geringsten Staubfreisetzung nach dem Stand der Technik anzuwenden. Die notwendigen Reinigungsarbeiten sind mit baumustergeprüften Industriesaugern mit Filtern der Staubklasse H13 entsprechend DIN EN 60335-2-69 (bisher K1 und K2) oder vergleichbaren Geräten durchzuführen. Die Vorgaben der Gefahrstoffverordnung und der anderen relevanten Regelwerke sind zu berücksichtigen (siehe die Übersicht in Tabelle 2.30). Die Sanierungsarbeiten dürfen nur von Firmen mit Sachkundenachweis nach BGR 128 „Berufsgenossenschaftliche Regel für Sicherheit und Gesundheit bei der Arbeit – Kontaminierte Bereiche“ (1997-04) ausgeführt werden. Diese Voraussetzung muss schon in der Ausschreibung der Arbeiten verlangt werden. Wenn die ausführende Firma über keinen Sachkundigen nach BGR 128 verfügt, kann die Baustelle von den Aufsichtsbehörden stillgelegt werden, denn unsachgemäßes Arbeiten an Gefahrstoffen stellt eine Ordnungswidrigkeit oder eine Straftat dar. Neben dem Arbeitsschutz ist vor allem auch der Schutz angrenzender Räume sowie der Raumnutzer zu berücksichtigen.

Bei der Komplettentfernung von Parkett und Klebstoff ist zu prüfen, ob es möglich ist, nur den Klebstoff mit geeigneten Geräten zu entfernen (z. B. Fräsen mit integrierter Absaugung), oder ob der gesamte Unterboden ausgebaut werden muss. Dies kann der Fall sein, wenn der vorhandene Estrich keine genügende Tragfestigkeit aufweist, stellenweise schon gebrochen ist oder ein Abfräsen, wie z. B. bei Gussasphaltestrichen, nicht möglich ist.

Arbeiten an PAK-haltigen Parkettklebstoffen finden nach luftdichter Trennung des Arbeitsbereichs (sogenannter Schwarzbereich) von den nicht belasteten angrenzenden Räumen (sogenannter Weißbereich) statt. Der Zugang zum Arbeitsbereich erfolgt über eine Schwarz-Weiß-Anlage mittels Kammerschleusen (vgl. auch Kapitel 2.4.5.4). Nach dem Entfernen der PAK-haltigen Materialien (Parkettboden, Teerklebstoff) und der Feinreinigung mittels Industriesaugern (Kategorie K1, Staubklasse H13) sowie feuchtem Wischen des Arbeitsbereichs können die Schutzmaßnahmen nach Prüfung aufgehoben werden. Arbeitsplanung, notwendige Schutzmaßnahmen, Entsorgung der Gefahrstoffe und Anzeige der Arbeiten sind entsprechend den anzuwendenden Regelwerken durchzuführen (siehe Tabelle 2.30). Der neue Fußbodenaufbau ist frei wählbar.

In Einzelfällen können auch **Minderungsmaßnahmen ohne Entfernen des Klebstoffs** durchgeführt werden. Dies ist z. B. möglich, wenn das Parkett

Abb. 2.17: Absperren des Teerklebstoffs mit spezieller Epoxidharzbeschichtung in mehrfachem Auftrag

Abb. 2.18: Absperren des Teerklebstoffs mit spezieller Epoxidharzbeschichtung: rötlich eingefärbte Schlussbeschichtung mit abgesandeter Oberfläche

schon in früheren Zeiten entfernt worden ist. Hier ist zu berücksichtigen, dass diese Minderungsmaßnahme nicht nachhaltig ist, da die Gefahrstoffe im Gebäude verbleiben und spätestens beim Rückbau fachgerecht ausgebaut und entsorgt werden müssen. Das Entfernen der Gefahrstoffe wird nur zeitlich verschoben.

Wenn der PAK-haltige Klebstoff im Gebäude verbleibt, ist die Lage der PAK-haltigen Materialien zu dokumentieren. Auf einen sachgerechten Umgang mit diesen Schadstoffen ist bei zukünftigen Umbaumaßnahmen hinzuweisen. Kostenintensiv sind Arbeiten, die auch den Estrich bzw. den PAK-haltigen Klebstoff betreffen, da dies Arbeiten an Gefahrstoffen sind, bei denen die Vorgaben der Gefahrstoffverordnung und der BGR 128 einzuhalten sind.

Der verbleibende Teerklebstoff kann mit geeigneten Materialien abgesperrt werden, nachdem der Untergrund gründlich gereinigt wurde. Die eingesetzten Produkte (z. B. Klebstoffe für neue Bodenbeläge) müssen geeignet und aufeinander abgestimmt sein. Die eingesetzten Materialien dürfen bei der Folgenutzung der Räume keine gesundheitlich bedenklichen Emissionen abgeben.

Bei der Verwendung von Epoxidharzsystemen zur Beschichtung (Abb. 2.17 und 2.18) ist die Handlungsanleitung der Berufsgenossenschaft der Bauwirtschaft zu berücksichtigen (Praxisleitfaden für den Umgang mit Epoxidharzen, 2004). Eine visuelle Kontrolle der Dichtigkeit ist nach dem Aufbringen eines neuen Bodenbelags nicht mehr möglich. Eine jährliche Kontrolle mittels Hausstaubuntersuchung ist daher anzuraten.

Unter Umständen können auch **Minderungsmaßnahmen ohne Entfernen des Parketts und des Klebstoffs** durchgeführt werden. Hier ist ebenfalls zu berücksichtigen, dass diese Maßnahmen nicht nachhaltig sind, da die Gefahrstoffe im Gebäude verbleiben und spätestens beim Rückbau fachgerecht ausgebaut und entsorgt werden müssen. Das Entfernen der Gefahrstoffe wird nur aufgeschoben. Da bei diesen Maßnahmen zahlreiche Schwachstellen (z. B. rissüberbrückende Versiegelung, dauerhafte Abdichtung der Randfugen) mit entsprechendem Gewährleistungsrisiko und Folgekosten (regelmäßige Überprüfung und gegebenenfalls Nachbesserungen) auftreten, sind sie nicht zu empfehlen. Da sie in der Praxis aber Anwendung finden, werden die Besonderheiten im Folgenden dargestellt.

Wenn PAK-haltiges Parkett und PAK-haltiger Parkettklebstoff im Gebäude verbleiben, ist die Lage der Gefahrstoffe zu dokumentieren. Auf einen sachgerechten Umgang mit diesen Schadstoffen bei zukünftigen Baumaßnahmen ist unbedingt hinzuweisen.

Die PAK-haltigen Materialien können durch eine dauerhafte und ausreichend dichte Sperrschicht zum Innenraum hin abgedichtet werden. Wenn die aufgebrachten Materialien einen dampfsperrenden Charakter haben, sind die bauphysikalischen Belange hinreichend zu berücksichtigen. In der Regel werden Materialien mit einer diffussionsdichten Aluminiumschicht verwendet, die auch ein Durchdringen gasförmiger Substanzen verhindert. Auf der aufgebrachten Folie sind deutliche Warnhinweise (Aufkleber) hinsichtlich der vorhandenen Gefahrstoffe anzubringen. Folgende Maßnahmen sind für das Abdichten des Parkettbodens erforderlich:

- Verschließen von Fugen im Parkett mit speziellen dauerelastischen Materialien; einzelne Fugen von mehr als 2 bis 3 mm Größe können mit Holzspänen ausgeleimt werden
- Verschließen der Randfugen zu den Wänden mit Dichtungsbändern und Systemklebstoffen oder dauerelastischen Fugendichtungsmassen, Abdeckung mit geeigneten Sockelleisten

Je nach Zustand des Parketts kann nach dem Verschließen der Fugen ein neuer Bodenbelag aufgebracht oder auch eine Neuversiegelung vorgenommen werden

Für ein Abdichten des Parketts mit einem neuen Bodenbelag kommen versiegeltes Parkett, Holzwerkstoffböden, Laminat oder auch textile und elastische Beläge in Betracht. Bei der Verlegung textiler oder elastischer Beläge ist zwischen Parkett und neuem Bodenbelag noch eine geeignete Trennschicht, z. B. reißfeste Aluminiumfolie oder Holzwerkstoffplatten mit Nut- und Federverbindung, einzubauen.

Bei einer Neuversiegelung des Parkettbodens ist Folgendes zu beachten:

- Beim Schleifen von Parkett sind Schutzmaßnahmen gegen Holzstaub zu ergreifen, da Eichen- und Buchenholzstaub als nachweislich krebserzeugend eingestuft sind und auch andere Holzstäube als krebsverdächtig gelten.

- Die Versiegelung darf keine gesundheitsschädlichen Emissionen an die Raumluft abgeben.
- Die Versiegelung sollte rissüberbrückend sein und einen hohen Diffussionswiderstand gegen Wasserdampf besitzen.
- Die Versiegelung muss staubdicht sein.

Die Versiegelung muss nutzungsabhängig, jedoch mindestens in Abständen von etwa 1 Jahr kontrolliert und gegebenenfalls nachgearbeitet werden. Es bleibt allerdings die Frage, ob diese Kontrollen in der Praxis wirklich stattfinden und wer die Kosten dafür übernimmt.

2.1.4.8 Andere PAK-haltige Baustoffe sowie Brandfolgeprodukte und deren Bewertung

Im Baubereich wurden lange Zeit Materialien auf Basis von Steinkohlenteer und Steinkohlenteeröl bzw. -pech verwendet, die eine hohe PAK-Konzentration aufweisen können. Die heute verwendeten Bitumenprodukte mit sehr geringen PAK-Gehalten sind allerdings ebenfalls schwarz und können visuell nicht von den teerhaltigen Produkten unterschieden werden. Erschwerend kommt hinzu, dass Bitumenprodukte eine Zeit lang mit teerhaltigen Produkten verschnitten wurden. Im Zweifel müssen daher Proben entnommen und analysiert werden.

Dachpappen

PAK-haltige Dachpappen wurden in der Regel im Außenbereich verlegt. Da Dachpappen oft mehrlagig übereinander liegen, können insbesondere die älteren, unteren Schichten erhöhte PAK-Konzentrationen aufweisen. Eine Untersuchung von potenziell PAK-haltigen Dachpappen sollte im Rahmen von Rückbaumaßnahmen zur Klärung des Arbeitsschutzes und des Entsorgungswegs durchgeführt werden. Die Dachpappen können auch asbesthaltig sein; dies muss gesondert geprüft werden.

Teerhaltige Anstriche

PAK-haltige Anstriche (in der Regel teerpechhaltig) wurden im Außenbereich als Schutzanstrich bei erdberührten Bauteilen, wie z. B. Beton oder Mauerwerk, sowie auf Stahl verwendet (Abb. 2.19). Neben teerpechhaltigen Anstrichen können auch schwermetallhaltige Korrosionsschutzanstriche auf Metallbauteilen verwendet worden sein. Im Rahmen von Sanierungen und Erneuerungen ist auch dies zu prüfen. Ferner können bei Dachsanierungen Dachpappen und Dachbauteile mit einem solchen Schutzanstrich versehen worden sein.

Teerkork

In alten Kühl- und Lagerhäusern wurden teergetränkte Korkplatten (in der Regel in den Abmessungen 30 cm × 30 cm × 15 cm) als Isoliermaterial verwendet (Abb. 2.20). Die Teerkorkplatten wurden auf der Rauminnenseite angebracht und meistens direkt verputzt. Bei Umnutzung und Umbaumaßnahmen finden sich diese Teerkorkplatten oft unerwartet. Teerhaltige Korkisolierungen können auch in älteren Wohnhäusern mit wechselnden Gewerbeeinheiten vorhanden sein, auch wenn aktuell keine Anhaltspunkte für

Abb. 2.19: Teerhaltiger Schutzanstrich auf Stegzementdielen (Dachdeckung)

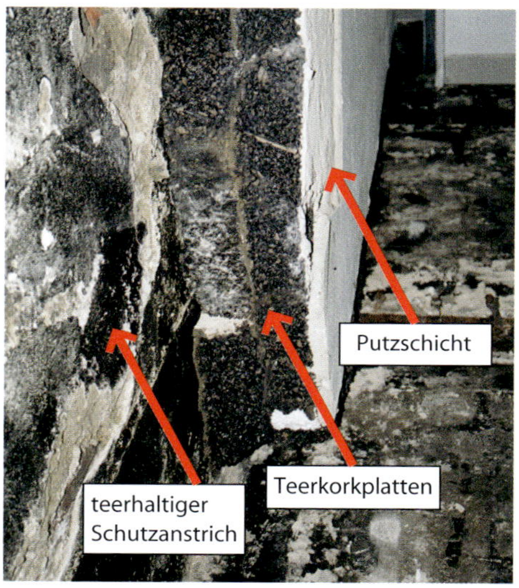

Abb. 2.20: Teerkorkplatten als Isolierung in einem ehemaligen Kühlraum

Kühlräume vorliegen. Ehemalige Fleischereien können z. B. mit solchen Kühlräumen ausgestattet gewesen sein. Hier ist im Vorfeld eine historische Erkundung sinnvoll.

Asphaltfußbodenplatten

PAK-haltige Asphaltfußbodenplatten (Abb. 2.21) finden sich als Bodenbeläge vor allem im Industriebereich (z. B. Lager-, Montage,- Produktionshallen), aber auch in öffentlichen Gebäuden (z. B. Schulen), im privaten Wohnungsbau dagegen nur sehr selten. Die Platten enthalten etwa 10 % Steinkohlenteerweichpech oder Bitumen als Bindemittel in einer mineralischen Masse. Die PAK-Konzentration kann je nach Ausgangsmaterial sehr unterschiedlich sein. Das Emissionsverhalten von Asphaltfußbodenplatten wird insbesondere durch das Alter, den Zustand, die Art der Raumnutzung und die Art und Häufigkeit der Reinigung bestimmt. Auffällig werden diese Bodenbeläge oft durch geruchliche Belästigungen der Raumnutzer. Zur Beurteilung des Risikos sind Raumluftmessungen notwendig, bei denen neben den partikelgebundenen PAK auch leichter flüchtige Verbindungen berücksichtigt werden müssen.

Abb. 2.21: PAK-haltige Asphaltfußbodenplatten in einer ehemaligen Lagerhalle

Abb. 2.22: Kernbohrung durch eine Hofeindeckung

Materialien im Außenbereich und im Straßenbau

Bei anstehenden Umbaumaßnahmen sind oft auch Straßenbeläge, Hofeindeckungen und Zufahrtswege zu berücksichtigen, für die bis ca. 1970 PAK-haltige Stoffe verwendet wurden. PAK-haltige Straßenbeläge können als unterste Lage vorhanden sein. Mithilfe von Kernbohrungen (Abb. 2.22) können unterschiedliche Schichten leicht identifiziert und getrennt analysiert werden. In die Untersuchung sollte auch die möglicherweise mit teerhaltigen Substanzen besprühte Sauberkeitsschicht einbezogen werden.

PAK als typische Brandfolgeprodukte

Auf kalten Brandstellen gehören die PAK neben anderen mittel- bis schwerflüchtigen Verbindungen zu der typischerweise anzutreffenden Stoffgruppe. PAK finden sich hier als Ablagerungen auf Oberflächen von Gebäuden und Inventar. Das Sanierungsziel bezüglich der PAK liegt gemäß VdS 2357 bei maximal 100 $\mu g/m^2$ in Industriebereichen und bei maximal 10 $\mu g/m^2$ in Wohn- und Büroräumen. Das Erreichen des Sanierungsziels wird über flächenbezogene Wischproben ermittelt.

2.1.4.9 Schutzmaßnahmen bei Arbeiten an PAK-haltigen Materialien

Bei Arbeiten mit PAK-haltigen Materialien sind die geltenden Gesetze und weitere Vorschriften und Regelwerke zu beachten. Tabelle 2.31 gibt einen Überblick der notwendigen Verfahrensschritte bei Arbeiten mit PAK-haltigen Materialien.

Tabelle 2.31: Notwendige Verfahrensschritte bei Arbeiten mit PAK-haltigen Materialien (mit Ergänzungen nach Klug/Stettnisch/Henzel, 2007, Anhang II)

Phase des Bauvorhabens	**Aktivitäten des Bauherrn/Auftraggebers/verantwortlichen Dritten**	**Aktivitäten des Sachkundigen unter Berücksichtigung der BGR 128**	**Aktivitäten des ausführenden Bauunternehmers**	**Bemerkungen und Hinweise zu den Regelwerken**
Vorliegen von Verdachtsmomenten, nach denen eine Schadstoffbelastung des Gebäudes nicht sicher ausgeschlossen werden kann	Beauftragung eines Sachkundigen mit der Erkundung des Gebäudes	Sammlung von Informationen über das Gebäude: Einsichtnahme in Bauunterlagen, evtl. historische Erkundung, Begehung des Gebäudes, Beprobung und Analytik; Gutachtenerstellung	–	Festlegung von Schutzmaßnahmen für die Erkundung gemäß ArbSchG, GefStoffV, TRGS 524, BGR 128
Beginn der Planungsarbeit (wichtigster Teil der Baumaßnahme, da hier richtungsweisende Entscheidungen getroffen werden) nach abgeschlossener Ermittlung von Art und Umfang der Schadstoffbelastung	Veranlassung der weiter gehenden Planung durch einen Sachkundigen; Entsorgungsplanung; soweit nach Baustellenverordnung erforderlich; Bestellung eines SiGeKo zur Mitwirkung in der Planungsphase; Erstellung des SiGe-Planes; Erstellung der Planungsunterlage für spätere Arbeiten	Gefährdungsermittlung und Gefährdungsbeurteilung; Erstellung von Sanierungskonzept und A+S-Plan gemäß BGR 128, Anhang II; Festlegung von Schutzmaßnahmen und Arbeitsverfahren (unter Beachtung der Rangfolge der Schutzmaßnahmen); Bereitstellung der Grundlage für die Ausschreibung; ggf. Massenermittlung und Erstellung des LV	–	Gefährdungsermittlung und Gefährdungsbeurteilung unter Berücksichtigung der Stoffe, Aggregatzustände und Aufnahmepfade sowie der Arbeitsverfahren gemäß TRGS 524; Erstellung des A+S-Planes nach BGR 128; ArbSchG, ChemG, ArbSättV, GefStoffV, BetrSichV, BioStoffV beachten; SiGe-Plan, SiGeKo und Erstellung der Planungsunterlage für spätere Arbeiten nach BaustellV
Erstellung des LV, Ausschreibung der Baumaßnahme	Aufnahme aller „besonderen Leistungen" und des A+S-Planes in das LV bzw. die Ausschreibung	ggf. Begleitung des Vergabeverfahrens	Prüfung des LV, ggf. Durchführung eigener Ermittlungen; Erbringung des Sachkundenachweises; Abgabe des Angebots	LV und Ausschreibung gemäß VOB/C
Vorbereitung der Baumaßnahme	(Termin-)Abstimmung mit allen beteiligten Unternehmen hinsichtlich des Bauablaufs; Anpassung des SiGe-Planes und der Planungsunterlage	–	–	Erstellung der Planungsunterlage für spätere Arbeiten nach BaustellV
4 Wochen vor Aufnahme der Sanierungstätigkeiten	–	–	Anzeige der Arbeiten im kontaminierten Bereich bei der zuständigen Berufsgenossenschaft	BGR 128
2 Wochen vor Einrichtung der Baustelle	Vorankündigung des Bauvorhabens bei der zuständigen Behörde	–	–	BaustellV
vor Aufnahme der Sanierungstätigkeiten	–	Überprüfung der Unterweisungen und der arbeitsmedizinischen Vorsorgeuntersuchungen	Erstellung der Betriebsanweisung; Unterweisung der Mitarbeiter; Veranlassung der arbeitsmedizinischen Vorsorge; Unterrichtung und Anhörung des Betriebsrats	GefStoffV, TRGS 555, ArbSchG, ArbMedVV, BGI 504-40b, BGR 128

Tabelle 2.31: Fortsetzung

Phase des Bauvorhabens	Aktivitäten des Bauherrn/Auftraggebers/verantwortlichen Dritten	Aktivitäten des Sachkundigen unter Berücksichtigung der BGR 128	Aktivitäten des ausführenden Bauunternehmers	Bemerkungen und Hinweise zu den Regelwerken
während der Durchführung der Baumaßnahme	Kontrolle der festgelegten Maßnahmen; Anpassung des SiGe-Planes der Baustelle	Kontrolle der Einhaltung des Sanierungskonzepts und des A+S-Planes; Anpassung des Sanierungskonzepts und des A+S-Planes an die Bedingungen der Baustelle; Überwachung und ggf. Koordination der Arbeiten; ggf. Durchführung von Freigabemessungen vor Aufhebung der Schutzmaßnahmen	–	ArbSchG, PSA-BV, BaustellV, TRGS 524, BGV A1, BGV C22, BGR 128, GefStoffV, BetrSichV, ArbStättV
nach Abschluss der Baumaßnahme	Fertigstellung der Dokumentation für spätere Arbeiten	–	–	BaustellV

ArbMedVV	„Verordnung zur arbeitsmedizinischen Vorsorge" (ArbMedVV) vom 18. Dezember 2008
ArbSchG	„Gesetz über die Durchführung von Maßnahmen des Arbeitsschutzes zur Verbesserung der Sicherheit und des Gesundheitsschutzes der Beschäftigten bei der Arbeit" (Arbeitsschutzgesetz – ArbSchG) vom 7. August 1996
ArbStättV	„Verordnung über Arbeitsstätten" (Arbeitsstättenverordnung – ArbStättV) vom 12. August 2004
A+S-Plan	Arbeits- und Sicherheitsplan
BaustellV	„Verordnung über Sicherheit und Gesundheitsschutz auf Baustellen" (Baustellenverordnung – BaustellV) vom 10. Juni 1998
BetrSichV	„Verordnung über Sicherheit und Gesundheitsschutz bei der Bereitstellung von Arbeitsmitteln und deren Benutzung bei der Arbeit, über Sicherheit beim Betrieb überwachungsbedürftiger Anlagen und über die Organisation des betrieblichen Arbeitsschutzes" (Betriebssicherheitsverordnung – BetrSichV) vom 27. September 2002
BGI 504-40b	BGI 504-40b (ZH 1/600.40b) „Auswahlkriterien für die spezielle arbeitsmedizinische Vorsorge nach dem Berufsgenossenschaftlichen Grundsatz g 40 ‚Krebserzeugende Gefahrstoffe – allgemein', hier: Benzo(a)pyren" (1998)
BGV A1	BGV A1 „Berufsgenossenschaftliche Vorschrift – Grundsätze der Prävention" (2004-01)
BGV C22	BGV C22 „Berufsgenossenschaftliche Vorschrift für Sicherheit und Gesundheit bei der Arbeit – Bauarbeiten" (1977-04)
BioStoffV	„Verordnung über Sicherheit und Gesundheitsschutz bei Tätigkeiten mit biologischen Arbeitsstoffen" (Biostoffverordnung – BioStoffV) vom 27. Januar 1999
ChemG	„Gesetz zum Schutz vor gefährlichen Stoffen" (Chemikaliengesetz – ChemG) vom 2. Juli 2008
LV	Leistungsverzeichnis
PSA-BV	„Verordnung über Sicherheit und Gesundheitsschutz bei der Benutzung persönlicher Schutzausrüstungen bei der Arbeit" (PSA-Benutzungsverordnung – PSA-BV) vom 4. Dezember 1996
SiGeKo	Sicherheits- und Gesundheitsschutzkoordinator
SiGe-Plan	Sicherheits- und Gesundheitsschutzplan
TRGS 524	TRGS 524 „Technische Regeln für Gefahrstoffe – Sanierung und Arbeiten in kontaminierten Bereichen" (1998-03)
TRGS 555	TRGS 555 „Technische Regeln für Gefahrstoffe – Betriebsanweisung und Information der Beschäftigten" (2008-02)
VOB/C	DIN 18299 „VOB Vergabe- und Vertragsordnung für Bauleistungen – Teil C: Allgemeine Technische Vertragsbedingungen für Bauleistungen (ATV) – Allgemeine Regelungen für Bauarbeiten jeder Art" (2006)

2.1.5 Formaldehyd

Martina Clemens-Ströwer

2.1.5.1 Vorkommen

Formaldehyd ist trotz umfangreicher Reglementierungen immer noch zu den bedeutsamen Innenraumschadstoffen zu zählen. Der Stoff gehört chemisch zur Gruppe der Aldehyde und liegt mit einem Siedepunkt von −19,5 °C bei Raumtemperaturen immer in Gasform vor. Er gelangt vor allem durch Holzwerkstoffe, Inventar, Farben, Lacke, Kleber, Einrichtungsgegenstände, Tabakrauch und Haushaltsprodukte in die Innenraumluft. Als Altlast ist Formaldehyd noch in vielen Holzwerkstoffen und daraus hergestellten Erzeugnissen vorhanden und wird von diesen nach wie vor an die Raumluft abgegeben. Hohe Formaldehydkonzentrationen treten zum einen besonders in älteren Fertighäusern aus den 1960er- und 1970er-Jahren auf, bei denen Wände und Decken mit Spanplatten beplankt sind. Zum anderen werden auch heute noch in großem Umfang formaldehydhaltige Kunstharze für die Verleimung von Holzplatten und damit auch für Möbel verwendet.

Bindemittel in Holzwerkstoffen

Aminoplastverleimte Holzwerkstoffe für den Innenausbau sowie als Hauptwerkstoff für die Herstellung von Möbeln stellen die Hauptquelle für Formaldehyd in Aufenthaltsräumen dar (die Bezeichnung „Aminoplaste" umfasst die Harnstoff-Formaldehyd-Harze und die Melamin-Formaldehyd-Harze).

Spanplatten kommen im Innenausbau zur Bekleidung von Wänden, Decken und Fußbodenflächen zum Einsatz und finden darüber hinaus bei Türen und Möbeln sowie im Fertighausbau Verwendung.

Als Bindemittel fungieren Harnstoff-Formaldehyd-Harze (UF: urea formaldehyde), Melamin-Harnstoff-Formaldehyd-Harze (MUF), Melamin-Harnstoff-Phenol-Formaldehyd-Harze (MUPF) sowie polymere Diphenylmethandiisocyanate (PMDI oder I). Die genannten Bindemittel werden einzeln, in Kombination oder als Mischverleimungen (verschiedene Harztypen) eingesetzt. Spanplatten haben bis zu 10 Gew.-% Gehalt an Bindemitteln. Den Hauptanteil als Bindemittel in Spanplatten bildeten aufgrund ihres geringen Preises mit ca. 85 % Harnstoff-Formaldehyd-Harze. Phenol-Formaldehyd-Harze bzw. Diisocyanate werden bei höheren Anforderungen an die Feuchtebeständigkeit oder an eine geringe Formaldehydemission verwendet.

Anstelle der früher verwendeten Aminoplastharze werden heute überwiegend Phenol-Formaldehyd-Leime eingesetzt.

MDF-Platten (mitteldichte Faserplatten) finden fast ausschließlich in der Möbelherstellung und im Innenausbau Verwendung. Als Bindemittel dienen ganz überwiegend Harnstoff-Formaldehyd-Harze (Harzanteil in den Platten: 8 bis 9 Gew.-%).

Hartfaserplatten finden in der Möbelherstellung Verwendung (z. B. für Schrankrückwände oder Schubladenböden) und enthalten in Abhängigkeit von der verwendeten Holzart und den Anforderungen an das Plattenmaterial nur teilweise Bindemittel (Phenol-Formaldehyd-Harz-Anteil in den Platten: 1 bis 3 Gew.-%).

OSB-Platten (oriented strand board) bestehen aus langen, schlanken Holzspänen (strands) und gehören zu den Mehrschichtplatten. Als Bindemittel werden Polyurethan-(PU-)Harz in der Mittelschicht und Melamin-Harnstoff-Phenol-Formaldehyd-Harze in den Deckschichten verwendet. Auch OSB-Platten können Formaldehyd an die Raumluft abgeben. Zusätzlich kann es zu deutlichen Emissionen von geruchsintensiven Aldehyden und Terpenen kommen.

Für die Verleimung von **Sperrholz** (Tischler- und Furnierholzplatten) werden unterschiedliche Bindemittel verwendet. Im Außenbereich kommen vorwiegend Phenol-Formaldehyd-Harze und Melamin-Formaldehyd-Harze zum Einsatz, im Innenbereich Harnstoffharze (Harnstoff-Formaldehyd-Harze und Phenol-Formaldehyd-Harze zu ca. gleichen Anteilen).

Die im Rahmen eines Bauprojekts durchgeführten Prüfkammeruntersuchungen von OSB-Platten und Spanplatten auf Formaldehyd ergaben die in Tabelle 2.32 dargestellten Ergebnisse.

Tabelle 2.32: Prüfkammerluft-Formaldehydwerte verschiedener Plattentypen

Plattentyp	Formaldehydgehalt (µg/m³)
OSB-100, formaldehydfrei verleimt	39
OSB3-100	53
Spanplatte, formaldehydfrei verleimt	81

Die nach Herstellerangaben formaldehydfrei verleimte Spanplatte wies in der Prüfkammeruntersuchung die höchsten Formaldehydwerte auf; die Untersuchungsergebnisse zeigen, dass Herstellerangaben bezüglich des Formaldehydgehalts nicht immer verlässlich sind.

Quellen der Formaldehydfreisetzung in Innenräumen

Holzwerkstoffe und Möbel

Die Höhe der Raumluftbelastung ist im Wesentlichen abhängig

- von der Art der verwendeten Bindemittel und ihrer Neigung zur dauerhaften Formaldehydfreisetzung,
- von der Menge der Holzwerkstoffe im Raum (Beladung) sowie der Beschichtung bzw. dem Anteil offener Flächen, Ausnehmungen, Bohrungen usw. und
- von den Raumklimabedingungen, d.h. von Temperatur, Luftfeuchte und Luftwechselrate.

Holzwerkstoffe, die mit formaldehydhaltigen Bindemitteln verleimt wurden, geben über einen langen Zeitraum konstant Formaldehyd an die Raumluft ab. Zu unterscheiden ist in diesem Zusammenhang zwischen der zeitweiligen und der dauerhaften Freisetzung. Zur zeitweiligen Freisetzung von freiem Formaldehyd kommt es aufgrund des technisch erforderlichen Formaldehydüberschusses in Melamin-Formaldehyd-Harzen. Die dauerhafte Freisetzung von gebundenem Formaldehyd wird durch hydrolytische Rückspaltung der Bindemittel verursacht: Bei der Herstellung von Leimen reagiert Formaldehyd mit Harnstoff, wobei Wasser entsteht, das abtrocknet. Dieser Prozess ist jedoch umkehrbar, sodass das Kunstharz während der Nutzungszeit durch die Einwirkung von Luftfeuchte wieder in Harnstoff und Formaldehyd aufgespalten wird und Formaldehyd aus dem Holzwerkstoff ausgast. Der Prozess findet während der gesamten Nutzungszeit statt, d. h., solange Kunstharz vorhanden ist, das die Holzspäne zusammenhält. So kann auch nach Jahrzehnten durch Ausgasen von Formaldehyd aus Spanplatten und Furnierverleimungen der Richtwert des Bundesgesundheitsamtes (BGA) von 0,1 ppm (vgl. Bundesgesundheitsamt, 1992) deutlich überschritten werden (ppm: parts per million; 1 ppm entspricht 0,0001 % oder z. B. 1 mg/kg oder 1 ml/m^3). Harnstoff-Formaldehyd-Harze neigen stärker als Melamin-Formaldehyd-Harze zur Freisetzung von Formaldehyd. Phenol-Formaldehyd-Harze neigen nur in sehr geringem Maß zu einer Abgabe von Formaldehyd.

Um die Formaldehydabgabe zu begrenzen, wurden Anfang der 1980er-Jahre die Produktion und der Verkauf von Holzwerkstoffplatten reglementiert. Seither dürfen nur noch Materialien in Verkehr gebracht werden, die die E1-Anforderung einer Formaldehydausgleichskonzentration unter 0,1 ppm nach der Klassifizierung von Holzwerkstoffen nach dem Emissionsgrad von Formaldehyd gemäß DIN 68763 „Spanplatten – Flachpressplatten für das Bauwesen – Begriffe, Anforderungen, Prüfung, Überwachung“ (1990), bestimmt nach DIN EN 717-1 „Holzwerkstoffe – Bestimmung der Formaldehydabgabe – Teil 1: Formaldehydabgabe nach der Prüfkammer-Methode“ (2005), erfüllen.

Nach wie vor werden in Deutschland trotz Erfüllung der E1-Anforderung bei ungünstigen raumklimatischen Verhältnissen höhere Raumluftbelastungen mit Formaldehyd gefunden. Mit steigender Temperatur nimmt die Formaldehydkonzentration der Raumluft deutlich zu. Ebenso steigt mit zunehmender Luftfeuchte die Formaldehydabgabe infolge der hydrolytischen Rückspaltung stark an. In Innenräumen mit geringem Luftwechsel wird der zulässige Richtwert (0,1 ppm) deutlich häufiger überschritten als in Fällen mit höherer Luftwechselrate, da bei 1 Luftwechsel pro Stunde (1/h) die Konzentration nur halb so hoch ist wie bei einem Luftwechsel, der nur alle 2 Stunden durchgeführt wird. Für die Klassifizierung von Spanplatten der Emissionsklasse E1 wird 1 Luftwechsel pro Stunde im Prüfraum zugrunde gelegt. Unter realen Bedingungen wird jedoch deutlich weniger gelüftet als einmal pro Stunde. Wenn unter Prüfungsbedingungen (Luftwechsel von 1/h) die Spanplatte eine Konzentration von 0,05 ppm in der Prüfkammer erreicht, kann bei einem Luftwechsel von 0,5/h, also einem Luftaustausch alle 2 Stunden, der zulässige Richtwert von 0,1 ppm schnell überschritten werden.

Aufgrund ihrer diffusionshemmenden bzw. gasdichten Oberflächenbeschichtungen ist die Formaldehydabgabe aus fertigen Möbeln geringer als aus unbeschichteten Harnstoff-Formaldehyd-Harz-gebundenen Spanplatten, sofern diese Möbel über wenige offene Schmalflächen, Ausnehmungen, Bohrlöcher usw. bzw. große unbeschichtete oder lediglich dünn furnierte Flächen verfügen.

Klebstoffe, Lacke und Parkettversiegelungen

Klebstoffe auf der Grundlage von Aminoplasten (Harnstoff-Formaldehyd-Harze und Melamin-Formaldehyd-Harze) kommen in der Möbelherstellung bei der Verklebung von Holz- und Holzwerkstoffen zum Einsatz (Furniere, Dekor, Folien).

Säurehärtende Lacke (SH-Lacke) spalten aus ihrem Bindemittel (Aminoplast) Formaldehyd ab. Während SH-Lacke in der deutschen Möbelherstellung nahezu keine Bedeutung mehr haben, werden sie in Skandinavien noch bevorzugt in der Holz verarbeitenden Industrie eingesetzt. In der Vergangenheit führte die Verwendung von SH-Lacken zur Parkettversiegelung regelmäßig zu Formaldehydbelastungen.

Topfkonservierer, Tapeten und UF-Ortschaum

Bei **Topfkonservierern** handelt es sich um Konservierungsstoffe, die Lacken und Farben sowie Klebstoffen auf Wasserbasis in geringer Konzentration zum Schutz vor mikrobiellem Verderb zugegeben werden.

Zur Erhöhung der Nassreißfestigkeit sind **Papiertapeten** und **Raufasertapeten** zum Teil mit formaldehydhaltigen Kunstharzen ausgerüstet. Bei Papiertapeten und Raufasertapeten überwiegend aus Papierrecycling, die mit dem Umweltzeichen gekennzeichnet sind, darf der Gehalt an freisetzbarem Formaldehyd im Endprodukt maximal 8 mg pro 100 g Tapete betragen (dies entspricht einem Formaldehydgehalt in der Prüfkammerluft unter 0,05 ppm).

UF-Ortschäume bestehen aus einer wässrigen Harnstoff-Formaldehyd-Lösung. Sie werden bei der nachträglichen Isolierung ausgebauter Dachgeschosse bzw. bei der Altbausanierung eingesetzt. Die Formaldehydabgabe von UF-Ortsschäumen ist durch die „ETB-Richtlinie zur Begrenzung der Formaldehydemission in die Raumluft bei Verwendung von Harnstoff-Formaldehydharz-Ortschaum (ETB-Ri UF-Ortschaum)“ (1985-04) begrenzt. Durch die Richtlinie ist gesichert, dass fertiggestellte Ortschäume (für sich allein) keine Formaldehydmengen abgeben dürfen, durch die der BGA-Richtwert von 0,1 ppm überschritten wird.

Mineralwolldämmstoffe

Mineralwolldämmstoffe sind zur Erhöhung der Formstabilität mit einem Bindemittel versehen. Zum Einsatz kommen Phenol-Formaldehyd-Harz oder Harnstoff-Formaldehyd-Harz (Anteil im Dämmstoff von höchstens 7 Gew.-%). Relevante Formaldehydemissionen treten fast ausschließlich bei neu hergestellten Mineralwolldämmstoffen auf. Unter Praxisbedingungen haben Mineralwolldämmstoffe wegen ihres geringen Emissionspotenzials und der besonderen Einbaubedingungen nur einen untergeordneten Anteil an Luftbelastungen in Innenräumen. Prüfkammeruntersuchungen zeigen, dass die Emissionswerte mittelfristig (3 bis 6 Monate nach Herstellung) infolge des Alterungseffekts nur noch zwischen 0,01 und 0,03 ppm liegen.

Unter Normbedingungen zeigen Cellulosedämmstoffe in Prüfkammeruntersuchungen bei Raumtemperatur nach zweimonatiger Lagerzeit Formaldehydkonzentrationen deutlich unter 0,05 ppm.

Fertighäuser

In der Fachwelt wird die Geruchs- und Schadstoffproblematik älterer Fertighäuser insbesondere aus den 1960er- und 1970er-Jahren bereits seit mehreren Jahren diskutiert. Aufgrund der Bauweise und der verwendeten Baumaterialien kann es in Fertighäusern u. a. auch zu Problemen mit Formaldehyd in der Innenraumluft kommen.

Fertighäuser wurden in der Regel in Holzrahmenbauweise erstellt. Dabei wurden die Wand- und Deckenelemente im Werk vorgefertigt. Die Wände sind früher meist mit Pressspanplatten oder Gipskartonplatten beplankt worden. Besteht die Beplankung überwiegend aus Spanplatten, die mit einem Harnstoff-Formaldehyd-Harz oder Phenol-Formaldehyd-Harz als Bindemittel versetzt sind, kann es auch 40 Jahre nach dem Bau zu erheblichen Konzentrationen an Formaldehyd in der Raumluft kommen. Die Konzentration im Innenraum ist stark abhängig von der Beladung des Raumes, d. h. davon, wie viele Quadratmeter Spanplatte pro Kubikmeter Rauminhalt verbaut wurden, ebenso führen hohe Luftfeuchten und hohe Raumtemperaturen in der Regel zu höheren Formaldehydkonzentrationen als trockene Luft und kühle Temperaturen. Sind Außen- und Innenwände beidseitig mit Spanplatten beplankt, ist mit höheren Konzentrationen zu rechnen als in Konstruktionen, bei denen nur die Außenwände außenseitig mit Spanplatten ausgebaut wurden. Eine Untersuchung (durchgeführt von der ARGUK-Umweltlabor GmbH, Oberursel) in über 200 Fertighäusern ergab, dass der Richtwert von 0,1 ppm vor allem in Fertighäusern aus den Jahren 1960 bis 1980 überschritten wurde, und zwar bei etwa 40 % der untersuchten Häuser aus dieser Zeit (vgl. Maraun, 2007).

2.1.5.2 Gesundheitsrisiken

Formaldehyd wird über die Atmung in den Körper aufgenommen. Das Gas reizt dadurch die oberen Atemwege und zusätzlich die Schleimhaut der Augen. Als Folge der Reizung kommt es zu Beschwerden wie Stechen in der Nase und im Hals, wässrigem Schnupfen, Verstopfen der Nase oder Augenbrennen. Bei anhaltender Reizung können zusätzlich unspezifische Beschwerden wie Kopfschmerzen, Müdigkeit und Unwohlsein auftreten. Sobald die Formaldehydkonzentration wieder absinkt, gehen die Reizungen und Beschwerden rasch zurück. Bei zunehmender Konzentration werden die Beschwerden stärker und es kann zu Schädigungen der Schleimhaut im Nasen-Rachen-Raum kommen. Ist diese Schädigung durch die ständige Reizung der Atmungsorgane eingetreten, erhöht sich die Anfälligkeit der Schleimhäute auch gegenüber Pollen, Schimmelpilzen und anderen Umweltgiften.

Formaldehyd wird als Arbeitsstoff mit krebserzeugender Wirkung klassifiziert; bei Unterschreitung des MAK-Wertes (maximale Arbeitsplatzkonzentration) wird jedoch kein erhöhtes Krebsrisiko erwartet.

2.1.5.3 Bewertung

Der BGA-Richtwert für Formaldehyd in der Innenraumluft von 0,1 ppm ist als Maximalwert zu betrachten und sollte in jedem Fall – auch kurzfristig – nicht überschritten werden. Die Arbeitsgemeinschaft ökologischer Forschungsinstitute e. V. (AGÖF) gibt als Orientierungswert 30 µg/m³ an (vgl. AGÖF-Orientierungswerte für flüchtige organische Verbindungen in der Raumluft, 2008).

Der BGA-Richtwert (Eingreifwert) für Formaldehyd von 0,1 ppm (dies entspricht 124 µg/m³) wurde 1977 als wissenschaftlich begründeter Grenzwert für Formaldehyd in Innenräumen vorgeschlagen und bis in die 1980er-Jahre als „Grenzwert" bezeichnet (spätere Bezeichnungen „Richtwert" bzw. „Orientierungswert"); es handelt sich hierbei nicht um einen gesetzlichen Grenzwert, sondern einen Wert mit Empfehlungscharakter. Er wurde im Hinblick auf die Vermeidung von Schleimhautreizungen und Befindlichkeitsbeeinträchtigungen festgelegt. Der Richtwert wurde 2006 durch die Ad-hoc-Arbeitsgruppe aus Mitgliedern der Innenraumlufthygiene-Kommission des Umweltbundesamtes und Vertretern der Arbeitsgemeinschaft der Obersten Landesgesundheitsbehörden mit dem Hinweis bestätigt, dass die krebserzeugende Wirkung von Formaldehyd berücksichtigt sei (vgl. Empfehlung des Umweltbundesamtes, 2006).

Gemäß den Air Quality Guidelines for Europe der Weltgesundheitsorganisation (WHO) beträgt die niedrigste Konzentration, die nach kurzfristiger Exposition beim Menschen mit Reizungen des Hals- und Nasenbereichs in Zusammenhang gebracht wird, 100 µg/m³ – auch wenn manche Menschen bereits niedrigere Formaldehydkonzentrationen wahrnehmen können. Daher wird empfohlen, einen 30-Minuten-Durchschnitt von 100 µg/m³ als Richtwert für die Luftqualität nicht zu überschreiten. Da dies mehr als eine Größenordnung niedriger ist als die angenommene Expositionsschwelle für Zellschädigungen der Nasenschleimhaut, stellt dieser Richtwert ein Expositionsniveau dar, bei dem es ein vernachlässigbares Krebsrisiko für die oberen Atemwege des Menschen gibt (vgl. Air Quality Guidelines for Europe, 2000, S. 90).

Der MAK-Wert für Tätigkeiten mit Formaldehyd beträgt 0,3 ppm (MAK- und BAT-Werte-Liste 2008), also das Dreifache des BGA-Richtwertes. MAK-Werte sind für die Beurteilung von Innenräumen jedoch nicht geeignet, da sie ausschließlich für Arbeitsplätze festgelegt wurden, an denen medizinisch überwachte Beschäftigte tätig sind, die zudem über den Umgang mit Formaldehyd instruiert sind. In Innenräumen hingegen halten sich Personen unterschiedlichen Alters und Gesundheitszustands auf, die über den Umgang mit Formaldehyd nicht informiert sind.

2.1.5.4 Analyse- und Messverfahren

Materialanalysen

Materialproben dienen insbesondere der Ermittlung von Formaldehydquellen **nach** Feststellung erhöhter Formaldehydkonzentrationen in der Raumluft.

Ergeben sich in den Materialproben hohe Formaldehydgehalte, ist hiermit jedoch nicht zwingend ein hohes Formaldehydabgabepotenzial verbunden. Die tatsächliche Emission ist von der Oberflächenbeschichtung, dem Anteil an Schmalflächen und anderen Besonderheiten abhängig; die Interpretation der Messwerte ist daher nicht einfach.

Hinsichtlich des Einsatzes der unterschiedlichen Materialuntersuchungsverfahren ist zu berücksichtigen, dass sie jeweils zu unterschiedlichen Ergebnissen führen, da entweder ausgasender Formaldehyd, der in der Platte in gasförmigem Zustand enthalten ist, oder der unter bestimmten Umständen (Umspülen der Platte mit Wasser) aus einer Platte austreibbare Formaldehyd erfasst wird.

Als Referenzverfahren dient die Untersuchung in der Prüfkammer. Die Luftkonzentration in der Prüfkammer wird bei definiert eingestellten Bedingungen bestimmt (üblicherweise 1 m^2 Oberfläche pro 1 m^3 Prüfkammervolumen bei definiertem Luftwechsel, üblicherweise 1/h). Das Verfahren erlaubt eine genaue Aussage darüber, wie viel Formaldehyd von bestimmten Werkstoffen emittiert wird. Als nachteilig sind die hohen Kosten des Verfahrens zu werten.

Zur Erfassung, Bewertung und Sanierung formaldehydhaltiger Bauteile und Materialien stehen folgende Analysemethoden zur Verfügung:

- WKI-Flaschen-Methode (DIN EN 717-3 „Holzwerkstoffe – Bestimmung der Formaldehydabgabe – Teil 3: Formaldehydabgabe nach der Flaschen-Methode“ [1996])
- Perforatormethode (DIN EN 120 „Holzwerkstoffe; Bestimmung des Formaldehydgehaltes; Extraktionsverfahren genannt Perforatormethode“ [1992])
- Gasanalyse-Methode (DIN EN 717-2 „Holzwerkstoffe – Bestimmung der Formaldehydabgabe – Teil 2: Formaldehydabgabe nach der Gasanalyse-Methode“ [1995])
- Prüfkammer-Methode (DIN EN 717-1 sowie DIN EN ISO 16000-3 „Innenraumluftverunreinigungen – Teil 3: Messen von Formaldehyd und anderen Carbonylverbindungen; Probenahme mit einer Pumpe“ [2002])

Die WKI-Flaschen-Methode und die Gasanalyse-Methode sind am besten zur Bestimmung des Formaldehydabgabepotenzials älterer Spanplatten geeignet, während mit der Perforatormethode nur freier Formaldehyd in neuen Platten bestimmt werden kann. Die Perforatormethode eignet sich zur Klassifizierung nach der E1-Anforderung. Allein die Prüfkammer-Methode erlaubt überhaupt Tendenzaussagen zum späteren Gehalt von Formaldehyd in der Raumluft.

Raumluftanalysen

Raumluftanalysen werden durchgeführt,

- um bei begründetem Verdacht Formaldehyd in der Raumluft zu identifizieren und zu quantifizieren,
- um die Exposition der Raumnutzer zu ermitteln,
- um eine Bewertung und Sanierungsempfehlungen im Sinne einer langfristigen Gesundheitsvorsorge zu ermöglichen,
- um Ergebnisse aus anderen, bereits durchgeführten Untersuchungen abzusichern und
- um den Erfolg einer Sanierung zu kontrollieren.

Verfälschungen von Luftanalysewerten durch diskontinuierliche Formaldehydquellen sind auszuschließen. Hierzu gehören die Kontamination von Gegenständen infolge der Anwendung formaldehydhaltiger Mittel (Reinigungs- und Desinfektionsmittel) sowie Tabakrauch, brennende Kerzen, Kaminfeuer usw. Raumluftmessungen sollten in der Regel nach Erreichen der Ausgleichskonzentration erfolgen: Werden Fenster und Türen nach intensiver Lüftung verschlossen, steigt die Formaldehydkonzentration zunächst an, um bei üblichen Raumtemperaturen nach 4 bis 8 Stunden eine Ausgleichskonzentration zu erreichen, die sich bei sonst konstantem Raumklima nicht mehr ändert.

Für die Luftanalyse auf Formaldehyd stehen verschiedene Methoden zur Verfügung, die sich einteilen lassen in

- **Kurzzeitmessverfahren** (aktive Probenahme, Dauer: weniger als 1 Stunde),
- **Langzeitmessverfahren** (Passivsammler, Probenahme innerhalb 1 bis 7 Tagen) und
- **Schnelltests** mittels Prüfröhrchen.

Für Gutachten werden vorzugsweise aktive Probenahmen im **Kurzzeitmessverfahren** mittels Probenahmepumpe und Adsorptionsröhrchen (z. B. DNPH-[1,4-Dinitrophenylhydrazin-]Kartusche) durchgeführt (Abb. 2.23 bis 2.25). **Langzeitmessverfahren** werden selten eingesetzt, da während der langen Probenahmezeit nicht nachvollziehbare Ereignisse in den Räumen stattfinden können, die zu einer starken Erhöhung der Raumluftkonzentration führen können, die aber nicht mit den verwendeten Baumaterialien in Verbindung steht (z. B. Verwendung von Nagelhärtern und anderen Kosmetika, Tabakrauch). **Schnelltests** sind bezüglich ihrer quantitativen Aussagekraft kritisch zu bewerten. Eine Angabe über die tatsächliche Konzentration in der Raumluft ist mit ihnen nicht möglich. Aufgrund ihrer hohen Empfindlichkeit können sie jedoch Hinweise auf Formaldehydbelastungen geben.

2.1.5.5 Sanierung

Die Sanierungsmaßnahmen sind abhängig von der Größe und der Art der Formaldehydquelle, der Einbausituation, der Höhe der Raumluftkonzentrationen und der Art der Raumnutzung.

Besteht die Formaldehydbelastung aufgrund von **neu** in einen Raum eingebrachten Holzwerkstoffen oder Möbeln, ist zu prüfen, ob sich das Problem im Zeitablauf in Verbindung mit intensiven Lüftungsmaßnahmen von allein löst. Die Konzentration an freiem Formaldehyd nimmt nach der Produktion der Holzwerkstoffe kontinuierlich ab. Bei der hydrolytischen Rückspaltung des Harnstoff-Formaldehyd-Harzes bzw. Melamin-Formaldehyd-Harzes wird die Formaldehydabgabe unmittelbar nach der Herstellung hingegen nicht geringer; bei hoher Luftfeuchte kann sie sogar noch ansteigen. Daher können Holzwerkstoffe auch noch nach vielen Jahren Emissionsquellen darstellen.

Kurzfristige Maßnahmen zur Verringerung der Raumluftbelastungen sind bei anhaltenden Formaldehydkonzentrationen in Aufenthaltsräumen über 0,1 ppm (BGA-Richtwert) erforderlich. Um sicherzustellen, dass bei empfindlichen Personen keine Befindlichkeitsbeeinträchtigungen auftreten, sollten bei anhaltenden Formaldehydkonzentrationen in Aufenthaltsräumen zwischen 0,05 und 0,1 ppm Sanierungsmaßnahmen ergriffen werden. In Einzelfällen kann es erforderlich sein, bereits bei Konzentrationen unter 0,05 ppm zu sanieren, z. B. wegen des gleichzeitigen Auftretens anderer Schadstoffe, bei denen mit gesundheitlichen Beeinträchtigungen zu rechnen ist, und die ebenfalls nur geringfügig unterhalb der Werte liegen.

Abb. 2.23: Raumluftmessung mittels aktiver Probenahme auf DNPH-Kartusche (rechts die Pumpe mit aufgesetzter DNPH-Kartusche, links der angeschlossene Gasmengenzähler)

Abb. 2.24: Raumluftmessung in einem Klassenraum: in der Bildmitte eine Pumpe mit kleinem Volumendurchsatz für die Formaldehydmessung, im Vordergrund eine Pumpe mit großem Volumendurchsatz für Messung auf Holzschutzmittel (jeweils mit angeschlossenem Gasmengenzähler)

Abb. 2.25: Raumluftmessung in einem neu eingerichteten Schlafzimmer: in der Bildmitte (im Spiegel sichtbar) ein Stativ mit DNPH-Kartusche zur Formaldehydmessung, rechts im Bild eine Pumpe mit kleinem Volumendurchsatz für die Messung auf VOC (volatile organic compounds: flüchtige organische Verbindungen)

Um eine möglichst wirksame Senkung der Formaldehydbelastung bis zur Durchführung dauerhafter Minderungs- bzw. Sanierungsmaßnahmen zu erreichen, können als **vorläufige Maßnahmen** die Raumklimabedingungen verändert werden durch

- Absenkung der Raumtemperatur,
- Absenkung der Luftfeuchte (nur bei hoher Luftfeuchte) und
- Erhöhung der Luftwechselrate (regelmäßiges Stoßlüften, gegebenenfalls Einbau einer Lüftungsanlage).

Der Einsatz raumlufttechnischer Anlagen (z. B. Be- und/oder Entlüftungen) bietet den Vorteil, durch die gezielte Steuerung der Lufttemperatur der Aufheizung der Raumluft und der Innenwandflächen entgegenzuwirken und somit die saisonal bedingten erhöhten Formaldehydbelastungen in der Sommerzeit zu vermeiden. Zusätzlich bewirken höhere Luftwechselraten eine Verringerung der Formaldehydkonzentration. Zur Vermeidung von Wärmeverlusten beim Betreiben raumlufttechnischer Anlagen sollten diese über ein Wärmerückgewinnungssystem verfügen.

Ziel einer Sanierung formaldehydbelasteter Gebäude ist es, gesundheitliche Beeinträchtigungen für die Gebäudenutzer sicher und dauerhaft auszuschließen. Als Qualitätsziel ist eine dauerhafte Formaldehydkonzentration von deutlich unter 0,05 ppm anzustreben. Dabei kommen 4 wesentliche Sanierungsmethoden in Betracht:

- Entfernen der Formaldehydquellen
- Bekleiden der Formaldehydquellen mit formaldehyddichten Folien
- Bekleiden der Formaldehydquellen mit Schafwollvlies
- Beschichten der Formaldehydquellen mit speziellen Anstrichen

Vor Beginn der Maßnahmen müssen alle relevanten Formaldehydquellen ermittelt werden. Befinden sich mehrere Formaldehydquellen im Raum, kann die Kombination verschiedener Verfahren zu einer praktikablen Lösung führen.

Die wirksamste Methode zur dauerhaften Sanierung belasteter Räume besteht im Entfernen der Formaldehydquellen. Da dies nicht immer durchführbar ist, weil es in Einzelfällen den nahezu vollständigen Rückbau eines Gebäudes bedeuten würde, kann das Sanierungskonzept durch Bekleidungen (Kunststofffolien bzw. Aluminiumfolien) oder Beschichtungen (Anstrich) ergänzt werden.

Bei Möbeln erfolgt der Formaldehydaustritt meist durch unbeschichtete Schmalflächen und Bohrlöcher. Bodenstiftlöcher können mit Plastikeinsätzen oder dauerelastischen Fugenmassen (Silikon, Polyacryl) geschlossen werden. Der Erfolg hängt wesentlich von der Vollständigkeit der Abdichtung ab, da das Formaldehydabgabepotenzial der Quelle durch die Maßnahmen nicht verringert wird.

Die Wirkung spezieller Schafvollvliese beruht nicht auf einer Absperrwirkung, sondern darauf, dass Wollproteine mit dem Formaldehyd reagieren und diesen fest in der Wollfaser binden.

Die immer wieder vertretene Auffassung, Pflanzen in Innenräumen würden die Formaldehydkonzentration deutlich verringern, konnte unter Praxisbedingungen bisher nicht bestätigt werden.

2.1.6 Flüchtige organische Verbindungen (VOC)

Martina Clemens-Ströwer

2.1.6.1 Eigenschaften und Vorkommen

Die organischen Innenraumschadstoffe werden nach ihren Siedepunkten in die in Tabelle 2.1 dargestellten Gruppen eingeteilt (vgl. Kapitel 2.1, Einleitung). Die als VOC (volatile organic compounds: flüchtige organische Verbindungen) bezeichnete Gruppe umfasst dabei zahlreiche chemische Verbindungen in einem Siedebereich von ca. 50 bis ca. 260 °C.

In der Innenraumluft lassen sich weit über 100 flüchtige organische Verbindungen, die aus verschiedenen Quellen abgegeben werden können, nachweisen. Zu ihnen zählen z. B. Stoffgruppen wie leichtflüchtige halogenierte Kohlenwasserstoffe, aromatische Kohlenwasserstoffe, aliphatische Kohlenwasserstoffe (Alkane), Terpenoide, Ether und Ester, Aldehyde und Ketone, Alkohole, Glykolverbindungen und Siloxane. Zur Gruppe der VOC gehört eine Vielzahl von Einzelverbindungen im sogenannten Retentionsbereich C_6 (*n*-Hexan) bis C_{16} (*n*-Hexadecan); der Retentionsbereich beschreibt die Temperaturspanne, in der Substanzen in der Gaschromatografie in die Gasphase übergehen (hier für Verbindungen mit 6 bis 16 Kohlenstoffatomen).

VOC gelangen vorwiegend als Lösemittel (Siedepunkt unter 200 °C), Lösungsvermittler (Siedepunkt über 200 °C), Klebstoffe, Grundierungen, Farben und Lacke in Innenräume und gasen aus Holzwerkstoffplatten, Bodenbelägen u. a. aus. Viele Produkte kommen mittlerweile als „lösemittelfrei" in den Handel, obwohl auch sie Lösemittel enthalten. In Abhängigkeit von der Art der Einbringung können in Räumen teils stark erhöhte Konzentrationen über einen längeren Zeitraum bis hin zu einigen Jahren vorliegen. Oftmals sind auch falsch eingesetzte Produkte für hohe VOC-Konzentrationen in Innenräumen verantwortlich (siehe die Fallbeispiele in Kapitel 2.1.6.5). Da sich unter den VOC zahlreiche geruchsintensive Verbindungen befinden, können diese zu anhaltenden Geruchsproblemen in Innenräumen führen. Geruchsauffälligkeiten in Innenräumen können ein erster Hinweis auf erhöhte VOC-Raumluftkonzentrationen sein.

In Tabelle 2.33 sind Eigenschaften und Vorkommen wichtiger VOC-Verbindungsgruppen und -Einzelverbindungen aufgeführt.

Tabelle 2.33: Eigenschaften und Vorkommen wichtiger flüchtiger organischer Verrbindungen (Quelle: in Anlehnung an Öko-Zentrum NRW GmbH, 2006)

Verbindungsgruppe/ Verbindung	Eigenschaften	Vorkommen
Acrylate	sensibilisierend	Acrylharze (Farben, Klebstoffe, Dichtmassen)
Aldehyde		
Formaldehyd	atemwegsreizend; bei Störung des Stoffwechsels neurotoxisch	Formaldehydharze in Holzwerkstoffplatten (durch E1-Klassifizierung Problematik gemindert, aber nicht beseitigt); säurehärtende Lacke; Formaldehydabspalter als Konservierungsmittel
Furfural	geruchsintensiv; reizend; möglicherweise krebserregend (K3)	Kork (Fußböden usw.)

Tabelle 2.33: Fortsetzung

Verbindungsgruppe/ Verbindung	Eigenschaften	Vorkommen
höhere aliphatische Aldehyde, z. B. Pentanal, Hexanal, Heptanal	geruchsintensiv; atemwegsreizend	Leinölprodukte; Linoleum bei mangelhafter Aushärtung; Alkydharze; Holzwerkstoffplatten (insbesondere OSB-Platten [oriented strand board]: Platten, die aus langen, schlanken Holzspänen [strands] hergestellt werden)
aliphatische Kohlenwasserstoffe (Alkane)	z. T. Geruchsbelastungen verursachend	Lösemittel auf Mineralölbasis; Bestandteile von Benzin und Heizöl und anderen Mineralölprodukten
Isoaliphaten	praktisch geruchsfrei; nur geringe physiologische Wirkung	synthetische Lösemittel
Alkohole		
(einwertige) niedere Alkohole (z. B. Ethanol, Propanol)	Kopfschmerzen verursachend; leicht entzündlich bei höheren Konzentrationen	Lösemittel; Kosmetikartikel (Parfüm, Bodylotion); Raumluftverbesserer
höhere Alkohole (z. B. Butanol, 2-Ethylhexanol)	Hinweis auf Feuchteeinfluss im Zusammenhang mit Geruchsproblemen	Lösemittel; Zersetzungsprodukte von Phthalaten
aromatische Kohlenwasserstoffe		Bestandteil von Mineralölprodukten, Tabakrauch; allgegenwärtig in der Außenluft, da Treibstoffbestandteil
Benzol	krebserzeugend (K1)	in Benzin bis 1 % enthalten; Indikator für Kfz-Abgase (Außenluft, Garagen)
Toluol, Xylole, Ethylbenzol	i. d. R. benzolfrei	Lösemittel (Lacke, Kleber); häufig Einsatz als Gemisch
Styrol	geruchsintensiv; neurotoxisch	Polystyrolharze (Styropor); Reaktivverdünner; Klebstoffe
Butanonoxim	möglicherweise krebserregend (K3)	Verlaufsförderer in Lacken und Silikondichtstoffen
Ester	z. T. angenehmer, fruchtiger Geruch	Lösemittel in Lacken und Klebern; Parfüm; Geruchsverbesserer
Ester und Ether mehrwertiger Alkohole (Glykolverbindungen)	aufgrund des höheren Siedepunkts deutlich länger anhaltende Innenraumbelastungen als bei konventionellen Lösemitteln	Lösungsvermittler in Lacken, Klebstoffen usw. auf Wasserbasis
Ethylenglykolderivate	toxische Wirkungen bei relevanten Innenraumkonzentrationen z. T. nicht auszuschließen; insbesondere bei Phenoxyethanol Zusammenhänge mit Geruchsproblemen	Lösungsvermittler in Lacken, Klebstoffen usw. auf Wasserbasis
Propylenglykolderivate	im Hinblick auf die physiologische Wirkung deutlich unproblematischer als Ethylenglykolderivate	Lösungsvermittler in Lacken, Klebstoffen usw. auf Wasserbasis
halogenierte Kohlenwasserstoffe	toxisch	Lösemittel; Entfettungsmittel; Abbeizmittel; chemische Reinigung; wegen ihrer Toxizität kaum noch verwendet
Isocyanate	sensibilisierend	Polyurethan-(PU-)Harze (Farben, Klebstoffe, Dichtmassen)
Ketone	neurotoxisch; augenreizend	Lösemittel, insbesondere in Lacken

Tabelle 2.33: Fortsetzung

Verbindungsgruppe/ Verbindung	Eigenschaften	Vorkommen
Phenol, phenolische Verbindungen	geruchsintensiv	Phenolharze; Desinfektionsmittel; Teere
Siloxane	kaum Daten zur physiologischen Wirkung	Kosmetikartikel; Lacke (insbesondere Möbellacke); Silikone
Terpene	i. d. R. geruchsintensiv	Bestandteil ätherischer Öle; Lösemittel für Naturfarben; Holz; Holzwachse und Holzöle
Δ^3-Caren	sensibilisierend	Nadelholz; Terpentinöle (wegen der sensibilisierenden Wirkung i. d. R. in Naturfarben nicht mehr enthalten)
Limonen	i. d. R. geruchsintensiv	aus Zitrusfruchtschalen gewonnen; Lösemittel in Naturfarben; Zitrusduft (Reinigungsmittel, Parfüm)
Pinene	i. d. R. geruchsintensiv	frisches Nadelholz; Hauptbestandteil von Terpentinölen
ungesättigte Kohlenwasserstoffe	Geruchsbelastungen verursachend – mögliche Auswirkungen: Kopfschmerzen, Unwohlsein	häufig Nebenprodukt bei der Herstellung von Polymeren
trimeres Isobuten	häufig unangenehmen Neugeruch verursachend	Syntheselatexprodukte
4-Phenylcyclohexen	unangenehmer Neugeruch von Syntheselatexprodukten	Nebenprodukt bei der Herstellung von Syntheselatexprodukten (Styrol-Butadien-Kautschuk [SBR: styrene butadiene rubber]); Teppichrücken
Dodecenisomerengemisch	geruchsintensiv	Verwendung z. B. als Lösemittel in der Produktion von PVC

E1 erfüllt die Anforderung einer Formaldehydausgleichskonzentration unter 0,1 ppm (parts per million; 1 ppm entspricht 0,0001 % oder z. B. 1 mg/kg oder 1 ml/m^3) nach der Klassifizierung von Holzwerkstoffen nach dem Emissionsgrad von Formaldehyd gemäß DIN 68763 „Spanplatten – Flachpressplatten für das Bauwesen – Begriffe, Anforderungen, Prüfung, Überwachung" (1990)
K1 Stoffe, die auf den Menschen bekanntermaßen krebserzeugend wirken (Klassifizierung gemäß Liste der krebserzeugenden, erbgutverändernden oder fortpflanzungsgefährdenden Stoffe, 2009)
K3 Stoffe, die wegen möglicher krebserregender Wirkung beim Menschen Anlass zur Besorgnis geben (Klassifizierung gemäß Liste der krebserzeugenden, erbgutverändernden oder fortpflanzungsgefährdenden Stoffe, 2009)

Geringe Luftwechselraten in moderneren, winddicht gebauten, energiesparenden Gebäuden tragen häufig zu hohen VOC-Raumluftkonzentrationen bei, da es durch den geringen Luftaustausch zur Anreicherung der VOC in der Raumluft kommt. Entsprechend kann häufiges Lüften (ca. einmal pro Stunde) insbesondere nach Renovierungsarbeiten oder bei Bezug von Neubauten die VOC-Konzentration verringern helfen.

2.1.6.2 Gesundheitsrisiken

Über die Wirkungen einzelner VOC und deren Konzentrationen in Innenräumen sowie über das Substanzgemisch der VOC sind oft keine ausreichenden Informationen vorhanden. Die Erfahrung zeigt aber, dass mit steigender

VOC-Konzentration die Wahrscheinlichkeit für gesundheitliche Beschwerden und Störungen zunimmt. Symptome wie Reizungen der Schleimhäute an Augen, Rachen und Nase, Ermüdungserscheinungen, Kopfschmerzen und erhöhte Infektanfälligkeit im Bereich der Atemwege sowie unangenehme Geruchs- und Geschmackswahrnehmungen können auftreten. Die durch geruchsrelevante VOC hervorgerufenen Geruchsprobleme in Innenräumen sind in der Lage, das Wohlbefinden stark zu beeinträchtigen, auch wenn die Raumluftkonzentrationen der geruchsintensiven Verbindungen sehr gering sind.

2.1.6.3 Bewertung

Grenz- und Richtwerte

Für nur wenige VOC gibt es bislang gesetzlich festgelegte Grenzwerte bzw. empfohlene Richtwerte. Die Interpretation der Ergebnisse von Raumluftmessungen erfolgt dabei nach 2 unterschiedlich ermittelten Richtwerttypen – **toxikologisch** abgeleitete Bewertungskonzepte und **statistisch** abgeleitete Bewertungskonzepte.

Toxikologisch abgeleitete Richtwerte

Bei der toxikologischen Ableitung von Richtwerten wird häufig von Experimenten ausgegangen, bei denen Versuchstiere verschieden hohen Konzentrationen eines einzelnen Schadstoffs ausgesetzt werden. Mithilfe dieser Versuche wird eine Dosis ermittelt, bei der im Tierversuch keine erkennbaren Gesundheitsschäden wie Organveränderungen oder Stoffwechselstörungen mehr auftreten. Aus den Ergebnissen des Tierversuchs werden dann mithilfe von „Unsicherheitsfaktoren“ Richtwerte für den Menschen berechnet. Es bestehen 2 Richtwertkategorien – **Richtwert I** und **Richtwert II.**

Richtwert I (RW I) beschreibt die Konzentration eines Stoffes in der Innenraumluft, bei der bei einer Einzelstoffbetrachtung nach gegenwärtigem Kenntnisstand auch dann keine gesundheitliche Beeinträchtigung zu erwarten ist, wenn ein Mensch diesem Stoff lebenslang ausgesetzt ist. Richtwert I wird auch als **Vorsorgerichtwert** bezeichnet.

Richtwert II (RW II), auch als **Gefahrenrichtwert** bezeichnet, gibt die Konzentration eines Stoffes an, bei deren Erreichen bzw. Überschreiten unverzüglich zu handeln ist. Diese höhere Konzentration kann – besonders für empfindliche Personen bei Daueraufenthalt in den betreffenden Räumen – eine gesundheitliche Gefährdung darstellen.

Aus Gründen der Vorsorge sollte auch bereits im Konzentrationsbereich zwischen RW I und RW II gehandelt werden, sei es durch technische und bauliche Maßnahmen am Gebäude (handeln muss in diesem Fall der Gebäudebetreiber) oder durch verändertes Nutzerverhalten. Die Richtwerte beziehen sich auf Einzelverbindungen und beinhalten keine Aussage über mögliche Kombinationswirkungen verschiedener Verbindungen.

Die Festlegung toxikologisch begründeter Richtwerte in der Bundesrepublik obliegt der Ad-hoc-Arbeitsgruppe der Innenraumlufthygiene-Kommission des Umweltbundesamtes und der Obersten Landesgesundheitsbehörden (Ad-hoc-AG IRK/AOLG).

Toxikologisch abgeleitete Bewertungen liegen nur für einen Teil der VOC vor. In Tabelle 2.34 sind die bestehenden Richtwerte der Substanzen, die in der „Zweiten Verordnung zur Durchführung des Bundes-Immissionsschutzgesetzes“ (Verordnung zur Emissionsbegrenzung von leichtflüchtigen halogenierten organischen Verbindungen – 2. BImSchV) vom 10. Dezember 1990, von der Ad-hoc-AG IRK/AOLG und vom Sozialministerium Mecklenburg-Vorpommern veröffentlicht wurden, zusammengestellt.

Die jeweils aktuelle Liste der Ad-hoc-AG IRK/AOLG ist auf der Website des Umweltbundesamtes verfügbar (vgl. Richtwerte für die Innenraumluft, 2008).

Tabelle 2.34: Innenraumrichtwerte wichtiger VOC

VOC	Richtwert I (µg/m³)	Richtwert II (µg/m³)	Quelle
Aldehyde (Alkanale)			
$\sum C_4$–C_{11}-Aldehyde	100	1.000	Ad-hoc-AG IRK/AOLG (2009)
Butanal	200	2.000	Ad-hoc-AG IRK/AOLG (2009)
aliphatische Kohlenwasserstoffe			
$\sum C_9$–C_{14}-Alkane/Isoalkane	200	2.000	Ad-hoc-AG IRK/AOLG
aromatische Kohlenwasserstoffe			
Toluol	300	3.000	Ad-hoc-AG IRK/AOLG
Styrol	30	300	Ad-hoc-AG IRK/AOLG
Naphthalin	2	20	Ad-hoc-AG IRK/AOLG
Terpene			
bicyclische Terpene (Leitsubstanz: α-Pinen)	200	2.000	Ad-hoc-AG IRK/AOLG
Tetrachlorethen	100 2)	1)	2. BImSchV

Ad-hoc-AG IRK/AOLG Richtwerte für die Innenraumluft, 2008
$\sum$ Summe
2. BImSchV „Zweite Verordnung zur Durchführung des Bundes-Immissionsschutzgesetzes“ (Verordnung zur Emissionsbegrenzung von leichtflüchtigen halogenierten organischen Verbindungen – 2. BImSchV) vom 10. Dezember 1990

1) kein Richtwert II festgelegt
2) 7-Tage-Mittelwert

Statistisch abgeleitete Richtwerte

Statistisch abgeleitete Richtwerte werden aus den Ergebnissen einer Vielzahl möglichst repräsentativer Raumluftuntersuchungen berechnet. Mittels statistischer Rechenverfahren werden aus diesen Daten für die einzelnen Schadstoffe Konzentrationen ermittelt, wobei durchschnittlich bestehende Stoffkonzentrationen als „normal“ definiert werden und deren Überschreitung eine Auffälligkeit darstellt. Mit diesen Richtwerten können in vielen Fällen die Ursachen für gesundheitliche Beschwerden in Innenräumen ermittelt werden, wobei es sich aber nicht um eine toxikologische Ableitung handelt.

Die aktuellste Bewertungsgrundlage auf statistischer Basis sind die Orientierungswerte der Arbeitsgemeinschaft ökologischer Forschungsinstitute e. V. (AGÖF; siehe AGÖF-Orientierungswerte für flüchtige organische Verbindungen in der Raumluft, 2008).

MAK-Werte (maximale Arbeitsplatzkonzentration) sind zur Beurteilung von Innenräumen nicht geeignet, da sie sich auf Einzelverbindungen beziehen und nur für gesunde Beschäftigte bei einer 40-Stunden-Woche gelten. MAK-Werte berücksichtigen keine Risikogruppen (Kinder, Kranke) und auch nicht den im Vergleich zu Arbeitsräumen längeren Aufenthalt in Innenräumen (vgl. MAK- und BAT-Werte-Liste 2008).

Beurteilung von VOC-Gemischen in der Raumluft

Da die Innenraumluft viele organische Verbindungen enthält und Richtwerte nur für relativ wenige Einzelverbindungen zur Verfügung stehen, hat die Ad-hoc-AG IRK/AOLG Maßstäbe zur Beurteilung der Innenraumluftqualität mithilfe des TVOC-Wertes (total volatile organic compounds: Summe der flüchtigen organischen Verbindungen) erarbeitet (vgl. Bekanntmachung des Umweltbundesamtes, 2007). Hinter der Messgröße des TVOC-Wertes verbergen sich von Fall zu Fall recht unterschiedliche Substanzen. Empfehlungen für die Bewertung von TVOC-Werten basieren nicht auf einer konkreten toxikologischen Basis, sondern auf der statistischen Auswertung von Daten aus Umwelterhebungen. Die Anwendung des nachfolgend vorgestellten Schemas der Ad-hoc-AG IRK/AOLG (vgl. Bekanntmachung des Umweltbundesamtes, 2007) setzt voraus, dass toxikologisch begründete Richtwerte von Einzelverbindungen nicht überschritten werden. Eine gesonderte Bewertung ist auch dann grundsätzlich erforderlich, wenn Verbindungen mit niedrigen Geruchsschwellen beteiligt sind, die auch in geringen Konzentrationen aufgrund ihrer Geruchsintensität belästigend wirken können, oder wenn auffällig hohe Einzelstoffkonzentrationen auftreten.

Stufe 1: **TVOC-Werte unter 300 µg/m^3** sind hygienisch unbedenklich, sofern keine Richtwerte überschritten werden. Werte unter 300 µg/m^3 werden auch als Zielwert bezeichnet und sind mit ausreichendem zeitlichem Abstand nach Neubau oder Renovierungsmaßnahmen erreichbar bzw. nach Möglichkeit zu unterschreiten.

Stufe 2: **TVOC-Werte zwischen 300 und 1.000 µg/m^3** können noch als hygienisch unbedenklich eingestuft werden, sofern keine Richtwerte überschritten werden. Dieser Konzentrationsbereich weist z. B. auf noch nicht völlig ausgelüftete Lösemitteleinträge hin und zeigt die Notwendigkeit einer verstärkten Lüftung an.

Stufe 3: **TVOC-Werte zwischen 1.000 und 3.000 µg/m^3** sind als hygienisch auffällig zu beurteilen und gelten befristet (unter 12 Monaten) als Obergrenze für Räume, die für einen längerfristigen Aufenthalt bestimmt sind. In normal genutzten Wohn-, Schul- und Büroräumen ohne kurz zuvor erfolgte Renovierung oder Neumöblierung sollte der TVOC-Wert unter Nutzungsbedingungen 1.000 µg/m^3 nicht dauerhaft überschreiten. Innerhalb von 6 Monaten sollte die TVOC-Konzentration deutlich unter den anfangs gemessenen TVOC-Wert abgesenkt werden.

Stufe 4: **TVOC-Werte zwischen 3.000 und 10.000 µg/m³** werden als hygienisch bedenklich beurteilt und die betreffenden Räume sollten, sofern keine Alternativen zur Verfügung stehen, nur befristet (maximal 1 Monat) und bei Durchführung verstärkter regelmäßiger Lüftungsmaßnahmen genutzt werden. Innerhalb 1 Monats sollte der TVOC-Wert unter 3.000 µg/m³ abgesenkt werden. Es ist eine toxikologische Einzelstoff- bzw. Stoffgruppenbewertung vorzunehmen.

Stufe 5: **TVOC-Werte zwischen 10.000 und 25.000 µg/m³** sind als hygienisch inakzeptabel einzustufen. Die Raumnutzung ist zu vermeiden, ein Aufenthalt ist allenfalls stundenweise und nach Durchführung verstärkter regelmäßiger Lüftungsmaßnahmen zumutbar. Bei Werten über 25.000 µg/m³ ist von einer Nutzung abzusehen.

Es ist zu berücksichtigen, dass der TVOC-Wert als alleiniges Kriterium für die gesundheitliche Bewertung nicht ausreicht. Eine gesicherte Beziehung zwischen Dosis und Wirkung kann lediglich für Einzelsubstanzen, nicht aber für VOC-Gemische angegeben werden. Der TVOC-Wert ermöglicht allenfalls eine Aussage über die Wahrscheinlichkeit eines Zusammenhangs zwischen der VOC-Exposition und den Beschwerden der Raumnutzer.

2.1.6.4 Analyse- und Messverfahren

Stellen Raumnutzer Belästigungen (z. B. in Form von Gerüchen) oder gesundheitliche Beeinträchtigungen fest, können **Raumluftmessungen** dazu beitragen, die Möglichkeit einer VOC-Belastung abzuklären. Des Weiteren werden Raumluftmessungen eingesetzt, um die Einhaltung eines Grenz- oder Richtwertes für einen bestimmten Schadstoff sowie den Erfolg von Sanierungsmaßnahmen zu überprüfen. **Materialanalysen** dienen in erster Linie der Quellensuche, wenn aufgrund erhöhter VOC-Raumluftkonzentrationen die Ursachen ermittelt werden sollen.

Raumluftmessungen

Vor und während der Messung sind nach der für Raumluftmessungen maßgeblichen Richtlinie VDI 4300 Blatt 1 „Messen von Innenraumluftverunreinigungen – Allgemeine Aspekte der Meßstrategie" (1995-12) wichtige Randbedingungen (z. B. Zeitpunkt der Probenahme, Raumlufttemperatur, Luftfeuchte, Luftwechselrate) zu beachten und zu dokumentieren, da die Randbedingungen das Messergebnis maßgeblich beeinflussen. Bei der Probenahme sollten definierte Umgebungsbedingungen eingehalten werden, um so die Messergebnisse mit anderen Untersuchungen vergleichen zu können. Dazu gehören Raumlufttemperaturen von ca. 20 °C und geschlossene Fenster und Türen für den Zeitraum von ca. 8 Stunden vor Beginn der Probenahme. In dem Raum sollte 24 Stunden vor der Probenahme nicht geraucht werden.

Zur Bestimmung von Verbindungen und zur Abschätzung von Belastungen werden üblicherweise Kurzzeitmessungen der Raumluft (aktive Probenahme) durchgeführt. Bei Langzeitmessungen (über Tage oder Wochen) ist die Probenahme mit Passivsammlern das geeignete Messverfahren (für dieses Messverfahren liegen bisher jedoch keine Richtlinien und Normen vor). Die Bewertung dieser Langzeitmessverfahren birgt zudem Probleme, da der

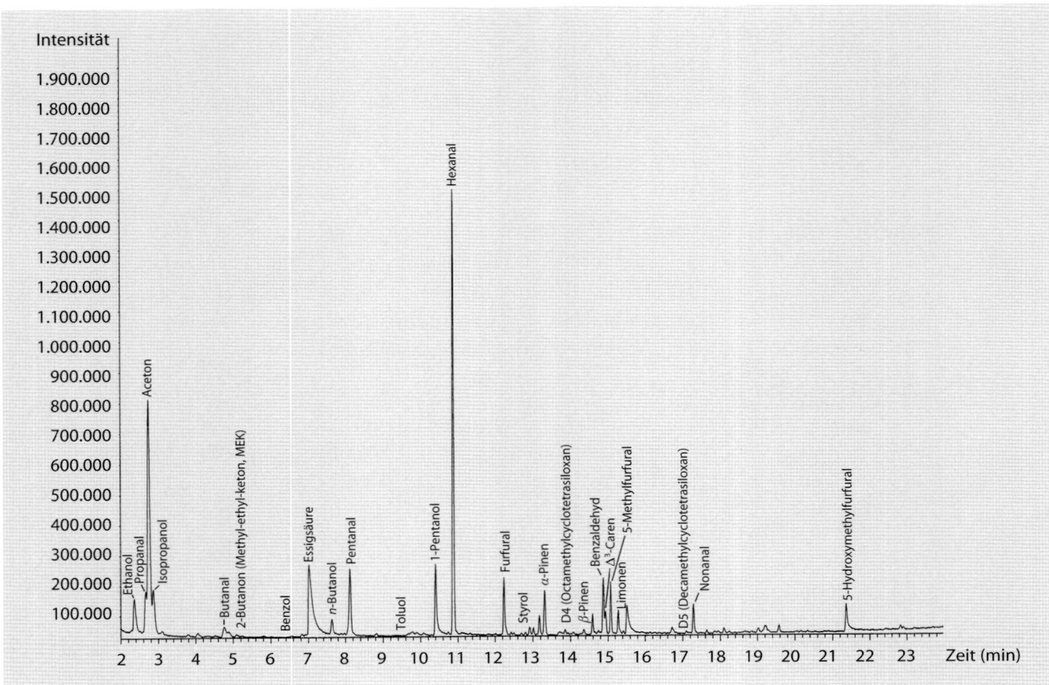

Abb. 2.26: Chromatogramm der Materialanalyse einer Parkettoberfläche mittels GC/MS (Quelle: Labor Friedle GmbH, Regensburg)

Sachverständige nicht alle Einflussfaktoren während der Probenahme erfassen kann. Werden während einer solchen Langzeitmessung z. B. Bastelarbeiten mit lösemittelhaltigen Klebern durchgeführt oder Kosmetika wie Nagellackentferner eingesetzt, kann dies zu einem erheblichen kurzzeitigen Konzentrationsanstieg an VOC in der Raumluft führen, ohne dass Baumaterialien oder Einrichtungsgegenstände dafür verantwortlich wären. Die Quellensuche für die erhöhten VOC-Konzentrationen gestaltet sich dann oftmals schwierig. Die aktive Probenahme ist der passiven Probenahme daher vorzuziehen.

Raumluftmessungen auf Basis der aktiven Probenahme werden unter Verwendung verschiedener Adsorptionsmedien mit Probenahmepumpen durchgeführt. Da die jeweiligen Adsorptionsröhrchen nicht für sämtliche Verbindungen geeignet sind, ist eine Erfassung der gesamten VOC-Konzentration nur durch die Kombination verschiedener Probenahmeröhrchen möglich (z. B. Tenax, Aktivkohle, Anasorb, Silicagel, XAD-Harz). Die Untersuchung der beladenen Röhrchen erfolgt im Labor nach Elution (Herauslösung) bzw. Thermodesorption (eine spezielle Probenanalytik für die Gaschromatografie) mit anschließender Gaschromatografie und Massenspektrometrie (GC/MS). Thermodesorptionsröhrchen können nur sehr begrenzt gelagert werden und sind für Sekundärkontaminationen während der Lagerung oder des Transports anfällig. Die Methode wird wegen ihrer Empfindlichkeit häufig zur Erfassung geruchsintensiver Verbindungen eingesetzt und ist die in der DIN EN ISO 16000-5 „Innenraumluftverunreinigungen – Teil 5: Probenah-

Abb. 2.26a: Röhrchen mit Holzspänen für die Headspace-Analytik auf VOC (Quelle: Kirschmann)

mestrategie für flüchtige organische Verbindungen (VOC)" (2007) beschriebene Methode.

Die VOC-Konzentration in der Raumluft setzt sich in der Regel aus einer Vielzahl von verschiedenen Einzelverbindungen zusammen. Bei der Analyse der Raumluft werden über 100 Einzelverbindungen abgeprüft, ihre jeweilige Konzentration wird in $\mu g/m^3$ angegeben. Die identifizierten Einzelverbindungen werden aufaddiert und bilden dann die Summe der identifizierten VOC.

Neben den identifizierten Einzelverbindungen befinden sich häufig auch nicht identifizierbare, unbekannte Verbindungen in der Raumluft. Um auch diese zumindest quantitativ mit zu erfassen, wird der TVOC-Wert gebildet. Der TVOC-Wert entspricht dem Toluoläquivalent der im Chromatogramm (siehe Abb. 2.26) eingenommenen Fläche und umfasst die Summe sämtlicher flüchtiger organischer Verbindungen im Retentionsbereich zwischen C_6 und C_{16}, also identifizierte ebenso wie nicht identifizierte Verbindungen. Werden alle Einzelverbindungen identifiziert, sind TVOC-Wert und Summe der identifizierten VOC in etwa gleich groß; befinden sich in der Raumluft jedoch viele unbekannte Verbindungen, dann ist der TVOC-Wert deutlich größer als die Summe der identifizierten VOC. Die von der Ad-hoc-AG IRK/AOLG vorgeschlagenen Richtwerte (vgl. Bekanntmachung des Umweltbundesamtes, 2007) beziehen sich auf den TVOC-Wert, nicht auf die Summe der identifizierten VOC (siehe auch in Kapitel 2.1.6.3 die Ausführungen zur Bewertung von VOC-Gemischen in der Raumluft).

Materialanalysen

Mit der **Headspace-Methode** sind orientierende, kostengünstige Untersuchungen zur Identifizierung von VOC-Quellen möglich. Bei dieser Untersuchung wird eine Materialprobe in einen Glasbehälter eingebracht und verschlossen. Aus dem sich bildenden Gasraum oberhalb der Materialprobe (Headspace) wird dann eine Analyse mittels GC/MS durchgeführt. Hierfür sind Probemengen von nur wenigen Gramm des Materials erforderlich. Die Empfindlichkeit für die Aufklärung von Geruchsursachen ist bei dieser Methode jedoch begrenzt.

Die **Thermodesorptionsmethode** ist aufwendiger, aber empfindlicher, sodass auch Emissionen flüchtiger Verbindungen in sehr geringen Konzentrationen ermittelt werden können. Insbesondere der Vergleich der Spektren von verdächtigen Materialien aus dem Innenraum mit dem Spektrum der VOC in der Raumluft führt häufig zur Identifizierung der VOC-Quellen im Raum.

Für quantitative Untersuchungen ist die Durchführung von **Prüfkammeruntersuchungen** erforderlich. Dazu werden die Materialien in eine Prüfkammer verbracht, wo bei definierter Lufttemperatur, Luftwechselrate und Raumbeladung die VOC-Konzentration in der Prüfkammerluft gemessen wird. Anhand der Ergebnisse aus den Prüfkammeruntersuchungen ist es möglich, die zu erwartenden Konzentrationen im Innenraum abzuschätzen, wenn die Raumbeladung und der Luftwechsel des Innenraums bekannt sind. Mithilfe der Headspace-Methode ist dies dagegen nur sehr begrenzt möglich.

Geruchsintensive Verbindungen

Die VOC-Analyse führt bei Geruchsproblemen in Innenräumen nicht immer zur Beantwortung der Frage, welche Materialien für den Geruchseindruck im Innenraum verantwortlich sind. Ebenso geben Konzentrationsangaben von VOC-Verbindungen in der Innenraumluft nicht immer den sensorisch wahrzunehmenden Geruchseindruck wieder. Zur Beurteilung der Qualität der Innenraumluft wird daher versucht, diese auch sensorisch zu erfassen. Bei der sensorischen Prüfung bewerten geeignete Probanden ihre Geruchseindrücke anhand festgelegter Skalensysteme nach den Kriterien Geruchsstoffkonzentration, Geruchsintensität, Geruchsart, Akzeptanz und Sinneseindruck (Hedonik). In der Innenraumhygiene fehlen jedoch bis heute einheitliche Vorgaben in Bezug auf Geruchsbelästigungen.

Die von der AGÖF abgeleiteten Orientierungswerte beziehen für geruchsintensive Einzelverbindungen die Geruchsschwellen mit ein.

2.1.6.5 Sanierung

Ob und in welchem Umfang Sanierungsmaßnahmen erfolgen müssen, ist davon abhängig,

- welche Raumluftkonzentrationen erreicht werden,
- welche Räume betroffen sind und
- ob Geruchsbelastungen auftreten.

Das Entfernen der Quelle ist meist die effektivste, jedoch nicht immer die wirtschaftlichste Sanierungsmaßnahme. Zunächst sollte daher versucht werden, durch intensive Lüftungsmaßnahmen (einmal pro Stunde) eine Senkung der Schadstoffkonzentration zu erreichen. Der Erfolg von Sanierungsmaßnahmen sollte durch Kontrollmessungen überprüft werden.

Fallbeispiel A

In einem neu gebauten, nicht unterkellerten, eingeschossigen Einfamilienhaus in massiver Bauweise traten 4 Monate nach Bezug lösemittelähnliche Geruchsbelastungen in einzelnen Räumen auf. Messungen in der Raumluft (Abb. 2.27) ergaben, dass die Gesamtsumme an VOC über 2.200 µg pro m^3

Abb. 2.27: VOC-Messung in der Raumluft mittels aktiver Probenahme (die Pumpe ist in der Bildmitte sichtbar)

Abb. 2.28: VOC-Probenahme im Fußbodenraum (nach Teildemontage der Türzarge) mit Pumpe und zusätzlich angeschlossenem Gasmengenzähler

Luft lag, wobei Verbindungen der Stoffgruppen aromatische Kohlenwasserstoffe und Alkane dominierten. Zur Quellensuche wurde auch die Luft im Fußbodenraum untersucht (Abb. 2.28). Dort wurden über 14.000 µg VOC pro m^3 Luft, vor allem aromatische Kohlenwasserstoffe und Alkane, gemessen. Die Quellensuche konzentrierte sich daher auf den Fußbodenaufbau, der aus Betonsohle, Bitumenschweißbahn, Polystyrol-Hartschaumdämmung, Estrich und Fliesenbelag bestand. Die Materialanalysen ergaben, dass die Polystyrol-Hartschaumdämmung die stärksten VOC-Emissionen aufwies. Dabei waren die im Polystyrol-Hartschaum nachgewiesenen Verbindungen Pentan und Styrol materialtypisch, während die aromatischen Kohlenwasserstoffe und Alkane für das Material nicht typisch waren.

Abb. 2.29: Probenahme auf VOC im Wohnzimmer des Fachwerkhauses nach Abtragen der mit lösemittelhaltiger Lasur behandelten Balkenoberflächenschicht

Aufgrund der Ergebnisse der Materialuntersuchungen wurden der Estrich und die darunter befindliche Wärmedämmung aus Polystyrol-Hartschaum entfernt. Dennoch bestand nach wie vor eine starke Geruchsintensität in den Räumen, was durch die Ergebnisse der Raumluftanalyse auf VOC bestätigt wurde: In der Raumluft wurden nun sogar über 4.500 µg VOC pro m^3 Luft gemessen. Die VOC-Quelle musste sich also immer noch im Gebäude befinden. Als Quelle wurde schließlich ein Bitumenvoranstrich identifiziert, der vor Aufbringung der Bitumenschweißbahn auf der Bodenplatte aufgetragen worden war. Dabei handelte es sich um ein stark lösemittelhaltiges Produkt, das nur im Außenbereich eingesetzt werden darf, im vorliegenden Fall jedoch im Innenraum verwendet wurde. Die Lösemittel aus dem Bitumenvoranstrich wanderten im Laufe der ersten Monate nach Bezug des Wohnhauses nach und nach durch die Bitumenschicht, die Wärmedämmung, den Estrich und den Fliesenbelag in den Wohnraum und führten dort zu der inzwischen noch weiter gestiegenen Konzentration und zu den Geruchsbelastungen.

Zur Beseitigung des Bitumenvoranstrichs wurden die Bitumenschweißbahn entfernt, anschließend die Betonbodenplatte mit einem Staub absaugenden Fräskopf mindestens 5 mm abgeschliffen und eine dampfdiffusionsdichte, VOC-neutrale Abdichtungsfolie aufgebracht. Danach lagen die Raumluftkonzentrationen an VOC in der Summe unter 300 µg pro m^3 Luft.

Fallbeispiel B

In einem Fachwerkhaus wurden Wohnzimmer und Flur im Obergeschoss renoviert. Die Deckenbalken aus Weichholz und Eichenholz in Wohnzimmer und Flur sollten wegen großer farblicher Differenzen lasiert werden, um eine einheitliche Holzfarbe zu erhalten.

Als die Balken in Flur und Wohnzimmer gestrichen wurden, traten durch das eingesetzte Mittel starke Geruchsbelastungen in den Räumen auf. Die Geruchsbelastung nahm bei geöffneten Fenstern und laufender Heizung auch nach mehreren Stunden nicht ab und bei den Bewohnern traten starke Kopfschmerzen und Atembeschwerden auf. Es ergab sich, dass ein für den

Außenbereich vorgesehenes Mittel verstrichen worden war. Daraufhin wurde die Deckenbalkenoberflächenschicht mittels Winkelschleifer abgetragen.

Da die Geruchsbelastung auch noch nach Tagen unverändert anhielt, wurden Luft- und Materialanalysen durchgeführt, die eine VOC- Konzentration in der Raumluft des Wohnzimmers von 6.570 µg/m³ ergaben (Abb. 2.29). Hauptbestandteile waren aliphatische Kohlenwasserstoffe, die in einer Konzentration von 6.100 µg/m³ gemessen wurden. Der Richtwert II (Gefahrenrichtwert), der zur Vermeidung einer Gefährdung in Innenräumen nicht überschritten werden sollte, liegt für aliphatische Kohlenwasserstoffe bei 2.000 µg pro m³ Luft. Trotz des Abschleifens der Holzoberflächen lagen hohe Konzentrationen an Dodecan, Undecan und weiteren aliphatischen Kohlenwasserstoffen, 2-Butoxyethanol, Tetramethylbenzol, Decalin- und Tetralinderivaten vor: Im Lehmputz hatte eine Sekundäranreicherung an VOC stattgefunden.

Erst umfangreiche Abtragungen der Bauteiloberflächen (Lehmputz und Holz) sowie eine zusätzliche Beschichtung der alten Holzbalken sowie eine Feinreinigung zur Beseitigung des Schleifstaubes führten zu einer Verringerung der VOC-Konzentration auf unter 500 µg pro m³ Luft.

2.2 Anorganische Schadstoffe: Blei, Kupfer, Quecksilber

Andreas Stache

Einleitung

Neben den in der Raumluft auftretenden flüchtigen Substanzen, Fasern und Schimmelpilzsporen können Belastungen im Gebäude auch durch Schwermetalle und Halbmetalle bestehen. Erste Studien in den 1990er-Jahren haben die Notwendigkeit gezeigt, insbesondere Schwermetallen im Hausstaub größere Aufmerksamkeit zu schenken. So hat das Institut für Wasser-, Boden- und Lufthygiene des Bundesgesundheitsamtes Anfang der 1990er-Jahre eine repräsentative Studie zu Belastungen durch Arsen, Blei, Cadmium, Chrom, Kupfer, Nickel und Zink im Hausstaub durchgeführt (vgl. Umwelt-Survey, 1991). Die Ergebnisse haben zwischen den untersuchten Haushalten deutliche Unterschiede in der Belastung des Hausstaubs ergeben, die unter Umständen auf Schwer- oder Halbmetallquellen im Haus zurückzuführen sind.

Die Ursachen von Belastungen durch Schwermetalle und Halbmetalle in Gebäuden sind vielfältig. Neben dem Eintrag von außen können Schwermetalle und Halbmetalle und ihre Verbindungen durch Quellen im Gebäude in den Staub der Innenraumluft gelangen. Hier ist zum einen der unvermeidbare Abrieb von Gebrauchsgegenständen wie Teppichböden zu nennen, aber auch Asche- und Schlackeschüttungen in Zwischendecken von Altbauwohnungen sind eine mögliche Quelle, ebenso eine aktuelle oder frühere Metallverarbeitung in Gebäuden. Außerdem können Metalle, die insbesondere in Anstrichen oder Holzschutzmitteln verwendet werden, bei Bearbeitungen wie z. B. Sägen oder Schleifen erhebliche Belastungen in Innenräumen verursachen.

Mit Blei, Kupfer und Quecksilber werden in diesem Kapitel 3 ausgewählte Schwermetalle behandelt, die in Gebäuden in großer Menge vorkommen können bzw. eine besondere Relevanz besitzen (Kapitel 2.2.1 bis 2.2.3). Zu weiteren Schwermetallen sowie einigen Halbmetallen sind Angaben ihrer möglichen Quellen im Gebäude in Tabelle 2.35 in einer Übersicht zusammengestellt.

Eigenschaften von Metallen und Halbmetallen

Im Periodensystem der Elemente (PSE) sind die bekannten Elemente nach ihren chemischen und physikalischen Eigenschaften geordnet, wobei die Kernladungszahl (Ordnungszahl) als Ordnungsprinzip herangezogen wird. Innerhalb einer Periode nimmt der metallische Charakter von links nach rechts ab und innerhalb einer Gruppe von oben nach unten zu. Im PSE stehen demzufolge die typischen **Metalle** links und unten und die typischen **Nichtmetalle** rechts und oben. Eine Trennungslinie bilden die sogenannten **Halbmetalle**, zu denen vor allem Bor, Silicium, Germanium, Arsen und Tellur gezählt werden. Diese Elemente stehen auch in ihrem Verhalten zwischen den Metallen und den Nichtmetallen, wobei die Trennung nicht scharf ist und es eine breite Übergangszone gibt. Halbmetalle weisen Eigenschaften von Metallen wie von Nichtmetallen auf.

Metalle haben eine hohe thermische und elektrische Leitfähigkeit und metallischen Glanz. Sie können verschiedene Verbindungen eingehen, wobei sie fast immer der positiv geladene Partner sind. Metalle sind formbar, dehnbar und kristallisieren in sogenannten Metallgittern. Als **Schwermetalle** werden Metalle mit einer Dichte über 5 g/cm^3 bezeichnet. Zu ihnen zählen u. a. Blei, Kupfer, Quecksilber, Cadmium, Nickel, Chrom, Eisen, Mangan und Zinn.

Vorkommen

Metalle und Halbmetalle kommen in unterschiedlichen Konzentrationen in den Gesteinen der oberen Erdkruste vor und werden bei Anreicherungen in entsprechenden Lagerstätten abgebaut. Schwermetalle werden z. B. bei der Herstellung von PVC verwendet (z. B. Blei als Stabilisator). Gemäß Selbstverpflichtung der europäischen PVC-Hersteller soll Blei bis 2015 vollkommen ersetzt werden, z. B. durch Calcium-Zink-Stabilisatoren. Cadmium wird als Stabilisator bereits nicht mehr eingesetzt (vgl. Vinyl 2010). Verwendete zinnorganische Stabilisatoren sind nicht weniger kritisch zu sehen und sollten ebenfalls ersetzt werden (vgl. Der Rat der Sachverständigen für Umweltfragen, 2004).

Tabelle 2.35 gibt einen Überblick über mögliche Schwermetall- und Halbmetallquellen in Innenräumen. Daneben kann auch jedes der aufgeführten Elemente in Asche- und/oder Schlackeschüttungen in alten Holzbalkendecken enthalten sein und zu Innenraumimmissionen führen.

Tabelle 2.35: Schwermetall- und Halbmetallquellen in Innenräumen (nach Schwermetalle im Hausstaub)

Element	**mögliche Quellen im Gebäude**
Antimon	Batterien, Glas- und Keramik, Flammschutz für Textilien, Kabel, Pigmente, Farben, Stabilisatoren in Kunststoffen
Arsen	Holzschutz (Bollidensalze), Farbpigmente, Metalllegierungen, Lötzinn, Bakterizide in PVC, Halbleiter
Blei	Farbpigmente, Spiegel, Stabilisatoren und Biozide in Polymeren, Bleirohre, Stabilisatoren in PVC (Bleistearat), Trockenstoffe in Lacken, Gewichte und Ballaste, Rostschutzfarben, Dachdeckungen, Kabelummantelungen
Cadmium	Pigmente für Kunststoffe, Farben und Emaille, Weichmacher in Kunststoffen, Rostschutzüberzüge, Batterien, Legierungen, Fotozellen, Stabilisatoren in PVC, Zigarettenrauch
Chrom	Farbpigmente, Fixierungen von Holzimprägnierungen, Korrosionsschutz, Pigmente in Tapeten, Gerbstoffe, Legierungen, Pigmente in der Bauindustrie, Tonbänder
Cobalt	Legierungen, Pigmente für Glas und Glasuren
Kupfer	Holzschutzmittel, Bakterizide in Teppichen, Fungizide, Farbpigmente, Saatgutbeizmittel, Schutz vor Mikroorganismen in Textilien, Elektrogeräte, Dachdeckungen, Kartoffelfungizide, Wasserleitungen

Tabelle 2.35: Fortsetzung

Nickel	Batterien, Textildrucke, keramische Farben und Glasuren, Pigmente in Kunststoffen, Lacken und Fassadenanstrichen, vernickelte Grafitfasern in Belägen oder Beschichtungen, Pigmente in chemischem Nachbeizen für Holz, Legierungen, Edelstahl
Quecksilber	Thermometer, Barometer, Quecksilberdampflampen, Energiesparlampen, Trockenbatterien, Bakterizide und Fungizide z. B. in Lacken und Farben, Algizide, Rotpigmente, Insektizide in Anstrichen, Fungizide in Kunststoffen, Dentalwerkstoff (Amalgam), Desinfektionsmittel, früher in Pflanzenschutzmitteln
Thallium	Mäuse- und Rattengifte, Tieftemperaturthermometer, Legierungen, Spezialgläser
Zink	galvanische Elemente, Ätzmittel im Textildruck, Textilbeizen für Farbstoffe, Flammschutzmittel, Pigmente, Fungizide zur Holz- und Kunststoffkonservierung, Grundierungen und Spachtelmassen, kosmetische Erzeugnisse, Trockenstoffe in Farben und Lacken, Wasserdichtimprägnierungen von Papier, Textilien und Holz, Stabilisatoren in PVC, Bautenschutzanstriche, Schädlingsbekämpfungsmittel, Katalysatoren bei der Vulkanisation von Teppichrücken (Zinkoxid), Dachdeckungen, Lüftungskanäle, Leuchtstoffe in Fernsehröhren, Nebelkerzen
Zinn	Fungizide und Insektizide in Holzschutzmitteln und Textilien, Farbpigmente, Flammschutzmittel für Textilien, Stabilisatoren in Kunststoffen, keramische Farbkörper und Vergoldungen von Rahmen, verzinnter Stahl, Desinfektionsmittel

Gesundheitsrisiken

Die physiologischen, ökologischen und toxikologischen Wirkungen eines Metalls hängen in der Regel von der Erscheinungsform des jeweiligen Elements ab, z. B. kann bei Metallen nach freien Metallionen und komplexgebundenen unterschieden werden oder danach, mit welchen Koordinationspartnern ein Metallion auftritt (z. B. Hydro-, Carbonat- oder Organokomplexe).

Generell ist zwischen essenziellen (lebensnotwendigen) Metallen und nicht essenziellen Metallen zu unterscheiden. Zu den essenziellen Metallen gehören z. B. Zink, Eisen, Mangan und Kupfer. Bei diesen kann sowohl ein Mangel als auch eine zu hohe Aufnahme zu Krankheit und Tod führen. Bei den nicht essenziellen Metallen wirken dagegen schon geringe Konzentrationen toxisch. **Akute Toxizität** wird durch die einmalige Aufnahme einer hohen Dosis ausgelöst, wobei die Symptome plötzlich eintreten und stark ausgeprägt sind. Für die einzelnen Metalle werden diese Konzentrationen mit dem LD_{50}-Wert (LD: letale Dosis) charakterisiert. Die Werte werden in Tierversuchen bestimmt, wobei der LD_{50}-Wert die Dosis angibt, die die Hälfte einer Tierpopulation tötet. **Chronische Toxizität** entwickelt sich dagegen durch die fortgesetzte Aufnahme relativ geringer Dosen. Auch sie können zu irreversiblen Schäden und zum Tod führen. Die Symptome einer akuten und chronischen Vergiftung können dabei völlig unterschiedlich sein.

Da Metalle unterschiedlichste Krankheitssymptome hervorrufen können, ist es insbesondere bei chronischen Belastungen nahezu unmöglich, von den

Symptomen auf die Belastung durch ein bestimmtes Element zu schließen. Um weitere Hinweise für die medizinische Diagnostik zu erhalten, sollte daher zunächst die Belastungssituation im Gebäude geklärt werden.

2.2.1 Blei

Blei kommt gelegentlich als gediegenes Metall, hauptsächlich jedoch in Form anorganischer Verbindungen mit einem durchschnittlichen Gehalt von 16 mg/kg in den Gesteinen der obersten Erdkruste vor. Es wurde schon in der Antike von Griechen und Römern verarbeitet und seitdem ist auch seine Giftigkeit bekannt. 2005 betrug die Weltbleiproduktion 7.605.000 t (Hillenbrand et al., 2006), wobei in Deutschland ca. 72 % des produzierten Bleis für Akkumulatoren, ca. 15 % für Halbzeuge und ca. 11 % in der Chemie verwendet werden.

2.2.1.1 Vorkommen

Bleiemissionen sind allgegenwärtig und gehen auf natürliche Quellen (Staubverwehungen, Vulkanausbrüche, Waldbrände), stationäre Anlagen (z. B. Verhüttung, Blei verarbeitende Betriebe, Kohlekraftwerke, Müllverbrennung), mobile Emittenten (Kraftfahrzeugverkehr – aufgrund bleifreien Benzins stark rückläufig), industrielle und kommunale Abwässer, feste Abfälle und Klärschlamm zurück. Lebensmittel und Trinkwasser stellen in der Regel die wichtigsten Belastungsquellen dar.

Seit den 1970er-Jahren sind Bleiemissionen und -immissionen rückläufig. In Innenräume gelangen bleihaltige Stäube zum einen durch die Außenluft und zum anderen aus den Innenräumen selbst durch Abrieb bleihaltiger Produkte beim Gebrauch und/oder durch mechanische Bearbeitung bleihaltiger Anstriche.

An und in Gebäuden können folgende bleihaltige Materialien vorhanden sein:

- Bleirohre (Wasserleitungen bis Anfang 1970er-Jahre) sowie Legierungsbestandteil oder Verunreinigung im Metall anderer Rohre
- Bleche (zur Feuchteabdichtung im Hoch- und Tiefbau)
- Kabelummantelungen
- Stabilisatoren in PVC
- Bleimennige als Rostschutzanstrich
- Pigmente und Trockenstoffe in Farben und Lacken (z. B. in Fensterrahmenanstrichen)
- Keramikglasuren
- Akkumulatoren und Batterien
- Strahlenschutzplatten

2.2.1.2 Gesundheitsrisiken

Blei ist ein toxisches und bioakkumulierendes Element und in der TRGS 905 „Technische Regeln für Gefahrstoffe – Verzeichnis krebserzeugender, erbgutverändernder oder fortpflanzungsgefährdender Stoffe“ (2005-07) als fruchtbarkeitsgefährdend und fruchtschädigend eingestuft. Blei wurde von der IARC (International Agency for Research on Cancer: Internationale Agentur für Krebsforschung) in die Gruppe 2B eingestuft, d. h. in eine Gruppe von Verbindungen, die möglicherweise für den Menschen kanzerogen sind. Akute Bleiintoxikationen treten mittlerweile selten auf, chronische Vergiftungen sind dagegen wesentlich häufiger, da Blei schon in geringen Mengen als chronisches Gift wirkt. Am gefährdetsten sind der sich entwickelnde Fötus und Kinder. Schwangere und Kinder sind deshalb als Risikogruppe einzustufen. Wirkungen auf das zentrale Nervensystem und das blutbildende System wurden schon bei niedrigen Blutbleigehalten festgestellt. Bei bleibelasteten Kindern treten oft Intelligenz-, Lern- und Konzentrationsstörungen auf. Durch Blei wird bei Erwachsenen und Kindern gleichermaßen das Wachstum und die Funktionsfähigkeit des Nervensystems gestört. Im Knochenmark stört Blei die Bildung von Stoffen, die für die Immunabwehr des Körpers wesentlich sind, und kann so eine erhöhte Infektanfälligkeit bewirken. Bei Erwachsenen ist ein kritischer Effekt der Anstieg des Blutdrucks.

2.2.1.3 Bewertung

Im Allgemeinen kommen Bleibelastungen in Innenräumen selten vor. Das größte Risiko für Bewohner ist zurzeit immer noch in bleihaltigen Wasserleitungen zu sehen, die eine relevante Trinkwasserbelastung mit Blei verursachen können. In Einzelfällen kann es zu massiven Bleibelastungen in der Luft bzw. im Hausstaub kommen, wenn bleihaltige Anstriche auf Holz oder Metall im Innenraumbereich mechanisch bearbeitet werden. Hier ist insbesondere das Abschleifen zu nennen (z. B. alte Fensterrahmen mit bleihaltigen Anstrichen). Um eine Risikobeurteilung von Bleiexpositionen in Gebäuden durchführen zu können, sind folgende Schritte notwendig:

- Begehung durch sachkundige Personen, Erfassung der baulichen Gegebenheiten
- Erstellen eines objektbezogenen Untersuchungsplans mit der notwendigen Probenahmestrategie; mögliche Probenahmen:
  - Staubproben
  - Materialproben
  - Wasserproben

Wenn die Bleikonzentration im Hausstaub über 178 mg/kg liegt, ist mit einer überdurchschnittlichen Belastung zu rechnen. Die Quellen sollten mittels Materialüberprüfung ermittelt werden. Neuere Untersuchungen liegen hierzu nicht vor (zum Bleigehalt im Hausstaub [Staubsaugerbeutel] der deutschen 25- bis 69-jährigen Bevölkerung vgl. als ältere Quelle Umwelt-Survey 1990/92).

Für Trinkwasser gilt gemäß „Verordnung über die Qualität von Wasser für den menschlichen Gebrauch" (Trinkwasserverordnung – TrinkwV 2001) vom 21. Mai 2001 als Übergangsregelung bis zum 30. November 2013 ein Bleigrenzwert von 0,025 mg/l, ab dem 1. Dezember 2013 ist ein Grenzwert von 0,01 mg/l einzuhalten. Hier ist zu beachten, dass der Wasserversorger bis zum Hauswasseranschluss verantwortlich ist; ab der Übergabestelle obliegt die Einhaltung der Trinkwassergrenzwerte dem Gebäudeeigentümer.

Die Prüfwerte für die direkte Aufnahme von Schadstoffen auf Kinderspielflächen, in Wohngebieten, in Park- und Freizeitanlagen und auf Industrie- und

Gewerbegrundstücken nach Anhang 2, 1.4 der „Bundes-Bodenschutz- und Altlastenverordnung“ (BBodSchV) vom 12. Juli 1999 sind in Tabelle 2.36 zusammengestellt.

Tabelle 2.36: Bleigehalt-Prüfwerte nach der Bundes-Bodenschutz- und Altlastenverordnung

Bereich	Bleigehalt (mg/kg)[1]
Kinderspielflächen	200
Wohngebiete	400
Park- und Freizeitanlagen	1.000
Industrie- und Gewerbegrundstücke	2.000

1) bezogen auf Trockenmasse Feinboden (Partikelgröße: < 63 µm)

2.2.2 Kupfer

Das Metall Kupfer wird schon seit Jahrtausenden vom Menschen genutzt und hat in Form der Kupfer-Zinn-Legierung Bronze einer ganzen Epoche den Namen gegeben. Kupfer gehört zu den essenziellen Spurenelementen.

2.2.2.1 Vorkommen

Kupfer ist ein weit verbreitetes Element und wird meist aus seinen Erzen gewonnen. Neben der Verwendung in Kupferdrähten wird es im Baubereich für Wasserleitungen und Dachdeckungen eingesetzt. Kupfer ist auch Bestandteil in Kupfersalzen für den chemischen Holzschutz sowie in wasseremulgierbaren Holzschutzmitteln (z. B. Kupfer-HDO [Bis-(*N*-Cyclohexyldiazeniumdioxy)-Kupfer]). Aufgrund ihrer fungiziden, algiziden und molluskiziden (gegen Schnecken wirkenden) Eigenschaften werden Kupferverbindungen zur Bekämpfung von Schädlingen eingesetzt. In der Landwirtschaft ist Kupfer Bestandteil von fungiziden Wirkstoffen (Kupfersulfat), die vor allem im Weinbau verwendet werden (sogenannte Bordeaux-Mixtur). Kupferverbindungen finden sich auch in giftigen Farbpigmenten (z. B. Schweinfurter Grün, Scheeles Grün, Florentiner Braun).

2.2.2.2 Gesundheitsrisiken

Insgesamt ist Kupfer für den Menschen wenig toxisch, da der Mensch über gute Mechanismen verfügt, zu hohe Kupferkonzentrationen auszugleichen. Ausgenommen sind Säuglinge und Kleinkinder, die wesentlich empfindlicher reagieren. Akute oder chronische Kupferintoxikationen sind sehr selten. Eine Ausnahme kann stark mit Kupfer kontaminiertes Trinkwasser sein. Hinweise für eine teratogene (Missbildungen verursachende), mutagene oder kanzerogene Wirkung von Kupfer liegen nicht vor.

2.2.2.3 Bewertung

Im Allgemeinen kommen keine Kupferbelastungen in Innenräumen vor. Das größte Risiko für Säuglinge und Kleinkinder ist eine zu hohe Kupferkonzentration im Trinkwasser, die bei einem niedrigen pH-Wert (pH < 7,4) und Kupfer als Rohrleitungsmaterial vorkommen kann.

Für Trinkwasser gilt gemäß Trinkwasserverordnung ein Grenzwert von 2 mg/l.

In Einzelfällen kann es zu Kupferbelastungen in der Luft bzw. im Hausstaub kommen, wenn kupferhaltige Anstriche auf Holz oder Metall im Innenraumbereich mechanisch, insbesondere durch Schleifen, bearbeitet werden.

Wenn die Kupferkonzentration im Hausstaub über 339 mg/kg liegt, ist mit einer überdurchschnittlichen Belastung zu rechnen.

Neuere Untersuchungen liegen nicht vor (zum Kupfergehalt im Hausstaub [Staubsaugerbeutel] der deutschen 25- bis 69-jährigen Bevölkerung vgl. als ältere Quelle Umwelt-Survey 1990/92).

Für Kupfer wurden keine Prüfwerte im Boden für die direkte Aufnahme von Schadstoffen auf Kinderspielflächen, in Wohngebieten, in Park- und Freizeitanlagen und auf Industrie- und Gewerbegrundstücken nach BBodSchV festgelegt.

2.2.3 Quecksilber

Quecksilber ist das einzige bei Zimmertemperatur flüssige Metall. Quecksilber wird seit der Antike verwendet und seitdem auch ist seine Giftigkeit bekannt.

2.2.3.1 Vorkommen

Quecksilber gehört zu den seltenen Elementen auf der Erde und kommt hauptsächlich als meist rot gefärbter Zinnober vor. Natürliche Quecksilberemissionen entstammen Vulkanausbrüchen und Verwitterungsprozessen von Gesteinen. Eingesetzt wird metallisches Quecksilber z. B. zum Füllen von Thermometern, als Sperrflüssigkeit im Apparatebau, bei der Batterieherstellung sowie in Leuchtstoff- und Energiesparlampen. In der Medizin wird es mit stark rückläufiger Tendenz bei der Wunddesinfektion und als Dentalwerkstoff (Amalgam) verwendet. Früher gab es Anwendungen als Holzschutzmittel (bakterizide, fungizide, insektizide und algizide Wirkung), daher ist es auch als Altlast in Gebäuden zu finden. Weitere Ursachen für Quecksilberbelastungen in Innenräumen können vereinzelt Altlasten aus ehemaliger Spiegelproduktion in Heimarbeit oder die unsachgemäße Entsorgung zerbrochener quecksilberhaltiger Geräte sein. In organischer Form wurde Quecksilber als Saatgutbeizmittel in der Landwirtschaft verwendet. In der „Verordnung über Anwendungsverbote für Pflanzenschutzmittel“ (Pflanzenschutz-Anwendungsverordnung – PflSchAnwV) vom 10. November 1992 wurden Quecksilberverbindungen hier vollständig verboten. Organische Quecksilberverbindungen (vorzugsweise Methylquecksilber) können sich aufgrund ihrer Fettlöslichkeit in der Nahrungskette anreichern. Gemäß Anhang IV Nr. 7 der „Verordnung zum Schutz vor Gefahrstoffen“ (Gefahrstoffverordnung – GefStoffV) vom 23. Dezember 2004 dürfen Gefahrstoffe, die Quecksilberverbindungen enthalten, in Antifoulingfarben, zum Schutz von Holz, zur Imprägnierung schwerer industrieller Textilien und zur Wasseraufbereitung nicht verwendet werden.

2.2.3.2 Gesundheitsrisiken

Massenvergiftungen durch Getreide und Fisch, die mit Quecksilber kontaminiert waren, sind immer wieder bekannt geworden. Wegen der hohen Toxizität sind die Quecksilberanwendungen in den vergangenen Jahrzehnten allerdings stark zurückgegangen. Neben Expositionen am Arbeitsplatz sind Amalgamfüllungen und die Aufnahme von Quecksilber über die Nahrung (vor allem durch Fisch) die wichtigsten Belastungsquellen. Quecksilberdampf wird nach Inhalation zu über 80 %, organisches Quecksilber nach oraler Aufnahme fast vollkommen aufgenommen. Bei akuten Vergiftungen durch Einatmen hoher Quecksilberdampfkonzentrationen treten vor allem Lungenschädigungen auf. Chronische Vergiftungen durch Quecksilber äußern sich in Nerven- und Nierenschäden, wobei das Zielorgan für Quecksilber in organischen Verbindungen das Nervensystem ist, für Quecksilber in anorganischen Verbindungen sind es Nervensystem und Nieren.

2.2.3.3 Bewertung

Quecksilberbelastungen in Innenräumen kommen nicht häufig vor. Das größte Risiko besteht, wenn im Innenraum quecksilberhaltige Geräte zerbrechen und metallisches Quecksilber freigesetzt wird. Eine sachgerechte Entfernung muss umgehend vorgenommen werden. Das freie Quecksilber ist sofort vollständig aufzunehmen und in einem dicht verschließbaren Gefäß zu sammeln. Je nach Kugelgröße können zum Aufnehmen spezielle Quecksilberzangen, -sauger oder voramalgamierte Drähte verwendet werden. Feinstverteiltes Quecksilber kann nur durch Bestreuen mit speziellen Metallpulvern (z. B. Mercurisorb) hinreichend schnell aufgenommen werden. Die Beseitigung darf nur mit persönlicher Schutzausrüstung bzw. durch eine Sanierungsfirma durchgeführt werden. Beim Vorhandensein von quecksilberhaltigen Holzschutzmitteln kann es zu erheblichen Quecksilberbelastungen in der Luft und im Hausstaub kommen, wenn quecksilberhaltige Anstriche auf Holz im Innenraumbereich mechanisch, insbesondere durch Abschleifen, bearbeitet werden.

Für Quecksilber und seine anorganischen Verbindungen besteht gemäß TRGS 900 „Technische Regeln für Gefahrstoffe – Arbeitsplatzgrenzwerte“ (2006-01) ein Arbeitsplatzgrenzwert von 0,1 mg/m^3.

Für die Innenraumluft wurde 1999 für anorganisches Quecksilber (als metallischer Dampf) von der Ad-hoc-Arbeitsgruppe aus Mitgliedern der Innenraumlufthygiene-Kommission (IRK) des Umweltbundesamtes und des Ausschusses für Umwelthygiene der Arbeitsgemeinschaft der Leitenden Medizinalbeamtinnen und -beamten der Länder (AGLMB) ein Richtwert II (RW II) von 0,35 µg/m^3 und ein Richtwert I (RW I) von 0,035 µg/m^3 veröffentlicht (vgl. Link, 1999). 1996 wurde bereits ein Basisschema zur Ableitung von Richtwerten für die Innenraumluft vorgelegt (vgl. Ad-hoc-Arbeitsgruppe, 1996). Dabei ist der RW II ein wirkungsbezogener Wert, der auf Grundlage gegenwärtiger toxikologischer und epidemiologischer Erkenntnisse zur Wirkungsschwelle abgeleitet wurde. Bei Überschreiten des RW II ist unverzüglich Handlungsbedarf (Prüfbedarf) gegeben. Ausgehend vom RW II wird unter Einbeziehung eines Sicherheitsabstands der RW I abgeleitet. Im Konzentrationsbereich unterhalb des RW I sind – bei Einzelstoffbetrachtung – auch bei lebenslanger Exposition keine gesundheitlich negativen Folgen zu erwarten. Bei Überschreitung des RW I, aber Unterschreitung des RW II ist aus Gründen der Prävention jedoch dennoch Handlungsbedarf gegeben.

Im Umwelt-Survey 1990/92 wurden im Hausstaub keine Quecksilberuntersuchungen vorgenommen. Aus zahlreichen Hausstaubuntersuchungen mehrerer Labore ergibt sich, dass im Hausstaub normalerweise kein Quecksilber oberhalb der Bestimmungsgrenze auftritt.

Die Prüfwerte für die direkte Aufnahme von Schadstoffen auf Kinderspielflächen, in Wohngebieten, in Park- und Freizeitanlagen und auf Industrie- und Gewerbegrundstücken nach BBodSchV sind in Tabelle 2.37 zusammengestellt.

Tabelle 2.37: Quecksilbergehalt-Prüfwerte nach der Bundes-Bodenschutz- und Altlastenverordnung

Bereich	**Quecksilbergehalt (mg/kg)[1)]**
Kinderspielflächen	10
Wohngebiete	20
Park- und Freizeitanlagen	50
Industrie- und Gewerbegrundstücke	80

1) bezogen auf Trockenmasse Feinboden (Partikelgröße: < 63 µm)

2.3 Mineralfasern

Einleitung

Alexander Berg

Asbestfasern (Kapitel 2.3.1) und künstliche Mineralfasern (KMF) (Kapitel 2.3.2) sind anorganische Fasern, definiert als Körper mit einem Verhältnis der Länge zur Breite von mehr als 10 : 1, einer Querschnittsfläche von weniger als 0,05 mm^2 und parallelen Kanten an der langen Seite.

Aus diesen Fasern hergestellte Materialien haben nahezu unersetzbare Eigenschaften als Zusätze, um andere Materialien zu verstärken, und sie eignen sich hervorragend als Dämm- und Isolierstoffe.

Asbest als Naturstoff ist mit nur sehr begrenzten ergiebigen Fundstellen ein teuer herzustellender Werkstoff, teurer als KMF. Daher wurde das Material hauptsächlich verwendet, wenn Eigenschaften gefordert waren, in denen Asbest den KMF überlegen war: Asbest besitzt

- eine größere thermische Beständigkeit,
- eine bessere Beständigkeit gegen Säuren und Basen,
- eine größere spezifische Oberfläche und
- eine höhere Zugfestigkeit.

So wurden KMF mehr zur Herstellung z. B. von Dämmmaterial (Mineralfaserdämmstoffe) verwendet, Asbest wurde mehr zur Herstellung feuerbeständiger Materialien eingesetzt.

Mit der Einführung von Asbestzement um 1900 wurde die Asbestfaser als erstes mineralisches Fasermaterial großtechnisch eingesetzt.

Hinsichtlich der verarbeiteten Mengen lag Asbest zunächst weit vor künstlichen Mineralfasern: Mineralwolle (Glas-, Schlacken- und Steinwolle) wurde noch 1962 in dem Standardwerk „Baustoffkenntnis" nur in der Rubrik „Dämmstoff" aufgenommen, und zwar an vorletzter Stelle zwischen „h) Leichtbeton" und „j) Aluminiumfolie". Asbest dagegen wurde mit 4 Einträgen aufgeführt: „Asbest", „Asbest-Hartfliesen", „Asbestzement" und „Asbestzement-Dach" sowie in der Rubrik „Dämmstoff" an zweiter Stelle nach „a) Diatomeenerde" – und auch in die Diatomeenerde war Asbest als Zuschlagstoff eingebunden (vgl. Scholz, 1962).

Durch die große Menge der eingesetzten Asbestmaterialien waren sehr viele Arbeiter den dabei entstehenden Asbeststäuben ausgesetzt und viele erkrankten und starben. Die große Zahl der Opfer lenkte die Aufmerksamkeit auf den Werkstoff. Selbst Familienmitglieder der Asbestarbeiter starben, krank geworden durch den an der Arbeitskleidung nach Hause mitgeschleppten Staub. Jedoch war der Wirkmechanismus von Asbestfasern nicht aufgeklärt – offensichtlich war nur, dass sie nicht als Gift wirken.

Als Pott 1976 ein Modell vorstellte, mit dem die kanzerogene Potenz von Asbestfasern anhand ihrer Größe differenziert betrachtet wurde, beruhten seine Untersuchungen dazu auf Tierversuchen, bei denen Ratten neben Asbestfasern auch damals schon Glasfasern in das Lungengewebe gespritzt worden waren (vgl. Pott, 1984). Die Wirkung der Glasfasern war nach dieser Untersuchung stärker als die der Asbestart Amosit. Es bestand also schon früh der Verdacht, dass neben Asbestfasern auch andere Fasern Krebs erregen könnten.

Die Zeitspanne zwischen dem Entstehen des Verdachtes und dem Verbot betrug bei den KMF nur ca. 20 Jahre – bei Asbest waren es 60 Jahre. Schon 1996 wurden erste bioabbaubare KMF auf den Markt gebracht. Für alte KMF, für die der Verdacht besteht, dass sie beim Menschen Krebs erregen, besteht seit Mitte 2000 ein Verwendungsverbot.

Mit der Hypothese von Duesberg (Duesberg, 2007) gibt es nun auch ein einheitliches Modell der Krebsentstehung aus Fasern sowohl für das Naturprodukt Asbest als auch für KMF: Wenn Fasern die geeignete Größe haben, um in die Lunge zu gelangen, und wenn sie dort lange genug verbleiben, weil sie nicht aufgelöst werden, dann können sie, wenn sie fein genug sind, bei der Zellteilung das Genom schädigen, sodass Krebs entstehen kann. So ist erklärlich, dass auch die KMF, die selbst als lungengängige Fasern keine spitzen Enden haben, Krebs erzeugen. Sie sind ohne spitze Enden zwar um Größenordnungen zu dick, um auf der molekularen Ebene bei der Duplikation der **Gene** einzuwirken, aber doch noch fein genug, um auf der Ebene des **Genoms** den Zellteilungsprozess zu stören.

Es bestehen jedoch auch wesentliche Unterschiede zwischen KMF und Asbest, die zu berücksichtigen sind, um angemessene Schutzmaßnahmen ergreifen zu können:

- KMF sind weniger flugfähig, weil die Querschnitte der Fasern durchschnittlich größer sind.
- Im jeweiligen KMF-Produkt sind weniger lungengängige Fasern enthalten.
- KMF können sich – anders als Asbestfasern – nicht weiter längs aufspalten, sie sind nicht kristallin.

So kommt es bei normaler Nutzung aus den verbauten Dämmmaterialien nur sehr selten zu einer erhöhten Belastung der Luft mit lungengängigen KMF, unabhängig vom Einbauzustand der Mineralwollen, und schon in geringem Abstand um den Arbeitenden sinkt die Konzentration um den Faktor 100; bei Asbest ist es meist nur der Faktor 10.

In der Folge gibt es für KMF keine Mineralfaserrichtlinie, die wie die „Richtlinie für die Bewertung und Sanierung schwach gebundener Asbestprodukte in Gebäuden (Asbest-Richtlinie)“ (1996-01) den Schutz der Nutzer regeln würde; KMF sind daher zunächst fast ausschließlich ein Problem für den Arbeitsschutz, der mit der Technischen Regel für Gefahrstoffe TRGS 521 „Abbruch-, Sanierungs- und Instandhaltungsarbeiten mit alter Mineralwolle“ (2008-02) geregelt ist. Es gilt der Grundsatz: Wenn die Arbeiter bei den Arbeiten ausreichend geschützt sind, sind auch Dritte ausreichend geschützt.

Hier gibt es allerdings Bereiche, in denen die Arbeitenden sehr hohen KMF-Konzentrationen ausgesetzt sind, die bisher nicht genügend beachtet werden. So steigen schon bei Instandhaltungsarbeiten in abgehängten Zwischendecken über Räumen mit Leichtbauwänden die Konzentrationen schnell auf sehr hohe Werte.

Zusätzlich gibt es ein Vollzugsdefizit: Die Gewerke, die Umgang mit alten Mineralwollen haben, beachten die Arbeitsschutzanforderungen in der Regel nicht, denn z. B. schon für Kabelzieharbeiten in abgehängten Zwischendecken müssten Arbeitsbereiche abgetrennt werden.

So wird aus einem Problem des Arbeitsschutzes wieder ein Problem des Nutzerschutzes. Durch die weite Verbreitung der KMF-Produkte ist auch statistisch die Grundlage gelegt, dass es zu einer nennenswerten Gefährdung von Arbeitern und Nutzern kommt, auch wenn das Verhalten der KMF „günstiger" erscheint als das der Asbestfasern.

Würde jedes einzelne Gewerk die Regeln beachten und Staubschutz betreiben, so wäre es allerdings günstiger, die Materialien einmal komplett als Sanierung bei größeren Umbau- und Instandsetzungsmaßnahmen auszubauen. Dieser Aspekt erhält besondere Bedeutung, da in den nächsten Jahren zur Herstellung des Wärme- und Brandschutzes in Bestandsgebäuden nahezu ausschließlich in Bereichen gearbeitet werden muss, in denen die in den folgenden beiden Kapiteln beschriebenen Asbest- und KMF-Produkte auch heute noch in großer Menge verbaut sind.

Asbest war das Material, bei dem Sanierung als professionelle Tätigkeit mit eigenen Regeln und eigenen Fachbetrieben begann, hier wurden die Techniken aller Sanierungsarbeiten erarbeitet und eingeführt. An den jeweiligen Gefahrstoff angepasst, werden diese grundsätzlichen Techniken überall angewandt; selbst die Schimmelsanierung – Schimmel ist streng genommen kein Gefahrstoff – greift auf diese Techniken zurück. Doch nicht alle Materialien sind gleich gefährlich oder verhalten sich vergleichbar. Daher müssen nicht alle Sicherheitsvorkehrungen, die für Asbest eingeführt wurden, für die Arbeiten mit anderen Gefahrstoffen übernommen werden.

2.3.1 Asbest

Alexander Berg

2.3.1.1 Eigenschaften und Verwendung

Asbest ist der älteste verwendete anorganische Faserstoff, er wird auch heute noch ausschließlich aus natürlichen Mineralvorkommen gewonnen. Je nach Gestein liegen verschiedene Faserarten mit leicht unterschiedlicher chemischer Zusammensetzung vor wie Chrysotil (Weißasbest), Krokydolith (Blauasbest), Amosit (Braunasbest), Antophyllit und Tremolit. Bei der Herstellung von Asbest wird das Gestein in großen Mahlwerken zerbrochen, die Asbest führenden Adern werden freigelegt, die Fasern werden in verschiedenen Stufen weiter gebrochen ausgesiebt und dabei nach Längenklassen getrennt. Die so gewonnenen Materialien sind die Asbestfasern, die dann weiter verarbeitet werden.

Charakteristisch ist die Nadelform, die die Asbestkristalle bilden. Wie bei allen Kristallen bildet sich die Struktur der kristallinen Zusammensetzung im atomaren Maßstab dabei in der sichtbaren Form der Kristalle ab (Abb. 2.30 und 2.31).

Die Nadeln sind sehr fein, sie hängen aneinander und bestehen jeweils aus einer Vielzahl von Einkristallen, die wiederum Nadelform haben. Die großen Asbestfasern können mehrere Zentimeter lang und mehrere Millimeter dick sein, können aber in Fasern zerrieben werden, die weniger als 0,1 mm lang und weniger als 0,001 mm dick sind. Aus 1 mg Asbest können so bis zu 10 Millionen Einzelfasern freigesetzt werden.

Asbest ist hitzefest, beständig gegen Säuren und Laugen und Wasser abweisend. Diese Eigenschaften haben Asbest zu einem wichtigen Rohstoff für viele technische Produkte gemacht.

Lange Fasern wurden zu Fäden gesponnen, die gewebt oder zu Seilen gedreht wurden. Die Gewebe wurden zu Kleidung, Decken und Kissen verarbeitet, mit denen Menschen und Maschinen gegen Hitze geschützt wurden.

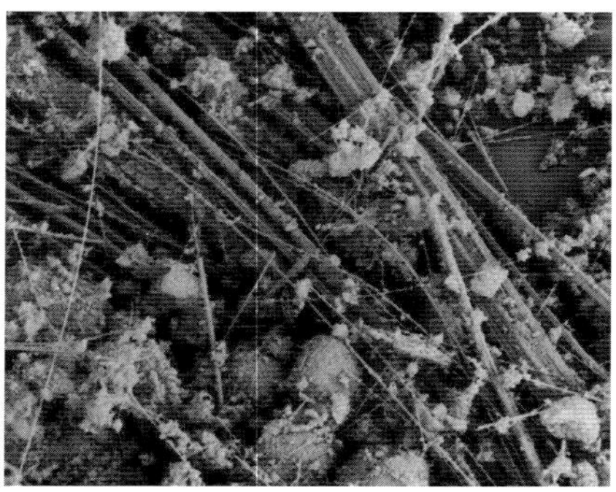

Abb. 2.30: Gerade Fasern des Amphibolasbests: Tetraeder aus Siliciumdioxid sind im atomaren Bereich schichtweise in dünnen Bändern mit Trennlagen aus Natrium-Eisen- und Magnesiumhydroxid-Oktaedern über- und nebeneinandergelagert.

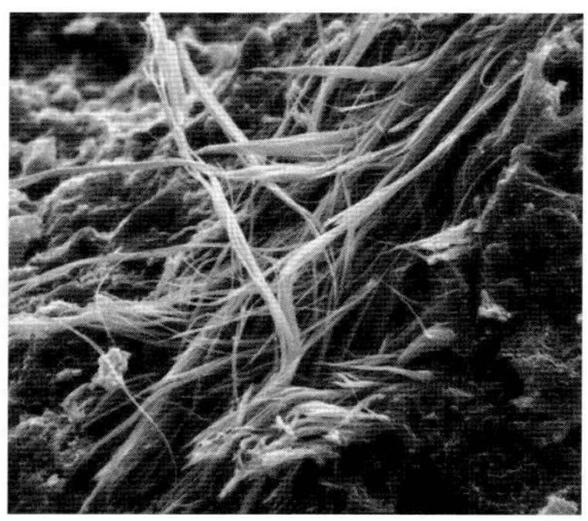

Abb. 2.31: Gewellte Fasern des Chrysotilasbests: Tetraeder aus Siliciumdioxid und Oktaeder aus Magnesiumhydroxid sind im atomaren Bereich zu langen Röhren nebeneinandergelagert.

Mittellange Fasern wurden entweder direkt als Brandschutzmaterial wie Asbestpappen verwendet, aufgespritzt (Spritzasbest) oder in Brandschutzmaterialien wie leichte asbesthaltige Brandschutzplatten eingemischt. Diese Faserlängenklasse wurde auch für Asbestzement verwendet, in dem die Fasern hauptsächlich das Material armieren; der eigentlich spröde Zement wird durch die Fasern zäh und elastisch, sodass sich aus dem Material sehr dünne, beständige Formteile herstellen lassen wie

- Platten zur Dachdeckung (Wellasbest),
- Platten zur Verkleidung von Fassaden und Attiken (Glasalplatten),
- Platten zur Herstellung von Wandelementen,
- Formteile als Lüftungsrohre (Toschi-Rohre) oder
- Abwasserrohre.

Insgesamt wurde von diesen Materialien in der alten Bundesrepublik eine Fläche von ca. 9 Milliarden m^2 verbaut, dies entspricht ungefähr der Fläche des Bodensees.

Kurze Fasern wurden vielfach in weiche organische Massen eingemischt, um das entstehende Produkt wie Fußbodenbeläge, Phenolharzmassen bei Verteilerdeckeln, Farbbeschichtungen oder Gummidichtungen abriebfest zu machen.

Zu Einzelheiten der Verwendung siehe unten Kapitel 2.3.1.5 und 2.3.1.6 sowie Kapitel 3.

Asbest kommt auf der ganzen Erde im Gestein vor. Kommerziell abgebaut wurde und wird er aber nur in wenigen Ländern mit genügend ergiebigen Fundstellen. Obwohl die Verwendung von Asbest heute in vielen Ländern verboten ist (Tabelle 2.38), beträgt die Weltjahresförderung immer noch 2,2 Millionen t; dies ist etwas mehr als die Hälfte der 3,8 Millionen t, die am Gipfelpunkt der Asbesterzeugung 1974 gefördert wurden. Hauptförderländer sind die Staaten der ehemaligen Sowjetunion, Brasilien und Kolumbien, aber auch noch Kanada, das bis 1974 der Hauptlieferant auf dem Weltmarkt war. Verwendet wird der heute geförderte Asbest hauptsächlich in Südostasien, von wo er teilweise auch wieder nach Europa geliefert wird, z. B. in asbesthaltigen Dichtungen, die als „asbestfrei" deklariert sind.

In Deutschland hat sich der Ausstieg aus der Asbestverwendung über einen längeren Zeitraum hingezogen. Zwischen der ersten Verwendungsbeschränkung (Spritzasbest) 1979 in der Unfallverhütungsvorschrift VBG 119 „Gesundheitsgefährlicher mineralischer Staub" und der Einstufung von Asbest in § 15a der „Verordnung zum Schutz vor gefährlichen Stoffen" (Gefahrstoffverordnung – GefStoffV) vom 26. Oktober 1993 als „besonders gefährlichen krebserzeugenden Gefahrstoff" haben sich die asbestbezogenen Arbeitsschutzvorschriften bis zu einem vollständigen Verbot der Verwendung und des Inverkehrbringens 1990 ständig verschärft.

Die Richtlinien und Regeln wurden im Laufe der Jahre häufig geändert und modifiziert. Dies ist zu berücksichtigen, wenn Bestandsgebäude untersucht werden, denn Bewertungen wurden immer nur so vorgenommen und Sanierungsarbeiten entsprechend ausgeführt, wie es dem Stand der jeweils aktuellen Regeln entsprach.

Tabelle 2.38: Asbestverbote

Verbot	Land
1975	Schweden[1)]
1980	Dänemark[1)]
1984	Bundesrepublik Deutschland[1)], Norwegen
1989	Schweiz[1)]
1990	Österreich
1996	Frankreich[1)]
1998	Belgien, Litauen, Saudi-Arabien
1999	Großbritannien
2000	Brasilien[1)]
2001	Argentinien, Chile
2002	Luxemburg, Slowakei, Spanien, Malaysia, Neuseeland
2003	Australien, Vietnam
2004	Kroatien, Ungarn, Griechenland, Portugal
2005	gesamte Europäische Union (EU)

1) Beginn eines schrittweisen Ausstiegs

1984 wurde nach Spritzasbest auch die Verwendung von anderen schwach gebundenen Asbestprodukten verboten. 1986 wurden in einem Leitfaden des Instituts für Bautechnik, Berlin, (vgl. Spritzasbest und ähnliche Asbestprodukte in Innenräumen) im Grundsatz alle Regeln aufgestellt, die 1989 als „Asbest-Richtlinien" („Richtlinie für die Bewertung und Sanierung schwachgebundener Asbestprodukte in Gebäuden [Asbest-Richtlinie]", [1989-05]) eingeführt wurden. Die TRGS 517 „Technische Regeln für Gefahrstoffe – Asbest" (1988-09) beschrieb zum ersten Mal notwendige Schutzmaßnahmen bei der Sanierung. 1990 übernimmt die TRGS 519 „Asbest: Abbruch-, Sanierungs- oder Instandhaltungsarbeiten" diesen Part, sie wird im September 1991 zum ersten Mal überarbeitet, dann 1995, 2001 und zuletzt 2007; hier werden die Regeln an das Schutzstufenkonzept der damals neu eingeführten, EU-weit einheitlichen Gefahrstoffverordnung angepasst, die die Anforderungen aus dem EU-Recht aufnahm. Dabei änderten sich die Anforderungen an die Unternehmen – außer für Abbruch und Sanierungsarbeiten an schwach gebundenen Produkten ist keine Zulassung mehr notwendig und Gefährdungsbeurteilungen für die Arbeiten sind zu erstellen.

1996 wurde die „Asbest-Richtlinie" überarbeitet („Richtlinie für die Bewertung und Sanierung schwach gebundener Asbestprodukte in Gebäuden [Asbest-Richtlinie]" [1996-01]); die Produkte aus DDR-Erzeugung Baufatherm, Sokalit und Neptunit wurden als schwach gebundene Produkte aufgenommen. Asbesthaltige Leichtbauplatten konnten von diesem Zeitpunkt an mit bis zu 15 Punkten bewertet werden (vgl. zur Punktebewertung Tabelle 2.42), wenn sie größer als 0,4 m^2 sind und durch Pumpeffekt oder andere Einwirkungen Fasern freisetzen.

2.3.1.2 Gesundheitliche Risiken

Faserverhalten

Fasern sind Körper mit einem sehr großen Verhältnis von Oberfläche zu Masse, sodass sie selbst durch die nur geringe Thermik in nicht belüfteten Räumen in der Schwebe gehalten werden können. Je feiner und länger Fasern sind – d. h. mit einem immer größeren Verhältnis der Oberfläche zur Masse –, desto länger bleiben sie in der Schwebe. Bei Chrysotilasbest beträgt die Oberfläche z. B. 130.000 bis 220.000 m^2/g (dies ist ca. halb so viel wie bei Aktivkohle). Daher schweben lange, dünne Asbestnadeln bis zu mehreren Tagen in der Luft, kürzere und dickere Fasern zumindest mehrere Stunden. Diese Charakteristik von Asbestfasern ist insbesondere für die Sanierungsplanung von Bedeutung.

Es sind vor allem die besonders schwebefähigen Asbestfasern, die bei der Bearbeitung und Nutzung von Asbestprodukten entstehen, und es werden dabei so viele Fasern freigesetzt wie bei keinem anderen faserförmigen Stoff.

Im Vergleich zu Asbest haben alle anderen partikelförmigen Gefahrstoffe wie Schimmelsporen, künstliche Mineralfasern (KMF), Metallstäube und mit Gefahrstoffen verunreinigte Stäube ein sehr viel geringeres Verhältnis von Oberfläche zu Masse und sinken daher auch sehr viel schneller ab. Daher sind die Verunreinigungen durch die Verteilung von Stäuben, die Sicherungsmaßnahmen und die Arbeitsschritte zur Reinigung bei Asbest umfangreicher als bei den anderen Gefahrstoffen.

Berufskrankheiten

Die Gesundheitsgefahren von Asbest, denen vor allem Arbeitnehmer ausgesetzt waren, wurden schon um 1900 erkannt. Seit 1942 ist Lungenkrebs in Verbindung mit Asbestose in Deutschland als berufsbedingte Erkrankung anerkannt.

Für die verschiedenen durch Asbest bedingten Krankheiten haben die Berufsgenossenschaften Nummern vergeben:

- 4103 Asbestose
  Diese Erkrankung verläuft selten tödlich, sie ist aber qualvoll, da die Betroffenen nicht mehr genug Luft bekommen. Bei ungeschütztem Arbeiten entstehende Asbeststäube werden eingeatmet und setzen sich in der Lunge ab. Die feinen Nadeln werden in der Lunge fast nicht aufgelöst und reizen das Gewebe. Die resultierende chronische Entzündung bewirkt eine Vernarbung und das Narbengewebe verfestigt die Lunge. Asbestose kann nur bei Menschen auftreten, die lange viel Feinstaub eingeatmet haben; außer Arbeitern ist davon heute niemand mehr betroffen.
- 4104 Lungen- und Kehlkopfkrebs
  Diese Erkrankung ist manchmal heilbar, wenn sie rechtzeitig genug entdeckt wird, verläuft aber meist tödlich.
- 4105 Mesotheliom
  Dieser Tumor des Rippenfells, Bauchfells oder Herzbeutels ist kaum frühzeitig erkennbar und führt fast immer zum Tod.

Auch wenn die Wirkung von Asbest schon lange bekannt ist, so blieb der Mechanismus der krebserzeugenden Wirkung doch lange Zeit unklar. Die Annahme, dass hinreichend lange, dünne und biobeständige Fasern eine krebserzeugende Wirkung aufweisen (vgl. Pott, 1972; Stanton, 1972), ist inzwischen durch eine Vielzahl tierexperimenteller Ergebnisse gestützt und international anerkannt. Für Asbest liegt es dabei nahe, dass Krebs durch eine fehlerhafte Verteilung des Erbguts (der Chromosomen) bei der Zellteilung entsteht, indem die extrem feinen Asbestfasern als Barriere bei der regelhaften Verteilung des Erbguts im Rahmen der normalen Zellteilung wirken.

Das Risiko der Krebsentstehung erhöht sich für manche Gruppen; hierzu zählen Arbeiter, die ungeschützt arbeiten und dadurch viele Asbestfasern eingeatmet haben, Kinder, da sich bei ihnen die Körperzellen noch schneller teilen, wodurch ihr Risiko steigt, und Raucher, die viel mehr eingeatmete Asbestfasern in ihren Lungen behalten als Nichtraucher, da durch den Rauch Schleimhaut und Flimmerepithel als „Abscheider" geschädigt sind. Zudem werden mit dem Aerosol des Rauches Asbestfasern, die sonst in Nase oder Bronchien abgeschieden und mit Schleim ausgehustet würden, auch tiefer in die Lunge getragen.

Je mehr Fasern eingeatmet werden und je länger die Einwirkung besteht, desto größer ist das Risiko, an Krebs zu erkranken. Die Latenzzeit zwischen Asbestbelastung und Krebserkrankung beträgt durchschnittlich mehr als 30 Jahre.

Es gibt damit keinen Schwellenwert, wohl aber eine geringere Erkrankungswahrscheinlichkeit bei niedrigeren Konzentrationen.

Bei Asbest potenzieren sich alle Eigenschaften die eine Gefährdung bedingen:

- Es entstehen bei der Bearbeitung besonders Fasern jener gefährlichen Größenklasse, die eingeatmet werden können.
- Diese Fasern sind – verglichen mit allen anderen faserförmigen Gefahrstoffen – die schwebefähigsten.
- Asbestfasern gehören zu den Fasern mit der höchsten Beständigkeit gegen das Milieu der Lunge.
- Für die von Asbestfasern ausgelösten Krebsarten gibt es nur sehr geringe Heilungsmöglichkeiten.

Asbest hat daher als Ursache berufsbedingter Krebserkrankungen mit über 60 % aller angezeigten Fälle den größten Anteil. Noch heute, über 25 Jahre nach Beginn der gesetzlichen Verbote zur Herstellung und Verwendung von Asbest, liegt die Zahl der jährlichen Neumeldungen bei 7.000. 2006 starben in Deutschland mehr als 1.600 Menschen, deren asbestbedingte Erkrankung als Berufskrankheit anerkannt worden war, an Asbestose, Kehlkopfkrebs, Lungenkrebs oder dem Mesotheliom.

Mehr als 500.000 Arbeitnehmer, bei denen der frühere oder aktuelle Umgang mit Asbest bekannt ist, sind in Augsburg in einer zentralen Anmeldestelle der Berufsgenossenschaften (ZAS) erfasst. Bei 60 % von ihnen sind bereits Auffälligkeiten bei den Vorsorgeuntersuchungen aufgetreten, die auf eine Schädigung durch Asbest hinweisen. Dabei ist die große Zahl derer nicht erfasst, die nicht wussten, dass sie mit Asbest Umgang hatten.

Wegen der starken Gefährdung, die von Asbest ausgeht, begannen Sanierungen von Gebäuden als großflächige Maßnahmen im Wesentlichen bei Asbestbelastungen. Die Diskussion über Gesundheitsgefährdungen in den frühen 1980er-Jahren wurde dabei ausgelöst durch Messungen in Sporthallen, deren Dächer mit Spritzasbest isoliert waren. Hier wurden in derselben Halle je nach Nutzung zwischen 600 und 1.700 Asbestfasern pro m^3 Luft (F/m^3) gemessen.

Auf einem 1983 in Westberlin vom Institut für Wasser-, Boden- und Lufthygiene ausgerichteten Fachkongress, an dem neben Arbeitsmedizinern auch Vertreter von Aufsichtsbehörden, Herstellern und Gewerkschaften teilnahmen, wurde das Risiko von Asbestfaserbelastungen auch für Menschen außerhalb der verarbeitenden Betriebe abgeschätzt. Dass Asbest für die Arbeiter gefährlich war, war lange bekannt, nun wurde die Vermutung bestätigt, dass nicht nur die Arbeiter selbst, sondern auch deren Familienangehörige an asbestbedingtem Krebs erkranken und sterben können. Auf dem Kongress wurde ein Grenzwert von 1.000 F/m^3 Luft diskutiert, unterhalb dessen das Risiko, an asbestbedingtem Krebs zu sterben, mit 1 : 1.000.000 geschätzt wurde (vgl. Fischer/Meyer, 1984).

Heute sind noch weitere Risiken bekannt und Herstellung und Einbau von Asbestprodukten wurden verboten, auch der Arbeitsschutz bei der Sanierung wurde festgelegt. Der große Bereich des Umgangs mit eingebauten, nicht gekennzeichneten und nicht erkennbaren Asbestprodukten wurde jedoch nie geregelt.

Asbesthaltige Stäube, die mobilisiert werden, erzeugen sehr hohe Faserkonzentrationen, z. B. wenn Zwischendecken ausgebaut werden, oberhalb derer schwach gebundene Asbestprodukte verbaut waren. Auch bei Wartungsarbeiten an thermisch belasteten Materialien in Heizanlagen entstehen regelmäßig sehr hohe Faserkonzentrationen, ebenso beim Überschleifen von asbesthaltigem Glättspachtel an Gipskartonwänden und bei der regelmäßigen Überprüfung asbesthaltiger Brandschutzklappen.

Nach der neu gefassten TRGS 517 „Technische Regeln für Gefahrstoffe – Tätigkeiten mit potenziell asbesthaltigen mineralischen Rohstoffen und daraus hergestellten Zubereitungen und Erzeugnissen“ (2007-01) müssen auch Arbeiter geschützt werden, die mit Materialien arbeiten, die weniger als 0,1 % Asbest enthalten (Gefahrstoff ist ein Material nur dann, wenn der Gehalt über 0,1 % liegt). Materialien mit so geringen Gehalten sind z. B.

- Gestein, das als Zuschlagmittel für den Straßenbau verwendet wird,
- alte Korrosionsschutzbeschichtungen und
- Talk, der Lacken als Zuschlag zugegeben wird.

Beim Fräsen alter Straßendecken und beim Strahlen von Korrosionsschutzbeschichtungen werden diese Materialien so fein zerkleinert, dass die Arbeitsplatzgrenzwerte auch dann überschritten werden, wenn die Materialien wegen des geringen Asbestgehalts nicht als Gefahrstoffe nach der „Verordnung zum Schutz vor Gefahrstoffen“ (Gefahrstoffverordnung – GefStoffV) vom 23. Dezember 2004 klassifiziert werden.

Ohne gezielte Untersuchungen und Messungen sind diese Gefahren jedoch nicht zu erkennen.

2.3.1.3 Nachweismethoden

Erst wenn die Konzentration eines Gefahrstoffs reproduzierbar bestimmt werden kann, ist es möglich,

- den Gehalt eines Materials festzustellen,
- die üblicherweise von dem Material freigesetzten Stäube zu quantifizieren,
- Dosis-Wirkung-Beziehungen zu bestimmen und
- Sanierungs- und Reinigungserfolg zu überprüfen.

Während der langen Zeit des Einsatzes von Asbest hat es Methodenwechsel gegeben, da die Messgenauigkeit mit den verfügbaren Geräten besser wurde und die Anforderungen an die Qualität der Analytik entsprechend stiegen. Dies ist zu beachten, wenn alte Untersuchungen und Analysen herangezogen werden, denn manchmal wurde kein Asbest gefunden, wo er heute nachgewiesen werden kann.

Materialbestimmung

Die verfügbaren Verfahren sind mittlerweile vereinheitlicht und standardisiert. Asbest wird mit Rasterelektronenmikroskopen (VDI 3866 Blatt 5 „Bestimmung von Asbest in technischen Produkten – Rasterelektronenmikroskopisches Verfahren" [2004]) oder speziell ausgerüsteten Lichtmikroskopen (VDI 3866 Blatt 4 „Bestimmung von Asbest in technischen Produkten – Phasenkontrastmikroskopisches Verfahren" [2002]) in Materialproben nachgewiesen. Als Proben genügen hierfür fingernagelgroße Stücke, größere Stücke erleichtern Probenehmern und Laboren jedoch, hinreichend genaue Analysen durchzuführen, sodass Materialien mit geringem oder keinem Verdacht auf Asbestgehalt von solchen getrennt werden können, bei denen ein hoher Verdacht besteht.

Polymer gebundene Materialien müssen vor der Untersuchung verascht werden, da das Bindemittel die eingebundenen Fasern sonst verdeckt.

Messung der Asbestfaserkonzentration in der Luft

Die Konzentration der Asbestfasern in der Luft wird vor, während und nach den Arbeiten gemessen. Um die Konzentration zu bestimmen, wurde zunächst mit dem Lichtmikroskop gearbeitet, das aufgrund seiner geringen Auflösung jedoch nicht erlaubte, die sehr kleinen und dünnen lungengängigen Fasern zu erkennen. Die Methode war allerdings ausreichend, wenn bei hohen Konzentrationen Arbeiten beim Umgang mit Asbest überwacht wurden, denn neben kleinen Fasern entstehen bei der Bearbeitung in der Regel immer auch große und dünne Fasern, anhand derer das Risiko ermittelt werden konnte.

Um auch außerhalb von Arbeitsstätten Asbestfasern in geringen Konzentrationen messen und von anderen kleinen Fasern unterscheiden zu können, wurden ab den 1980er-Jahren Rasterelektronenmikroskope eingesetzt. Diese Analysemethode (VDI 3492 „Messen von Innenraumluftverunreinigungen – Messen von Immissionen – Messen anorganischer faserförmiger

Partikeln – Rasterelektronenmikroskopisches Verfahren [2004]) ist teuer und kann auch nicht automatisiert werden – die Fasern müssen auf einem Bildschirm gezählt werden.

Für die Analyse wird die Luft in einem zu untersuchenden Raum oder Bereich durch einen sehr feinen Filter gezogen, dessen Poren kleiner sind als die Asbestfasern. Hierbei darf die Luftgeschwindigkeit nicht so groß sein, dass sich die Konzentration der Fasern im Bereich der Messstelle verringert. Wenn die Luft zu schnell über den Filter gezogen wird, verringert sich die Faserkonzentration, weil durch die Bewegung des Staubes nicht genug Fasern nachgeliefert werden und große Fasern dann nicht auf dem Filter abgeschieden werden, sondern vorbeifliegen. Es sind 8 Stunden Probenahme nötig, um bei der anschließenden Auszählung ein ausreichend genaues Ergebnis zu erhalten.

Nach Abschluss der Probenahme wird ein kleiner Teil des Filters ausgeschnitten und auf einem Probenteller befestigt, störende organische Materialien werden verascht. Anschließend folgt die Untersuchung im Rasterelektronenmikroskop.

Werden Fasern mit der Form von Asbestfasern festgestellt, wird ein Röntgenspektrum des Materials erzeugt, das es ermöglicht, die Elementzusammensetzung des Materials und damit die Asbestart zu bestimmen, da die Asbestarten eine charakteristische chemische Zusammensetzung haben. So enthält z. B. Chrysotil Magnesium und Silicium, Krokydolith Silicium und Eisen und Amosit Magnesium, Silicium und Eisen. Auf diese Weise können Asbestfasern auch von ähnlich geformten und zusammengesetzten anderen Fasern, wie z. B. Talkfasern, unterschieden werden.

Von der üblichen Filteroberfläche von 375 mm^2 wird im Rasterelektronenmikroskop nur 1 mm^2 ausgewertet. Durch diese Ausschnittfläche sind unter den Normbedingungen 10 l Luft gezogen worden, sodass 1 Faser auf den ausgewerteten Bildfeldern 100 F/m^3 entspricht.

Das Rasterelektronenmikroskop erzeugt sein Bild auf einem Bildschirm, bei der Untersuchung müssen 100 bis 200 Bildfelder abgesucht werden. Je mehr anderer Staub auf dem Filter liegt, umso schwieriger und zeitaufwendiger ist die Auszählung. Liegt zu viel Staub auf dem Filter, so wird die Probe unauswertbar, weil der Staub die Fasern verdeckt. Bei geringen Konzentrationen können große Ergebnisschwankungen auftreten, da es durchaus möglich ist, dass auf den ausgewerteten Bildfeldern keine Faser liegt, während auf einem anderen Bild 1, 2 oder 3 Fasern gefunden worden wären. Die Schwankungsbreite der mit großer Wahrscheinlichkeit möglichen Ergebnisse wird mithilfe statistischer Methoden berechnet (Poisson-Statistik).

Zur Bewertung der Messergebnisse wird daher immer auch das Ergebnis der statistischen Berechnung herangezogen: Nach einer Sanierung muss das ausgezählte Messergebnis unterhalb von 500 F/m^3 liegen und die nach der statistischen Berechnung mit 95 % Wahrscheinlichkeit höchste mögliche Konzentration unter 1.000 F/m^3. Die Angabe dieser beiden Werte schafft oft Verwirrung; der höhere, statistisch berechnete Wert darf nicht als gemessener Wert interpretiert werden, er ist vielmehr eine vorsichtige Absicherung, dass die Konzentration unter 1.000 F/m^3 liegt.

Mit 1 Probe kann dabei lediglich die Luftkonzentration in einem kleineren Bereich mit maximal 100 m^2 Grundfläche erfasst werden.

Für die unterschiedlichen Typen von Messungen wie

- Messungen zur Bestandsaufnahme,
- Messungen zur Überprüfung vorläufiger Maßnahmen und zum Schutz Dritter sowie
- Erfolgskontroll- und Freigabemessungen

bietet die VDI 3492 Tabellen zur Festlegung der Zahl der jeweils notwendigen Messpunkte, die je nach Messaufgabe variiert und bei größeren Flächen im Verhältnis kleiner wird.

Ein Verfahren, das dem für die Messungen zur Bestandsaufnahme, Erfolgskontrolle und Freigabe ähnlich ist, wird für die Messungen zur Ermittlung der Konzentration in der Atemluft von Beschäftigten angewandt. Hier sind die zu erwartenden Konzentrationen höher und die Randbedingungen für die Dauer der Probenahmen und für die Auswertungen entsprechend angepasst.

2.3.1.4 Erfassung und Kataster

Verpflichtung zur Erfassung von Asbestprodukten

Es existiert zwar keine explizite Verpflichtung zur Analyse auf Schadstoffe, sie kann jedoch aus den geltenden Rechtsnormen abgeleitet werden. So ist der Gebäudeeigentümer oder Verfügungsberechtigte nach § 3 Landesbauordnung dazu verpflichtet, ein Gebäude so zu betreiben, dass von dem Betrieb keine Gefahr ausgeht. Stoffe, von denen eine Gefahr ausgehen kann, sind in der Gefahrstoffverordnung oder der „Verordnung über Sicherheit und Gesundheitsschutz bei Tätigkeiten mit biologischen Arbeitsstoffen“ (Biostoffverordnung – BioStoffV) vom 27. Januar 1999 aufgeführt.

Im Weiteren besteht eine Hierarchie der Verbindlichkeit: Von den Gefahrstoffen sind einige Stoffe mit Richtlinien im Baurecht erfasst (sie sind „bauordnungsrechtlich eingeführt“), weil bei ihnen die Möglichkeit besteht, dass es bei laufender Nutzung zu einer Gesundheitsgefährdung kommen kann; dies gilt bei Asbest jedoch nur für schwach gebundene Produkte.

Für diese Gefahrstoffe gibt es bis zum Zeitpunkt des jeweiligen Verwendungsverbots daher die generelle Annahme, dass sie verbaut worden sein können. Ein Bauherr muss deshalb prüfen, ob es diese Gefahrstoffe im Gebäude gibt und ob hier eine Gesundheitsgefährdung für die Nutzer eines Gebäudes bei normaler Nutzung besteht. Für diese und alle anderen Gefahrstoffe gilt aber zusätzlich, dass sie bei Instandhaltung, Umbau oder Abbruch bearbeitet werden, wobei für die Nutzer eine Gefährdung entstehen kann. Daher ist in den betreffenden Technischen Regeln für Gefahrstoffe für Asbest, PAK (polycyclische aromatische Kohlenwasserstoffe), Blei und „alte“ künstliche Mineralfasen immer auch der Schutz Dritter mit bedacht (vgl. TRGS 519 „Asbest: Abbruch-, Sanierungs- oder Instandhaltungsarbeiten“ [2007-01], TRGS 551 „Teer und andere Pyrolyseprodukte aus organischem Material“ [1999-07], TRGS 505 „Blei“ [2007-02], TRGS 521 „Abbruch-, Sanierungs- und Instandhaltungsarbeiten mit alter Mineralwolle“ [2008-02]).

Der Gebäudeeigentümer ist mit dafür verantwortlich, dass diese Anforderungen der TRGS auch erfüllt werden.

Der Gebäudeeigentümer ist ferner nach den haustechnischen Überwachungsverordnungen der Bundesländer verpflichtet, Brandschutzklappen jährlich auf ihre Funktionstüchtigkeit prüfen zu lassen; er muss dabei die Schutzvorschriften zum Umgang mit Asbest einhalten, weil fast alle Brandschutzklappen mit bauaufsichtlicher Zulassung aus dem Verwendungszeitraum von Asbest auch tatsächlich asbesthaltige Bauteile enthalten.

Im Bundesland Hamburg gilt, dass der Bauherr als Eigentümer der Sache den Gefahrstoff bei Instandhaltungs-, Umbau- und Abbrucharbeiten in Verkehr bringt, weshalb ihm nach § 5 Abs. 1 und 4 Gefahrstoffverordnung die Kennzeichnungspflicht obliegt. Er kann diese Verpflichtung sicher auch erfüllen, indem er den Arbeitnehmer darauf hinweist, dass eine Gefährdung bestehen könnte, und indem er dem Unternehmer die Prüfungspflicht ausdrücklich auferlegt (diese Prüfungspflicht hat der Unternehmer allerdings ohnehin aus arbeitsrechtlichen Gründen, um seine Mitarbeiter ausreichend zu schützen). In diesem Fall aber sind Leistungen nach der Vergabe- und Vertragsordnung für Bauleistungen (VOB; Teil A: DIN 1960 [2006], Teil B: DIN 1961 [2006], Teil C: DIN 18299 [2006]) wahrscheinlich nicht ausreichend ausgeschrieben, weil für die Beauftragung von Bauleistungen die Ausschreibung der Arbeiten durch einen bloßen Hinweis nicht hinreichend konkretisiert ist.

In § 17 Abs. 4 der Gefahrstoffverordnung heißt es: „*Vor dem Beginn von Abbruch-, Sanierungs- und Instandhaltungstätigkeiten muss der Arbeitgeber bei der Informationsermittlung für die Gefährdungsbeurteilung Angaben, insbesondere vom Auftraggeber oder Bauherrn, darüber einholen, ob Gefahrstoffe nach Anhang IV vorhanden sind.*“ Dies bedeutet, dass ein Bauherr als Arbeitgeber bei der Ausführung von Instandhaltungsarbeiten durch von ihm Beschäftigte in jedem Fall direkt in der Ermittlungspflicht steht. Dies beginnt schon dann, wenn ein Haumeister Instandhaltungsarbeiten ausführt.

Standards der Erfassung

Die Anforderungen an die Vollständigkeit der Kenntnis über asbesthaltige Materialien nehmen mit dem Umfang der Arbeiten am Gebäude zu:

- Um die **Nutzer eines Gebäudes zu schützen**, müssen zunächst nur alle schwach gebundenen Asbestprodukte bekannt sein, um die Gefährdung richtig abzuschätzen und Schutzmaßnahmen zu ergreifen, wie sie die Asbest-Richtlinie verlangt.
- Für **Instandhaltungsarbeiten** müssen zusätzlich die Produkte und Verunreinigungen bekannt sein, an denen gearbeitet wird, um für die Arbeiten die angemessene Schutzstufe nach TRGS 519 zu ermitteln.
- Vor **Abbruch und Umbau** müssen zur Erfüllung der Anforderungen aus dem Abfallrecht alle Verwendungen bekannt sein, um zusätzlich auch die richtigen Entsorgungswege bestimmen zu können.

Nach dem Abfallrecht darf Asbest nicht mehr in Umlauf gelangen, daher fordern verschiedene Verordnungen, dass vor dem Abriss eines Gebäudes alle Abfallprodukte entfernt sein müssen. Hierüber ist üblicherweise eine Bestätigung durch einen Sachkundigen oder Sachverständigen zu erbringen.

Da diese Anforderungen bundesweit nicht im Umfang der Beprobungsdichte spezifiziert sind, wird hier eine prinzipiell nicht erbringbare Leistung gefordert. Nach der Einstufung im Baurecht (schwere Baugefährdung) und im Gefahrstoffrecht und wegen der bei einem Übersehen von Asbestprodukten teilweise hohen Schadenersatzforderungen gehen die Beteiligten andererseits große Risiken ein, wenn sie diese Anforderungen nicht erfüllen. Handhabbar werden kann dies wohl nur durch eine Diskussion und eine Relativierung des bisherigen absoluten Anspruchs.

Das Problem ergibt sich daraus, dass verbaute Asbestprodukte mit vertretbarem Aufwand nicht mit 100%iger Sicherheit im Gebäude auffindbar sind. Dies gilt sowohl für kleine Teile wie Dübel mit asbesthaltiger Füllung, die überspachtelt und übermalt in Wänden praktisch nicht zu finden sind, als auch für die in großem Umfang flächig verwendeten Asbestprodukte; auch diese Materialien wurden im Laufe der Nutzung eines Gebäudes oft überdeckt und könnten nur nach Entfernung der darüber liegenden Schichten beprobt und im ganzen Umfang der Anwendung erkannt werden.

Denkbar wären hier 2 Vorgehensweisen: Es könnte immer einem Anfangsverdacht gefolgt werden oder aber ein Stichprobenverfahren gewählt werden. Da für fast jeden Fußbodenaufbau, für fast jede Spachtelschicht unter Lack und für fast jede verputzte Gipskartonwand in älteren Bestandsgebäuden ein Anfangsverdacht gegeben ist, müsste danach fast jeder Fußbodenaufbau, Lackaufbau oder Wandputz unter Schutzmaßnahmen entfernt werden – ein nicht gangbarer Weg. Es ergibt sich daher die Notwendigkeit der Stichprobennahme.

Aussagekraft von Stichproben

Ist die Wahrscheinlichkeit der Verwendung eines asbesthaltigen Baustoffs in einem Gebäude überall gleich groß, so kann aus der Zahl der Stichproben statistisch abgeleitet werden, wie groß die Wahrscheinlichkeit ist, etwas übersehen zu haben.

Da auch hier wie bei der Ermittlung der Faserkonzentration in der Luft immer nur einzelne Messwerte vorliegen, wird die Poisson-Statistik eingesetzt (vgl. „Messung der Asbestfaserkonzentration in der Luft“ in Kapitel 2.3.1.3).

Zur Veranschaulichung kann eine Wohnsiedlung mit 1.000 Wohnungen dienen, in der 50.000 m^2 Flex-Platten-Belag (Floor-Flex-Platten; siehe hierzu „Fußbodenbeläge“ in Kapitel 2.3.1.5) verbaut wurden. Vor Verlegung von Flex-Platten wurde der Fußboden möglicherweise mit asbesthaltiger Ausgleichsmasse gespachtelt. Wird bei 30 Stichproben auf jeweils 1 m^2 keine Ausgleichsmasse gefunden, so wäre nach der Poisson-Statistik mit 95%iger Wahrscheinlichkeit auf weniger als 5.000 m^2, also auf weniger als 10 % der Fläche, asbesthaltige Ausgleichsmasse verwendet worden. Würden mit demselben Ergebnis 60 Proben genommen, wäre mit 95%iger Wahrscheinlichkeit auf weniger als 2.500 m^2 asbesthaltige Ausgleichsmasse verwendet worden. Bei 100 Proben ohne Asbestfund wären es weniger als 1.500 m^2.

Diese Berechnungen gelten immer nur für verborgene Materialien oder für Materialien, bei denen asbesthaltige neben asbestfreien Anwendungen aufgetreten sind und bei denen die Wahrscheinlichkeit der Verwendung an allen

Orten der zu untersuchenden Räume gleich groß ist. Dies können z. B. Rohrleitungssysteme, Fliesenklebstoffe, Bodenbeläge, mobile Trennwände in Gebäuden mit vielfacher Umnutzung oder Stützenverkleidungen sein. Bei älteren Gebäuden sind – wenn Bereiche von Umbauten, Umnutzungen und Reparaturen nicht klar erkennbar sind – für fast für alle Anwendungsgebiete solche Berechnungen möglich.

Zielgerichtete Suche

Für eine Vielzahl von Asbestanwendungen ist jedoch schon zu Beginn der Suche klar, dass es Gebiete mit großer Wahrscheinlichkeit des Auftretens gibt und solche, an denen das Auftreten nahezu ausgeschlossen ist. Das Auftreten zusätzlicher Fundstellen kann zwar sehr hohe Kosten nach sich ziehen, umgekehrt kann aber auch aus einem zufälligen einmaligen Fund ein viel zu hoher Aufwand abgeleitet werden.

Wie oft der Verdacht im Einzelfall überprüft werden muss, hängt von der Abwägung des möglichen Schadens gegen den Aufwand ab. Dabei kann es sich oft ergeben, dass im Verlauf der Erstellung eines Katasters ein engeres Beprobungsraster gewählt werden muss, um bestimmte Bereiche von Sanierungen ausnehmen zu können.

In Kapitel 2.3.1.5 wird dargestellt, wo mit asbesthaltigen Baustoffen gerechnet werden muss, wo also ein Anfangsverdacht gegeben ist, der überprüft werden muss.

Probenzahl

Für die USA sind im Oktober 1986 im Asbestos Hazard Emergency Response Act (AHERA) Regeln für die Suche nach Asbestverwendungen festgelegt worden:

Für jedes unterschiedliche Produkt werden Sammelbereiche bestimmt. Ein Sammelbereich ist definiert als gleichförmige Fläche eines schwach gebundenen Materials; dies bedeutet, dass alles verdächtige schwach gebundene Material vom gleichen Typ und von gleichem generellen Erscheinungsbild ist.

Die Bestimmung des Gehaltes von Asbest in schwach gebundenem Material muss innerhalb jedes Sammelbereichs einzeln durchgeführt werden.

Die Einrichtung von Sammelbereichen sollte in mehrgeschossigen Gebäuden flurweise durchgeführt werden.

In großen Gebäuden, in denen das Material gleichförmig erscheint, kann jedes Stockwerk als Sammelbereich angesehen werden. Wenn nicht gleichförmige Bereiche festgestellt werden, sollten unterschiedliche Bereich als jeweils eigene Sammelbereiche behandelt werden. Die Sammelbereiche (wie z. B. Decken und Wände mit der gleichen Art schwach gebundenen Materials) müssen nicht in derselben Ebene liegen. In vielstöckigen Gebäuden oder in Gebäuden mit verschiedenen Abschnitten sollten 3 bis 4 Proben von jedem Flur oder Raum genommen werden. Die minimale empfohlene Zahl von Proben, die für jeden Materialtyp zu nehmen ist, gibt Tabelle 2.39 an, aus Tabelle 2.40 kann die entsprechende Probenzahl für die Beprobung technischer Einrichtungen und Einbauten entnommen werden.

Tabelle 2.39: Probenzahl bei der Beprobung von Decken, Wänden und strukturellen Bauteilen nach Asbestos Hazard Emergency Response Act

Fläche (m^2)	Probenzahl je Materialtyp
≤ 100	3
> 100 bis ≤ 500	5
> 500 bis ≤ 1.000	5
je weitere 1.000	1

Tabelle 2.40: Probenzahl bei der Beprobung von technischen Einrichtungen und Einbauten nach Asbestos Hazard Emergency Response Act

Bauteile und Einbauten	Einheit	Probenzahl
Rohrleitungen, Ventile, Eckstücke	von jeder isolierten Leitung von unterschiedlichem Durchmesser und von unterschiedlichem äußeren Erscheinungsbild je Stockwerk	
• gerade Leitungsstücke		1
• Ventilmaterial und Eckstücke		1
Wärmetauscher, Tanks und Öfen	je 100 m^2 Isolierung, mindestens jedoch von jeder Einheit	1
abgehängte Decken	je 100 m^2	1
Leichtbauplatten	je 100 m^2	1

Diese Regeln des Asbestos Hazard Emergency Response Act wurden 1996 in die „Richtlinie zur Untersuchung baulicher Anlagen auf das Vorhandensein von Asbest" der Hamburger Baubehörde als Mindestanforderungen aufgenommen. Diese 2005 noch einmal erweiterte Richtlinie ist zurzeit (2009) der einzige festgeschriebene Stand der Technik.

Weil sich die Anforderungen an die Erfassung und das Wissen über den Umfang des Einsatzes von Asbestprodukten in den letzten 25 Jahren ständig erweitert haben, können alte Bestandsaufnahmen und Kataster heute nur noch als Hinweise oder als Ausgangspunkte für neue Bestandsaufnahmen dienen. Für die Planung, die Vorbereitung von Arbeiten oder den Verkauf können alte Kataster nicht mehr als zuverlässige Grundlage dienen.

Damit neu erstellte Kataster später überprüft und dem Stand der Anforderungen angepasst werden können, sollte in ihnen dokumentiert sein, wonach gesucht wurde und was gefunden und was nicht gefunden wurde, denn auch negative Ergebnisse sind wertvoll, denn hier muss nicht noch einmal geschaut werden.

2.3.1.5 Asbesthaltige Materialien

Im Folgenden werden asbesthaltige Materialien und ihre Verwendung vorgestellt; einen detaillierten Überblick mit Illustrationen gibt Kapitel 3.

Asbestzementerzeugnisse

Asbestzementerzeugnisse haben ein Raumgewicht von über 1.400 kg/m^3; sie sind damit keine schwach gebundenen asbesthaltigen Erzeugnisse und fallen nicht unter die Bestimmungen der Asbest-Richtlinie. Die Asbestzementprodukte haben unter den fest gebundenen Asbestprodukten den weitaus größten Anteil.

Nach der Gefahrstoffverordnung durften Asbestzementerzeugnisse bis zum 31. Dezember 1990 hergestellt und bis zum 31. Dezember 1992 als Lagerware verkauft werden.

Übliche Verwendungen von Asbestzementerzeugnissen waren

- im Außenbereich:
  - Dachdeckungen (Welltafeln),
  - Fassadenverkleidungen,
  - Regenrinnen,
  - Blumenkästen und
  - Bauwerksabdichtungen am Fundament,
- im Gebäude:
  - Fensterbänke,
  - Lüftungskanäle,
  - Schornsteinzüge für Gasheizungen und
  - verlorene Schalungen in Betonbauteilen.

Diese Asbestzementerzeugnisse wurden unter Handelsnamen wie Baufanit, Eternit, Eternit-Glasal, Eternit-Colorit, Eternit-Graulit, Frenzelit, Fulgurit, Toschi oder Ruberdal vertrieben.

Bei der Bearbeitung sind Faserbetonplatten den Asbestzementprodukten im Freisetzungsverhalten vergleichbare asbesthaltige Produkte, die heute vielfach übersehen werden. Sie bestehen aus einem Gemisch von Asbestfasern, Holzfasern und Zement und wirken wie starke Pappe mit einer glatten, grüngrauen Oberfläche. Sie wurden im Innenbereich für Verkleidungen verwendet, auf Holzbalkondecken als Trockenestrich für nachfolgende Bodenbeläge genagelt, zum Bau von Lüftungskanälen eingesetzt und dienten als verlorene Schalungen.

Faserbetonplatten wurden unter Handelsnamen wie Ce-A-Ce-Innenbautafeln, Internit, Lignat, Tonylit oder Torcellit vertrieben.

Von den Asbestzementplatten wurden ca. 0,9 Milliarden m^2 hergestellt, dies entspricht ca. 0,4 % der Fläche der alten Bundesrepublik. Für Düsseldorf wurde geschätzt, dass die Oberfläche aller dort verbauten Asbestzementplatten und -tafeln ca. 2 % der Grundfläche der Stadt entspricht.

Durch Verwitterung dieser Platten entstehen offensichtlich keine Gesundheitsgefahren für die Bewohner von Gebäuden durch Eindringen von Asbestfasern in Innenräume. Messreihen mit insgesamt 148 Luftmessungen,

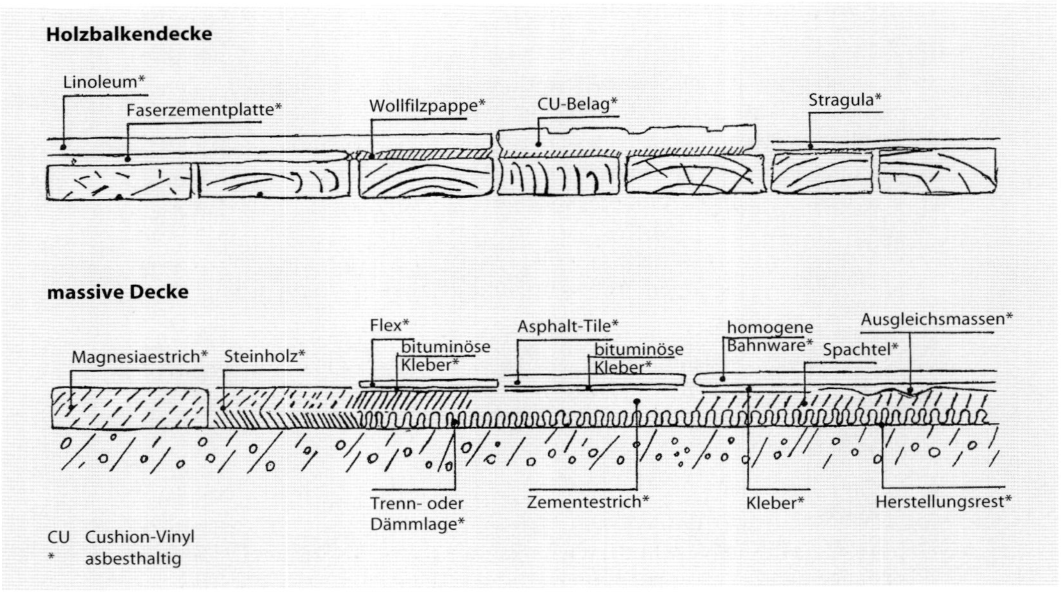

Abb. 2.32: Charakteristische Verwendung asbesthaltiger Materialien in Fußbodenbelägen auf Holzbalkendecken und auf massiven Decken

die in der Nähe von Gebäuden mit Asbestzementverkleidungen und -bedachungen durchgeführt wurden, und Vergleichsmessungen in anderen Umgebungen, wie an Kreuzungen, im Stadtgebiet und in Reinluftgebieten (Land), ergaben, dass es keinen deutlichen Unterschied zwischen der durchschnittlichen Höhe der Belastung im Stadtbereich, im Reinluftbereich und in der Nähe von mit Asbestzement verkleideten Fassaden und Dächern gibt. Für das Stadtgebiet Berlin ergaben sich 75 bis 150 F/m^3, für das Stadtgebiet Hamburg 57 F/m^3, für Reinluftgebiete 177 F/m^3 und für die Umgebung von Gebäuden mit Asbestzementprodukten 55 bis 139 F/m^3. Selbst die höchsten gemessenen Konzentrationen lagen in der Nähe dieser Gebäude nicht über denen, die im gesamten jeweiligen Stadtgebiet anzutreffen waren.

Die in der Umgebung von Gebäuden mit Asbestfassaden oder Dächern gemessenen Konzentrationen oberhalb der Nachweisgrenze waren insgesamt sehr gering und dauernd hohe oder kurzzeitig sehr hohe Faserkonzentrationen – die Voraussetzungen für eine Gesundheitsgefährdung – wurden nirgendwo gemessen.

Fußbodenbeläge

Auf die Fläche der verwendeten Materialien bezogen haben asbesthaltige Fußbodenbeläge und -beschichtungen nach den Asbestzementerzeugnissen den zweitgrößten Anteil.

Bis 1985 wurden bei unterschiedlichsten Bodenbelägen und Materialien im Bodenaufbau asbesthaltige Materialien eingesetzt (vgl. Abb. 2.32). Unter ihnen sind auch Steinholz und Linoleum zu finden, die bei Gebäuden aus der Zeit vor dem Zweiten Weltkrieg flächig schon zur Bauzeit eingebaut worden sein können.

Oberbeläge wurden oft neu verlegt, während der alte Untergrund erhalten blieb. Bei langer Nutzungszeit sind die Aufbauten daher vielschichtig und oft kleinteilig aus unterschiedlichem Material untereinander verlegt. Für die vollständige Prüfung müssen deshalb alle Materialien bis zur Rohdecke erfasst werden. Hierfür werden mit Bohrkernen Proben genommen. Alle Materialien wurden auch asbestfrei hergestellt und da in den homogenen Materialien Asbestfasern oder auch nur Fasern mit dem Auge nicht sichtbar sind, kann bei allen verdächtigen Proben nur eine Analyse Auskunft geben.

1996 waren ca. 600 Hersteller chemischer und bauchemischer Produkte in der BRD bekannt; aus diesem Herstellerkreis stammen auch asbesthaltige Bodenbeläge. Da manche von ihnen nur regional begrenzte Märkte belieferten, kann es auch in Zukunft noch zu weiteren Funden asbesthaltiger Materialien kommen.

Oberbeläge

Verbreitete Kenntnis besteht darüber, dass quadratische Kunststoffplatten asbesthaltig sein können. Hier gibt es 2 Typen, **Flex-Platten** (Floor-Flex-Platten) und **Asphalt-Tiles**.

Flex-Platten, Vinyl-Asbestplatten oder Vinyl-Asbestfliesen haben einen Asbestgehalt von 15 bis 20 % Chrysotil in 20 % PVC/PVA-Copolimerisat und 50 % anorganischen Füllstoffen. Die Platten haben Größen von 23 cm × 23 cm bis 30 cm × 30 cm und Dicken bis zu 2 mm. 1986 waren mindestens 200 Millionen m^2 im Bestand verlegt. Trotz ihres verbreiteten Einsatzes in Innenräumen wurden bei Messungen unter Nutzungsbedingungen – auch bei starker Nutzung – allerdings keine erhöhten Faserkonzentrationen festgestellt.

Zudem waren nicht alle Flex-Platten asbesthaltig. Platten die richtungsfrei gemasert sind, sind nach Auskunft der Belagindustrie in der Regel asbestfrei.

Es existiert ein berufsgenossenschaftlich geprüftes Arbeitsverfahren (BIA- oder BGIA-Arbeitsverfahren des Berufsgenossenschaftlichen Instituts für Arbeitschutz) für Arbeiten mit geringer Exposition (siehe hierzu Kapitel 2.3.1.9), das auf manueller Entfernung der Flex-Platten bei ständigem Nebeln beruht.

Eine Abart der Flex-Platten sind Wandplatten. Sie haben Langformat und sind mit polymeren Klebstoffen mit Kammspachtel auf der Wand aufgebracht und verfugt. Die Fugenmassen wurden vom Hersteller geliefert, oft ist jedoch nur asbestfreier Gips verwendet worden. Die Masse zur Verfugung kann sowohl Chrysotilasbest als auch Amphibolasbest enthalten und verhält sich wie ein schwach gebundenes Asbestprodukt. Der Einseitenklebstoff kann Asbest als Stellmittel enthalten.

Asphalt-Tiles oder Asbesthartfliesen, später Kunstharz-Asbestplatten sind die Vorläufer der Flex-Platten, sie wurden in ähnlichen Mengen hergestellt und verlegt. Sie sind härter und dicker als Flex-Platten (3,5 mm und stärker) und an der Bruchkante grobkörniger.

Der Asbestgehalt beträgt bis zu 35 %. Es kann sowohl Chrysotilasbest als auch Amphibolasbest verwendet worden sein. Die Bezeichnung der Platten rührt von dem ursprünglich als Bindemittel verwendeten Asphalt her. Unter dem gleichen Produktnamen wurden später auch mit thermoplastischen Kunststoffen gebundene Platten vertrieben. Asphalt-Tiles sind daher keine einheitlichen Produkte.

Bei Nutzung von Asphalt-Tiles – nicht aber von Flex-Platten – sind erhöhte Luftmesswerte von Asbestfasern bekannt. Das erwähnte BIA-(BGIA-)Arbeitsverfahren zur Entfernung von Flex-Platten gilt für diesen optisch sehr ähnlichen Belagtyp nicht.

PVC-Bahnen und Linoleum: Weder über Asbestgehalte noch Verbreitung dieser homogen zusammengesetzten Beläge gibt es Daten. Alle bisher untersuchten homogenen PVC-Beläge haben – falls überhaupt – nur geringe Asbestgehalte.

Die Asbestgehalte in Linoleum reichen jedoch zum Teil an die von Asphalt-Tiles heran. Asbest kann sowohl im Belag als auch im Gewebe unter dem Belag verwendet worden sein.

Cushion-Vinyl-Bahnen: Diese heterogen zusammengesetzten Beläge haben eine stark strukturiert geprägte Oberfläche, die mit glänzendem Bild Florentiner Kacheln oder auch Holz nachbildet. Die Oberschicht wurde auf eine Asbestpappe als Zwischen- oder Unterschicht aufgewalzt. Später wurde die Asbestpappe durch ein Glasfaservlies ersetzt.

Die Asbestpappe enthält ca. 85 % Chrysotilasbest und 15 % Bindemittel (Styrol-Butadien-Copolimer). Das jährliche Marktvolumen betrug in der Bundesrepublik Deutschland bis 1985 ca. 25 Millionen m^2.

Die Beläge können nach einem BIA-(BGIA-)Arbeitsverfahren unter den eingeschränkten Schutzmaßnahmen von Arbeiten mit geringer Exposition entfernt werden. Dafür wird der Oberbelag zuerst mit einer Nadelwalze perforiert und dann mit Borsäurelösung überschichtet, nach vollständiger Durchweichung der Asbestpappe und Lösung des Klebstoffs kann daher der Oberbelag abgeschält werden.

Heute nur noch von geringer Bedeutung ist Stragula, ein steifes Belagmaterial aus einer bedruckten Schicht auf einer asbesthaltigen Bitumenpappe.

Nadelvliesbeläge mit Träger oder Stabilisierungsschicht, eine strapazierfähige Qualitätsware, ist sehr selten.

Estriche

In **Magnesiaestrichen** (Schnellestrichen) wurden als Füllstoffe überwiegend Gemische aus anorganischen Materialien, darunter auch Asbest (Chrysotilasbest oder Amphibolasbest) verwendet. Magnesiaestriche wurden besonders in gewerblich stark genutzten Bereichen wie Fabrikhallen verlegt. Da Magnesiaestriche feuchteempfindlich sind, wurden sie in Feuchträumen nicht eingebaut.

Bei Magnesiaestrich muss davon ausgegangen werden, dass er asbesthaltig ist, solange eine Analyse nicht Asbestfreiheit ergeben hat.

Magnesiaestriche lassen sich mit abgesaugten Fräsen unter den Schutzmaßnahmen von Arbeiten mit geringer Exposition entfernen; für 1 Maschinentyp existiert ein BIA-(BGIA-)Arbeitsverfahren.

Steinholz ist eine Abart der Magnesiaestriche mit gleichem Bindemittel, aber geringerer Dichte. Es wurde im Wohnbereich, besonders im sozialen Wohnungsbau, sowie in Büros, Krankenhäusern und Schulen großflächig verwendet.

Steinholz ist mehrere Zentimeter dick und enthält Holzfasern als Füllmaterial. Es hat eine Nutzschicht und eine Tragschicht. Die Asbestgehalte können in beiden Schichten unterschiedlich sein. Die Nutzschicht ist meist mit Eisenoxid rot, braun oder ocker gefärbt. Die Asbestzugabe in Steinholz wird bereits in Unterlagen aus der Zeit vor dem Zweiten Weltkrieg beschrieben und Steinholz findet sich als Originalausstattung schon in Gebäuden aus den 1920er-Jahren (vgl. Stegemann, 1941).

Faserbetonplatten wurden als Fertigestrich bis zur Durchsetzung der Spanplatte auf dem Markt auf Holzdielen aufgelegt und verleimt und/oder vernagelt. Beim Ausbau müssen sie daher vollständig zerbrochen werden. Sie sehen aus wie sehr glatte Pappen und sind meist sehr hart und grüngrau oder ocker gefärbt. Der Asbestgehalt beträgt ca. 7 % Chrysotilasbest oder Amphibolasbest.

Ausgleichsmassen und -materialien

Bituminöse Klebstoffe: Schwarze, asbesthaltige Asphaltmassen und Bitumenklebstoffe sind üblicherweise zur Verlegung von Asphalt-Tiles, Flex-Platten und Stampfasphaltplatten verwendet worden. Sie enthalten bis zu 20 % Asbest (Chrysotilasbest) als Stellmittel, selten mit Beimengungen von Amphibolasbest. Sie sind u. a. daran zu erkennen, dass sie mit einem Zahnspachtel aufgetragen wurden. Es existiert ein BIA-(BGIA-)Arbeitsverfahren, bei dem die Materialien durch Schleifen und Absaugen entfernt werden.

Polymere Massen und Klebstoffe: Polymer gebundene Spachtel- und Ausgleichsmassen und Klebstoffe können sich unter allen Oberbelägen finden. Es gibt keine Marktübersicht und daher keine Anhaltspunkte über das Ausmaß ihrer Verbreitung.

Asbest wurde nach Firmenauskunft als Füllmaterial für Fußbodenbeläge auf Epoxidbasis eingesetzt und in Quarz-Kasein-Ausgleichsmassen eingemischt.

Wollfilzpappen sind unter Bahnenware, insbesondere unter Linoleumbelägen, verlegt worden. Sie können asbesthaltig sein. Zur Herstellung ist auch Blauasbest verwendet worden. Die Pappen sind schwach gebundene Asbestprodukte. Die Asbestgehalte weisen allerdings starke Schwankungen auf – teils wohl auch von Charge zur Charge. Wollfilzpappen lassen sich sehr gut nässen und können daher emissionsarm ausgebaut werden.

Bei **Fliesenklebstoffen** ist Asbestfeinstaub von 1964 bis ca. 1984 als Thixotropierungsmittel (Verarbeitungs- und Erstarrungsmittel) und als Retentionsmittel (Verzögerungsmittel) eingesetzt worden. Ein erster Anhaltspunkt für asbesthaltige Fliesenklebstoffe ist der Auftrag mit Zahnspachtel, allerdings wurde Asbest auch bei Mörteln mit flächigem Auftrag gefunden. Insbesondere mit Mittelmosaik verflieste Flächen können mit asbesthaltigen Fliesenklebstoffen verlegt worden sein.

Asbesthaltige Klebstoffe, Mörtel und Spachtelmassen unter Fußböden sind für die Bewertung des Gefährdungspotenzials für die weitere Nutzung eines Gebäudes von geringer Bedeutung, da die asbesthaltigen Massen in der Regel so weit staubdicht abgedeckt sind, dass es beim Betrieb des Gebäudes nicht zu einer Faserfreisetzung kommt. Bedeutsam sind solche versteckten Asbestverwendungen allerdings für den Schutz der Umwelt und der Arbeitnehmer, wenn das Gebäude abgebrochen oder umgebaut werden soll und dabei der Fußboden aufgenommen werden muss.

Asbesthaltige Klebstoffe, Mörtel und Spachtelmassen unter Fußböden können nur durch rasterförmige Stichproben ermittelt werden. Die Zahl der Stichproben in Abhängigkeit von der Gesamtfläche kann der „Richtlinie zur Untersuchung baulicher Anlagen auf das Vorhandensein von Asbest" (1996-08) entnommen werden (vgl. Tabelle 2.41).

Tabelle 2.41: Probenzahl für die Untersuchung auf asbesthaltige Massen unter Fußböden

Fußbodenfläche (m^2)	Probenzahl
≤ 100	3
> 100 bis ≤ 500	5
> 500 bis ≤ 1.000	7
> 1.000	10

Bei Gebäuden mit mehreren gleichartigen Geschossen mit gleichartiger Nutzung wird ein beliebiges Geschoss entsprechend seiner Fläche nach den Vorgaben in Tabelle 2.41 beprobt und alle weiteren Geschosse werden unabhängig von ihrer Fläche jeweils an mindestens 5 Stellen beprobt.

Nicht von jedem Material muss dabei eine Probe analysiert werden, es genügt zunächst, gleiches Aussehen festzustellen, um dann die Materialien zu analysieren. Dabei muss darauf geachtet werden, dass Materialien mit herstellungsbedingt inhomogenem Aufbau wie Filzpappen in größerer Dichte analysiert werden als Materialien, von denen bekannt ist, dass sie nach nur einer Rezeptur gefertigt wurden, wie die Oberbeläge.

Eine andere Möglichkeit ist, für die Bestimmung der Stichprobenzahl die Regeln der VDI 3492 zur Festlegung der Zahl der Messpunkte für orientierende Luftmessungen heranzuziehen.

Da verschiedene Oberbeläge regelmäßig mit bestimmten Untergründen verlegt worden sind, ist es hier möglich, gezielt zu suchen.

Andere flächige Verwendungen

Auch andere flächige Verwendungen können nach dem in Tabelle 2.41 dargestellten Schema der Beprobungsdichte bei Fußbodenflächen untersucht werden. Zu diesen Verwendungen zählen

- asbesthaltige Putze,
- asbesthaltige Spachtelmassen und Feinputze,
- asbesthaltige Klebstoffe unter Isolierungen,
- asbesthaltige Fliesenklebstoffe,
- asbesthaltiger Glättspachtel auf Beton, Putz oder Gipskartonwänden und
- asbesthaltige Farben

sowie strangweise oder punktuelle Verwendungen wie

- Heizungsrohrisolierungen,
- Brandschotten,
- Fensterkitte und
- Dichtkitte in Fassaden.

Asbest kann dabei in Putze mit grober Oberflächenstrukturierung oder mit Spritzbewurf, in Brandschutzputze oder Buntsteinputze eingemischt sein. Sind Putze nachträglich gespachtelt oder ist Beton, insbesondere Sichtbeton, gespachtelt, so können die Spachtel asbesthaltig sein. In Innenräumen sind asbesthaltige Spachtel dann vor allem in Ecken oder an Stellen, an denen Schalungen gestoßen waren, zu erwarten.

Asbesthaltige Putze können sehr kleinflächig verteilt sein, z. B. beschränkt auf Flure, Treppenhäuser, Nassräume oder Technikräume. Manchmal wurden sogar verschiedene Flächen in gleich aufgebauten Räumen unterschiedlich behandelt. Wenn sich unter einer Farbschicht auf Betonflächen eine dickere weiße Spachtelschicht zeigt, ist diese asbestverdächtig. Fassaden können in gleicher Weise auch außen asbesthaltig gespachtelt sein.

Auch Kälte- oder Wärmeisolierungen können mit asbesthaltigen Klebstoffen verklebt sein; dies ist insbesondere bei Kühlräumen oder bei Schaumglasisolierungen zu berücksichtigen. Asbesthaltige Rohrisolierungen wurden seit Anfang des 20. Jahrhunderts verwendet. Hierfür wurde in Lehm oder Kieselgurmasse auf der Baustelle von Hand Asbestpulver eingemischt, die Masse auf das Rohr aufgetragen und mit einer Gipshartschale ummantelt. Durch die individuelle Fertigung sind diese Materialien vollständig inhomogen, es kann vorkommen, dass unmittelbar neben einer asbesthaltigen Probe eine asbestfreie Probe genommen wird. Daher müssen diese Materialien immer in größerer Dichte beprobt und analysiert werden.

Später wurden asbesthaltige Gipshartschalen verwendet; eine glatte Oberfläche des Materials ohne die Textur der Gipsbinde oder Wellpappe als Zwischenschicht zu darunter liegender Mineralwolle sind hier Hinweise auf asbesthaltiges Material. Rohrleitungen für Kältemittel können auch mit einem Material isoliert worden sein, das Gussasphalt ähnelt und Asbest als Zusatz enthält.

Fenster- und Dichtungskitte waren sowohl in der DDR als auch in der alten Bundesrepublik mit Asbest gefüllt; Morinol als DDR-Produkt ist allgemein bekannt. Es wird aber oft übersehen, dass die Dichtmassen in Fassaden auch in der alten Bundesrepublik mit Asbest gefüllt waren.

Bei Fenstern und Fensterelementen wurden je nach Funktion oft unterschiedliche Kitte eingesetzt, z. B.

- Fensterkitt zwischen Fensterflügel und Glas,
- Kitt um den Rahmen,
- Kitt zwischen Rahmen und Solbank oder
- Kitt an der Unterseite eines Fenster- oder Wandelements zum Gebäude, wo die Anforderungen an die Materialien höher sind.

Zur Betonsanierung verwendete Spachtelmassen können ebenfalls asbesthaltig gewesen sein.

Asbest für den Brandschutz

Da zur Ertüchtigung des Brandschutzes ganz überwiegend schwach gebundene Asbestprodukte verwendet worden sind, stand dieser Produktbereich bisher im Vordergrund bei der Suche nach Asbest.

Die Brandschutzbestimmungen haben sich im Laufe der Zeit immer wieder geändert und sind verschärft worden. Auch Bauweisen und Baustoffe haben sich verändert. Zudem können bei Umnutzungen von Gebäuden neue Brandschutzauflagen verfügt worden sein. Es muss daher davon ausgegangen werden, dass ein erheblicher Teil asbesthaltiger Materialien noch zur nachträglichen Ertüchtigung eingebaut worden ist. Daher ist es nicht sinnvoll, den baulichen Brandschutz aus der Entstehungszeit zugrunde zu legen, da die nachträgliche Ertüchtigung oft unsystematisch und in unkonventioneller Weise, z. B. mit ungeprüften Bauweisen, erfolgt ist.

Zu berücksichtigen ist aber auf jeden Fall zum einen, dass

- in jedem Gebäude der Brandschutz nach gesetzlichen Vorgaben eingehalten werden muss,
- fast alle Brandschutzauflagen auch mit asbesthaltigen Produkten eingehalten werden konnten und
- nach DIN 4102-5 „Brandverhalten von Baustoffen und Bauteilen; Feuerschutzabschlüsse, Abschlüsse in Fahrschachtwänden und gegen Feuer widerstandsfähige Verglasungen; Begriffe, Anforderungen und Prüfungen“ (1977) nicht nur Baustoffe, sondern auch Bauteile auf ihr Brandverhalten geprüft werden mussten und sich daher für die verschiedenen Bauweisen eine beschränkte Zahl von Konstruktionsmöglichkeiten durchgesetzt hat, die immer wieder auftreten und die gezielt geprüft werden können und müssen, da hier der Anfangsverdacht auf asbesthaltige Produkte besteht.

Zum anderen sind die Grundlagen des baulichen Brandschutzes zu berücksichtigen:

- Ein Gebäude muss im Brandfall eine gewisse Zeit stehen bleiben, um Zeit zur Räumung und zur Brandbekämpfung zu geben.

- Auch einzelne Gebäudeteile wie Wände und Brüstungen dürfen während dieser Zeit nicht zusammenbrechen und dabei Fluchtwege versperren oder Menschen erschlagen.
- Ab einer gewissen Größe oder Höhe muss ein Gebäude in Brandschutzabschnitte aufgeteilt sein, aus denen das Feuer im Brandfall nicht auf einen benachbarten Brandabschnitt übergreifen darf.
- Es gibt steigende Anforderungen in Abhängigkeit von der Dauer, die ein Gebäude oder Gebäudeteil einem Brand widerstehen muss, sowie von der Geschosszahl und von der durch Nutzung bedingten Brandgefahr.

Schließlich sind bei der Ausbreitung eines Brandes die **Hauptbrandwege** durch Decken und Wände sowie die **Nebenbrandwege** zu beachten. Dies sind:

- Fenster und Außenwände,
- Türöffnungen,
- Verglasungen,
- Lüftungsleitungen,
- Schächte und Kanäle,
- Fahrschachttüren,
- Kabel- und Rohrdurchführungen und
- Dächer.

Auf dieser Grundlage kann geprüft werden, ob sich aus der Bauweise und den verwendeten Baustoffen für das zu untersuchende Gebäude Verdachtsmomente auf asbesthaltige Produkte ergeben, denn für einzelne Bauweisen sind ganz spezielle Verwendungen spezifisch.

Prüfbereiche Hauptbrandwege

Grundsätzlich gilt für alle Bauten mit mehr als 1 Stockwerk, dass Dehnungsfugen feuerbeständig verschlossen sein müssen; hierfür wurden asbesthaltige Materialien verwendet.

Massive Bauweise: Tragende Bauteile und raumabschließende Bauteile sind meist aus statischen Gründen massiv genug, um ausreichend feuerbeständig zu sein. Dies gilt auch für die in massiven Bauwerken häufig verwendeten Holzbalkendecken.

Holzbauten und Holzleimbauten: Wie bei der massiven Bauweise sind die tragenden Bauteile aus statischen Gründen so dimensioniert, dass sie gleichzeitig feuerbeständig sind. Raumabschließende Wände, wie z. B. Ständerwände, sind durch die Wahl geeigneter Hölzer (Eichenholz) in belasteten Zonen und durch eingelegte Mineralfaserisolierungen feuerbeständig gemacht worden. Holz ist allerdings gegen Entzündung vor punktueller Hitze mit Asbestpappen geschützt worden (z. B. hinter Lichtschaltern und Steckdosen).

Hinweise zur Prüfung bei massiver Bauweise sowie Holzbauten und Holzleimbauten: Raumabschließende klassifizierte Wände wurden oft in Einzelfertigung hergestellt, sie sollten mit Stichproben überprüft werden, da sie auch mit Asbestsilikatplatten oder furnierten Asbestsilikatplatten beplankt worden sind. Dies gilt ebenso für die Rückwände flurbildender Schrankwände.

Stahlbetonbauweise: Tragende Bauteile erhalten den Brandschutz in der Regel durch ausreichende Überdeckung oder zusätzliche Putzschichten. Bei Gleitlagern im Bereich von Brandabschnitten kann die Neoprenauflage mit Asbeststricken abgedeckt sein.

Die konstruktiven Fugen raumabschließender Bauteile wie Fertigplatten können mit Asbeststricken ausgestemmt sein. Die Anker vorgehängter Wandtafeln müssen geschützt sein. In Stahlbetondecken können Decken und Bodendurchbrüche für Installationsleitungen ausgespritzt sein.

Stahlbauweise: Stahl verliert oberhalb 500 °C seine Festigkeit und tragende Bauteile müssen deshalb geschützt werden. Dafür wurden auch asbesthaltige Materialien verwendet, wie Spritzasbest, Asbestsilikatplatten, mehrlagige Asbestzementplatten, aber z. B. auch 30 mm Putz mit eingelegtem Drahtgeflecht.

Hinweise zur Prüfung bei Stahlbetonbauweise und Stahlbauweise: Da ein mehrlagiger Aufbau möglich ist, sollten Stützen immer angebohrt werden. Wurde Spritzasbest verwendet, ist es notwendig, zu prüfen, ob er auch unterhalb des Estrichs oder auf angrenzenden Wänden und Decken, z. B. unter Tapeten und Putz, zu finden ist, denn die Spritzisolierung wurde meist vor dem Ausbau aufgebracht.

Leichte Ständerwände: Bei leichten Ständerwänden aus Stahlblech muss die Ständerkonstruktion so geschützt werden, dass die Wand im Brandfall nicht zusammenbricht. Der gleiche Wandtyp kann je nach Einbauort in einem Gebäude unterschiedlich ausgestattet sein. Mit zunehmenden Anforderungen an den Brandschutz können reine Raumtrennwände nur mit asbesthaltigen Platten in der Rahmenkonstruktion ertüchtigt sein, Flurtrennwände zusätzlich flächig mit asbesthaltigen Brandschutzplatten gefüllt sein, Wände zu Räumen mit hoher Brandlast zusätzlich noch mit Schürzen aus Brandschutzplatten in der Decke und zum Schutz des Riegels im Bodenbereich. Hier müssen die Wände daher aufgrund unterschiedlicher Brandschutzanforderungen einzeln aufgenommen und dabei alle Bauteile der Wände überprüft werden.

Hinweise zur Prüfung bei leichten Ständerwänden: Der Deckfalz auf der Ständerkonstruktion muss abgehebelt werden, denn eine Entnahme von Materialproben von unten ist nicht ausreichend, da die Materialien in Teilen herausgefallen sind. Wände müssen im ganzen Querschnitt geprüft werden, da die leichten asbesthaltigen Platten in gefüllten Sandwichelementen hinter Mineralwolleeinlagen verborgen liegen können. Der Schutz kann sich auch auf einzelne Elemente beschränken.

Dort, wo Wände in Einzelfertigung hergestellt wurden, sollten sie mit Stichproben überprüft werden, da hier auch Asbestplatten eingebaut wurden. Klassifizierte Wände haben zusätzlich einen Kern aus Asbestsilikatplatten, um zu verhindern, dass es im Brandfall auf der Rückseite zur Entzündung durch Strahlungshitze kommt.

Es wurden auch furnierte und beschichtete Platten verwendet, die auf den ersten Blick nicht asbesthaltig zu sein scheinen; hier wurden insbesondere Marinite-Platten verwendet.

Decken können auf einem Putzträger (z. B. Streckmetall oder Ziegeldrahtgewebe) beschichtet sein, wobei asbesthaltige Spritzputze und Spritzbeschichtungen verwendet wurden.

Da die Materialien überputzt sein können, muss ein Querschnitt aufgenommen werden.

Decken können auch mit vorgefertigten Verkleidungen aus Leichtbetonsteinen, Kalksandsteinen, Gips- oder Gipskartonplatten, Asbestsilikatplatten oder Gipskartonplatten mit asbesthaltigem Glättspachtel abgehängt sein.

Rasterdecken mit verdeckter Verlegung der Unterkonstruktion können mit asbesthaltigen Platten belegt sein; verdeckte Verlegung deutet auf klassifizierte Brandschutzdecken hin.

Da auch asbesthaltige Akustikplatten eingebaut wurden, die äußerlich Gipskartonplatten zum Verwechseln ähnlich sind, müssen Proben genommen werden. Weil die Anschlüsse der Unterdecke an die angrenzenden Wände dicht sein müssen, können hier Streifen aus Asbestsilikatplatten speziell zugeschnitten und eingepasst worden sein.

Prüfbereiche Nebenbrandwege

Fenster und Außenwände entsprechen den Anforderungen an den Brandschutz grundsätzlich dann, wenn der Abstand von Fenster zu Fenster über die Brüstung mindesten 90 cm beträgt oder – bei Verglasung auf Stockwerkshöhe – wenn vor den Fenstern eine Auskragung von mindestens 90 cm Tiefe vorliegt, um den Brandüberschlag zu verhindern.

Sandwichwände aus Asbestzement oder Glasalplatten in Aluminiumrahmenkonstruktionen können mit einem umlaufenden Rahmen aus Asbestsilikatmaterial zwischen den Platten hergestellt sein, der im Brandfall verhindern soll, dass die Styroporeinlage schmilzt und ein Spalt in der Wand entsteht. In diesem Fall handelt es sich nicht mehr um ein Asbestzementprodukt, sondern um ein schwach gebundenes Asbestprodukt.

Hinweise zur Prüfung bei Fenstern und Außenwänden sowie Sandwichwänden: Der Rahmen ist nur hinter der Glasplatte nach Anbohren mit einer Schleuse erkennbar. Sandwichelemente mit Glasplatten auf Aluminiumrahmen, wie sie häufig bei vorgehängten Fassaden verwendet wurden, sind von innen mit asbesthaltigen Leichtbauplatten oder mit asbestbeschichteten Vermiculitplatten hinterlegt worden.

Fensterrahmen werden auch mit Asbeststricken oder -kitten eingesetzt oder bei Stahlzargen mit Asbestpappen in den Verschraubungen gegen das Herausfallen gesichert.

Türöffnungen und Türen in Brandwänden und anderen klassifizierten Wänden weisen eine Vielzahl von Möglichkeiten des Asbesteinbaus auf.

Brandschutztüren aus Stahlblech haben im Türblatt meist eine Einlage aus Mineralwolle (Feuerwiderstandsklasse T30 [30 Minuten] nach DIN 4102-5) oder aus Kieselgurplatten oder Vermiculit, nur selten aber aus Asbestzementplatten (T60); nur der Stahlkasten zum Einschub des Schlosses kann mit Asbestpappe verkleidet sein. Bei zweiflügligen Türen kann auch in die Türfalze auf ganzer Höhe eine Asbestpappe eingebördelt sein.

Hinweise zur Prüfung bei Brandschutztüren aus Stahlblech: Die Pappe im Schlossbereich ist nach Entfernen des Schildes manchmal durch das Schlüsselloch sichtbar oder es kann mit einer gekröpften Zange eine Probe entnommen werden. Nach Anbohren des Türblatts erlischt jedoch die Zulassung. Bei falsch angesetzter Bohrung kann es zu fehlerhaften Analyseergebnissen kommen. Da Brandschutztüren dieser Art nach der Asbest-Richtline in die Sanierungsdringlichkeitsstufe III (vgl. hierzu Kapitel 2.3.1.6 sowie Tabelle 2.42) eingeordnet sind, also kein Sanierungszwang besteht, ist es sinnvoller, erst vor der späteren Verschrottung nach Ausbau auf Asbest zu prüfen. Andere Brandschutztüren, insbesondere solche aus Holz, waren in einer Vielzahl von Konstruktionen mit asbesthaltigen Einlagen auf dem Markt.

Die Zarge in feuerhemmenden Türen in leichten Ständerwänden kann mit Streifen von Asbestpappe oder Asbestsilikatplatten eingesetzt sein, um ein Durchbrennen in das Innere der Wand zu verhindern.

Sogenannte „feuerwiderstandsfähige" Türen mit Glasfüllung sind meist nur rauchdicht; das Glas kann mit einer umlaufenden Asbestschnur eingesetzt sein. Stahlzargen können auch mit Asbestwolle oder -stricken als Futter eingesetzt sein.

Oftmals sind über den Türen oberhalb abgehängter Decken Schürzen aus Asbestsilikatplatten oder Spritzasbest eingebaut, insbesondere dann, wenn die Zwischendecke als Installationsraum genutzt wird.

Verglasungen in raumabschließenden Bauteilen wurden zur Klassifizierung wie Brandschutztüren geprüft (DIN 4102-5). Glas ist nicht brennbar und mit Drahteinlage behält es auch im Brandfall seine Form. Feuerwiderstandsfähige Verglasungen können durch Einsetzen der Scheiben in die Rahmen mit asbesthaltigem Kitt oder mit Asbestschnüren hergestellt sein.

Lüftungs- und Klimaanlagen: Lüftungsleitungen, die Brandabschnitte durchqueren, müssen in Gebäuden mit mehr als 2 Vollgeschossen so hergestellt sein, dass weder Feuer noch Rauch in andere Brandabschnitte übertragen werden können. Beide Forderungen konnten durch 3 Bauweisen erfüllt werden:

- Jedes Geschoss bzw. jeder Brandabschnitt werden mit einer eigenen Anlage versorgt.
- In einer Sammelschachtanlage wird jedes Stockwerk von einer eigenen Leitung versorgt, wobei der Abstand zwischen den Ausgängen im Schacht selbst brandbeständig ist.
- Im Durchgang der Brandabschnitte werden Brandschutzklappen eingebaut.

Soll nur der Brandüberschlag z. B. zwischen 2 Stockwerken verhindert werden, sind folgende Bauweisen möglich:

- Lüftungsanlage oder -kanäle werden aus feuerbeständigen Materialien wie Asbestzement oder Faserzementplatten gefertigt.

- Lüftungsanlage oder -kanäle werden vollständig in Asbestgewebematten eingehüllt.
- Die Lüftungskanäle werden auf beiden Seiten des Durchbruchs auf 2 m Länge mit Spritzasbest beschichtet.

Der Brandschutz kann bei Kenntnis des Aufbaus der Lüftungs- und Klimaanlage eines Gebäudes und der Einteilung in Brandabschnitte also gezielt aufgesucht werden.

Hinweise zur Prüfung bei Lüftungs- und Klimaanlagen: Die asbesthaltigen Materialien können in Brandschutzklappen für verschiedene Bauteile eingebaut sein; für die weitere Planung ist es notwendig, Art und Menge der Materialien zu kennen. Dabei handelt es sich um

- Litaflex – ein asbesthaltiges Schaummaterial – als Anschlagsdichtung,
- leichte asbesthaltige Platten als Anschlagsrahmen, Klappenblatt oder Dichtung bei geteilten Gehäusen,
- Asbestpappen unter dem Auslösemechanismus und
- Asbestwollen im Auslösemechanismus oder um die Welle.

Vom Umfang der Verwendung hängt dann die weitere Bearbeitung ab. Litaflex-Dichtungen können bei einigen Klappentypen ausgetauscht werden, ohne dass die Zulassung erlischt; größere Klappen mit leichten asbesthaltigen Platten als Gehäusedichtungen müssen mit allen Schutzvorkehrungen ausgebaut werden.

Es sind immer wieder kurze Abschnitte, die 2 Brandabschnitte miteinander verbinden, beschichtet oder aus feuerwiderstandsfähigem Material gebaut worden. Wenn es möglich ist, sollte der ganze Verlauf eines Stranges abgegangen werden.

Es gibt innen liegende Auskleidungen von Klimakanälen mit asbesthaltigen Platten, die von außen nicht sichtbar sind, jedoch an ihrem Ton beim Beklopfen erkannt werden können.

Brandschutzklappen: Neben den Asbestmaterialien in den Klappen muss auch der Einbau selbst geprüft werden, da hier neben den in den Herstellerlisten erfassten Produkten zusätzlich asbesthaltige Materialien zum Verschluss von Spalten im Mauerwerk neben der Klappe verwendet wurden. Insbesondere bei Stahlbetonbauten mit vorgefertigten Balken hatten Brandschutzklappen direkt auf dem Balken keinen Platz und mussten nach hinten gelegt werden. Dafür wurden Kästen aus Leichtbauplatten gebaut. Für solcherart aufgerüstete Brandschutzklappen gilt die generelle Einstufung in die Sanierungsdringlichkeitsstufe III (vgl. hierzu Kapitel 2.3.1.6 sowie Tabelle 2.42) nach Asbest-Richtlinie nicht.

Schächte und Kanäle müssen einschließlich der Türen und Klappen ebenfalls in der geforderten Feuerwiderstandsklasse des Gebäudes errichtet sein. Die Türen und Klappen sind daher zu prüfen, da sie oft nur aus aufgeschraubten Asbestsilikatplatten bestehen. Ist der Schacht selbst nicht ausreichend feuerbeständig, so kann er auf Höhe des Durchbruchs durch den Brandabschnitt zusätzlich mit einem Schott gesichert sein. In Gebäuden, in denen die Installationsleitungen nicht durch Schächte und Kanäle geführt sind, wird der Brandabschluss durch Weichschotten (Spritzasbest mit

Epoxidbeschichtung) oder Schränke und Schrankwände aus Asbestsilikatplatten hergestellt.

Fahrschächte und Fahrstühle: Durchqueren Fahrschächte Brandabschnitte – führen sie also nicht durch ein Treppenhaus, das ein eigener Brandabschnitt ist –, so müssen die Fahrschachttüren den Brandabschluss bilden bzw. – bei geöffneten Türen – die Kabinen selbst. Die Fahrschachttüren werden dabei meist als verwindungssteife, doppellagige Stahlblechkästen mit innen liegenden Rippen gefertigt, die keines weiteren Brandschutzes bedürfen; es sind jedoch auch andere Konstruktionen möglich. Für den Fahrkorb fordert die DIN 18090 „Aufzüge; Flügel und Falttüren für Fahrschächte mit feuerbeständigen Wänden" (1969) u. a.: *„Der Fußboden des Fahrkorbs darf aus Eichenholz bestehen, sofern er auf der unteren Seite mit Stahlblech verkleidet ist und zwischen Holz und Stahlblech eine mindestens 4 mm dicke Asbestschicht liegt."* Der Boden des Fahrkorbs bildet im Brandfall bei geöffneten Türen den Abschluss und muss daher geprüft werden.

Es gibt auch Kabinen aus beschichteten Asbestsilikatplatten, oft sind die Kabinenwände mit asbesthaltigen Dröhnpappen beklebt.

Außen liegende Fahrstuhlgerüste können mit Asbestsilikatplatten beplankt sein. Sind 2 im Brandfall voneinander getrennte Fahrstühle gefordert, können sie mit Asbestsilikatleichtbauplatten im gleichen Schacht abgetrennt sein.

Kabel- und Rohrdurchführungen: In Wänden und Decken können Kabel und Rohre an Durchführungen mit Spritzasbest, loser Asbestwolle, Manschetten aus Asbestgewebe, kleinen Asbestsäckchen oder Brandschutzmörtel verfüllt sein.

Hinweise zur Prüfung bei Brandschutzmörtel und Brandschotten: Asbesthaltiger Brandschutzmörtel ist von faserfreiem Mörtel durch Augenschein nicht sicher zu unterscheiden; hier müssen Stichproben untersucht werden.

Die polymeren Massen der Dämmschichtbildner in Weichschotten waren mit Asbest gefüllt und lassen sich nicht von asbestfreien Massen unterscheiden. Die Kennzeichnungspflicht von Schotten wurde erst nach Auslaufen der Produktion asbesthaltiger Materialien eingeführt; auf den Schildern sind Baujahr, verwendetes Material und Hersteller angegeben. Nicht gekennzeichnete Brandschotten sind daher grundsätzlich asbestverdächtig, gekennzeichnete dann, wenn sie vor 1992 eingebaut wurden.

Dächer müssen ausreichend widerstandsfähig gegen Flugfeuer und strahlende Wärme sein. Dies führte in Abhängigkeit von der Bauweise zu unterschiedlicher Verwendung von Asbest.

Dächer aus Trapezblech oder Holzdachstühle können insbesondere dann einseitig oder auch beidseitig mit Asbestsilikatplatten beplankt sein, wenn es darüber zurückspringende Geschosse gibt, in die der Brand nicht überschlagen darf. Kaltdächer sind an der Attika geschützt; hier können Asbestzementplatten oder auch Asbestsilikatplatten benutzt worden sein. Bei Kaltdächern, die Brandabschnitte übergreifen, muss entweder eine Schürze im

Zwischendach angebracht sein oder es war ein zusätzlicher Brandschutz 6 m rechts und links der Brandwand oberhalb der Zwischendecke anzubringen.

Dächer können zudem mit zweischichtigen Bitumen-Asbest-Pappen oder asbesthaltiger Bitumenpappe gedeckt sein. Asbesthaltige Bitumenpappe wurde nicht nur in der ehemaligen DDR hergestellt und verwendet („Ruberoid-Bahn"), sondern auch in der alten Bundesrepublik.

Hinweise zur Prüfung bei Dächern: Um Bitumen- und Teermassen bei Hitze auf Dächern mit starkem Gefälle oder an Aufkantungen festzuhalten, wurde Asbestpulver vor Ort von Hand beim Erwärmen der Massen vor dem Auftrag zugegeben. Bei der Prüfung von Dachdeckungen müssen diese Bereiche daher mit einbezogen werden.

Klappe und Rahmen von ausklappbaren Bodentreppen können gänzlich aus Asbestsilikatplatten hergestellt oder mit Asbestpappe verkleidet sein.

Besondere Nutzungen bzw. Nutzungsänderungen stellten besondere Anforderungen an den Brandschutz und bedingten daher spezifische Asbestverwendungen:

- **Technikräume** wie Heizungsräume müssen von den anderen Räumen feuer- und rauchdicht abgetrennt sein.
- Der **Bühnenraum** in Theatern muss im Brandfall vom Zuschauerraum feuer- und rauchdicht abgetrennt werden können; hierfür können Vorhänge mit Asbestgewebe oder sog. „eiserne Vorhänge" mit Asbestfüllung verwendet worden sein.
- Bei **Warenhäusern** muss besonders auf den Schutz vor der Verteilung von Rauch geachtet werden. Die Unterfahrten von Rolltreppen, die den Brandabschnitt des Stockwerks durchbrechen, können mit Spritzasbest oder Asbestsilikatplatten geschützt sein.
- In **Kfz-Werkstätten** u. Ä. sollten Magazinräume, Farbspritzkabinen und Büroräume von den Werkhallen durch feuerbeständige Wände abgetrennt sein. Dies gilt auch für andere Produktionsstätten.
- Auch Decken von Unterfahrten und **Kfz-Tiefgaragen** müssen feuerbeständig sein.
- Die Nutzung von **Dachböden unter Pfannendächern** als Magazin, Lager und Wohnraum führte fast immer dazu, dass der Dachstuhl nachträglich ertüchtigt werden musste. Zu diesem Zweck wurden z. B. Zuganker mit Spritzasbest unter Hartschale ummantelt oder der Dachstuhl wurde mit Asbestsilikatplatten beplankt.

2.3.1.6 Festlegung der Sanierungsdringlichkeit

Punktebewertung nach der Asbest-Richtlinie

Die Asbest-Richtlinie legt fest, wie zu ermitteln ist, ob und in welchem Zeitraum saniert werden muss. Saniert werden muss danach dann, wenn die Entstehung dauerhaft hoher oder kurzzeitig extrem hoher Faserbelastungen bei Normalbetrieb eines Gebäudes möglich ist. In diesem Fall muss unmittelbar mit der Sanierung begonnen werden (Einordnung in die Sanierungsdringlichkeitsstufe I; vgl. hierzu auch Tabelle 2.42). Die Gefahr besteht grundsätzlich bei schwach gebundenen asbesthaltigen Produkten.

Schwach gebundene asbesthaltige Materialien können bei Bearbeitung oder anderer Beeinträchtigung in kurzer Zeit sehr viele Fasern in die Luft freisetzen. Dies geschieht, wenn entweder direkt an dem Material gearbeitet wird oder wenn sich mit Asbestfasern belasteter Staub in Staubdepots anreichert, sodass er z. B. bei Instandhaltungsarbeiten in die Innenräume gelangen kann. Werden Materialien und Depots nicht berührt, sinkt die Konzentration im Raum. Luftmessungen können diese Schwankungen allerdings nur unzureichend erfassen, denn um erhöhte Konzentrationen in der Luft nachweisen zu können, müsste vorsätzlich asbestbelasteter Staub aufgewirbelt werden. Daher wird die Möglichkeit der Freisetzung von Fasern anhand einer Punkteliste (vgl. Tabelle 2.42) abgefragt, die in der Asbest-Richtlinie vorgegeben ist. Dabei werden alle Randbedingungen geprüft, die gegeben sein müssen, damit es überhaupt zur Faserfreisetzung kommen kann. Wenn z. B. ein Material dicht und unbeschädigt beschichtet ist, so kann es bei Normalbetrieb keine Fasern freisetzen und die Möglichkeit einer Gesundheitsgefährdung ist nicht gegeben. Die Randbedingungen sind in folgende Gruppen gegliedert:

I Art der Asbestverwendung
II Asbestart
III Struktur der Oberfläche des Asbestprodukts
IV Oberflächenzustand des Asbestprodukts
V Beeinträchtigung des Asbestprodukts von außen
VI Raumnutzung
VII Lage des Produkts

In jeder Gruppe kann ein Feld ausgewählt werden, dem jeweils eine bestimmte Punktezahl zugeordnet ist; es soll jeweils das Feld mit der höchsten zu erreichenden Punktezahl gewählt werden.

Zusätzlich wird ebenfalls nach einem Punktesystem gewichtet, wer von erhöhten Faserbelastungen betroffen ist und wie lange. Dabei wird bei Kindern und Jugendlichen strenger bewertet als bei Erwachsenen. In der Konsequenz wurden an mehr Schulen und Universitäten Sanierungsarbeiten ausgeführt als z. B. an Büro-, Fabrik- oder Werkstattgebäuden.

Die jeweils resultierenden Punkte werden addiert. Ab 80 Punkten ist eine Sanierung unverzüglich erforderlich. Werden zwischen 70 und 79 Punkte ermittelt, so sollen die Materialien spätestens nach 2 Jahren erneut in Augenschein genommen und bewertet werden, bei weniger als 70 Punkten alle 5 Jahre.

Tabelle 2.42 Punktebewertung von Asbestverwendungen gemäß Asbest-Richtlinie zur Feststellung der Dringlichkeit einer Sanierung vom Dezember 1992 (Punkteliste) (nach Richtlinie zur Untersuchung baulicher Anlagen auf das Vorhandensein von Asbest, 1996)

Zeile	Gruppe	Asbestprodukte – Bewertung der Dringlichkeit einer Sanierung Gebäude: .... Raum: .... Produkt:	Bewertung[1]	Bewertungszahl
	I	**Art der Asbestverwendung**		
1		Spritzasbest	☐	20
2		asbesthaltiger Putz	☐	10
3		leichte asbesthaltige Platten	☐	5
			☐	10
			☐	15
4		sonstige asbesthaltige Produkte .... (asbesthaltige „Liegestäube")[2]	☐	5
			☐	10
			☐	15
			☐	20
	II	**Asbestart**		
5		Amphibolasbeste	☐	2
6		sonstige Asbeste	☐	0
	III	**Struktur der Oberfläche des Asbestprodukts**		
7		aufgelockerte Faserstruktur	☐	10
8		feste Faserstruktur ohne oder mit nicht ausreichend dichter Oberflächenbeschichtung	☐	4
9		beschichtete, dichte Oberfläche	☐	0
	IV	**Oberflächenzustand des Asbestprodukts**		
10		starke Beschädigungen .... (Endstadium der Zersetzung)	☐	6
11		leichte Beschädigungen	☐	3
12		keine Beschädigungen	☐	0
	V	**Beeinträchtigung des Asbestprodukts von außen**		
13		Das Produkt ist durch direkte Zugänglichkeit (Fußboden bis Greifhöhe) Beschädigungen ausgesetzt.	☐	10
14		Am Produkt werden gelegentlich Arbeiten durchgeführt.	☐	10
15		Das Produkt ist mechanischen Einwirkungen ausgesetzt.	☐	10
16		Das Produkt ist Erschütterungen ausgesetzt.	☐	10
17		Das Produkt ist starken klimatischen Wechselbeanspruchungen ausgesetzt.	☐	10
18		Das Produkt liegt im Bereich stärkerer Luftbewegungen.	☐	10
19		Im Raum mit dem asbesthaltigen Produkt sind starke Luftbewegungen vorhanden.	☐	7
20		Am Produkt kann bei unsachgemäßem Betrieb Abrieb auftreten.	☐	3
21		Das Produkt ist von außen nicht beeinträchtigt.	☐	0

Tabelle 2.42 Fortsetzung

Zeile	Gruppe	Asbestprodukte – Bewertung der Dringlichkeit einer Sanierung Gebäude: .... Raum: .... Produkt:	Bewertung[1)]	Bewertungszahl
	VI	**Raumnutzung**		
22		regelmäßig von Kindern, Jugendlichen und Sportlern benutzter Raum	□	25
23		dauernd oder häufig von sonstigen Personen benutzter Raum	□	20
24		zeitweise benutzter Raum	□	15
25		nur selten benutzter Raum	□	8
	VII	**Lage des Produkts**		
26		unmittelbar im Raum	□	25
27		im Lüftungssystem (Auskleidung oder Ummantelung undichter Kanäle) für den Raum	□	25
28		hinter einer abgehängten undichten Decke oder Bekleidung	□	25
29		hinter einer abgehängten dichten Decke oder Bekleidung, hinter staubdichter Unterfangung oder Beschichtung, außerhalb dichter Lüftungskanäle	□	0
30		**Summe der Bewertungspunkte**		□
31		Sanierung unverzüglich erforderlich (Dringlichkeitsstufe I)	□	≥ 80
32		erneute Bewertung nach spätestens 2 Jahren erforderlich (Dringlichkeitsstufe II)	□	70–79
33		erneute Bewertung nach spätestens 5 Jahren erforderlich (Dringlichkeitsstufe III)	□	< 70

1) Zutreffendes ist anzukreuzen. Sind in einer der Gruppen I bis VII mehrere Bewertungen angekreuzt, ist bei der Summenbildung in Zeile 30 nur die jeweils höchste Punktezahl zu berücksichtigen.
2) mit Ergänzung durch das Amt für Bauordnung und Hochbau, Hamburg, zur Bewertung der Liegestäube (siehe in diesem Kapitel „Verunreinigungen durch Stäube“)

Bei der ursprünglichen Erarbeitung dieses Bewertungsschemas wurde auf die Ergebnisse von Messungen an verschiedenen Asbestprodukten zwischen 1959 und 1976 zurückgegriffen. Dabei gab es damals für viele Produkte und Anwendungsfälle allerdings noch keine repräsentativen Werte, da die Produkte noch nicht im Fokus der Schadstoffdiskussion standen. Bei schwach gebundenen Leichtbauplatten kam es daher in der Bewertung zu einer zu niedrigen Punktezahl, wie sich bei Messungen an großen Platten zeigte. Als Folge wurde die Punkteliste überarbeitet, auch die Produkte aus der DDR-Fertigung wurden dabei 1992 aufgenommen.

Aber auch heute noch gibt es großen Interpretationsspielraum, sodass für viele Anwendungen eine korrekte Bewertung nur anhand von Luftmessungen oder Untersuchungen des abgelagerten Staubes in der Umgebung eines Produkts erfolgen kann. Wie die Asbest-Richtlinie ist auch die Punkteliste seit 1992 nicht mehr angepasst worden. So wurden im Sommer 2009 in

Hamburg 60 Schulturnhallen vorübergehend geschlossen, weil bei der Bewertung nach der Punkteliste mehr als 80 Punkte erreicht wurden, da Asbestgewebe und Stricke lose im Kanalsystem von Luftheizanlagen hingen. Bei anschließenden Messungen in großer Serie wurden jedoch keine auffälligen Konzentrationen gemessen. Hier scheint eine Anpassung der Asbest-Richtlinie nötig; wie Brandschutzklappen sollten auch schwach gebundene Asbestmaterialien in Heizungs- und Lüftungsanlagen nicht einzeln, sondern das Gerät als Ganzes bewertet werden und wie bei den elektrischen Wärmespeichergeräten (Nachtspeichergeräten) sollte dazu eine Untersuchung des abgelagerten Staubes aus dem Gerät herangezogen werden.

Es sollte weiterhin auch klargestellt werden, dass polymergebundene Produkte, die in der Regel ein Raumgewicht von weniger als 1 t/m^3 haben, keine schwach gebundenen Asbestprodukte sein müssen, denn in der Regel setzen sie anders als die mineralisch gebundenen Produkte mit gleicher Dichte kein Asbest frei.

Erfassung, Eingrenzung und Bewertung von Verunreinigungen

Nach der Erfassung der Asbestprodukte ist es notwendig, den Umfang der Verunreinigungen zu bestimmen, weil die Verunreinigungen selbst zu erhöhen Raumluftbelastungen führen können und bei späteren Arbeiten zur Instandhaltung oder Sanierung mit entfernt werden müssen.

Der Umfang der Verunreinigungen kann allerdings erst ermittelt werden, wenn alle verbauten Asbestprodukte und der Ort ihres Einbaus bekannt sind. Manchmal liefert das Ergebnis der Überprüfung der Verunreinigungen dabei auch Hinweise, dass nicht alle Asbestprodukte erkannt wurden, z. B. wenn in den Verunreinigungen andere Asbestarten gefunden wurden, als für die Herstellung der erkannten Produkte verwendet wurden.

Wichtige Typen von Verunreinigungen

Verunreinigungen durch Stäube

Bei schwach gebunden Asbestprodukten hat sich gezeigt, dass bei normaler Nutzung nur in Ausnahmefällen erhöhte Faserkonzentrationen auftreten, und zwar auch dann, wenn nach der Bewertung mit der Punkteliste der Asbest-Richtlinie die Sanierungsdringlichkeitsstufe I (vgl. Tabelle 2.42) erreicht wurde.

Erhöhte Faserkonzentrationen werden meist dann gemessen, wenn es zusätzlich zur bekannten Quelle Faserdepots im Raum gab, die mobilisiert werden können. Faserdepots sind Staub- und Schmutzecken, in denen sich meist luftgetragene Fasern über Jahre ablagern; bei Mobilisierung entstehen dann extrem hohe Faserkonzentrationen.

Abgehängte Zwischendecken sind die Staubdepots schlechthin, hier lagert sich der Staub ab, ohne dass diese Bereiche je gereinigt werden. Insbesondere wenn die Decken zwischen Leichtbauwänden gespannt sind und im Zwischendeckenbereich schwach gebundene Asbestprodukte wie Spritzasbest um Stahlträger, mit Asbestwolle gestopfte Elektroschotten oder Brandschürzen aus leichten asbesthaltigen Platten verbaut sind, können im abgelagerten Staub auf der Oberseite der Zwischendecken hohe Konzentrationen freier

Asbestfasern entstehen. Bei dieser Konstruktionsweise vibrieren die Zwischendecken stets stark, sodass der belastete Staub über den Bereich unterhalb der eigentlichen Quelle hinaus viele Meter weit verteilt wird. Alle über größere Löcher wie Leerrohre oder Spalten verbundenen Bereiche können mit einbezogen sein.

Bei Instandhaltungsarbeiten innerhalb solcher belasteter Zwischendecken, die üblicherweise zur normalen Nutzung eines Gebäudes gehören, oder bei deren Ausbau entstehen sehr hohe Faserkonzentrationen.

Obgleich asbestbelastete Stäube keine Asbestprodukte sind und die Bewertung der Sanierungsdringlichkeit nach der Asbest-Richtlinie nur für Asbestprodukte gilt, ist es sinnvoll, auch solche Stauablagerungen mit der Punkteliste zu bewerten. Das Bauordnungsamt Hamburg hat dies 1996 für Hamburg vorgeschrieben. Dabei soll der Staub als Asbestprodukt mit 15 Punkten bewertet werden. Da Staub eine aufgelockerte Faserstruktur hat, der Zustand also als „beschädigt" zu qualifizieren ist, führt dies über die Punkteliste schnell auf die Sanierungsdringlichkeitsstufe I.

Voraussetzung für die Einordnung eines asbestbelasteten Staubes ist, dass definiert ist, ab welcher Menge Asbest im Staub die Belastung so erheblich ist, dass bei einer Mobilisierung die Konzentration noch messbar ist. In der Nähe eines schwach gebundenen Asbestprodukts wird immer auch Asbest im Staub zu finden sein, jedoch kann die Asbestmenge so gering sein, dass auch bei Mobilisierung die zu messenden Konzentrationen niedrig sind.

Das Bauordnungsamt Hamburg hatte ursprünglich vorgeschlagen, Konzentrationen dann als „erheblich" zu bewerten, wenn auf einer Staubabdruckprobe mindestens 1 Faser auf 1 mm^2 abgesuchter Fläche zu finden ist. Aus statistischen Gründen hat sich jedoch durchgesetzt, mindestens 4 „Ereignisse" auf 4 mm^2 abgesuchter Fläche als „erhebliche Belastung" zu bewerten. Von „Ereignissen" wird gesprochen, da statt Einzelfasern auch Partikel mit asbesthaltigem Baustoff im Staub gefunden werden. Sie sind zwar meist nicht unmittelbar einatembar, doch können die darin enthaltenen Asbestfasern, wenn sie unkontrolliert in den Raum gelangen, langfristig Einzelfasern freisetzen; das Potenzial ist daher vergleichbar. Diese Methode wird informell als „Hamburger Methode" bundesweit angewandt.

Eine neue Vorschrift zur Auswertung von Staubabdruckproben (VDI 3877 Blatt 1 „Messen von Innenraumverunreinigungen – Messen von auf Oberflächen abgelagerten Faserstäuben – Rasterelektronenmikroskopisches Verfahren" [2009]) liegt im Entwurf vor, das zugehörige Bewertungsschema (Blatt 2) ist noch nicht veröffentlicht. „Ereignisse" sollen danach zum Teil in Einzelfasern aufgelöst werden (es werden die in den Partikeln sichtbar werdenden Einzelfasern gezählt), sodass höhere Messwerte erzielt werden, obwohl sich am Gehalt im Staub nichts geändert hat.

Den Staubdepots in Zwischendecken vergleichbare Staubdepots finden sich bevorzugt

- in toten Zonen von Lüftungsanlagen,
- hinter Vorsatzschalen,
- unter aufgeständerten Zwischenböden,
- in Schächten,

- in Technikräumen, Werkstätten und Lagern, die längere Zeit nicht gereinigt wurden,
- auf Kabeltrassen und Kabelrinnen,
- in Teppichböden und
- auf Schränken und Borden.

Für die Bewertung der Sanierungsdringlichkeit und für die Sanierungsplanung müssen solche Staubdepots beachtet werden.

Asbestsanierungsarbeiten waren zu Beginn der Sanierungswelle regelmäßig auf die unmittelbare Umgebung der damals bekannten schwach gebundenen Asbestprodukte beschränkt. Stäube waren weder in der Asbest-Richtlinie noch in der TRGS 519 erfasst. Heute werden die so sanierten Gebäude häufig zur Modernisierung total entkernt und so ergibt sich erneut Sanierungs- und Reinigungsbedarf.

Verunreinigungen durch Materialreste

Spritzasbest wurde mit Spritzpistolen aufgetragen, sodass Material beim Auftrag über die eigentlich zu beschichtende Fläche hinaus in der Umgebung verteilt wurde und sich als „Spritzschatten“ auf angrenzenden Wänden, Dachziegeln oder Installationen, die beim Auftrag bereits montiert waren, oder auf dem Boden der Räume findet, auf den nach Beendigung der Arbeiten oft auch die Reste aus der Spritzanlage ausgeblasen wurden. Auf den Boden kann anschließend Estrich und auf die Wände Putz aufgetragen worden sein. Wird Spritzasbest gefunden, muss für eine vollständige Erfassung sowohl unter dem Estrich als auch unter dem Putz geprüft werden – spätestens als Vorbereitung zur Sanierungsplanung.

Während einer Übergangszeit wurden asbestfreie neben asbesthaltigen Faserspritzmassen mit denselben Anlagen aufgetragen. Nach heutigen Maßstäben sind entsprechende Spritzbeschichtungen aus dieser Übergangszeit daher oft asbesthaltig. Diese Materialien müssen geprüft werden; da der Asbestgehalt variiert, sind mehrere Proben notwendig.

Dichtmaterial in Armaturen: In allen alten Heizungsräumen, Werkstätten und Technikräumen muss mit Resten alter asbesthaltiger Stopfbuchsen- und Flanschdichtungen gerechnet werden, da hier die Schutzvorkehrungen bei Ausbau und Austausch praktisch nie eingehalten werden. Da asbesthaltige Lagerware bis 1990 legal eingebaut werden durfte und auch danach noch weiter verwendet wurde, ist keine sichere zeitliche Eingrenzung möglich.

Verunreinigungen bei Kabelschotten

Zum Brandschutz konnten Brandschotten mit schwach gebundenem asbesthaltigem Material wie Spritzasbest, asbesthaltigen Stopfwollen oder mineralisch gebundenen Massen gefüllt sein, die in die Lücken zwischen die Kabel und um die Kabel gepresst wurden. Auch Gewebe und Schnüre dienten als Ummantelungen. Vielfach wurden solche Schotten zur Nachbelegung geöffnet und danach saniert. Es ist aber nahezu unmöglich, so aufgebaute Schotten bei Erhalt der durchgeführten Kabel endgültig zu sanieren, da durch den verwinkelten Aufbau meist asbesthaltiges Material zurückbleibt, das erst mit Austausch der Kabel endgültig entfernt werden kann.

Bei den Kabelzieharbeiten durch solche Schottungen wurden regelmäßig die angrenzenden Kabeltrassen und Rinnen über weite Strecken verunreinigt und nur in seltenen Fällen anschließend gereinigt.

2.3.1.7 Vorläufige Maßnahmen

Nach der Asbest-Richtlinie ist es erlaubt, den Beginn der Sanierungsarbeiten durch „vorläufige Maßnahmen" um 3 Jahre hinauszuzögern. Diese Maßnahmen sollen verhindern, dass es zu erhöhten Konzentrationen in der Luft kommt. Zum Nachweis muss der Erfolg der Maßnahmen jedes halbe Jahr mit Luftmessungen belegt werden, bei denen das Messergebnis an keinem Messpunkt über 1.000 F/m^3 liegen darf.

Mit den Ergebnissen der Erfassung der Asbestprodukte und der daraus abgeleiteten Eingrenzung der Verunreinigungen können die Maßnahmen festgelegt und gegebenenfalls räumlich beschränkt werden, um die Kosten, wie z. B. für Reinigungsarbeiten oder Abschottungsmaßnahmen, zu begrenzen.

Folgende vorläufige Maßnahmen sind üblich:

- Stilllegung und Abdeckung von Installationen, die bei Betrieb schwach gebundene Asbestprodukte erschüttern oder an ihnen reiben (z. B. Sonnenschutzjalousien, die in Jalousienkästen aus leichten asbesthaltigen Platten in der Zwischendecke montiert sind)
- Einstellung von Instandhaltungsarbeiten in Bereichen asbestbelasteter Staubdepots
- Entfernung frei im Raum liegender asbestbelasteter Stäube
- Umstellung von trockener auf regelmäßige feuchte Reinigung sowie Prüfung, ob die bisher zur Reinigung verwendeten Geräte, insbesondere die Sauger, verunreinigt sind und deshalb während ihres Betriebes Fasern freisetzen

2.3.1.8 Instandhaltungsarbeiten

Für den weiteren Betrieb eines Gebäudes sind Instandhaltungsarbeiten notwendig, wie z. B. Arbeiten in Zwischendecken zur Abstellung von Wasserschäden, Arbeiten an der elektrischen Installation oder Funktionsprüfungen der Brandschutzklappen. Unabhängig von den Maßnahmen, die zum Schutz der Nutzer notwendig sind, müssen daher auch Arbeitnehmer beim Umgang mit Gefahrstoffen geschützt werden.

Nach Vorliegen des Katasters und der Eingrenzung der Verunreinigungen können die möglichen für ein Gebäude anfallenden Arbeiten zusammengestellt werden und für die Arbeiten kann eine Gefährdungsabschätzung vorgenommen werden, auf deren Basis der notwendige Schutzumfang bei den Arbeiten festgelegt werden kann.

2.3.1.9 Sanierung

Die bisherige Darstellung zum Umgang mit Asbest basiert vor allem auf der Asbest-Richtlinie. Im Zusammenhang mit der im Folgenden behandelten Sanierung sind nun die in der TRGS 519 geforderten Schutzmaßnahmen wesentlich, die den Schutz für Instandhaltungsarbeiten, mehr noch aber für

Sanierungsarbeiten, beschreiben. In die Asbest-Richtlinie sind die hauptsätzlichen Regeln zur Sanierung übernommen.

Grundsätzlich gilt, dass nur Arbeitnehmer, die dafür ausgebildet und in die jeweiligen Arbeiten speziell eingewiesen sind, an Asbestprodukten arbeiten dürfen und sich sonst niemand in dem dafür abgetrennten Arbeitsbereich aufhalten darf.

Daher muss bei Instandhaltungs- und Sanierungsarbeiten in jedem Fall dafür Sorge getragen werden, dass sich niemand außer den unmittelbar mit den Arbeiten Beschäftigten im Arbeitsbereich aufhält. Das hat weitreichende Konsequenzen: Werden z. B. Fensterbänke aus Asbestzement in Wohnungen ausgebaut, so dürfen die Bewohner den Raum während der Arbeiten und vor Abschluss der Reinigung nicht benutzen.

Expositionskategorien

Grundlegendes Prinzip der TRGS 519 ist es, durch Einstufung in eine der 3 folgenden Expositionskategorien ein der tatsächlichen Gefährdung angepasstes abgestuftes Schutzprogramm anzubieten:

- **Arbeiten mit geringer Exposition**
- **Arbeiten geringen Umfangs**
- **umfangreiche Arbeiten**

Der notwendige Schutzaufwand ist vorab festzulegen, um die Sicherheit der Arbeiter und Dritter und den Sanierungserfolg zu garantieren und um den Zeitaufwand zu bestimmen, denn der Schutzaufwand verursacht bei Asbestsanierungsarbeiten ca. ein Drittel der Kosten.

Im Folgenden werden die Expositionskategorien im Einzelnen beschrieben.

Arbeiten mit geringer Exposition

Bei Arbeiten, bei denen die Konzentration von bis zu 15.000 F/m^3 im Arbeitsbereich der Arbeiter und 1.000 F/m^3 in der Umgebung nicht überschritten werden, reicht es prinzipiell, dass die Arbeitsbereiche abgesperrt und nach den Arbeiten gelüftet und gereinigt werden.

Durch die anschließende Reinigung aller Oberflächen im Arbeitsbereich wird sichergestellt, dass Dritte nicht gefährdet werden. Die Reinigung ist in jedem Fall erforderlich, auch dann, wenn das Asbestprodukt bei den Arbeiten wahrscheinlich nicht beschädigt wurde. Nur wegen dieser zusätzlichen, vorbeugenden Schutzmaßnahme muss der Sanierungserfolg nicht mit Messungen überprüft werden. Ausnahmen sind Arbeiten, bei denen Asbestprodukte vollständig verpackt oder verschlossen wurden, bevor sie am Stück zusammen mit ihrem Träger ausgebaut werden, wie z. B.

- Asbestdichtungen an Kanalflanschen,
- Dichtungen und Packungen in Armaturen,
- Asbestpappen im Schlosskasten von Brandschutztüren und
- Fensterflügel mit asbesthaltigen Kitten.

Die Arbeiter müssen in dieser Expositionskategorie im Arbeitsbereich keine Schutzmaske und – sofern sie nicht direkt mit dem Asbest in Kontakt kommen – auch keinen speziellen Schutzanzug tragen. Wenn sie eingewiesen sind, muss auch kein Sachkundiger anwesend sein, sondern nur erreichbar sein, falls etwas Auffälliges festgestellt wird.

Ein Betrieb, der solche Arbeiten ausführen will, benötigt daher mindestens einen Sachkundigen. Die erforderliche Qualifikation wird auf behördlich anerkannten lediglich halbtägigen Sachkundekursen für Arbeiten mit geringer Exposition erworben. Die Sachkunde beschränkt sich daher auch ausschließlich auf die dabei erlernten Arbeitsweisen. Die Arbeiter, die für diese Arbeiten eingesetzt werden, müssen der Berufsgenossenschaft des jeweiligen Betriebes gemeldet werden.

Mit diesen eingeschränkten Schutzmaßnahmen sind die Arbeiten im Vergleich zu den umfangreichen erforderlichen Schutzmaßnahmen der Asbestsanierung erheblich kostengünstiger ausführbar. Daher ist es sinnvoll, Arbeiten mit niedriger Faserkonzentration zu identifizieren und sie als Arbeiten mit geringer Exposition zu gestalten.

Nach einer Gefährdungsabschätzung anhand veröffentlichter Messwerte oder eigener Messungen kann ein Messprogramm aufgestellt und die Eignung eines Verfahrens mit Messungen ermittelt werden. Es bestehen Regeln über die Zahl der notwendigen Messungen – ihre Zahl steigt, je näher die gemessenen Konzentrationen am Grenzwert liegen – und über die Art der Messungen. Es sind Messungen im Atembereich der Arbeitnehmer notwendig, zusätzlich auch Messungen zum Schutz Dritter und schließlich Erfolgskontrollmessungen. Angesichts des Aufwands, den umfangreiche Schutzmaßnahmen erfordern, lohnt sich ein solches Untersuchungsprogramm jedoch vielfach, wenn dabei Arbeitsweisen gefunden werden, die die Kriterien für Arbeiten mit geringer Exposition erfüllen, auch weil es für viele Asbestverwendungen und insbesondere für die erst in jüngerer Zeit erkannten Materialien wie Putze, Spachtel und Kitte noch keine überprüften Verfahren gibt.

Inzwischen werden auch Beizen eingesetzt, um die Konzentration bei der Entfernung von Anstrichen und Spachteln gering zu halten. Dies ist jedoch nicht ohne Risiko, da sich durch das Beizen die Deponiezuordnungsklasse von Beton verändern kann, was zu erheblichen Zusatzkosten beim Abbruch führt.

Für einige Arbeiten an häufig verwendeten Produkten wie Flex-Platten von Fußbodenbelägen, asbesthaltigen Bodenklebstoffen, Flachdichtungen, Stopfbuchsenpackungen und Magnesiaestrichen gibt es festgelegte Arbeitsverfahren, deren Eignung durch Messungen überprüft und durch eine Kommission beim Berufsgenossenschaftlichen Institut für Arbeitschutz (BGIA, ehemals BIA) zertifiziert werden. Sie sind im „BIA-Verzeichnis geprüfter Arbeitsverfahren" zusammengestellt (vgl. hierzu BGI 664 „Verfahren mit geringer Exposition gegenüber Asbest bei Abbruch-, Sanierungs- und Instandhaltungsarbeiten [bisher ZH 1/511] [2000-07]" sowie BIA-Handbuch: Sicherheit und Gesundheitsschutz am Arbeitsplatz). Die Eignung dieser Verfahren wird damit ohne weitere Überprüfungen bundesweit angenommen. Allerdings können diese Arbeiten organisatorische und fachtechnische Risiken bergen und werden deshalb in der Praxis meist umgangen:

- Cushion-Vinyl-Beläge sollen nach Perforierung mit einer Nadelwalze für 24 Stunden mit einer Boraxlösung 1 cm überdeckt stehen bleiben, danach kann die durchnässte Asbestpappe mit dem gelösten Klebstoff emissionsfrei abgenommen und die Klebstoffreste können rückstandslos abgeschält werden. Im Geschosswohnungsbau führt diese Methode zu Wasserschäden und einem Unterlaufen benachbarter Bereiche mit Ablösung der Oberbeläge; Borate sind zudem fortpflanzungsgefährdend. Die Methode ist ohne Einschränkungen auch nicht zur Trennung vor Abbruch tauglich, da Borate als Wasser gefährdende Stoffe nicht in Bauschutt enthalten sein dürfen.

- Flex-Platten sollen feucht abgenommen werden, Anhydritestrich kann dabei jedoch reißen.
- Die für die Arbeitsverfahren einzusetzenden H-Sauger (Industriesauger für die Staubklasse H nach DIN EN 60335-2-65 „Sicherheit elektrischer Geräte für den Hausgebrauch und ähnliche Zwecke – Teil 2-65: Besondere Anforderungen für Luftreinigungsgeräte“ [2009]) werden konstruktionsbedingt bei Normalbetrieb in Arbeitsbereichen verunreinigt; die Konzentration von Asbestfasern in der Abluft der bei Sanierungen eingesetzten Sauger liegt regelmäßig oberhalb 1.000 F/m^3. Aus diesem Grund wird in den BIA-(BGIA-)Arbeitsverfahren der Einsatz von Saugern gefordert, die zuvor „noch nie in einem Schwarzbereich eingesetzt waren“ (Schwarz-Weiß-Trennung: Trennung von kontaminiertem Bereich [Schwarzbereich] und nicht kontaminiertem Bereich [Weißbereich]). Diese Forderung wird im Betriebsalltag jedoch nicht eingehalten, sodass bei Überprüfungen nach Beendigung solcher Arbeiten durch Luftmessungen die gemessenen Konzentrationen oft über 1.000 F/m^3 liegen.
  Daher muss entweder mit einem zusätzlichen filtrierenden Unterdruckgerät gearbeitet oder die Abluft nach außen geführt werden, wofür aber die wenigsten Geräte ausgestattet sind, zudem senkt dies die Saugleistung auf einen zu geringen Wert.
- Für viele Verfahren ist Anfeuchten oder Nässen der auszubauenden Materialien gefordert, um die Faserkonzentration in der Luft niedrig zu halten. Die anschließend zur Reinigung der Bereiche eingesetzten H-Sauger sind für Arbeiten unter Feuchte jedoch nicht eingerichtet; so reißen z. B. die für die Sauger vorgeschriebenen Sicherheitssäcke aus Papier, wenn die vollen Beutel aus dem Sauger entnommen werden, da das Papier durchweicht ist.

Ein Betrieb muss je nach Bundesland unterschiedlichen Behörden wie z. B. dem Staatlichen Amt für Gewerbeaufsicht, dem Gewerbeaufsichtsamt, dem Regierungspräsidium oder dem Amt für Arbeitsschutz sowie der zuständigen Berufsgenossenschaft ein erstes Mal anmelden, dass er Arbeiten mit geringer Exposition durchführen will, er muss die Arbeitnehmer als belastet melden, die Aufnahme der Arbeiten anzeigen, Betriebsanweisungen erstellen, die Arbeiter unterweisen und den Arbeitsbereich kennzeichnen. Dabei ist zu beachten, dass die Regelungen keineswegs einheitlich angewandt werden – so zersplittert wie die Aufsichtsbehörden, so unterschiedlich ist die Regelauslegung.

Da z. B. bis 1990 alle Flachdichtungen und Stopfbuchsenpackungen asbesthaltig waren, müsste eigentlich jeder Klempner- und Heizungsbetrieb, der Instandhaltungsarbeiten ausführt, angemeldet sein. Zumindest müsste jeder Monteur als Exponierter gemeldet sein und einen geprüften H-Sauger zur Verfügung haben. Für die Arbeiten müssten ständig neue Arbeitsstätten abgesperrt werden. Gleiches gilt für Fußbodenlegebetriebe wegen Arbeiten an asbesthaltigen Belägen, Klebstoffen und Ausgleichsmassen oder für Lüftungsbauer, die jährlich die Brandschutzklappen auf Funktionstüchtigkeit prüfen, und für Trockenbauer und Maler, die Gipskartonwände mit asbesthaltigem Glättspachtel überarbeiten oder abbrechen.

Tatsächlich erfolgt alles dies außerhalb gezielter Sanierungsarbeiten in der täglichen Praxis nicht mehr. Im Ergebnis dieser Missachtung verschwindet Asbest als Baustoff – anders als einst angestrebt – nicht geregelt; er wird bei Umbau- und Instandhaltungsarbeiten zurückgelassen, unerkannt überdeckt oder nur teilweise ausgetauscht. Dies bedingt zwangsläufig, dass die Asbesterfassungen in immer kleinteiligeren Rastern erfolgen müssen, da die Stichproben eine immer geringere Aussagekraft haben.

Durch den Abbau der Überwachung durch Aufsichtsbehörden und Berufsgenossenschaften in den letzten Jahren hat sich das Problem noch weiter verschärft. Kontrolliert werden in der Regel nur die Betriebe, die ordnungsgemäß anzeigen; Plausibilitätskontrollen durch die Aufsichtsbehörden oder Warnungen vor neuen Fundstellen durch Innungen und Berufsgenossenschaften unterbleiben.

Heute sind es hauptsächlich Investoren oder Eigentümer, die für die Einhaltung der Regeln sorgen, weil sie kein Risiko eingehen wollen und/oder tatsächlich asbestfreie Immobilien wünschen.

Arbeiten geringen Umfangs

Arbeiten geringen Umfangs sind Arbeiten, bei denen die im Atembereich eines Arbeiters gemessene Konzentration unterhalb von 100.000 F/m^3 liegt.

In diesem Fall müssen die Räume oder Bereiche, in denen die Arbeiten ausgeführt werden, zusätzlich abgetrennt und belüftet werden, die Arbeiter müssen Schutzanzüge und Masken tragen und als Eingang zum Schwarzbereich muss eine Kammer hergerichtet werden, in der bei Verlassen des Arbeitsbereichs der Schutzanzug zunächst abgesaugt und dann ausgezogen werden soll.

Weitere Anforderungen sind:

- Bei gleichartigen Tätigkeiten entfällt die Wiederholung der Mitteilung, erforderlich ist aber die Angabe von Ort und Zeit.
- Reinluftrückführung ist zulässig, wenn das Absaugen von Asbestfasern nur mit ortsveränderlichen Entstaubern oder Industriestaubsaugern möglich ist; in der Regel genügt eine Einkammerschleuse.
- Steht am Betriebshof eine Dusche zur Verfügung, so genügt vor Ort eine Waschgelegenheit.
- Auf eine Freigabemessung kann in der Regel verzichtet werden (diese Messungen sind nicht identisch mit Messungen zur Erfolgskontrolle nach der Asbest-Richtlinie (siehe hierzu auch Kapitel 2.3.1.3).
- Als Atemschutz genügt z. B. die Schutzstufe P2.

Dauern die Arbeiten jedoch länger als 4 Stunden oder sind mehr als 3 Arbeiter damit beschäftigt, müssen die Schutzmaßnahmen der nächsthöheren Stufe (sog. „umfangreiche Arbeiten“) ergriffen werden.

Die für Arbeiten geringen Umfangs typischen Faserkonzentrationen können u. a. bei folgenden Tätigkeiten angenommen werden:

- Entfernen von Asbestpappen unter Fensterbänken
- Entfernen von Dichtungen, z. B. an Gasbrennern oder an Türen
- Beschichten von Abschottungen, z. B. an Kabeldurchführungen oder an Durchführungen von Lüftungskanälen oder Rauchrohren
- Beschichten von schwach gebundenen asbesthaltigen Platten in gutem Zustand durch Rollen
- Kesselreinigung bei größeren Kesseln
- Ausbau von Asbestzementprodukten in Innenräumen mit Zerstörung

Für solche Arbeiten gibt es kein allgemeines Verzeichnis wie für die Arbeiten geringer Exposition. Die zeitliche Beschränkung und das Verbot, solche Arbeiten auf einer Baustelle zu koppeln (d. h. 1 große Maßnahme in mehrere kleinere Bereiche aufzulösen, um dadurch das Zeitlimit zu unterlaufen), führen dazu, dass diese Schutzstufe nur sehr selten gewählt wird; sie ist eigentlich nur für Instandhaltungsarbeiten von Bedeutung.

Bei Nichteinhaltung der geforderten Bedingungen liegt das hauptsächliche Risiko bei Anwendung dieser Schutzstufe darin, dass die Arbeitnehmer ohne ausreichende Schleuse und Maske nicht genügend geschützt sind und dass die Umgebung verunreinigt wird.

Als Sonderfall werden die Arbeiten an Asbestzement behandelt: Wird Asbestzement in Innenräumen bei den Arbeiten gebrochen, so müssen die Schutzmaßnahmen von Arbeiten geringen Umfangs ergriffen werden. Im Freien liegt die Faserbelastung beim Abbau von Asbestzementplatten nach Nässung, gemessen an der Person, zwischen 15.000 und 100.000 F/m^3 (gelegentlich auch darüber). Erst bei Asbestzementflächen über 100 m^2 besteht eine Mitteilungspflicht. Eine Dusche wird abweichend von den Anforderungen bei den umfangreichen Arbeiten an schwach gebundenem Asbest erst gestellt, wenn die Maßnahme länger als 3 Tage dauert; eine Abschottung des Arbeitsbereichs während der Arbeiten wird nicht gefordert.

Vielfach wird aber übersehen, dass Asbest-Zementrohre mit schwach gebundenen asbesthaltigen Mörtel gedichtet sind.

Es besteht keine zeitliche Begrenzung für diese Arbeiten und damit auch kein Kopplungsverbot, die Arbeiten können also unbegrenzt lange dauern.

Umfangreiche Arbeiten

Als umfangreiche Arbeiten gelten Arbeiten, wenn

- die Asbestfaserkonzentration, gemessen im Arbeitsbereich des Arbeitnehmers, 100.000 F/m^3 überschreitet oder
- die Arbeiten länger als 4 Stunden dauern und die Konzentration im Atembereich über 15.000 F/m^3 liegt oder
- die Arbeiten von mehr als 3 Arbeitern ausgeführt werden und die Konzentration im Atembereich über 15.000 F/m^3 liegt.

Für solche Arbeiten sind dann zusätzlich Unterdruckhaltung, Mehrkammerschleusen, bessere Masken sowie Luftmessungen erforderlich.

Vorgehen bei einer Sanierung

Methoden

Mögliche Sanierungsmethoden asbestbelasteter Materialien und Bauteile sind

- Entfernen,
- Beschichten und
- räumliche Trennung (Abschottung/Abkapselung).

Sofern es möglich ist, ist das Entfernen immer die vollständigste und sicherste Art der Sanierung. Wenn aber z. B. Betondecken auf Asbeststricke als elastisches Auflager in Dehnungsfugen in Ortbeton gegossen sind, so ist ein Entfernen vor Abbruch eines Gebäudes nicht möglich.

Durch Beschichten oder räumliche Trennung (Abschottung/Abkapselung) ist die Entstehung hoher Staubkonzentrationen im Gebäude zunächst zwar ausgeschlossen. Im Laufe der Nutzung haben sich jedoch bei Bauteilen, die mit dieser Methode saniert wurden, Schwachstellen ergeben, die inzwischen zu einer zweiten Welle der Sanierung führen:

- Die Gebäude sind mit diesen Sanierungsmethoden im Innenausbauzustand auf die Herstellungszeit der Sanierung, z. B. vor 15 Jahren, fixiert. Inzwischen ist die Haustechnik oft veraltet und bei Umbau und Modernisierung sind nun die asbesthaltigen Materialien betroffen und durch die zusätzliche Entfernung von Beschichtungen und Abschottungen fallen zusätzliche Kosten an.
- Bei Immobiliengeschäften wird heute oft „Schadstofffreiheit" gefordert. Asbestsanierungen durch Beschichten oder Abschottung/Abkapselung erfüllen diese Forderung jedoch nicht, denn ein „asbestsaniertes" Gebäude muss keineswegs ein asbestfreies Gebäude sein.

Zugelassene Beschichtungsmittel sind nicht mehr am Markt, in manchen Fällen können aber Materialien für Brandschutzbeschichtungen eingesetzt werden, die für Brandschutzanforderungen zugelassen sind und im Grundsatz die Anforderungen an geeignete Beschichtungsmittel erfüllen.

Festlegung von Bereichen

Für die verschiedenen Bereiche eines Gebäudes werden ausgehend von dem Material, das den größten Schutzaufwand erfordert, die Schutzmaßnahmen festgelegt; es empfiehlt sich dann, in diesen Bereichen alle Materialien zu bearbeiten und die Bereiche nach Abschluss der Arbeiten einmal zu reinigen.

Sind diese Bereiche zu groß, so werden sie in Sanierungsabschnitte geteilt. Die sinnvolle Größe wird durch die Anforderungen aus Lufthaltung und Reinigung bestimmt. Dabei ist die regional unterschiedliche behördliche Auslegung der Regeln zu beachten; so können z. B. „Arbeiten im Luftstrom" in dem einen Bundesland ohne weitere Überprüfung als Arbeiten mit geringer Exposition durchgeführt werden, während in einem anderen Bundesland die Schutzmaßnahmen für umfangreiche Arbeiten gefordert werden.

Filtration, Lüftung und Unterdruckhaltung

Wichtigstes Arbeitsmittel für die Sanierung sind die vielfach „Unterdruckgeräte“ genannten filtrierenden Lüftungsgeräte, mit denen auch der für die Sanierung notwendige Unterdruck hergestellt wird. Die Geräte haben bei der Sanierung 3 gleichermaßen wichtige Aufgaben:

- Filtration
- Lüftung
- Unterdruckhaltung

Filtration: Ein Gebläse zieht die Luft aus dem Arbeitsbereich zuerst über ein Polyestervlies, auf dem der Grobstaub zurückgehalten wird und das im Arbeitsbereich leicht gewechselt werden kann. Der feinere Staub wird anschließend auf einer Filterkassette (wegen der Form des Filters Z-Line genannt) abgetrennt; auch diese Kassette kann einfach gewechselt werden. Zuletzt werden die ganz feinen Fasern im Filterblock des Hauptfilters zurückgehalten.

Der Hauptfilter besteht aus sehr feinem Papier aus künstlichen Mineralfasern, das vielfach gefaltet ist, um eine große Oberfläche zu erhalten. Dieser Filter befindet sich in einem seitlich vergossenen Holzrahmen.

Ein intakter Filter dieser Art soll 99,995 % (Filterklasse EU) der Asbestfasern zurückhalten. Die Konzentration bei Demontagearbeiten asbesthaltiger Produkte liegt üblicherweise im Bereich von 1 Million bis über 10 Millionen F/m^3. Bei dem geforderten Rückhaltegrad von 99,995 % können also bei einer Eingangskonzentration von 10 Millionen Fasern 500 Fasern austreten.

Die TRGS 519 fordert, durch Prüfungen der Geräte bei Erstinbetriebnahme und danach spätestens alle 3 Jahre nachzuweisen, dass die Konzentration in der Abluft der Geräte unterhalb 500 F/m^3 liegt. Messungen bei zu geringer Eingangskonzentration während der Prüfung führen dabei zu keinen aussagekräftigen Ergebnissen. Seit die TRGS 519 die Forderung an die Reinhaltung der Luft erhob, bestand Uneinigkeit über die Bedingungen der Prüfung. Erstmals wurden die Anforderungen 2001 in einem Merkblatt der Hamburger Baubehörde präzisiert: Mit parallelen isokinetischen Messungen (Messungen bei der gleichen Strömungsgeschwindigkeit) im Zu- und Abluftstrom soll bei einer Eingangskonzentration über 5 Millionen F/m^3 geprüft werden (vgl. Merkblatt über den Stand der Technik, 2001).

Bei den regelmäßigen Prüfungen unter diesen Bedingungen zeigte sich allerdings, dass ein erheblicher Teil der Geräte den Anforderungen nicht genügte (jahresweise zwischen 15 und 25 % der geprüften Geräte). Die Filter der betreffenden Geräte waren bei der Herstellung nicht korrekt hergestellt und geprüft worden, wurden beim Einbau beschädigt oder waren gerissen, weil sie bei zu hohem Differenzdruck betrieben wurden. Die Geräte selbst waren verzogen, korrodiert oder unsachgemäß repariert, sodass der Filtersitz nicht mehr dicht war, oder sie waren so stark verunreinigt, dass sie ständig Fasern abgaben.

Die Abluft der Unterdruckgeräte muss ins Freie abgeführt werden, dies ist eine Forderung der Gefahrstoffverordnung. Bei den zu fördernden Luftmengen kommt es in den dafür notwendigen langen Luftwegen zu erheblichen Druckverlusten und damit zu Leistungsverlusten der Geräte. Die Forderung, die Abluft ins Freie abzuführen, muss aber bei dem Zustand der heute verwendeten Geräte aufrechterhalten werden. Die Gefahrstoffverordnung lässt die Rückführung nur dann zu, wenn die filtrierenden Geräte nach einem behördlich anerkannten Verfahren geprüft wurden. Geräte, die den genannten Kriterien des Merkblatts der Hamburger Baubehörde genügen, erfüllen die Anforderungen der Gefahrstoffverordnung und können auch in Bereichen eingesetzt werden, in denen eine Abluftführung nach außen nur schwer hergestellt werden könnte.

Lüftung: Asbestsanierung besteht im Wesentlichen im Ausbau der Materialien mit anschließender Reinigung. Dabei kommt der Durchlüftung des Arbeitsbereichs entscheidende Bedeutung zu.

Während der Ausbauarbeiten dient die Lüftung dazu, die Konzentration von Stäuben, die bei der Demontage der Materialien entstehen, niedrig zu halten, um die Arbeiter möglichst wenig zu belasten. Niedrige Konzentrationen vereinfachen zudem auch die spätere Reinigung.

Während der abschließenden Reinigungsarbeiten wird zwangsläufig ein Teil der bei den Ausbauarbeiten angefallenen Stäube mobilisiert; die leichten und flugfähigen Asbestfasern werden schon durch den bloßen Luftzug, den die Bewegungen der Arbeitenden verursachen, aufgewirbelt. Die Lüftung während der Reinigungsarbeiten soll verhindern, dass sich mobilisierte Stäube auf bereits gereinigten Flächen erneut absetzen; die Stäube sollen mit dem Luftzug zum Unterdruckgerät mitgeschleppt und dort ausfiltriert werden.

In der TRGS 519 ist die einzige Randbedingung zur Bemessung der Lüftungsleistung ein fünffacher Luftwechsel pro Stunde; Grundlage der Bemessung der Lüftungsgeräte ist dabei die Nennleistung.

Reihen isokinetischer Messungen der Leistung von gewarteten, neuen Unterdruckgeräten im Einsatz haben gezeigt, dass in der Praxis nur 30 bis 60 % der Nennleistung erreicht werden, die übrige Leistung geht durch die Filter und die Unterdruckhaltung verloren; bei verunreinigten Vorfiltern kann die Leistung noch niedriger liegen.

Die erforderliche Querschnittsfläche der Öffnung A_O ist nach folgender Formel von Unterdruck und Luftwechsel abhängig:

$$A_O = \frac{n \cdot V_R}{3.600} \cdot \sqrt{\frac{\varrho_L}{2 \cdot p_R}}$$

mit

A_O Querschnittsfläche der Zuluftöffnung (m^2)
n Zahl der Luftwechsel pro Stunde (h^{-1})
p_R Druckdifferenz des Sanierungsbereichs zur Umgebung (–20 Pa)
V_R Volumen des Sanierungsbereichs (m^3)
ϱ_L Dichte der Luft (1,28 kg/m^3)

In Frankreich müssen Arbeitsbereich und Unterdruckgeräte nach dieser Formel bemessen werden.

Aus der Formel ergibt sich: Je geringer der angelegte Unterdruck ist, desto größer muss die Zuluftöffnung sein, um einen wirksamen Luftwechsel zu erreichen.

Aber auch mit der Herstellung einer ausreichend großen Zuluftöffnung ist nur der Anforderung an den Luftwechsel Genüge getan, denn ob die Lüftung auch ausreicht, den Staub aus dem Arbeitsbereich abzuführen, hängt von weiteren Randbedingungen ab.

Wenn die Geschwindigkeit, mit der die Staubpartikel in der Luft tanzen, größer ist als die Geschwindigkeit, mit der die Luft zum Absauggerät transportiert wird, ist die Verdünnung deutlich langsamer als der gemessene Luftwechsel und es gibt keinen wirksamen Luftstrom, der die Teilchen zur Absaugung schleppt, sodass sich die Teilchen vorher absetzen.

Die Teilchen tanzen bewegt durch Thermik und die sich im Raum bewegenden Arbeiter in der Luft mit ca. 1 bis 3 mm/s. Bei Einsatz eines Lüftungsgeräts mit einer Leistung von 3.000 m^3/h wird der Wert von 3 mm/s bereits bei einem Raumquerschnitt von mehr als 10 m^2 unterschritten und es entsteht kein wirksamer Luftstrom, da die Bewegungsgeschwindigkeit der Teilchen die durchschnittliche Luftgeschwindigkeit übertrifft, und es resultiert keine messbare Verdünnung der Faserkonzentration im Atembereich der Arbeitenden. Bei Demontagen und auch bei Reinigungsarbeiten wird die Verschleppung der dabei mobilisierten Stäube folglich nicht verhindert. Im Gegenteil: Zuluft, die über einen kleinen Querschnitt eintritt, wird dabei beschleunigt und ein Luftstrom entsteht, der über eine weite Strecke trägt, die Stäube aufnimmt und sie im Raum in toten Zonen verteilt, wo sie absinken.

Durch einen einfachen Versuch, kann dieses Phänomen leicht veranschaulicht werden: Wird ein Finger 25 cm vom Mund entfernt gehalten und dagegengeblasen, ist der Luftzug gut zu spüren, aber selbst wenn mit aller Kraft Luft in den Mund gesaugt wird, ist nichts zu spüren. Dies erklärt sich dadurch, dass ein Luftstrom zwar gezielt geführt werden kann, eine Absaugung jedoch nicht gerichtet werden kann – die Luft wird immer aus allen Richtungen angesaugt. Mit einem Unterdruckgerät kann deshalb in einem Raum unter Praxisbedingungen niemals eine gezielte Luftführung hergestellt werden.

In kleinen Arbeitsbereichen wird dieser Effekt durch die dann überdimensionierte Kraft der eingesetzten Geräte überspielt, in großen Bereichen mit mehr als 100 m^2 Grundfläche oder Raumlängen von mehr als 15 m wird er jedoch spürbar.

Unterdruckhaltung: Mit einer Unterdruckhaltung des Arbeitsbereichs soll verhindert werden, dass Asbestfasern durch Lecks in der Abschottung nach außen treten. Praktisch lassen sich in einem Gebäude jedoch nur wenige Bereiche vollständig dicht abtrennen, Lecks sind fast nie ganz zu vermeiden. Sind die Lecks klein genug, so ist die Gasgeschwindigkeit der an diesen Stellen von außen eintretenden Luft hoch genug, um Asbestfasern, die auf dem Weg durch das Leck sind, mit in das Innere des Arbeitsbereichs zu schleppen. Hierfür sind 20 Pa Unterdruck zwischen Arbeitsbereich und Umgebung gefordert und ausreichend.

Ein von Planern und Ausführenden häufig gewünschter höherer Unterdruck ist dabei nicht nötig: Bei gegebener Geräteleistung vermindert größerer Unterdruck zwangsläufig den Luftwechsel im Arbeitsbereich, weil ein größerer Teil der eingesetzten Energie für die Unterdruckhaltung verwendet wird. Es ist jedoch besser, die Konzentration im Arbeitsbereich durch häufigen Luftwechsel niedrig zu halten, als zu versuchen, mehr Teilchen hoher Konzentration durch stärkeren Unterdruck zurückzuhalten. Beschleunigte Materialstückchen oder Asbestfasern, die z. B. bei Reinigung mit Besen oder beim Strahlen asbesthaltiger Materialien zusammen mit einer beschleunigten Materialwolke auf das Leck geblasen werden, können durch den Unterdruck ohnehin nicht zurückgehalten werden, da die Bewegungsenergie der Teilchen um Größenordnungen höher liegt als die der am Leck durch den Unterdruck beschleunigten Luft; selbst eine Verdoppelung des Unterdrucks würde hierfür nicht ausreichen.

Es ist also zu empfehlen, bei Unterdruck über 20 Pa die Zuluftöffnungen so weit zu öffnen, dass 20 Pa Unterdruck im Arbeitsbereich noch eingehalten werden, weil dann der höchste Luftwechsel erreicht wird.

In Gebäuden mit großen Lüftungsanlagen sind die Druckschwankungen beim Betrieb der Anlagen manchmal größer als die der Unterdruckgeräte mit ihren geringeren Leistungen. Hierauf muss bei der Bemessung der Unterdruckgeräte bei Sanierungen im laufenden Betrieb geachtet werden. Es kann dann sinnvoll sein, mit höherem Unterdruck zu beginnen, damit der Arbeitsbereich bei Veränderung der Betriebsbedingungen nicht plötzlich leer gesaugt wird.

Da im Unterdruckgerät selbst zwischen Lüftergebläse und Filter ein größerer Unterdruck anliegt als zwischen Filter und Arbeitsbereich, dürfen die Lüftungsgeräte nur außerhalb der Arbeitsbereiche aufgebaut werden, mit dem Filter oder den Filterkästen an den Arbeitsbereich angedockt. Steht das Gerät im Arbeitsbereich, zieht es ungefilterte, verschmutzte Luft hinter dem Filter an und wird dadurch verunreinigt. Falls eine Aufstellung außerhalb des Arbeitsbereichs nicht möglich ist, muss das Gerät im Arbeitsbereich überbaut und direkt belüftet werden.

Bemessung der Geräte: Die Leistung der Geräte muss in etwa wie folgt bemessen werden:

- ein Drittel für Filtration
- ein Drittel für Unterdruckhaltung
- ein Drittel für Luftwechsel

Daraus kann über die Raumgröße und den geforderten Luftwechsel die technisch notwendige Leistung zurückgerechnet werden.

Bei gegebener Geräteleistung ist es sinnvoller, mehrere kleine Geräte oder Geräte mit mehreren Absaugstellen einzusetzen als große Geräte oder Geräte mit zusammenhängenden Filterblöcken. Mit dazu passenden Zuluftöffnungen ist es möglich, die Wege zwischen Zu- und Abluft zu verkürzen, sodass sich schwerere Teilchen nicht auf dem Weg zur Absaugung absetzen.

Bei gegebener Leistung ist es sinnvoller, den Luftwechsel durch eine Vergrößerung der Zuluftöffnungen zu erhöhen, als mit mehr als den geforderten 20 Pa Unterdruck zu arbeiten. Es ist nicht sinnvoll, Geräte in der Leistung herunterzuregeln.

Zuluftöffnungen dürfen nicht so angeordnet werden, dass sie aufeinandertreffen und Luftwirbel bilden, die Stäube in tote Zonen schleppen können.

Die richtige Bemessung und Anordnung kann leicht mit Nebelgeräten überprüft werden, die als Partyzubehör schon für unter 50 € im Handel erhältlich sind.

Abschottungen

Abschottungen haben die Funktion,

- Austreten von Staub und Material aus Arbeitsbereichen zu verhindern,
- unbelastete oder später schwer zu reinigende Oberflächen gegen Staub schützen,
- den in Unterdruck zu haltenden, zu reinigenden und zu lüftenden Bereich möglichst klein zu halten,
- Bereiche in Größen zu schaffen, die überschaubar und bearbeitbar sind, und
- die Arbeitsbereiche zu sichern, damit sich nicht Dritte dort aufhalten.

Zur Abschottung sind Vorkehrungen geeignet, die einen Raum schaffen und dem Unterdruck standhalten; manchmal genügt es bereits, ein Fenster zu schließen und Schleusen und Unterdruckgerät anzuschließen.

Sind Räume zu klein, so werden mehrere zusammengelegt, sind sie zu groß, so werden sie abgeteilt. Für einen leichten und schnellen Aufbau haben sich folienbespannte Holzrahmenwände aus Dachlatten durchgesetzt.

Einfach bespannte Wände reichen aus, um Abtrennungen zwischen Arbeitsbereichen herzustellen.

Doppelt – auf jeder Seite – bespannte Wände werden als Abtrennung gegen genutzte Bereiche gewählt; auf der Seite des genutzten Bereiches können sie zum Schutz bei starkem Publikumsverkehr zusätzlich mit Spanplatten bespannt werden.

Doppelte Einhausungen sind erforderlich, wenn asbesthaltige Materialien wie Beschichtungen und Spachtel, die anders nicht entfernbar sind, durch Strahlen entfernt werden müssen. Hierfür muss in einigem Abstand zur inneren Abschottung eine äußere Abschottung aufgebaut werden, sodass durchtretender Strahlschutt aufgefangen wird. Der Zwischenraum zwischen innerer und äußerer Abschottung wird in leichtem Unterdruck gehalten. Eine Alternative ist, die Räume, die an den Arbeitsbereich anschließen, zu sperren und nach den Arbeiten zu lüften und zu reinigen.

Aufwendig und schwierig ist immer die Abschottung von Ebenen, die mit Installationen belegt sind, da hier sehr kleinteilig gearbeitet werden muss.

Staub fangendes Inventar, das nicht bereits entfernt wurde, muss abgedeckt werden oder es kann, falls es glatte Oberflächen hat, an Fugen verschlossen werden. Teppiche werden abgedeckt und Böden für die Arbeiten geschützt.

Wenn Abschottungen und Abdeckungen bei einer Sanierung aufgebaut werden, besteht die Möglichkeit, dass sich während der Arbeiten auch dahinter Asbestmaterial und Stäube fangen, und es besteht auch die Möglichkeit, dass der Sanierungsbereich zu klein abgetrennt wurde. Daher sehen TRGS 519 und Asbest-Richtlinie 2 Arten von Messungen zur Überprüfung des Sanierungserfolgs vor:

- Freigabemessungen im aufgebauten Arbeitsbereich (TRGS 519): Diese Messungen zeigen, dass im gewählten Bereich vollständig saniert, ausreichend gelüftet und gereinigt worden ist. Erst nach erfolgreichen Freigabemessungen dürfen die Abschottungen abgebaut werden und andere Arbeitnehmer den Bereich betreten.
- Erfolgskontrollmessungen (Asbest-Richtlinie): Erst nach Abbau der Abschottungen und Reinigung des Bereiches um die Abschottungen wird mit diesen Messungen der Sanierungserfolg überprüft.

Nur wenn Raum und Arbeitsbereich identisch sind, fallen beide Arten von Messungen zusammen (z. B. sind Heizungsräume, aus denen asbestgedichtete Kessel entfernt werden, meist so klein, dass sie nicht weiter abgeschottet werden).

Schleusen

Alle 2 Stunden müssen die Arbeiter ausschleusen, um sich ohne Maske ausruhen zu können (Maskenpause), auch muss demontiertes Material aus dem Arbeitsbereich gebracht werden. Dabei darf kein Asbeststaub, der an Mensch und Material haftet, nach außen gebracht werden und der Unterdruck darf nicht zusammenbrechen. Um dies zu erreichen, werden Schleusen installiert, hintereinander gestellte Kammern, die an den Arbeitsbereich angedockt werden.

Bei Arbeiten geringen Umfangs ist nur 1 Kammer erforderlich, in der der Schutzanzug, den ein Arbeiter im Arbeitsbereich tragen muss, abgesaugt und dann ausgezogen wird.

Einwegschutzanzüge schützen die Arbeiter nicht vor dem Faserstaub, da sie an Kopf, Armen und Beinen und oft auch an den Nähten undicht sind. Die meisten billigen Anzüge reißen, auch wenn sie das CE-Zeichen tragen. Bei höheren Faserkonzentrationen im Arbeitsbereich setzt sich der Faserstaub auch unter dem Anzug auf der Haut der schwitzenden Arbeiter ab und reichert sich dort an. Sicher schützen Einwegschutzanzüge nur den Arbeitsbereich vor einer Rekontamination durch die Arbeiter bei den Reinigungsarbeiten.

Bei umfangreichen Arbeiten müssen die Arbeiter daher duschen, um das auf der Haut abgeschiedene Material sicher abzureinigen. Dazu müssen 4 Kammern hintereinander aufgebaut werden, in denen schrittweise nacheinander

- der Anzug gereinigt,
- der Anzug ausgezogen,
- geduscht und
- frische Wäsche angezogen wird.

Die Kammern müssen durchlüftet sein, ein abfallendes Druckgefälle muss vom Arbeitsbereich bis zur Umkleidekammer eingestellt und eine Zwangsverriegelung der Türen eingerichtet sein. Schleusen, die allen diesen Anforderungen genügen, sind technisch anspruchsvolle Geräte; meist werden nach dem „Hamburger Modell" hergestellte, aus vorgefertigten Teilen zusammensetzbare leichte Schleusen verwendet (vgl. Merkblatt ASI-Arbeiten beim Umgang mit Asbest, 2007). Bei Großbaustellen können aber auch speziell hergerichtete größere Anlagen sinnvoll sein, denn durch eine der üblichen Schleusen können nicht sehr viel mehr als 12 Arbeiter gehen, da der Schleusungsvorgang sonst zu lange dauert.

Meist wird so viel Material ausgebaut, dass ein Arbeitsbereich wegen des überall abgelagerten Materials nicht erfolgreich gereinigt werden kann. In Materialschleusen wird daher das ausgebaute Material von außen gereinigt, umverpackt und ausgeschleust. Geringe Materialmengen können auf Stapelhölzern abgestellt, zur Reinigung der darunter liegenden Flächen umgesetzt und schließlich mit freigemessen werden.

Die Schleusen sind elektrisch betrieben; mit Duschmanagement (Einheit aus Boiler, Abwasserfiltration und Zwangsverriegelung) und eigener Unterdruckhaltung haben sie hohe Anschlusswerte, die bei der Sanierungsplanung berücksichtigt werden müssen.

Reinigungsarbeiten

Nach Abschluss der Arbeiten muss der grobe Dreck entfernt werden (Grobreinigung), anschließend müssen alle Oberfläche in einem zweiten Gang entstaubt werden. Für den zweiten Reinigungsgang gibt es 2 Verfahren: **trockene Reinigung** und **nasse Reinigung**.

Kehrbesen sind im Arbeitsbereich verboten; für die **trockene Reinigung** werden hauptsächlich Industriesauger (H-Sauger) eingesetzt, die mit besseren Filterstufen ausgerüstet sind als die sonst gebräuchlichen Geräte. Zusätzlich wird das Sauggut in diesen Saugern in Sicherheitsbeuteln aufgefangen, die beim Wechsel verschlossen werden können, sodass nur geringfügige Verunreinigungen entstehen. Kleine H-Sauger nutzen die abgesaugte Luft als Kühlung, der Filter ist hier vor dem Gebläse eingebaut. Wenn die Sauger heiß werden, wird jedoch eine Nebenluftöffnung geöffnet, sodass die Luft aus dem Arbeitsbereich direkt und unfiltriert durch Gebläse und Motor zieht. Die Sauger sind in der Folge nahezu immer innen verunreinigt und geben Fasern mit der Abluft ab. Daher müssen sie beim Transport von Einsatzort zu Einsatzort verschlossen sein.

Die Sauggeräte sollten möglichst entweder immer im Weißbereich stehen, nur die Saugschläuche sollten in den Schwarzbereich führen, oder man betreibt die Sauger ausschließlich im Schwarzbereich.

Wenn das Gebäude dadurch nicht geschädigt wird, können statt der Sauger auch Hochdruckwasserstrahlgeräte für eine **nasse Reinigung** eingesetzt werden. Dieses Reinigung ist schnell und umfassend, das anfallende Wasser kann mit Wassersaugern aufgenommen und über die Wasserfilter des Duschmanagements gereinigt werden.

Feuchte Reinigungsverfahren bergen allerdings die Gefahr, dass über feuchte Schlieren belasteter Staub verteilt wird, der nach der Abtrocknung wieder als Staub abgelagert ist.

Mit der Entstaubung sollte erst dann begonnen werden, wenn sich nach der Grobreinigung die Stäube gesetzt haben und abgesaugt oder abgewaschen werden können, sodass ein Großteil des abgesetzten Staubes erfasst wird.

Das Kriterium für eine vollständige Reinigung ist die gemessene Asbestfaserkonzentration. Die Messungen dürfen aber erst durchgeführt werden, wenn die Räume entstaubt sind. Dies führt oft zum Konflikt: In Gebäuden, in denen parallel zu Sanierungsarbeiten andere Arbeiten wie Abbruch- oder Umbauarbeiten stattfinden, ist es nahezu unmöglich, vollständig zu entstauben, denn durch den angelegten Unterdruck wird Staub aus benachbarten Bereichen hereingezogen und durch Vibrationen setzen offene mineralische Baustoffe Staub frei. Daher wird versucht, den Feinstaub mit einem Sprühnebel mit Restfaserbindemittel niederzuschlagen. Hilft dies nicht oder darf kein Restfaserbindemittel verwendet werden, besteht die Möglichkeit, dass nach Ende der Reinigungsarbeiten bei dem anschließend geforderten 30-fachen Luftwechsel die Abluft der Unterdruckgeräte in den Raum zurückgeführt wird. Damit wird der Staub aus dem Bereich im Umluftverfahren filtriert, ohne dass über Unterdruck neuer Staub angezogen wird.

Gemessen wird dann über Nacht, wenn die Arbeiten im Gebäude eingestellt sind und keine Vibrationen entstehen.

2.3.1.10 Ausblick

Die Sanierung schwach gebundener Asbestprodukte verläuft nach den beschriebenen Verfahren weitgehend reibungslos.

Einige Probleme werden aber auch in den nächsten Jahren noch zu lösen sein:

- Wie können Kataster standardisiert werden, sodass die Erfassung der Materialien verlässlich, vergleichbar und vollständig erfolgt?
- Wie groß ist der tatsächliche Umfang der flächig verwendeten Massen, Putze, Klebstoffe, Beschichtungsmittel und Farben?
- Wie kann verhindert werden, dass beim notwendigen und gewünschten Recycling asbesthaltige Dachbahnen, Althölzer mit asbesthaltigen Kitten, Gipskartonplatten und Beton mit asbesthaltigem Glättspachtel erneut in den Materialkreislauf gelangen oder unerkannt geschreddert oder verbrannt werden?
- Welche Möglichkeit besteht, Stahl mit anhaftenden asbesthaltigen Beschichtungen oder mit asbesthaltigen Dichtungen legal einzuschmelzen?

2.3.2 Künstliche Mineralfasern (KMF)

Martin Kessel

Künstliche Mineralfasern (KMF) sind aus mineralischen Rohstoffen synthetisch hergestellte Fasern. Hierin unterscheiden sie sich von den Asbestfasern, die als Mineral in der Natur vorkommen und bergmännisch gewonnen werden.

KMF verfügen über Eigenschaften, die sie für ein weites Feld von Verwendungen im Baubereich zum idealen Werkstoff machen. Sie sind nicht brennbar und besitzen sehr gute Wärmedämmeigenschaften. Darüber hinaus sind sie beständig gegen Hitze – Keramikfasern z. B. bis zu Temperaturen über 1.400 °C. Zum Teil sind künstliche Mineralfasern verspinnbar, sodass aus ihnen textile Gewebe hergestellt werden können, z. B. für Glasfasertapeten.

Exemplarisch für die Zusammensetzung von KMF-Produkten sei die von Glaswolle aufgeführt: Neben dem Hauptbestandteil von bis zu ca. 70 % Altglas wird für die Produktion von Glaswolle Sand, Kalkstein und Soda verwendet. Daneben werden je nach Verwendung 0,5 bis 7 % Bindemittel (z. B. Phenol- und Harnstoff-Formaldehyd-Harze) sowie ca. 0,5 % Schmelzmittel (z. B. Mineralöle, Silikonöle und Silikonharze) zugesetzt.

In der Bundesrepublik Deutschland werden jährlich insgesamt mehr als 500.000 t künstliche Mineralfaserprodukte hergestellt. Der Anteil der Glas- und Steinwolleprodukte beträgt über 95 %. Der Rest entfällt auf Spezialprodukte wie Keramikfasern z. B. für Hochtemperaturanwendungen.

Produkte, die künstliche Mineralfasern enthalten, werden in Innenräumen und an Gebäuden in unterschiedlichen Bereichen eingebaut und verwendet. Neben zahlreichen **Baustoffen** und **Ausbaumaterialien** finden sich KMF-Produkte auch in zahlreichen Anwendungen im Bereich der **Haustechnik**.

2.3.2.1 KMF-Produkte in Baustoffen und Ausbaumaterialien

Als Baustoffe und Ausbaumaterialien werden KMF-Produkte in sehr großem Umfang für den Schall- und Wärmeschutz in Innenwänden (Abb. 2.33) sowie als Akustikelemente im Deckenbereich (Abb. 2.34 und 2.35) eingesetzt. In Fußböden bestehen heutige Trittschalldämmungen zu einem großen Teil aus KMF. Doppelböden (Abb. 2.36) werden ebenfalls gegen Trittschall gedämmt. Im Dachausbau werden sowohl zum Brandschutz als auch zum Wärmeschutz KMF-haltige Platten bzw. zuschneidbare Rollenware eingesetzt (Abb. 2.37). Im Fassadenbereich werden sowohl innen als auch außen KMF in vielfältigen Verwendungen als Teil des Gesamtaußenwandsystems eingesetzt (Abb. 2.38 und 2.39). Dies reicht von Innendämmungen über den Kern von Fertigbauaußenfassaden bis hin zu zusätzlich aufgebrachten Teilen eines Wärmedämm-Verbundsystems und zu mineralfaserhaltigen Putzen.

Als Brandschutzelement werden KMF-Produkte als leichte Platten oder Rollenware z. B. im Abhangdeckenbereich, als Teil von Trennwandsystemen (Abb. 2.40) sowie bei komplizierteren Bauteilen wie Stahlkonstruktionen als Spritzbrandschutzisolierung (Abb. 2.41 und 2.42) eingesetzt. KMF-Spritzbrandschutzisolierungen wirken in vielen Fällen optisch sehr ähnlich wie die entsprechenden Spritzasbestisolierungen bei Verwendung von weißen Asbestarten.

Abb. 2.33: Innenwand mit KMF-Dämmmaterialien

Abb. 2.34: KMF-Auflage auf Deckenplatten sowie angeklebt an der Rohdecke

Abb. 2.35: KMF-Deckenplatte

Abb. 2.36: KMF-Trittschalldämmung im Doppelbodenbereich

Abb. 2.37: KMF-Dämmung im Dachstuhlbereich

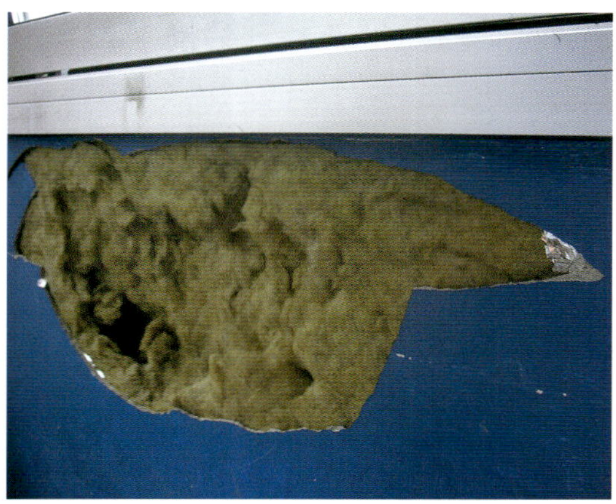

Abb. 2.38: KMF-Dämmmaterial innen an der Fassade im Fensterbereich unter einer Eternitplatte

Abb. 2.39: KMF-Außenisolierung hinter einer Blechverkleidung

Abb. 2.40: KMF-Matte im Wandaufbau zum Brand- und Lärmschutz

Abb. 2.41: KMF-Spritzbrandschutzisolierung an einer Stahlkonstruktion

Abb. 2.42: Detailaufnahme einer KMF-Spritzbrandschutzisolierung

Abb. 2.43: KMF-Wärmeisolierung einer haustechnischen Anlage

Abb. 2.44: KMF-Isolierung einer Warmwasserleitung

Abb. 2.45: KMF-Isolierung eines Lüftungskanals

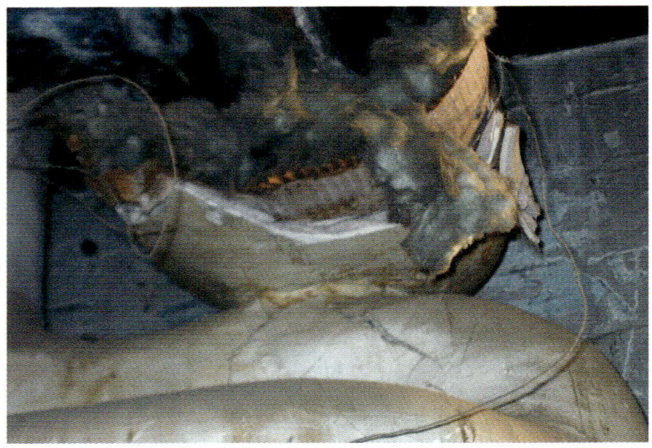

Abb. 2.46: Alte KMF-Isolierung

2.3.2.2 KMF-Produkte im Bereich der Haustechnik

Die wärmedämmende Eigenschaft von KMF macht sie zu einem im Bereich der Haustechnik (Abb. 2.43) häufig verwendeten Bauprodukt. Vielfach wurden in der Vergangenheit und teils auch noch heute Warmwasserleitungen (Abb. 2.44) sowie Lüftungskanäle (Abb. 2.45) und Abwasserleitungen mit KMF-Ummantelungen versehen. In aller Regel sind dies Ummantelungen mit einer Kaschierung aus Papier, Kunststoff- oder Aluminiumfolie, Verbundwerkstoffen aus Glasfasergewebe, Aluminium und Kunststoff und/oder zusätzlichen Blechverkleidungen. In älteren Gebäuden ist zudem ein Verbundwerkstoff aus Gips und künstlichen Mineralfasern anzutreffen (Abb. 2.46), der statt der KMF auch Asbest enthalten kann. Die Überschneidungen in den Einsatzbereichen mit Asbest sind hier ebenso wie bei der Spritzbrandschutzisolierung vielfältig.

2.3.2.3 Bewertung

Bei der Bewertung von künstlichen Mineralfasern ist die TRGS 905 „Technische Regeln für Gefahrstoffe – Verzeichnis krebserzeugender, erbgutverändernder oder fortpflanzungsgefährdender Stoffe“ (2005-07), die wiederum auf die „Verordnung zum Schutz vor Gefahrstoffen“ (Gefahrstoffverordnung – GefStoffV) vom 23. Dezember 2004 verweist, heranzuziehen (siehe auch

Verzeichnis krebserzeugender, erbgutverändernder oder fortpflanzungsgefährdender Stoffe, Tätigkeiten und Verfahren, 2009). Grundvoraussetzung für die Einstufung von KMF-Produkten ist, dass sie Fasern mit einer Länge von mehr als 5 µm und einem Durchmesser von weniger als 3 µm enthalten, bei denen das Verhältnis der Länge zum Durchmesser größer ist als 3 : 1 (sogenannte WHO-Fasern). Nur diese Fasern sind alveolengängig, d. h., sie können in der Lunge bis in die Lungenbläschen vordringen und dort nach dem gleichen Wirkprinzip wie Asbest Lungenkrebs erzeugen. Eine weitere zwingende Voraussetzung für die krebserzeugende Wirkung ist die Biobeständigkeit (Biopersistenz), d. h., die Verweildauer der Fasern muss in biologischem Gewebe entsprechend lang sein.

Zur Beurteilung, ob und gegebenenfalls in welchem Maße ein KMF-Produkt biopersistent ist, wird in aller Regel der Karzenogenitätsindex *KI*, wie er in der TRGS 905 definiert ist, herangezogen. Je kleiner der *KI*, desto größer ist die Gesundheitsgefährdung. Der Karzenogenitätsindex wird dabei nach folgender Formel aus den Anteilen bestimmter Metalloxide (jeweils Gew.-%) berechnet:

$$KI = Na_2O + K_2O + B_2O_3 + CaO + MgO + BaO - 2\,Al_2O_3 \qquad (\%)$$

Glasige, alveolengängige WHO-Fasern mit einem Karzenogenitätsindex ≤ 30 werden in die Kategorie 2 der Gefahrstoffverordnung eingestuft. Dies sind *„Stoffe, die als krebserzeugend für den Menschen angesehen werden sollten. Es bestehen hinreichende Anhaltspunkte zu der begründeten Annahme, dass die Exposition eines Menschen gegenüber dem Stoff Krebs erzeugen kann“.* Bei einem Karzenogenitätsindex > 30 und < 40 wird eine Einstufung in die Kategorie 3 vorgenommen. Dies sind *„Stoffe die wegen möglicher krebserzeugender Wirkung beim Menschen Anlass zur Besorgnis geben, über die jedoch nicht genügend Informationen für eine befriedigende Beurteilung vorliegen“.* Für glasige WHO-Fasern erfolgt keine Einstufung als krebserzeugend bzw. krebsverdächtig, wenn für sie ein Karzenogenitätsindex ≥ 40 ermittelt wird (sogenannte Freizeichnung). Seit dem 1. Juni 2000 dürfen nur noch Produkte auf den Markt gebracht werden, die dieses Freizeichnungskriterium erfüllen oder bei denen über eine alternative Testmethode nachgewiesen wurde, dass sie in biologischem Gewebe vergleichsweise schnell abgebaut werden.

Nach wie vor wird die Bewertung der krebserzeugenden Wirkung von Faserstäuben von biopersistenten alveolengängigen KMF-Produkten im EU-Recht und in der Bundesrepublik Deutschland unterschiedlich gehandhabt. Die Europäische Union stuft die „alten“ (also vor 1996 hergestellten) Mineralwollen unter K3 („krebsverdächtig“) ein (Richtlinie 67/548/EWG vom 27. Juni 1967). Die Bundesrepublik Deutschland weicht hiervon wie oben zitiert aus gesundheitsvorsorgenden Gründen ab und stuft Produkte mit einem Karzenogenitätsindex < 30 in der TRGS 905 weitergehend unter K2 („krebserzeugend“) ein. Die wissenschaftlichen Erkenntnisse zur kanzerogenen Wirkung von KMF sind dabei nach wie vor lückenhaft.

In der baulichen Praxis ist beim Thema der Bewertung zunächst die Recherche zu Produktinformationen bzw. zum Baujahr wichtig. Kann sichergestellt werden, dass ein KMF-Produkt vor dem Jahr 1996 eingebaut wurde, so ist es zweifelsfrei als alte Mineralwolle im Sinne der TRGS 521 „Technische Regeln für Gefahrstoffe – Abbruch-, Sanierungs- und Instandhaltungsarbeiten mit alter Mineralwolle“ (2008-02) anzusprechen. Ab diesem Zeitpunkt wurden

Mineralwolleprodukte auf den Markt gebracht, die die vorgenannten Freizeichnungskriterien erfüllen und demnach über eine so geringe Biopersistenz verfügen, dass sie nicht als krebserzeugend bzw. krebsverdächtig beim Menschen eingestuft werden müssen. Kann nicht sichergestellt werden, dass es sich bei dem zu bewertenden Produkt um „neue" (also seit dem 1. Juni 2000 zugelassene) Mineralwolle handelt, so wird üblicherweise analytisch der Karzenogenitätsindex bestimmt, um gemäß Berechnung nach der oben genannten Formel der TRGS 905 eine Einstufung vornehmen zu können. Eine Besonderheit stellen sehr alte Glas- und Steinwolleprodukte dar. Deren Fasern haben zum Teil deutlich größere Durchmesser als die kritischen 3 µm, was dann selbst bei einem entsprechenden analytisch bestimmten Karzenogenitätsindex < 30 zur Bewertung „unbedenklich" führt, da die Produkte nicht den entsprechenden Wirkort in der Lunge erreichen können. Für derartige Produkte ist daher anzuraten, zusätzlich zum Karzenogenitätsindex bestimmen zu lassen, ob das Produkt alveolengängige Faserstäube (WHO-Fasern) enthält. Die darüber hinaus für sämtliche Mineralwolleprodukte geltende Einstufung als „reizend" gemäß TRGS 905 bleibt hiervon unberührt.

Die Bewertung von KMF-Konzentrationen in der Innenraumluft ist bis heute leider nicht geregelt. Es fehlt noch immer eine der Asbest-Richtlinie („Richtlinie für die Bewertung und Sanierung schwach gebundener Asbestprodukte in Gebäuden" [1996-01]) entsprechende KMF-Richtlinie, die Konzentrationen angeben würde, die dauerhaft als unbedenklich für den Menschen angesehen werden könnten bzw. ab deren Überschreitung eine Sanierung angezeigt wäre. Um trotzdem über die Bestimmung der KMF-Raumluftkonzentrationen eine Sanierungsempfehlung bzw. eine Empfehlung, nicht zu sanieren, geben zu können, hat Zwiener einen Bewertungsvorschlag erarbeitet (Zwiener, 1997). Hierbei wird von der Bestimmung der Produktfaserkonzentration in der Raumluft ausgegangen, also der Konzentration an KMF-Fasern, die aus einem oder aus mehreren vorher z. B. bei der Bestimmung des Karzenogenitätsindexes chemisch genau charakterisierten KMF-Produkten resultiert. Auf dieser Basis bestimmte Faserkonzentrationswerte werden nach dem in Tabelle 2.43 dargestellten Schema bewertet.

Tabelle 2.43: Handlungsempfehlungen in Abhängigkeit von der KMF-Raumluftkonzentration (nach Zwiener, 1997)

Konzentration der Produktfasern (F/m³)	**Bewertung**	**Empfehlung**
< 500	nicht erhöht bis geringfügig erhöht	kein Handlungsbedarf
500–1.000	mäßig erhöht	Prüfung weiterer Maßnahmen oder Durchführung von Minderungsmaßnahmen
> 1.000	deutlich erhöht	Prüfung und ggf. Beseitigung von Mängeln, ggf. Durchführung von Sanierungsmaßnahmen
F Fasern		

2.3.2.4 Sanierung

Bei der Konzeptionierung und konkreten Planung von Sanierungsmaßnahmen von KMF-Produkten ist in aller Regel die **TRGS 521** heranzuziehen. Die TRGS 521 dient dabei zunächst dem **Schutz der Beschäftigten**; sie gibt „eine Hilfestellung bei der Festlegung der Schutzmaßnahmen" (Abschnitt 1, Abs. 2). Dies bedeutet, dass bei der spezifischen Ausgestaltung der Arbeits- und Schutzvorgaben bei Abbruch-, Sanierungs- und Instandhaltungsarbeiten die TRGS 521 die Basis ist. Sie ist jedoch keinesfalls eine hinreichende, alle individuellen Eventualitäten berücksichtigende Vorschrift zur Sanierung von KMF-Produkten und kann die noch fehlende KMF-Richtlinie nicht ersetzen.

Grundlage der in der TRGS 521 zum Schutz der Beschäftigten gemachten Ausführungen ist die Gefahrstoffverordnung. Insbesondere in den Anhängen III Nr. 2 zu partikelförmigen Gefahrstoffen und IV Nr. 22 zu biopersistenten Mineralfasern werden für den Umgang mit alten Mineralwolleprodukten verbindliche Vorgaben gemacht. Die TRGS 521 bezieht sich dabei allerdings ausschließlich auf alte Mineralwolleprodukte der Einstufung in die Kategorien K2 und K3. Regelungen zu Tätigkeiten mit neuen Mineralwolleprodukten sind den allgemeinen Bestimmungen in der **TRGS 500** „Technische Regeln für Gefahrstoffe – Schutzmaßnahmen" (2008-01) zu entnehmen. Im Folgenden wird der Umgang mit alten Mineralwolleprodukten im Vordergrund stehen.

Zentraler Begriff des neuen Gefahrstoffrechts, der auch in der neuen Fassung der TRGS 521 vom Februar 2008 Niederschlag gefunden hat, ist die **Gefährdungsbeurteilung**. Demnach hat der Arbeitgeber die Verpflichtung, sich Informationen darüber zu beschaffen, mit welcher Art von KMF-Produkten umgegangen wird. Es ist unbedingt zu empfehlen, dass der ausführenden Firma („Arbeitgeber" gemäß TRGS 521) durch deren Auftraggeber (z. B. Immobilienbesitzer) alle relevanten Informationen zur Verfügung gestellt werden, wie z. B. technische Erkundungen, Schadstoffkataster oder Materialanalysen. In der Regel stehen aus der Bauzeit keine Informationen mehr über die Art der eingesetzten Produkte zur Verfügung. In der Praxis ist es daher üblich, Materialproben zu entnehmen und Analysen für die zweifelsfreie Einstufung durchzuführen, wenn keine eindeutigen Belege dafür vorliegen, dass das Herstellungsdatum nach dem 1. Juni 2000 lag.

Der **Wiedereinbau** von demontierten alten Mineralwolleprodukten ist generell nicht zulässig. Häufig gibt es jedoch bei Produkten wie z. B. baulich gänzlich intakten KMF-Deckenplatten Diskussionen, ob diese wieder eingebaut werden können. Das generelle Verbot des Inverkehrbringens schließt dies jedoch vom Grundsatz her aus und beschränkt diese Möglichkeit in der Praxis auf kleinräumige Reparatur- oder Austauscharbeiten, bei denen darüber hinaus zusätzlich sichergestellt sein muss, dass aus den Arbeiten keine oder nur eine geringfügige Faserbelastung resultiert.

Bei der weiteren Gefährdungsbeurteilung ist es im Prinzip möglich, für den Einzelfall arbeitsbegleitend Konzentrationsmessungen der KMF-Produktfasern durchzuführen und anschließend – unter Berücksichtigung der Einstufung nach den entsprechenden Expositionskategorien – **Schutzmaßnahmen** abzuleiten. Diese Herangehensweise ist in der Praxis dann umsetzbar, wenn im Vorfeld einer umfangreichen Sanierungsmaßnahme eine Pilotsanierung durchgeführt wurde und bei dieser arbeitsbegleitende Messungen vorgenommen wurden. In aller Regel wird jedoch auf die Darstellung von Tätigkeiten in den Tabellen 1a „Tätigkeiten im Bereich Hochbau“ und 1b „Tätigkeiten im Bereich technische Isolierung“ der TRGS 521 zurückgegriffen. In diesen Tabellen sind Arbeiten – gegliedert nach Hauptbaugruppen wie Außenwänden, Innenwänden, Decken, Bodenaufbauten – sowie unterschiedliche Arten von Ummantelungen technischer Anlagen, Rohr- und Lüftungsleitungen dargestellt. Die verschiedenen Arbeiten werden Expositionskategorien zugeordnet, wobei jeweils berücksichtigt wird, wie umfangreich eine Maßnahme ist und wie lange sie dauert. Je umfangreicher oder intensiver ein Eingriff in KMF-Produkte ist und je länger er dauert, desto intensivere Schutzmaßnahmen sind für die Beschäftigten notwendig.

Bei nur kurzzeitigem bzw. kleinräumigem Umgang mit KMF-Produkten (Expositionskategorie 1) sind die für Schadstoffsanierungen generell vorzusehenden Punkte wie Gefährdungsbeurteilung, staubarme Bearbeitung und Reinigung, Abfallkennzeichnung und gegebenenfalls Behandlung, Anfertigen von Betriebsanweisungen und Unterweisung der Beschäftigten sowie das Ergreifen organisatorischer Schutzmaßnahmen und die Auswahl geeigneter Arbeitsverfahren Vorgabe. Konkret bedeutet „organisatorische Schutzmaßnahme“ z. B. regelmäßig, dass Arbeitsbereiche, in denen KMF-Produkte ausgebaut werden, von sonstigen Baustellenbereichen räumlich zu trennen sind.

Bei den Expositionskategorien 2 und 3 treten weitere Anforderungen, wie sie z. B. aus der Asbestsanierung bekannt sind, hinzu. Dies sind insbesondere das Abgrenzen und Kennzeichnen des Arbeitsbereichs, wobei die TRGS 521 keine konkreten Ausführungen enthält, wie dies technisch in der Praxis umzusetzen ist. Ferner werden bei der Kategorie 2 das Bereitstellen von Atemschutz und Schutzbrille sowie Schutzanzügen „auf Wunsch der Beschäftigten“ vorgegeben. Auch diese Anforderung der TRGS 521 sollte vom Auftraggeber bzw. von dem planenden Büro im Zuge der Konkretisierung einer KMF-Demontagemaßnahme exakt vorgegeben werden.

Zu betonen ist, dass diese technischen Regeln für Gefahrstoffe, wie in der Einleitung der TRGS 521 ausgeführt, „eine Hilfestellung bei der Festlegung der Schutzmaßnahmen“ darstellen. Denn in der Praxis müssen KMF-Demontagearbeiten häufig im Zusammenhang mit Demontagearbeiten anderer Schadstoffe durchgeführt werden. Dabei treten fast immer asbesthaltige Bauprodukte auf, sodass sich bei der Gefährdungsbeurteilung die Frage nach einer **schadstoffübergreifenden Gesamtbewertung** stellt. Darüber hinaus ist die Umsetzbarkeit von Vorgaben zum Arbeits- und Immissionsschutz „auf der Baustelle“ von entscheidender Bedeutung. Es hat sich daher bewährt, eher strengere Vorgaben zum Arbeitsschutz zu definieren, auszuschreiben und durchgängig für eine Baumaßnahme umzusetzen. Heute ist eine Vielzahl von Sanierungsfachbetrieben auf derartige Arbeiten eingerichtet. Aus Kostengründen lohnt sich eine sehr differenzierte Betrachtungsweise des Arbeits- und Emissionsschutzes mit dem Ziel, die anfallenden Kosten für den Arbeitsschutz zu minimieren, für den Auftraggeber nicht.

Neben dem von der TRGS 521 behandelten Schutz der Beschäftigten ist für die Planung einer KMF-Demontagearbeit darüber hinaus der **Emissions-**

schutz eine wichtige zusätzliche Komponente. Hier ist besonders von Bedeutung, ob die Schadstoffsanierung z. B. als erster Schritt des Rückbaus eines Gebäudes oder Gebäudeteils ausgeführt wird oder ob die Maßnahme in einem Gebäude, das bestehen bleiben soll – gegebenenfalls sogar im laufenden Betrieb –, ausgeführt wird. Die zu ergreifenden Schutzmaßnahmen für die Umwelt und die Umgebung werden wesentlich von der „betroffenen Umwelt“ gesteuert. Der Rückbau einer Industrieanlage „auf der grünen Wiese“ erfordert etwa im Hinblick auf den Emissionsschutz bei Weitem nicht die Maßnahmen wie die Schadstoffsanierung oder Entkernung eines Krankenhauses oder einer Schule im laufenden Betrieb. Bei sensiblen Nutzungen des zu sanierenden Objekts sind fest zu installierende staubdichte Abschottungen in aller Regel zwingender Standard. Es kann häufig sogar notwendig sein, auch bei KMF-Demontagearbeiten mit Unterdruck bzw. geregelter Luftführung und mit qualifizierter Abscheidung oder Filtrierung der Abluft zu arbeiten, wenngleich dies in der TRGS 521 nicht erwähnt ist. Dies ist immer dann angezeigt, wenn sicher ausgeschlossen werden muss, dass aus einem Schadstoffsanierungsbereich (Schwarzbereich) KMF-Fasern in einen angrenzenden Nutzungsbereich (Weißbereich) gelangen könnten. Die Planung einer konkreten Einzelmaßnahme kann also sowohl im Bereich des persönlichen Arbeitsschutzes als auch beim Emissionsschutz deutlich über die Hinweise der TRGS 521 hinausgehen.

Als Sanierungstechniken kommen fast ausschließlich die **räumliche Trennung** und die **Demontage** in Betracht. Die auch noch denkbare Beschichtung spielt in der Baupraxis keine Rolle. Die **räumliche Trennung** ist immer dann angezeigt, wenn das eingebaute KMF-Produkt seine Funktion noch erfüllt und eine komplette Demontage und der Einbau z. B. einer neuen Rohrisolierung unverhältnismäßig wären. Durch eine räumliche Trennung wird der Schadstoff allerdings nicht beseitigt; dies ist lediglich auf einen späteren Zeitpunkt, z. B. den Abbruch des Gebäudes oder die Demontage der Haustechnik, verschoben. Die **Demontage**, bei der das zu entfernende KMF-Produkt vollständig und rückstandsfrei ausgebaut wird, ist bei Sanierungs- und Instandsetzungsarbeiten der Regelfall. Bei der Schadstoffsanierung vor einem Abbruch ist die Demontage am Einbauort, also z. B. das Demontieren von Abhangdecken, das Demontieren und Separieren von Trennwand- oder Fassadensystemen in unterschiedliche Abfallfraktionen sowie das Abisolieren von Rohren und Kanälen am Einbauort, der späteren Separation nach Abbruch auf jeden Fall vorzuziehen.

2.3.2.5 Entsorgung

Die bei KMF-Demontagen anfallenden Abfälle sind auf Basis des europäischen Abfallkatalogs (EAK; siehe Entscheidung der Kommission 2000/532/EG vom 3. Mai 2000) sowie der nationalen Umsetzung in der „Verordnung über das europäische Abfallverzeichnis“ (Abfallverzeichnis-Verordnung – AVV) vom 10. Dezember 2001 eindeutig zu deklarieren. Seit Anfang 2002 sind KMF-Altprodukte grundsätzlich als gefährliche Abfälle nach der Abfallverzeichnis-Verordnung unter dem Abfallschlüssel 170603* („anderes Dämmmaterial, das aus gefährlichen Stoffen besteht oder solche Stoffe enthält“) eingestuft. Für gefährliche Abfälle ist nach der „Verordnung über die Nachweisführung bei der Entsorgung von Abfällen“ (Nachweisverordnung

– NachwV) vom 10. September 1996 ein Entsorgungsnachweis (EN) mit Annahmeerklärung des zuständigen Entsorgers notwendig. Heute ist es noch die Regel, dass KMF-Altprodukte auf Deponien verbracht werden, also einer Beseitigung zugeführt werden. In der Zwischenzeit gibt es jedoch praxiserprobte technische Alternativen, mit denen aus KMF-Abfällen unterschiedlichster Herkunft neue Produkte für die Bauwirtschaft hergestellt werden können. Bei diesem Prozess werden die gefährlichen Abfälle dauerhaft umgewandelt. Dieses Recycling entspricht den generellen Vorgaben des „Gesetzes zur Förderung der Kreislaufwirtschaft und Sicherung der umweltverträglichen Beseitigung von Abfällen“ (Kreislaufwirtschafts- und Abfallgesetz – KrW-/AbfG) vom 27. September 1994, das vorsieht, Abfälle nach Möglichkeit wiederzuverwenden oder – wo dies nicht möglich ist – zu verwerten. Erst wenn auch dies nicht möglich ist, sind sie zu beseitigen.

Nach europäischem Recht – für die Bundesrepublik Deutschland durch die Abfallverzeichnis-Verordnung umgesetzt – gilt generell auch für KMF-Neuprodukte die Einstufung als gefährlicher Abfall. Gemäß einer Empfehlung des Umweltbundesamtes zum Vollzug des neuen europäischen Abfallverzeichnisses sind jedoch freigezeichnete „neue“ KMF-Produkte über die Abfallschlüssel 170604 („Dämmmaterial mit Ausnahme desjenigen, das unter 170601* [Asbest] und 170603* [siehe oben] fällt“) einzustufen (vgl. Vollzugshilfe zum neuen Europäischen Abfallverzeichnis, 2001, S. 73). KMF-Neuprodukte sind demnach in Deutschland also nicht generell als gefährliche Abfälle eingestuft.

Allerdings wird dies nicht von allen Behörden in allen Bundesländern so gehandhabt: Unbestritten ist wohl die Tatsache, dass freigezeichnete KMF nicht mehr im Verdacht stehen, krebserzeugend zu wirken; die Berücksichtigung des Aspekts der Gefahrenbezeichnung R 38 („reizend auf der Haut“) gemäß Abfallverzeichnis-Verordnung führt dann allerdings zur Einstufung als gefährlicher Abfall, wenn der Anteil an reizenden Stoffen in einem Abfall mehr als 20 Gew.-% beträgt. Dies ist hier regelmäßig der Fall. In diesen Fällen wird dann auch bei KMF-Neuprodukten der Abfallschlüssel 170603* vergeben.

2.4 Biologische Gefährdungen

Einleitung

Guido Fischer

Unter biologischen Gefährdungen versteht man gesundheitsschädigende Wirkungen, die sowohl von Mikroorganismen wie Bakterien, Pilzen, Viren und Endoparasiten als auch von deren abgestorbenen Zellbestandteilen und Stoffwechselprodukten ausgehen können. Sind diese Organismen oder Substanzen luftgetragen, so spricht man auch von Bioaerosolen. Die Wirkungen sind in der Regel infektiöser, allergener oder toxischer Natur. Aber auch von höheren Organismen wie Taubenzecken können Gesundheitsgefährdungen ausgehen.

Mikroorganismen gehören zu unserer natürlichen Umwelt und spielen eine bedeutende Rolle bei der Produktion von Nahrungsmitteln und Getränken wie Joghurt, Käse, Brot, Bier und Wein oder von Medikamenten wie Antibiotika. So wurde z. B. das Antibiotikum Penicillin aus *Penicillium chrysogenum* (damals *Penicillium notatum*) isoliert, einer der häufigsten Arten der Gattung *Penicillium* in der Außenluft. In Innenräumen kann *Penicillium chrysogenum* auf Baumaterialien wachsen und ist damit ein Indikator für Feuchteschäden.

Die Schimmelpilze im Erdboden tragen entscheidend zur Fruchtbarkeit des Bodens bei, weil sie organische Substanzen (abgestorbene Pflanzen) abbauen und Nährstoffe wieder für die Pflanzen verfügbar machen. Ihre Sporen werden natürlicherweise über die Luft verbreitet, sodass neue Lebensräume erschlossen werden können.

Ob Mikroorganismen und Bioaerosole für den Menschen gefährlich sind, hängt von vielen Faktoren ab und kann nicht pauschal beurteilt werden. Einige Organismen sind z. B. nur unter bestimmten Umständen pathogen; von wesentlicher Bedeutung ist hier die Empfänglichkeit des Menschen für bestimmte Krankheiten. Hinsichtlich der gesundheitlichen Gefährdungen durch Mikroorganismen und Bioaerosole sind immer noch zahlreiche Fragen ungeklärt. Insbesondere viele Ursache-Wirkung-Zusammenhänge in Bezug auf die Entwicklung allergener und toxischer Wirkungen sind bisher nicht ausreichend untersucht.

Nachweis, verlässliche Identifizierung und Bewertung von biogenen Schadstoffen sind zudem mit einer Reihe spezifischer Schwierigkeiten verbunden und stellen daher hohe Anforderungen an den Untersucher bzw. das Labor.

In den folgenden Kapiteln werden einige für Innenräume besonders bedeutende biologische Gefährdungen behandelt: Am Anfang stehen in Kapitel 2.4.1 Schimmelpilze und in Kapitel 2.4.2 mikrobielle flüchtige organische Verbindungen (MVOC). Es folgen Beiträge zu Bakterien allgemein (Kapitel 2.4.3) sowie zur Bakteriengattung der Legionellen, die das Trinkwasser kontaminieren kann (Kapitel 2.4.4). In Kapitel 2.4.5 werden Taubenkot und Taubenzecken und abschließend in Kapitel 2.4.6 Hausschwamm und andere Holz zerstörende Pilze behandelt, deren Schadwirkung allerdings vorwiegend die Bausubstanz betrifft.

2.4.1 Schimmelpilze

Guido Fischer

2.4.1.1 Vorkommen

Schimmelpilze in der natürlichen Umgebung des Menschen

Schimmelpilze kommen in der Umwelt des Menschen überall vor. Sie wachsen auf organischen Substraten (z. B. auf Laubstreu oder Blattoberflächen von Pflanzen), sofern ausreichend Wasser und Nährstoffe zur Verfügung stehen. Die meisten Schimmelpilze können in einem breiten Temperaturbereich von +5 bis +32 °C wachsen. Die Wachstumsgeschwindigkeit steigt zwar mit zunehmender Temperatur, doch entwickeln sich einige Arten auf Lebensmitteln selbst im Kühlschrank recht schnell. Die Sporen vieler Schimmelpilzarten sind an eine Verbreitung durch die Luft angepasst und Schimmelpilzsporen können daher in Abhängigkeit von der Jahreszeit, dem Umweltbereich und den Wetterbedingungen in unterschiedlichen Konzentrationen in der Luft vorkommen. Sie werden damit auch vom Menschen ständig inhaliert und gelangen je nach Größe der Sporen mehr oder weniger tief in den Atemtrakt.

In den meisten Umweltbereichen finden sich charakteristische Artenspektren der Schimmelpilze, deren Zusammensetzung von vielen Umweltfaktoren beeinflusst wird. In vielen Fällen ist das Artenspektrum in vom Menschen stark geprägten Umweltbereichen verändert. In der Außenluft dominieren unter natürlichen Bedingungen Schimmelpilze mit dunkel pigmentierten Sporen, sogenannte Schwärzepilze (Dematiaceae) wie *Cladosporium* spp., *Alternaria* spp. oder *Epicoccum nigrum* (der Zusatz „spp." – species pluralis – steht bei einer Gattungsbezeichnung, wenn mehrere oder alle Arten einer Gattung gemeint sind). Pigmente (Melanine) in den Sporen- und Mycelwänden schützen das Erbgut der Pilzsporen vor Schädigung durch UV-Licht. Sporen ohne diese Melanine werden im Erbgut geschädigt und sind dann nicht mehr keimfähig.

Schimmelpilze in Innenräumen

Zum einen trägt der Mensch eine Vielzahl von Schimmelpilzen in den Wohnraum ein, z. B. durch Straßenstaub, Lüften, kontaminierte Lebensmittel und Bedarfsgegenstände oder Pflanzen. Die Sporen lagern sich im Hausstaub ab, wo sie aufgrund ihrer Widerstandsfähigkeit gegen Austrocknen lange lebensfähig bleiben können. Zum anderen kann das Artenspektrum der Schimmelpilze im Wohnraum durch die Nutzungsgewohnheiten der Bewohner verändert werden. Einfluss auf das Schimmelpilzspektrum haben vor allem die Art und die Häufigkeit der Müllentsorgung, das Reinigungsverhalten, Tierhaltung sowie die ländliche bzw. städtische Umgebung (Fischer et al., Luftgetragene Schimmelpilze, 2005; Fischer et al., 2008).

Manche Schimmelpilzarten wie z. B. *Aspergillus restrictus, Aspergillus penicillioides* oder *Wallemia sebi* brauchen zum Wachstum und zur Vermehrung nur sehr wenig freies Wasser (dies bedeutet niedrige a_w-Werte im Substrat; der a_w-Wert gibt an, wie viel frei verfügbares Wasser in einem Material vorhanden ist). Bereits der geringste Feuchteeintrag in den Hausstaub befähigt die oben genannten trockenheitstoleranten (xerotoleranten) Arten zum

Abb. 2.47: Eine sauber erscheinende Tür (links), die von *Aspergillus penicillioides* besiedelt ist (rechts)

Abb. 2.48: Schimmelpilzwachstum (*Penicillium brevicompactum*) unter einem Blumentopf, aus dem durch einen Haarriss über längere Zeit Wasser austrat und das Holz durchfeuchtete

Wachstum. Sie wachsen allerdings sehr langsam und ihre Sporen sind wenig pigmentiert, sodass sie bei Reinigungsarbeiten im Wohnraum meist nicht als Schimmelpilze erkannt und als Staub weggewischt werden (vgl. Abb. 2.47). In fast jedem Haushalt gibt es zahlreiche Quellen für Schimmelpilze, die leicht übersehen werden, wie z. B. feucht gelagerte Schuhe, Lederwaren und Kartonagen oder Blumenerde (Abb. 2.48). So etabliert sich im Hausstaub ein Artenspektrum von Schimmelpilzen, das sich in seiner Qualität (Anteile der Arten) und Quantität vom Schimmelpilzspektrum in natürlichen Biotopen (Außenluft, Boden) unterscheidet.

Die Schimmelpilze im Hausstaub werden bei der Nutzung der Wohnung in Abhängigkeit von der Aktivität der Bewohner mehr oder weniger stark verwirbelt und sind dann in der Luft nachweisbar. Untersuchungen zur Hintergrundbelastung (also der in der natürlichen Umgebung vorkommenden Konzentrationen) von Schimmelpilzen in unbelasteten Wohnungen belegen, dass sich das Schimmelpilzspektrum und die quantitativen Anteile einzelner Arten selbst in Wohnungen ohne Feuchte- bzw. Wasserschaden von der Hintergrundbelastung in der Außenluft unterscheiden.

Schimmelpilze bei Feuchteschäden

Liegt ein Feuchte- oder Wasserschaden an Baumaterialien vor, können sich Schimmelpilze je nach Verfügbarkeit von freiem Wasser und der Art der organischen Nährstoffe auf dem Baumaterial ansiedeln und vermehren. In Abhängigkeit von den Umweltbedingungen können sich auf dem Substrat einzelne Arten oder charakteristische Artenspektren von Schimmelpilzen ansiedeln; typische Feuchteindikatoren kommen dann in der Luft und gegebenenfalls im Hausstaub häufiger vor.

2.4.1.2 Erkennung und Untersuchung mikrobieller Kontaminationen

Das Erkennen einer mikrobiellen Kontamination ist im Vergleich zu einer gesundheitlichen Bewertung recht einfach, auch wenn es bei verdecktem Wachstum häufig einer intensiven Quellensuche bedarf.

Sichtbares mikrobielles Wachstum

Ausgeprägtes Schimmelpilzwachstum auf Baumaterialien mit direktem Kontakt zur Innenraumluft (sichtbare Kontamination) lässt sich meist an einer grauen, braunen oder grünschwarzen Verfärbung erkennen (Stockflecken). Im Falle trockenheitstoleranter Arten ist die Kontamination aufgrund der hellen Sporenfarbe und des langsamen Wachstums oft nur schwer zu erkennen. Häufig werden Salzausblühungen mit Schimmelpilzwachstum verwechselt. Sofern es sich um mineralische Baumaterialien ohne organische Zusätze handelt, müssen in diesen Ausblühungen auch bei hohen a_w-Werten allerdings keine Schimmelpilze vorkommen (mit Ausnahme von abgelagerten, sogenannten Anflugsporen).

Sind Kontaminationen direkt erkennbar, müssen sie entfernt werden. Eine mikrobiologische Untersuchung ist bei sichtbarem Wachstum allerdings nur in besonderen Fällen sinnvoll. Sind z. B. bei den Nutzern/Bewohnern Allergien bekannt, so muss untersucht werden, welche Arten von Schimmelpilzen in den Kontaminationen vorliegen, um mögliche Risiken besser bewerten zu können. Ferner ist eine Einordnung des allergenen Potenzials angeraten. Diese Beurteilung muss von Fachleuten durchgeführt werden.

Verdecktes mikrobielles Wachstum

Verdeckt wachsende Schimmelpilze – z. B. in der Trittschalldämmung, innerhalb von Trockenbaukonstruktionen oder hinter einer Wandverkleidung – sind wesentlich schwerer zu entdecken. Dabei sollte zunächst sorgfältig die Vorgeschichte des Befalls ermittelt werden, wobei der Aufbau des Gewerkes (z. B. Konstruktion, Leitungsverlauf) einzubeziehen und der Befallsverlauf zu rekonstruieren ist. So können Messaufwand und Kosten von mikrobiologischen Untersuchungen deutlich reduziert werden. Schließlich müssen Materialproben entnommen und mikrobiologisch untersucht werden, um das Befallsausmaß zu bestimmen.

Untersuchungsmethoden

Zur Feststellung des Befallsausmaßes sind **Materialuntersuchungen** vorzunehmen. Bei der Entnahme des Materials ist genau darauf zu achten, dass die Proben kontaminationsfrei bleiben und fachgerecht in einem geeigneten Transportbehälter (ebenfalls kontaminationsfrei) in das jeweilige Untersuchungslabor transportiert werden. Informationen zur Qualitätssicherung bei Probenahme und Analytik hat das Landesgesundheitsamt Baden-Württemberg zusammengestellt (siehe Schimmelpilze in Innenräumen, 2004).

Zur Feststellung einer verdeckten Kontamination können auch **Luftuntersuchungen** hilfreich sein, wenn z. B. Sporen der Schimmelpilze durch Luftströme aus Hohlräumen des Gebäudes in Innenräume gelangen. Denn durch Schwingungen eines Estrichs beim Begehen und daraus resultierende Luftbewegungen können Schimmelpilze über Randfugen aus der Trittschalldämmung in den Innenraum eingetragen werden. Auch mikrobielle Kontaminationen raumlufttechnischer Anlagen können durch Luftuntersuchungen festgestellt werden. Darüber hinaus ist eine Luftuntersuchung sinnvoll, um den hygienischen Status einer Wohnung zu erfassen.

Wichtige Voraussetzung für die Aussagekraft dieser Luftuntersuchungen ist allerdings, dass alle Schimmelpilze auf Artebene identifiziert werden. Bei Kenntnis der ökologischen Ansprüche der Schimmelpilzarten ist eine Aussage über ihre Herkunft in vielen Fällen möglich. Eine Identifizierung der Gattung, der ein Schimmelpilz angehört (z. B. *Aspergillus* oder *Penicillium*), ist für eine Beurteilung der Exposition sowohl aus gesundheitlicher als auch aus baulicher Sicht wenig aussagekräftig, weil eine Gefährdungsabschätzung aus allergologischer, infektiologischer und toxikologischer Sicht so nicht möglich ist.

Da der **Hausstaub** eine Senke für Schimmelpilze ist, kann die differenzierte Analyse des Hausstaubs auf Schimmelpilze unter Umständen auch Informationen über das Vorhandensein mikrobieller Kontaminationen liefern. Voraussetzung ist allerdings auch hier eine Identifizierung der Schimmelpilze auf Artebene in Verbindung mit der Kenntnis der ökologischen Ansprüche einzelner Schimmelpilzarten und deren Indikatorfunktion. Eine solche differenzierte Auswertung kann jedoch nur von wenigen mikrobiologischen Routinelabors geleistet werden und ist zudem kostenintensiv. Daher sind solche Analysen nur in speziellen Fällen sinnvoll. Da die verschiedenen Arten und Gattungen unterschiedlich lange im Hausstaub lebensfähig bleiben, ist die Bewertung der Artenspektren mittels kultivierungsbasierter Methoden allerdings erschwert.

Die Bestimmung von **MVOC** (microbial volatile organic compounds: mikrobielle flüchtige organische Verbindungen) aus der Raumluft kann helfen, verdeckte Schimmelpilzschäden festzustellen (vgl. Kapitel 2.4.2); eine genaue Lokalisation ist auf diesem Weg jedoch nicht möglich. Auch besteht nicht immer ein Zusammenhang zwischen mikrobieller Kontamination und MVOC-Bildung; in manchen Fällen sind keine MVOC nachweisbar, obwohl mikrobielle Kontaminationen vorliegen, und es können bestimmte MVOC auch aus sekundären Quellen freigesetzt werden.

Die Messung, Bestimmung und Bewertung von MVOC bedarf aufgrund der sehr anspruchsvollen Analytik langjähriger Erfahrung. Es handelt sich um eine Spurenanalytik im Bereich von ng/m^3, während die Analytik bei VOC (volatile organic compounds: flüchtige organische Verbindungen) im Konzentrationsbereich von µg/m^3 stattfindet. Aufgrund analytisch bedingter Schwankungen und Unsicherheiten ist die Bewertung der Daten ebenfalls schwierig (vgl. Fischer et al., Luftgetragene Schimmelpilze, 2005). Dennoch bietet die MVOC-Analytik eine Möglichkeit zur Objektivierung von Geruchsproblemen in Innenräumen durch VOC, MVOC und mikrobielle Quellen und zur Feststellung einer mikrobiellen Kontamination.

2.4.1.3 Bewertung

Bei der Begründung eines Sanierungsbedarfs sind in der Praxis der **gesundheitliche** und der **bauliche Aspekt** zu unterscheiden.

Gesundheitliche Bewertung

Die Bewertung aus gesundheitlicher Sicht ist notwendig, wenn Bewohner eines Hauses oder einer Wohnung mit Mikroorganismen in Kontakt kommen können (d. h. exponiert sind). Die Sanierung der mikrobiellen Kontamination muss dann zum Ziel haben, jegliche gesundheitliche Beeinträchtigung der Bewohner nach der Instandsetzung auszuschließen. Weil das Maß einer gesundheitlichen Beeinträchtigung sehr schwer zu beurteilen ist (vgl. Pitten et al., 2007), herrschte über den Umfang einer Sanierung in der Vergangenheit häufig Uneinigkeit. Aufgrund der Schwierigkeiten bei der gesundheitlichen Bewertung und aus Vorsorgegründen muss aus gesundheitlicher Sicht gefordert werden, dass Schimmelpilzwachstum in Innenräumen nicht geduldet werden darf und eine Beseitigung bzw. Sanierung von Kontaminationen zu erfolgen hat. Der Einwand, dass die gesundheitsschädigende Wirkung erhöhter Pilzexpositionen in Innenräumen im Hinblick auf eine sensibilisierende oder allergisierende Wirkung oder hinsichtlich einer toxikologischen Wirkung bisher wissenschaftlich in epidemiologischen Studien nicht nachgewiesen wurde, darf kein Grund sein, Kontaminationen zu tolerieren.

Eine gesundheitliche Bewertung von Schimmelpilzen auf der Grundlage von Materialproben, Abklatschen oder Hausstaubproben ist nicht möglich, erfolgt aber dennoch häufig. Dies führt zur Verunsicherung der Betroffenen und macht eine sachliche Bewertung der Schadensfälle schwieriger.

Bei Expositionsmessungen ergeben sich folgende Probleme, die eine Bewertung schwierig und in mancher Hinsicht sogar unmöglich machen:

- Die Konzentrationen von Schimmelpilzen je m^3 Luft können zeitlich und räumlich Schwankungen unterworfen sein.
- Mikrobiologische Messungen können aus ökonomischen Gründen immer nur kleine Zeitfenster der Exposition wiedergeben (durch Wiederholungsmessungen kann jedoch ein Eindruck von der Langzeitexposition gewonnen werden).
- Umgebungsmessungen (Expositionsmessungen) bilden nicht ab, was vom Menschen tatsächlich über den Atemtrakt aufgenommen und damit im Körper wirksam wird (innere Exposition).

- Es existieren keine Grenzwerte, mit deren Hilfe Messergebnisse eindeutig gesundheitlich bewertet werden können.

Bezugsgrößen

Als Schimmelpilzkontamination muss definitionsgemäß alles gelten, was die natürliche tägliche Hintergrundbelastung durch Schimmelpilze übersteigt. Im Vergleich zur Hintergrundbelastung können Konzentrationen luftgetragener Schimmelpilze bei Feuchteschäden in Innenräumen unter Zuhilfenahme von Referenzwerten aus unbelasteten Wohnungen bewertet werden. Die Zuhilfenahme dieser Referenzwerte berücksichtigt, dass sich das Schimmelpilzspektrum in Innenräumen qualitativ und quantitativ von den natürlichen Hintergrundwerten in der Außenluft unterscheidet. Die natürliche Hintergrundbelastung von Schimmelpilzen muss allerdings in der unbelasteten, nicht vom Menschen geprägten Umwelt des Menschen bestimmt werden. Eigene Untersuchungen zur Hintergrundbelastung ergaben je nach Lebensbereich des Menschen signifikante Unterschiede der Konzentrationen thermotoleranter (Temperaturen zwischen 30 und 50 °C ertragender) und damit potenziell infektiöser Schimmelpilze (z. B. *Aspergillus fumigatus, Aspergillus niger* und *Aspergillus flavus*).

Für eine Bewertung sind grundsätzlich die folgenden **Bezugsgrößen** von Bedeutung:

Grenzwerte sind gesetzlich verankert und vor Gericht einklagbar (justiziabel). Bei Überschreitung eines Grenzwertes sind gesundheitliche Beeinträchtigungen zu erwarten. Grenzwerte werden immer aus Dosis-Wirkung-Beziehungen abgeleitet, d. h., es wird festgestellt, ab welcher Konzentration eine Schädigung der Gesundheit bzw. der Umwelt eintritt. Auf krebserregende (mutagene) Substanzen sind Grenzwerte nicht anwendbar, da hier theoretisch bereits 1 Molekül der entsprechenden Verbindung eine krebserregende Wirkung haben kann.

Höchstmengen sind ebenfalls gesetzlich verankert und damit justiziabel (vgl. die inzwischen mehrfach geänderte „Verordnung über Höchstmengen an Mykotoxinen in Lebensmitteln" [Mykotoxin-Höchstmengenverordnung – MHmV] vom 2. Juni 1999). Bei Überschreitung von Höchstmengen kommt es jedoch nicht zu akuten Beeinträchtigungen der Gesundheit, da zwischen der Konzentration, die zur Schädigung führt, und der Höchstmenge ein Sicherheitsfaktor von 100 liegt. Höchstmengen-Verordnungen der EG existieren z. B. für Aflatoxin in Getreide und Gewürzen (vgl. Verordnung [EG] Nr. 466/2001 vom 8. März 2001 und Verordnung [EG] Nr. 472/2002 vom 12. März 2002); sie zielen darauf ab, das Gesundheitsrisiko bei langfristiger oraler Aufnahme der Lebensmittel zu minimieren.

Richtwerte existieren für einige Innenraumschadstoffe, für die bisher keine Grenzwerte festgelegt wurden. Der **Richtwert I** ist die Konzentration eines Stoffes in der Innenraumluft (Einzelstoffbetrachtung), bei der auch bei lebenslanger Exposition keine gesundheitlichen Beeinträchtigungen zu erwarten sind. Eine Überschreitung ist mit einer über das übliche Maß hinausgehenden, hygienisch unerwünschten Belastung verbunden. Der **Richtwert II** ist ein wirkungsbezogen begründeter Wert, der auf toxikologischen und epidemiologischen Erkenntnissen zur Wirkungsschwelle eines Stoffes unter Einbeziehung von Unsicherheitsfaktoren basiert. Bei Erreichen bzw. Überschreiten des Richtwertes II besteht unverzüglich Handlungsbedarf, da diese Exposition für empfindliche Personen bei Daueraufenthalt in den betreffenden Räumen eine gesundheitliche Gefährdung darstellt. Der Richtwert I wird vom Richtwert II durch Division durch 10 (Sicherheitsfaktor 10) abgeleitet. Aus Vorsorgegründen besteht auch im Konzentrationsbereich zwischen Richtwert I und Richtwert II Handlungsbedarf. Entscheidend ist im hier behandelten Kontext, dass der Richtwert I als Sanierungszielwert dienen kann. Allerdings wurden für Schimmelpilze bisher noch keine Richtwerte definiert.

Hintergrundwerte sind Konzentrationen, die in einer natürlichen Umgebung vorkommen können und denen der Großteil der Bevölkerung ausgesetzt ist (vgl. Tabelle 2.44). Eine Überschreitung des Hintergrundwertes bedeutet noch keine gesundheitliche Beeinträchtigung.

Referenzwerte stellen die durchschnittliche Belastung der Bevölkerung mit einem Schadstoff dar (vgl. Tabelle 2.44). Eine Überschreitung von Referenzwerten hat noch keine gesundheitliche Beeinträchtigung zur Folge. Sie sagt lediglich aus, dass die Belastung überdurchschnittlich hoch ist.

Hintergrundwerte und Referenzwerte als vorläufige Bezugsgrößen

Für eine gesundheitliche Bewertung von Schimmelpilzen in Innenräumen stehen bisher lediglich Referenzwerte sowie Hintergrundwerte zur Verfügung, wobei die Referenzwerte aus kleineren Untersuchungen mit geringen Probenzahlen abgeleitet wurden. Die Hintergrundwerte sind bei jeder Messung in der Außenluft zu erfassen. Nach Schimmelpilzarten differenzierte Daten zu Hintergrundwerten von Schimmelpilzen in verschiedenen Lebensbereichen des Menschen wurden von Fischer et al., Luftgetragene Schimmelpilze, 2005, und Fischer et al., 2008, veröffentlicht.

Eine gesundheitliche Bewertung von Schadstoffkonzentrationen erfolgt immer auf der Grundlage von Grenzwerten. Da diese für Schimmelpilze nicht verfügbar sind und wahrscheinlich auch in den nächsten Jahren nicht verfügbar sein werden, muss auf Hilfskonstruktionen zur gesundheitlichen Bewertung von mikrobiellen Kontaminationen zurückgegriffen werden.

Zur ersten Orientierung können hier z. B. Größenordnungen von Schimmelpilzen im Hausstaub von unbelasteten Wohnungen (Referenzwerte) dienen. Dies bedeutet jedoch nicht, dass eine gesundheitliche Bewertung anhand von Materialproben vorgenommen werden soll. Die Orientierung an solchen Referenzwerten macht aber eine erste vergleichende Einschätzung von Risiken möglich. Sind die Schimmelpilzkonzentrationen in einem untersuchten Baumaterial erhöht, ohne aber die Referenzwerte für diese Arten im Hausstaub quantitativ zu überschreiten, muss dies noch kein Hinweis auf einen Feuchteschaden sein. Baumaterialien, die seit Jahren oder Jahrzehnten im Gewerk verbaut sind, können durch luftgetragene Stäube aus der Außenluft oder aus der Innenraumluft kontaminiert worden sein (vgl. Tabelle 2.44).

Aus den Angaben in Tabelle 2.44 wird deutlich, dass der Referenzwert für den typischen Feuchtezeiger *Aspergillus versicolor* bei 12.150 KBE/g im Winter und 20.000 KBE/g im Sommer liegt (KBE: koloniebildende Einheit; Mikroorganismen, die auf einem Kulturmedium durch Vermehrung jeweils 1 Kolonie bilden). Aufgrund dieses hohen Referenzwertes können sich in Dämmmaterial, in dem sich durch Konvektionsströme über Jahre Hausstaub angesammelt hat, auch erhöhte Konzentrationen von Schimmelpilzen befinden. Dieses Dämmmaterial würde also im Vergleich zum Hausstaub keine erhöhte Exposition darstellen.

Tabelle 2.44: Hintergrundwerte und Referenzwerte für ausgewählte Schimmelpilze im Hausstaub (Größe der untersuchten Staubpartikel: < 63 µm) (nach Trautmann et al., 2005)

Schimmelpilze	**Winter**		**Sommer**	
	Median (KBE/g)	**95. Perzentil (KBE/g)**	**Median (KBE/g)**	**95. Perzentil (KBE/g)**
Aspergillus fumigatus	0	5.100	1.000	21.500
Aspergillus ochraceus	0	400	0	1.750
Aspergillus versicolor	0	12.150	0	20.000
Botrytis cinerea	0	5.500	0	0
Chaetomium spp.	0	3.700	0	0
Cladosporium spp.	16.500	101.000	260.000	1.264.500
Eurotium spp.	2.000	30.000	5.500	50.000
Fusarium spp.	1.500	20.000	40.000	271.500
Mucorales	1.000	11.000	3.000	20.000
Penicillium brevicompactum	0	8.100	0	10.000
Penicillium chrysogenum	0	7.000	0	10.000
Penicillium expansum	0	2.800	0	10.000
Penicillium glabrum	0	9.400	0	10.000
Penicillium olsoni	0	14.000	0	30.000
Penicillium spp.	7.000	71.000	6.000	51.500
Summe der *Penicillium-Arten*	10.500	113.500	20.000	84.500
Trichoderma spp.	0	5.250	0	10.000
Wallemia sebi	0	10.000	0	2.350
Hefen	7.000	121.000	1.000.000	1.150.000

Wesentlich für eine gesundheitliche Bewertung von Schadstoffen ist in erster Linie der **Aufnahmepfad**, über den Schadstoffe in den Körper aufgenommen werden – hier wird zwischen der Aufnahme über die Lunge (pulmonal), den Magen-Darm-Trakt (peroral) und die Haut (dermal) unterschieden. Zudem bestimmt die Konzentration von Schadstoffen in der Umgebung das Maß der Aufnahme von Schadstoffen in den Körper.

Bei lufthygienischen Fragestellungen im Zusammenhang mit Mikroorganismen ist die Aufnahme von Schadstoffen über den Atemtrakt von vorrangiger Bedeutung. Zur gesundheitlichen Bewertung können daher nur Konzentrationen von Schimmelpilzen in der Raumluft herangezogen werden, auch wenn durch Expositionsmessungen in der Umgebung des Menschen nicht exakt bestimmt werden kann, was vom Menschen tatsächlich in die Lunge aufgenommen wird.

Gesundheitsrisiken

Bei der Risikobewertung muss von den Expositionsverhältnissen in der natürlichen Außenluft ausgegangen werden. Eine allgemeine Risikobewertung von Schimmelpilzen ist generell nicht möglich, weil das Auftreten einer Infektion oder Allergie vom Immunstatus des Menschen abhängt. Daher kann lediglich eine relative Risikobewertung unter Einbeziehung der sogenannten Prädispositionen (Grunderkrankungen, genetische Disposition, Immunkompetenz [Fähigkeit eines Organismus, auf Antigene und Infektionserreger zu reagieren]) vorgenommen werden (vgl. Pitten et al., 2007).

Risiko einer Infektion: Schimmelpilze, die wie z. B. *Aspergillus fumigatus* oder *Aspergillus flavus* der Risikogruppe 2 (thermotolerante Schimmelpilze) zugeordnet werden (vgl. TRBA „Technische Regeln für Biologische Arbeitsstoffe – Einstufung von Pilzen in Risikogruppen" [2002-10]), kommen bei Feuchteschäden in Innenräumen nur sehr selten in erhöhten Konzentrationen vor. Dies kann der Fall sein, wenn die Temperaturverhältnisse eine Entwicklung dieser Arten fördern, z. B. im Zusammenhang mit Feuchteschäden in Saunen. Normalerweise sind die Temperaturen auf dem Baumaterial nicht so hoch (> 30 °C), dass das Wachstum dieser Arten gefördert würde. Die Hintergrundkonzentrationen von *Aspergillus fumigatus* im Hausstaub liegen im Bereich von 5.000 bis 20.000 KBE pro g Staub, sodass bei Sanierungsarbeiten, bei denen viel Hausstaub aufgewirbelt wird, auch erhöhte Konzentrationen in der Luft vorliegen können. Schimmelpilze der Risikogruppe 2 stellen ein mäßiges Risiko für Menschen dar, d. h., diese Arten sind zwar potenziell infektiös, ein erhöhtes Risiko einer Infektion besteht aber in erster Linie für immungeschwächte Personen (vgl. Pitten et al., 2007). Für immunkompetente Menschen ist das Infektionsrisiko nach heutigem Kenntnisstand zu vernachlässigen.

Risiko einer Allergie: Grundsätzlich können alle Schimmelpilze als Allergene gelten, jedoch sind nur von wenigen auch allergene Proteine bekannt. Je nach Häufigkeit von Sensibilisierungen in der Bevölkerung werden sogenannte Majorallergene und Minorallergene unterschieden. Allerdings ist diese Unterscheidung wesentlich von der Verfügbarkeit bzw. Verwendung von Testextrakten und deren Qualität beeinflusst, sodass manche Autoren diese Unterscheidung vermeiden. Die meisten Allergene sind für *Cladosporium herbarum, Alternaria alternata* und *Aspergillus fumigatus* beschrieben.

Im klinischen Alltag können Sensibilisierungen bzw. Allergien gegen innenraumrelevante Schimmelpilze nicht bzw. nur unzureichend diagnostiziert werden, weil kommerzielle Allergenextrakte fehlen. Lediglich für die folgenden 6 Arten werden von einigen Pharmaunternehmen Testextrakte angeboten, deren Existenz in der klinischen Praxis allerdings leider oft nicht berücksichtigt wird: *Aspergillus versicolor, Aspergillus terreus, Emericella nidulans, Penicillium chrysogenum, Chaetomium globosum* und *Stemphylium botryosum*. In der Allergologie wir häufig die Meinung vertreten, dass erst hohe Konzentrationen von Schimmelpilzen, wie z. B. an Arbeitsplätzen in der Abfallwirtschaft oder Landwirtschaft sowie bei Sanierungsarbeiten in Innenräumen, zu einer Sensibilisierung führen können. Inwieweit Sensibilisierungen bereits auch durch leicht erhöhte Expositionen bei mikrobiellen Kontaminationen in Innenräumen verursacht werden können, ist unbekannt.

Da für die Entwicklung von Sensibilisierungen oder Allergien keine Dosis-Wirkung-Beziehungen vorliegen, ist auch eine Risikoermittlung schwierig. Diese kann nicht rein quantitativ erfolgen; so ist z. B. das Erkrankungsrisiko eines Allergikers höher einzuschätzen als das eines Nichtallergikers (vgl. Pitten et al., 2007).

Risiko einer Intoxikation: Viele Schimmelpilze können Mykotoxine bilden. Für die Gesundheit des Menschen sind insbesondere Kontaminationen in Lebensmitteln von Bedeutung. Auch in von Schimmelpilzen besiedelten Baumaterialien können Mykotoxine vorkommen. Zudem konnten Mykotoxine in niedrigen Konzentrationen in und an Sporen von Schimmelpilzen nachgewiesen werden (Fischer et al., 2000). Damit ist ein Transport von Mykotoxinen über die Luft und folglich auch die Aufnahme von Mykotoxinen durch Inhalation möglich. Allerdings kann die gesundheitliche Bedeutung der Mykotoxine im Zusammenhang mit der Inhalation nicht mit der oralen Aufnahme über Lebensmittel gleichgesetzt werden. Zum einen sind die Konzentrationen der Mykotoxine in den Bioaerosolen um 1 bis 3 Größenordnungen niedriger als in Lebensmitteln, zum anderen hängt die Bildung von Mykotoxinen vom Substrat ab, sodass die Anwesenheit einer Schimmelpilzart nicht mit einer Kontamination durch Mykotoxine einhergehen muss.

Das Risiko von akut toxischen Effekten durch Mykotoxine ist mit Ausnahme von *Stachybotrys chartarum* für Bewohner von kontaminierten Innenräumen daher vernachlässigbar. Eine Exposition mit 1.000 bis 10.000 *Stachybotrys chartarum*-Sporen pro m^3 Luft könnte eine toxikologisch relevante Menge von Mykotoxinen enthalten. Allerdings besteht hier noch Forschungsbedarf, um diesen Zusammenhang zu bestätigen. Zudem sind derart hohe Sporenkonzentrationen in Innenräumen nicht zu erwarten, es sei denn im Zuge von Sanierungsarbeiten bei massiven Kontaminationen.

Bauliche Bewertung

Bei der Bewertung aus baulicher Sicht steht die Sanierung des Gewerkes im Vordergrund. Die Sanierung der mikrobiellen Kontamination hat zum Ziel, die Gewerke wieder in ihren ursprünglichen Zustand vor Eintritt des Schadensfalls zurückzuversetzen. Hier ist also entscheidend, wie weit sich Schimmelpilze auf der Oberfläche des Baumaterials ausgedehnt haben, wie tief sie gegebenenfalls in ein Material eingedrungen sind und ob benachbarte Bauteile befallen sind. Eine Beurteilung aus baulicher Sicht ist z. B. von vorrangiger Bedeutung, wenn ein Wasserschaden in einem noch nicht bewohnten Haus auftritt.

Das Schadensausmaß einer mikrobiellen Besiedlung muss durch **Materialanalysen** festgestellt werden. Im Gegensatz zu Luft- und Hausstaubproben, für die es mittlerweile Kriterien für eine Bewertung gibt (vgl. Leitfaden zur Vorbeugung, Untersuchung, Bewertung und Sanierung von Schimmelpilzwachstum in Innenräumen, 2002 [Umweltbundesamt]; Schimmelpilze in Innenräumen, 2004 [Landesgesundheitsamt Baden-Württemberg]), existieren für Materialproben (wie z. B. Mineralwolle, Styropor, Cellulose) bisher keine allgemein anerkannten Hintergrundwerte für Schimmelpilze. Es kann jedoch davon ausgegangen werden, dass die Hintergrundkonzentrationen von Schimmelpilzen in produktionsfrischen Chargen sehr gering sind und Kontaminationen lediglich aus der Ablagerung von natürlich vorkommenden, luftgetragenen Schimmelpilzen resultieren. Bei unsachgemäßer Lagerung (unter Feuchteeinwirkung, im Freien, unter Staubeintrag) kann es zu mikrobiellen Kontaminationen kommen, die bei weiterer Durchfeuchtung des Materials infolge von Wasser- und Feuchteschäden nach Einbau in das Gewerk als Ausgangspunkt für eine weitere mikrobielle Besiedlung dienen. Vor diesem Hintergrund müssen Referenzwerte für Schimmelpilze im Baumaterial sicherlich in Abhängigkeit vom Alter des Materials festgelegt werden.

Da bisher keine Hintergrundwerte für Schimmelpilze in produktionsfrischen Baumaterialien vorliegen, ist die Bewertung von Untersuchungsergebnissen manchmal schwierig. Auch wenn der Anspruch auf Wiederherstellung des ursprünglichen Zustands gerechtfertigt ist, sollte in Fällen, in denen es um die Begründung eines Sanierungsbedarfs aus baulicher Sicht geht, immer mit Augenmaß vorgegangen werden, wie die folgenden Beispiele veranschaulichen.

Einerseits ist zu empfehlen, auch Mineralwolle, die aufgrund von Feuchteeinwirkung nur in geringem Maß mit Schimmelpilzen kontaminiert wurde, durch neue Mineralwolle zu ersetzen. Damit wird verhindert, dass eine zunächst nicht sehr große Kontamination mit Schimmelpilzen durch erneute Feuchteeinwirkung zu einer ausgedehnten Kontamination wird. Dieses Vorgehen ist insbesondere bei einer innen liegenden Dämmung angeraten, da mit zunehmender mikrobieller Besiedlung im Laufe der Zeit eine Geruchsbelästigung durch MVOC auftreten kann.

Andererseits kann z. B. mit Schimmelpilzen besiedeltes Holz einer Dachgaubenkonstruktion bereits durch Desinfektion und Abschleifen oder Hobeln saniert werden, ohne dass die gesamte Konstruktion erneuert werden müsste. Da Schimmelpilze aerobe Mikroorganismen sind, siedeln sie an der Oberfläche und dringen in der Regel nicht tief ins Holz ein. Zudem ist davon auszugehen, dass das Holz nach der Sanierung trocken bleibt und somit kein weiteres Schimmelpilzwachstum auftreten kann.

Bewertungshilfen

Ein grobes Raster mit 3 Kategorien für die Einstufung der Belastung durch sichtbare Kontaminationen an Wänden (Tabelle 2.45) bietet das Landesgesundheitsamt Baden-Württemberg (vgl. Schimmelpilze in Innenräumen, 2004; Näheres hierzu in Kapitel 2.4.1.4).

Tabelle 2.45: Bewertungsstufen für Materialproben mit Schimmelpilzbewuchs (nach Schimmelpilze in Innenräumen, 2004)

	Kategorie 1	Kategorie 2	Kategorie 3
Umfang der Biomasse	keine bzw. sehr geringe Biomasse	mittlere Biomasse	große Biomasse
kontaminierte Fläche	< 20 cm^2	< 0,5 m^2	> 0,5 m^2
Tiefe der Kontamination	–	Tiefere Schichten sind nur lokal begrenzt betroffen.	Tiefere Schichten können betroffen sein.
Bewertung und Maßnahmen	Normalzustand, geringfügige Kontamination	Die Freisetzung von Schimmelpilzbestandteilen sollte unmittelbar unterbunden und die Ursache mittelfristig ermittelt und beseitigt werden.	Die Freisetzung von Schimmelpilzbestandteilen sollte sofort unterbunden werden. Die Ursache der Kontamination ist unverzüglich zu ermitteln und zu beseitigen. Eine umweltmedizinische Betreuung sollte erfolgen.

Dieses Schema kann jedoch nicht auf alle Schadensfälle angewendet werden. Eine mikrobielle Kontamination eines Wandputzes mit regelmäßig verteilten, 2 bis 3 mm großen Kolonien von *Cladosporium cladosporioides,* die sich über eine Fläche von 1,5 m^2 erstreckt (Kategorie 3 gemäß Tabelle 2.45), erfordert keine Entfernung des gesamten Putzes, da ein tiefes Eindringen der Pilzmycelien in das Substrat aufgrund des langsamen Koloniewachstums nicht gegeben ist. Hier wäre eine wiederholte oberflächliche Desinfektion der Wand völlig ausreichend (sofern die Ursache des Feuchteschadens beseitigt wurde).

Ein anderer Fall der täglichen Praxis wäre z. B. die Feststellung einiger Sporen von *Stachybotrys chartarum* hinter einer Fußleiste aus Holz, die jedoch noch nicht den Abriss des gesamten Gewerkes rechtfertigt: Diese Art kommt weit verbreitet auch im Erdboden und auf vermoderndem Holz vor, begegnet also auch bei der Gartenarbeit. Hier wäre allenfalls zu prüfen, ob eventuell ein größerer verdeckter Wasserschaden vorliegt. Bei der Sanierung sollte immer berücksichtigt werden, dass Schimmelpilze und geringe Mengen von Sporen überall in der Lebensumgebung des Menschen vorkommen können. Wenn Sporen von *Stachybotrys chartarum* nur in geringen Konzentrationen in Innenräumen nachgewiesen werden, ist es deshalb nicht sinnvoll, ganze Gewerke zu erneuern.

Übertriebene Sanierungsmaßnahmen verunsichern Nutzer oder Bewohner eines Hauses oder einer Wohnung und können damit zu einer psychischen Belastung führen, die die gesundheitlichen Risiken der Schimmelpilzexposition übersteigen kann. So wurde in einer schwedischen Studie zwar gezeigt, dass Sporen von *Stachybotrys chartarum* in Pferdeställen in toxikologisch relevanten Konzentrationen von 1.000 bis 10.000 KBE pro m^3 Luft vorkommen können, wenn das Heu massiv mit Schimmelpilzen kontaminiert ist (vgl. Sorenson et al., 1987). Derartig hohe Konzentrationen werden in einem Wohnraum im Falle einer lokal begrenzten Kontamination von *Stachybotrys chartarum* (z. B. hinter einer Fußleiste) jedoch nicht erreicht. Bei größeren Kontaminationen ist allerdings Vorsicht geboten, weil *Stachybotrys chartarum* die stärksten bisher bekannten Mykotoxine (Satratoxin G und H) bilden kann.

Kriterien für den Austausch von Baumaterialien

Die Entscheidung, ob Baumaterial ausgetauscht werden muss, sollte aus dem Vergleich der gemessenen Konzentration mit den jeweiligen Hintergrundwerten für Schimmelpilze in diesem Material abgeleitet werden. Technisch hergestellte Materialien (z. B. Mineralwolle, Styropor) sind schon in produktionsfrischem Zustand nicht „keimfrei" und Baumaterialien aus Recyclingmaterialien (z. B. Cellulosefaserplatten, Kokosmatten) enthalten in der Regel noch etwas höhere Schimmelpilzkonzentrationen. Da noch keine allgemein anerkannten Hintergrundwerte für Schimmelpilze in Baumaterialien vorliegen, greifen Sachverständige hier auf Erfahrungswerte zurück. Zudem wurden keine wissenschaftlichen Untersuchungen zum Wachstum und zur Vermehrung von Schimmelpilzen in Dämmmaterialien (Mineralwolle, Styropor, Cellulosefaserplatten usw.) durchgeführt, sodass nicht bekannt ist, inwieweit sich Hintergrundwerte für Schimmelpilze in unterschiedlich alten Dämmmaterialien im Laufe der Zeit verändern. Erste Daten hierzu werden zurzeit von der Innenraumlufthygiene-Kommission des Umweltbundesamtes erarbeitet.

Einen weiteren Anhaltspunkt, ob es sich um eine Kontamination oder lediglich um erhöhte Hintergrundwerte („Alterungserscheinungen" der Dämmmaterialien) handelt, liefert die Artenzahl der Schimmelpilze. Bei einer mikrobiellen Kontamination infolge eines Wasser- bzw. Feuchteschadens vermehren sich nur die wenigen Arten, deren Sporen zufällig anwesend waren oder die sich unter den vorliegenden ökologischen Bedingungen vermehren können. Bei einer Kontamination durch Hausstaub oder Erdboden (natürlicher Hintergrund) wird in der Regel ein breiteres Artenspektrum gefunden. Aufgrund der zurzeit fehlenden mikrobiologischen Daten können auch hier nur Größenordnungen der Artenzahlen angegeben werden (vgl. Tabelle 2.46).

Die Konzentrationen von Schimmelpilzen aus Materialproben können ausschließlich zur baulichen Bewertung des Sachverhalts verwendet werden, eine gesundheitliche Bewertung kann daraus nicht abgeleitet werden.

Tabelle 2.46: Hintergrundwerte (geschätzte Größenordnungen) für Schimmelpilze in Dämmmaterial, Hausstaub und Erdboden in KBE/g

	produktionsfrisches Dämmmaterial[1]	**Recyclingdämmmaterial**[1]	**älteres verbautes Dämmmaterial**[1]	**mikrobiell kontaminiertes Dämmmaterial**[1]	**Hausstaub**[2]	**Erdboden**[1]
KBE/g	< 10	$< 10^2$	$< 10^3$	10^4–10^7	10^4–10^6	10^6–10^7
Artenzahl[3]	< 10	< 10	< 10	2–20	bis 80	> 100

1) Ergebnisse eigener Untersuchungen
2) Schimmelpilze in Innenräumen, 2004
3) Die Artenvielfalt hängt wesentlich von der Zahl der untersuchten Proben und den verwendeten Nährmedien zur Isolation ab. Die hier genannten Zahlen geben daher nur eine sehr grobe Orientierung.

2.4.1.4 Sanierung

Qualifikation der Sanierer

Der Umfang einer Sanierung wird nicht nur durch Bauwerksmängel, die Ursache der Durchfeuchtung und das Ausmaß der mikrobiellen Kontamination bestimmt, sondern auch von der Sachkunde der Beteiligten beeinflusst. In der Praxis werden Sanierungen oft unzureichend durchgeführt, weil die ausführenden Personen nicht über genügend Sachkunde und die nötige Schulung verfügen (Hornberg/Kopf, 2008). Je nach Berufsgruppe erfolgte eine Unterbewertung (56 % der Maler) oder eine erhebliche Überbewertung (36 % der Bautenschützer) des mikrobiellen Schadens hinsichtlich einer gesundheitlichen Beeinträchtigung; die folgenden Beispiele veranschaulichen diese Situation.

Ein klassisches Beispiel ist z. B. der Maler, der eine Schimmelpilzkontamination infolge einer geometrischen Wärmebrücke lediglich durch einen neuen Anstrich „saniert", wobei die Ursache der mikrobiellen Kontamination nicht behoben wird.

Einen schwerwiegenderen Fall einer unzureichenden Sanierung stellt die Trocknung einer Unterbodenkonstruktion (z. B. Trittschalldämmung) dar, die über mehrere Wochen durchfeuchtet war und infolgedessen durch intensive Vermehrung von Mikroorganismen kontaminiert wurde. Problematisch ist hier, dass bei der Begehung – wenn es sich z. B. um einen schwingenden Estrich handelt – Schimmelpilzsporen über die Randfugen in den Innenraum transportiert werden können und es damit zu einer dauerhaften Schimmelpilzexposition der Bewohner kommen kann.

Eine völlig überzogene Sanierung stellt der Fall einer mit Schimmelpilzen kontaminierten Holzkonstruktion (Dachgauben) dar, bei der empfohlen wurde, das gesamte Gewerk auszutauschen. Die Ursache des Schadens war die Trocknung des Estrichs im Winter bei geschlossenen Fenstern. Ein grünschwarzer Bewuchs von *Cladosporium*-Arten war fälschlich als *Stachybotrys chartarum* identifiziert worden.

Ursachen erhöhter Feuchte in Innenräumen

Hohe Raumluftfeuchte

Die relative Feuchte sollte in Abhängigkeit vom Wärmedämmstandard im Altbau 50 %, im Neubau 60 % nicht dauerhaft übersteigen. Als Ursachen erhöhter Feuchte kommen am häufigsten eine hohe Feuchteproduktion in Innenräumen, Neubaufeuchte und unzureichende Lüftung in Betracht.

Neubaufeuchte muss effektiv aus dem Bauwerk abgeführt werden, entweder durch Lüften oder technische Trocknung. Im Mittel müssen 90 l Wasser je m^2 Wohnfläche abgeführt werden. Estrich und Innenputz verursachen bis zu einem halben Jahr nach Erstbezug eines Hauses eine erhebliche Feuchtelast.

Der **Feuchteeintrag** kann vor allem reduziert werden, indem keine Wäsche in der Wohnung getrocknet wird, der Pflanzenbestand begrenzt wird und die Dusche nach Benutzung gleich abgetrocknet und das Bad gelüftet wird.

Selbstverständlich lassen sich im Alltag je nach Wohnverhältnissen bestimmte Umstände nicht beeinflussen und so muss jeder Nutzer selbst entscheiden, wie die Feuchtelast effektiv reduziert werden kann. Die Transpirationsleistung von Pflanzen (die über Blätter in die Raumluft abgegebene Wassermenge) kann selbst ermittelt werden, wenn protokolliert wird, wie viel Wasser den Pflanzen je Zeiteinheit zugeführt werden muss. Wird die Dusche nicht abgetrocknet, verbleiben nach jedem Duschbad 100 bis 200 ml Wasser als Tropfen an den Wänden, die verdampfen und zu erhöhter Luftfeuchte führen.

Unzureichende Lüftung führt zu einer Erhöhung der relativen Luftfeuchte, die an kalten Bauteilen kondensiert. Zur Feuchteabfuhr durch tägliche Fensterlüftung wird eine mittlere Luftwechselrate von 0,5/h als notwendig erachtet. Der notwendige Luftaustausch ist von der Raumgröße und der Feuchtelast abhängig, die wiederum von der Belegungsdichte (Zahl der transpirierenden Personen im Raum) abhängt. Extrem trockenheitsliebende Schimmelpilze können schon bei 70 % Oberflächenfeuchte ($a_w \approx 0{,}7$) wachsen, die meisten Schimmelpilze benötigen ca. 80 % Oberflächenfeuchte ($a_w \approx 0{,}8$); sichtbare Tauwasserbildung ist also für eine mikrobielle Besiedlung nicht erforderlich.

Unzureichendes Heizen

Schlafzimmer und selten genutzte Räume sollten vor allem in Altbaubeständen mit schlechter Wärmedämmung regelmäßig geheizt werden, damit die Wände und Decken nicht zu stark auskühlen. Die aus anderen Räumen einströmende warme Luft enthält absolut mehr Wasser als kältere Luft. Wärmere Luft führt daher relativ viel Feuchte mit sich, die an kalten Oberflächen kondensiert. In Abhängigkeit von der Pufferkapazität des jeweiligen Baumaterials für Wasser wird früher oder später eine Materialfeuchte (a_w-Wert) erreicht, die das Wachstum verschiedener trockenheitsliebender Schimmelpilzarten ermöglicht.

Mangelnde Luftzirkulation

Einrichtungsgegenstände und lange Vorhänge verhindern die Konvektion warmer Luft entlang der Wände und damit die Erwärmung der Wände oder Bauteile. Infolgedessen kommt es zu einer Kondensation von Wasser, gefolgt von Schimmelpilzwachstum. Bei der Möblierung sollten folgende Empfehlungen berücksichtigt werden:

- Möbel sollten nicht an schlecht gedämmte Außenwände gestellt werden, insbesondere nicht in Außenecken.
- Falls dies unvermeidbar ist, sollte ein Abstand von 10 cm zur Wand eingehalten und Schränke sollten auf Füße gestellt und nicht raumhoch aufgebaut werden, damit die Zirkulation erhalten bleibt.

Baumängel und Bauschäden

Das vorrangige Ziel einer Sanierung muss sein, die Ursache der Durchfeuchtung bzw. der mikrobiellen Kontamination zu beheben, hier vor allem Undichtigkeiten im Bauwerk oder Wärmebrücken. Wärmebrücken sind Berei-

Abb. 2.49: Konstruktive Wärmebrücke: Betonpfeiler und -sturz kühlen wegen fehlender Wärmedämmung stark aus, sodass Wasserdampf kondensiert und Schimmelpilze auf dem Anstrich wachsen; im unteren Bereich wurde bereits desinfizierend gereinigt.

Abb. 2.50: Links: schadhafte Vertikalisolierung einer Kellerwand mit der Folge einer Durchfeuchtung nach dem Defekt eines Dränagerohrs; rechts: fehlende Horizontalisolierung in einem Altbau aus dem 18. Jahrhundert mit der Folge aufsteigender Feuchte bis zu 1,5 m Höhe

che der Bauwerksbegrenzung (Wände, Decken, Bodenplatte), über die im Vergleich zur gesamten Fläche ein größerer Wärmeabstrom vom Innenraum nach außen stattfindet, sodass die Temperaturen des Gewerkes unterhalb des Taupunkts liegen. Wenn dort Wasser auf den Bauteilen kondensiert und organische Substanzen verfügbar sind, können Schimmelpilze wachsen und sich vermehren. Geometrische Wärmebrücken resultieren aus der Form eines Bauteils (z. B. bei Bauteilkanten), konstruktive Wärmebrücken (Abb. 2.49) aus der unterschiedlichen Wärmeleitfähigkeit von Bauteilen.

Auf Innenwänden an Wärmebrücken siedeln sich häufig Schimmelpilze an. Sind z. B. Kellerwände unzureichend gedämmt, kann vor allem im Sommer beim Lüften über Tag warme Außenluft mit einem höheren absoluten Wassergehalt an den kalten Kellerwänden (ausgedehnte Wärmebrücken) oder an Wasserrohren kondensieren.

Feuchteschäden im Keller können auch im Zusammenhang mit einer Nutzungsänderung auftreten (Umgestaltung zum Wohnraum), beruhen aber häufig auf baulichen Mängeln, wie z. B. bei eindringendem Wasser durch schadhafte Abdichtungen oder bei Rohrleitungsschäden. Eindringendes Wasser kann dabei aus verschiedenen Quellen stammen:

- seitlich eindringende Feuchte durch schadhafte Mauerwerksabdichtung (Vertikalabdichtung; Abb. 2.50, links)
- aufsteigende Feuchte durch schadhafte oder fehlende Horizontalisolierung (Abb. 2.50, rechts)
- hygroskopische Feuchte durch Salzbelastung in den Wänden

Eine Übersicht häufiger Schadensursachen gibt Tabelle 2.47.

Vorgehen bei einer Sanierung

Abhängig vom Umfang einer mikrobiellen Kontamination wird die Belastung vom Landesgesundheitsamt Baden-Württemberg (Schimmelpilze in Innenräumen, 2004) in 3 Kategorien eingeteilt (vgl. Tabelle 2.45). Im Folgenden werden die Konsequenzen für die Sanierung erläutert, die sich aus dieser Zuordnung jeweils ergeben.

Kontaminationen der Kategorie 1

Mikrobielle Kontaminationen der Kategorie 1 (< 20 cm^2) umfassen meist Bagatellschäden, die in der Regel in Eigenleistung behoben werden können. Beispiele hierfür sind erste auftretende Schimmelpilzkolonien im Bereich von Wärmebrücken (z. B. Zimmerecken), aber auch das Wachstum von Schimmelpilzen auf Dichtungsmaterial der Fenster (Abb. 2.51), auf Silikonfugen im Bad oder auf Kühlschrankdichtungen. Derartige mikrobielle Kontaminationen traten auch schon vor der Zeit der Energieeinsparmaßnahmen in Häusern und Wohnungen auf, wurden wegen der fehlenden öffentlichen Sensibilisierung der Bevölkerung aber nicht negativ wahrgenommen. Hier ist eine Desinfektion erforderlich (vgl. unten „Desinfizierende Reinigung“).

Kontaminationen der Kategorie 2

Zur Kategorie 2 (< 0,5 m^2) gehören mikrobielle Kontaminationen, wie sie in Zimmerecken bei Vorliegen von geometrischen Wärmebrücken hinter Vorhängen auftreten können. Häufig kommt es auch zu ausgedehnteren Besiedlungen von mehr als 0,5 m^2 Fläche hinter Schränken oder Bildern und in anderen nicht einsehbaren Bereichen. Je nach handwerklichem Geschick spricht auch hier nichts gegen eine Sanierung in Eigenleistung. Jedoch sollte hier zur Feststellung bzw. Aufdeckung eines Baumangels (z. B. einer geometrischen Wärmebrücke) ein Bausachverständiger zu Rate gezogen werden. Es muss sichergestellt werden, dass die Ursache der Durchfeuchtung nachhaltig behoben wird, anderenfalls kommt es nach der oberflächlichen Sanierung zur Wiederbesiedlung durch Schimmelpilze.

Kontaminationen der Kategorie 3

Großflächigere Besiedlungen der Kategorie 3 (> 0,5 m^2) resultieren meist aus ausgedehnten Wasserschäden (Rohrbruch, Wassereinbruch von außen usw.). Bei einem solchen Schadensausmaß können Schimmelpilze in tiefere Schichten des Putzes bzw. des Baumaterials eindringen. Werden mikrobielle Kontaminationen rechtzeitig erkannt, kann ein Eindringen der Schimmelpilze in tiefere Schichten verhindert werden. Die aufwendigen Sanierungen großflächiger Kontaminationen sollten von sach- und fachkundigen Firmen mit der entsprechenden personellen Ausstattung und technischen Ausrüstung durchgeführt werden. Bei diesen Arbeiten werden sehr hohe Konzentrationen von Pilzsporen freigesetzt, sodass nicht nur Persönliche Schutzausrüstung getragen werden muss, sondern auf der Baustelle auch Maßnahmen zur Abschottung und zur Absaugung der Bioaerosole getroffen werden müssen (siehe hierzu BGI 858 „Handlungsanleitung: Gesundheitsgefährdungen durch biologische Arbeitsstoffe bei der Gebäudesanierung“ [2006-10]).

Abb. 2.51: *Cladosporium cladosporioides* auf einer Silikonfuge; die vorliegende Konzentration dieser Pilzart in der Raumluft reichte aus, bei einer Nutzerin, die für diese Schimmelpilzart sensibilisiert war, einen akuten Anfall von allergischem Asthma auszulösen

Entfernung von mikrobiell kontaminiertem Material und Reinigung der Oberflächen

Sanierungsmaßnahmen sind immer so auszuführen, dass es nicht zu einer Kontamination der Wohnung bzw. des Gebäudes durch Bioaerosole kommt. Sanierungs- und Desinfektionsmaßnahmen müssen ferner immer mit Persönlicher Schutzausrüstung durchgeführt werden, entsprechende Vorschriften des Arbeitsschutzes sind zu beachten (vgl. BGI 858). Die zu sanierenden Räume sind durch Abschottungen von den übrigen Bereichen abzutrennen, damit es nicht zur Verschleppung von mikroorganismenhaltigen Stäuben kommt. Mikrobiell kontaminierte Materialien müssen staub- und luftdicht verpackt werden, damit die umgebenden Räumlichkeiten und die Umwelt nicht kontaminiert werden.

Saugfähige Baumaterialien

Werkstoffe wie Spanplatten, Papier, Pappen und Gipskartonplatten bestehen aus relativ leicht abbaubaren organischen Materialien, die von Schimmelpilzen rasch und tief besiedelt werden können. Diese Materialien lassen sich nicht ausreichend desinfizieren, können aber meist leicht ersetzt werden. Sie sollten daher bei Sanierungsarbeiten vollständig ausgetaucht werden.

Werkstoffe aus Massivholz

Möbel, Treppen, und Verkleidungen können abgewaschen, abgeschliffen oder gegebenenfalls abgehobelt werden, sodass das kontaminierte Material entfernt wird. Werkstoffe mit glatten Oberflächen können gereinigt und gegebenenfalls desinfiziert werden.

Putzoberflächen

Kontaminierte Putze müssen nicht in jedem Fall vollständig entfernt und erneuert werden, auch wenn eine vollständige Desinfektion tieferer Schichten nicht möglich ist. Die Eindringtiefe einer mikrobiellen Kontamination hängt von der Dauer der Durchfeuchtung und des Pilzwachstums, den verfügbaren Nährstoffen auf dem Substrat (Tapete, Farbe) und der Art des Putzes ab. Bei mikrobiellen Kontaminationen infolge von Oberflächenkondensation muss der Putz meist nicht entfernt werden, da die Schimmelpilze nicht in trockene Putzschichten eindringen.

Desinfizierende Reinigung

Putzoberflächen können – allerdings nur bei kleineren Flächen – mit 70- bis 80%igem Alkohol (Ethanol, Isopropanol) desinfizierend gereinigt werden. In jedem Fall ist hier mit äußerster Vorsicht vorzugehen, da Alkohol leicht entzündlich ist (offene Flammen und Zündfunken sind zu vermeiden).

Eine Behandlung mit quartären Ammoniumverbindungen ist zu empfehlen; die Verwendung von Wasserstoffperoxid (besitzt ätzende Wirkung) oder Natriumhypochloritlösung (verursacht Chlorgasemissionen) ist bei Beachtung entsprechender Vorsichtsmaßnahmen ebenfalls möglich. Von einer Verwendung organischer fungizider Wirkstoffe ist abzuraten, da diese Substanzen auf dem Baumaterial oft unwirksam sind und auch meist eine Toxizität für den Menschen besitzen; ebenso von einer Verwendung saurer Reinigungs- und Desinfektionsmittel, da alkalische Baustoffe neutralisiert werden und es gegebenenfalls zu Gefügeschäden kommt.

Die Wirksamkeit einer Desinfektion ist auf porösen Untergründen wie rauen Tapeten oder Putz allerdings gering. Kleinere Kontaminationen lassen sich durch mehrmalige Desinfektion jedoch auch auf diesen Materialien recht effektiv beseitigen.

Bauwerkstrocknung

Allgemeines

Ob eine Trocknung durchgeführt werden kann, hängt vom Umfang und vom Alter des Feuchteschadens, von der Art der Trocknung(sgeräte), von der Art der Raumnutzung und vom Gesundheitszustand der Nutzer ab.

Bei einer technischen Trocknung unter laufender Nutzung muss die ausführende Firma durch geeignete technische und organisatorische Maßnahmen sicherstellen, dass es nicht zu einer verstärkten Belastung der Raumluft im Bauwerk kommt – dies gilt insbesondere bei Kontaminationen in Einrichtungen für Kranke, Kinder oder ältere Menschen, deren Immunsystem geschwächt sein kann.

Es ist außerordentlich wichtig, dass nach Auftreten eines Wasserschadens unverzüglich mit der Trocknung begonnen wird, damit ein Wachstum und eine Vermehrung der Schimmelpilze (sowie von Bakterien) möglichst schnell unterbunden wird. Die Art der Trocknung hängt davon ab, ob und in welchem Maß das zu trocknende Material mikrobiell kontaminiert ist. Eine mikrobielle Kontamination ist vor allem zu erwarten, wenn es sich um organische Baumaterialien oder um einen älteren Wasserschaden handelt oder Abwasser ins Bauwerk eingedrungen ist. Sofern Dämmmaterial in Hohlräumen betroffen ist (insbesondere Mineralwolle als Trittschalldämmung), muss ein Ausbau in Erwägung gezogen werden, zumal meist die Dauer der Durchfeuchtung nicht mehr rekonstruiert werden kann. Bei schwingendem Estrich ist damit zu rechnen, dass mit Bioaerosol kontaminierte Luft aus der Unterbodenkonstruktion über seitliche Fugen in die Raumluft transportiert wird.

Heizen und Lüften

Kleinere Feuchteschäden können durch intensives Heizen und Lüften wirksam getrocknet werden. Wichtig ist hierbei, dass die Temperatur in den Innenräumen immer über der Außentemperatur liegt, damit Feuchte nach außen abgeführt werden kann. Im Winter ist die Abfuhr von Feuchte aufgrund des niedrigen absoluten Feuchtegehalts der kalten Luft immer effektiver möglich als im Sommer. Im Sommer wird bei hohen Außentemperaturen sogar Feuchte in die Innenräume gebracht, wo sie z. B. im Keller an kalten Wänden kondensiert.

Technische Trocknungsverfahren

Größere Wasserschäden müssen technisch getrocknet werden. Hier stehen als Verfahren die **Kondensationstrocknung** (Kältetrockner), die **Adsorptionstrocknung** (Sorptionsluftentfeuchtung), die **Mikrowellentrocknung** und die **Vakuumtrocknung** (Gefriertrocknung) zur Verfügung. Speziell zur Trocknung von Fußbodenkonstruktionen werden das **Druckverfahren**, das **Saugverfahren** und das **Saug-Druck-Verfahren** eingesetzt.

Ob eine technische Trocknung durchgeführt werden kann, hängt von der Art und dem Alter des Wasserschadens ab. Eine ältere Durchfeuchtung geht in der Regel mit einer massiven mikrobiellen Kontamination einher; hier ist zu überlegen, ob eine Trocknung überhaupt sinnvoll und nachhaltig ist. Die Art der Trocknung richtet sich nach dem Material des Oberbelags. Die Zahl der Einblas- bzw. Absaugöffnungen hängt vom Gebäude, von der Bauausführung (z. B. Aufbau der Trittschalldämmung) und von der Raumaufteilung ab.

Bei der **Kondensationstrocknung** (Kältetrockner) wird die erwärmte Raumluft durch einen kalten Wärmetauscher geleitet, in dem die Luft unter den Taupunkt abgekühlt wird und Luftfeuchte kondensiert. Damit nur die Raumluft getrocknet wird, müssen die Fenster geschlossen bleiben. Mit diesem Verfahren werden relative Luftfeuchten von 20 bis 30 % erreicht, sodass Holzwerkstoffe schonend getrocknet werden können. Die geringere Entfeuchtungsleistung im Vergleich zur Adsorptionstrocknung wird durch einen höheren Luftdurchsatz kompensiert.

Bei der **Adsorptionstrocknung** (Sorptionsluftentfeuchtung) entziehen Feuchte aufnehmende (hygroskopische) Substanzen der angesaugten Luft die Feuchte. Dieses Verfahren ist bei fast allen Schadensfällen einsetzbar, da die Sorptionstrocknung in einem Temperaturbereich von –10 bis +50 °C effektiv funktioniert. Es können Raumluftfeuchten von ca. 5 % erreicht werden, dies hat aber den Nachteil, dass es zur Rissbildung im Holz kommt (Schwindrisse).

Neben den genannten gängigen Trocknungsverfahren werden die Mikrowellentrockung und die Vakuumtrocknung angewandt.

Bei der **Mikrowellentrocknung** werden feuchte Bauteile mit Mikrowellen bestrahlt, sodass das darin enthaltene Wasser verdampft. Die Trocknung vollzieht sich schneller als bei den herkömmlichen Verfahren, birgt aber auch eine Reihe von Problemen. An erster Stelle sind hier die Sicherheitsvorkehrungen zu nennen, wie die Evakuierung von Handwerkern und das Anbringen von Abschirmelementen, damit sensible Bauteile oder Nachbargebäude nicht geschädigt werden. Des Weiteren können an metallischen Baumaterialien sehr hohe Feldstärken auftreten und es kann zu einer starken Aufheizung der Materialien mit Beschädigung von Kabelisolierungen oder auch zu Spannungsüberschlägen kommen.

Die **Vakuumtrocknung** (Gefriertrocknung) wird zur Trocknung von Gegenständen wie wertvollen Büchern, Zeichnungen oder Dokumenten eingesetzt. Die durchfeuchteten Objekte werden zunächst eingefroren und anschließend in Vakuumschränken im Hochvakuum behandelt, wobei das Wasser sublimiert, d. h. vom festen direkt in den gasförmigen Zustand übergeht.

Bei der Trocknung von Fußbodenkonstruktionen sollte das **Druckverfahren** nur eingesetzt werden, wenn eine mikrobielle Kontamination des zu trocknenden Baumaterials sicher auszuschließen ist, da die mit Mikroorganismen angereicherte Luft über Austrittsöffnungen in den Raum gelangt. Beim **Saugverfahren** wird Luft aus der Trittschalldämmung angesaugt und mithilfe von Bautrocknern getrocknet. Eventuelle mikrobielle Kontaminationen werden nach außen geleitet oder gegebenenfalls mittels Filtern abgeschieden. Beim **Saug-Druck-Verfahren** wird zusätzlich zum Absaugen getrocknete Luft in die Trittschalldämmung eingeblasen. Um einen Eintrag von Stäuben und Bioaerosolen in die Innenräume zu vermeiden, muss der Saugvolumenstrom größer sein als der Druckvolumenstrom.

Wiederaufbau eines Gewerkes

Der Wiederaufbau eines Gewerkes muss so erfolgen, dass eine erneute Schimmelpilzkontamination ausgeschlossen werden kann.

Lag die Ursache der Durchfeuchtung in konstruktiven Bauschäden (z. B. Leckagen), bei denen Wasser durch defekte Gewerke eingedrungen ist, so kann der Wiederaufbau mit den zuvor verwendeten Materialarten durchgeführt werden. Handelt es sich aber z. B. um Kondensationsfeuchteschäden, bei denen nicht sichergestellt werden kann, dass Wärmebrücken saniert wurden, oder bei denen dies technisch unmöglich war, sollten anorganische Baumaterialien verwendet werden (z. B. Silikatfaserplatten, Fliesen). Diese Materialien können von den Schimmelpilzen nicht als Nährstoffe genutzt werden; Staubablagerungen können allerdings auch hier als Nährstoffe für Schimmelpilze dienen.

Neben der chemischen Beschaffenheit von Baumaterialien (organisch, anorganisch) sind auch die physikalischen Eigenschaften von Bedeutung. So ist die Pufferkapazität eines Baumaterials für Wasser ausschlaggebend für die Möglichkeit einer Kontamination durch Schimmelpilze. Kann das Material z. B. viel Wasser aufnehmen und bei Erwärmung gut wieder abgeben, wird ein für das Wachstum benötigter a_w-Wert langsamer erreicht und die Kontamination durch Schimmelpilze hinausgezögert.

Besonders kritische Gewerke sind Trockenbaukonstruktionen zur Innendämmung. Hier muss das Dämmmaterial sehr sauber und dicht mit einer

Dampfsperre kaschiert werden, damit keine Raumluftfeuchte in die Dämmung diffundiert und am Taupunkt kondensiert. Eine Berechnung des Wärmedurchgangs der Dämmung und des Taupunkts im Gewerk können helfen, einer mikrobiellen Kontamination vorzubeugen.

Austausch kontaminierten Baumaterials

Ein Austausch des Materials sollte immer dann erfolgen, wenn eine signifikante Vermehrung von Schimmelpilzen im oder auf dem Baumaterial stattgefunden hat; bei kleineren Kontaminationen auch dann, wenn die Gefahr einer Wiederverkeimung (z. B. durch Feuchtekondensation aus der Luft oder dem Unterboden) besteht.

Baumaterialien mit hohen Anteilen organischer Substanzen, die von Pilzen abgebaut werden können, sollten vollständig ausgetauscht werden. Zum einen sind diese Substrate meist nach kurzer Zeit wieder stark besiedelt, zum anderen bieten sie bei erneuter Durchfeuchtung ein Substrat. Kann eine Durchfeuchtung selbst nach sachgerechter Sanierung nicht ausgeschlossen werden, sollte anorganisches Material verbaut werden.

Anorganische Baumaterialien, die direkten Kontakt zu kontaminierten Materialien hatten, müssen nicht ausgetauscht werden, sofern sie sich gut oberflächlich desinfizieren lassen. Das Eindringen von Mycel ist in der Regel zu vernachlässigen, denn im Gegensatz zu höheren Pilzen (Basidiomyceten) bilden Schimmelpilze keine Mycelstränge, die Nährstoffe über lange Distanzen transportieren können (wie z. B. der Hausschwamm). Sofern nach der Sanierung die Baumaterialien trocken bleiben, ist auch ein Auskeimen von Sporen bzw. ein Auswachsen von Mycel ausgeschlossen.

Tapeten

Tapeten bestehen meist überwiegend aus organischem Material und werden deshalb intensiv besiedelt. Tapeten können einfach und kostengünstig ausgetauscht werden.

Putz

Putz muss nur dann entfernt werden, wenn Schimmelpilze in tiefere Schichten eingedrungen sind, damit eine Wiederverkeimung aus dem Material heraus ausgeschlossen wird. Bleibt der Putz nach der Sanierung trocken, ist auch ein Auskeimen eventuell vorhandener Pilzsporen (und anderer Verbreitungseinheiten) ausgeschlossen. In Zementputz dringen in der Regel keine Mycelien von Schimmelpilzen ein, bei Gipsputz kann dies jedoch der Fall sein, da das feuchte Material aufquillt.

Dämmmaterial

Dämmmaterial wie Mineralwolle, Styropor und Cellulosefaserplatten bestehen aus organischen Materialien oder enthalten diese, werden aber aufgrund ihrer unterschiedlichen chemischen Zusammensetzung unterschiedlich stark besiedelt. Mineralwollfasern sind zwar selbst anorganisch, werden aber mit organischen Klebern vernetzt. Styropor besteht aus Polystyrolkugeln (organisches Polymer), die ebenfalls durch Klebstoff miteinander verbunden werden.

Tabelle 2.47: Häufige Schadensursachen und mögliche Sanierungsmaßnahmen

Schadensursache	Sanierungsmaßnahme	Anmerkungen
geometrische Wärmebrücke	Außendämmung	Die Diagnose erfolgt mittels Infrarotthermografie. Mit einer Außendämmung wird der Durchgang der Wärme durch das Bauteil reduziert; die Innenwand erwärmt sich und sofern der Taupunkt überschritten wird, kondensiert die Feuchte nicht mehr an der Innenseite der Wand. Bei der Außendämmung ist auf eine durchgehende Ausführung ohne Lücken zu achten, vorspringende Elemente wie z. B. Balkone sind einzubeziehen. Anforderungen an die Wärmedämmung werden in der DIN 4108-2[1)] formuliert; die Energieeinsparverordnung[2)] ist zu beachten.
	Innendämmung (z. B. Mineralschaum- oder Calciumsilikatplatten)	Die Diagnose erfolgt mittels Infrarotthermografie. Mit einer Innendämmung wird verhindert, dass die Luftfeuchte am kalten Bauteil (z. B. Wand) kondensiert. Wird eine Innendämmung diffusionsdicht angelegt, ist zu beachten, dass die feuchte Luft im Raum nicht mehr durch das Bauteil nach außen gelangen kann, sondern auf anderem Wege abgeführt werden muss. Wird eine Innendämmung diffusionsoffen angelegt, ist zu beachten, dass die Feuchte bei Erreichen des Taupunkts innerhalb des Bauteils bzw. der Dämmung kondensieren kann; an dieser Stelle sollte folglich kein organisches Material eingebaut werden, da dieses mikrobiell besiedelt werden kann.
konstruktive Wärmebrücke	Außendämmung oder Innendämmung (je nach Art der konstruktiven Wärmebrücke)	Siehe Anmerkungen zur geometrischen Wärmebrücke.
schadhafte oder fehlende Horizontalisolierung	Zurückhalten aufsteigender Feuchte durch • nachträgliche mechanische Horizontalsperren nach WTA-Merkblatt 4-7-02/D[3)] oder • Mauerwerksinjektion gegen kapillare Feuchte nach WTA-Merkblatt 4-4-04/D[4)]	• Mechanische Horizontalsperren stellen eine effektive Abdichtungsschicht dar, erfordern aber einen statischen Eingriff in die Bausubstanz mit der Folge einer evtl. Rissbildung. • Bei Mauerwerksinjektionen ist je nach Verfahren ggf. eine Vorbehandlung des Mauerwerks (Vortrocknen oder Vorheizen) oder eine Nachinjektion alkalischer Medien notwendig. Herstellerempfehlungen zu chemischen Injektionsverfahren sind zu beachten, da die Wirksamkeit vom Feuchtegehalt des Mauerwerks abhängig ist. • Bei beiden Verfahren ist zuvor die Funktionsfähigkeit von Dränagesystemen zu prüfen.

Tabelle 2.47: Fortsetzung

Schadensursache	**Sanierungsmaßnahme**	**Anmerkungen**
schadhafte oder fehlende Vertikalisolierung	Zurückhalten seitlich eindringender Feuchte nach WTA-Merkblatt 4-6-05/D[5] durch • Außenabdichtung mit WU-Beton, Sperr- oder Dichtungsputz, mineralischer flexibler Dichtungsschlämme, Kunststoff- oder Bitumenbahnen oder Bitumendickschicht oder • Innenabdichtung mit Dichtungsschlämme	• Für Außenabdichtungen sind Bitumendickbeschichtungen universell einsetzbar und preiswert; Bitumenbahnen sind bei starker Feuchtebelastung zu empfehlen. • Innenabdichtungen sind angezeigt, wenn eine Nachbarbebauung oder -nutzung vorliegt und von außen kein Zugang möglich ist. Allerdings bleibt die Wand feucht und die kapillare Feuchte steigt an, da keine Feuchteabgabe nach innen erfolgt. • Bei beiden Verfahren ist zuvor die Funktionsfähigkeit von Dränagesystemen zu prüfen.
Risse in der Bauwerkshülle	Rissinjektion mit Harzen (z. B. mit dauerelastischen Polyurethanen)	–
Windundichtigkeiten und Leckagen in der Außenhülle	vollständige und durchgehende Wiederherstellung der winddichten Schicht mit allen Anschlüssen	Bei Mehrschichtaufbauten kann auch die Dampfsperre undicht sein.
nicht fachgerecht anschließende Fenster	fachgerechte Erneuerung des Fensteranschlusses als bauphysikalisch aufeinander abgestimmtes Gesamtsystem einschließlich Wärmedämmung und Herstellung der Luftdichtigkeit	–
bauphysikalisch unsachgemäßer Wandaufbau, z. B. schadhafte Dampfsperren bei Holzrahmenkonstruktionen	Ermittlung der Ursachen erhöhter Feuchte, Erneuerung durchfeuchteter Werkstoffe, vollständige Erneuerung von Dampfsperren und Innendämmung	Dampfsperren sind bei mangelhaft verklebten Wandanschlüssen und Durchführungen häufig undicht. Bei größeren Flächen (ganze Wände) mit Innendämmung und Dampfsperre muss die Feuchte auf anderen Wegen aus dem Raum transportiert werden (Zwangsbelüftung).

1) DIN 4108-2 „Wärmeschutz und Energie-Einsparung in Gebäuden – Teil 2: Mindestanforderungen an den Wärmeschutz" (2003)
2) „Verordnung über energiesparenden Wärmeschutz und energiesparende Anlagentechnik bei Gebäuden" (Energieeinsparverordnung – EnEV) vom 24. Juli 2007
3) WTA-Merkblatt 4-7-02/D „Nachträgliche mechanische Horizontalsperre" (2002)
4) WTA-Merkblatt 4-4-04/D „Mauerwerksinjektion gegen kapillare Feuchtigkeit" (2004)
5) WTA-Merkblatt 4-6-05/D „Nachträgliches Abdichten erdberührter Bauteile" (2005)

Reinigung von Gegenständen und Oberflächen ohne Schimmelpilzbesiedlung

Bei ausgedehnten Schimmelpilzkontaminationen in Innenräumen (z. B. bei großflächigem Wachstum auf Wänden, ausgedehnten Kontaminationen der Trittschalldämmung) ist es ratsam, aus Vorsorgegründen Einrichtungsgegenstände umgehend zu reinigen. Textilien können durch Waschen gereinigt werden, Teppiche und Postermöbel können durch Sprühextraktionsreinigungsgeräte gesäubert werden.

Bei diesen Dekontaminationsverfahren ist auf jeden Fall die Verhältnismäßigkeit zu wahren. Es muss berücksichtigt werden, dass Schimmelpilze weit verbreitet vorkommen und Hausstaub auch in unbelasteten Wohnungen Schimmelpilze enthält (vgl. Tabelle 2.44). Textilien und Postermöbel sind daher niemals frei von Umweltkeimen, da diese ständig durch Ablagerung auf die Einrichtungsgegenstände gelangen.

Feinreinigung des Bauwerks und Kontrollmessungen

Die abschließende Feinreinigung der Räumlichkeiten bzw. des Bauwerks ist Teil der Sanierung. Hier können gegebenenfalls Luftaustauschgeräte und HEPA-Raumluftfilter (high efficiency particulate air filter: Hochleistungspartikelluftfilter) bei umfangreicheren Sanierungen eingesetzt werden. Abschottungen gegen andere Räume werden erst nach der Feinreinigung entfernt. Nach durchgeführter Sanierung müssen das Bauwerk bzw. die Gewerke abgenommen werden.

Kontrollmessungen können für unterschiedliche Zwecke durchgeführt werden:

Zur **Schadenskontrolle** werden Messungen durchgeführt, um zu prüfen, ob das mit Schimmelpilzen befallene Material vollständig entfernt wurde. Hierzu dienen in der Regel Materialuntersuchungen.

Zur **hygienischen Statuskontrolle** (Reinheitskontrolle) werden Messungen durchgeführt, um zu prüfen, ob das Objekt durch die Sanierungsarbeiten nicht zusätzlich belastet wurde. Luftmessungen und Hausstaubmessungen liefern Daten der allgemeinen Belastung, Flächenuntersuchungen Daten der örtlichen Belastung. Diese Messungen sind unter Nutzungsbedingungen durchzuführen. Die Bewertung der nachgewiesenen Schimmelpilzkonzentrationen sollte zurzeit nach dem Schimmelpilz-Leitfaden des Umweltbundesamtes (Leitfaden zur Vorbeugung, Untersuchung, Bewertung und Sanierung von Schimmelpilzwachstum in Innenräumen, 2002) bzw. den Empfehlungen des Landesgesundheitsamtes Baden-Württemberg (Schimmelpilze in Innenräumen, 2004) erfolgen. Die Bewertung wird vereinfacht, wenn die ursprünglichen Kontaminanten bekannt sind.

Eine **Sanierungskontrolle** im engeren Sinne sollte durchgeführt werden, um sicherzustellen, dass die Ursachen der Durchfeuchtung grundlegend beseitigt sind, sofern nicht durch andere Messverfahren der Erfolg der Maßnahme belegt werden kann (z. B. Temperaturbestimmung des Bauteils bei Kondensationsfeuchteschäden).

2.4.2 Mikrobielle flüchtige organische Verbindungen (MVOC)

Guido Fischer

2.4.2.1 Geruchsbelästigungen durch MVOC

Eine Geruchsbelästigung durch mikrobielle Kontaminationen in Innenräumen geht in der Regel auf Stoffwechselprodukte von Schimmelpilzen (und auch Bakterien) zurück. Die meisten dieser geruchsaktiven Substanzen gehören zu den MVOC (microbial volatile organic compounds: mikrobielle flüchtige organische Verbindungen), von denen einige chemisch-analytisch nachgewiesen werden können.

Allerdings ist es oft nicht möglich, eine geruchliche Beeinträchtigung der Bewohner auch durch Messungen von MVOC zu objektivieren. Dies hat mehrere Gründe: Viele geruchsaktive MVOC haben Geruchsschwellen, die deutlich höher liegen als die Konzentrationen, die in Innenräumen bei mikrobiellen Kontaminationen für die einzelnen Verbindungen messtechnisch nachgewiesen werden. Ferner hängt die jeweilige Geruchswirkung wesentlich vom Gemisch der vorkommenden Verbindungen ab; zudem können sich auch die Geruchsschwellen einzelner Verbindungen im Gemisch verändern. Schließlich werden Gerüche häufig durch flüchtige organische Verbindungen verursacht, die messtechnisch nicht nachweisbar sind. Erschwerend kommt hinzu, dass für viele messtechnisch erfasste Verbindungen die Geruchswirkung, insbesondere auch im Zusammenwirken mit anderen Verbindungen, noch unbekannt ist. Dies verdeutlicht die Komplexität der Messung und Bewertung von Gerüchen und Geruchsstoffen in Innenräumen.

Dennoch dienen MVOC seit einigen Jahren als Indikatoren für mikrobielle Kontaminationen in Innenräumen (Ström et al., 1990), weil diese Verbindungen im Gegensatz zu Schimmelpilzsporen (oder Bakterien) durch Baumaterialien diffundieren können und sich damit in der Raumluft auch bei verdeckten Kontaminationen nachweisen lassen.

Zu den MVOC gehören Verbindungen verschiedener chemischer Stoffklassen mit Siedepunkten zwischen 0 und 250 °C wie z. B. Alkanole, Alkenole, Ketone, Terpene, Aldehyde, Alkane, schwefelhaltige Verbindungen, Ether, Ester und Carbonsäuren. Ström et al., 1994, beschrieben folgendes Spektrum von 9 Verbindungen als charakteristisch für mikrobielle Emissionen: 3-Methylfuran, Geosmin, 1-Octen-3-ol, 3-Methyl-1-butanol, 2-Pentanol, 2-Hexanon, 2-Heptanon, 3-Octanon und Dimethyldisulfid. Bisher wurden etwa 30 Verbindungen identifiziert, die von verschiedenen Arten von Schimmelpilzen auch auf unterschiedlichen Substraten gebildet werden können und daher prinzipiell als Indikatoren geeignet sind.

Der direkte Zusammenhang zwischen dem Auftreten von MVOC und einer mikrobiellen Kontamination durch Schimmelpilze konnte in wissenschaftlichen Untersuchungen für Innenräume bisher nicht statistisch belegt werden. Da die Bildung von MVOC von der physiologischen Aktivität der Mikroorganismen, den verfügbaren Nährstoffen, der Temperatur und der Wachstumsphase abhängt, muss eine mikrobielle Besiedlung nicht zwangsläufig mit der Bildung von MVOC einhergehen. Wenn aber MVOC – insbesondere die 5 Hauptindikatoren 3-Methylfuran, 1-Octen-3-ol, 3-Methyl-1-butanol,

3-Octanon und Dimethyldisulfid (vgl. hierzu Kapitel 2.4.2.4) – nachgewiesen werden, deutet dies auf eine mikrobielle Kontamination hin, sofern Sekundärquellen für MVOC ausgeschlossen werden können (zu Sekundärquellen siehe Kapitel 2.4.2.3).

Ein direkter Zusammenhang zwischen der Besiedlung durch Mikroorganismen und der MVOC-Bildung ist aus wissenschaftlicher Sicht jedoch auch nicht zu erwarten, da die Bildung der MVOC von weiteren Faktoren wie z. B. der Biozönose (Lebensgemeinschaft) und Oberflächeneffekten der Baumaterialien (Adsorption, Desorption von Materialien) abhängt. Häufig ist ein pilzig-muffiger Geruch in Innenräumen jedoch auf die Bildung von MVOC durch Schimmelpilze (oder Bakterien) zurückzuführen.

2.4.2.2 Messverfahren und ihre Vergleichbarkeit

Die beiden zurzeit angewandten Methoden zur Bestimmung von MVOC (Sammlung auf Tenax und Kopplung von Thermodesorption mit GC/MS [Gaschromatografie/Massenspektroskopie] bzw. Sammlung auf Aktivkohle und Kopplung von Flüssigelution mit GC/MS) liefern vergleichbare Ergebnisse, sofern die Methode und die Durchführung der Kalibration übereinstimmt und das Analyselabor über ausreichende Erfahrung verfügt.

In einer vergleichenden Untersuchung der Messungen von 4 Laboren (Fischer et al., 2005) in einer Kindertagesstätte stimmten die Ergebnisse der verschiedenen Verfahren (je 2 Labore setzten Tenax/Thermodesorption mit GC/MS bzw. Aktivkohle/Flüssigelution mit GC/MS ein) an 2 Messtagen für folgende Verbindungen gut überein:

- Dimethyldisulfid (hier ergaben sich allerdings nur für die Tenax/Thermodesorption-Methode vergleichbare Konzentrationen; die Aktivkohle/Flüssigelution-Methode war hier deutlich unempfindlicher)
- Ketone: 2-Heptanon und 3-Octanon
- Alkohole: 1-Octen-3-ol, 2-Pentanol, 3-Methyl-1-butanol, 2-Methyl-1-butanol (für 3-Methyl-1-butanol und 2-Methyl-1-butanol wurden in 2 Laboren bei den Analyseverfahren vergleichbare Konzentrationen ermittelt; die Mengenverhältnisse der beiden Verbindungen unterschieden sich je nach Analyseverfahren)

Die beteiligten Labore kamen aufgrund der Ergebnisse zu der übereinstimmenden Einschätzung, dass es sich im untersuchten Fall um eine mikrobielle Kontamination handele (zu den angewandten Beurteilungskriterien vgl. das in Tabelle 2.48 dargestellte Bewertungsschema des Landesgesundheitsamtes Baden-Württemberg). Die Übereinstimmung der unterschiedlichen Messmethoden ist für die Verwendbarkeit der MVOC-Bestimmung in der Praxis von entscheidender Bedeutung.

Tabelle 2.48: Bewertungsschema zur Interpretation von MVOC-Messungen (nach Schimmelpilze in Innenräumen, 2004)

Summenkonzentration aller MVOC ($\mu g/m^3$)	**Bewertung anhand von Hauptindikatoren**		
	kein Nachweis eines Hauptindikators	**Konzentration zwischen 0,05 und 0,10 $\mu g/m^3$ für mindestens 1 Hauptindikator nachgewiesen**	**Konzentration über 0,10 $\mu g/m^3$ für mindestens 1 Hauptindikator nachgewiesen**
$\leq 0{,}5$	Es liegt keine mikrobielle Kontamination vor.	Es liegt eine lokal begrenzte mikrobielle Kontamination, ein raumhygienisches Problem oder eine mikrobielle Kontamination in angrenzenden Gebäudeteilen vor.	Eine mikrobielle Kontamination ist wahrscheinlich.
$> 0{,}5$ bis $\leq 1{,}0$	Es liegt vermutlich keine mikrobielle Kontamination, sondern evtl. ein raumhygienisches Problem vor.	Eine mikrobielle Kontamination im Gebäude ist wahrscheinlich.	Eine mikrobielle Kontamination ist sehr wahrscheinlich.
$> 1{,}0$	Eine mikrobielle Kontamination im Gebäude ist fraglich.	Eine mikrobielle Kontamination im untersuchten Raum oder in unmittelbar angrenzenden Räumen ist sehr wahrscheinlich.	Es muss eine mikrobielle Kontamination vorliegen.

2.4.2.3 Hintergrundwerte und Sekundärquellen

In der Literatur werden für unbelastete Wohngebäude folgende Hintergrundwerte (d. h. die in der natürlichen Umgebung vorkommenden Konzentrationen) für MVOC angegeben, wobei diese Werte Summen der Werte von Hauptindikatoren sind:

- bei 3 Hauptindikatoren: 0,185 $\mu g/m^3$ (Lorenz, 2005)
- bei 4 Hauptindikatoren: 0,240 $\mu g/m^3$ (Leitfaden zur Vorbeugung, Untersuchung, Bewertung und Sanierung von Schimmelpilzwachstum in Innenräumen, 2002)
- bei 8 Hauptindikatoren: 0,430 $\mu g/m^3$ (Keller, 2002)

Dies bedeutet, dass auch bei MVOC-Gesamtkonzentrationen von weniger als 0,5 $\mu g/m^3$ bereits eine mikrobielle Kontamination vorliegen kann. In Bezug auf die Expositionshöhe kann also das Bewertungsschema des Landesgesundheitsamtes Baden-Württemberg (Tabelle 2.48) angewendet werden.

Nicht alle flüchtigen Stoffwechselprodukte, die von Mikroorganismen produziert werden können, lassen jedoch eindeutig auf eine mikrobielle Herkunft schließen; so werden z. B. aliphatische Alkohole (Ethanol, Propanol, Butanol usw.) auch als technische Lösemittel verwendet. Eine umfassende Übersicht solcher Sekundärquellen für MVOC liegt bisher nicht vor; für eine in der Erarbeitung befindliche neue VDI-Richtlinie (VDI-Richtlinie 4254

Blatt 1 „Messen von MVOC in der Außenluft") ist eine solche Zusammenstellung jedoch vorgesehen). Einige Sekundärquellen für MVOC wurden von Fischer, 2000, und Keller et al., 2003, zusammengestellt.

2.4.2.4 MVOC-Konzentrationen als Indikatoren mikrobieller Kontaminationen

Unter dem Gesichtspunkt der Indikatorfunktion der MVOC für mikrobielle Kontaminationen dürfen nur solche Verbindungen zur Bewertung herangezogen werden, die in Innenräumen überwiegend von Mikroorganismen produziert werden. Einige mikrobielle Verbindungen können daher wegen mangelnder Spezifität nicht der Bewertung zugrunde gelegt werden (Wessén/Schoeps, 1996).

Folgende 21 Verbindungen werden als relevante spezifische MVOC betrachtet: Dimethylsulfid, Dimethyldisulfid, Dimethylsulfoxid, 2-Methylfuran, 3-Methylfuran, 2-Pentylfuran, 2-Methyl-1-propanol, 3-Methyl-1-butanol, 2-Methyl-1-butanol, 2-Pentanol, 1-Octen-3-ol, 3-Octanol, 2-Hexanon, 2-Heptanon, 3-Octanon, Ethyl-2-methylbutyrat, *sec*-Butylmethylether, Methylisopentylether, *endo*-Borneol, *trans*-β-Farnesen, Geosmin. Die 3 Verbindungen 2-Methylfuran, 3-Methylfuran und 2-Pentylfuran sind in Raucherwohnungen allerdings nicht als Indikatoren geeignet, dort ist eine MVOC-Messung wegen des starken Hintergrunds generell nicht sinnvoll. Eine sorgfältige Erfassung der Umgebungsparameter ist für die Interpretation der Messergebnisse daher entscheidend.

Eine Auswertung von Proben erfordert die Quantifizierung aller hier genannten Verbindungen. Eine Bewertung kann dabei nur durch Vergleich der Ergebnisse mit einer Referenzprobe aus der Außenluft oder – falls möglich – aus einem zuverlässig als unbelastet eingestuften Raum vorgenommen werden.

Als aussagekräftigste Indikatoren (Hauptindikatoren) gelten folgende 5 MVOC: 3-Methylfuran (außer in Raucherwohnungen), Dimethyldisulfid, 3-Methyl-1-butanol, 1-Octen-3-ol und 3-Octanon (vgl. Tabelle 2.49). Zur Bewertung der Konzentrationen (Expositionshöhe) sollte das Schema in Tabelle 2.48 zugrunde gelegt werden. Vor dem Hintergrund der Schwankungsbreite von Messergebnissen in der Praxis müssen die verschiedenen Kategorien allerdings etwas weniger scharf voneinander abgegrenzt werden (vgl. Fischer et al., 2005). Diese Schwankungsbreite ergibt sich im Wesentlichen durch die extrem niedrigen Konzentrationen der MVOC (im Bereich ng/m^3), die im Unterschied zu VOC (volatile organic compounds: flüchtige organische Verbindungen, z. B. Aromaten wie Benzol; Konzentrationen im Bereich $\mu g/m^3$) sehr hohe Anforderungen an das Nachweisverfahren stellen.

Eine genaue Erfassung der Umgebungsparameter und ihrer Vorgeschichte ist für die Interpretation der Messergebnisse entscheidend. Eine sorgfältige Ortsinspektion gibt Hinweise, ob andere als biogene Ursachen für das Vorkommen einzelner MVOC infrage kommen können (vgl. Larsen/Frisvad, 1995; Schimmelpilze in Innenräumen, 2004). Die Bestimmung der MVOC gibt lediglich einen Hinweis, ob eine verdeckte mikrobielle Kontamination vorliegt, die dann genauer lokalisiert werden muss. Mit der Bestimmung der

Tabelle 2.49: Bewertung von MVOC-Konzentrationen hinsichtlich einer mikrobiellen Kontamination durch verschiedene Labore

MVOC	Konzentration (µg/m³)	Bewertung		
		Labor Urbanus, Düsseldorf	**Keller/Senkpiel/Ohgke, 1998**	**Lorenz, 2005**
3-Methylfuran[1)]	**0,067**	–	+	+
Dimethyldisulfid[1)]	**0,039**	– (a)	–	–
2-Pentanol	0,065	–	+	+
3-Methyl-1-butanol[1)]	**0,510**	+	+	++
1-Octen-3-ol[1)]	**0,450**	+	+	++
2-Hexanon	0,470	+ (b)	+	++
2-Heptanon	1,220	+ (b)	+	++
3-Octanon[1)]	**0,140**	+	+	–
Gesamtkonzentration	2,961			
Befund		Die Konzentrationen von 3 Hauptindikatoren liegen über 0,10 µg/m³. Die Gesamtkonzentration übersteigt mit 0,60 µg/m³ den Hintergrundwert von 0,30 µg/m³ für unbelastete Räume.	Die Konzentration liegt über 0,05 µg/m³ (bei einer Hintergrundkonzentration von weniger als 0,01 µg/m³).	Die Konzentration von 1 Hauptindikator liegt zwischen 0,05 und 0,10 µg/m³; die Konzentration von 2 Hauptindikatoren liegen über 0,10 µg/m³; die Gesamtkonzentration liegt über 1,00 µg/m³.
Bewertung		Eine mikrobielle Kontamination ist sehr wahrscheinlich; vermutlich liegt ein Konstruktionsschaden des Fußbodens vor.	Eine mikrobielle Kontamination ist wahrscheinlich; vermutlich ist starker Schimmelgeruch wahrnehmbar.	Eine mikrobielle Kontamination muss vorhanden sein.

Bewertung durch Labor Urbanus:
+ Die Konzentration von Einzelverbindungen liegt über 0,10 µg/m³.
– nicht zur Bewertung herangezogen
(a) Aufgrund der geringen Konzentration handelt es sich nicht um einen Wasserschaden durch Abwasser.
(b) Die Fußbodenkonstruktion ist betroffen.

Bewertung durch Keller/Senkpiel/Ohgke, 1998:
+ Die Konzentration von Einzelverbindungen liegt über 0,05 µg/m³.
– nicht zur Bewertung herangezogen

Bewertung durch Lorenz, 2005:
+ Die Konzentration von Einzelverbindungen liegt zwischen 0,05 und 0,10 µg/m³.
++ Die Konzentration von Einzelverbindungen liegt über 0,10 µg/m³.
– nicht zur Bewertung herangezogen

1) Hauptindikatoren für eine mikrobielle Kontamination

MVOC lässt sich nach heutigem Kenntnisstand auch noch keine gesundheitliche Bewertung der Expositionsverhältnisse vornehmen.

Bei Expositionsstudien in Innenräumen waren in der Vergangenheit fehlende oder unklare Korrelationen nicht zu vermeiden, weil meist weder der Parameter „MVOC" noch der Parameter „Schimmelpilze" differenziert erfasst wurde. In umfangreichen Studien kann zudem bei Beprobung einer Vielzahl von Wohnungen nur mit sehr großem Zeitaufwand sichergestellt werden, dass keine verdeckten mikrobiellen Kontaminationen vorliegen (z. B. in der Trittschalldämmung oder hinter Rigips-Verkleidungen).

Aus dem Nachweis von MVOC kann aus folgenden Gründen nicht immer auf Mikroorganismen als Verursacher geschlossen werden:

- Die Bildung der MVOC hängt vom physiologischen Zustand der Mikroorganismen ab.
- MVOC werden abhängig vom jeweiligen Substrat gebildet (Fischer et al., 1999).
- Das Spektrum der MVOC ist je nach Art der Mikroorganismen unterschiedlich (Larsen/Frisvad, 1995; Fischer et al., 1999).
- Bestimmte MVOC lagern sich an Baumaterialien oder Einrichtungsgegenständen an und werden dann unabhängig von einer mikrobiellen Besiedlung an die Raumluft abgegeben (Wady/Larsson, 2005).
- Viele Bauprodukte emittieren eine Vielzahl an VOC, deren Anwesenheit den Nachweis bestimmter MVOC beeinträchtigen kann.

2.4.2.5 Gesundheitliche Bewertung

Ergebnisse verschiedener Untersuchungen weisen auf die Möglichkeit gesundheitlicher Beeinträchtigungen durch MVOC hin.

So ergaben sich positive Dosis-Wirkung-Beziehungen für verschiedene VOC-Gemische, die bei Probanden zur Irritation des Auges führten (Hempel-Jorgensen et al., 1999). Die Wirkkonzentrationen für Gemische mit 4 bzw. 8 verschiedenen Komponenten lagen im Bereich von 300 bis 3.000 $\mu g/m^3$. Die 8 getesteten Verbindungen (u. a. *n*-Butanol, verschiedene Aliphaten, *n*-Pentanal, 1,2,4-Trimethylbenzol) sind allerdings nicht primär mikrobiellen Ursprungs; lediglich α-Pinen kann auch von einer Reihe von Pilzarten gebildet werden.

In Versuchen mit Mäusen wurden Konzentrationen eines MVOC-Gemisches (1-Octen-3-ol, 3-Octanol, 3-Octanon) getestet, die zu einer 50%igen Reduzierung der Atemfrequenz führten (Korpi et al., 1999). Daraus wurden Empfehlungen für Innenraumkonzentrationen von 100, 1.000 bzw. 13.000 $\mu g/m^3$ für 1-Octen-3-ol, 3-Octanol und 3-Octanon abgeleitet. Die Wirkkonzentrationen liegen hier allerdings oberhalb der in Innenräumen anzutreffenden üblichen Expositionskonzentrationen, die z. B. für 1-Octen-3-ol mit bis zu 10 $\mu g/m^3$ (Keller et al., 2003) angegeben werden.

In einer epidemiologischen Studie mit 1.414 Schülern in China waren bei 45 % der Probanden Atemwegsinfekte positiv mit der Gesamtmenge an Schimmelpilzen, Bakterien und 3-Methylfuran korreliert; akutes Asthma korrelierte mit der Konzentration von 1-Octen-3-ol, wohingegen die Konzentration von LPS (Lipopolysaccharide: Zellwandbestandteile von Bakterien) im Staub in beiden Fällen negativ korreliert war (Norbäck et al., 2002).

In einer kleineren Studie mit 18 asthmakranken Kindern ergaben sich keine statistischen Zusammenhänge der Summenkonzentration an MVOC mit der Schimmelpilzkonzentration, der Raumlufttemperatur, dem Lüftungsverhalten, der Wärmedämmung, der Bioabfallsammlung und dem Raucherstatus der Wohnung. Allerdings zeigte die relative Feuchte im Wohnraum eine Korrelation zum Summenwert der MVOC und es ergab sich eine Tendenz für eine geringere gesundheitsbezogene Lebensqualität bei höheren MVOC-Konzentrationen (Herr et al., 2004).

In einer Expositionsstudie mit 3-Methylfuran (1.000 $\mu g/m^3$) wurden zwar keine subjektiv empfundenen Symptome im Hinblick auf Schleimhautirritationen oder Atemwegsbeschwerden berichtet, Messungen ergaben aber eine Erhöhung der Wimpernschlagfrequenz (kürzere Tränenfilmabrisszeit) und der Entzündungsmarker der Nasenschleimhaut (Walinder et al., 2005).

Es konnte ferner experimentell gezeigt werden, dass sich MVOC an Hausstaub und Gipskarton anlagern und in Abhängigkeit von der Temperatur unterschiedlich schnell wieder freigesetzt werden können (Wady/Larsson, 2005). Partikelgebundene MVOC können damit unabhängig von ihrer unmittelbaren Bildung durch Pilze von Materialien in Innenräumen freigesetzt werden; zu berücksichtigen ist auch, dass partikelgebundene MVOC tiefer in die Atemwege eindringen können, als dies bei einer Resorption aus der Gasphase möglich ist.

Wenn aus den Ergebnissen der hier angeführten Studien auch keine direkte gesundheitliche Gefährdung durch übliche MVOC-Konzentrationen ableitbar ist und eine akut toxische Wirkung den niedrigen in Innenräumen vorkommenden Konzentrationen nicht zugeschrieben werden kann, so zeigen sie doch, dass irritative Wirkungen auf die Schleimhäute der Nase und die Augen auftreten können und dass bestimmte MVOC in Zusammenhang mit einer erhöhten Infektanfälligkeit und mit Asthma stehen können. Zudem gibt es erste Hinweise, dass MVOC möglicherweise auf Immunzellen wirken und damit die Reaktion des Immunsystems ungünstig beeinflussen können (Reiling/Brandt/Lorenz, 2006). In jedem Fall aber können MVOC zu einer Geruchsbelästigung beitragen, die eine Befindlichkeitsstörung nach sich ziehen kann.

2.4.2.6 Sanierung

Um Geruchsbelästigungen durch mikrobielle Stoffwechselprodukte in Innenräumen zu beheben, müssen die mikrobiellen Kontaminationen (vgl. Kapitel 2.4.1) beseitigt werden. Aufgrund ihrer Eigenschaft, sich an Baumaterialien anzulagern und später wieder freigesetzt zu werden, können MVOC in Innenräumen auch dann noch nachweisbar sein, wenn keine aktiv wachsenden Mikroorganismen mehr vorhanden sind. Inwieweit dann wegen einer geruchlichen Beeinträchtigung Einrichtungsgegenstände entfernt bzw. ausgetauscht werden sollen, ist im jeweiligen Fall individuell zu entscheiden.

Da sich die meist niedrigen Konzentrationen von MVOC in Innenräumen aufgrund des derzeitigen Kenntnisstands nur schwer gesundheitlich bewerten lassen, ist es nicht möglich, generelle Empfehlungen für Sanierungsmaßnahmen im Zusammenhang mit diesen Geruchsbelästigungen zu geben. Es kann lediglich auf die Ausführungen in Kapitel 2.4.1.4 zur Sanierung mikrobieller Kontaminationen verwiesen werden.

2.4.3 Bakterien

Peter Kämpfer, Udo Jäckel

2.4.3.1 Allgemeines

Bakterien sind meist einzellige, bewegliche oder unbewegliche Lebewesen. Aufgrund ihrer geringen Größe (zwischen 0,2 und 5 µm) können sie nur mithilfe eines Mikroskops bei ca. tausendfacher Vergrößerung für das menschliche Auge sichtbar gemacht werden. Wie die Archaeen (früher als Archaebakterien bezeichnet) sind sie prokaryontische Mikroorganismen, da ihnen im Gegensatz zu den eukaryontischen Mikroorganismen (z. B. Pilze, Algen und Urtierchen) ein echter Zellkern fehlt. Im Stammbaum der bekannten Lebewesen stellen die Bakterien neben den Archaeen (Archaea) und Eukaryonten (Eukarya) eine eigene Domäne (Bacteria) dar. Einfache Archaeen und Bakterien waren die ersten Lebewesen, die vor rund 3,8 Milliarden Jahren die Erde besiedelten. Sie hatten und haben eine zentrale Bedeutung für die Entwicklung aller Lebewesen. Im Laufe der Erdgeschichte und der Evolution konnten sich vielfältige physiologische Eigenschaften und Stoffwechselwege entwickeln, die es den Bakterien ermöglichen, nahezu alle Bereiche der Erde zu besiedeln. Dies spiegelt sich besonders in ihrer umfassenden Verbreitung – auch an für Menschen extremen Standorten (z. B. in heißen Quellen) – sowie ihrer zahlenmäßigen Dominanz in der Umwelt wider. Ihre stoffwechselphysiologischen Leistungen haben eine große Bedeutung im Rahmen globaler Stoffkreisläufe und damit einen großen Einfluss auf das Klima der Erde.

Spezialisierte Bakterien besiedeln Pflanzen, Tiere und den Menschen und übernehmen teilweise wichtige, bislang noch ungenügend untersuchte, lebensnotwendige Funktionen. So werden z. B. für den Dickdarminhalt des Menschen Konzentrationen von etwa 10^{11} Bakterien pro g beschrieben. Auf 1 cm^2 der menschlichen Haut werden bis zu 10^4 Bakterien gefunden. Es kann daher davon ausgegangen werden, dass im und auf dem Menschen annähernd zehnmal so viele Bakterienzellen vorhanden sind, als sie/er selbst körpereigene Zellen hat (insgesamt also ca. 10^{14} Bakterien pro Mensch; vgl. auch Tabelle 2.50). Einige wenige Bakterienarten können allerdings unter bestimmten Umständen das Immunsystem des Körpers überwinden und als krankheitserregende (pathogene) Organismen die Gesundheit in vielfältiger Weise beeinträchtigen.

Tabelle 2.50: Zahl der Bakterien in unterschiedlichen Lebensräumen

Lebensraum	Bakterienzahl
Boden	10^9 –10^{10} pro g
Meerwasser	10^4 –10^5 pro ml
Süßwasser (Binnensee)	bis 10^7 pro ml
Kompost	10^{10}–10^{11} pro g
Darminhalt (Dickdarm)	10^{11}–10^{12} pro g
Haut	10^3 –10^4 pro cm^2
Pflanzen (Blattoberfläche)	10^6 –10^7 pro cm^2
Außenluft (ländliche Gebiete)	10^2 –10^4 pro m^3

2.4.3.2 Einteilung und Identifizierung von Bakterien

Die Einteilung der Bakterien (Taxonomie) erfolgt in einem hierarchischen System nach Ordnungen, Familien, Gattungen (Genus) und Arten (Species), die mit denen der Botanik und Zoologie vergleichbar sind. Die Benennung erfolgt durch die Vergabe einer Gattungsbezeichnung und einer Artbezeichnung, z. B. *Bacillus* (Angabe der Gattung) *subtilis* (Angabe der Art).

Die analysierbaren stoffwechselphysiologischen Eigenschaften der Bakterien und die chemische Zusammensetzung der Zellen waren über lange Zeit die Ausgangsbasis, um die Bakterien in ein Klassifizierungssystem einzuordnen. Dieser komplexe Ansatz war aufgrund der geringen Formvariabilitäten der Bakterien notwendig, um eine ausreichend genaue Beschreibung und Differenzierung zu ermöglichen. Zur Identifizierung klinisch relevanter Bakterien werden in der medizinischen Diagnostik bis heute die stoffwechselphysiologischen Eigenschaften ermittelt.

Die gegenwärtige wissenschaftliche Einteilung der Bakterien erfolgt aufgrund neu entwickelter molekularbiologischer Methoden zusätzlich durch Nukleinsäureanalysen, sodass für die taxonomische Beschreibung einer Bakterienart die Ergebnisse molekularbiologischer, chemischer und stoffwechselphysiologischer Analysen sowie Analysen ihrer Form (Morphologie) herangezogen werden müssen. Auf Grundlage dieser Einteilungskriterien sind derzeit etwa 9.000 Arten und 1.000 Gattungen beschrieben. Jedes Jahr kommen mehrere Hundert Neubeschreibungen hinzu. Ergebnisse molekularbiologischer Untersuchungen von Umweltproben legen den Schluss nahe, dass die tatsächliche Zahl der Bakterienarten um ein Vielfaches (um den Faktor 10^2 bis 10^3) über der Zahl der bekannten Arten liegt.

Eine eindeutige Identifizierung von Bakterien in Umweltproben durch rein morphologische bzw. chemische Untersuchungen ist nur noch in Einzelfällen möglich und zum Teil nur in sehr wenigen Speziallaboratorien durchführbar.

2.4.3.3 Bakterien in Innenräumen

Aufgrund der Tatsache, dass Bakterien überall in der Natur angetroffen werden, sind sie auch in Innenräumen nachzuweisen, in die sie über die Außenluft oder über anhaftenden Schmutz (z. B. Erde) u. a. an Schuhen und Kleidung gelangen. Auch Baumaterialien wie z. B. Tapeten oder lehmhaltiger Innenputz sind mit Bakterien behaftet. Selbst das Trinkwasser enthält Bakterien, die z. B. beim Duschen über die Verteilung feinster Tröpfchen in die Innenräume gelangen können (vgl. auch Kapitel 2.4.4).

Zu einer Vermehrung der in Innenräume gelangten lebensfähigen Bakterien kann es jedoch nur dann kommen, wenn geeignete Bedingungen und eine ausreichende Wasser- und Nährstoffversorgung (z. B. in Bereichen mit Feuchteschäden) gegeben sind. Unter günstigen Umständen kann dann nahezu jede Oberfläche und Flüssigkeit rasch und massiv besiedelt werden.

Permanente Quellen von Bakterien in Räumen ohne Feuchteschäden und Befeuchtungsanlagen sind die Menschen selbst sowie Haus- und Nutztiere.

Mikroorganismen können in Räumen aufgrund ihres geringen Eigengewichts durch mechanische Aktivitäten und Luftströmungen einzeln oder an feste Partikel oder flüssige Tröpfchen gebunden von Oberflächen in die Raumluft freigesetzt werden. Die Aufenthaltsdauer der freigesetzten Bakterien und Partikel richtet sich dabei nach ihren physikalischen Eigenschaften und den Luftströmungen und den daraus resultierenden Absinkgeschwindigkeiten. Die Luft wird in diesem Zusammenhang ausschließlich als Mittel der Verbreitung betrachtet, da sie keinen Lebensraum, sondern eine für Bakterien und andere Mikroorganismen lebensfeindliche Umgebung darstellt.

Insgesamt sind zu den in Innenräumen vorkommenden Bakterienarten bisher nur sehr wenige detaillierte Untersuchungen durchgeführt worden. Dabei wurden Arten aus mehr als 80 verschiedenen Bakteriengattungen festgestellt, was auf eine sehr hohe Artenvielfalt in Innenräumen hindeutet. Einige Gattungen wurden dabei jedoch häufiger nachgewiesen, so z. B. *Micrococcus, Staphylococcus, Acinetobacter, Bacillus, Corynebacterium, Enterobacter, Enterococcus, Pantoea, Sphingomonas, Stenotrophomonas* und *Streptomyces.* Arten der Gattungen *Staphylococcus* und *Micrococcus* gehören hier offenbar zu den häufigsten Vertretern, da sie als typische Hautbewohner von Menschen und Tieren gewöhnlich in die Luft abgegeben werden.

2.4.3.4 Gesundheitsrisiken

Relativ wenige der bekannten Bakterienarten können unter bestimmten Umständen das Immunsystem des menschlichen Körpers überwinden und die Gesundheit durch infektiöse, toxische oder allergene Wirkungen beeinträchtigen.

Durch Niesen oder Husten erfolgt z. B. generell eine Freisetzung einer sehr großen Zahl von Mikroorganismen auf engstem Raum. Die Ansteckung durch aerogen (durch die Luft) übertragbare Krankheitserreger spielt infolgedessen in Innenräumen eine besondere Rolle, da dort meist keine entsprechenden Verdünnungen der Erregerkonzentrationen (durch hohe Luftwechselraten) erfolgen und somit Infektionsdosiswerte (Minimalkonzentrationen, die notwendig sind, um eine Infektion auszulösen) für Einzelspezies rasch erreicht werden. Bakterielle Infektionserreger mit kurzen Übertragungswegen durch Tröpfcheninfektionen sind beispielsweise *Bordetella pertussis* (Keuchhusten), *Corynebacterium diphtheriae* (Diphtherie) und *Streptococcus pyogenes* (Scharlach). Besonders auch der enge Kontakt zu Haustieren, die Infektionserreger tragen, kann die Übertragung von krankheitserregenden Bakterien, wie z. B. dem Erreger der Ornithose oder Papageienkrankheit, *Chlamydophila psittaci,* durch infizierte Vögel auf den Halter, fördern. Generell sind Infektionsereignisse jedoch nicht allein von der Infektiosität und der Infektionsdosis des bakteriellen Erregers abhängig, auch der Immunstatus des betroffenen Menschen zum Zeitpunkt des Kontakts spielt eine wesentliche Rolle.

Epidemiologische Untersuchungen zeigen, dass es in Innenräumen mit Feuchteschäden und Schimmelpilzwachstum zu gesundheitlichen Beschwerden kommen kann. Jedoch ist ein kausaler Zusammenhang mit den vorkommenden Schimmelpilzen im Detail bislang nicht zweifelsfrei belegt (vgl. auch Kapitel 2.4.1). Die statistische Auswertung von über 600 Materialproben zeigte jedoch, dass in mehr als 80 % der Proben auch Bakterien vorhanden waren (Lorenz et al., Bakterielle Verunreinigungen in Innenräumen, 2003). In einigen dieser Proben lagen die Konzentrationen der Bakterien sogar deutlich über denen der Schimmelpilze. Vielfach handelte es sich bei den nachgewiesenen Bakterien um Actinomyceten, die früher (allerdings teilweise auch heute noch) aufgrund des mycelialen Wachstums einiger Arten fälschlicherweise als „Strahlenpilze" bezeichnet wurden (Mycel: Fadengeflecht der Pilze). In einer durch das Umweltbundesamt initiierten Untersuchung von schimmelpilzbefallenen Baumaterialien wurden in den analysierten Proben am häufigsten Vertreter der Gattungen *Streptomyces, Amycolatopsis, Nocardiopsis, Nocardia, Pseudonocardia, Saccharopolyspora* und *Promicromonospora* nachgewiesen (Szewzyk, 2009). Weitere Untersuchungen zeigen, dass einige aus Feuchteschäden isolierte Actinomyceten-Arten durchaus in der Lage sind, Entzündungsreaktionen in Mäusen, aber auch in gezüchteten menschlichen Zellen auszulösen (Jussila et al., 1999, 2001; Huttunen et al., 2005).

Hier ist jedoch weitere Forschung notwendig, vor allem vor dem Hintergrund bislang fehlender Nachweise eines kausalen Zusammenhangs zwischen Bakterienexpositionen und entsprechenden gesundheitlichen Beschwerden.

Zu einer ausgeprägten Exposition gegenüber zum Teil sehr hohen Mikroorganismenkonzentrationen kommt es bei Beschäftigten an Innenraumarbeitsplätzen in der Landwirtschaft, z. B. in Tierställen, sowie in der Abfallwirtschaft, z. B. in Kompostierungsanlagen (zu Bakterienkonzentrationen vgl. Tabelle 2.51). Infektionskrankheiten scheinen hier jedoch eine untergeordnete Rolle zu spielen. Seit Langem ist aber der Zusammenhang zwischen dem Auftreten von Atemwegserkrankungen bei den Beschäftigten mit der Exposition gegenüber organischen Stäuben bekannt. Ein kausaler Zusammenhang der exogen-allergischen Alveolitis (EAA), einer Entzündung der Lungenbläschen in Verbindung mit allergischen Reaktionen, wird hier nicht nur mit Vogel- und Rattenproteinen, Holzstäuben und Isocyanaten hergestellt, sondern auch mit einigen Pilzarten sowie mit unterschiedlichen Bakterienarten (*Pantoea agglomerans, Arthrobacter globiformis, Alcaligenes faecalis, Brevibacterium linens, Staphylococcus epidermidis, Mycobacterium immunogenum, Sphingobacterium spiritivorum, Saccharopolyspora rectivirgula, Thermoactinomyces vulgaris, Streptomyces albus, Bacillus subtilis*).

Expositionen gegenüber speziellen Bakterienarten und eine daraus resultierende EAA wurden in Einzelfällen auch in Privathaushalten beobachtet. So konnte z. B. eine spezielle Form der EAA, die „Bügeleisenalveolitis", auf die Bakterienart *Sphingobacterium spiritivorum* zurückgeführt werden, die aus dem Wassertank eines Dampfbügeleisens freigesetzt wurde (Kämpfer et al., 2005). Prinzipiell kann es bei entsprechender Exposition und Disposition zur Ausbildung einer Allergie gegenüber vielen Stoffen – und eben auch Bakterienarten – kommen.

Detaillierte Untersuchungen sind gerade vor dem Hintergrund gesundheitlicher Beschwerden in Innenräumen mit Feuchteschäden notwendig. Dafür müssen zukünftig allerdings die Methoden standardisiert werden, damit Untersuchungsergebnisse unterschiedlicher Studien vergleichbar werden.

Tabelle 2.51: Typische Bakterienkonzentrationen in der Außenluft und im Innenbereich

Bereich	Bakterienkonzentration
Außenluft:	
Stadt	bis $2 \cdot 10^3$ KBE/m³
ländliche Gebiete	bis 10^4 KBE/m³
Innenluft:	
Büros, Schulen, Wohnungen	bis $4 \cdot 10^3$ KBE/m³
Tierställe	bis $2 \cdot 10^9$ KBE/m³
Teppichstaub	bis $2 \cdot 10^7$ KBE/g

KBE koloniebildende Einheit (Mikroorganismen, die auf einem Kulturmedium durch Vermehrung jeweils 1 Kolonie bilden)

2.4.3.5 Nachweismethoden

Kultivierungsabhängige Methoden

Die bisher üblichen, jedoch nicht standardisierten Verfahren zum Nachweis der in Innenräumen vorhandenen Bakterien beruhen fast ausschließlich auf der Kultivierung der Bakterien, da viele Arten auf festen Nährböden sichtbare Kolonien (Anhäufungen von mehr als 10^8 Zellen) ausbilden (vgl. Abb. 2.52 und 2.53). Die Konzentrationen werden dann als Zahl der koloniebildenden Einheiten bezogen auf die Einheit des untersuchten Probenmaterials – z. B. KBE/m³ bei Luft oder KBE/g bei Staub – angegeben.

Jedes Kultivierungsverfahren besitzt eine spezifische Selektivität, d. h., es können nur jene lebensfähigen Bakterien erfasst werden, die sich unter den vorgegebenen Bedingungen so vermehren, dass sichtbare Kolonien entstehen. Tote Bakterien, die durchaus auch ein allergieauslösendes Potenzial besitzen, Bakterienarten mit anderen Kultivierungsansprüchen und Bakterienarten, die sich nur sehr langsam vermehren, bleiben unentdeckt.

Zusätzliche Schwierigkeiten ergeben sich beim Nachweis luftgetragener Bakterien, da die physikalischen „Extrembedingungen" während der Sammlung (z. B. Austrocknung oder Abscheidung bei hohen Geschwindigkeiten) zum Verlust der Vermehrungsfähigkeit und somit der Kultivierbarkeit führen können. Die Widerstandsfähigkeit der Bakterien gegenüber dem „Sammelstress" variiert je nach Bakterienart, aber auch nach dem physiologischen Zustand der Zellen, sodass es in Abhängigkeit vom verwendeten Sammelsystem zwangsläufig zu einer Speziesselektion kommt.

Eine Identifizierung der angereicherten Bakterienarten erfordert deren oft zeitaufwendige Isolierung. Daher beschränken sich die meisten der bislang durchgeführten Untersuchungen auf die rein quantitative Analyse der „Gesamtbakterien". Hierzu werden Nährmedien verwendet, die möglichst vielen verschiedenen Bakterienarten die Vermehrung ermöglichen. Vergleichende quantitative Analysen zeigen jedoch, dass selbst mit solchen Nährmedien in vielen Fällen nur weniger als 10 % der ursprünglich in einer Probe vorhanden Mikroorganismen kultiviert werden können.

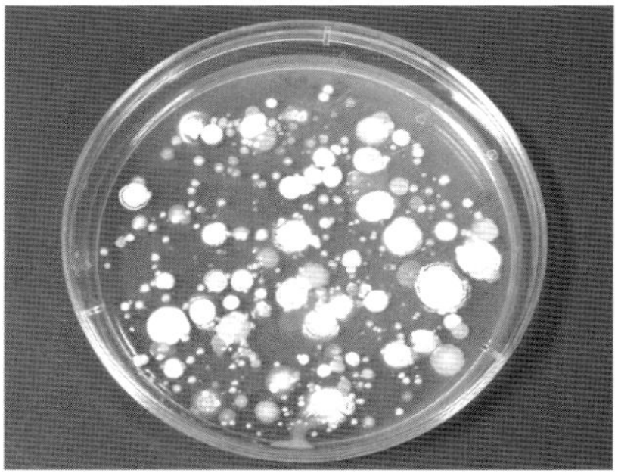

Abb. 2.52: Bakterielle Kolonien (Zellhaufen) auf einer Nährmedienplatte (Durchmesser: 8,5 cm), die mit Bakterien aus Luftproben versetzt und 7 Tage bei 28 °C bebrütet wurde

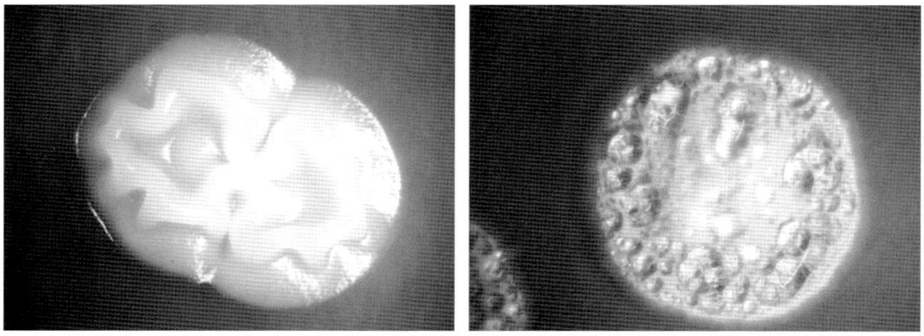

Abb. 2.53: Bakterielle Kolonien (Zellhaufen) unterschiedlicher Bakterienarten (ca. zehnfache Vergrößerung)

Eine rein quantitative Analyse der Gesamtbakterien im Zusammenhang mit der Ermittlung eines Gefährdungspotenzials ist ohnehin jedoch wenig aussagekräftig, da das Gefährdungspotenzial nicht allein durch die Quantität der Bakterien, sondern vor allem durch deren Qualität bestimmt wird. So geht z. B. von einem Bioaerosol mit hohen Gehalten nicht krankheitserregender (apathogener) Bakterien eine vergleichsweise geringere Gefährdung aus als von einem Bioaerosol mit geringen Gehalten krankheitserregender Bakterien. Aus diesem Grund wären detaillierte Untersuchungen zur Zusammensetzung der Bakteriengemeinschaften notwendig, da durchaus ein Zusammenhang von speziellen Bakterienarten mit gesundheitsgefährdenden Effekten vermutet wird. Solche Analysen sind derzeit aufgrund des damit verbundenen hohen Zeit- und Materialaufwands routinemäßig jedoch nicht durchführbar und bleiben wissenschaftlichen Einzelarbeiten vorbehalten.

Darüber hinaus ist es aufgrund der Vielzahl der Untersuchungsstrategien, die hinsichtlich der Sammelsysteme und Kultivierungsbedingungen variieren, nur bedingt möglich, aus einem Vergleich von Untersuchungsergebnissen unterschiedlicher Arbeiten allgemeingültige Aussagen zu gewinnen.

Molekularbiologische Methoden

Um Bakteriengemeinschaften in Umweltproben ohne aufwendige Kultivierungsschritte zu analysieren, werden derzeit verschiedene molekularbiologische Methoden eingesetzt. Grundlage dieser Methoden ist die Untersuchung von bakterienspezifischen Teilabschnitten des in allen Zellen vorhandenen Erbmaterials, der DNS (Desoxyribonukleinsäure). Hierzu erfolgt zunächst die Extraktion von im Probenmaterial enthaltener DNS. Mithilfe der PCR (polymerase chain reaction: Polymerase-Kettenreaktion) können dann gezielt kurze, informationstragende Abschnitte (z. B. Gene) aus diesem extrahierten DNS-Gemisch in großer Zahl vervielfältigt werden.

Nach der Vervielfältigung der ausgewählten Genabschnitte liegt zunächst immer noch ein DNS-Gemisch mehrerer Bakterienarten vor. Die Genabschnitte müssen daher vereinzelt und anschließend charakterisiert (sequenziert) werden. Die aus den analysierten DNS-Abschnitten gewonnenen Informationen werden anschließend in digitalisierter Form an eine öffentlich zugängliche Datenbank übermittelt und über komplexe Programme mit den vergleichbaren Genabschnitten bekannter Bakterienarten verglichen, um so die Zugehörigkeit zu bestimmen.

Gegenüber den kultivierungsabhängigen Nachweismethoden wird diese molekularbiologische Methode aufgrund des geringeren Material- und Personalaufwands, besonders aber auch im Hinblick auf die hohe Geschwindigkeit, künftig eine wichtige Alternative bzw. notwendige Ergänzung zu den klassischen Methoden darstellen, um die in Innenräumen vorhandenen Bakterienarten zu erfassen. Im Zusammenhang mit Innenraumanalysen sind bisher allerdings erst vereinzelt Studien veröffentlicht worden, sodass diese Methode noch auf ihre Anwendbarkeit für die Routineanalyse zu prüfen ist.

2.4.3.6 Sanierung

Nach heutigen Erkenntnissen muss bei Sanierungsarbeiten von schimmelpilzbefallenen Baumaterialien neben einer Freisetzung von Schimmelpilzen auch mit einer deutlichen Freisetzung von Bakterien gerechnet werden. Sanierungsarbeiten sollten daher nur durch fachkundige Personen ausgeführt werden. Bei einer fachgerechten Schimmelpilzsanierung ist nach derzeitigem Wissensstand davon auszugehen, dass sowohl die Schimmelpilze als auch die Bakterien beseitigt werden.

2.4.4 Legionellen

Evelyn Schwarz

2.4.4.1 Geschichte

Im Juli 1976 erkrankten während einer Tagung US-amerikanischer Militärveteranen in Philadelphia, USA, 190 der insgesamt 4.400 Teilnehmer plötzlich an einer schweren Lungenentzündung; 39 der Erkrankten starben. Alle Erkrankten hatten sich zu diesem Zeitpunkt in demselben Hotel aufgehalten. Epidemiologische Untersuchungen ergaben, dass die Übertragung durch die Luft (aerogen) erfolgt war. Als Infektionsquelle konnte die Wasserwanne unter der Rückkühleinheit ausgemacht werden, in deren unmittelbarer Nähe sich die Frischluftansaugung der Klimaanlage befand. Erst im Januar 1977 gelang es, das Bakterium *Legionella pneumophilia* aus der Lunge eines verstorbenen Teilnehmers des Treffens zu isolieren und damit dieses Bakterium eindeutig als Erreger der Krankheit zu identifizieren.

2.4.4.2 Vorkommen

Der Erreger der Legionärskrankheit (Legionellose), das stäbchenförmige Bakterium *Legionella pneumophilia,* ist mithilfe von Geißeln, die sich meistens an den Polen befinden, beweglich. Das Bakterium lebt in Süß- oder Salzwasser bei optimalen Temperaturen von 25 bis 45 °C, aber auch bei Temperaturen von 60 °C überleben Legionellen. Eine Abtötung der Bakterien tritt erst bei 70 °C ein.

Heute sind 48 Legionellen-Arten bekannt; sie weisen ein unterschiedlich aggressives Verhalten gegenüber dem Menschen auf. Sie kommen überall dort vor, wo sie optimale Bedingungen finden, wie z. B. bei Trinkwasserinstallationen in Wassererwärmern und deren Verteilungssystemen, in Totleitungen und Duschen, aber auch in Schwimmbädern, im Wäscherwasser von Klimaanlagen, in Kühltürmen und Biofilmen sowie in Anlagen, die Wasseraerosole erzeugen, wie Whirlpools und Bewässerungssysteme.

2.4.4.3 Gesundheitsrisiken

Bei Reihenuntersuchungen in den 1990er-Jahren wurden bei 1 % der Bevölkerung in der Bundesrepublik Deutschland Antikörper gegen Legionellen im Blut festgestellt, d. h., diese Menschen hatten im Jahr vor der Untersuchung Legionellen in die Lunge aufgenommen. Ein Kontakt mit kontaminiertem Leitungswasser kann nur dann zu einer Erkrankung führen, wenn die Bakterien in tiefere Lungenabschnitte gelangen. Dies geschieht selten beim Trinken, jedoch fast immer bei der Inhalation von erregerhaltigen Aerosolen.

Legionellen verursachen atypische Lungenentzündungen, die Legionellosen. Die Erkrankungen verlaufen oft tödlich, besonders dann, wenn sie nicht als solche erkannt werden. Die Inkubationszeit beträgt 2 bis 10 Tage; Personen mit geschwächtem Immunsystem sind besonders gefährdet. Legionellosen lassen sich mit Antibiotika therapieren.

Bei dem ebenfalls von Legionellen verursachten Pontiac-Fieber handelt es sich um einen grippeähnlichen Infekt, der oft als Sommergrippe diagnostiziert wird. Die Inkubationszeit beträgt 1 bis 2 Tage. Schätzungen gehen davon aus, dass in Deutschland jährlich ca. 20.000 Menschen erkranken; die Dunkelziffer dürfte hier allerdings sehr hoch sein.

2.4.4.4 Bewertung

Anforderungen an das Trinkwasser

Nach § 3 der „Verordnung über die Qualität von Wasser für den menschlichen Gebrauch“ (Trinkwasserverordnung) vom 21. Mai 2001 ist Trinkwasser alles Wasser im ursprünglichen Zustand oder nach Aufbereitung, das zum Trinken, Kochen, zur Zubereitung von Speisen und Getränken oder zu anderen häuslichen Zwecken bestimmt ist wie Körperpflege und Reinigung von Gegenständen, die bestimmungsgemäß mit Lebensmitteln in Berührung kommen, und Reinigung von Gegenständen, die bestimmungsgemäß nicht nur vorübergehend mit dem menschlichen Körper in Berührung kommen. Damit unterliegt auch in Geräten und Anlagen erwärmtes Wasser der Verordnung.

Die Trinkwasserverordnung gibt vor, dass die menschliche Gesundheit vor den nachteiligen Einflüssen, die sich aus der Verunreinigung von Wasser ergeben, das für den menschlichen Gebrauch bestimmt ist, durch Gewährleistung seiner Genusstauglichkeit und Reinheit zu schützen ist. Das Trinkwasser für den menschlichen Gebrauch muss rein und frei von Krankheitserregern sein. Das Wasser auf Grundstücken, auf den Leitungswegen in Gebäuden und am Austritt aus Zapfstellen muss bei der Entnahme für den menschlichen Gebrauch so beschaffen sein, dass die festgesetzten Grenzwerte und Anforderungen eingehalten werden. Verantwortlich für die Einhaltung der Grenzwerte ist der Betreiber oder sonstige Inhaber einer Wasserinstallation. Es besteht eine Anzeigepflicht beim zuständigen Gesundheitsamt bei Verdacht, dass Wasser, das an die Öffentlichkeit abgegeben wird, so beschaffen ist, dass es bei Gebrauch schädliche Auswirkungen auf Menschen haben kann.

Die technischen Regeln in den Arbeitsblättern der Deutschen Vereinigung des Gas- und Wasserfaches e. V. (DVGW) gelten für Trinkwassererwärmungs- und Trinkwasserleitungsanlagen. Zu beachten sind hier die DVGW-Arbeitsblätter W 551 „Trinkwassererwärmungs- und Trinkwasserleitungsanlagen; Technische Maßnahmen zur Verminderung des Legionellenwachstums; Planung, Errichtung, Betrieb und Sanierung von Trinkwasser-Installationen“ (2004-04), W 291 „Reinigung und Desinfektion von Wasserverteilungsanlagen“ (2000-03), W 553 „Bemessung von Zirkulationssystemen in zentralen Trinkwassererwärmungsanlagen“ (1998-12) und W 294-1 bis -3 „UV-Geräte zur Desinfektion in der Wasserversorgung“ (2006-06).

Überprüfung von Warmwasseranlagen

Nach dem DVGW-Arbeitsblatt W 551 müssen Warmwasseranlagen zur Verminderung von Legionellen so betrieben werden, dass bei bestimmungsgemäßem Betrieb eine Temperatur von mindestens 60 °C am Warmwasseraustritt eingehalten werden kann.

Um ein Warmwassersystem zu überprüfen und anschließend zu beurteilen, gibt es verschiedene Stufen der Untersuchung:

- **orientierende Untersuchung**
  Diese Untersuchung ist erforderlich, um eine mögliche Kontamination des Systems mit Legionellen zu ermitteln; sie wird bei der jährlichen Überprüfung durchgeführt. Hierbei wird die Beprobung der Zapfstellen nach Vorgaben der DIN EN ISO 19458 „Wasserbeschaffenheit – Probenahme für mikrobiologische Untersuchungen" (2006) durchgeführt.
- **weitergehende Untersuchung**
  Diese Untersuchung liefert eine Aussage über das Ausmaß der Kontamination eines Systems mit Legionellen und ermöglicht die Einleitung gezielter Sanierungsmaßnahmen. Dabei werden u. a. die maximale Keimkonzentration beim Öffnen der Zapfstelle und die Konzentration im zeitlichen Verlauf ermittelt.
- **Nachuntersuchungen**
  Diese Untersuchungen werden in bestimmten Zeiträumen bei Kontaminationen und nach Umbau und Sanierungen durchgeführt.

Gemäß DVGW-Arbeitsblatt W 551 sind bei einer orientierenden Untersuchung folgende Stellen im Gebäude zu beproben: das Kaltwasser am Hauseingang, der Wassererwärmer, die Zirkulationsleitung vor der Rückführung in den Wassererwärmer und die Zapfstelle an der jeweiligen Steigeleitung, die am weitesten vom Wassererwärmer entfernt ist. Bei den neueren Warmwasseranlagen sind die benötigten Zapfhähne nicht mehr vorhanden; diese sind nachträglich zu installieren.

Legionellen lassen sich im mikrobiologischen Labor leicht anzüchten. Die mikrobiologische Untersuchung zum Nachweis von Legionellen wird nach anerkannten Verfahren vorgenommen, die in ISO 11731 „Wasserbeschaffenheit – Nachweis und Zählung von Legionellen" (1998) und in der Empfehlung des Umweltbundesamtes (vgl. Nachweis von Legionellen in Trinkwasser und Badebeckenwasser, 2000) festgelegt sind. Danach sind immer 2 unterschiedliche Methoden anzuwenden. Die Untersuchungsdauer im Labor beträgt ca. 14 Tage. Die Untersuchungen dürfen nur von Instituten vorgenommen werden, die eine Zulassung als Trinkwasseruntersuchungsstelle besitzen. Eine Liste der Trinkwasseruntersuchungsstellen kann beim zuständigen Gesundheitsamt angefordert werden.

Bewertung von Legionellennachweisen

Als Bewertungsgrundlage der Legionellen-Untersuchungsergebnisse (Tabelle 2.52 und 2.53) wird das DVGW-Arbeitsblatt W 551 herangezogen, das für Trinkwassererwärmungs- und -leitungsanlagen gilt.

Tabelle 2.52: Bewertung positiver Legionellenbefunde nach DVGW-Arbeitsblatt W 551 bei einer orientierenden Untersuchung

Legionellen (KBE/100 ml)	Bewertung	Maßnahmen	weitergehende Untersuchung	Nachuntersuchung
> 10.000	extrem hohe Kontamination	direkte Gefahrenabwehr erforderlich (unverzügliche Desinfektion bzw. Nutzungseinschränkung, z. B. Duschverbot); Sanierung angezeigt	unverzüglich	1 Woche nach Desinfektion bzw. Sanierung
> 1.000	hohe Kontamination	Sanierungserfordernis abhängig vom Ergebnis der weitergehenden Untersuchung	umgehend	–
≥ 100	Kontamination	–	innerhalb von 4 Wochen	–
< 100	keine oder geringe Kontamination	–	–	nach 1 Jahr bzw. nach 3 Jahren[1)]

KBE koloniebildende Einheit (Mikroorganismen, die auf einem Kulturmedium durch Vermehrung jeweils 1 Kolonie bilden)

1) Werden bei 2 Nachuntersuchungen in jährlichem Abstand weniger als 100 KBE Legionellen in 100 ml Wasser nachgewiesen, kann das Untersuchungsintervall auf maximal 3 Jahre ausgedehnt werden.

Tabelle 2.53: Bewertung positiver Legionellenbefunde nach DVGW-Arbeitsblatt W 551 bei einer weitergehenden Untersuchung

Legionellen (KBE/100 ml)	Bewertung	Maßnahmen	weitergehende Untersuchung	Nachuntersuchung
> 10.000	extrem hohe Kontamination	direkte Gefahrenabwehr erforderlich (unverzügliche Desinfektion bzw. Nutzungseinschränkung, z. B. Duschverbot); Sanierung angezeigt	unverzüglich	1 Woche nach Desinfektion bzw. Sanierung
> 1.000	hohe Kontamination	kurzfristige Sanierung angezeigt	innerhalb von max. 3 Monaten	1 Woche nach Desinfektion bzw. Sanierung
≥ 100	Kontamination	mittelfristige Sanierung angezeigt	innerhalb von max. 1 Jahr	1 Woche nach Desinfektion bzw. Sanierung
< 100	keine oder geringe Kontamination	–	–	nach 1 Jahr bzw. nach 3 Jahren[1)]

1) Werden bei 3 Nachuntersuchungen im Abstand von jeweils 1 Jahr weniger als 100 KBE Legionellen in 100 ml Wasser nachgewiesen, kann das Untersuchungsintervall auf maximal 3 Jahre ausgedehnt werden.

2.4.4.5 Sanierung

Die Haltbarkeit der Trinkwassersysteme ist begrenzt und wird durch schädigende Einflüsse wie z. B. dauerhaftes oder häufigeres Erwärmen des Wassers auf Temperaturen von 70 °C noch weiter verkürzt, da dies eine schnellere Alterung von Kunststoffen und verzinkten Leitungen sowie die Ausbildung von Korrosionsschäden bewirkt.

Das Ziel einer Sanierungsmaßnahme ist die Keimverminderung in einem Maß, dass von dem Wasser keine Infektionen mehr ausgehen können. Unterschieden werden die permanente Desinfektion (während des Betriebes) und die Stoßdesinfektion unter Außerbetriebnahme der Versorgung.

Zur Verminderung einer Legionellenkontamination stehen die im Folgenden beschriebenen Verfahren zur Verfügung.

Thermische Desinfektion

Bei diesem Verfahren soll das gesamte Trinkwassersystem einschließlich der Entnahmearmaturen erfasst werden. Trinkwassererwärmer sind auf eine Temperatur von mehr als 70 °C aufzuheizen und durch jede Entnahmestelle muss bei geöffnetem Auslass für mindestens 3 Minuten das auf 70 °C erhitzte Wasser strömen. Die Temperatur- und Zeitvorgaben sind streng einzuhalten und die Auslauftemperatur ist an jeder Zapfstelle zu überprüfen.

Chemische Desinfektion

Bei diesem Verfahren dürfen nur Mittel eingesetzt werden, die nach gültiger Trinkwasserverordnung zugelassen sind. Seit Juni 2009 gilt die 11. Änderungsmitteilung zur Liste der Aufbereitungsstoffe gemäß § 11 Trinkwasserverordnung (vgl. Liste der Aufbereitungsstoffe und Desinfektionsverfahren gemäß § 11 Trinkwasserverordnung 2001, 11. Änderung, 2009; die erste Fassung der Liste wurde 2002 veröffentlicht [vgl. Bekanntmachung des Bundesministeriums für Gesundheit, 2002]). Diese Liste ist verbindlich und bei Abweichungen besteht Strafandrohung.

Wenn dem Trinkwasser in der Installation Desinfektionsmittel zugesetzt werden, ist dies bei dem zuständigen Gesundheitsamt anzuzeigen. Zur Überwachung sind wöchentliche Kontrollen der zugesetzten Menge des Einsatzprodukts vorgeschrieben und täglich sind durch geschultes Personal Kontrollen der Konzentration des Wirkstoffs im aufbereiteten Wasser vorzunehmen. Im Betriebsbuch sind die Ergebnisse mit Analysebefund zu dokumentieren; bei kontinuierlicher Messung und Speicherung der Daten ist dies jedoch nicht erforderlich.

Der Erfolg einer Desinfektionsmaßnahme ist abhängig von der Verweildauer des Desinfektionsmittels in der Anlage. Ist diese zu kurz, werden die Bakterien nicht ausreichend abgetötet. Auch die Haltbarkeit von chlor- oder wasserstoffperoxidhaltigen Mitteln ist begrenzt. Sie müssen hoch dosiert werden. Die Wirkung bei einer einmaligen Behandlung ist oft nicht ausreichend, sodass die Behandlung unter Umständen wiederholt werden muss.

Chlordioxid ist eines der Desinfektionsmittel, das eingesetzt werden kann. Es bildet keine halogenierten Kohlenwasserstoffe und ist etwa viermal wirksamer als Chlorbleichlauge. Vorteil des Einsatzes von Chlordioxid mit Depotwirkung sind die sichere Abtötung einzelner Legionellen bei Dauereinwirkung, keine oder nur eine verzögerte Biofilmneubildung und ein langfristiger Abbau von Biofilmen. Nachteile sind die Chemikalienzugabe mit möglichen Auswirkungen auf die Wasserqualität sowie die ungenügende Abtötung von Legionellen in Biofilmen und Einzellern. Andere zur Desinfektion einsetzbare Chemikalien sind Peroxidverbindungen. Sie lösen Biofilme auf, sind jedoch nicht für eine Dauerdesinfektion zulässig.

UV-Bestrahlung

Eine Bestrahlung mit ultraviolettem Licht von 254 nm Wellenlänge tötet Mikroorganismen wirkungsvoll ab. Wichtig ist, auf eine ausreichende Strahlendosis zu achten; gute Desinfektionsleistungen werden bei 400 J/m^2 erzielt. Bei trübem oder gefärbtem Wasser bringt dieses Verfahren jedoch nicht den gewünschten Erfolg, weil die Strahlung zu stark gemindert wird. Besondere Aufmerksamkeit ist dem richtigen Installationsort der UV-Lampe im Leitungssystem zu schenken, denn eine UV-Bestrahlung hat keine Depotwirkung, sodass ein Bewuchs in den nachgeschalteten Rohrleitungen nicht verhindert werden kann.

UV-Desinfektionsgeräte für die Trinkwasserdesinfektion müssen den Anforderungen der „Liste der Aufbereitungsstoffe und Desinfektionsverfahren gemäß § 11 Trinkwasserverordnung 2001“ entsprechen. Danach dürfen im Trinkwasserbereich nur geprüfte Geräte eingesetzt werden, deren Desinfektionswirksamkeit nachgewiesen ist. Die Baumusterprüfung der Geräte und deren sachgerechter Betrieb ist in den DVGW-Arbeitsblättern W 294-1 bis -3 beschrieben.

Nicht baumustergeprüfte und zertifizierte Geräte konnten bis Mitte 2007 in Betrieb bleiben, nach diesem Zeitpunkt jedoch nur, wenn durch Einzelprüfung die erforderliche Leistung nachgewiesen wurde.

Anlagen in privaten Einzelversorgungsanlagen ohne Trinkwasserabgabe an Dritte dürfen bis 2012 mit Zustimmung der zuständigen Behörden ohne Prüfung weiterbetrieben werden.

2.4.5 Taubenkot und Taubenzecken

Hubert Theißen

2.4.5.1 Die verwilderte Haustaube in Städten

Die heute in deutschen Städten verbreitet vorkommende verwilderte Haustaube stammt von der vor ca. 5.000 Jahren im Mittelmeerraum domestizierten Felsentaube ab. Sie diente ursprünglich der Nahrungsversorgung. Später wurde sie aber z. B. auch als Brieftaube zur Nachrichtenübermittlung eingesetzt; allein in Deutschland gibt es ca. 7 Millionen Brieftauben, die von ca. 80.000 Taubenzüchtern gehalten werden.

Die bevorzugten Aufenthaltsorte und Lebensräume der Tauben sind neben öffentlichen Plätzen vor allem Bahnhöfe, Brücken und Brückenkästen sowie Dachböden, Türme und generell verlassene und offen stehende Gebäude. Die Ansprüche der Tauben an ihre Nistplätze (Abb. 2.54) sind nur gering, eine Fläche von 15 cm × 15 cm und eine lichte Höhe von 10 cm genügt ihnen bereits zur Anlage eines Nestes (Scheurer, 1991). Aufgrund dieser Anspruchslosigkeit sind sie in den von Menschen besiedelten Bereichen überall anzutreffen.

Gesundheitliche Gefahren gehen vor allem vom Taubenkot (vgl. Kapitel 2.4.5.2 bis 2.4.5.4), aber auch von der Taubenzecke (vgl. Kapitel 2.4.5.5) aus.

Eine Untersuchung für deutsche Städte (vgl. Vater, 1998) ergab einen Bestand von bis zu 60.000 verwilderten Haustauben in Großstädten (Tabelle 2.54). In Städten mit Taubenpopulationen dieser Größe werden jährlich ca. 500 bis 600 t Nasskot von den Tauben ausgeschieden; dies entspricht ca. 120 t Trockenkot.

Tabelle 2.54: Taubenbestand in deutschen Großstädten (Daten nach Albrecht et al., 2003, S. 2)

Stadt	Taubenzahl
Leipzig	60.000
Berlin	40.000
Frankfurt am Main	40.000
München	40.000
Nürnberg	20.000
Mainz	10.000
Ulm	5.000

Kotbeschmutzte Flächen, Denkmäler und Gebäudeteile sind in den Städten ein üblicher Anblick. Neben dem negativen Einfluss auf die Ästhetik des Stadtbildes stellt der Taubenkot jedoch auch eine erhebliche Gefahr für Denkmäler und Bauten dar, da der chemisch aggressive Kot zu Schäden an der Bausubstanz führt. Eine besondere Relevanz besitzt der Taubenkot darüber hinaus bei Sanierungs- und Bauarbeiten, da hier ein unmittelbarer Kontakt der Arbeiter mit dem Kot gegeben ist.

Abb. 2.54: Verlassene Taubennester (Quelle: Bernd Pagel, BG BAU, München)

2.4.5.2 Gesundheitsrisiken durch Taubenkot

Mikroorganismen

Taubenkot enthält, wie alle Fäkalien, eine große Zahl an Mikroorganismen, von denen eine Reihe für den Menschen gefährlich werden können. Die Mikroorganismen sind dabei nicht nur in frischem Taubenkot zu finden, sondern können in eingetrocknetem Taubenkot mehrere Monate bis Jahre überdauern.

Von den von Mikroorganismen verursachten Schadwirkungen sind die **infektiöse** und die **sensibilisierende** Wirkung die wichtigsten.

Die für die Gesundheitsgefährdung bedeutendste Gruppe der Mikroorganismen im Taubenkot sind die Bakterien (siehe Kapitel 2.4.3) und die durch sie verursachten **Infektionen**. Neben den typischen Vertretern der Fäkalkeime wie *Escherichia coli* und *Salmonella* spp. wurden in Untersuchungen weitere humanmedizinisch relevante Keime nachgewiesen (der Zusatz „spp." – species pluralis – steht bei einer Gattungsbezeichnung, wenn mehrere oder alle Arten einer Gattung gemeint sind). Typische Erkrankungserscheinungen bei Fäkalkeimen sind schwere wässrige und zuweilen auch blutige Durchfälle, Erbrechen, Kreislaufschwäche, Magen-, Kopf- und Muskelschwäche und Fieber. Die Symptome treten innerhalb von 2 bis 5 Tagen nach dem Kontakt auf.

Von Bedeutung ist ferner der Erreger der Ornithose oder Papageienkrankheit, *Chlamydophila psittaci,* mit dem ca. 20 bis 40 % aller Tauben infiziert sind (Sixl, 1975; Albrecht et al., 2003) und den sie mit dem Kot ausscheiden. Die von diesem Erreger der Risikogruppe 3 (nach der „Verordnung über Sicherheit und Gesundheitsschutz bei Tätigkeiten mit biologischen Arbeitsstoffen" [Biostoffverordnung] vom 27. Januar 1999 und TRBA 466 „Technische Regeln für Biologische Arbeitsstoffe – Einstufung von Bakterien [Bacteria] und Archaebakterien [Archaea] in Risikogruppen" [2005-12]) verursachte Krankheit hat zumeist einen atypischen Verlauf. Nach 1 bis 3 Wochen treten Symptome auf, die denen einer schweren Grippe ähneln, wie Fieber, Schüttelfrost, Kopfschmerzen oder quälender Hustenreiz. In diesem Fall sollte unverzüglich ein Arzt aufgesucht werden, da es im Weiteren zu Organschäden und im Extremfall zu einem multiplen Organversagen mit Todesfolge kommen kann.

Sensibilisierende Wirkungen gehen vornehmlich von auf dem Taubenkot wachsenden Schimmelpilzen (siehe Kapitel 2.4.1) aus. Die allergische Reaktion kann sich als Fieber, Husten, Atemnot oder Mattigkeit über einen Zeitraum von mehreren Wochen bemerkbar machen. Es sind aber auch entzündliche Reaktionen der Haut mit Rötung, Schwellung und Juckreiz möglich.

Die wichtigsten Aufnahmepfade für Mikroorganismen sind der Atemtrakt und der Mund. Allerdings ist bei geschädigter Haut, z. B. bei Verletzungen oder Hauterkrankungen, und auch bei aufgeweichter Haut eine Aufnahme über die Haut möglich.

Die Aufnahme über den Atemtrakt erfolgt durch Einatmen von staubförmigem Taubenkot. Die Aufnahme über den Mund kann zwar ebenfalls durch Schlucken von Staub erfolgen, zumeist sind jedoch verschmutzte Hände für eine orale Aufnahme verantwortlich. Auch eine unzureichende Trennung von Arbeits- und Pausenbereichen mit der Folge, dass in kontaminierten Bereichen gegessen, getrunken oder geraucht wird, kann zu einer oralen Aufnahme und nachfolgenden Durchfallerkrankungen führen.

Chemische Wirkungen

Der ursprünglich leicht saure bis neutrale Taubenkot wird durch Umsetzungsprozesse rasch basisch (pH 9 bis 9,5). Dadurch wirkt der Taubenkot reizend auf Haut und Schleimhäute und kann Verätzungen verursachen.

Bei sehr trockenem Taubenkot kommt es bei mechanischer Einwirkung (z. B. Ablösen, Kehren, Schaufeln) zu starker Staubentwicklung und damit zu hohen Konzentrationen organischen Staubes in der Umgebungsluft. Das Einatmen organischer Stäube – auch wenn sie nicht infektiös sind – kann zu Schädigungen des Atemtrakts z. B. durch allergische Reaktionen führen.

2.4.5.3 Beseitigung von Taubenkot und Taubennestern

Die Entscheidung, welche Maßnahmen bei Vorhandensein von Taubenkot und verlassenen Taubennestern notwendig sind, hängt sowohl von der Nutzung des befallenen Gebäudes und der umgebenden Gebäude als auch von den vor Ort durchzuführenden Tätigkeiten ab.

Grundsätzlich sollten Taubenkot und auch andere Überreste wie Nester oder Kadaver vollständig entfernt werden, da von ihnen eine erhebliche Gefährdung ausgeht; dies gilt unabhängig davon, ob in dem kontaminierten Bereich gearbeitet werden soll. In Ausnahmefällen kann davon jedoch auch abgesehen werden, z. B. in Maschinenhäusern, in denen nur kurzzeitig und in größeren Zeitabständen gearbeitet wird und in denen es zu keinem oder nur zu einem kurzzeitigen direkten Kontakt mit Taubenkot kommt.

Die Entfernung von Taubenkot muss unter möglichst geringer Staubbildung durchgeführt werden (vgl. das Handlungsschema in Abb. 2.59). Aus diesem Grund sind z. B. Fegen, Schaufeln, Kratzen, Abbürsten oder die Verwendung

Abb. 2.55: Staubfreisetzung durch ungeeignete Reinigungsverfahren (Quelle: BGI 892 „Gesundheitsgefährdungen durch Taubenkot. Handlungsanleitung zur Gefährdungsbeurteilung nach Biostoffverordnung [BioStoffV]" [2004-05])

Abb. 2.56: Reinigung mit Staubabsaugung vor Ort (Quelle: BGI 892)

Abb. 2.57: Messung der Staubfreisetzung beim Schaufeln (Quelle: Albrecht et al., 2003, S. 7)

von Hochdruckreinigern zunächst einmal ungeeignete Verfahren, da sie bei Fehlen besonderer Vorkehrungen vor allem bei trockenem Taubenkot zu einer starken Freisetzung von Staub führen (Abb. 2.55 bis 2.57).

Zur Entfernung von Taubenkot muss zunächst der gesamte belastete Bereich z. B. durch Folienwände abgetrennt werden, um einen Austrag von Taubenkot zu verhindern.

Als beste Methode hat sich die Absaugung erwiesen (Albrecht et al., 2003). Dabei ist es besonders wichtig, Industriesauger für die Staubklasse H nach DIN EN 60335-2-65 „Sicherheit elektrischer Geräte für den Hausgebrauch und ähnliche Zwecke – Teil 2-65: Besondere Anforderungen für Luftreinigungsgeräte“ (2009-02) zu verwenden, da nur solche Geräte über die geeigneten Filter verfügen. Bei der Auswahl eines Saugers ist darauf zu achten, dass der Staubbehälter bei der Entnahme verschlossen werden kann, damit es beim Filterwechsel nicht zu einer ungewollten Staubfreisetzung kommt.

Allerdings ist die Absaugung nur bei staubförmigem oder lose herumliegendem bzw. leicht zu lösendem Taubenkot möglich. Bei harten Anbackungen oder größeren, fest verbackenen Haufen, die sich nur durch zusätzliche mechanische Einwirkung (z. B. durch Schaufeln) vom Untergrund lösen lassen, müssen andere staubminimierende Maßnahmen wie z. B. eine Anfeuchtung der Oberfläche ergriffen werden. Gleichzeitig muss dort, wo der Taubenkot vom Untergrund gelöst wird, mit einem für die Staubklasse H geeigneten Industriesauger abgesaugt werden.

Der feuchte Taubenkot muss anschließend innerhalb von 2 Stunden in einem dicht schließenden und stabilen Behälter untergebracht werden, da die im Taubenkot enthaltenen Mikroorganismen durch die Befeuchtung aktiviert werden und sich vermehren können. Die Verwendung von Plastiksäcken ist kaum geeignet, da Plastiksäcke mechanisch wenig stabil sind und aufreißen können.

In seltenen Fällen, z. B. in jahrzehntelang von Tauben genutzten Turmschächten, können die Kotablagerungen Mächtigkeiten von mehreren Dezimetern bis zu mehreren Metern erreichen. In diesen Extremfällen ist eine Benetzung nur der Oberfläche nicht sinnvoll; hier muss der Taubenkot schichtweise entfernt werden. Dabei ist nach Entfernung einer Schicht die Oberfläche der nächsten Schicht jeweils wieder zu befeuchten. Auch hier muss durch lokale Absaugung am Ort des Abtrags die Staubfreisetzung minimiert werden.

Kann eine Staubentwicklung nicht vermieden werden, sind zusätzliche Maßnahmen zu ergreifen. Der gesamte eingeschlossene Bereich muss dann während der Entfernung des Taubenkots kontinuierlich abgesaugt werden. Die abgesaugte Luft muss mittels HEPA-Filtern gereinigt werden (high efficiency particulate air filter: Hochleistungspartikelluftfilter), bevor sie in die freie Atmosphäre abgegeben wird. Bei der Auslegung der Absauganlage sollte darauf geachtet werden, im abgesaugten Bereich nur einen leichten Unterdruck und geringe Strömungsgeschwindigkeiten zu erzeugen. Üblich sind Volumendurchsätze mit fünf- bis zwanzigfachem Luftwechsel pro Stunde. Da sich hierbei schnell große Volumenströme ergeben, die entsprechend dimensionierte und teure Absaug- und Filtereinheiten erfordern, sollte die Taubenkotentfernung möglichst abschnittweise erfolgen, wobei der bearbeitete Abschnitt jeweils zusätzlich vom übrigen kontaminierten Bereich abzutrennen ist.

Auch hier sollte der beseitigte Taubenkot möglichst unverzüglich in stabilen und dicht schließenden Transport- und Lagerbehältern untergebracht werden; die Verwendung von Schuttrutschen und offenen Containern ist ungeeignet. Die Behälter sind mit dem Kennzeichen für Biogefährdung (Abb. 2.58) zu versehen.

Aufgrund der Belastung des Taubenkots mit krankheitserregenden Mikroorganismen und der Gefahr ihrer Vermehrung durch die Sanierungsarbeiten

Abb. 2.58: Kennzeichen für Biogefährdung (Quelle: Berufsgenossenschaft der Bauwirtschaft: Kompendium Arbeitsschutz, 2008, Symbolbibliothek)

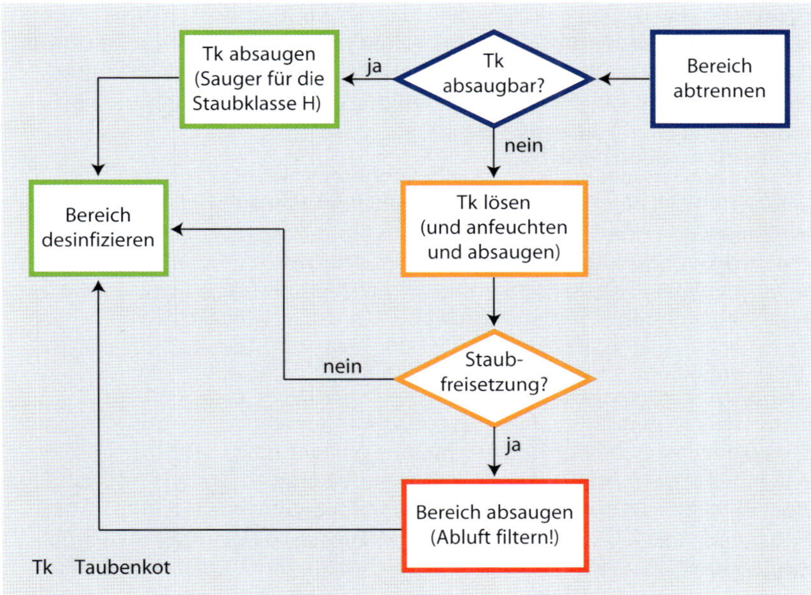

Abb. 2.59: Handlungsschema zur Taubenkotsanierung

muss der Entsorgungsweg möglichst schon vor Beginn der Arbeiten mit dem Entsorger geklärt werden (vgl. Kapitel 4). Je nach Bundesland gelten hierfür unterschiedliche Vorschriften und Anforderungen, sodass keine allgemeingültigen Hinweise gegeben werden können (zu den in den Bundesländern jeweils zuständigen Stellen siehe Kapitel 4.4.2, Tabelle 4.4).

Nach der Entfernung des Taubenkots sollte die verunreinigte Fläche abschließend desinfiziert werden. Eine Liste zugelassener Desinfektionsmittel ist vom Robert Koch-Institut (RKI) (Liste der vom Robert Koch-Institut geprüften und anerkannten Desinfektionsmittel und -verfahren) oder von der Desinfektionsmittel-Kommission im Verbund für Angewandte Hygiene (VAH) e. V. (Desinfektionsmittel-Liste des VAH, 2008) erhältlich. Es sollten zum Arbeits- und Gesundheitsschutz aber auf jeden Fall weitere Informationen für den Einsatz des jeweiligen Desinfektionsmittels herangezogen werden (z. B. BGR 206 „Berufsgenossenschaftliche Regel für Sicherheit und Gesundheit bei der Arbeit – Desinfektionsarbeiten im Gesundheitsdienst" [1999-07]). Als gut geeignet hat sich z. B. frischer gelöschter Kalk erwiesen, mit dem die gereinigte Fläche eingestrichen wird und der mindestens 12 Stunden einwirken sollte.

2.4.5.4 Arbeitsschutz bei der Taubenkotsanierung

Die vom Taubenkot ausgehenden Gefahren betreffen nicht nur Bewohner von belasteten Gebäuden, sondern vor allem jene, die die Beseitigung des Taubenkots durchführen. Insofern dienen viele der oben beschriebenen Maßnahmen zum Schutz der Anwohner, insbesondere die Staubminimierung, auch dem Arbeitsschutz. Dies betrifft neben den Beschäftigten, die unmittelbar mit der Beseitigung des Taubenkots befasst sind, auch alle, die z. B. die Baustelle planen, betreuen oder besichtigen, wie Architekten, Bauingenieure oder Hausverwalter (so hat sich z. B. ein Architekt bei einer einmaligen Begehung eines mit Taubenkot belasteten Dachbodens eine Infektion des Herzmuskels mit Chlamydien zugezogen und ist so schwer erkrankt, dass er eine Herztransplantation benötigte [vgl. Hartwig Gauder, 2004]).

Arbeitsschutzmaßnahmen

Vor Beginn der Tätigkeiten sollte deshalb zunächst eine Gefährdungsbeurteilung nach der Biostoffverordnung durchgeführt werden, da für die Taubenkotentfernung die im Kot enthaltenen Biostoffe die Gefährdung bestimmen. Eine Handlungshilfe bietet die BGI 892. Dort sind einige der hier beschriebenen Maßnahmen noch weiter spezifiziert. Zusätzlich sollte ein Arbeitsmediziner zugezogen werden, der bereits im Vorfeld Hinweise zu Gefährdungen und Schutzmaßnahmen gibt, die notwendigen Vorsorgeuntersuchungen festlegt und bei auftretenden Problemen Maßnahmen ergreift.

Wie schon bei der Festlegung der notwendigen Maßnahmen zur Beseitigung des Taubenkots hängen auch die Maßnahmen zum Arbeitsschutz von den Mengen an Taubenkot ab, mit denen die Arbeiter vor Ort in Kontakt kommen können (Exposition). Dabei wird vor allem die Aufnahme über den Atemtrakt betrachtet, aber auch die orale Aufnahme und die Aufnahme über die Haut werden berücksichtigt.

Erste und wichtigste Maßnahme ist die Einhaltung einer strikten Baustellenhygiene. Dazu zählen neben der Trennung von Straßen- und Arbeitskleidung die Bereitstellung ausreichender Waschgelegenheiten und eine strikte Trennung von Arbeits- und Pausenbereichen. Vor allem darf im Arbeitsbereich nicht gegessen, getrunken oder geraucht werden. Nahrungsmittel oder Getränke dürfen im Arbeitsbereich nicht – auch nicht kurzzeitig – gelagert werden. Nach dem Verlassen des Arbeitsbereichs ist grundsätzlich eine Reinigung von Gesicht und Händen erforderlich. Dabei sind zum Abtrocknen keine Stoffhandtücher, sondern Papierhandtücher (Einmalartikel) zu verwenden. Bei direktem Kontakt mit Taubenkot sollten anschließend die betroffenen Hautstellen z. B. mit einem alkoholischen Desinfektionsmittel gereinigt werden. Eine Liste möglicher Desinfektionsmittel ist vom Robert Koch-Institut (RKI) (Liste der vom Robert Koch-Institut geprüften und anerkannten Desinfektionsmittel und -verfahren) oder von der Desinfektionsmittel-Kommission im Verbund für Angewandte Hygiene (VAH) e. V. (Desinfektionsmittel-Liste des VAH, 2008) erhältlich. Diese Maßnahmen und auch die Verwendung von Hautschutz- und Hautpflegemitteln sollten in einem Hygiene- und Hautschutzplan festgelegt werden (vgl. BGI 892). Weitere Hinweise gibt die TRBA 500 „Technische Regeln für Biologische Arbeitsstoffe – Allgemeine Hygienemaßnahmen: Mindestanforderungen“ (1999-03).

Baustellen- und Tätigkeitskategorien

Aus Sicht des Arbeitsschutzes lassen sich die Baustellen und die Tätigkeiten zur Beseitigung von Taubenkot in 3 Kategorien einteilen:

1. Baustellen mit Tätigkeiten ohne direkten Kontakt zu Taubenkot (**keine Exposition**)
   Zu dieser Kategorie gehören z. B. Begehungen oder Tätigkeiten, die zwar in einem mit Taubenkot verunreinigten Raum durchgeführt werden, jedoch nicht direkt an der verunreinigten Stelle.
2. Baustellen mit Tätigkeiten in Bereichen, die mit geringen Mengen an Taubenkot verunreinigt sind (**geringfügige Exposition**)
   Das wesentliche Merkmal dieser Kategorie ist der nur kurzzeitige Aufenthalt (weniger als 4 Stunden) und eine nur geringe Freisetzung von Staub. Eine Beseitigung des Taubenkots vor Beginn weiterer Tätigkeiten ist hier nicht notwendig.
3. Baustellen mit Tätigkeiten in Bereichen, die stark mit Taubenkot belastet sind (**erhöhte Exposition**)
   An diesen Baustellen hat vor Durchführung weiterer Arbeiten grundsätzliche eine Beseitigung des Taubenkots zu erfolgen.

Mit dieser Einteilung werden auch die Baustellen erfasst, an denen die Taubenkotsanierung nicht den Hauptzweck darstellt.

Für jede Baustellenkategorie lassen sich entsprechend der Gefährdung weitere Maßnahmen treffen. Eine Übersicht gibt das Handlungsschema in Abb. 2.60. Dabei werden die Tätigkeiten gemäß der Biostoffverordnung einer Schutzstufe zugeordnet.

Der ersten der beschriebenen Baustellen-/Tätigkeitskategorien ist die Schutzstufe 1 zugeordnet. In diesem Fall ist die Einhaltung der grundlegenden Baustellenhygiene ausreichend.

Ist dagegen ein Kontakt mit Taubenkot nicht zu vermeiden (zweite und dritte Kategorie), so werden die Tätigkeiten der Schutzstufe 2 zugeordnet. Ab dieser Schutzstufe ist eine Schwarz-Weiß-Trennung, also eine Trennung von kontaminiertem Bereich (Schwarzbereich) und nicht kontaminiertem Bereich (Weißbereich), erforderlich.

Bei geringfügiger Exposition ist eine getrennte Aufbewahrung von Arbeits- und Straßenkleidung ausreichend, während bei erhöhter Exposition eine Schwarz-Weiß-Anlage mit einem Schleusenbereich erforderlich ist. Einwegschutzkleidung muss im Schleusenbereich abgelegt und in geeigneten Behältern untergebracht werden. Verunreinigte Arbeitsgeräte und Materialien (z. B. Sauger, Baufolie zur Abtrennung) dürfen nicht ohne vorherige Reinigung aus dem Schwarzbereich entfernt werden bzw. müssen zur Entsorgung in geeigneten, dicht schließenden Behältern untergebracht werden. Die Behälter sind mit Informationen über den Inhalt zu versehen.

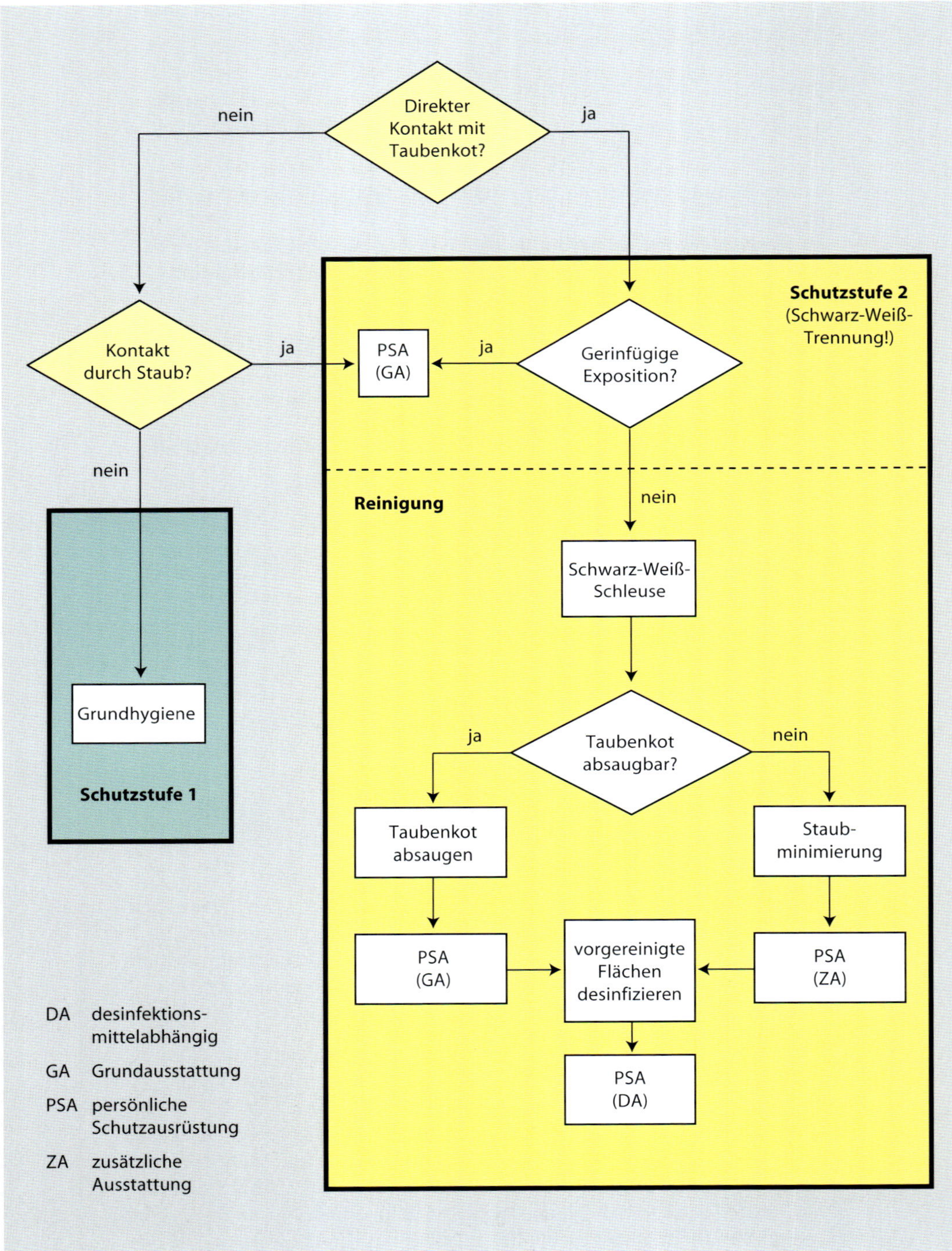

Abb. 2.60: Handlungsschema zum Arbeitsschutz nach BGI 892

Persönliche Schutzausrüstung (PSA)

Die Anforderungen an die Grundausstattung der persönlichen Schutzausrüstung sowie an eine erweiterte Ausstattung sind in Tabelle 2.55 bzw. Tabelle 2.56 aufgeführt. Über die jeweils konkrete Auswahl geben die folgenden Regelwerke der gewerblichen Unfallversicherungsträger Auskunft:

- BGR 190 „Berufsgenossenschaftliche Regel für Sicherheit und Gesundheit bei der Arbeit – Benutzung von Atemschutzgeräten“ (2004-04)
- BGR 191 „Berufsgenossenschaftliche Regel für Sicherheit und Gesundheit bei der Arbeit – Benutzung von Fuß- und Knieschutz“ (2007-01)
- BGR 192 „Berufsgenossenschaftliche Regel für Sicherheit und Gesundheit bei der Arbeit – Benutzung von Augen- und Gesichtsschutz“ (2001-07, aktualisiert 2006-02)
- BGR 193 „Berufsgenossenschaftliche Regel für Sicherheit und Gesundheit bei der Arbeit – Benutzung von Kopfschutz“ (2000-01, aktualisiert 2006-01)
- BGR/GUV-R 194 „Regel für Sicherheit und Gesundheitsschutz – Benutzung von Gehörschutz“ (2008-09)
- BGR 195 „Berufsgenossenschaftliche Regel für Sicherheit und Gesundheit bei der Arbeit – Benutzung von Schutzhandschuhen“ (1994-04, aktualisiert 2007-10)

Für Baustellen, an denen nur eine geringfügige Exposition gegeben ist, weil der Taubenkot z. B. ohne weitere Maßnahmen abgesaugt werden kann, ist die Grundausstattung der persönlichen Schutzausrüstung (Tabelle 2.55) ausreichend.

Tabelle 2.55: Persönliche Schutzausrüstung – Grundausstattung (PSA GA)

Ausrüstungstyp	Ausstattung	Richtlinie
Handschutz	Handschuhe, wasserdicht, abwaschbar, z. B. nitrilgetränkt	BGR 195
Fußschutz	Sicherheitsstiefel, abwaschbar, mindestens Schutzkategorie S 2/II	BGR 191
Atemschutz	gebläseunterstützte Halbmaske mit Partikelfilter TM2P, bei geringfügiger Exposition (keine Taubenkotsanierung) auch FFP3-Masken	BGR 190

Die erweiterte persönliche Schutzausrüstung (zusätzliche Ausstattung; vgl. Tabelle 2.56) kommt zum Einsatz, wenn wirksame Maßnahmen zur Staubminimierung nicht getroffen werden können. Der wesentliche Unterschied gegenüber der Grundausstattung besteht darin, dass aufgrund der hohen Staubbelastung ein leistungsfähigerer Atemschutz zur Verfügung gestellt werden muss. Dies kann so weit gehen, dass umgebungsluftunabhängige Atemschutzgeräte eingesetzt werden müssen. Das ist vor allem dann der Fall, wenn die in Kapitel 2.4.5.3 beschriebenen technischen Lüftungsmaßnahmen nicht durchführbar oder nicht wirksam sind.

Tabelle 2.56: Persönliche Schutzausrüstung – zusätzliche Ausstattung (PSA ZA)

Ausrüstungstyp	Ausstattung	Richtlinie
Atemschutz	Vollmaske TM3P, in Extremfällen (z. B. bei Brückenkästen) auch umgebungsluftunabhängige Atemschutzgeräte	BGR 190

Die Wirksamkeit aller getroffenen Maßnahmen muss regelmäßig überprüft werden. Die ermittelten Gefährdungen, die getroffenen Maßnahmen und die Kontrolle der Wirksamkeit sind ab der Schutzstufe 2 (vgl. Abb. 2.60) unabhängig von der Zahl der auf der Baustelle Beschäftigten zu dokumentieren.

Betriebsanweisung

Alle anzuwendenden Arbeitsschutzmaßnahmen sind in einer Betriebsanweisung aufzuführen. Dazu gehört auch die Beschreibung der einzuhaltenden Baustellenhygiene. Ferner muss die Betriebsanweisung eine Beschreibung der Wirkung der biologischen Arbeitsstoffe sowie die Durchführungsanweisung für die Reinigung, Desinfektion und Entsorgung enthalten. Die Betriebsanweisung muss den Beschäftigten vor Beginn der Arbeiten bekannt gemacht werden und ist gut sichtbar auf der Baustelle auszuhängen. Es wird empfohlen, über die Unterweisung ein schriftliches Protokoll anzufertigen und von den Beschäftigten (Unterwiesenen) unterzeichnen zu lassen.

2.4.5.5 Taubenzecken

Die Taubenbestände in Deutschland sind praktisch vollständig von der Taubenzecke (*Argas reflexus*) befallen. Die Taubenzecke bevorzugt Tauben, nur selten befällt sie auch andere Vögel. Die Weibchen sind ca. 5 bis 8 mm lang (mit Blut vollgesaugte Tiere bis 11 mm), die wesentlich kleineren Männchen 4 mm (vgl. Berliner Betrieb für zentrale gesundheitliche Aufgaben: Taubenzecken). Taubenzecken halten sich tagsüber in Ritzen und Löchern in der Nähe der Taubennester auf. Wird ein Nest aufgegeben oder ist es z. B. nach Baumaßnahmen an einem Dachboden für die Tauben nicht mehr zugänglich, beginnen die Zecken nach einer Hungerperiode von bis zu eineinhalb Jahren, neue Wirte zu suchen. Sie wandern dann auch in tiefer gelegene Stockwerke – bis ins Erdgeschoss – und können dort Menschen befallen. Erwachsene Taubenzecken können einige Jahre ohne Nahrungsaufnahme überleben, sodass auch an seit mehreren Jahren verlassenen Taubenbehausungen potenziell mit Zeckenbefall gerechnet werden muss. Auch längere Zeit leer stehende Gebäude sollten deshalb in allen Etagen auf Befall mit Taubenzecken überprüft werden. Bei positivem Befund sind Schädlingsbekämpfer, die mit der Beseitigung von Taubenzecken Erfahrung besitzen, hinzuzuziehen.

Der Biss der Taubenzecke ist zwar schmerzlos, erzeugt jedoch stark juckende Hautreaktionen und zumeist lang anhaltende entzündliche Hautreaktionen (Dermatitis), zum Teil auch nässende und schwer heilende Wunden.

Auch die Übertragung von Krankheiten (z. B. des von der Bakterienart *Coxiella burnetii* verursachten Q-Fiebers) auf den Menschen durch den Biss der Taubenzecke wurde nachgewiesen (Sixl, 1975; Pabel, 2005).

2.4.6 Hausschwamm und andere Holz zerstörende Pilze

Ingrid Dill

2.4.6.1 Einleitung

Bei Feuchteschäden in Gebäuden spielen neben den Schimmelpilzen (Kapitel 2.4.1) und Bakterien (Kapitel 2.4.3) Holz zerstörende Pilze eine wichtige Rolle. Die größten und häufigsten Schäden werden durch Braun- und Weißfäuleerreger (siehe Kapitel 2.4.6.2) verursacht.

Hinweise auf Holz zerstörende Pilze geben oft Schäden an der Konstruktion, z. B. ein Absacken von Dielenfußböden. Nicht selten treten in Innenräumen aber auch auffällige Pilzfruchtkörper auf. Wenn Braun- und Weißfäulepilze Fruchtkörper bilden, sind sie in der Regel groß und gut erkennbar; beim Echten Hausschwamm (*Serpula lacrymans*) können Fruchtkörper unter günstigen Bedingungen sogar weit mehr als 1 m^2 bedecken (Abb. 2.61).

Auch bei den Holz zerstörenden Pilzen besteht wie bei den bekannten Hutpilzen im Wald der eigentliche Pilz aus Pilzfäden (Hyphen), die in ihrer Gesamtheit ein Fadengeflecht (Mycel) bilden. Von den Fruchtkörpern werden große Mengen mikroskopisch kleiner Sporen gebildet, die der Verbreitung dienen. Somit ist das Auftreten von Fruchtkörpern bereits ein Anzeichen bzw. ein Alarmzeichen, dass der Pilz im Umkreis Holz abgebaut und bereits so viel Biomasse aufgebaut hat, dass er Fruchtkörper bilden konnte.

Zu unterscheiden sind die Holz zerstörenden Pilze von den Holz bewohnenden Pilzen, die Holz oder Holzwerkstoffe zwar besiedeln, aber keinen substanziellen Abbau bewirken. So können Schimmelpilze auf der Holzoberfläche wachsen oder sich Bläuepilze ansiedeln, die auffällige Farbveränderungen des Holzes verursachen.

Bei starken Wasserschäden sind in Innenräumen häufig Fleischbecherlinge (*Peziza* spp.) und Tintlinge (*Coprinus* spp.) festzustellen, die wie die Holz

Abb. 2.61: Teil eines mehrere Quadratmeter großen Fruchtkörpers des Echten Hausschwamms (*Serpula lacrymans*)

Abb. 2.62: Mehrere Fruchtkörper eines Fleischbecherlings (*Peziza* sp.) an Decke und Innenwand eines Raumes infolge eines sehr starken Wasserschadens

zerstörenden Pilze auffällige Fruchtkörper bilden (Abb. 2.62; der Zusatz „sp." – species – steht bei einer Gattungsbezeichnung, wenn es sich um nur eine, im Einzelfall nicht näher benannte Art einer Gattung handelt, der Zusatz „spp." – species pluralis – steht bei einer Gattungsbezeichnung, wenn mehrere oder alle Arten einer Gattung gemeint sind). Bei ihrem Auftreten, z. B. an Rohrputzträgern oder Deckenkonstruktionen, wird oft befürchtet, dass es sich um gefährliche Holzzerstörer handele. Auch wenn dies nicht zutrifft, sind sie als Indiz zu werten, dass sich möglicherweise zusätzlich Holz zerstörende Pilze angesiedelt haben, und die Untersuchungen sind entsprechend auszurichten.

2.4.6.2 Einteilung Holz zerstörender Pilze nach Abbautypen

Die Hauptbestandteile von Holz sind die Zellwandbaustoffe Cellulose, Hemicellulose und Lignin („Holzstoff"). Je nachdem, welche Bestandteile primär abgebaut werden, kommt es zu grundsätzlich verschiedenen Zerstörungsbildern. Die wichtigsten Typen, die in Gebäuden festgestellt werden, sind die **Braunfäule** und die **Weißfäule** sowie die **Moderfäule**.

Braunfäuleerreger bauen Cellulose und Hemicellulose ab, während Lignin lediglich modifiziert wird und als braune Substanz übrig bleibt. Das typische Zerstörungsbild ist eine braune Verfärbung und ein Zerfall des Holzes quer und längs zur Faserrichtung. Der dabei entstehende Würfelbruch kann fein- bis grobwürfelig sein (Abb. 2.63). Im fortgeschrittenen Stadium lässt sich das Holz zwischen den Fingern zu Pulver verreiben.

Weißfäuleerreger bauen bei der sogenannten Simultanfäule Lignin, Cellulose und Hemicellulose zu etwa gleichen Anteilen ab. Das Holz ist weich, stark aufgehellt, zerfällt längsfaserig und verliert sehr stark an Gewicht (Abb. 2.64).

Abb. 2.63: Durch Echten Hausschwamm (*Serpula lacrymans*) verursachte Braunfäule mit typischem Würfelbruch des Holzes; auf dem Holz Oberflächen- und Strangmycel

Abb. 2.64: Durch den Ausgebreiteten Hausporling (*Donkioporia expansa*) verursachte Weißfäule mit Aufhellung und faserigem Zerfall des Holzes; im Holz ist weißes Mycel erkennbar

Abb. 2.65: Durch Moderfäulepilze verursachte Moderfäule mit quer- und längsrissigem Zerfall der Holzoberfläche

Moderfäuleerreger bauen wie Braunfäuleerreger Cellulose und Hemicellulose ab und das Erscheinungsbild ist dem der Braunfäule ähnlich. Wenn das Holz trocken ist, zerfällt es würfelbruchartig und die Oberfläche ist von dunkel (schwarz) bis zu silbrig glänzend verfärbt (Abb. 2.65). Im feuchten Zustand ist die Holzoberfläche eher modrig und weich bis schmierig. Einige der Moderfäulepilze wie z. B. *Trichoderma* spp. besiedeln die Holzoberfläche als Schimmelpilze, ohne das Holz abzubauen, und verursachen unter sehr feuchten Bedingungen bzw. bei Nässe eine Moderfäule.

Im Folgenden werden nur die Braun- und Weißfäulepilze behandelt, da diese bei Schäden in Innenräumen durch Holz zerstörende Pilze die größte Rolle spielen.

2.4.6.3 Relevante Holz zerstörende Pilze

Nach Huckfeldt/Schmidt, 2006, sind bisher über 65 Arten Holz zerstörender Pilze für Gebäude beschrieben worden, wobei nach ihren Untersuchungen 65,6 % der Schäden auf Braunfäuleerreger, 26,0 % auf Weißfäuleerreger und 8,4 % auf Moderfäuleerreger entfallen.

Der überwiegende Teil der Schäden wird durch nur wenige Arten verursacht. In Tabelle 2.57 sind die häufigsten Holz zerstörenden Braun- und Weißfäuleerreger aufgeführt. Die Daten wurden entsprechend den Ergebnissen von Huckfeldt/Schmidt, 2006, zusammengestellt und basieren nach ihren Angaben auf 505 Funden in und an Gebäuden mit dem Schwerpunkt in Norddeutschland. Mit Abstand am häufigsten sind der Echte Hausschwamm (24,0 %), die Kellerschwämme (13,3 %) und die Porenschwämme (8,1 %). Einziger häufiger Weißfäuleerreger ist mit 9,3 % Anteil der Ausgebreitete Hausporling (auch „Eichenporling" genannt). Die vorstehend genannten Pilze sind zuzüglich der Blättlinge (5,0 %) aufgrund ihrer Häufigkeit und ihres Schadensausmaßes die wichtigsten in und an Gebäuden auftretenden Holz zerstörenden Pilze.

Tabelle 2.57: Die häufigsten in und an Gebäuden auftretenden Braun- und Weißfäuleerreger nach Häufigkeit und Abbautyp (Zahlen nach Huckfeldt/Schmidt, 2006)

Pilzart/Pilzgruppe	**Häufigkeit (%)**	**Abbautyp**
Echter Hausschwamm (*Serpula lacrymans*)	24,0	Braunfäule
Kellerschwämme (*Coniophora* spp.)	13,3	Braunfäule
Ausgebreiteter Hausporling (*Donkioporia expansa*)	9,3	Weißfäule
Porenschwämme (vor allem Weiße Porenschwämme der Gattung *Antrodia*)	8,1	Braunfäule
Weißfäuleerreger mit Lamellen (u. a. Seitlinge [*Pleurotus* spp.])	5,4	Weißfäule
Blättlinge (*Gloeophyllum* spp.)	5,0	Braunfäule
Schicht- und Rindenpilze (u. a. Dünnfleischiger Rindenpilz [*Hyphoderma praetermissum*])	3,4	überwiegend Weißfäule
Sternsetenpilze (*Asterostroma* spp.)	2,4	Weißfäule
Braunfäuleerreger mit Lamellen (u. a. Muschelkrempling [*Tapinella* bzw. *Paxillus panuoides*])	2,2	Braunfäule
Fältlingshäute (*Leucogyrophana* spp.)	2,0	Braunfäule
Stachelsporlinge (*Trechispora* spp.)	2,0	Weißfäule
Wilder Hausschwamm (*Serpula himantioides*)	1,6	Braunfäule

Bei der Fähigkeit, eine Braun- oder Weißfäule zu verursachen, handelt es sich um eine artspezifische Eigenschaft, die bei der Beurteilung eines Befalls hilfreich sein kann. Wenn z. B. eine Weißfäule festgestellt wird, kommt ein Braunfäuleerreger wie der Echte Hausschwamm nicht als Verursacher infrage. Allerdings ist zu beachten, dass auch ein Doppelbefall vorliegen kann. So können sogar an demselben Balken beide Befallstypen vorhanden sein.

Ausführliche Beschreibungen der in Innenräumen bzw. in Gebäuden auftretenden Holz zerstörenden Pilze, einschließlich seltener Arten, geben Huckfeldt/Schmidt, 2006. Weitere für die Praxis hilfreiche Werke sind u. a. Grosser, 1985; Schmidt, 1994; Weiß/Wagenführ/Kruse, 2000; Sutter, 2002; Kempe, 2004.

2.4.6.4 Eigenschaften und Vorkommen

Ebenso wie der Befall von Materialien durch Schimmelpilze und Bakterien ist der Befall durch Holz zerstörende Pilze auf eine erhöhte Feuchte der Materialien bzw. Baustoffe zurückzuführen.

Die einzelnen Holz zerstörenden Pilze unterscheiden sich dabei in ihren Feuchteansprüchen. Nur wenige Pilze können Holz auch bei Holzfeuchtewerten u_m unterhalb der Fasersättigung (je nach Holzart ca. 30 %) bewachsen (die Holzfeuchte „u_m" gibt das prozentuale Verhältnis der im Holz enthaltenen Wassermenge zum wasserfreien – darrtrockenen – Holz an; der Index „m" zeigt an, dass der Holzfeuchtewert massebezogen angegeben ist, also gemäß DIN 52183 „Prüfung von Holz – Bestimmung des Feuchtigkeitsgehaltes" [1977] gravimetrisch nach der Darrmethode ermittelt wurde). Optimale Bedingungen für eine Zerstörung des Holzes liegen allerdings erst bei wesentlich höheren Holzfeuchtewerten als 30 % vor.

Huckfeldt/Schmidt, 2006, geben als optimale Holzfeuchte u_m für den Abbau durch den Echten Hausschwamm 45 bis 140 % bzw. für das Anfangsstadium 35 bis 55 % an. Hieraus ergibt sich, dass auch Holz, das einen relativ niedrigen Feuchtegehalt aufweist, durch den Echten Hausschwamm abgebaut werden kann. Im Vergleich liegt z. B. beim Breitsporigen Weißen Porenschwamm nach Huckfeldt/Schmidt, 2006, das Optimum zwischen 51,5 und 150 % Holzfeuchte.

Allgemein wurde davon ausgegangen, dass der Echte Hausschwamm mittels Wassertransports im Strangmycel auch noch „trockenes" Holz mit einem Feuchtegehalt u_m unter 20 % besiedeln kann, wenn er gleichzeitig in einem Bereich mit höherer Holzfeuchte angesiedelt ist (vgl. z. B. WTA-Merkblatt 1-2-05/D „Der Echte Hausschwamm – Erkennung, Lebensbedingungen, vorbeugende Maßnahmen, bekämpfende chemische Maßnahmen, Leistungsverzeichnis" [2005]). Nach den Ergebnissen erster Untersuchungen von Huckfeldt/Schmidt, 2006, ist diese Annahme allerdings in Zweifel zu ziehen.

Der Befall von Holz kann wie bei einer Besiedlung durch Schimmelpilze über Sporen erfolgen. Weitere, vor allem auch für einen Befall durch Echten Hausschwamm wichtige Infektionswege sind die Verwendung von Holz und Bauschutt aus Abrisshäusern oder der Eintrag über Brennholz, das während der Kellerlagerung befallen wurde.

Abb. 2.66: Oberflächen- und Strangmycel eines Weißen Porenschwamms (*Antrodia* sp.)

Holz zerstörende Pilze wachsen im Holz mit einem sogenannten Substratmycel. Abhängig von der Pilzart können darüber hinaus Oberflächen- und Strangmycelien (Abb. 2.63 und 2.66) gebildet werden. Beim Echten Hausschwamm kann das Strangmycel besonders kräftig (bis kleinfingerdick) sein. Zur Verbreitung werden wie bereits ausgeführt Fruchtkörper mit Sporen gebildet.

Viele Pilze greifen das Holz von außen an, während andere eine Innenfäule verursachen können. In solchen Fällen sieht das Holz von außen noch unzerstört aus, ist im Inneren aber bereits abgebaut.

Holz zerstörende Pilze können in allen Bereichen, in denen Holz- bzw. Holzwerkstoffe verbaut sind, auftreten. Sie können konstruktive Holzbauteile wie Holzbalkendecken und Holzständerwerke ebenso befallen wie Türrahmen, Fußleisten oder feucht stehende Holzregale. Darüber hinaus können sie auch Tapeten und andere cellulosehaltige Materialien abbauen. Hausschwammbefall kann z. B. auch an Büchern, Leder oder Kartoffeln auftreten.

Zu beachten ist die oft versteckte Lebensweise Holz zerstörender Pilze. Vor allem der Echte Hausschwamm ist sehr empfindlich gegen Luftzug und entwickelt sich besonders üppig in luftberuhigten Bereichen, z. B. hinter Wandverkleidungen, in Zwischendecken und unter Dielungen. Ein Befall kann deshalb lange unentdeckt bleiben bzw. erst auffallen, wenn bereits starke Zerstörungen der Konstruktion vorliegen.

Verschiedene Holz zerstörende Pilze sind auch in der Lage, Fugen und Risse von Mauerwerk zu durchwachsen (siehe zur Sonderstellung des Echten Hausschwamms auch Kapitel 2.4.6.6).

2.4.6.5 Gefährdungen und Gesundheitsrisiken

Bei einem Befall durch Braun- und Weißfäuleerreger steht nicht die gesundheitliche Gefährdung, sondern die Gefährdung der Bausubstanz im Vordergrund; im Einzelfall kann die Gesundheit allerdings durch das Einstürzen von Bauteilen bedroht sein. Ein nicht behandelter, lang andauernder Befall kann zu sehr großen wirtschaftlichen Schäden führen.

Wenn Fruchtkörper auftreten, kann es infolge der allergenen Eigenschaften von Pilzsporen zu einer Sensibilisierung kommen bzw. es können bei Menschen, die eine Allergie gegen den betreffenden Holz zerstörenden Pilz entwickelt haben, allergische Reaktionen auftreten. Insgesamt ist das Risiko allerdings als weit geringer einzuschätzen als bei einem Befall durch Schimmelpilze.

In diesem Zusammenhang ist zu beachten, dass der Nachweis Holz zerstörender Pilze ein Indiz dafür ist, dass das Material einer zu hohen Feuchte ausgesetzt war oder ist. Somit ist immer damit zu rechnen, dass sich auch Schimmelpilze und Bakterien angesiedelt haben, und die entsprechenden Risiken sind zu bewerten (vgl. Kapitel 2.4.1 und 2.4.3).

2.4.6.6 Gutachterliche Bewertung

Der häufigste Anlass, sich mit Holz zerstörenden Pilzen zu befassen, ist – abgesehen vom Auftreten auffälliger Fruchtkörper – die bereits eingetretene Schädigung des verbauten Holzes. Darüber hinaus stellen sich regelmäßig auch versicherungsrechtliche Fragen, da viele Gebäudeversicherer bei Schäden nach Wassereinwirkung einen Befall durch „Schwamm" oder generell durch „Holz zerstörende Pilze" ausgeschlossen haben.

Oft ist unklar, was unter dem Begriff „Schwamm" verstanden wird, da viele Versicherungspolicen keine nähere Zuordnung enthalten. Die Interpretationen reichen von „Echter Hausschwamm" bis zu „alle Holz zerstörenden Pilze". Nach einem Urteil des Oberlandesgerichts Koblenz vom 13. Januar 2006 – 10 U 145/03 – bezieht sich der Ausschluss des Wohngebäude-Versicherungsschutzes bei „Schwamm" nur auf den Echten Hausschwamm, da nur mit diesem „extreme Schadensfolgen" verbunden seien (vgl. Ausschluss des Wohngebäude-Versicherungsschutzes bei Schwamm erstreckt sich nur auf „echten" Hausschwamm, 2006).

Sonderstellung des Echten Hausschwamms *(Serpula lacrymans)*

Bekanntermaßen ist der Echte Hausschwamm schwerer zu bekämpfen als die anderen Holz zerstörenden Pilze. Dafür sind nach WTA-Merkblatt 1-2-05/D vor allem die folgenden Punkte verantwortlich:

- Der Echte Hausschwamm benötigt zur Entstehung und Ausbreitung eine niedrigere Holzfeuchte als andere Gebäudepilze; unter bestimmten Bedingungen kann er auch auf trockenes Holz übergreifen (siehe zu Letzterem aber Kapitel 2.4.6.4).
- Mithilfe des Strangmycels kann sich der Echte Hausschwamm weit ausbreiten und auch holzfreie Stoffe meterweit überwachsen. Er durchwächst z. B. auch Mauerwerksfugen bzw. poröses Mauerwerk, Schüttungsmaterialien sowie Versorgungskanäle und Leitungsschlitze.
- Da der Echte Hausschwamm sehr empfindlich auf Luftzug reagiert, entwickelt er sich besonders gut z. B. hinter Wandverkleidungen, in Zwischendecken und unter Dielungen. Ein akuter Befall kann deshalb oft sehr lange unentdeckt bleiben.
- Nicht fachgerecht ausgeführte Bekämpfungsmaßnahmen führen häufiger zu einem Wiederbefall (durch Auswachsen nicht abgetöteten Mycels oder durch Sporenauskeimung) als bei anderen Pilzen.

Die genannten Eigenschaften begründen die besondere Gefährlichkeit des Echten Hausschwamms, auch wenn andere Pilze wie z. B. der Ausgebreitete Hausporling eine vergleichbar hohe Zerstörungskraft haben. Entsprechend unterscheidet die DIN 68800-4 „Holzschutz; Bekämpfungsmaßnahmen gegen holzzerstörende Pilze und Insekten“ (1992) zwischen Echtem Hausschwamm und verwandten Hausschwamm-Arten und anderen Pilzen, die im Sinne der DIN als „Nassfäuleerreger“ bezeichnet werden. Bei einem Befall durch Nassfäuleerreger ist ein deutlich niedrigerer und weniger kostenträchtiger Sanierungsaufwand zu veranschlagen.

Früher galt in vielen Bundesländern eine Melde- bzw. Anzeigepflicht bei Befall durch Echten Hausschwamm. Derzeit (Anfang 2008) besteht nach Kenntnis der Autorin nur noch in Thüringen und Sachsen Anzeigepflicht.

Pilzidentifizierung

Aus der DIN 68800-4 ergibt sich die Notwendigkeit, zwischen Echtem Hausschwamm und verwandten Hausschwamm-Arten und anderen Holz zerstörenden Pilzen zu unterscheiden.

Als Verwandter des Echten Hausschwamms gilt der Wilde Hausschwamm (*Serpula himantioides*). Die Fältlingshäute (z. B. die Kleine Fältlingshaut bzw. der Kleine Hausschwamm) wurden früher in die gleiche Gattung wie der Echte Hausschwamm gestellt. Später wurden sie als Arten der Gattung *Leucogyrophana* abgetrennt und gehören nach Huckfeldt/Schmidt, 2006, nicht zu den verwandten Hausschwamm-Arten. Ihren biologischen Eigenschaften entsprechend sind sie darüber hinaus als Nassfäuleerreger zu charakterisieren.

Eine Identifizierung ist durch ausgewiesene Fachleute vorzunehmen. Manchmal können die Pilzarten an makroskopischen Merkmalen der Fruchtkörper oder des Mycels erkannt werden, in vielen Fällen ist aber eine mikroskopische Untersuchung von Fruchtkörpern bzw. Mycel erforderlich. Bei Holz, das keine entsprechenden Pilzstrukturen aufweist und bei dem der Abbau weit fortgeschritten ist, kann mit diesen Methoden in der Regel keine Identifizierung des Holzzerstörers durchgeführt werden.

Die Bestimmung der Pilze setzt viel Erfahrung voraus, weil eine sehr hohe Variabilität der Pilzstrukturen besteht. Diese ist von den äußeren Bedingungen sowie von sekundären Veränderungen, z. B. durch Schimmelpilze oder Insekten, abhängig.

Dringend zu warnen ist vor Faustregeln wie „Strangmycel, das mit knackendem Geräusch zerbricht, ist Echter Hausschwamm“. Trockenes Strangmycel des Echten Hausschwamms zerbricht tatsächlich mit knackendem Geräusch, aber auch Strangmycel anderer Arten kann dieses Merkmal zeigen. Abzuraten ist ebenso von Farbtests mit Reagenzien, wenn die Kenntnisse nicht ausreichend für eine Plausibilitätsprüfung sind. Entsprechende Verfahren können auch dem Fachkundigen allenfalls Zusatzinformationen liefern.

In den letzten Jahren sind für ausgewählte Holz zerstörende Pilze molekularbiologische Untersuchungen mittels PCR (polymerase chain reaction: Polymerase-Kettenreaktion) und Sequenzierung (Differenzierung von Pilzen und anderen Organismen anhand der Bestimmung der Basenfolge eines bestimmten Abschnitts der Erbinformation DNS [Desoxyribonukleinsäure]) etabliert worden. Diese Technik ist vor allem auch für abgebautes Holz, das keine Mycelien oder Fruchtkörper für eine Bestimmung mittels mikroskopischer Methoden aufweist, interessant. Voraussetzung ist allerdings, dass aus dem Holz noch ausreichend DNS des Holzzerstörers isoliert werden kann. Dies ist probenabhängig jedoch nicht immer möglich. Vor allem bei stark abgebautem Holz sind häufig keine zuverlässigen Ergebnisse zu erhalten.

Bestimmung des Schadensausmaßes

Um adäquate Sanierungsmaßnahmen veranlassen zu können, sind Umfang und Ausmaß des Befalls festzustellen.

Nicht in allen Fällen muss die Bausubstanz bzw. -konstruktion gefährdet sein. Manchmal zeigt es sich, dass lediglich das lagernde Brennholz oder ein vor einer feuchten Wand stehendes Regal betroffen ist. In solchen Fällen sind allerdings eine sorgfältige Diagnose der Befallsausdehnung und Maßnahmen, die einen Befall der Konstruktion verhindern, erforderlich.

Bei der Bestimmung des Schadensausmaßes spielt die Prüfung nach Augenschein, insbesondere auch nach der Öffnung von Bauteilen, eine wichtige Rolle. Ferner ist der Zustand des Holzes durch Klopfen, Stechen, Abbeilen usw. zu ermitteln.

Darüber hinaus kommen häufig auch endoskopische Methoden zum Einsatz. Diese sind in Bereichen, in denen wie z. B. im Denkmalschutz zerstörungsfrei gearbeitet werden muss, von besonderer Bedeutung. In Einzelfällen werden auch Methoden wie die Bohrwiderstandsmessung zur Beurteilung bzw. zum Aufspüren von Holzschäden eingesetzt.

Alle Methoden erfordern viel Erfahrung und es sollte ein entsprechend ausgebildeter Sachverständiger hinzugezogen werden. Neben Kenntnissen der Pilzarten und der Lebensbedingungen der Holz zerstörenden Pilze sind vor allem Baukonstruktions- und Bauphysikkenntnisse erforderlich, um eine Schadensdiagnose durchzuführen. Die Diagnose im Vorfeld und die Ausarbeitung der Sanierungsempfehlungen obliegt insbesondere den Sachverständigen des Holz- und Bautenschutzes.

2.4.6.7 Sanierung

In Einzelfällen kann die Bausubstanz, z. B. Holzbalkendecken im Altbau, so stark durch Holz zerstörende Pilze geschädigt sein, dass Einsturzgefahr besteht. In einem solchen Fall muss ein Gebäude oder müssen bestimmte Bereiche gesperrt werden.

Grundsätzlich gilt, dass bei einem aktiven Befall, der z. B. durch das Auftreten frischer Fruchtkörper oder frischer Mycelien bzw. durch aktuelle Feuchte erkennbar ist, schnell gehandelt werden sollte, um ein rasches Fortschreiten des Befalls und weitere Zerstörungen zu verhindern.

In Deutschland ist die Bekämpfung Holz zerstörender Pilze bzw. der „Holzschutz im Hochbau" durch die **DIN 68800-1 bis -5** geregelt. Die Normenreihe ist wie folgt gegliedert:

- DIN 68800-1 „Holzschutz im Hochbau – Allgemeines" (1974)
- DIN 68800-2 „Holzschutz – Teil 2: Vorbeugende bauliche Maßnahmen im Hochbau" (1996)
- DIN 68800-3 „Holzschutz; Vorbeugender chemischer Holzschutz" (1990)
- DIN 68800-4 „Holzschutz; Bekämpfungsmaßnahmen gegen holzzerstörende Pilze und Insekten" (1992)
- E DIN 68800-5 „Holzschutz im Hochbau; Vorbeugender chemischer Schutz von Holzwerkstoffen" (1990)

Wichtige Regelungen der DIN 68800-4 sind die Festlegungen, wie und mit welchem Sicherheitsabstand befallene Teile (Holz, Schüttung usw.) zu entfernen sind und wie das Mauerwerk und die Balkenköpfe zu behandeln sind. Dabei wird in der Norm eine Unterscheidung zwischen dem Echten Hausschwamm und verwandten Hausschwamm-Arten sowie den übrigen Holz zerstörenden Pilzen getroffen (siehe zur Pilzidentifizierung Kapitel 2.4.6.6). Gemäß DIN 68800-4 ist im Zweifelsfall so zu verfahren, als läge ein Befall durch den Echten Hausschwamm vor.

Darüber hinaus gibt die DIN 68800-4 Hinweise zum Umfang der Diagnose, zur Ursachenbeseitigung, zur Austrocknung sanierter Bauteile, zur Entsorgung und zu chemischen Maßnahmen. Die Norm verweist in diesem Zusammenhang und zur Thematik der Zulassung von Präparaten auf das Holzschutzmittelverzeichnis des Deutschen Instituts für Bautechnik (DIBt) (siehe Deutsches Institut für Bautechnik, 2008).

Erläuterungen zu den einzelnen Maßnahmen finden sich im Kommentar zur DIN 68800 (vgl. DIN/DGfH, 1998). Seit 2006 wird die DIN 68800 überarbeitet und es ist eine Neufassung zu erwarten.

Das **WTA-Merkblatt 1-2-05/D** behandelt ausführlich die besonderen Eigenschaften des Echten Hausschwamms und beschreibt im Detail die Vorgehensweise bei einer Hausschwammbekämpfung.

Im Einzelfall (z. B. im Denkmalschutz oder bei statischen Problemen) ist es nicht immer sinnvoll, streng nach den Vorgaben der DIN 68800-4 zu sanieren. In der Praxis wird durchaus auch vom geforderten Sicherheitsabstand abgewichen, werden alternative Bekämpfungsverfahren (z. B. Heißluftbehandlung) eingesetzt oder wird auf chemischen Holzschutz verzichtet. Auch der in der DIN 68800-4 vorgesehenen Gleichbehandlung des Echten Hausschwamms und des Wilden Hausschwamms wird nicht immer gefolgt. Solche von der DIN 68800-4 abweichenden Vorgehensweisen sollten allerdings zwischen dem Bauherrn und den verantwortlichen Beteiligten sorgfältig abgestimmt und auch im Hinblick auf Gewährleistung und Haftung schriftlich vereinbart werden.

Weitere zu beachtende Vorgaben im Zusammenhang mit der Bekämpfung Holz zerstörender Pilze ergeben sich aus

- der **DIN EN 350-2** „Dauerhaftigkeit von Holz und Holzprodukten – Natürliche Dauerhaftigkeit von Vollholz – Teil 2: Leitfaden für die natürliche

Dauerhaftigkeit und Tränkbarkeit von ausgewählten Holzarten von besonderer Bedeutung in Europa“ (1994) und der **DIN EN 460** „Dauerhaftigkeit von Holz und Holzprodukten – Natürliche Dauerhaftigkeit von Vollholz – Leitfaden für die Anforderungen an die Dauerhaftigkeit von Holz zur Anwendung in den Gefährdungsklassen“ (1994),
- dem **DIBt-Holzschutzmittelverzeichnis** (Deutsches Institut für Bautechnik, 2008),
- der **Gefahrstoffverordnung** („Verordnung zum Schutz vor Gefahrstoffen“ vom 23. Dezember 2004) im Zusammenhang mit der Anwendung von Holzschutzmitteln und
- den **Landesbauordnungen**.

Weitere wichtige Aspekte, die bei der Sanierungsplanung bzw. Sanierung beachtet werden müssen, sind der Arbeitsschutz sowie der Schutz der Gebäudenutzer. Dabei sind auch zusätzliche Risiken, wie sie z. B. durch das gleichzeitige Auftreten eines Schimmelpilz- und/oder eines Bakterienbefalls bestehen, zu beachten (vgl. Kapitel 2.4.1 und 2.4.3).

Grundsätzlich sollte die Sanierung bzw. die Bekämpfung Holz zerstörender Pilze nur durch eine ausgewiesene Fachfirma mit entsprechender Erfahrung durchgeführt werden. Der Nachweis der entsprechenden Sachkunde sollte z. B. über die Teilnahme an einem Lehrgang zum Holzschutz am Bau erbracht werden. Qualifizierte bzw. zertifizierte Firmen können u. a. über den Deutschen Holz- und Bautenschutzverband e. V. (DHBV), den Deutschen Holzschutzfachverband e. V. (DHF) oder den Deutschen Holzschutzverband e. V. (DHV) gefunden werden.

2.5 Ionisierende und nicht ionisierende Strahlung

2.5.1 Radioaktive Stoffe

Andreas Stache

2.5.1.1 Einleitung

Radioaktivität in Baustoffen steht im Allgemeinen nicht im Fokus der Öffentlichkeit, obwohl sie stets mehr oder weniger stark vorhanden ist. In anderen Zusammenhängen, wie z. B. in der Diskussion um Kernkraftwerke, werden Radioaktivität und ihre Folgen sehr viel intensiver wahrgenommen.

Die Menschheit ist schon immer von Radioaktivität umgeben, die Entdeckung und physikalische Beschreibung erfolgte jedoch erst Ende des 19. Jahrhunderts. Nach der Entdeckung strahlender Substanzen (Uran, Thorium, Polonium und Radium) schlugen Pierre und Marie Curie 1898 zum ersten Mal den Begriff „radioaktive Substanz“ vor. Bald nach der Entdeckung der radioaktiven Strahlung war klar, dass die radioaktive Strahlung nicht aus nur einer Art Strahlung bestehen konnte. Die Bezeichnung der verschiedenen Strahlungsarten als Alpha-(α-), Beta-(β-) und Gamma-(γ-)Strahlung geht auf Ernest Rutherford zurück und ist bis heute erhalten geblieben.

Heute wird unter Radioaktivität die Eigenschaft instabiler Atomkerne verstanden, sich unter Abgabe von Energie spontan in andere Nuklide (Atomkerne anderer Zusammensetzung) umzuwandeln. Die frei werdende Energie wird in Form einer charakteristischen Strahlung, der Alpha-, Beta- oder Gamma-Strahlung, ausgesandt. Alpha-Strahlung besteht aus freigesetzten, positiv geladenen Heliumkernen (2 Protonen und 2 Neutronen). Beta-Strahlung besteht aus Elektronen oder Positronen (positiv geladenes Elektron [Antielektron]), die beim Zerfallsprozess im Atomkern entstehen. Gamma-Strahlung ist eine hochenergetische Strahlung in Form von elektromagnetischen Wellen.

Radioaktive Strahlung ist so energiereich, dass sie die atomare Struktur von Stoffen beim Durchdringen verändert. Sie kann Elektronen (negativ geladene Teilchen) aus der Atomhülle herausschlagen, sodass die verbleibenden Atome oder Moleküle elektrisch positiv geladen sind, also zu Ionen werden. Die von radioaktiven Stoffen ausgehende Strahlung wird deshalb ebenso wie die Röntgenstrahlung auch als ionisierende Strahlung bezeichnet.

In diesem Beitrag kann nur ein kurzer Anriss des Themas erfolgen. Ein besonderer Fokus wird seiner Bedeutung entsprechend dabei auf dem radioaktiven Gas Radon liegen.

2.5.1.2 Begriffe

Im Folgenden werden für das Verständnis der in diesem Kapitel behandelten Thematik der Radioaktivität wichtige Begriffe kurz erläutert:

Aktivität: Geschwindigkeit, mit der instabile Nuklide zerfallen; Einheit: Bequerel (Bq)

Alpha-Strahlung: beim radioaktiven Zerfall ausgesandte zweifach positiv geladene Teilchen, bestehend aus 2 Protonen und 2 Neutronen (Heliumkern), die bereits durch ein Blatt Papier absorbiert werden; biologisch relevant bei Inkorporation

Äquivalentdosis: vom Körper durch ionisierende Strahlung aufgenommene Energiedosis bei Berücksichtigung ihrer biologischen Wirksamkeit durch einen Strahlungswichtungsfaktor; Einheit: Sievert (Sv)

Bequerel: Einheit für die Anzahl der Atomkerne, die pro Sekunde zerfallen – die Aktivität –, als Maß für die Radioaktivität eines Stoffes (frühere Einheit: Curie), Zeichen: Bq, 1 Bq = 1 Zerfall pro Sekunde

Beta-Strahlung: beim radioaktiven Zerfall ausgesandte Elektronen oder Positronen, die schon durch geringe Materialschichtdicken (z. B. 1 bis 2 cm starker Kunststoff oder 1 cm starkes Aluminium) absorbiert werden

Gamma-Strahlung: von Atomkernen ausgesandte hochenergetische, durchdringende elektromagnetische Strahlung, die nur durch Materialien hoher Dichte wie z. B. Blei geschwächt werden kann

Nuklide: durch ihre jeweilige Anzahl an Protonen und Neutronen unterschiedene Atomkerne; Nuklide desselben Elements haben die gleiche Protonen-, aber eine unterschiedliche Neutronenzahl

Ortsdosis: Äquivalentdosis für Weichteilgewebe, gemessen an einem bestimmten geografischen Ort

Personendosis: Äquivalentdosis für Weichteilgewebe, gemessen an einer für die Strahlenexposition repräsentativen Stelle der Körperoberfläche

Radionuklid: instabiler, bei seinem Zerfall radioaktive Strahlung aussendender Atomkern

Röntgenstrahlung: elektromagnetische Strahlung, die durch Abbremsung von Elektronen oder schweren geladenen Teilchen entsteht

Sievert: Einheit der Äquivalentdosis, gemessen in Joule pro Kilogramm, Zeichen: Sv, 1 Sv = 1 J/kg

Weitere Begriffe werden im Glossar der deutschen Übersetzung der Empfehlungen der Internationalen Strahlenschutzkommission ICRP (International Commission on Radiological Protection) erklärt (siehe Valentin, 2007).

2.5.1.3 Vorkommen radioaktiver Stoffe

Radioaktive Stoffe und damit verbundene ionisierende Strahlung entstehen nicht nur auf der Erde, ionisierende Strahlung kommt auch als kosmische Strahlung (Höhenstrahlung) aus dem Weltraum. In den oberen Schichten der Erdatmosphäre können durch die kosmische Strahlung neue radioaktive Stoffe wie Kohlenstoff-14 (C-14) oder Tritium (H-3) entstehen. Die Intensität der kosmischen Strahlung ist von der Höhe des Aufenthaltsorts über dem Meeresspiegel abhängig, mit steigender Höhe wächst auch die Strahlenbelastung.

Die radioaktiven Stoffe auf der Erde können natürlichen oder künstlichen Ursprungs sein. Es existieren ca. 60 natürliche Radionuklide. Ferner sind bisher ca. 1.500 Radionuklide in Kernreaktoren künstlich erzeugt worden.

Gesteine und Erden und damit auch die daraus hergestellten Baustoffe enthalten seit ihrer Entstehung natürliche radioaktive Stoffe und geben damit radioaktive Strahlung ab. Besonders zu berücksichtigen ist, dass das radioaktive Edelgas Radon (Rn) weltweit im Boden entsteht und über die Bodenluft durch Undichtigkeiten in Gebäuden in Innenräume eindringen kann. Die Radonfreisetzung aus Baustoffen dagegen spielt in der Regel nur eine untergeordnete Rolle. In der Umwelt haben außerdem Kernwaffentests und Reaktorunfälle Spuren in Form radioaktiver Stoffe hinterlassen. In der Medizin spielt energiereiche Strahlung bei vielen Untersuchungsverfahren eine Rolle und wird auch zur Behandlung von Krebs und einigen anderen Erkrankungen eingesetzt.

Materialien, die natürlich vorkommende Radionuklide enthalten, werden international als Natural Occuring Radioactive Material (NORM) bezeichnet. Wenn diese durch technische Prozesse angereichert werden, wird von Technologically Enhanced Natural Occuring Radioactive Material (TENORM) gesprochen. TENORM fallen vor allem bei der Gewinnung, Verhüttung und Aufarbeitung von Erzen, Erdgas oder Erdöl sowie bei der Herstellung von Metallen und speziellen Legierungen an. Die entstehenden Rückstände wie z. B. Nebengestein, Asche oder Schlacke werden je nach Strahlenintensität als Wertstoff für weitere Produkte genutzt oder müssen als Abfälle entsorgt werden.

2.5.1.4 Gesundheitsrisiken

Risiken durch radioaktive Strahlung

Der Ausgangspunkt der gesundheitlichen Auswirkungen von Radioaktivität ist die Ionisation, da ionisierte Atome oder Moleküle nicht mehr chemisch stabil sind und Folgereaktionen ausgelöst werden. Neben der Ionisation sind auch schon Anregungszustände der betroffenen Atome, wenn z. B. ein Elektron auf ein höheres Energieniveau gebracht wird, relevant. In Organismen werden dadurch die komplizierten Reaktionsabläufe in den betroffen Zellen gestört. Es sind direkte und indirekte Effekte zu unterscheiden, die etwa zu gleichen Teilen an der Strahlenwirkung beteiligt sind. Bei der direkten Wirkung erfolgt die Energieabsorption im empfindlichen biologischen Molekül selbst. Bei der indirekten Wirkung erfolgen Energieabsorption und biologische Wirkungen in verschiedenen Molekülen, nachdem durch die ionisierende Strahlung Radikale (stark reaktionsfreudige Moleküle) entstanden sind (Herrmann/Baumann, 1997).

Nach dem Ausmaß des Schadens, der durch die ionisierende Strahlung verursacht wird, lassen sich verschiedene Stufen der Schädigung unterscheiden. Zunächst wird durch das Immunsystem versucht, die Schäden zu reparieren, wie es auch bei der Abwehr von Krankheiten der Fall ist. Diese zusätzliche Belastung schwächt das Immunsystem. Wenn eine Zelle nicht mehr repariert werden kann und die Zelle nicht mehr in der vorgesehenen Weise mit anderen funktioniert, kann es zu einer Fehlfunktion kommen, die zu einer unkontrollierten Teilung und Vermehrung dieser geschädigten Zelle auf Kosten der anderen führt. Dies kann im Laufe mehrerer Jahre zu einer strahlenbedingten Krebserkrankung führen. Krebs muss zwar nicht zwangsläufig entstehen, die Wahrscheinlichkeit steigt jedoch mit der Strahlendosis, wie auch das Gesamtrisiko mit der Gesamtdosis steigt. Eine weitere Wirkung ionisierender Strahlung ist die Erbgutveränderung, auch genetische Strahlenwirkung genannt. Sehr hohe Strahlendosen innerhalb kurzer Zeit führen dazu, dass der Körper als Ganzes nicht mehr funktioniert, da keine Reparatur der Schäden durchgeführt werden kann. Symptome sind Mattigkeit, Übelkeit, Erbrechen, Haarausfall, Geschwüre, innere und äußere Blutungen bis zum qualvollen Tod.

In der Empfehlung der Internationalen Strahlenschutzkommission von 2007 (Valentin, 2007) wird von einer linearen Dosis-Wirkung-Beziehung auch bei niedrigen Dosen ausgegangen, da die Vielzahl der epidemiologischen Studien und Beobachtungen eine lineare Dosis-Wirkung-Beziehung ohne Schwellenwert zeigt (LNT-Hypothese: linear no-threshold hypothesis). Dies impliziert, dass keinerlei Wirkung nur bei der Dosis null gegeben ist; es könnte also ein einziger radioaktiver Zerfall eine Krebserkrankung auslösen. Eine Verringerung der Dosis senkt hierfür lediglich die Wahrscheinlichkeit; eine absolut unschädliche Strahlendosis gibt es also nicht.

Allerdings ist zu bedenken, dass es auf der Erde keinen Ort mit der Dosis null gibt und dass Menschen viele Dinge freiwillig tun, wie z. B einen Flug in den Urlaub, der auch eine zusätzliche Dosis Höhenstrahlung bedeutet. Auch am Beispiel der Medizin zeigt sich, dass ein möglicher Schaden durch die zusätzliche Strahlenbelastung medizinischer Diagnostik immer gegen den Nutzen abgewogen werden muss. Wie in der Medizin sind in allen Bereichen Nutzen und Risiken abzuwägen. Aus den Ergebnissen resultieren entsprechende Grenz- und Richtwerte (siehe hierzu Kapitel 2.5.1.6).

Gesundheitsrisiken durch Radon

Die gesundheitliche Gefährdung durch das Gas Radon ist vor allem auf die kurzlebigen Zerfallsprodukte des Radons – Polonium-218 (Po-218), Wismut-214 (Bi-214), Blei-214 (Pb-214) und Polonium-214 (Po-214) – zurückzuführen, die sich an Aerosole und Staubpartikel binden, nach dem Einatmen im Bereich der Atemwege abgelagert werden und dort dann zerfallen. Die jüngsten Studien zu Radon in Gebäuden zeigen übereinstimmend ein erhöhtes Lungenkrebsrisiko. In Deutschland sind etwa 2.000 Lungenkrebssterbefälle pro Jahr auf Radon in Wohnungen zurückzuführen (Menzler et al., 2006).

2.5.1.5 Radionuklide in Baustoffen

In Steinen und Erden, die als Baustoffe verwendet werden, sind insbesondere die Radionuklide aus den radioaktiven Zerfallsreihen von Uran-238 (U-238) und Thorium-232 (Th-232) sowie das Kalium-40 (K-40) zu berücksichtigen. Eine Strahlenexposition beim Aufenthalt in Gebäuden ist auf die von außen auf den Körper wirkende Gamma-Strahlung sowie auf das inhalierte Radon und seine Zerfallsprodukte zurückzuführen.

Der Mittelwert der durch die natürlichen Radionuklide in den Baustoffen bedingten sogenannten Gamma-Ortsdosisleistung (ODL) in Gebäuden beträgt rund 80 Nanosievert pro Stunde (nSv/h); Werte der ODL über 200 nSv/h sind selten (vgl. Natürliche Radionuklide in Baumaterialien, 2005; in dieser Veröffentlichung des Bundesamtes für Strahlenschutz [BfS] sind für zahlreiche Baustoffe die gemessenen Aktivitäten angegeben). Da die Aktivitäten je nach Herkunft des Materials sehr große Schwankungen aufweisen, ist der gewünschte Baustoff jeweils auf seine spezifische Aktivität zu untersuchen, wenn auf eine besonders niedrige Strahlenbelastung Wert gelegt wird.

2.5.1.6 Bewertung

Bewertung von Radioaktivität in Baustoffen

Die Bewertung der Radioaktivität in Baustoffen erfolgt oft mit der sogenannten Leningrader Summenformel. Danach ergibt sich die Bewertungszahl B nach folgender Formel:

$$B = R/370 + T/259 + K/4.810$$

mit

- K spezifische Aktivität von Kalium-40
- R spezifische Aktivität von Radium-226
- T spezifische Aktivität von Thorium-232

Die gemessenen Aktivitäten dieser 3 Nuklide werden mit einem Gewichtungsfaktor, der die bekannte relative Schädlichkeit berücksichtigt, multipliziert und die Werte anschließend addiert. Ein Wert von ungefähr 1 bedeutet eine zusätzliche Strahlendosis von ca. 1,5 mSv pro Jahr, wenn das Gebäude überwiegend aus diesem Baustoff besteht. Baustoffe mit einem Wert über 1 sollten aus strahlenbiologischen Gesichtspunkten nicht verwendet werden. Die Festlegung dieses Schwellenwerts ist allerdings rein willkürlich und nicht wissenschaftlich begründbar. Wenn Gebäude nach baubiologischen Grundsätzen bzw. unter Vorsorgegesichtspunkten errichtet werden sollen, ist ein Unterschreiten des Wertes 0,5 bei der Summenformel zu fordern. Solche Kriterien sollten auch für Schulen, Kindergärten und ähnliche Gebäude gelten, denn der Bemessungswert 1 wird von fast allen mineralischen Baustoffen erfüllt; erst der Wert 0,5 erfordert eine tatsächliche Auswahl. Die Einhaltung dieser Vorgabe bedingt eine Überprüfung der jeweiligen Charge des verwendeten Baustoffs. Hierzu wird mindestens 1 kg repräsentatives Material benötigt, um die spezifische Aktivität der 3 genannten Radionuklide bestimmen zu können. Diese Untersuchungen werden von verschiedenen Messstellen durchgeführt; eine Übersicht hat die Thüringer Landesanstalt für Umwelt und Geologie veröffentlicht (vgl. Radon-Messstellen).

Die spezifischen Aktivitäten der hauptsächlich vorkommenden Radionuklide sind je nach Material und auch innerhalb einer Materialart sehr unterschiedlich. Bei den Natursteinen weisen vor allem die sauren Tiefengesteine (z. B. Granit) sowie die Eruptivgesteine Tuff und Bims die höchsten Konzentrationen an Radionukliden auf. Kiese und Sande zeigen dagegen relativ niedrige Werte. Die Baustoffindustrie verwendet zum Teil auch Rückstände aus industriellen Verarbeitungsprozessen (z. B. Filteraschen, Schlacken, Abraum), in denen die natürlichen radioaktiven Stoffe angereichert sind (TENORM). Diese müssen bei der Verwendung als Sekundärrohstoff den Anforderungen der Anlage XII der „Verordnung über den Schutz vor Schäden durch ionisierende Strahlen“ (Strahlenschutzverordnung – StrlSchV) vom 20. Juli 2001 genügen. Damit wird gewährleistet, dass der Richtwert der effektiven Jahresdosis von 1 mSv pro Person nicht überschritten wird. Im

Gebäudebestand können aber durchaus Produkte vorhanden sein, die diesen Anforderungen nicht entsprechen.

Da sowohl von NORM als auch von TENORM ein gesundheitliches Risiko für den Menschen ausgehen kann, sind in Teil 3 der Strahlenschutzverordnung Regelungen zum Schutz der Bevölkerung vor Strahlung aus diesen Rückständen getroffen. Was als überwachungsbedürftiger Rückstand einzustufen ist, ist in Anlage XII der Strahlenschutzverordnung geregelt. Es muss sichergestellt sein, dass der Richtwert der effektiven Dosis von 1 mSv pro Person und Jahr nicht überschritten wird.

Bewertung von Radonkonzentrationen

Die mittlere Radonaktivitätskonzentration (hier kurz „Radonkonzentration") in den obersten Bodenschichten sowie in der Luft unmittelbar über dem Erdboden hängt vom geologischen Untergrund ab. Im Freien beträgt die Radonkonzentration zwischen 8 und 30 Bq/m^3 (Kreuzer/Jung, 2008). Die jeweils tatsächlich vorhandene Radonkonzentration ist dagegen noch von vielen anderen Randbedingungen wie der Jahreszeit und weiteren klimatischen Parametern abhängig. Die Radonkonzentrationen in der Bodenluft in der Bundesrepublik Deutschland zeigt die Übersichtskarte in Abb. 2.67 (Deutschland-Karte der Radonaktivitätskonzentration in der Bodenluft, 2007).

Die Übersichtskarte in Abb. 2.67 gibt Hinweise, in welchen Regionen mit erhöhten Radonkonzentrationen in der Raumluft zu rechnen ist. Die Karte ist für Planungszwecke erstellt, die Datenbasis reicht nicht für detaillierte Aussagen über kleinräumige Gebiete oder für Prognosen der Belastung von Einzelhäusem (siehe hierzu Kemski et al., 1999, S. 133). In Gebieten mit weniger als 20 kBq/m^3 in der Bodenluft sind erhöhte Radonkonzentrationen in der Raumluft in der Regel nicht zu erwarten. Die durchschnittliche Radonkonzentration in deutschen Wohnungen beträgt etwa 50 Bq/m^3, wobei jedoch in ca. 7 % der Wohnungen mit Radonkonzentrationen über 100 Bq/m^3 und in etwa 0,07 % mit über 1.000 Bq/m^3 zu rechnen ist. Es muss jedoch immer im Einzelfall untersucht werden, ob erhöhte Radonkonzentrationen in Gebäuden vorhanden sind.

In Deutschland gilt offiziell eine Radonkonzentration von 250 Bq/m^3 für Alt- und Neubauten als tolerabel (vgl. Bochicchio/McLaughling/Piermattei, 1995; Updating and revision of the air quality guidelines for Europe, 1996). Nach neueren Erkenntnissen wurde vom Bundesamt für Strahlenschutz in Zusammenarbeit mit dem Bundesumweltministerium ein Konzept für Strahlenschutzmaßnahmen zur Verminderung der Strahlenexposition durch Radon entwickelt, das ab einer Radonkonzentration von 100 Bq/m^3 Sanierungsmaßnahmen bei bestehenden Gebäuden vorsieht. Neubauten sollten so geplant werden, dass in den Aufenthaltsräumen Radonkonzentrationen von mehr als 100 Bq/m^3 vermieden werden. Dieses Konzept war mit den genannten Richtwerten in dem vom Bundesministerium für Umwelt, Naturschutz und Reaktorsicherheit vorgelegten Entwurf eines Radonschutzgesetzes vom 22. März 2005 enthalten (vgl. Radonschutzgesetz [Entwurf]). Das Gesetz wurde allerdings nicht verabschiedet. Der Richtwert von 100 Bq/m^3 existiert deshalb weiterhin ohne gesetzliche Verbindlichkeit.

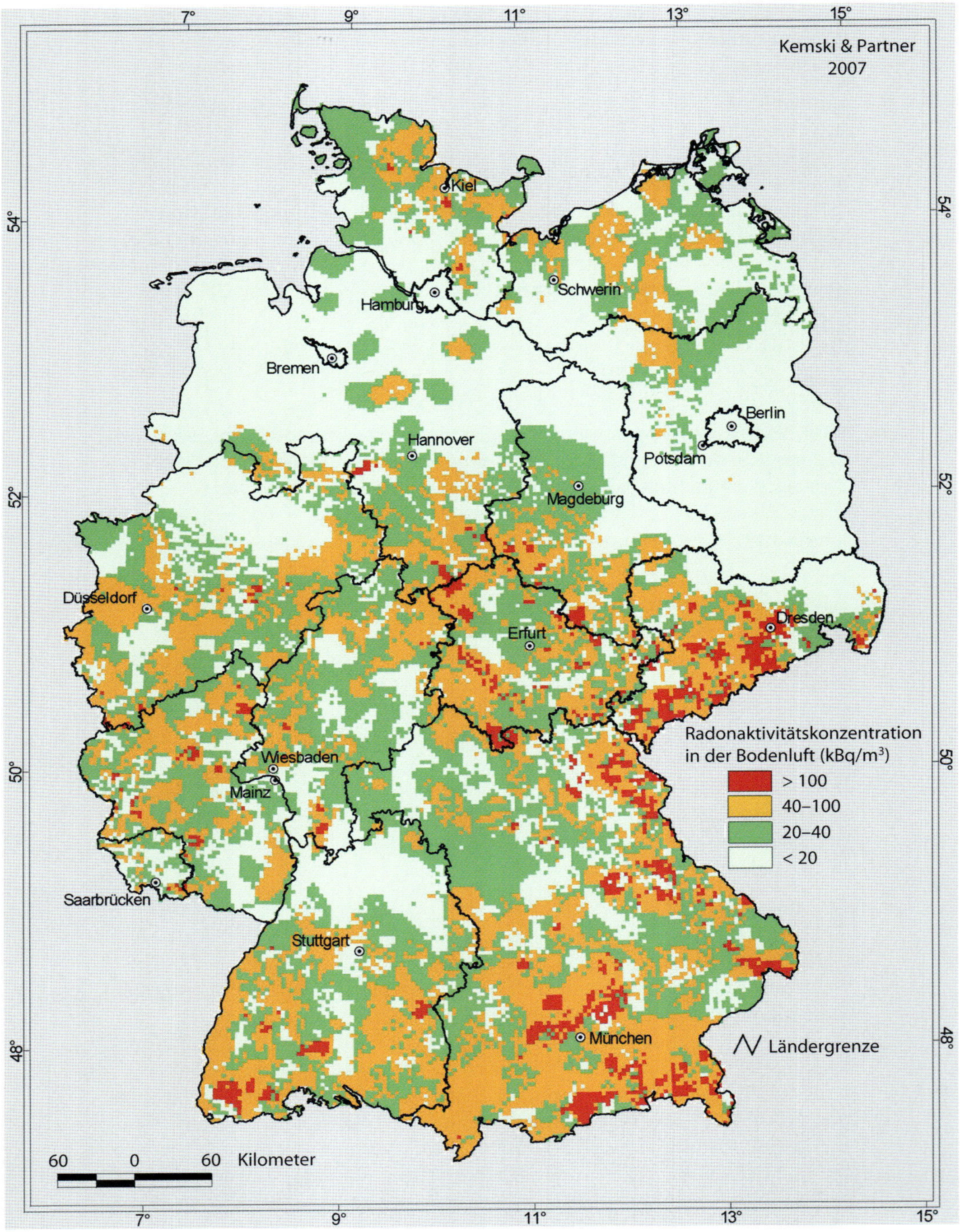

Abb. 2.67: Radonkonzentrationen in der Bodenluft in der Bundesrepublik Deutschland (Quelle: Kemski & Partner – Beratende Geologen, Bonn, www.radon-info.de)

Überprüfungen der Radonkonzentration finden in der Regel mittels passiver Messverfahren statt (vgl. DIN 25706-1 „Passive Radonmessung – Teil 1: Kernspurmeßverfahren“ [1994] und DIN 25706-2 „Passive Radonmessung – Teil 2: Aktivkohlemeßverfahren“ [1994]). Zur Lokalisierung von Undichtigkeiten in der Gebäudesubstanz können aktive Messverfahren eingesetzt werden.

2.5.1.7 Minderung und Vermeidung von Radonbelastungen

Wenn in einem Gebäude erhöhte Radonkonzentrationen auftreten, sind die Radonquellen im Untergrund meist natürlicher Art, die Konzentrationen in Innenräumen jedoch konstruktionsbedingt. Eine Erhöhung der Radonkonzentration in Innenräumen kann auch durch eine nachträgliche Gebäudeinstandsetzung verursacht sein, hier ist insbesondere die energetische Sanierung zu nennen. Wenn bestehende Gebäude besser gedämmt und Fenster ausgetauscht werden, verringert sich der natürliche Luftwechsel und bedingt dadurch eine Erhöhung der Radonkonzentration.

Grundlage jeder Radonsanierung in bestehenden Gebäuden ist eine Messung der tatsächlichen Radonkonzentration im Gebäude. Anhand dieser Ergebnisse werden Empfehlungen für bauliche Maßnahmen abgeleitet (Tabelle 2.58).

Tabelle 2.58: Empfehlungen baulicher Maßnahmen in Abhängigkeit von der Radonkonzentration (nach Radon-Handbuch Deutschland, 2001)

Radonkonzentration (Bq/m^3)	empfohlene bauliche Maßnahmen
< 100	keine Maßnahmen erforderlich
100 bis 400	einfache Maßnahmen (Heimwerkeraufwand)
400 bis 1.000	mittlere Maßnahmen (begleitend bei Instandsetzungen)
≥ 1.000	aufwendige Maßnahmen (Erstellung eines Sanierungskonzepts durch einen Fachmann erforderlich)

Bei Neubauten sollte die Radonkonzentration in Innenräumen unter 100 Bq/m^3 liegen.

Folgende Eintrittsstellen für Radon kommen bei Gebäuden im Bestand in Betracht (vgl. Radon-Handbuch Deutschland, 2001):

- Risse und Fugen in Böden und Wänden
- Durchführungen von Kabeln, Leitungen und Leerrohren
- Abwasserrohre
- Bodenschächte und Kontrollöffnungen
- Lichtschächte und andere Schächte an Wänden im erdberührten Bereich
- Kamine
- Keller mit Naturböden, Kies, Bruchstein, lose verlegten Ziegeln oder anderen lose verlegten Materialien
- durchlässige Konstruktionen (z. B. Holzbalkendecken, Tonhohlkörperdecken, Deckenplatten)

Mit relativ geringen Kosten (wenige 1.000 €) lassen sich bei der Sanierung von Altbauten schon hervorragende Ergebnisse erzielen. Bei Neubauten kann mit zusätzlichen Kosten von ca. 20 € pro überbauten Quadratmeter gerechnet werden.

Zur Sanierung stehen nur begrenzte Maßnahmen zur Verfügung. Prinzipiell darf nur wenig Radon in ein Gebäude eintreten, sodass insbesondere die erdberührten Gebäudeumschließungsbauteile gasdicht ausgeführt bzw. nachträglich abgedichtet werden müssen. Das ins Gebäude eingedrungene Radon muss durch eine verstärkte Gebäudebelüftung wieder abgeführt werden. Ausführliche Informationen für die Bundesrepublik Deutschland gibt das Radon-Handbuch Deutschland, 2001, für die Schweiz das Radonhandbuch Schweiz, 2000.

2.5.2 Elektrische, magnetische und elektromagnetische Felder

Martin Schauer

2.5.2.1 Vorbemerkung

Während die Veränderungen im Bereich der Innenraumschadstoffe vor allem die Folge der Entwicklung der Baustoff- und Bautechnik sind, spielt für das physikalische Umfeld die exzessive Nutzung elektro- und informationstechnischer Anwendungen die wesentliche Rolle. Wo elektrischer Strom fließt, wo elektrische Spannungen bestehen, wirken physikalische Kräfte, die auch biologische Funktionsabläufe im Menschen beeinflussen können. Ob diese Wirkungen schädlich für die menschliche Gesundheit sind, wird immer noch kontrovers diskutiert. In der Baubiologie haben dennoch längst Überlegungen eingesetzt, wie im Wohn- und Schlafumfeld die Feldkräfte aus Strom und Spannung (vielfach als „Elektrosmog" bezeichnet) auf ein möglichst geringes Maß reduziert werden können.

Physikalische Feldkräfte zu messen, zu bewerten und aus den Ergebnissen fachlich korrekte und unter Umständen kostenintensive Reduzierungsmaßnahmen abzuleiten, bedarf einer soliden Grundausbildung sowie Erfahrung und Fortbildung in Spezialgebieten; zudem ist ein aufwendiges Messequipment erforderlich.

2.5.2.2 Geschichte

Die Erfindung der Glühlampe vor ca. 140 Jahren steht am Beginn der Elektrifizierung unserer Wohn- und Arbeitswelt. Bis etwa 1870 bestand das elektromagnetische Umfeld aus dem Erdmagnetfeld, einem natürlichen elektrischen Gleichfeld, sogenannten Schumannresonanzen (benannt nach ihrem Entdecker), die sich durch Blitzaktivitäten zwischen Erde und Ionosphäre ausbreiten, sowie Mikropulsationsfrequenzen durch Blitze (Becker, 1993; vgl. Abb. 2.68 sowie zum heutigen elektromagnetischen Umfeld Abb. 2.69). Nach 1870 wurden Kraftwerke gebaut, Kabel und Leitungen über Land und in die Straßen bis hin zu den Glühlampen in den Gebäuden verlegt. Beleuchtung, erzeugt mit elektrischer Energie, war die erste Massenanwendung. Es dauerte allerdings bis in die 1950er- und 1960er-Jahre, bis praktisch alle Gebäude in unseren Breiten eine Elektroinstallation erhalten hatten. Dies bedeutet für eine Bewertung unter dem Gesichtspunkt möglicher negativer Einflüsse physikalischer Feldkräfte auf die Gesundheit der Menschen, dass eine umfassende elektrotechnische Anwendung erst seit ca. 50 Jahren besteht. War die Nutzung elektrischer Energie in Gebäuden vielen Menschen zunächst suspekt, so ist heute die anfängliche Zurückhaltung verflogen und elektrische Geräte in Form von Heizdecken werden sogar mit ins Bett genommen.

Neben der Nutzung elektrischer Energie entwickelte sich auch die elektrotechnische Nachrichtentechnik rasant. Bereits um ca. 1900 gelang die erste drahtlose Nachrichtenübermittlung über den Atlantik. Bis in die 1980er- und 1990er-Jahre waren jedoch Funksendeanlagen noch in geringerer Zahl über das Land verteilt. Ultrakurzwellen-(UKW-)Radio- und -Fernsehsendeanlagen versorgten z. B. ein Gebiet mit einem Radius von ca. 70 km. Hinzu kamen Behördenfunk, Hobbyfunker, Lang-, Mittel- und Kurzwellensender. Seit

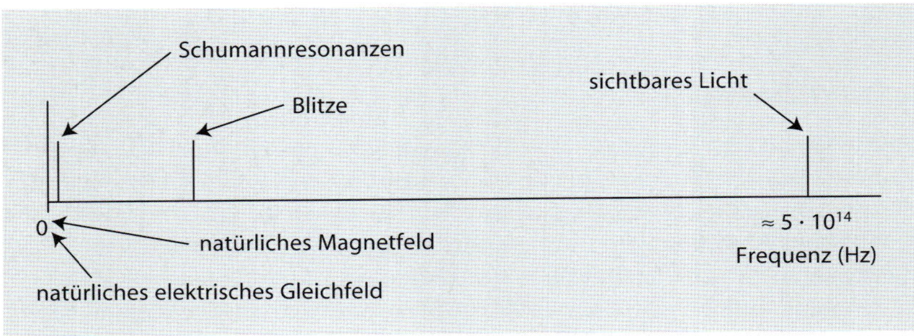

Abb. 2.68: Natürliches elektromagnetisches Umfeld vor 1870

Abb. 2.69: Elektromagnetisches Umfeld heute (rot: künstlich erzeugte Felder)

den 1990er-Jahren jedoch sind Sendeanlagen massenhaft in die Wohngebiete bzw. in die Geschäfts- und Wohngebäude eingezogen. Mobilfunksendeanlagen versorgen in Deutschland bereits über 80 Millionen Mobiltelefone und auch innerhalb der Gebäude wird heute überwiegend drahtlos telefoniert, werden Daten übertragen. Die Untersuchung der biologischen Auswirkungen dieser Massentechniken bezieht sich auf eine erst knapp 20 Jahre alte Praxis.

2.5.2.3 Feldkräfte

Als die bedeutendsten Feldkräfte in unserer Umgebung können

- die Schwerkraft,
- das elektrische Feld und
- das magnetische Feld

angesehen werden.

Die Schwerkraft übt Kraftwirkungen auf die Masse von Körpern aus, elektrische und magnetische Kräfte wirken auf die elektrische Ladung von Objekten (Schauer/Virnich, 2005). Zu unterscheiden sind Felder auch nach ihrem Zeitverhalten, also ihrer Frequenz:

- Gleichfelder ändern sich zeitlich nicht.
- Niederfrequente Wechselfelder verändern sich langsam.
- Hochfrequente Wechselfelder (Wellen) verändern sich schnell.

Nach ihrer Frequenz können elektrotechnische Anwendungen in Deutschland wie in Tabelle 2.59 dargestellt eingeteilt werden.

Tabelle 2.59: Frequenzen und elektrotechnische Anwendungen elektromagnetischer Felder

Frequenz (Hz)	Bereich	Beispiele elektrotechnischer Anwendungen
0	Gleichfeld	Straßenbahn
16,7	Niederfrequenz	Eisenbahnstromversorgung
50	Niederfrequenz	elektrische Energieversorgung
300 bis 3.400	Niederfrequenz	Tonübertragungsfrequenzbereich des Telefons
20 bis 20.000	Niederfrequenz	Hi-Fi-Tonübertragung (entspricht dem Hörbereich des Menschen)
30.000 bis 300.000	Hochfrequenz	Langwellenrundfunk, Funkuhr
300.000 bis 3.000.000	Hochfrequenz	Mittelwellenrundfunk
3.000.000 bis 30.000.000	Hochfrequenz	Kurzwellenrundfunk
30.000.000 bis ca. 10.000.000.000	Hochfrequenz	UKW-Radio- und -Fernsehrundfunk, Mobilfunk (GSM 900 [D-Netz], GSM 1800 [E-Netz], UMTS), drahtlose Datenübertragung (WLAN), Radar

In diesem Beitrag werden nur die elektrischen und magnetischen Wechselfelder (Niederfrequenz) sowie die elektromagnetischen Wellen (Hochfrequenz) behandelt. Es sei jedoch darauf hingewiesen, dass das Umfeld des Menschen im Sinne einer ganzheitlichen Betrachtung auch auf die Elektro- und Magnetostatik, auf Licht, Radioaktivität, Schall usw. hin zu beurteilen ist.

Niederfrequente elektrische Wechselfelder (EWF)

Was sind elektrische Wechselfelder?

Niederfrequente elektrische Wechselfelder in Innenräumen werden entweder durch die Elektroinstallation in Wänden, Decken und Fußböden sowie durch die angeschlossenen Elektrogeräte oder durch Freileitungsanlagen im Außenbereich verursacht. In unseren Energieversorgungssystemen wird der N-Leiter (Nullleiter, Neutralleiter) am Transformator des Energieversorgers geerdet. Daher baut sich ausgehend von den Außenleitern (Phasenleitern) der Stromkabel, die auf dem Potenzial 230 V liegen, gegenüber allen leitfähigen Objekten, die etwa auf dem Potenzial 0 (Potenzial der Erde) liegen, ein elektrisches Wechselfeld auf. Als leitfähige Objekte können z. B. geerdete Heizkörper, Wände, Decken, über die Elektroinstallation geerdete Geräte (Kühlschränke, Bügeleisen usw.), aber auch Personen angesehen werden, die sich in elektrisch gutem Kontakt zur Erde befinden. Innenräume sind von einem Gewirr von Kraftlinien durchzogen, die ausgehend von den in den Wänden, Decken und Fußböden verlegten Elektroleitungen sowie von den in den Räumen genutzten Geräten und deren Anschlussleitungen zu den auf Erdpotenzial liegenden leitfähigen Objekten führen. Es reicht das „Anste-

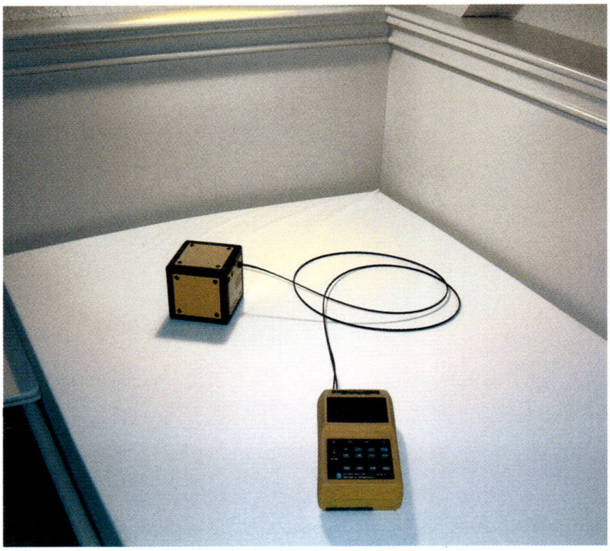

Abb. 2.70: Potenzialfreies Messgerät für elektrische Felder: Würfelsonde, die über einen Lichtwellenleiter mit der Auswerteeinheit verbunden ist

hen" der elektrischen Versorgungsspannung bis zu den Schaltern und Steckdosen aus, damit niederfrequente elektrische Wechselfelder sich in den (Wohn-)Raum ausbreiten. Der Betrieb von Geräten (und damit das Fließen des elektrischen Stromes) ist hierfür nicht notwendig.

EWF-Messverfahren

Um die Immissionen durch niederfrequente elektrische Wechselfelder an einem Ort (z. B. an einem Schlafplatz) zu erfassen, eignet sich nur das dreidimensional arbeitende potenzialfreie Messverfahren. Hierbei wird über eine Würfelsonde mit 3 rechtwinklig zueinander angeordneten Plattenpaaren das ungestörte elektrische Feld korrekt erfasst und über einen Lichtwellenleiter der Auswerteeinheit zugeführt (Abb. 2.70). Dieses Messverfahren wurde erst 1995 entwickelt, daher wurden und werden in der Baubiologie behelfsmäßig noch andere Verfahren wie die Körperspannungsmessung sowie die erdpotenzialbezogene Feldstärkemessung eingesetzt, die jedoch das zu messende Ursprungsfeld durch das eingebrachte Potenzial verändern und damit zu nicht korrekten Messwerten führen.

Details des Messverfahrens werden in den Richtlinien des Berufsverbands Deutscher Baubiologen VDB e. V. beschrieben (Berufsverband Deutscher Baubiologen, 2004).

Niederfrequente magnetische Wechselfelder (MWF)

Was sind magnetische Wechselfelder?

Im Gegensatz zu elektrischen Wechselfeldern, die durch elektrische Spannungen entstehen, werden magnetische Wechselfelder durch den fließenden elektrischen Strom verursacht. Die Kraftlinien bilden geschlossene Kreise um den elektrischen Leiter, durch den gerade ein elektrischer Strom fließt. Die „Reichweite" von Strom führenden Leitern hängt von deren Konstrukti-

Abb. 2.71: 3-D-Messspule zur Messung magnetischer Felder (hier geöffnet; Quelle: Norda Test Solutions)

on ab. Einzelleiter, bei denen sich der zugehörige Rückleiter in großer Entfernung befindet, haben die größte Reichweite. Hier gilt, dass mit Verdopplung des Abstands zum Stromleiter die magnetische Flussdichte auf die Hälfte abnimmt. Zweileiter, bei denen sich Hin- und Rückleiter dicht nebeneinander befinden (z. B. Elektroleitungen in den Wänden, Geräteanschlussleitungen usw.), haben ein „günstigeres" Verhalten. Hier nimmt die Flussdichte im Quadrat der Entfernung ab; d. h., bei Verdopplung des Abstands reduzieren sich die Feldkräfte bereits auf ein Viertel.

Als Einzelleiter können Potenzialausgleichsleiter (z. B. die Erdung von Metallrohren im Haus), Heizungs- und Wasserrohre genannt werden, über die systembedingt – oft handelt es sich um alte Elektroanlagen – sogenannte vagabundierende Ströme fließen. Aber auch elektrische Fußbodenheizungen, bei denen ein Einzelleiter über die Fläche mäandriert, oder Seilsysteme für Halogenlicht und Freileitungen, bei denen große Abstände zwischen Hin- und Rückleiter liegen, emittieren relativ starke Magnetfelder. Sehr starke Magnetfelder verursachen auch Geräte mit integriertem Transformator, z. B. Radiowecker, im nahen Umfeld (ca. 2 m).

MWF-Messverfahren

Für die Messung von niederfrequenten Magnetfeldern stehen dreidimensionale Feldmessgeräte zur Verfügung (Abb. 2.71), die oft auch über die Möglichkeit der Frequenzselektion verfügen. Wichtig ist dies insbesondere zur Unterscheidung von Magnetfeldern, die durch den Betrieb der elektrischen Bahnen (16,7 Hz) oder durch unsere elektrische Energieversorgung (50 Hz) entstehen.

Immissionsmessungen z. B. an Schlafplätzen sollten immer als Langzeitaufzeichnung über mindestens 24 Stunden durchgeführt werden. Einzelfälle zeigen, dass z. B. durch den Betrieb von Nachtspeicheröfen die Immissionen nachts stärker sind als am Tag.

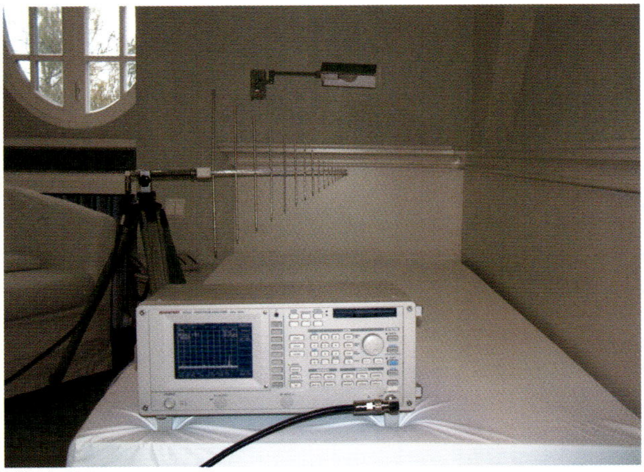

Abb. 2.72: Spektrumanalyser und spezielle Antenne zur Messung hochfrequenter elektromagnetischer Wellen

Hochfrequente elektromagnetische Wellen (HF)

Was sind elektromagnetische Wellen?

Hochfrequente Wellen werden in der Regel zur Nachrichtenübermittlung eingesetzt. Die elektromagnetische Welle wird von einer Sendeantenne emittiert und setzt sich im Luftraum fort, bis sie von einer Empfangsantenne wieder „eingefangen" wird. Über ein Antennenkabel wird dann das Nachrichtensignal einem Empfangsgerät (z. B. Radio, Fernseher) zugeführt. Besonders starke Sendeanlagen werden im Bereich der Lang- und Mittelwelle eingesetzt, da hier ein sehr großer Bereich versorgt werden muss. Die Sendeleistungen können hier bis 2 MW betragen. UKW-Radio- und -Fernsehsender arbeiten in der Regel mit Sendeleistungen bis ca. 300 kW. Die Sendeleistung von Mobilfunksendeanlagen beträgt maximal 50 W. Hier ist jedoch zu berücksichtigen, dass sich diese Sendeanlagen flächendeckend auch in Wohngebieten, zum Teil in sehr geringer Entfernung zu Gebäuden, befinden. Entscheidend ist aber, welche hochfrequenten Immissionen in einem Innenraum vorliegen, denn neben den Sendeanlagen im Außenbereich ist zu berücksichtigen, dass heute in großer Zahl Sendeanlagen auch in Innenräumen betrieben werden: Schnurlostelefone, Mobiltelefone, drahtlose Computerdatenübertragungssysteme (WLAN, Bluetooth) befinden sich in unmittelbarer Nähe zu Personen und sorgen daher trotz geringer Sendeleistungen für beachtliche Immissionen.

HF-Messverfahren

Elektromagnetische Wellen werden mit dem sogenannten Spektrumanalyser und geeigneten Messantennen erfasst (Abb. 2.72). Der Spektrumanalyser erlaubt es, einzelne Funkdienste getrennt voneinander zu messen; dies ist für die spätere Bewertung von Bedeutung. Je nach Frequenzbereich müssen unterschiedliche Messantennen am Spektrumanalyser angeschlossen werden. Moderne aktive Antennen können auch größere Frequenzbereiche erfassen.

2.5.2.4 Gesundheitsrisiken

Gesundheitliche Risiken bzw. Gefährdungen durch elektrische, magnetische und elektromagnetische Felder (EMF-Felder) werden noch sehr kontrovers diskutiert. Im Gegensatz zu den Gefährdungen durch Schimmelpilze und Innenraumschadstoffe, die mittlerweile von einer breiten Mehrheit der Wissenschaftler in großer Übereinstimmung bewertet werden, ist die Haltung im Bereich der EMF-Felder noch sehr uneinheitlich. Für den Bürger ergibt sich auf der einen Seite die Situation eines sich ständig ausweitenden Betriebes elektrotechnischer Geräte und Anlagen, während Betreiber bzw. Politiker mit der grundsätzlichen Ungefährlichkeit oder dem Unterschreiten von Grenzwerten argumentieren. Auf der anderen Seite berichten Medien über Betroffene und Elektrosensible mit Beschwerden, die durch Belastungen entstanden seien, die weit unter den Grenzwerten lägen.

Wissenschaftliche Untersuchungen

Erste öffentliche Diskussionen über gesundheitliche Wirkungen von EMF-Feldern wurden durch die epidemiologischen Studien von Wertheimer und Leeper über den Zusammenhang zwischen dem Aufenthalt in der Nähe von Hochspannungsleitungen und dem gehäuften Auftreten von Leukämie bei Kindern bzw. von Krebs bei Erwachsenen im US-Bundesstaat Colorado ausgelöst (vgl. Wertheimer/Leeper, 1979, 1982). Einen Zusammenhang zwischen Fehlgeburten und magnetischen Wechselfeldern (in diesem Fall Magnetfeldspitzenwerte) zeigten 2 Studien im US-Bundesstaat Kalifornien im Jahr 2000 (vgl. Oberfeld, 2005). Andere Untersuchungen beschäftigen sich mit dem Auftreten von Leukämie bei Kindern, aber auch mit statistisch signifikanten Effekten auf Calciumbindungen im Hirngewebe von Ratten oder mit der Erzeugung von Chromosomenschäden (vgl. Oberfeld, 2005). Daneben gibt es allerdings auch viele Studien, in denen die hier dargestellten Zusammenhänge zwischen Exposition und gesundheitlichen Folgen nicht hergestellt werden konnten.

Subjektive Aussagen von Menschen aus dem Bereich von Mobilfunksendeanlagen

Im Zusammenhang mit der Installation von Mobilfunksendeanlagen werden von Betroffenen immer wieder verschiedene unspezifische Symptome genannt. Sie reichen von Müdigkeit, Schlaflosigkeit, Reizbarkeit und Kopfschmerzen über Wahrnehmungsstörungen, depressive Stimmungen und Konzentrationsschwierigkeiten bis zu Schwindelgefühlen und Gedächtnisverlust. Bei Kindern wird über ein Absinken der schulischen Leistungen, Hyperaktivität sowie Bettnässen und starkes Schwitzen berichtet.

Physikalische Wirkungen auf den Menschen

EMF-Felder sind Kraftfelder, die Kräfte auf Ladungsträger ausüben. Die Kräfte der Influenz und der Induktion können Ströme im menschlichen Körper verursachen. Zellen, Gewebe und Organe in unserem Körper verständigen sich über chemische Botenstoffe und über elektromagnetische Signale. Diese können z. B. mit dem EKG (Elektrokardiogramm zur Registrierung von Aktivitäten der Herzmuskelfasern) und dem EEG (Elektroenzephalogramm zur Ableitung von elektrischen Potenzialen als Folge der Aktivität des Gehirns) dargestellt werden.

Die Störung des vegetativen und zentralen Nervensystems, des Hormonhaushalts, der Chromosomen und der Zellen ist aus physikalischer Sicht möglich.

2.5.2.5 Bewertung

Die Kriterien zur Bewertung von EMF-Feldern können eingeteilt werden in

- amtlich festgesetzte, verbindliche Grenzwerte sowie
- nicht amtliche Grenzwertempfehlungen im Sinne einer Gesundheitsvorsorge.

Amtliche Grenzwerte wurden in der Regel anhand wissenschaftlicher Untersuchungen zu akuten Reiz- und Wärmewirkungen (thermische Wirkungen) der Felder festgelegt. Bei der Festlegung wurden keine biologischen Effekte auf die nach elektrischen bzw. elektrochemischen Prinzipien arbeitenden Steuerungs- und Regelungssysteme des menschlichen Organismus wie Nervensystem, Gehirn, Hormon- oder Immunsystem (sogenannte athermische Effekte), die bereits bei wesentlich niedrigeren Feldstärken auftreten, berücksichtigt (vgl. Berufsverband Deutscher Baubiologen, 2004). So stellte die Weltgesundheitsorganisation (WHO), Regionalbüro für Europa, in einer Informationsbroschüre für kommunale Behörden fest: *„Keine Normungsbehörde hat Expositionsrichtlinien mit dem Ziel erlassen, vor langfristigen gesundheitlichen Auswirkungen, wie einem möglichen Krebsrisiko, zu schützen.“* (Elektromagnetische Felder, 1999, S. 9) Dies bedeutet, dass alle amtlich festgelegten Grenzwerte nur auf das Kurzzeitrisiko abgestimmt sind; das Langzeitrisiko wird in diesen Grenzwerten nicht berücksichtigt.

Diese Lücke versuchen nicht amtliche Grenzwertempfehlungen zu schließen, die sowohl das Langzeitrisiko berücksichtigen als auch den Umstand einbeziehen, dass das gesundheitliche Risiko durch elektrische und magnetische Feldkräfte nicht hinreichend geklärt ist. Daher werden die nicht amtlichen Grenzwertempfehlungen auch im Sinne einer Gesundheitsvorsorge ausgesprochen.

Im Folgenden sind nach Erläuterungen zu den verschiedenen Quellen der Grenzwerte jeweils für niederfrequente elektrische Wechselfelder (Tabelle 2.60), niederfrequente magnetische Wechselfelder (Tabelle 2.61) und hochfrequente elektromagnetische Wellen (Tabelle 2.62) amtliche und nicht amtliche Grenzwerte zusammengestellt.

Eine besondere Problematik bei niederfrequenten elektrischen und magnetischen Feldern liegt darin, dass die **„Sechsundzwanzigste Verordnung zur Durchführung des Bundes-Immissionsschutzgesetzes“** (Verordnung über elektromagnetische Felder – 26. BImSchV) vom 16. Dezember 1996 u. a. nur für Freileitungen, Erdkabel, Bahnstromfern- und Bahnstromüberleitungen und Elektroumspannanlagen ab einer Spannung von 1.000 V gilt (vgl. Tabelle 2.60 und 2.61). Dies bedeutet, dass diese Regelungen auf die meisten Wohngebäude nicht anwendbar sind, da Emissionen der Haushaltsgeräte und Elektroinstallationen durch die Verordnung nicht erfasst sind. Für hochfrequente elektromagnetische Wellen sieht die 26. BImSchV Grenzwerte vor, die um den Faktor 10^4 bis 10^8 über den nicht amtlichen Grenzwerten liegen (vgl. Tabelle 2.62).

Der **TCO-Standard** für Computerbildschirme, Faxgeräte usw. der schwedischen Tjänstemännens Centralorganisation (Zentralorganisation der Angestellten und Beamten) ist keine verbindliche Norm. Trotzdem hat sich dieses Umweltlabel, das u. a. auch die Emissionen von elektrischen und magnetischen Wechselfeldern berücksichtigt, aber weltweit durchgesetzt (vgl. Tabelle 2.60 und 2.61).

Der **NCRP** (National Council on Radiation Protection and Measurements: Nationaler Rat für Strahlenschutz), ein Beratungsgremium der US-Regierung, forderte nach einer der wohl umfassendsten Studien in den USA eine schrittweise Reduzierung der Immissionswerte (Tabelle 2.60 und 2.61).

Der **baubiologische Standard** SBM (Standard der baubiologischen Messtechnik) – mit den aktuellen Grenzwertempfehlungen **SBM-2008** – schlägt für den Schlafplatz Vorsorgewerte vor, die sich an der Natur orientieren (vgl. Tabelle 2.60 bis 2.62).

Die **Schweizer „Verordnung über den Schutz vor nichtionisierender Strahlung (NISV)"** vom 23. Dezember 1999 hat für Orte mit empfindlicher Nutzung (OMEN) wie z. B. Wohnräume, Schulzimmer, Krankenhäuser oder Altersheime besondere Anlagengrenzwerte festgelegt (vgl. Tabelle 2.61 und 2.62). Sie liegen bei magnetischen Wechselfeldern 100-mal niedriger und bei Mobilfunksendeanlagen ca. 10-mal niedriger als die Immissionsgrenzwerte der 26. BImSchV. Der Schweizer Bundesrat wollte mit diesem Erlass im Sinne des Vorsorgeprinzips der Umweltgesetzgebung den Umstand berücksichtigen, dass die Wissenschaft diverse biologische Auswirkungen unterhalb der Immissionsgrenzwerte sowie Langzeitwirkungen noch nicht beurteilen kann.

Die Abteilung **STOA** (Science and Technology Options Assessment: Bewertung wissenschaftlicher und technologischer Optionen) bei der Generaldirektion Wissenschaft des Europäischen Parlaments, Direktion A, Abteilung Industrie, Forschung, Energie und Umwelt, bildet einen integralen Bestandteil der offiziellen Tätigkeit des EU-Parlaments. Ihre Aufgabe ist es, den Mitgliedern des EU-Parlaments aktuelle, qualitativ hochwertige und unabhängige Bewertungen wissenschaftlicher und technischer Art zur Verfügung zu stellen. STOA empfiehlt für Mobilfunkbasisstationen einen Richtwert von 100 $\mu W/m^2$ (vgl. Tabelle 2.62). Begründung: *„Im Falle der Belastung durch SM-Strahlung [Mobilfunknetze; d. Verf.] können die Intensitäten auf ein Niveau reduziert werden, unterhalb dem empirisch in belasteten Bevölkerungsgruppen keine schädlichen Auswirkungen gefunden wurden."* (STOA: Die physiologischen und umweltrelevanten Auswirkungen nicht ionisierender elektromagnetischer Strahlung, 2001, S. 2) In dem Bericht wird insbesondere darauf hingewiesen, dass es Hinweise auf nicht thermische Schwellenwerte für biologische Effekte in der Größenordnung von einigen $\mu W/cm^2$ gebe (1 $\mu W/cm^2$ = 10.000 $\mu W/m^2$).

Das **Land Salzburg** (Österreich) empfiehlt seit 2002 sehr geringe Richtwerte für die Emission von Mobilfunksendeanlagen (vgl. Tabelle 2.62). Der Outdoorwert legt die maximalen Emissionen der Mobilfunksendeanlagen für den Betreiber fest, während der Indoorwert eine mögliche Gebäudedämpfung der hochfrequenten Wellen von 90 % berücksichtigt.

Tabelle 2.60: Niederfrequente elektrische Wechselfelder: amtliche Grenzwerte und nicht amtliche Grenzwertempfehlungen

Quelle der Grenzwerte bzw. Empfehlungen	Grenzwert (V/m)	Bemerkungen
26. BImSchV[1)]	5.000	gültig für ortsfeste Elektroanlagen über 1.000 V
TCO[2)]	10	5–2.000 Hz
NCRP[3)]	10	–
SBM-2008[4)]	< 0,3	baubiologischer Richtwert für Schlafplätze

1) „Sechsundzwanzigste Verordnung zur Durchführung des Bundes-Immissionsschutzgesetzes" (Verordnung über elektromagnetische Felder – 26. BImSchV) vom 16. Dezember 1996
2) Standard for TCO'03 Displays requirements
3) NCRP Scientific Committee 89-3, 1995
4) Baubiologie Maes/Institut für Baubiologie + Ökologie Neubeuern IBN, 2008

Tabelle 2.61: Niederfrequente magnetische Wechselfelder: amtliche Grenzwerte und nicht amtliche Grenzwertempfehlungen

Quelle der Grenzwerte bzw. Empfehlungen	Grenzwert (µT)	Bemerkungen
26. BImSchV[1)]	100	gültig für ortsfeste Elektroanlagen über 1.000 V
NISV[2)]	1,0	Anlagengrenzwert für Hochspannungsleitungen, Transformatoren usw.
TCO[3)]	0,2	5–2.000 Hz
NCRP[4)]	0,2	–
SBM-2008[5)]	< 0,02	baubiologischer Richtwert für Schlafplätze

µT Mikrotesla (Tesla: Einheit der magnetischen Flussdichte)

1) „Sechsundzwanzigste Verordnung zur Durchführung des Bundes-Immissionsschutzgesetzes" (Verordnung über elektromagnetische Felder – 26. BImSchV) vom 16. Dezember 1996
2) „Verordnung über den Schutz vor nichtionisierender Strahlung (NISV)" vom 23. Dezember 1999 [Schweiz]
3) Standard for TCO'03 Displays requirements
4) NCRP Scientific Committee 89-3, 1995
5) Baubiologie Maes/Institut für Baubiologie + Ökologie Neubeuern IBN, 2008

Tabelle 2.62: Hochfrequente elektromagnetische Wellen: amtliche Grenzwerte und nicht amtliche Grenzwertempfehlungen

Quelle der Grenzwerte bzw. Empfehlungen	Grenzwert (µW/m²)	Bemerkungen
26. BImSchV[1]	4.500.000	Mobilfunk (GSM 900 [D-Netz])
	9.000.000	Mobilfunk (GSM 1800 [E-Netz])
	10.000.000	Mobilfunk (UMTS)
NISV[2]	42.440	Mobilfunk (GSM 900 [D-Netz])
	95.491	Mobilfunk (GSM 1800 [E-Netz])
	95.491	Mobilfunk (UMTS)
STOA[3]	100	Richtwert für Mobilfunkbasisstationen
Land Salzburg[4]	10	außerhalb von Gebäuden
	1	innerhalb von Gebäuden
SBM-2008[5]	< 0,1	baubiologischer Richtwert für Schlafplätze

1) „Sechsundzwanzigste Verordnung zur Durchführung des Bundes-Immissionsschutzgesetzes" (Verordnung über elektromagnetische Felder – 26. BImSchV) vom 16. Dezember 1996
2) „Verordnung über den Schutz vor nichtionisierender Strahlung (NISV)" vom 23. Dezember 1999 [Schweiz]
3) STOA: Die physiologischen und umweltrelevanten Auswirkungen nicht ionisierender elektromagnetischer Strahlung, 2001
4) Oberfeld, 2007, S. 20
5) Baubiologie Maes/Institut für Baubiologie + Ökologie Neubeuern IBN, 2008

Insgesamt ist festzustellen, dass amtlich festgelegte Werte erheblich über den nicht amtlichen Grenzwertempfehlungen liegen. Dies liegt an den unterschiedlichen Zielen der jeweiligen Festlegungen: Während bei den amtlichen Grenzwerten eher die Legalisierung einer Technik bzw. das Kriterium, wie hoch ein Mensch maximal belastbar ist, im Vordergrund steht, ist es bei den nicht amtlichen Grenzwertempfehlungen die Frage, wie eine Technik bei möglichst niedrigen Emissionen genutzt werden kann.

2.5.2.6 Maßnahmen bei Neubauten und Sanierung bei Altbauten

Beurteilungen im Prozess einer baubiologischen Begutachtung orientieren sich in der Regel an möglichst niedrigen empfohlenen Grenzwerten. Einen einheitlichen Wert für alle denkbaren Situationen gibt es nicht. Persönliche Umstände wie Gesundheitszustand, Vorerkrankungen, Alter, Dauer einer Belastung, Schlaf- oder Wachzustand spielen bei der Beurteilung der Umwelteinflüsse durch elektrische, magnetische und elektromagnetische Felder eine wichtige Rolle. Ob eine Sanierung bzw. Minimierung von Immissionen tatsächlich durchgeführt wird, entscheidet letztlich der Auftraggeber bzw. sein Budget.

Alle hier aufgeführten Maßnahmen sollten von Fachleuten, die über Spezialkenntnisse, hochwertige Messgeräte, Erfahrungen mit Reduzierungsmaß-

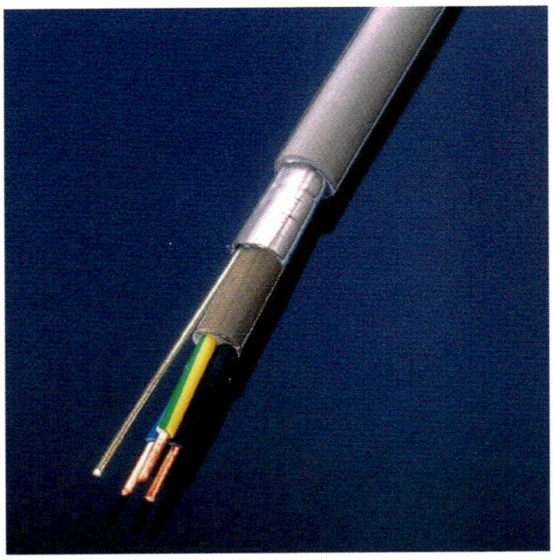

Abb. 2.73: Geschirmte Mantelleitung (Quelle: DANELL)

Abb. 2.74: Geschirmte Unterputzdose (Quelle: DANELL)

nahmen und über Kenntnisse des Personen- und Sachschutzes in Elektroanlagen verfügen, geplant und begleitet werden.

Reduzierung niederfrequenter elektrischer Wechselfelder

Ziel einer baubiologischen Sanierung ist es, eine möglichst geringe elektrische Feldstärke an Schlafplätzen und Daueraufenthaltsplätzen zu erreichen.

Bevor eine Maßnahme bei Neubauten bzw. eine Sanierung bei bestehenden Gebäuden durchgeführt wird, ist zu klären, ob sich die Reduzierungsmaßnahme zeitlich unbegrenzt oder z. B. nur nachts auswirken soll. Großflächige geerdete Abschirmungen wirken sich zeitlich unbegrenzt aus, Netzabkoppler (auch Netzfreischalter genannt) wirken sich nur im abgekoppelten Zustand, in der Regel nachts, aus.

Für Neubauten stehen heute geschirmte Mantelleitungen und Elektrodosen zur Verfügung (Abb. 2.73 und 2.74). Zur Reduzierung von EWF eignen sich auch metallische und geerdete Verlegesysteme wie Leitungs- und Brüstungskanäle, Fußbodenkanäle und Kabelpritschen.

Eine weitere Möglichkeit, EWF bei Neubauten und auch in der Sanierung zu reduzieren, ist die Ausstattung von Innenwandflächen mit großflächigen geerdeten Abschirmungen. Bei geeigneter Auswahl der Abschirmprodukte kann diese Maßnahme auch mit der Minimierung hochfrequenter Einstrahlung, z. B. durch Mobilfunk, kombiniert werden. Die elektrischen Leitungen befinden sich hinter den Abschirmflächen, sodass sich die EWF nicht in den Wohnraum ausbreiten können. Berücksichtigt werden müssen hier auch die Boden- und Deckenflächen. Vorteil dieser Maßnahme ist, dass wie bei der geschirmten Elektroinstallation eine zeitlich unbegrenzte Abschirmung erfolgt (im Gegensatz zu Netzabkopplern). Daher ist diese Maßnahme insbesondere bei Mehrfamilienhäusern und Reihenhäusern vorteilhaft.

Ist ein Gebäude und die Elektroanlage bereits vorhanden, sollte geprüft werden, ob jene Anlagenteile, die zu Immissionen an einem bestimmten Ort (z. B. Schlafplatz) beitragen, vom Netz getrennt werden. Dies ist durch Messungen zu ermitteln. Es reicht nicht aus, nur den Stromkreis „Schlafzimmer“

vom Netz abzukoppeln, damit sich eine immissionsarme Situation einstellt; viele Netzabkoppler, die bereits installiert sind, verfügen nicht über die zugesicherten Eigenschaften. Neben dem Netzabkoppler stehen einige weitere technische Möglichkeiten, wie z. B. Funkmanagement und Gebäudesystemtechnik, zur Verfügung.

Schließlich gibt es heute eine Fülle von „Geräten nach der Steckdose", die in geschirmter Ausführung angeboten werden. Geräteanschlussleitungen, Steckdosenleisten, Nachttischleuchten, Büroarbeitsleuchten sowie Verlängerungsleitungen in geschirmter Ausführung können sowohl am Schlafplatz und im Wohnbereich als auch am Computerarbeitsplatz eingesetzt werden.

Reduzierung niederfrequenter magnetischer Wechselfelder

Werden bei bestehenden Gebäuden auffällige Immissionen durch MWF festgestellt, muss zunächst die genaue Ursache ermittelt werden, z. B. durch Frequenzselektion bzw. Abschaltungen oder durch Strommessungen. MWF-Immissionen können auch durch vagabundierende Ströme bei Altinstallationen entstehen. Hier ist mit der Elektrofachkraft und dem Betreiber zu prüfen, ob das System auf eine emissionsfreundlichere Anlage umgestellt werden kann (vgl. Schauer, 2006).

Da sich MWF nicht so einfach wie EWF abschirmen lassen, sind schaltungstechnische Maßnahmen oder die Abstandsbildung immer zu bevorzugen.

Reduzierung hochfrequenter elektromagnetischer Wellen

Aus baubiologischer Sicht gilt es, die Strahlungsdichte in Innenräumen, insbesondere an Schlafplätzen, zu minimieren. Soweit wie möglich wird daher vom Betrieb von Sendeanlagen in Innenräumen abgeraten und die Nutzung kabelgebundener Systeme empfohlen.

HF-Wellen können mit großflächigen Abschirmungen erheblich reduziert werden. Die Industrie bietet heute eine Fülle von Produkten mit unterschiedlichen Einsatzzwecken – für innen oder außen, als Putz, Gewebe, Tapete, Farbe usw. – an. Die Produkte haben unterschiedliche Dämpfungseigenschaften (vgl. hierzu Schauer/Virnich, 2005), die in Bezug auf die zu planende Maßnahme zu berücksichtigen sind. Der Erfolg der Maßnahme hängt jedoch nicht nur vom eingesetzten Material ab, sondern im Wesentlichen auch von der Detailausführung bei Übergängen von Bauteilen (Wand–Decke, Wand–Fußboden, Wand–Fensterleibung, Dachschräge–Wand usw.). Auch bei Fenstern und Türen gibt es im Hinblick auf die Ausführung der Rahmen Unterschiede, wenngleich eine Wärmeschutzverglasung selbst bereits eine hervorragende hochfrequente Dämpfung bewirkt.

Als weitere HF-abschirmende Maßnahmen kommen infrage:

- großflächige Abschirmungen auf der Außenhaut des Gebäudes (Außenabschirmung)
- großflächige Abschirmungen auf Flächen, die den Innenraum umgeben (Innenabschirmung)
- Kombinationen aus Außen- und Innenabschirmungen

Soll nur auf der Außenhaut eines Gebäudes eine abschirmende Fläche aufgebracht werden, so ist dies meist relativ kostengünstig mit einem Gewebe im Putz realisierbar. Die Kosten hierfür halten sich insbesondere bei Außendämmungen auch deshalb in Grenzen, weil anstelle des üblicherweise verwendeten Armierungsgewebes jetzt ein Produkt zum Einsatz kommt, das zusätzlich eine HF-abschirmende Funktion besitzt.

Wir bereits angesprochen, ist es möglich, die EWF- und HF-abschirmenden Eigenschaften zu kombinieren. Wird bei einer Innenabschirmung ein Produkt verwendet, das sowohl EWF als auch HF minimieren kann, entfallen die Kosten für eine abschirmende Elektroinstallation.

Interessant ist in vielen Fällen auch die Kombination aus Außen- und Innenabschirmung. So kann im Außenbereich ein relativ preisgünstiges Produkt eingesetzt werden, auch wenn es nicht die höchsten Ansprüche im Hinblick auf die dämpfenden Eigenschaften erfüllt. Dieser „Basisschutz" für das gesamte Gebäude lässt sich dann aber mit Innenabschirmungen ergänzen, die für bestimmte Räume wie Schlaf- und Wohnräume vorgesehen werden. Damit ist für diese Räume sowohl ein guter Hochfrequenzschutz, bestehend aus 2 Abschirmmaßnahmen, als auch eine EWF-Reduzierung gegeben.

2.6 Sonstige Beeinträchtigungen: Sick-Building-Syndrom und „Fogging“

2.6.1 Sick-Building-Syndrom (SBS)

Wolfgang Bischof, Gerhard Andreas Wiesmüller

2.6.1.1 Einleitung

Das Sick-Building-Syndrom (SBS) – ein Begriff, den die Weltgesundheitsorganisation (WHO) 1983 für innenraumassoziierte Befindlichkeitsstörungen prägte (vgl. Indoor air pollution – Exposure and health effects, 1983) – wird seit Mitte der 1970er-Jahre weltweit zunehmend an nicht industriellen Arbeitsplätzen beobachtet. Hierbei handelt es sich nicht um ein klar definiertes Krankheitsbild einzelner Personen, sondern um eine wissenschaftlich begründete standardisierte Klassifikation betroffener Gruppen.

Zu den Hauptsymptomen zählen Reizungen der Schleimhäute von Auge, Nase und/oder Rachen, Irritationen der Haut und Beschwerden im Bereich des zentralen und/oder vegetativen Nervensystems. Als mögliche Ursachen des SBS werden physikalische, chemische, biologische, psychosoziale und personengebundene Einflussfaktoren diskutiert, ohne dass bisher eine eindeutige Ursache ermittelt werden konnte (siehe Kapitel 2.6.1.4). Es wird von einem multifaktoriellen Geschehen ausgegangen, bei dem das gleichzeitige Auftreten verschiedener Einflüsse über diverse Kombinationswirkungen zur Ausbildung des Syndroms führt. Von einem **Syndrom** wird gesprochen, wenn es bei gleichem Krankheitsbild keine bestimmbaren oder unterschiedliche Ursachen gibt, während bei einer **Erkrankung** die Ursache und der biologische Krankheitsprozess bekannt sind (Gross/Löffler, 1997).

Aufgrund der fehlenden verbindlichen Definition sowie fehlender repräsentativer epidemiologischer Studien liegen bisher keine zuverlässigen Zahlen zur Häufigkeit des SBS vor. Dennoch zeigen die vorliegenden Studien einen nicht unbedeutenden durch Produktivitätsverlust verursachten volkswirtschaftlichen Schaden auf. Einen wesentlichen Kenntnisgewinn über das SBS erbrachte die deutsche ProKlimA-Studie (Projekt Klima und Arbeit), die durch eine umfassende arbeitsplatzbezogene Expositionserhebung die Bewertung von Umweltfaktoren in Innenräumen im SBS-Kontext ermöglichte (siehe Kapitel 2.6.1.5). Strategien für den Umgang mit dem SBS wurden basierend auf internationalen Erfahrungen entwickelt. Spezifische Untersuchungsmethoden für einen objektiven Nachweis SBS-assoziierter Beschwerden liegen zurzeit nicht vor oder sind nicht routinemäßig einsetzbar (detailliertere Informationen bei Bischof/Wiesmüller, 2005; Bischof/Wiesmüller, Sick Building Syndrome [SBS], 2007; Bischof/Wiesmüller, Das Sick Building Syndrome [SBS] und die Ergebnisse der ProKlimA-Studie, 2007).

2.6.1.2 Begriffsbestimmung

Nach internationaler Konvention wird dann von Sick-Building-Syndrom gesprochen, wenn Nutzer eines Gebäudes über Befindlichkeitsstörungen klagen, die überwiegend die Augen, die oberen und unteren Atemwege, die Haut und das zentrale Nervensystem betreffen. Auf dieser Grundlage wurden international zahlreiche „Definitionen“ vorgeschlagen, die eigentlich wissenschaftlich begründete standardisierte Klassifikationen sind (vgl. Bischof/Wiesmüller, 2005; Bischof/Wiesmüller, Sick Building Syndrome [SBS], 2007;

Bischof/Wiesmüller, Das Sick Building Syndrome [SBS] und die Ergebnisse der ProKlimA-Studie, 2007). Am weitesten verbreitet und am häufigsten eingesetzt ist die folgende SBS-Klassifikation, nach der die meistgenannten Beschwerden von Nutzern eines SBS-verdächtigen Gebäudes zu 5 Kategorien gehören (nach Mølhave, 1989):

- Reizung von Augen, Nase und/oder Rachen
- Hautreizung
- nervensystemassoziierte Symptome
- unspezifische Überempfindlichkeit
- Geruchs- und Geschmackswahrnehmungen

Hauptbeschwerden sind die Reizungen von Augen, Nase und/oder Rachen.

Systemische Symptome, wie z. B. Magenbeschwerden, werden dabei nur selten beobachtet. Es besteht kein einfacher Zusammenhang zwischen den Beschwerden und der Exposition oder der Empfindlichkeit der Gebäudenutzer.

Der Prozentsatz der betroffenen Personen ist so groß, dass er den in jeder Bevölkerungsgruppe vorhandenen Anteil an medizinisch oder biologisch besonders Empfindlichen deutlich übersteigt. Es liegt eine „normale“ Reaktion des Menschen auf „unnormale“ Verhältnisse vor.

Anzahl der Beschwerden sowie Schweregrad und zeitlicher Verlauf der Symptomatik sind für die Erfüllung der Klassifikationskriterien nicht festgelegt (Hedge, 1995). Eine eindeutige Zuordnung von Symptomen zum SBS gibt es bisher nicht, jedoch zeigt sich ein wiederkehrendes Beschwerdemuster.

Das Sick-Building-Syndrom wird den gebäudebezogenen Gesundheitsstörungen zugeordnet, zu denen auch die Building-Related Complaints (BRC) oder Building-Related Symptoms (BRS) (Maroni/Levy, 1992) und die Building-Related Illness (BRI) (Seifert, 1991; Maroni/Levy, 1992) gehören. Wie das SBS sind BRC/BRS keine klar definierten Krankheitsbilder. Der Begriff SBS wurde bisher für unspezifische innenraumbezogene Gesundheitsprobleme von Personengruppen, der Begriff BRC/BRS für unspezifische innenraumbezogene Gesundheitsstörungen von Einzelpersonen verwendet. Eine solche Unterscheidung ist verwirrend und wird nicht mehr vorgenommen. Der Begriff SBS gilt somit für unspezifische innenraumbezogene Gesundheitsprobleme sowohl für Personengruppen als auch für Einzelpersonen in gewerblichen, öffentlichen und privaten Gebäuden.

Im Gegensatz zum SBS werden unter dem Begriff BRI klinisch klar definierte Krankheitsbilder (u. a. Befeuchterfieber, Legionellose, innenraumassoziierte Allergien z. B. gegenüber Hausstaubmilben oder Schimmelpilzen, innenraumassoziierte Krebserkrankungen wie z. B. das radonassoziierte Lungenkarzinom) zusammengefasst (Seifert, 1991; Maroni/Levy, 1992), für die Ursache, biologische Krankheitsprozesse, objektivierende Untersuchungsmethoden, Behandlungsmöglichkeiten, Vorbeugungsmaßnahmen und Prognose bekannt sind. Unglücklicherweise werden SBS, BRC/BRS und BRI im internationalen Schrifttum gelegentlich synonym gebraucht (Hedge, 1995), was zu einer erheblichen Begriffsverwirrung führt.

2.6.1.3 Beschwerdebild

Zum Beschwerdebild des SBS liegt reichhaltiges Datenmaterial aus zahlreichen großen internationalen Studien vor. Beispielhaft seien die folgenden Studien genannt:

- Deutschland
  - Gesundheits- und Befindlichkeitsstörungen in klimatisierten Gebäuden (Kröling, 1985, 1987, 1993)
  - ProKlimA-Projekt (Bullinger, 1996; Bischof et al., 1998, 2003)
- Großbritannien
  - The Office Environment Survey (Wilson/Hedge, 1987)
- Dänemark
  - The Danish Town Hall Study (Skov/Valbjørn, 1987, 1990)
- Schweden
  - The Office Illness Project of Northern Sweden (Sandström et al., 1990; Stenberg/Lönnberg/Wall, 1990; Stenberg et al., 1990; Sundell et al., 1990)
- Finnland
  - Helsinki Office Environment Study (Jaakkola et al., 1993; Jaakkola/Miettinen, 1995)

Bei Betrachtung dieser epidemiologischen Daten ist zu berücksichtigen, dass sie geografischen, kulturellen und zeitlichen Trends unterliegen und nicht ohne Weiteres auf andere Situationen übertragen werden können. Darüber hinaus wird bei der Datenerhebung nicht immer eine sinnvolle Differenzierung nach unterschiedlichen Gebäudetypen und Nutzergruppen vorgenommen und auch die Art der Fragenformulierung beeinflusst das Ergebnis (vgl. Mendell/Smith, 1990). In der internationalen Literatur werden allerdings dennoch Ergebnisse von SBS-Studien miteinander verglichen, die auf völlig unterschiedliche Art zustande gekommen sind. Für eine möglichst weitgehende Vergleichbarkeit müssen jedoch Kernfragen in den international eingesetzten Fragebögen übereinstimmen. Außerdem wäre eine einheitliche Vorgehensweise bei der Studiendurchführung vorteilhaft.

Trotz all dieser Vorbehalte kann aufgrund der Datenlage in der internationalen Literatur die folgende Kernsymptomatik des SBS bestimmt werden:

- Irritationen der Schleimhäute von Auge, Nase und/oder Rachen
- Irritationen der Haut
- Allgemeinsymptome oder mit dem zentralen Nervensystem assoziierte Beschwerden:
  - Müdigkeit
  - Schweregefühl im Kopf
  - Kopfschmerzen
  - Unwohlsein, Schwindelgefühl
  - Konzentrationsschwierigkeiten

Diese Kernsymptomatik des SBS findet sich auch in den meisten international eingesetzten Fragebögen zur SBS-Problematik.

Bei der Beurteilung und Bewertung von SBS-assoziierten Beschwerden muss berücksichtigt werden, dass eine gewisse Hintergrundhäufigkeit solcher Beschwerden auch in nicht SBS-betroffenen, sogenannten Healthy Buildings beobachtet werden kann. Dies zeigt z. B. die Untersuchung von Andersson/Stridh, 1992 (vgl. Tabelle 2.63).

Tabelle 2.63: Häufigkeit SBS-assoziierter Befindlichkeitsstörungen in 9 Healthy Buildings (7 Bürogebäude, 2 Schulen) in Schweden (modifiziert nach Andersson/Stridh, 1992)

Symptome	**Häufigkeit von Befindlichkeitsstörungen (Mittelwerte) (%)**	
	insgesamt	**arbeitsplatzbezogen**[1]
rasche Ermüdung	10	6
Schweregefühl im Kopf	5	4
Kopfschmerzen	5	4
Übelkeit, Schwindelgefühl	1	1
Konzentrationsschwierigkeiten	2	2
Jucken der Augen	6	5
Reizung der Nase	9	5
Heiserkeit, trockener Rachen	5	4
Husten	3	2
trockene Gesichtshaut	5	2
Schuppung der Kopfhaut oder der Haut im Bereich der Ohren	6	2
trockene Hände, Hautrötungen	4	2

1) Fragebogenangabe der befragten Personen, ob ihre Beschwerden ihrer Meinung nach durch ihr Arbeitsumfeld verursacht seien

Die gebäudeunabhängige Hintergrundhäufigkeit SBS-assoziierter Beschwerden in der Allgemeinbevölkerung belegen die Zahlen in Tabelle 2.64.

Tabelle 2.64: Gebäudeunabhängige Hintergrundhäufigkeit SBS-assoziierter Beschwerden in der dänischen und schwedischen Allgemeinbevölkerung (nach Lindvall, 1992)

Beschwerden	**Häufigkeit (%)**
Augenirritationen	11–16
Irritationen der Nase oder des Rachens	16–19
Müdigkeit	25–30
Kopfschmerzen	10–19

Nach Köhle, 1991, sind 20 bis 30 % aller Kranken der niedergelassenen Internisten Patienten mit funktionellen Syndromen. Von Uexküll, 1959, beobachtete, dass 68 % der untersuchten gesunden Personen über mindestens eine der folgenden Beschwerden klagten: Kopfschmerzen, Schwindelgefühle, Herzklopfen, Herzschmerzen, Schweißneigung, Zittern, innere Unruhe, Müdigkeit, Oberbauchbeschwerden. In einer systematischen epidemiologischen Untersuchung von 600 Mannheimer Bürgern im Alter von 25 bis 50 Jahren klagten 96 % über „psychogene“ Beeinträchtigungen in den vorausgegangenen 7 Tagen. Funktionelle Symptome (Kopfschmerzen, allgemeine innere Unruhe, Oberbauchbeschwerden, Schlafstörungen, Ermüdungserscheinungen) traten bei 48 % der Bürger auf (Schepank, 1987; Tress/Manz/Sollors-Mossler, 1990).

Diese Hintergrundhäufigkeit von Beschwerden, die den SBS-assoziierten Symptomen vergleichbar sind, liegt häufiger als angenommen über der Marge von 10 bis 20 %, deren Überschreiten Seifert, 1991, für das Erfüllen der Klassifikation SBS forderte. Eine derartige Beschwerdenmarge kann somit kein aussagekräftiges Kriterium für die SBS-Klassifikation sein. Wie bisherige Ergebnisse zeigen, existieren bezüglich der Häufigkeit SBS-assoziierter Beschwerden zwischen den Healthy Buildings und den Sick Buildings keine klaren Grenzen, sondern eher fließende Übergänge. Zudem fehlt Datenmaterial, aus dem die Hintergrundhäufigkeit potenziell Betroffener in ausreichender Qualität abgeschätzt werden könnte.

2.6.1.4 Risikofaktoren

Mit dem Auftreten eines SBS sind vielfältige gebäudebezogene, chemische, biologische, physikalische, personengebundene und psychosoziale Faktoren assoziiert (Henne/Neuhann/Winneke, 1993; Bischof et al., 1998; Kröling, 1998). Zurzeit wird angenommen, dass ein SBS als ein komplexes Geschehen zu verstehen ist, an dem verschiedene, vielleicht sogar alle zuvor genannten Faktoren einen derzeit nicht ausreichend sicher bestimmbaren Anteil haben.

Gebäudecharakteristika

Nach Angaben der WHO (Indoor air pollution – Exposure and health effects, 1983) weisen Gebäude, in denen über SBS-assoziierte Beschwerden geklagt wird, häufig die folgenden Eigenschaften auf:

- Leichtbauweise
- Isolierung (häufig keine zu öffnenden Fenster)
- raumlufttechnische Anlagen (RLT-Anlagen) für das gesamte Gebäude oder größere Gebäudebereiche
- RLT-Anlagen mit hohem Umluftanteil
- auf Wärme beruhende Unbehaglichkeit (thermischer Diskomfort)
- großflächige Textilauskleidung einschließlich textiler Fußbodenbeläge

Das Nationale Institut für Arbeitssicherheit und -gesundheit in den USA (NIOSH: National Institute of Occupational Safety and Health) ermittelte in insgesamt 529 Untersuchungen zur Beeinträchtigung der Gesundheit in Gebäuden als mögliche Ursache für eine SBS-assoziierte Symptomatik in ca. 50 % der Fälle eine ineffektive Lüftung und in ca. 30 % verstärkte Emissionen von Fremdstoffen aus chemischen und/oder biologischen Quellen innerhalb und/oder außerhalb der Gebäude (Seitz, 1990).

Innenraumklimatische Einflüsse

Chemische Faktoren

Chemische Faktoren, die das Wohlbefinden in Innenräumen beeinträchtigen können, sind z. B. Tabakrauch, Schwebstaub, Staubniederschlag, anorganische Gase (vor allem Kohlendioxid [CO_2], Kohlenmonoxid [CO], Stickstoffdioxid [NO_2], nur unwesentlich jedoch Schwefeldioxid [SO_2]), eine Vielzahl flüchtiger organischer Verbindungen (VOC: volatile organic compounds), Biozide und Schädlingsbekämpfungsmittel (vgl. Sick Building Syndrome, 1989; Norbäck, 1992; Sullivan Jr./van Ert/Krieger, 1992; Henne/Neuhann/Winneke, 1993; Petrovitch, 1996).

Die wahrscheinlich älteste Empfehlung zur Innenraumluft stammt von Max von Pettenkofer, 1858. Sie bezieht sich mit einer Grenzwertempfehlung von 0,1 Vol.-% auf den Gehalt der Raumluft an CO_2, das hauptsächlich durch die Atmung des Menschen produziert wird. Einige dänische Studien weisen auf einen Zusammenhang zwischen Staubbelastungen in Innenräumen und der Häufigkeit sowie der Art der Reinigung der Innenräume hin (Skov/Valbjørn, 1987; Kildesø/Schneider, 1996; Kildesø/Tornvig, 1996).

Im Zusammenhang mit dem SBS werden immer wieder die VOC als möglicher verursachender Faktor diskutiert. Zahlreiche Innenraumemittenten konnten ermittelt werden, wie z. B. Baumaterialien, Farben, Teppichböden, Mobiliar, Reinigungsmittel, Fotokopiergeräte, Laserdrucker, Druckertinten, Faserstifte und Klebstoffe (Lefsen, 1993; Plehn, 1994; Wolkoff, 1995, 1996; Andersen et al., 1996; Bornehag, 1996; Englund/Harderup, 1996; Englund et al., 1996; Han/Jing, 1996; Petrovitch, 1996; Qin et al., 1996; Roache et al., 1996; Salthammer, 1996; Salthammer/Fuhrmann, 1996; Tirkkonen et al., 1996; Wilkes et al., 1996; Wolkoff et al., Characterization of emissions from building products: Long-term chemical evaluation, 1996; Wolkoff et al., Characterization of emissions from building products: Short-term chemical and comfort evaluation after two years, 1996). Neben kaum überschaubaren Messungen einzelner Komponenten wird dem Summenparameter TVOC (total volatile organic compounds) besondere Beachtung geschenkt (Hodgson, 1995). Dabei wird die Summe der Konzentrationen der VOC-Einzelverbindungen im sogenannten Retentionsbereich C_6 (*n*-Hexan) bis C_{16} (*n*-Hexadecan) zugrunde gelegt (der Retentionsbereich beschreibt die Temperaturspanne, in der Substanzen in der Gaschromatografie in die Gasphase übergehen [hier für Verbindungen mit 6 bis 16 Kohlenstoffatomen]). Das TVOC-Konzept ist aber nicht unproblematisch, da der Summenparameter nur eine Indikatorfunktion hat, ohne dass eine toxikologische Wirkung ableitbar wäre. Darüber hinaus öffnet das TVOC-Konzept mit der Erfassung von Substanzen im Siedetemperaturbereich zwischen ca. 50 und 260 °C (VDI 4300 Blatt 6 „Messstrategie für flüchtige organische Verbindungen [VOC]“ [2000]) nur ein kleines Fenster zum Bereich der organochemischen Belastung der Raumluft. Übersichten zu VOC, die von Gebäudematerialien emittiert werden und häufig in der Innenraumluft vorkommen, finden sich bei Wolkoff, 1995, und Bischof/Clausen/de Oliveira Fernandes, 1996.

Seit einigen Jahren wird bezüglich des Auftretens von SBS-Problematiken vermehrt den mikrobiellen flüchtigen organischen Verbindungen (MVOC: microbial volatile organic compounds) Aufmerksamkeit geschenkt (Eckerbom et al., 1996; Pasanen et al., 1996; Wessén/Schoeps, 1996; Whillans/Lamont, 1996). Jedoch werden nicht alle MVOC ausschließlich durch Mikroorganismen produziert, sondern auch durch andere Innenraumquellen emittiert (Eckerbom et al., 1996; Pasanen et al., 1996; Wessén/Schoeps, 1996; Whillans/Lamont, 1996; Guidance for Biological Agents in the Indoor Environment, 2003; siehe hierzu auch Kapitel 2.4.2).

Emittierte VOC können auch unangenehme Gerüche bedingen. Geruchsbelastungen können nicht nur das Wohlbefinden beeinträchtigen, sondern auch zu vegetativen Reaktionen führen (Ziem/Davidoff, 1992). Für ein zur Geruchsbewertung notwendiges Messverfahren steht derzeit noch keine allseits anerkannte Methode zur Verfügung. Neben elektronischen Nasen (Reichel/Langkilde, 1996; Regoui/Ramalho/Kirchner, 1997; Schreiber/Fitzner, 1999; Schulz, 1999) finden vor allem Sinneseindrücke bewertende (hedonische) Verfahren Anwendung, wie etwa die von Fanger eingeführte Beurteilung von Geruchsempfindungen anhand der Einheit der Geruchsemission „olf“ und der Einheit der Geruchswahrnehmung „decipol“ (Fanger, 1992, 1993).

Biologische Faktoren

Zu den in Innenräumen relevanten biologischen Agenzien gehören Schimmelpilze, Bakterien und Allergene (vor allem Hausstaubmilben, Tierallergene und Pollen). Darüber hinaus sind auch die als Zellwandbestandteil bestimmter Bakterien vor allem in Feuchtebereichen vorkommenden Endotoxine zu erwähnen, denen als möglicher auslösender Faktor für das SBS in letzter Zeit vermehrt Interesse gewidmet wird (vgl. Guidance for Biological Agents in the Indoor Environment, 2003).

Quellen mikrobieller Exposition in Innenräumen können z. B. raumlufttechnische Anlagen, hier vor allem Befeuchter, Luftkühler und Filter, dezentrale Luftbefeuchter, Feuchteschäden durch Bau- und Installationsmängel oder Kondensation an kühlen Bauteiloberflächen, Zimmerpflanzen und der Mensch selbst oder auch Haustiere sein. Zahlreiche Bakterien und Schimmelpilze sind in Innenräumen nachgewiesen worden (vgl. Exner, 1992; Flannigan, 1992; Leitfaden zur Vorbeugung, Untersuchung, Bewertung und Sanierung von Schimmelpilzwachstum in Innenräumen, 2002; Guidance for Biological Agents in the Indoor Environment, 2003; Schimmelpilze in Innenräumen, 2004; Leitfaden zur Ursachensuche und Sanierung bei Schimmelpilzwachstum in Innenräumen, 2005; Handlungsempfehlung für die Sanierung von mit Schimmelpilzen befallenen Innenräumen, 2006; Kommission „Methoden und Qualitätssicherung in der Umweltmedizin“, Schimmelpilzbelastung, 2007; zu Bakterien siehe auch Kapitel 2.4.3).

Ein besonders aktuelles, oft im Zusammenhang mit dem Anstieg der Energiekosten diskutiertes Problem ist der Schimmelpilzbefall. Für Deutschland findet eine repräsentative Studie in 21,9 % von 5.530 untersuchten Haushalten Feuchteschäden und in 9,3 % Schimmelpilzbefall (Brasche et al., 2003). Wesentliche Einflussgrößen für das Vorkommen von Schäden waren der

Feuchteeintrag, unzureichende Lüftung, Defizite in der Wärmedämmung und andere bauliche Aspekte sowie sozioökonomische Variablen wie der Zimmer/Kopf-Index und das Wohneigentum. Eine Übersicht von Schimmelpilzspezies, die häufig in feuchten Gebäuden anzutreffen sind, findet sich z. B. bei Gravesen/Frisvad/Samson, 1994; zu Schimmelpilzen siehe auch Kapitel 2.4.1.

Mikroorganismen sind zwar bekannte ursächliche Faktoren für einige Erkrankungen der Building-Related Illness (BRI), wie z. B. die Legionellose (Exner, 1992; zu Legionellen vgl. auch Kapitel 2.4.4) und innenraumassoziierte Allergien (Baur/Vogelmeier, 1988), ihre Bedeutung bei der Entstehung des SBS ist jedoch noch nicht hinreichend bekannt (Kommission „Methoden und Qualitätssicherung in der Umweltmedizin", Schimmelpilzbelastung, 2007).

Physikalische Faktoren

Verschiedene internationale Studien weisen auf einen Zusammenhang zwischen der Art der Belüftung der Gebäude und dem Auftreten von SBS-assoziierten Beschwerden hin (Finnegan/Pickering/Burge, 1984; Burge et al., 1987; Kröling, 1993). So zeigte die im Rahmen der SBS-Studie von Kröling (Kröling, 1993) mithilfe von Infratest durchgeführte Repräsentativerhebung in den alten Bundesländern der BRD und in Westberlin, dass Beschäftigte an klimatisierten Arbeitsplätzen signifikant häufiger über lüftungsbedingte (ventilatorische) und durch Wärme verursachte (thermische) Arbeitsplatzbedingungen klagten als Beschäftigte an konventionellen Arbeitsplätzen. Eine konsistent höhere Häufigkeit von Kopfschmerzen und Müdigkeit in klimatisierten Gebäuden ergab eine Re-Analyse von 6 Studien aus Großbritannien und Dänemark. Die Beschwerden traten in klimatisierten Räumen mit Wasserbefeuchtersystemen häufiger auf als in klimatisierten Räumen mit Dampfbefeuchtern (Mendell/Smith, 1990). Obwohl kein Zweifel besteht, dass Lüftungsrate, Luftgeschwindigkeit, Temperatur und Luftfeuchte wesentlich zum Wohlbefinden des Menschen in Innenräumen beitragen (Sundell, 1994), wäre es dennoch falsch, das Auftreten des SBS nur an diesen raumklimatischen Parametern festzumachen.

Weitere physikalische Faktoren, die für das Auftreten von Befindlichkeitsstörungen mitverantwortlich sein können, sind Schall und Beleuchtung. Vor allem niederfrequente Dauerschallpegel über ca. 50 dB und mit einer Frequenz unter 100 Hz stehen im Verdacht, als unspezifische Stressoren zu wirken (z. B. Auslösung von beschleunigter Ermüdung und Konzentrationsstörungen) (vgl. Sick Building Syndrome, 1989; Kröling, 1993; Burt, 1996; Kommission „Methoden und Qualitätssicherung in der Umweltmedizin", Infraschall und tieffrequenter Schall, 2007). Gleiches gilt auch für die Art der Lichtquellen und die Lichtstärke (vgl. Sick Building Syndrome, 1989; Henne/Neuhann/Winneke, 1993; Peters, 1993; Petrovitch, 1996). Darüber hinaus dürfen unsachgemäße Bildschirmarbeitsplätze nicht außer Acht gelassen werden (Henne/Neuhann/Winneke, 1993; Peters, 1993). Die in diesem Zusammenhang auftretenden Mehrbelastungen des Sehapparats können zu Augenreizungen, Augenschmerzen, Kopfschmerzen und Müdigkeit führen (vgl. Sick Building Syndrome, 1989; Petrovitch, 1996).

Personengebundene und psychosoziale Faktoren

Zu den personengebundenen Risikofaktoren einer SBS-Problematik gehören vor allem bestehende Allergien und die familiäre Veranlagung zu allergischen Erkrankungen (atopische Disposition; Norbäck/Edling, 1991; Norbäck, 1992). Ebenso können Lebensumstände in der Kindheit, wie z. B. das Aufwachsen in einer städtischen Umgebung oder die Exposition gegenüber Tabakrauch, für die Entwicklung eines SBS-assoziierten Beschwerdebilds empfänglich machen. Gleiches gilt auch für aktuelle Lebensumstände wie das Leben im städtischen Bereich oder neue Anstriche im Wohnumfeld (Norbäck/Edling, 1991).

Übereinstimmend wird international beobachtet, dass Frauen häufiger eine SBS-Symptomatik aufweisen als Männer (Norbäck/Edling, 1991; Norbäck, 1992). Stenberg/Wall, 1995, ermittelten, dass die meisten Risikofaktoren für ein SBS, wie z. B. Papierarbeiten (paper work) und psychosoziale Arbeitsbelastungen, bei Frauen häufiger vorkamen als bei Männern. Darüber hinaus wiesen sie darauf hin, dass Frauen generell häufiger psychosomatische Beschwerden haben. Allerdings konnten soziale Unterschiede den Geschlechterunterschied der Häufigkeit SBS-assoziierter Symptome nicht befriedigend erklären.

Im Rahmen der deutschen ProKlimA-Studie konnte festgestellt werden, dass psychosoziale Variablen ungünstigere Bewertungen für Frauen als für Männer zeigten (Bullinger et al., 1998/99; Brasche et al., Why do women suffer from sick building syndrome more often than men?, 2001). Eine nach dem Geschlecht gruppierte statistische Analyse der Daten möglicher Einflussfaktoren legte einen Effekt durch schlechtere Arbeitsbedingungen der Frauen nahe. Signifikante frauenspezifische Einflussfaktoren waren eine niedrige Berufsbildung, Rauchen, selbst berichtete Allergie, Bildschirmarbeit von mehr als 4 Stunden, Arbeiten in klimatisierten Räumen, Tätigkeit in mit mehr als 4 Personen besetzten Räumen oder Einzelbüros und eine ungünstigere objektive Tätigkeitsbewertung. Im Büro arbeitende Frauen waren hinsichtlich Bildungsniveau, Art der Tätigkeit und materieller Arbeitsbedingungen gegenüber ihren männlichen Kollegen benachteiligt, zudem war eine andere Einstellung zu den Symptomen vorhanden (Bullinger et al., 1998/99; Brasche et al., Why do women suffer from sick building syndrome more often than men?, 2001).

Viele epidemiologische SBS-Studien zeigten, dass psychischer Stress am Arbeitsplatz (job dissatisfaction) – aber auch außerhalb der Arbeitstätigkeit – ein deutlicher Faktor für die Entwicklung eines SBS-Beschwerdebilds ist (Skov/Valbjørn/Pedersen, 1989; Norbäck/Edling, 1991). So ermittelte eine dänische Studie, dass Eintönigkeit (Monotonie) der Arbeit, hohe Arbeitsgeschwindigkeit, Arbeitsüberlastung, Mangel an Einflussmöglichkeiten am Arbeitsplatz sowie Probleme mit Kollegen für Beschwerden wie z. B. Ermüdung, Konzentrationsstörungen und Kopfschmerzen von Bedeutung waren. Probleme mit Vorgesetzten hingegen waren eher mit Schleimhautreizungen der Augen oder der oberen Atemwege assoziiert (Skov/Valbjørn/Pedersen, 1989). Diese Beobachtungen lassen vermuten, dass die SBS-Symptomatik teilweise als unspezifische Stressreaktion interpretiert werden kann und empfindliche Personen besonders betroffen sein können (Bullinger/Morfeld/

von Mackensen, 1998). Diese Vermutung wird durch entsprechende Untersuchungen von Winneke/Neuf, 1992, gestützt. Darüber hinaus hat auch der psychologische Umgang mit SBS-Problematiken einen Einfluss auf die Art und Intensität der SBS-Symptomatik (Seeber et al., 1998).

Multiple Chemikaliensensitivität

Unter Multipler Chemikaliensensitivität (MCS: multiple chemical sensitivity) wird ein klinisches Syndrom verstanden, das durch wiederkehrende multiple unspezifische Beschwerden seitens verschiedenster Organsysteme als Reaktion auf eine Vielzahl chemisch nicht miteinander verwandter Substanzen gekennzeichnet ist (Hornberg/Pauli/Wiesmüller, 2003). Es handelt sich um eine bezüglich der Funktionsstörung des menschlichen Organismus nicht aufgeklärte Empfindlichkeit gegenüber chemischen Belastungen unterschiedlichster Art in niedrigsten Konzentrationsbereichen, bei denen gesunde Personen üblicherweise keine Reaktionen zeigen. Die aktuellsten MCS-Diagnosekriterien stammen vom MCS-Consensus (vgl. Multiple chemical sensitivity, 1999) und stellen die Basis für die derzeit gültige MCS-Definition der WHO dar (dabei bezieht sich Donnay als maßgeblicher Autor des Consensus auf die Arbeiten von Nethercott et al., 1993, und Cullen, 1987):

- Die Symptome sind reproduzierbar durch (wiederholte chemische) Exposition.
- Die Bedingungen sind chronisch.
- Geringe Expositionsniveaus (geringer als früher oder gewöhnlich tolerierbar) bedingen das Auftreten von Symptomen.
- Die Symptome bessern sich oder bilden sich ganz zurück, wenn die Auslöser entfernt sind.
- Reaktionen treten gegenüber vielfältigen chemisch nicht verwandten Substanzen auf.
- Die Symptome betreffen mehrere Organsysteme (1999 hinzugefügtes Kriterium).

Nach wie vor wird die Existenz der MCS wissenschaftlich kontrovers diskutiert (Bolt/Kiesswetter, 2002; Hornberg/Pauli/Wiesmüller, 2003). Es besteht kein wissenschaftlicher Konsens über die unterschiedliche ursächliche Faktoren und Funktionsstörungen des menschlichen Organismus betreffenden Konzepte. Daher fehlen wissenschaftlich fundierte diagnostische Strategien. Die körperliche und psychische Differenzialdiagnostik hat eine zentrale Bedeutung bei der diagnostischen Abklärung, da eine MCS nur als Ausschlussdiagnose diagnostiziert werden kann (Wiesmüller/Hornberg, 2001). Aufgrund einer fehlenden verbindlichen Krankheitsdefinition und der Vielzahl von Konzepten zu Funktionsstörungen des menschlichen Organismus ist ein ursächliches Behandlungsangebot derzeit nicht möglich. Im Vordergrund von Behandlungsversuchen stehen unterstützende Behandlungsmethoden. Hierzu zählen die hygienisch und präventivmedizinisch begründete Minimierung oder Meidung von Expositionen sowie verschiedene psychotherapeutische Behandlungsansätze zur Ermöglichung eines normalen Soziallebens (Wiesmüller/Hornberg, 2001).

In der Literatur wird sowohl über mögliche Verbindungen zwischen dem Auftreten eines SBS und der MCS (Welch/Sokas, 1992) als auch über mögliche Zusammenhänge zwischen Innenraumfaktoren, vor allem im Wohnbereich, und Beschwerden von MCS-Betroffenen berichtet (Weißbach et al., 2005; Ishibashi et al., 2007; Brülls et al., 2008). Als mögliche Expositionsquellen werden u. a. Neubauten, Renovierungs- und Baumaterialien, neues Mobiliar, Teppiche und Haushaltsprodukte genannt (Baldwin/Bell/O'Rourke, 1999; Black/Okiishi/Schlosser, 2000; Caress/Steinemann, 2003; Eis et al., 2003).

Neben dem Fehlen einer verbindlichen Krankheitsdefinition (Hornberg/Pauli/Wiesmüller, 2003) verdeutlicht ein kritischer Vergleich des SBS mit der MCS, dass eine wissenschaftlich befriedigende Abgrenzung dieser beiden umweltbezogenen Syndrome nicht gelingt (Wiesmüller/Ebel/Hornberg, 2001; Wiesmüller et al., 2003). Daher kann zurzeit nicht ausreichend sicher beurteilt werden, ob eine MCS eine mögliche Empfänglichkeit (Prädisposition) für ein SBS oder umgekehrt bedeutet oder ob beide Syndrome zufällig gleichzeitig auftreten.

Bedingt durch die sehr geringe Häufigkeit von unter 1 % (Hausteiner et al., 2005) ist jedoch derzeit davon auszugehen, dass eine ärztlich diagnostizierte MCS kaum Einfluss auf das klassische, z. B. in Bürogebäuden auftretende SBS-Geschehen hat.

Zusammenwirken von Risikofaktoren

Eine umfangreiche Metaanalyse von 32 Feldstudien des Problemkreises SBS legte Mendell vor (Mendell, 1993). Unter 37 Einflussgrößen bzw. -komplexen als möglichen Ursachen für die SBS-Symptomatik fand er mit

- RLT-Anlagen,
- Stress/Unzufriedenheit im Beruf und
- Allergie/Asthma-Empfänglichkeit (Asthma-Disposition)

nur 3 Ursachen, die seinen Kriterien standhielten. In Anbetracht einer großen Zahl widersprüchlicher Ergebnisse fragte er nach der Relevanz des jeweiligen Studiendesigns. Hier zeigte sich, dass nur 7 der 32 Studien einen experimentellen Ansatz enthielten und nur 5 auch medizinische Untersuchungsmethoden einsetzten. Als besonders kritisch dürfte jedoch gelten, dass nur 3 der Studien lokale Umgebungsmessungen beinhalteten.

Eine exakte Expositionserfassung wird neben einer adäquaten Berücksichtigung von Störgrößen (confounder) bei der Ursachen-Wirkung-Betrachtung und der aussagekräftigen Beschreibung der resultierenden Wirkungen am Menschen als wesentliches Kriterium für die Einbeziehung von Studien in eine übergreifende Analyse der wissenschaftlichen Literatur gefordert. Dass gerade Untersuchungen, deren Endpunkt die SBS-Symptomatik war, nicht in eine derartige Metaanalyse einbezogen werden, liegt oft an fehlender oder unzureichender Expositionsmessung (Wargocki et al., 2002; Schneider et al., 2003) oder mangelhafter Kontrolle von Störgrößen. Wichtige Störgrößen wie Gebäude- und Raumcharakteristika, tätigkeitsbezogene Faktoren, Disposition und psychosoziale Faktoren der untersuchten Personen, deren Kenntnis für eine komplexe statistische Analyse essenziell ist, wurden bereits 1996 beschrieben (Mendell et al., 1996).

Vor diesem Hintergrund sind die im Folgenden vorgestellten Ergebnisse der deutschen ProKlimA-Studie zu bewerten, die zu den weltweit größten SBS-Studien gehört und die sich durch eine umfassende SBS-Befragung, sehr umfangreiche und aufwendige Messungen chemischer, physikalischer und biologischer Größen an rund 1.500 Arbeitsplätzen, arbeitswissenschaftliche und soziodemografische Erhebung sowie medizinische Screeningverfahren an einer Substichprobe von anderen großen epidemiologischen Studien abhebt.

2.6.1.5 Die ProKlimA-Studie

Aufbau der Studie

Insgesamt 14 Bürogebäude, davon 8 mit RLT-Anlagen verschiedener Bauart, wurden anhand folgender Kriterien für die vom Bundesministerium für Bildung und Forschung (BMBF) geförderte ProKlimA-Studie ausgewählt:

- typische Bürotätigkeit der Gebäudenutzer
- mehr als 200 Beschäftigte pro Gebäude
- Gebäudefertigstellung mehr als 2 Jahre vor Beginn der Messungen

Tabelle 2.65 weist den Untersuchungsumfang der ProKlimA-Studie aus.

Tabelle 2.65: Untersuchungsumfang der ProKlimA-Studie

Untersuchungsebene	Anzahl
Gebäude	14
Klimaanlagen	40
Räume	607
Arbeitsplätze • davon klimatisiert • davon nicht klimatisiert	1.497 859 638
Personen (Befragung I, Phase A)	4.596
Personen (Befragung II, Phase D)	1.497
Personen (medizinische Untersuchung)	928

In Tabelle 2.66 sind Einzelvariablen und Variablengruppen, die bestimmt wurden, zusammengefasst. Statistische Verfahren erlauben, komplexe Strukturen der erhobenen Daten zu analysieren und eine Risikoabschätzung durchzuführen. Eine ausführliche, alle Variablen, Mess- und Auswertungsmethoden beschreibende Darstellung des Projekts findet sich im Abschlussbericht der Studie (Bischof et al., 2003).

Tabelle 2.66: Messebenen und gemessene Variablen der ProKlimA-Studie

Messebene	Methode	Variable
Gebäude	Inspektion	Gebäudecharakteristika
	meteorologisch	Temperatur, relative Feuchte, Windgeschwindigkeit und -richtung, Niederschlagsmenge, Sonneneinstrahlung
	Außenluftqualität	SO_2, NO_2, CO, Ozon (O_3), Summe der flüchtigen organischen Luftbeimengungen (TVOC), Formaldehyd, Luftkeime, Allergene, Endotoxin
	Umgebungscharakteristika	Lage, Emissionsquellen (z. B. Verkehr, Industrie)
raumlufttechnische Anlage	Inspektion	Zustand und Wartung der Gesamtanlage und der Systemkomponenten, spezielle Bewertung von Filtern, Befeuchtern, Außenluftansaugung, Regelung und Dämmung
	biologisch	mikrobiologische Kontamination von Befeuchtern und Filtern, Vorkommen und Konzentrationen von Endotoxinen, Legionellen und Allergenen
	chemisch	chemische Analyse des Befeuchterwassers
gesamter Raum	physikalisch	Luftwechsel, Feuchteschäden, Kühlleistung
	Raumcharakteristika	Baumaterialien, Interieur, lokale RLT-Komponenten (einschließlich Wartung), Quellensuche: Asbest und PCB (polychlorierte Biphenyle)
Raumsegment	physikalisch	Partikel, Ionen, Schallpegel
	chemisch	TVOC, Formaldehyd, NO_2, CO_2, CO, SO_2, O_3, Radon
	biologisch	Luftkeime, Allergene und Endotoxine, Allergen- und Pilzsporenkonzentration in abgelagertem Staub
	sensorisch	empfundene Luftqualität
Arbeitsplatz	physikalisch	Luftgeschwindigkeit, Turbulenzgrad, Temperaturen (Luft-, Strahlungs-, Äquivalenttemperaturen, resultierende Hauttemperaturen), relative Feuchte
	ergonomisch	Raumgestaltung und Umfeld, Beleuchtung
Proband	medizinisch	Augen (Tränenfilmaufrisszeit, Bindehautschaum, Lipidfilmstärke, Mikroläsionen der Hornhaut, Schirmertest), Haut (Hautfeuchte und -fettfilm), allergologisch (Lungenfunktion, Oximetrie [Bestimmung der Sauerstoffsättigung des Blutes], Rhinomanometrie [Messung des nasalen Atemwegswiderstands], Antikörper IgE [Immunglobulin der Klasse E]), Konzentrationsfähigkeit
	arbeitswissenschaftlich, ergonomisch	Tätigkeitsbewertung: organisatorisch-technisch, Kooperations- und Kommunikationsmöglichkeiten, Verantwortungsübertragung, kognitive Leistungen, Qualifikations- und Lernerfordernisse; Bildschirmarbeit, Arbeitsplatzgestaltung, Metabolismus, Wärmedämmung der Bekleidung
	psychologisch (Fragebögen)	körperliches Empfinden (Sensorik: Auge, Nase, Haut, Mund, Hals, allgemein), Raumklima (Beurteilung, Wichtigkeit und Zufriedenheit), psychisches Befinden, Arbeit, Gesundheit, Person und Tätigkeit

Ergebnisse der Studie

Vor dem Hintergrund einer im Allgemeinen geringen bis moderaten Belastung der untersuchten Büroräume wurden in der Regel höhere Konzentrationen an Raumluftverunreinigungen in natürlich belüfteten Gebäuden vorgefunden (Tabelle 2.67).

Ursache dieser signifikant geringeren Raumluftbelastung in den klimatisierten Räumen sind vor allem 2 Faktoren: Zum einen wurden in den klimatisierten Gebäuden deutlich höhere Luftwechselraten vorgefunden, wodurch die in die Innenräume freigesetzten Luftschadstoffe verstärkt abgeführt wurden. Zum anderen wurde deutlich, dass die Luftfilter der RLT-Anlagen, selbst bei langen Standzeiten, viele in der Außenluft enthaltene Schadstoffe zurückhielten.

Die Untersuchung von 14 großen Bürogebäuden in Deutschland und die damit verbundene Befragung von 4.596 Beschäftigten zeigen, dass der Anteil der durch eine SBS-Symptomatik befindlichkeitsgestörten Arbeitnehmer in klimatisierten Räumen im Mittel höher liegt als in natürlich belüfteten Räumen. Sie bestätigt damit die Ergebnisse und Erfahrungen weltweit durchgeführter großer Untersuchungen zum Sick-Building-Syndrom. Die weitergehende Analyse von 1.497 Arbeitsplätzen ergibt, dass klimatisierte Gebäude durch geringere physikalische, chemische und biologische Lasten gekennzeichnet sind. Dieser Widerspruch stellt die mit der Klimatisierung verbundene Expositionshypothese infrage. Folgerichtig bestätigt die detaillierte, auch andere auf die Befindlichkeit direkt und indirekt wirkende Einflussgrößen berücksichtigende statistische Auswertung, dass in den untersuchten Bürogebäuden Befindlichkeitsstörungen primär mit Faktoren aus den Bereichen der Tätigkeit und Ergonomie, der persönlichen Disposition und psychosozialer Gegebenheiten verbunden sind. Umweltfaktoren von Innenräumen zeigen in dem definitionsgemäß für das SBS typischen moderaten Expositionsbereich keine signifikanten Zusammenhänge zu komplexen Befindlichkeitsstörungen. Gleiche Ergebnisse legt eine innerhalb der Whitehall II Study durchgeführte Analyse zum SBS vor (Marmot et al., 2006). Hier wurde der Einfluss raumklimatischer, psychosozialer und tätigkeitsbezogener Variablen auf die SBS-Symptomatik von 4.052 Büroarbeitern untersucht. Die Autoren schlussfolgern, dass allein Tätigkeitsmerkmale und die Möglichkeit zur Kontrolle des Raumklimas signifikant mit dem SBS assoziiert waren.

Vermutete Beziehungen zwischen hypothetischen Einfluss- und Zielvariablen konnten trotz Anwendung adäquater statistischer Methoden nicht oder nur tendenziell nachgewiesen werden. Lediglich ein Beschwerdekomplex, der mit flüchtigen organischen Substanzen in der Raumluft und sensorischen Missempfindungen auf der Organebene, nicht jedoch der komplexen SBS-Ebene assoziiert ist, konnte durch Hochrisikomodelle identifiziert werden.

Mit der Aussage, dass eher auf die Tätigkeit und die Person bezogene als raumklimatische Faktoren für die Befindlichkeit in den untersuchten Bürogebäuden von Bedeutung sind, legt das Projekt ein Ergebnis von weitreichender Bedeutung vor. Dies ist vor dem Hintergrund zu sehen, dass in der

Tabelle 2.67: Vergleich gemessener Raumklimaparameter von natürlich belüfteten und von klimatisierten Arbeitsplätzen

Messgröße	Einheit	natürliche Belüftung (Median)[1]	Klimatisierung (Median)[1]	Subkategorie (Median)[1]	
Bakterien in der Raumluft	KBE/m³	130	118	klimatisiert, Fenster nicht zu öffnen:	90,0
Pilze in der Raumluft	KBE/m³	40	20	klimatisiert, Fenster nicht zu öffnen:	10,0
Pilze im abgelagerten Staub	KBE/m³	16	9	klimatisiert, Befeuchtung in Betrieb:	7,4
Milbenallergen Der p1 (*Dermatophagoides pteronyssinus*) im abgelagerten Staub[2]	ng/g	18,2[3]	5,3	klimatisiert, Befeuchtung in Betrieb:	16,1
Milbenallergen Der f1 (*Dermatophagoides farinae*) im abgelagerten Staub[2]	ng/g	38,7[3]	35,2	klimatisiert, Befeuchtung in Betrieb:	53,1
Formaldehyd	µg/m³	3,5	8,2	klimatisiert, Befeuchtung in Betrieb:	9,4
TVOC	µg/m³	294	262	klimatisiert, Fenster nicht zu öffnen:	206,0
NO_2	µg/m³	20	29	zentrale Gebäudelage:	36,0
CO_2	ppm	750	465	klimatisiert, Fenster nicht zu öffnen:	425,0
empfundene Luftqualität	decipol	5,6	3,9	klimatisiert, Fenster nicht zu öffnen:	3,4
CO	ppm	1,0	0,3	zentrale Gebäudelage:	0,9
Partikel (Größe: > 1,0 µm)	l^{-1}	825	337	klimatisiert, Fenster nicht zu öffnen:	291,0

KBE koloniebildende Einheit: Mikroorganismen, die auf einem Kulturmedium durch Vermehrung jeweils 1 Kolonie bilden
ppm parts per million; 1 ppm entspricht 0,0001 % oder z. B. 1 mg/kg oder 1 ml/m³

1) Der Median (das 50-Perzentil) ist derjenige Wert in einer nach ihrer Größe geordneten Reihe von Messwerten, der die Reihe halbiert, den also 50 % der Messwerte unterschreiten.
2) dominierendes Allergen in den Kotpartikeln der Milben
3) Angabe des 75-Perzentils, da mehr als 50 % der Messwerte unter der Nachweisgrenze liegen (das 75-Perzentil ist derjenige Wert in einer nach ihrer Größe geordneten Reihe von Messwerten, den 75 % der Messwerte unterschreiten)

untersuchten Stichprobe nur in Ausnahmefällen Richtwerte physikalischer, chemischer oder biologischer Innenraumparameter überschritten wurden, also allgemein von einer geringen bis moderaten Belastung auszugehen ist. Besonders wichtig ist in diesem Zusammenhang, dass im ProKlimA-Projekt Befindlichkeitsstörungen, aber auch Leistungsbeeinträchtigungen und medizinische Variablen sehr genau und in Bezug auf die aktuelle Situation gemessen wurden – eine Herangehensweise, die bisher nur in wenigen, oft auf kleine Stichproben beschränkten Studien realisiert wurde. Grundlage hierfür war die Anwendung psychometrisch gültiger (validierter) Verfahren, die personenbezogene Erfassung der raumklimatischen Variablen und die zeitliche Übereinstimmung (Kongruenz) in der Ermittlung dieser Einfluss- und Zielgrößen.

Aus diesen Schlussfolgerungen ergeben sich Konsequenzen im Hinblick auf die Einschätzung von gebäudebezogenen Symptomen in dem für deutsche Verhältnisse wohl typischen Bereich geringer bis moderater Innenraumexpositionen. Die mit dem ProKlimA-Projekt geschaffene Datenbasis erlaubt eine kritische, potenzielle Einflüsse auf die Befindlichkeit einbeziehende Wertung der jeweiligen Situation und ermöglicht die Ableitung von konkreten, den aktuellen Gegebenheiten angepassten Interventionen.

Aus den Projektergebnissen kann abgeleitet werden, dass nur eine umfassende Betrachtung wesentlicher Einflüsse auf die Befindlichkeit des Menschen, die über die Qualität und Quantität von Raumklimafaktoren hinaus auch die Interaktion von und mit Tätigkeit, Innenraum- und gebäudetechnischer Ausstattung einbezieht, es erlauben wird, Leben und Arbeiten im Innenraum auch für unsere Sinne angenehm zu gestalten.

2.6.1.6 Vermeidung, Minderung und Beseitigung von Risikofaktoren

Da die Ursache des SBS nach wie vor unbekannt ist, liegen auch keine Kenntnisse zur regelrechten Vorbeugung (Prävention) vor. Allerdings können die folgenden, auf praktischen Erfahrungen basierenden Empfehlungen zur Risikominimierung von SBS-Problematiken gegeben werden (modifiziert nach Neuhann/Wiesmüller, 1994):

- ergonomische Arbeitsplatzgestaltung und -nutzung
- regelmäßige Reinigung des Gebäudes
- regelmäßige Reinigung und Wartung der RLT-Anlage
- „freie" Beeinflussung des Raumklimas durch die Nutzer des Gebäudes
- Durchführung von Nichtraucherprogrammen
- Minimierung relevanter Fremdstoffe in der Innenraumluft
- Ernstnehmen der subjektiv empfundenen Raumluftqualität
- Ernstnehmen der gesundheitlichen Beschwerden der Gebäudenutzer
- adäquate fachärztliche Diagnostik und arbeits- bzw. umweltmedizinische Betreuung von erkrankten Gebäudenutzern
- Transparenz bei Planung, Durchführung und Bewertung von Maßnahmen zur Feststellung und Behebung gebäudebezogener Gesundheitsstörungen

Flatheim, 1992, konnte unter präventiven Gesichtspunkten für norwegische Verhältnisse darlegen, dass eine finanzielle Mehraufwendung für eine Steigerung des Innenraumluftqualitätsstandards, sorgfältige Materialauswahl, sorgfältige Durchführung der Bautätigkeiten sowie anschließende Reinigungsprozeduren sich durch einen geringeren gebäudeassoziierten Krankenstand wirtschaftlich auszahlt. Eine Steigerung der Produktivität um 0,6 % würde die höheren Bauinvestitionen bereits decken. Grundkonzept hierbei ist, dass die von ihm benannten „7 Umweltgeschwister" in einem harmonischen Gleichgewicht stehen müssen.

Grundsätzlich hängt die Vorgehensweise bei SBS-Verdacht davon ab, ob einzelne Angehörige der Belegschaft oder die gesamte Belegschaft Kontakt mit Experten oder Institutionen aufnehmen, die sich mit der Lösung von SBS-Problematiken befassen (Wiesmüller, 1998).

Im **Individualfall** erfolgt mit einer eingehenden allgemein-, arbeits- und umweltmedizinischen Anamnese sowie einer körperlichen Untersuchung die Entscheidung, ob der SBS-Verdacht bestätigt werden kann oder nicht. Wird dieser bestätigt und ist der Zugang zur gesamten Belegschaft nicht möglich, wird der Patient individuell allgemein-, arbeits- bzw. umweltmedizinisch beraten und betreut. Bei Nichtbestätigung des SBS-Verdachts wird eine eingehende allgemein-, arbeits- bzw. umweltmedizinische Beratung und Betreuung einschließlich weiterführender Differenzialdiagnostik durchgeführt (Wiesmüller, 1998).

Ist eine Untersuchung der **gesamten Belegschaft** eines SBS-verdächtigen Gebäudes möglich, wird international ein abgestuftes Vorgehen vorgeschlagen (Neuhann/Wiesmüller, 1994; Petrovitch, 1996; Wiesmüller, Medizinische Aspekte, 1996; Wiesmüller, 1998). Die Kommission der Europäischen Gemeinschaften empfiehlt ein **vierstufiges Konzept** (vgl. Sick Building Syndrome, 1989): Jede der 4 Untersuchungsstufen mündet in Maßnahmenvorschläge. Nur wenn diese Maßnahmen zu keiner Verbesserung führen, sollte zur nächsten, in der Regel arbeits- und kostenintensiveren Stufe übergegangen werden. Eine strikte Trennung der verschiedenen Stufen kann jedoch in der Praxis nicht immer eingehalten werden.

Auf der **ersten Untersuchungsstufe** erfolgen eine Abschätzung der Häufigkeit und Art der Beschwerden, eine technische Charakterisierung des Gebäudes und der Arbeitsplätze sowie eine erste Prüfung des Pflege- und Wartungszustands des Gebäudes und gegebenenfalls der RLT-Anlage. Bereits zu diesem Zeitpunkt sollte ein runder Tisch (Neuhann/Wiesmüller, 1994; Wiesmüller, Medizinische Aspekte, 1996; Wiesmüller, 1998) mit Vertretern der Betriebsleitung, der Belegschaft (vor allem der Betroffenen) und des Betriebsrats, mit der Fachkraft für Arbeitssicherheit, der für die Wartung der RLT-Anlage verantwortlichen Fachkraft, dem Betriebsarzt, gegebenenfalls einem Betriebspsychologen – sofern vorhanden – und externen Fachleuten (z. B. Klimaingenieur, -techniker, Arbeitsmediziner, Umweltmediziner, Hygieniker, Vertreter von Fachinstituten) einberufen werden. Handelt es sich bei den betroffenen Gebäuden um Kindergärten oder Schulen, so sind entsprechend Träger, Personal- und Elternvertreter zu beteiligen.

Mögliche Zusammensetzung eines runden Tisches:

- interne Vertreter
  - Betriebsleitung
  - Belegschaft (vor allem Betroffene)
  - Betriebsrat
  - Sicherheitsfachkraft
  - Betriebsarzt
  - Betriebspsychologe
- externe Vertreter
  - Klimaingenieur/-techniker
  - Arbeitsmediziner
  - Umweltmediziner
  - Hygieniker
  - Vertreter von Fachinstituten

Die Funktion des runden Tisches ist das offene Gespräch über die anstehenden Probleme und deren mögliche Ursachen, die Klärung der Interessen sowie das Abstecken der Vorgehensweise. Alle Teilschritte müssen gegenüber der Belegschaft offen dargelegt werden. Ein verheimlichender Umgang mit SBS-Problematiken erweist sich erfahrungsgemäß als kontraproduktiv und ist aus ethischen und medizinischen Gründen abzulehnen.

Auf der **zweiten Untersuchungsstufe** werden eine Begehung des Gebäudes und eine genaue Inspektion der technischen Anlagen durchgeführt. Dies erfolgt vor allem unter den Gesichtspunkten Sauberkeit, Klimadaten, Raumausstattung, Ausrüstung mit Geräten, Beleuchtung und Lüftung.

Erst auf der **dritten Untersuchungsstufe** werden Luftwechselraten und andere physikalische Messgrößen bestimmt sowie Analysen der Raumluft bezüglich chemischer und/oder biologischer Kontaminationen durchgeführt. Während solche Messungen unter dem Aspekt der Analytik aufgrund vorliegender Richtlinien standardisierbar sind, gilt dies nach wie vor noch nicht ausreichend für die messplanerischen Grundlagen wie z. B. Ort, Anzahl, Zeitpunkt und Dauer der Messung (vgl. Dulson, 1994). Deshalb ist vor jeder Messung genau zu überlegen, mit welcher Strategie vermutete Kontaminationen sicher und realistisch erfasst werden können. Darüber hinaus kommt der empfundenen Raumluftqualität unabhängig von Messergebnissen eine hohe Bedeutung zu (Sundell, 1994).

Erst im letzten Schritt, auf der **vierten Untersuchungsstufe**, erfolgen medizinische Untersuchungen.

Sullivan Jr./van Ert/Krieger, 1992, stellten ein fünfstufiges Verfahren vor, bei dem medizinische Untersuchungen auf der vorletzten Stufe durchgeführt werden sollen. Dieses Stufenkonzept unterscheidet sich vom Vierstufenplan der Kommission der Europäischen Gemeinschaften nur dadurch, dass die Fragebogenaktion im zweiten Schritt nach der zuerst durchzuführenden Begutachtung des Gebäudes erfolgen soll und Entscheidungen über Maßnahmen erst am Ende des Stufenplans vorgesehen sind. Schulze/Lüth/Schäcke, 1994, schlugen ein wesentlich komplexeres, siebenstufiges Konzept vor, bei dem die medizinischen Untersuchungen einmal als differenzialdiagnostisches Instrument auf der zweiten Stufe und ein weiteres Mal als medizinische Prüfung individueller Risikofaktoren, ergänzt durch eine psychologische Exploration, auf der sechsten Stufe vorgesehen sind.

Diese formal klaren Stufenpläne lassen sich in der Praxis nicht immer wie im Konzept vorgesehen umsetzen; so finden medizinische und/oder psychologische Untersuchungen, sofern entsprechende Methoden verfügbar sind, häufig bereits gleichzeitig mit den Untersuchungen am und im Gebäude statt (Neuhann/Wiesmüller, 1994). Abb. 2.75 zeigt den Vorschlag eines Ablaufschemas für die Vorgehensweise bei SBS-Verdacht.

Für die Erhebung der Beschwerden bei gebäudebezogenen Gesundheits- und Befindlichkeitsstörungen sind analog zu den Verfahren bei der Raumluftanalytik qualitätssichernde Rahmenbedingungen einzuhalten.

International wird für das Vorgehen bei SBS-Verdacht übereinstimmend die Anwendung eines einfachen Fragebogens empfohlen (Neuhann/Wiesmüller,

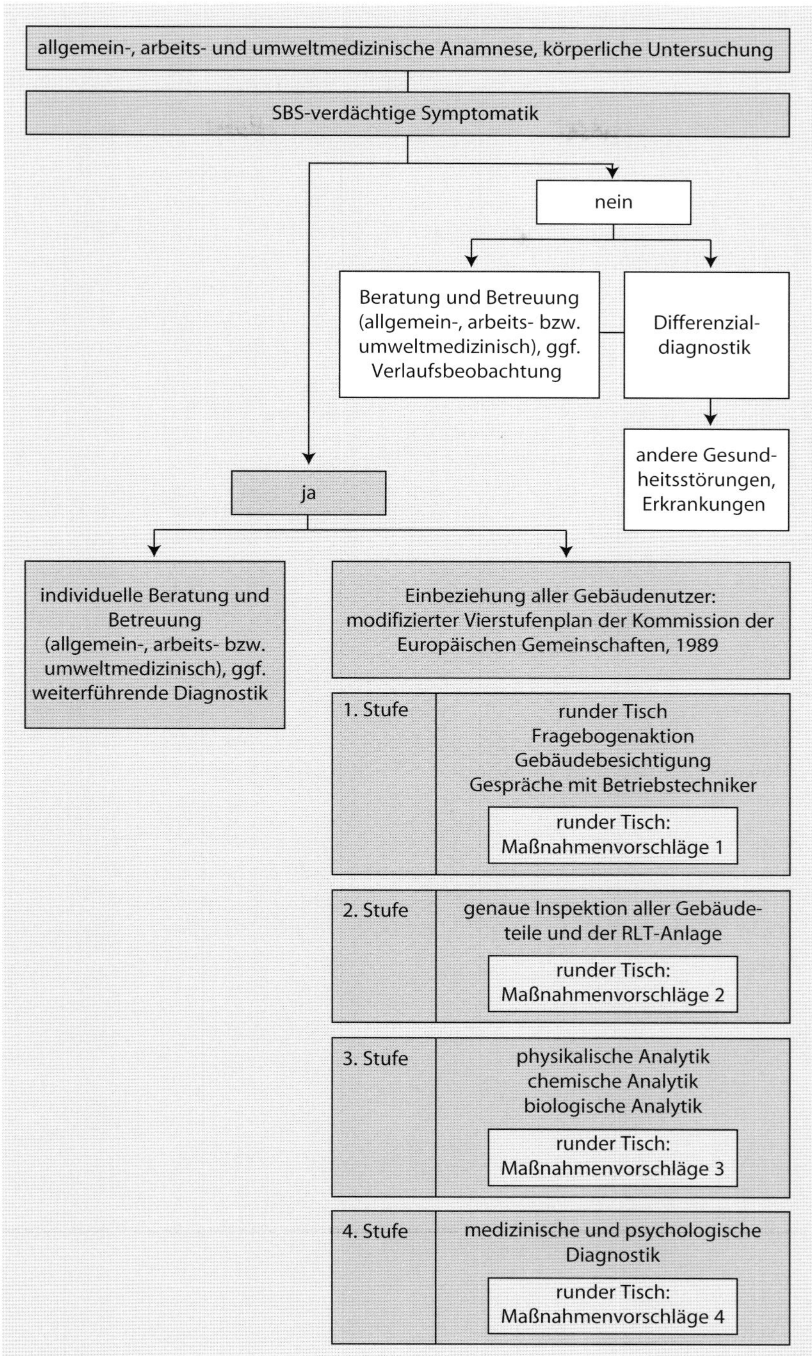

Abb. 2.75: Vorgehensweise bei SBS-Verdacht (modifiziert nach Wiesmüller, 1998)

1994; Wiesmüller/Bischof, 2002). Für den deutschsprachigen Raum stehen die folgenden Fragebögen zur Verfügung:

- Fragebogen zum Befinden von Kröling (Kröling, 1985, 1987, 1993, 1996, 1998)
- „Örebro-Fragebogen“: deutschsprachige Version des Fragebogens der Medicine Clinic, Örebro Hospital, Schweden, für Büroangestellte, für Eltern von Kindergartenkindern und Grundschulkindern sowie für Kinder höherer Schulen (Andersson/Hane, 1984; Andersson et al., 1988, 1990; Andersson/Marchant, 1992; Andersson/Stridh, 1992)
- Fragebogen zum Befinden von Seeber/Kiesswetter/Rutenfranz, 1989
- Fragebogen zum Befinden am Arbeitsplatz von der Arbeitsgruppe um Bullinger (Bullinger et al., 1993; Bullinger, 1994, 1996; Bullinger/von Mackensen/Morfeld, 1997)
- Innenraumfragebogen von der Arbeitsgruppe um Wiesmüller (Wiesmüller, A sick building syndrome-questionnaire, 1996; Wiesmüller/Steup/Ranft, 1998/99; Koch et al., 1999)

Darüber hinaus werden von Experten bzw. Institutionen, die mit der Aufklärung von SBS-Fällen beauftragt werden, Fragebögen angewandt (Seeber/Kiesswetter/Rutenfranz, 1989; Henne/Neuhann/Winneke, 1993; Bullinger, 1994; Neuhann/Wiesmüller, 1994; Wiesmüller, A sick building syndrome-questionnaire, 1996), von denen einige bisher noch nicht publiziert wurden. Da nach wie vor unterschiedliche SBS-Fragebögen angewandt werden, sind Vergleiche der Ergebnisse dahin gehend, wann und unter welchen raumklimatischen Bedingungen welche Beschwerden wie oft auftreten, nicht möglich. Deshalb ist mit Hedge, 1990, zu fordern, dass zumindest die Fragen nach den zentralen Beschwerden des SBS einheitlich und in Bezug auf denselben Zeitraum gestellt werden.

Einige verfolgenswerte Ansätze spezifischer Untersuchungsmethoden für einen objektiven Nachweis SBS-assoziierter Beschwerden liegen zwar vor, sind aber nicht routinemäßig einsetzbar (Brasche et al., Eye- and skin symptoms in German office workers, 2001; Brasche et al., 2004; Wiesmüller/Ranft, 2004).

2.6.2 „Fogging“ – schwarze Niederschläge in Innenräumen

Jörg Thumulla

2.6.2.1 Beschreibung des Phänomens

Seit Mitte der 1990er-Jahre häufen sich Beschwerden über Schwarzfärbungen in Innenräumen. In der deutschen Fachliteratur wird dieses Phänomen auch als „Magic Dust“ oder „Fogging“ bezeichnet. Da diese Begriffe in der wissenschaftlichen Diskussion umstritten sind, werden sie im Folgenden in Anführungszeichen verwendet bzw. wird von Schwarzfärbungen sowie von „schwarzen“ und „weißen“ Wohnungen gesprochen.

Am häufigsten von Schwarzfärbungen betroffen sind Raumumschließungsflächen im Bereich geometrischer Wärmebrücken und oberhalb von Heizkörpern. Das Spektrum reicht dabei von lokal begrenzten Verschmutzungen mit schwacher Intensität – zumeist an Wandflächen oberhalb von Heizkörpern und Heizrohren – bis hin zu sehr starken, spontanen Schwarzfärbungen innerhalb weniger Stunden mit intensiven Verfärbungen auf nahezu allen Oberflächen. Hierbei können auch Haare und Nasenschleimhäute der Wohnungsnutzer betroffen sein.

Die Charakteristik der Niederschläge reicht von eher trocken und staubig bis fettig und schmierig. Die Niederschläge treten in der Regel dort auf, wo wärmere Luft an kühleren Oberflächen vorbeistreicht. Typisch für das Erscheinungsbild ist, dass die Raumkanten hell bleiben und dadurch deutlich hervortreten (Abb. 2.76). Die Schwarzfärbungen treten in der Regel in der Heizperiode auf – meist innerhalb weniger Tage bis Wochen, manchmal über mehrere Monate hinweg –, oft nach Phasen eingeschränkter Nutzung. Betroffen sind insbesondere Neubauten oder kurz zuvor renovierte Wohnungen. Häufig ist bei Wohnungen gleicher Bauart nur eine Wohnung betroffen.

Abb. 2.76: Typisches „Fogging“-Erscheinungsbild mit weißen Kanten

2.6.2.2 Mögliche Ursachen

„Fogging" und SVOC

Seit dem gehäuften Auftreten der Schwarzfärbungen wird an der Erforschung ihrer Ursachen gearbeitet. Das Umweltbundesamt hatte in einer umfangreichen Fragebogenaktion knapp 300 Fälle verglichen und dabei eine hohe Korrelation zwischen dem Auftreten von Schwarzfärbungen und zuvor durchgeführten Bau- und Renovierungsmaßnahmen festgestellt (Moriske, 2002).

Da bei umfangreichen Untersuchungen exemplarisch ausgewählter Wohnungen über 150 verschiedene SVOC, insbesondere Phthalate, auf den schwarzen Oberflächen gefunden wurden, waren Analogien zu dem aus der Automobiltechnik bekannten Foggingeffekt nahe liegend (SVOC: semivolatile organic compounds: in der Regel als „schwerflüchtige organische Verbindungen" übersetzt; gemeint sind hier mittelflüchtige organische Verbindungen in Abgrenzung zu den „flüchtigen organischen Verbindungen" [VOC: volatile organic compounds] und den „staubgebundenen organischen Verbindungen" [POM: particulate organic matter]). Dieser Niederschlag sogenannter foggingaktiver SVOC, die aus Kunststoffen ausgasen, verursacht auf der Innenseite von Kfz-Windschutzscheiben erhebliche Sichtbehinderungen (Scholz/Quost/Santl, 1998).

In Analogie zu diesem Phänomen wurden Schwarzfärbungen in Innenräumen ebenfalls als „Fogging" bezeichnet und hauptsächlich auf die Ausgasung foggingaktiver SVOC aus Baumaterialien und Einrichtungsgegenständen zurückgeführt. Nach dieser Hypothese lagern sich die SVOC an vorhandene Schwebeteilchen im Raum an und führen zu einer Agglomeration kleiner Partikel zu größeren Teilchen, die sich in der Folge als schmieriger Film in der Wohnung absetzen. Alternativ können sich Staubpartikel aus der Luft auf weichmacherhaltigen, klebrigen Oberflächen ablagern (Moriske, 2002).

Bei zahlreichen Untersuchungen schwarzer Oberflächen zeigen sich aber nur vergleichsweise geringe Gesamtgehalte an SVOC von unter 100 $\mu g/m^2$ (Münzenberg/Thumulla, 2001). Zum Vergleich: Bei der Brandschadensanierung wurde seitens der Schadensversicherer bis 2007 ein Sanierungszielwert für saubere Oberflächen von 100 $\mu g/m^2$ allein nur für die Summe der polycyclischen aromatischen Kohlenwasserstoffe (PAK) nach EPA (Environmental Protection Agency: US-Umweltbehörde) angesetzt (vgl. VdS 2357 [04] Richtlinien zur Brandschadensanierung [2002-10]) (siehe auch Kapitel 2.1.4). Zudem ist nicht zu erklären, weshalb SVOC-Emissionen zusammen mit anderen Randbedingungen in bestimmten Innenräumen bereits nach kurzer Zeit zu Schwarzfärbungen an Wänden führen, in anderen Wohnungen von vergleichbarer Bauweise und Ausstattung jedoch nicht (Grün, 2001).

In Prüfkammerexperimenten wurde versucht, das Zusammenwirken einzelner Entstehungsmechanismen des Phänomens der „schwarzen" Wohnungen zu untersuchen und seine Entstehung zu simulieren. Hierbei wurden in einer Klimakammer reale Innenraumbedingen nachgestellt und über eine zusätzlich mit Weichmacher angereicherte Farbe eine definierte Weichmacherquelle eingebracht. Als weitere Faktoren wurden Wärmebrücken und eine Hei-

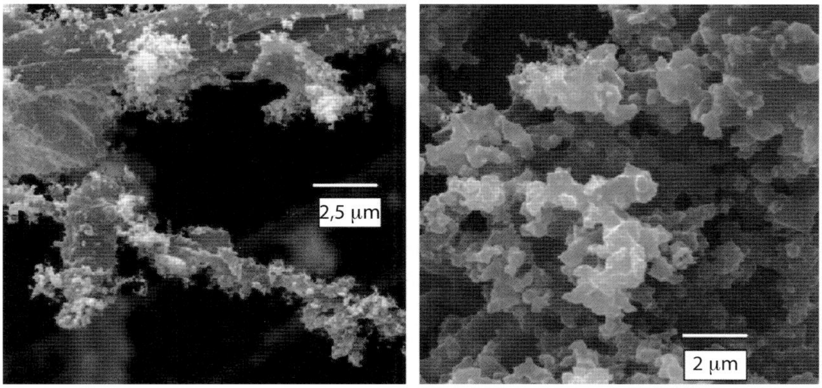

Abb. 2.77: Spinnweben mit Partikelanlagerungen aus „schwarzen" Wohnungen – links Wohnung A, rechts Wohnung B (Quelle: Wesselmann/Fittschen/Santen, 2007, S. 179)

zung zum Ausbilden von Temperaturgefällen und Luftströmungen eingebaut. Alternativ wurden elektrostatische Felder aufgebaut und Partikel wie Hausstaub oder Abbrand von Kerzen oder Öllampen in die Klimakammer eingebracht. Unter den verschiedenen Versuchsbedingungen waren in einem Zeitraum von ca. 8 Wochen keine Schwarzfärbungen zu beobachten. Daraus folgt, dass das Vorhandensein von SVOC allein – auch in Kombination mit Temperaturgefällen und Partikeln – nicht ausreichend ist, um den Prozess der Schwarzfärbung auszulösen (Wensing et al., 2007).

Feinstaub und Nanopartikel

Die neuere Diskussion zeigt, dass bei der Entstehung plötzlicher Schwarzfärbungen die Bildung von Partikeln und deren gerichteter Transport eine wesentliche Rolle spielen dürften (Grün, 2007; Wensing et al., 2007; Wesselmann/Santen, 2007). An schwarz verfärbten Spinnweben aus untersuchten „schwarzen" Wohnungen zeigten sich im Rasterelektronenmikroskop (REM) unterschiedliche Erscheinungsbilder (Abb. 2.77): In Wohnung A bestanden die an den Spinnweben angelagerten Partikel aus flusigen Agglomeraten sehr feiner Partikel, die nach Untersuchung von Vergleichsproben als Rußpartikel identifiziert wurden. Auch in Wohnung B wurden vereinzelt flusige, rußartige Partikelanlagerungen nachgewiesen, überwiegend fanden sich jedoch größere Partikelkonglomerate, die durch Akkumulation kleinerer Partikel gewachsen zu sein schienen.

Die Auswertung dieser REM-Aufnahmen stützt die Annahme, dass der Effekt auf ein Zusammenwirken mehrerer Faktoren zurückzuführen ist: So weisen sowohl die abgelagerten als auch die luftgetragenen Partikel in Wohnung B eine Beschaffenheit auf, die als Partikelkern mit filmartigem (SVOC-)Überzug bezeichnet werden kann. Ergebnisse der Atmosphären- und Klimaforschung zeigen, dass insbesondere Partikelgröße, Feuchtegehalt und chemische Zusammensetzung wie z. B. SVOC-Gehalte die Wirksamkeit von Partikeln als Kondensationskeim vervielfachen und so Wachstumsprozesse von Partikelkonglomeraten entscheidend beeinflussen können. So ist das Vorhandensein von SVOC sicherlich eine wichtige Randbedingung für die Entstehung „schwarzer" Wohnungen.

Vergleichende Untersuchungen der Feinstaubgehalte an etwa 200 „schwarzen“ und „weißen“ Wohnungen zeigen, dass in „schwarzen“ Wohnungen ein um ca. 20 % höherer PM_{10}-Gehalt (PM [particulate matter: Partikel] bis 10 µm aerodynamischer Partikeldurchmesser) und ein um 100 % höherer $PM_{2,5}$-Gehalt (bis 2,5 µm aerodynamischer Partikeldurchmesser) gegenüber den „weißen“ Vergleichswohnungen vorliegt (Wesselmann/Fittschen/Santen, 2007). Die Zahl an Nanopartikeln in „schwarzen“ Wohnungen ist dagegen tendenziell geringer. Daraus lässt sich schließen, dass an der Entstehung spontaner Schwarzfärbungen primär Feinstaubpartikel in der Größenklasse zwischen 0,5 und 3 µm beteiligt sind, die aus der Zusammenballung ultrafeiner Partikel entstehen. Die Partikelzahlen werden dabei deutlich von den Innenraumaktivitäten bestimmt. Eine potenzielle Quelle für PM_{10}-Feinstaubpartikel sind Staubsauger. Während der Staubsaugernutzung in „schwarzen“ Wohnungen sind die PM_{10}-Werte im Mittel höher als in „weißen“ Wohnungen.

Thermophorese und andere Mechanismen des Partikeltransports

Wenn Partikel die Ursache der Schwarzfärbungen sind, so sind gerichtete Transport- und Abscheidungsmechanismen wie **Elektrophorese** (Elektrostatik), **Impaktion** oder **Thermophorese** notwendig, um die beobachteten Schadensbilder erklären zu können.

Elektrophorese konnte bei Untersuchungen als Ursache von Schwarzfärbungen messtechnisch nicht nachgewiesen werden (Münzenberg/Thumulla, 2001; Rudolphi, 2003).

Bei der **Impaktion** werden luftgetragene Partikel aus dem Luftstrom bei Umlenkung an Hindernissen abgeschieden. Treibende Kraft können Luftströmungen durch Temperaturunterschiede, Gebläse (Dunstabzugshauben mit Umluft), Lüftung oder Luftundichtigkeiten sein. Das Schadensbild lässt sich hierdurch aber nur in wenigen Fällen erklären.

Unter **Thermophorese** wird die gerichtete Partikelbewegung in einem Temperaturgefälle mit Abscheidung von Partikeln an der kälteren Seite verstanden. Dieser thermodynamische Prozess ist sowohl in ruhenden Partikel-Gas-Gemischen als auch in wirbelfreien Strömungen wirksam. Da die Intensität der Schwarzfärbungen in der Regel ebenfalls mit dem Temperaturunterschied zwischen Luft und Oberflächen steigt, lässt sich das Schadensbild der meisten „schwarzen“ Wohnungen mithilfe der Thermophorese erklären.

Temperaturgefälle gibt es allerdings in allen Wohnungen, ohne dass dort Schwarzfärbungen auftreten müssen. Da auch an Flächen in diesen Wohnungen Thermophorese auftritt, üblicherweise jedoch erst nach Jahren Verschmutzungen wie z. B. Ränder um Bilderrahmen sichtbar werden, sind weitere Mechanismen zur Erklärung der innerhalb kurzer Zeiträume auftretenden Schwarzfärbung an Oberflächen notwendig, zumal die Thermophorese nur auf die Partikel in unmittelbarer Nähe der Oberfläche wirkt.

Ein möglicher Mechanismus für den „Ferntransport“ von Partikeln könnten nahezu wirbelfreie oberflächennahe Luftströmungen sein, die z. B. als „Fallwinde“ an kälteren Oberflächen auftreten, insbesondere in Phasen, in denen Räume nicht genutzt werden und Fenster und Türen verschlossen sind. Diese Strömungen treten nur während der Heizperiode auf und werden durch die gleichen bauphysikalischen Faktoren wie die Schwarzfärbungen beeinflusst, sodass ein schlüssiges Modell für den Transport der schwarzen Partikel an die schwarz verfärbten Oberflächen vorliegt (Grün, 2001, 2007).

Bauphysikalische Randbedingungen

In der wissenschaftlichen Diskussion besteht Einigkeit darüber, dass Temperaturunterschiede eine notwendige Bedingung für die Entstehung der Schwarzfärbungen sind. Wesentlich sind dabei die Oberflächentemperaturen von Außenwänden und Heizquellen. Diese sind abhängig vom Dämmstandard der Außenhülle, der Lage und Dimensionierung der Heizkörper, der Nachtabsenkung sowie dem Heiz- und Lüftungsverhalten.

Häufig lässt sich beobachten, dass nicht alle Heizkörper zur Beheizung verwendet werden. Insofern ist die Erfassung der bauphysikalischen Randbedingungen wichtig, um Strategien für eine Verminderung des Effekts zu entwickeln. So sorgen eine geringere Nachtabsenkung, die Senkung der Vorlauftemperatur, die Verwendung aller Heizkörper bzw. deren größere Dimensionierung sowie die Dämmung der Gebäudehülle insbesondere an Wärmebrücken für eine Verringerung der Temperaturunterschiede. Dadurch können in weniger schweren Fällen die Symptome vermindert werden, ohne allerdings deren eigentliche Ursache zu beseitigen. Deshalb sollte nicht der Schluss gezogen werden, dass Temperaturunterschiede in Innenräumen für die Schwarzfärbung verantwortlich sind, da diese in nahezu allen Gebäuden vorhanden sind, ohne dass zwangsläufig Verfärbungen auftreten.

2.6.2.3 Gesundheitsrisiken

Nach Auffassung des Umweltbundesamtes geht von den schwarzen Ablagerungen nach gegenwärtigem Kenntnisstand keine unmittelbare Gesundheitsgefahr aus. Die Konzentrationen der nachweisbaren Verbindungen, wie Weichmacher oder andere SVOC, sind in der Raumluft der betroffenen Wohnungen nicht oder nur geringfügig gegenüber nicht betroffenen Wohnungen erhöht. Die Konzentrationen liegen nach bisheriger Kenntnis deutlich unterhalb der Schwelle einer möglichen akuten Gesundheitsgefahr, sofern ausgeschlossen werden kann, dass es sich bei den Ablagerungen um krebserzeugende polycyclische aromatische Kohlenwasserstoffe aus Ruß oder um Schimmelpilze handelt. Allerdings können bei den Vorgängen Verbindungen beteiligt sein, die nach Ansicht des Umweltbundesamtes zu vorübergehenden Reizerscheinungen im Rachenraum führten, ohne dass damit allerdings weitere gesundheitlich negative Folgen verbunden seien (Moriske, 2004).

Insgesamt konnten bisher nur in den wenigsten von Schwarzfärbung betroffenen Innenräumen Gesundheitsgefährdungen für die Nutzer nachgewiesen werden.

2.6.2.4 Untersuchungsverfahren

Angesichts der wissenschaftlich erst in Ansätzen verstandenen Mechanismen der Schwarzfärbungen ist eine vollständige Aufklärung der Ursachen im Einzelfall in der Regel nicht möglich. Da jedoch unterschiedliche Voraussetzungen für die Entstehung der Schwarzfärbungen bekannt sind, können Untersuchungen Erkenntnisse über wesentliche Ursachen liefern und helfen, zwischen Erfolg versprechenden und weniger Erfolg versprechenden Sanierungsmaßnahmen zu unterscheiden. Zum Zeitpunkt der Untersuchungen ist dabei zwischen aktiven und inaktiven Schwarzfärbungen zu unterscheiden. Aufgrund der komplexen Mechanismen und der gegenüber unbeabsichtigten Verunreinigungen sehr empfindlichen Untersuchungsverfahren sollte sich der Sachverständige dabei sowohl auf dem Gebiet der Bauphysik als auch der chemischen und mikrobiologischen Analytik auskennen. Es stehen u. a. folgende Untersuchungsverfahren zur Verfügung:

- Entnahme von Wisch-, Material- und Luftproben zur Bestimmung des SVOC-Gehaltes und der PAK mittels Gaschromatografie/Massenspektroskopie (GC/MS) (Bewertungshilfe für PAK: VdS 2357 [05] Richtlinien zur Brandschadensanierung [2007-04])
- licht- und elektronenmikroskopische Untersuchungen der Partikelbeschaffenheit, Bestimmung der Elementzusammensetzung mittels EDX (energy dispersive x-ray spectroscopy: enegiedispersive Röntgenspektroskopie)
- Bestimmung der Feinstaubkonzentrationen und der Art der Partikel
- Raumklimaaufzeichnungen (Lufttemperatur, Luftfeuchte, Oberflächentemperatur, Oberflächenfeuchte sowie Luftströmungen)
- thermografische Untersuchungen der Oberflächentemperaturen
- Untersuchungen möglicher Luftundichtigkeiten mit dem Blower-Door-Verfahren unter Einsatz von Kunstnebel

Im Vordergrund der Untersuchung steht dabei häufig das Abklären konkreter Verdachtsmomente. Klären lassen sich Einflüsse von

- Schimmelpilzen,
- Verschwelungsprodukten (Zigarettenrauch, häufiger Abbrand von Kerzen oder Räucherstäbchen, schlecht ziehende Kamine),
- Einträgen aus der Außenluft (Hauptverkehrsstraßen, Industrieimmissionen),
- nutzungsbedingten Faktoren (Kochdunst oder Bratfett, zu häufiger Einsatz von Putzmitteln wie Glänzern oder Möbelwachs),
- Foggingeffekten durch Emissionen aus Möblierung, Bodenbelägen oder Baumaterialien,
- Grafitemissionen aus elektrischen Haushaltsgeräten (defekte Kohlen),
- Bauwerksmängeln wie Baufeuchte oder Wärmebrücken,
- Eintrag von Schwarzstaub über Luftundichtigkeiten aus anderen Gebäudeteilen (Garagen oder Kamine) und
- Heizungstechnik (Nachtabsenkung, ungleichmäßige Nutzung von Heizkörpern).

2.6.2.5 Sanierung

Die entscheidende Frage für die Betroffenen bleibt, welche Sanierungsschritte notwendig sind, um die Schwarzfärbungen dauerhaft zu beseitigen. Obwohl in vielen Fällen die Ursache der Schwarzfärbungen nicht im Einzelnen geklärt werden kann, zeigt die Erfahrung, dass es zahlreiche Maßnahmen gibt, deren Kombination das Problem zumindest deutlich vermindern oder gar beseitigen kann. Um den Sanierungsaufwand in Grenzen zu halten, sollte das Maßnahmenpaket nach vorheriger Untersuchung vom Sachverständigen geplant werden. Möglichkeiten sind:

- Entfernung relevanter SVOC-Quellen
- Einsatz mineralischer Wandfarben oder lösemittel- und hochsiederfreier Acrylfarben
- Verzicht auf Umluftdunstabzugshauben (Außenanschluss legen)
- Verwendung von Haushaltsstaubsaugern mit zertifizierten HEPA-Filtersystemen (high efficiency particulate air filter: Hochleistungspartikelluftfilter)
- Vermeidung hoher Temperaturunterschiede (Verringerung der Nachtabsenkung und der Vorlauftemperatur)
- Erhöhung des natürlichen Luftwechsels der Wohnung (Einbau von Fensterlüftungsventilen)
- Vermeidung bzw. Entfernung von Quellen, die schwarze oder dunkle Partikel emittieren (Kerzenabbrand, Kaminruß, Zigarettenrauch, schadhafte Staubsauger)
- Verringerung der Anzahl der Feinstaubpartikel in der Raumluft mittels HEPA-Filtern

Bezüglich der Luftfeuchte widersprechen sich die Aussagen. Während das Umweltbundesamt eine Erhöhung der Luftfeuchte empfiehlt (Moriske, 2004), deuten die Mechanismen der Partikelbildung darauf hin, dass eine niedrigere Luftfeuchte sinnvoller sein könnte.

3 Katalog typischer Schadstoffvorkommen in Innenräumen und an Gebäuden

Hans-Dieter Bossemeyer

Die in diesem Kapitel präsentierte bauteilbezogene Übersicht der wichtigsten Schadstoffe nach ihren Vorkommen in Gebäuden soll in Ergänzung der Kapitel 2.1. bis 2.3 dieses Buches zum katalogartigen Nachschlagen dienen und die systematische Eingrenzung von Risiken erleichtern.

Die Bauschadstoffe zeigen erfahrungsgemäß ein bestimmtes Verteilungsmuster im Gebäude, d. h., es gibt typische Fundstellen; diese sind im folgenden Katalog besonders berücksichtigt. Eine vollständige Auflistung aller Fundstellen und Materialien ist allerdings nicht möglich, denn es gibt zahlreiche untypische Fundstellen, die entsprechend nicht vollständig berücksichtigt werden können: Die schadstoffhaltigen Bauprodukte zeichnen sich durch eine große Variabilität aus und manche sind zudem nur in kleinen Serien produziert worden oder es handelt sich um importierte Spezialausführungen. Hinzu kommt, dass Handwerker, Hausmeister, Heimwerker oder Künstler schadstoffbelastete Bauprodukte sehr individuell einsetzen, und die Materialien verwenden, die gerade zur Hand sind.

So können z. B. in einer eigentlich asbestfreien Unterdecke schmale Leisten aus leichten asbesthaltigen Bauplatten eingesetzt sein, die als Fortsetzung für Holzleisten in der Schattenfuge eines Deckenfrieses dienen. Oder bei Schalungsbauteilen können sich Reste von Asbestpappen oder Asbestplatten finden, die eingebaut wurden, um Lücken zu füllen.

Es ist daher immer das gesamte betreffende Objekt hinsichtlich der in diesem Kapitel behandelten Bauteile und technischen Einrichtungen in den Blick zu nehmen. Nur eine systematische Beprobung aller Bauteile und darüber hinaus eine rasterförmig angelegte Probenahme am selben Bauteil erlaubt es, repräsentative Anteile der Belastungen zu erfassen. Eine ausreichend abgesicherte Schadstofferkundung ist dabei auf die Spezialkenntnisse und Praxiserfahrungen von Sachverständigen angewiesen.

In diesem Kapitel werden zunächst Bauteile und Baukonstruktionen (Kapitel 3.1) und anschließend technische Einrichtungen (Kapitel 3.2) und eine weitere Vorkommen behandelt (Kapitel 3.3).

Asbest wird wegen seiner Bedeutung als Schadstoff und seiner Verbreitung als Baumaterial bei den einzelnen Vorkommen jeweils an erster Stelle behandelt, es folgen künstliche Mineralfasern (KMF) und die wichtigsten Verbindungen bzw. Verbindungsgruppen der organischen Schadstoffe sowie abschließend Schwer- und Halbmetalle.

In der anschließenden Übersicht werden folgende Abkürzungen verwendet:

AZ	Asbestzement
KMF	künstliche Mineralfasern
PAK	polycyclische aromatische Kohlenwasserstoffe
PCB	polychlorierte Biphenyle
PCP	Pentachlorphenol
SVOC	semi volatile organic compounds: schwerflüchtige organische Verbindungen
TBT	tributyltin: Tributylzinn
VOC	volatile organic compounds: flüchtige organische Verbindungen
V 100	Feuchtebeständigkeitsklasse von Holzwerkstoffen für den Einsatz bei erhöhter Luftfeuchte

3.1 Schadstoffe in Bauteilen und Baukonstruktionen

3.1.1 Gründungen, erdberührte Bauteile und Außenanlagen

Asbest

fest gebunden

- AZ-Formteile und -Platten für Minigolfbahnen, Blumenkübel, Bodenplatten (z. B. Grundtragplatten von Pavillonbauten), Spritzwassersockelverkleidungen, Abwasser- und Trinkwasserrohre
- Mörtelmassen in Vermörtelungen von Wand- und Deckendurchbrüchen
- faserhaltige Teermassen, insbesondere in Straßenkreuzungsbereichen und als Korrosionsschutz von Stahlbauteilen (siehe auch unter PAK)
- asbesthaltige Natursteine bestimmter Zusammensetzung

schwach gebunden

- Spritzasbest (weiß und blau) in Erdtankisolierungen (Zwischenschichten)
- Wurfmassen an Anschlüssen
- Asbestpappen in verlorenen Schalungen

KMF

- Isoliermatten gegen kalte Bauteile und für Rohrummantelungen von Erdkanalleitungen
- Spritzfaserpackungen für die Isolierung von Erdtanks

Holzschutzmittel und andere Biozide

- Imprägnierungen von Holzständerwerken, insbesondere von erdberührten Pfosten und Gründungsbalken
- Reste von Lagerbeständen und Rückstände aus Bekämpfungsmaßnahmen

PCB

- PCB-haltige Korrosionsschutzbeschichtungen von Stahlrohren und Eisenbauteilen
- wasserdichte Beschichtungen von Betonbauteilen
- Altlasten, z. B. aus Hochspannungstransformatorleckagen

Abb. 3.1: PAK-haltige Dichtungsmasse (schwarz) auf einer asbesthaltigen Stopfschnur (Markierung)

Abb. 3.2: Austretende PAK-haltige Teerölgrundabdichtung (schwarz)

PAK

- Gussmassen (Teerpech), Isolieranstriche und Dickschichten für die Außenbeschichtung, Horizontalsperren und Abdichtungen von Wand- und Bodendurchführungen erdberührter Bauteile (Abb. 3.1), Korrosionsschutz von Stahlwasserbauteilen, ggf. mit Asbestfaseranteilen
- Gussmassen mit Zuschlagstoffen (Gussasphalt mit Sanden, Asphalte mit Gesteinskörnungen), ggf. mit Asbestfaseranteilen, in Außenbeschichtungen und als Kellersohle bzw. Sohlauflage
- Imprägnierungen von Holzbauteilen (z. B. Bahnschwellen, Telegrafenmasten, Gründungspfähle)
- Teerpappen in Horizontalsperren und Perimeterdämmungen
- teerhaltige Korkplatten bzw. Backkorkplatten und Korkschüttungen in Zwischenwänden, Filzplatten und Torfplatten
- Klebstoffe für Teerpappen, teerhaltige Korkplatten bzw. Backkorkplatten und andere Beläge
- Teeröle aus Altlasten und Injektionen bei undichten Kellersohlen (Abb. 3.2)

VOC

- Lösemittel in Beschichtungen gegen Bodenfeuchte
- Lösemittel in Klebstoffen von Isolierbelägen
- Lösemittel von penetrierenden Feuchteisolierungen (Anstriche und Injektionen)
- eindringende Verunreinigungen durch Leckagen, insbesondere aus chemischen Textilreinigungen, aus der Metallentfettung, aus industriellen Standorten, aus Tankstellen und anderen Lagertankeinrichtungen sowie aus falschen Anwendungen oder Entsorgungen (Altlasten), ferner leichtflüchtige Kohlenwasserstoffe, z. B. aus Deponiegasen

Schwer- und Halbmetalle

- Bleimennige in Rostschutzfarben und Bleipigmente in Lackfarben
- Bleibleche, insbesondere in den Natursteinfugen von historischen Bauten
- Bleiwasserrohre
- Kupferwasserrohre

- Arsenholzschutzmittel
- zinnorganische Antifoulinganstriche (TBT-Anstriche)
- Chrom(VI)-Verbindungen in Holzschutzmitteln
- Blei und Cadmium, z. B. in Kunststoffrohren

3.1.2 Bauteilfugen

Asbest

fest gebunden

- AZ-Abdeckplatten und verlorene Schalungen
- gefüllte Fugenquetschprofile, ggf. mit PCP-Belastung

schwach gebunden

- Seile aus weißem Asbest als Stopfschnüre (Abb. 3.3) in einfacher und doppelter (Vorder- und Hinterwandseite) Lage zwischen Betonbauteilen, zwischen einem Stahlbetonskelettbauteil und Kalksandstein- oder Ziegelausfachungen, hinter Mörtelverfugungen und Fugenmassen
- grob gewebte Textilmatten über größeren Bewegungsfugen (z. B. bei Setzungsfugen, insbesondere in Bergbaugebieten) oder vor Wand-Decke-Anschlussfugen (z. B. in Zwischendecken)
- leichte asbesthaltige Platten vor Anschluss- und Bewegungsfugen wie bei den vorgenannten Textilmatten
- mittelgraublaue, weiche Asbestfaserschäume, teilweise mit Aluminiumfolienkaschierungen, in allen offenen Fugen, einfach eingeschoben oder in geklappter, sich einspreizender Lage (Abb. 3.4)

KMF

- Glasfiberschnüre und Stopfseile in allen Bauteilfugen
- eingestellte Filze, insbesondere für durchgehende Zwischenräume (Bauabschnitte)

PCB

- Fugenmassen (Abb. 3.5) und gefüllte Fugenquetschprofile von Fassadenbetonplatten und anderen Betonfertigbauteilen (z. B. in Bauabschnittsfugen und in Fugen unter Fensterbrettblechen und unter Betonschürzen)

PAK

- Fugenmassen, getränkte Seile, Quetschprofile und Vergussmassen für Außenfugen, Bewegungsfugen und Anschlussfugen an Wand- und Deckendurchbrüchen
- teerhaltige Korkplatten bzw. Backkorkplatten in Fugenzwischenräumen
- Klebstoffe für Teerpappen, teerhaltige Korkplatten bzw. Backkorkplatten und andere Beläge

VOC

Siehe Kapitel 3.1.1 „Gründungen, erdberührte Bauteile und Außenanlagen“.

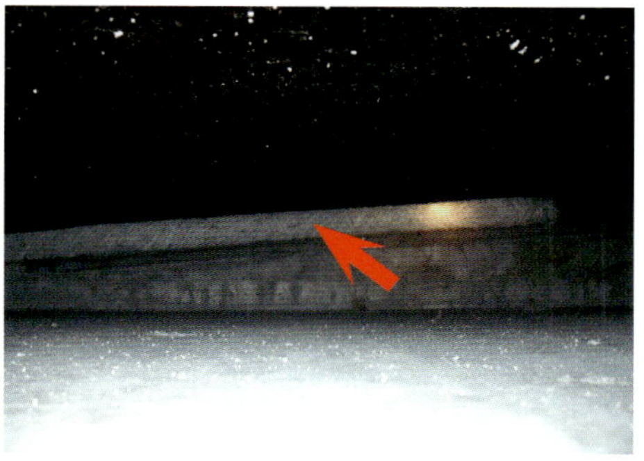

Abb. 3.3: Asbestschnur im Spalt einer Betonvorhangfassade (Markierung) sowie PAK-haltiger Anstrich der Vorhangplatte (schwarz)

Abb. 3.4: Asbestschaumstoff in einer Fassadenfuge

Abb. 3.5: PCB-haltige Fugenmasse in einer Waschbetonfassadenfuge

3.1.3 Außenwände

Asbest

fest gebunden

- AZ-Fassadenplatten (Abb. 3.6 und 3.7)
- Kunstschieferschindeln mit verschiedenen sichtseitigen Farbbeschichtungen
- hoch verdichtete AZ-Fassadenplatten, insbesondere bei Pavillonbauten und Leichtbauausfachungen
- asbesthaltige Klebstoffe und Spachtelmassen zur Befestigung und Verfugung von AZ-Fassadenplatten

schwach gebunden

- Asbestpappen bzw. leichte Asbestplatten hinter Leichtmetallplatten (Abb. 3.8, 3.10 und 3.11) und unter Blechfensterbänken
- leichte asbesthaltige Platten als Brandüberschlagsplatten, z. B. unter Dachüberständen, in Fensterschürzen und Fensterbrüstungen (Abb. 3.9), als selbsttragende Elemente oder in Wand- und Fugenzwischenräumen, ggf. als Sandwichelemente, diese auch als Verbindung aus fest und schwach gebundenen Platten
- Spritzasbest im Brandschutz der Fassadenbauteile

KMF

- Filzmatten für die Kerndämmung zweischaliger Wände und für die Dämmung von Vorhangfassadenelementen
- Spritzfaserbekleidungen für Brandüberschlagsfassadenbauteile und andere Fassadenelemente
- Verbundstoffplatten

Holzschutzmittel und andere Biozide

- Imprägnierungen von Holzständerwerken und Holzfassadenverkleidungen

PCB

- Fugenmassen (siehe auch Kapitel 3.1.2 „Bauteilfugen") und Fassadenbeschichtungen gegen Kondensatfeuchte
- Reste von Schalölen bei Betonbauteilen
- Betonfarben

PAK

- Gussmassen, Isolieranstriche (Abb. 3.3) und Dickschichten für Außenbeschichtungen, Horizontalsperren und Durchbruchsabdichtungen, insbesondere in Schlagregenbereichen und im Bereich der Perimeterdämmung
- Anstriche, ggf. auch Holzteeranstriche
- Teerpappen in Horizontalsperren und in (Dekor-)Fassadenverkleidungen
- teerhaltige Korkplatten bzw. Backkorkplatten und Korkschüttungen in Doppelwänden und in Leichtbauaußenwänden

Abb. 3.6: Fest gebundene AZ-Platte (trotz geringerer Stärke deutlich schwerer und härter als leichte asbesthaltige Platten)

Abb. 3.7: AZ-Platte in der Fensterleibung

Abb. 3.8: Leichte Asbestplatte in einer geöffneten Fassade

Abb. 3.9: AZ-Sturzverkleidung (oben) und AZ-Brüstungsplatte (unten)

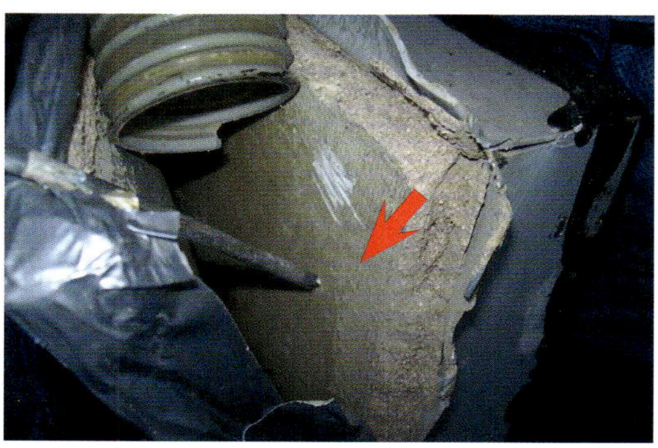

Abb. 3.10: Leichte asbesthaltige Platte (Sandwichfassadenplatte)

Abb. 3.11: Asbestrandstreifen in einer geöffneten Fassadenplatte

Formaldehyd

- Verbundstoffklebstoffe mit Formaldehydabspaltung in Holzwerkstoffplatten und -formteilen für Möbel, Wandelemente und verlorene Schalungen
- Verbundstoffklebstoffe in Mineralwollematten und -formteilen für Raumisolierungen und Geräteisolierungen
- Topfkonservierer für Belagsklebstoffe, Reinigungsmittel und Farben
- Reaktionsharzbestandteile von Ortschaumisolierungen, insbesondere in doppelschaligen Wänden bei Wärmeschutzaltbausanierungen

Schwer- und Halbmetalle

- Bleimennige in Rostschutzfarben und Bleipigmente in Lackfarben
- Bleibleche
- Bleischeibendichtungen, insbesondere von historischen Sandsteinbauten
- Blei und Cadmium, z. B. in Kunststoffrohren oder Rahmenbauteilen
- Quecksilberholzschutzmittel
- Arsenholzschutzmittel
- zinnorganische Antifoulinganstriche (TBT-Anstriche)
- Chrom(VI)-Verbindungen in Holzschutzmitteln

3.1.4 Fenster

Asbest

fest gebunden

- AZ-Platten und hoch verdichtete AZ-Platten in Fensterelementen und Fassadensystemen mit Fenstern
- Leinölkittmassen und Teerkittmassen, typischerweise im Glasfalz von Stahlindustriefenstern und anderen Metallrahmenfenstern (Abb. 3.12 und 3.13), u. a. mit PCB-Anteilen (siehe PCB)
- AZ-Werksteine für Fensterbänke (Abb. 3.14)

schwach gebunden

- Asbestpappen in Glasfalzen (Abb. 3.15), hinter Winkelprofilen und in den Metallprofilrahmen von Glasbrandschutztüren, -fenstern und -wänden
- leichte asbesthaltige Platten als Spaltabdichtungen zwischen Leibung und Fenster (Abb. 3.16) bzw. Türzarge, als Brüstungsfüllungen oder Brandüberschlagsschürzen von Fensterelementen (in Letzteren u. a. Sandwichelemente aus schwach und fest gebundenen Platten)
- Asbestschnüre (Abb. 3.17) in den gleichen Verwendungen wie vorgenannte Asbestpappen und Asbestplatten

KMF

- Filzmatten für die Kerndämmung von Metallfenstern und -fensterelementen
- Glasfiberschnüre und gefüllte Seile in Glasfalzen, Mauerwerksanschlüssen und Elementfugen

Holzschutzmittel und andere Biozide

- Imprägnierungen von Holzfenstern, (z. B. Bläueschutz)

Abb. 3.12: Asbestkitt in einem Industriefenster

Abb. 3.13: Asbestkitt in einem Stahlfenster

Abb. 3.14: AZ-Fensterbank

Abb. 3.15: Asbestpappestreifen im Glasfalz

Abb. 3.16: Leichte asbesthaltige Platte in einem eröffneten Fensterrahmen

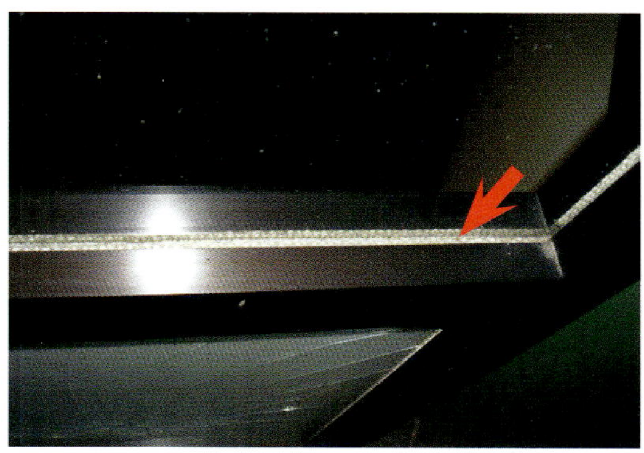

Abb. 3.17: Asbestschnur im Glasfalz

PCB

- Fugenmassen in Glasfalzen, Fensterrahmenfugen, Zargenfugen (z. B. hinter Winkelprofilen und in Hohlprofilen)
- Kittmassen (Leinölkitt) in Glasfalzen, ggf. mit Asbestfaseranteilen (siehe Asbest, fest gebunden)
- PCB-haltige Lackbeschichtungen von Fensterelementen
- Weichmacher in Verdunkelungsrollos

PAK

- Gussmassen und Kitte, ggf. mit Asbestfaseranteilen, in Glasfalzen und Konstruktionsfugen, insbesondere in Industrie- und Gewächshausfenstern
- Korrosionsschutzanstriche für Stahlbaurahmen und Fensterelemente
- Teerpappen für die Bauteilentkopplung, z. B. zwischen Rahmen und Leibung
- teerhaltige Korkplatten bzw. Backkorkplatten und Korkschüttungen in Hohlbauteilen der Fenster und Fensterelemente
- Klebstoffe für Teerpappen, teerhaltige Korkplatten bzw. Backkorkplatten und andere Beläge

VOC

- Imprägnierungen von Holzständerwerken
- Reinigungs- und Pflegemittel
- Holzlackfarben und Metallbaulacke
- Lösemittel in Fugenmassen für Glasfalzen und Rahmenfugen
- Weichmacher (SVOC) in Kunststofffenstern, außen liegenden Sonnenrollos und innen liegenden Verdunkelungsrollos

Schwermetalle

- Bleistege und Lötstellen in Butzenscheibenfenstern
- Bleiplattendichtungen in Metallfenstern, Bleiabdeckungen von Fensterbänken
- Blei und Cadmium in PVC-Kunststofffenstern

3.1.5 Türen und Tore

Asbest

fest gebunden

- Kittmassen (siehe Kapitel 3.1.4 „Fenster"), AZ-Platten (Abb. 3.18), hoch verdichtete AZ-Platten in Türfüllungen
- Farbbeschichtungen von Brandschutztüren und Raumteilern mit Asbestfasern oder mit eingelegten Asbestnetzen (z. B. sog. „eiserne Vorhänge" von Bühnenbauten)

schwach gebunden

- Asbestpappen im Schlosstaschenbereich (Abb. 3.19), im Türfalzbereich (Abb. 3.20) und im gesamten Türblatt (Abb. 3.21) von Stahlbrandschutztüren (zu Glasbrandschutztüren siehe Kapitel 3.1.4 „Fenster")
- leichte asbesthaltige Platten als selbsttragende Türblätter mit Farbbeschichtung, als Abkofferungen der Rolltormechanik und der Rolltorkästen, als Brandschotten neben und über Brandschutztüren und -toren
- Asbestschnüre und -stricke in Rolltorlamellen, in Falzdichtungen von Brandschutztoren (Abb. 3.22) und insbesondere von Bunkertüren (ggf. gedrahtet und mit Grafit eingeschwärzt)
- Asbestfüllmassen in Brandschutzrolltoren sowie Stahltoren und Klappen von Temperräumen und Feuerungsanlagen (siehe hierzu auch Kapitel 3.2 „Schadstoffe in technischen Einrichtungen")

Abb. 3.18: Zerstörte AZ-Platte in der Türblattfüllung

Abb. 3.19: Asbestpappe (hell) in der Schlosstaschenisolierung

Abb. 3.20: Asbestpappe im Türfalz

Abb. 3.21: Asbestpappe im Türblattsaum

Abb. 3.22: Asbestschnur im Türfalz

KMF

- leichte und schwere Mineralwollematten als Füllung von Brandschutztüren und deren Stahlzargen bzw. Elementkonstruktionen sowie in Leichtmetallkonstruktionen zur thermischen und akustischen Entkopplung
- Glasfiberschnüre und gefüllte Seile für Zargenfüllungen und für die Lamellenfüllungen von Rolltüren

Holzschutzmittel und andere Biozide

- Imprägnierungen von Holztüren

PCB

- Fugenmassen in Einfassungsfugen
- PCB-haltige Lackbeschichtungen von Stahltüren und deren Zargen, insbesondere von Brandschutztüren und -toren
- Kitte für Lichtfensterscheiben in Türen (siehe auch Kapitel 3.1.4 „Fenster“)

PAK

- Korrosionsschutzanstriche für Stahlbautüren
- Teerpappen für die Bauteilentkopplung, z. B. zwischen Rahmen und Leibung
- teerhaltige Korkplatten bzw. Backkorkplatten und Korkschüttungen in Türfüllungen
- Klebstoffe für Teerpappen, teerhaltige Korkplatten bzw. Backkorkplatten

Formaldehyd

- Verbundstoffklebstoffe mit Formaldehydabspaltung in Holzwerkstoffplatten und -formteilen für Türelemente
- Verbundstoffklebstoffe in Mineralwollematten und -formteilen für Raumisolierungen und Geräteisolierungen
- Topfkonservierer für Belagsklebstoffe, Reinigungsmittel und Farben

VOC

- Lösemittel in Lackfarben für Metalltüren und -zargen
- Klebstoffe für Verbundwerkstoffe von Türen
- Weichmacher (SVOC) in Wandbeschichtungen und Wandlacken
- Flammschutzmittel (ggf. SVOC) in Brandschutztüren

3.1.6 Innenwände

Asbest

fest gebunden

- AZ-Platten und hoch verdichtete AZ-Platten von Leichtbauwänden, Kabinenwänden (Umkleidebereiche, Sozialräume, Kassiererräume, Galerien und andere Einbauten) und von technischen Räumen wie Elektroräumen, für Schachtverschlüsse, für Wandverkleidungen und für Gleitlager von Betonbauteilen, insbesondere zwischen Träger und Stütze
- Asbestfaser-Kunstharzkieselputze, insbesondere im Sockelbereich von Fluren und anderen stark beanspruchten Räumen

schwach gebunden

- leichte Asbestplatten als Brandschutztrennwände (Abb. 3.23 und 3.24), außen anstehend und selbsttragend oder auf Unterkonstruktionen (ggf. ebenfalls aus leichten Asbestplatten) sowie innerhalb der Wände eingestellt bzw. eingeklebt, in vollflächiger Verwendung oder nur konstruktive (Stahl-)Elemente wie Säulen und Träger oder Türzargen schützend (Abb. 3.25 und 3.26) bzw. Anschlusspunkte zu Decke, Boden, Wänden, Türen oder Nachbarelementen abdeckend und ggf. unter Belägen und Beschichtungen verborgen

Abb. 3.23: Asbestplatten als Leichtbauwand

Abb. 3.24: Asbestplatte als Wandstützenverkleidung

Abb. 3.25: Asbestplatten als Stützenverkleidung, offen

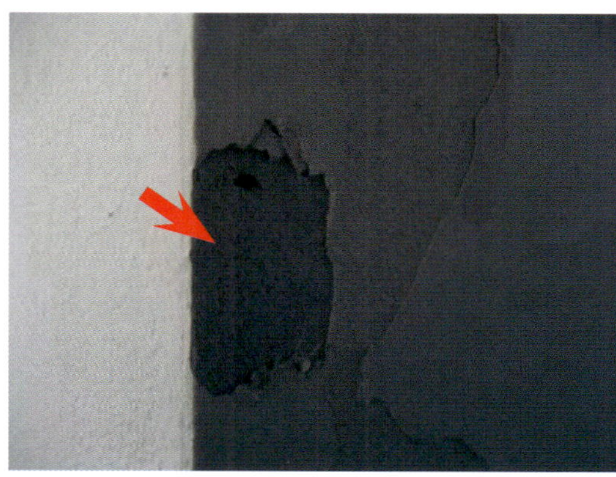

Abb. 3.26: Asbestplatten als Stützenverkleidung, mehrfach beschichtet

- Asbestpappen innerhalb der Wände in Verwendung wie vorgenannte leichte Asbestplatten, insbesondere in Boden- und Deckenanschlussschuhen aus Stahl und als Anschlussfedern von Holzplatten, sowie für Gleitlager zwischen Betonbauteilen
- Spanplatten mit Asbestfaseranteilen zur Ausbildung der Wandflächen
- Asbestschnüre und -stricke in Anschlussfugen von Leichtbauwänden, insbesondere zu stählernen Türzargen, sowie in den Mauerfugen von Stahlbetonskelettkonstruktionen mit Kalksandstein- oder Ziegelausfachungen, ggf. in doppelter Lage
- Asbestdübel, insbesondere für brandschutzklassifizierte Bauteile

- Asbestsäckchen mit Asbestfüllung zum Einlegen in Decken- und Wanddurchbrüche (Abb. 3.27)
- Spritzasbestmassen mit blauem (Abb. 3.28) und weißem Asbest (Abb. 3.29), ggf. in Mischung mit künstlichen Mineralfasern, in Installationsdurchbrüchen (z. B. für Rohre, Kanäle, Kabel), ggf. auf Stahldrahtmaschen und anderen konstruktiven Strukturen auch in größeren Spannweiten, in Wandspalten und in allen Anschlussfugen der Innenwände, typischerweise bei allen Brandabschnitten (insbesondere von Sonderbauten), für die Verkleidungen von Stahlstützen und -trägern, ggf. unter Belägen oder Beschichtungen (Abb. 3.30), u. a. als „Overspray"-Asbestreste
- Wurfmassen und Mörtel wie in den vorgenannten Verwendungen, jedoch überwiegend kleinteiliger
- Gipsspachtel für die Stoßüberarbeitung und als Glättspachtel von Gipskartonplatten (z. B. in Leichtbauwänden)
- Akustikputze, z. B. in Kirchen, Konzerthallen, Schwimmbädern und anderen Versammlungsstätten
- Füllmassen in Leichtbauwänden und Stahlbauwänden (siehe auch Kapitel 3.1.5 „Türen und Tore"), z. B. in Isolierwänden von Heizungsräumen und Kühlanlagen
- Asbestbeschichtungen als Kieselputze und Wandfarben

KMF

- leichte und schwere Mineralwollematten für die Füllung von Leichtbauwänden zur thermischen und akustischen Entkopplung und zur Erfüllung der Anforderungen einer Brandschutzklasse
- Glasfiberschnüre und gefüllte Seile in allen Bauteilfugen und für Materialanschlüsse
- Spritzfaserschotten in diversen Wanddurchbrüchen und zur Brandschutzverkleidung von Stahlbauteilen
- Faserverbundstoff in Gipskarton-, Zement- und Kunststoffplatten
- Glasgewebetapeten und Glasseidenvorhänge

Holzschutzmittel und andere Biozide

- Holzimprägnierungen von Holzpaneelwänden, Bretterverkleidungen, Konstruktionshölzern für Leichtbauwände und frei liegenden Holzbalken bzw. Fachwerken
- Rückstände aus Entwesungsaktionen gegen Insekten (z. B. Kakerlaken), Mäuse und Ratten in Zwischenwänden

PCB

- Fugenmassen in allen Bauteilfugen und Fugen zu Einbauten wie Fenstern und Türen sowie zu Sanitäreinbauten
- Ölbinderfarben in Wandbeschichtungen (Abb. 3.31)
- Betonfarben
- Holzbrandschutzfarben
- Primer für sandende Wandputze
- Imprägnierungen von Holzbauteilen, ggf. mit Anteilen anderer Holzschutzmittel
- Kunstharze für Kieselputze, ggf. mit Asbestfasern

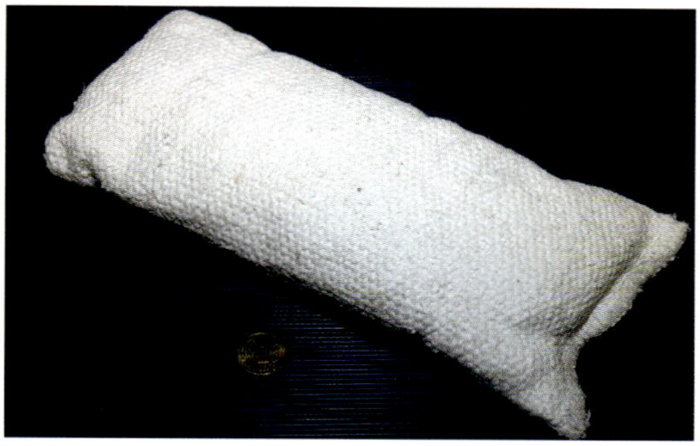

Abb. 3.27: Brandschutzsäckchen (Chrysotilasbest) zum Verschluss von Decken- und Wanddurchbrüchen mit Umhüllung aus textil verarbeitetem weißem Asbest

Abb. 3.28: Blauer Asbest (Krokydolithasbest), als Halbprodukt aus südafrikanischen Minen importiert und zu Bauprodukten mit oft ähnlichem Aussehen (z. B. blauer Spritzasbest oder Asbestschaum) weiterverarbeitet

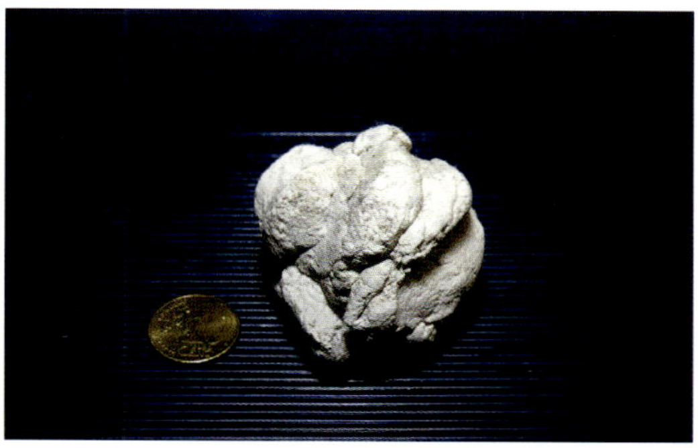

Abb. 3.29: Weißer Spritzasbest (Chrysotilasbest); von Hand geknetetes Stück (in der Praxis wurde Spritzasbest sowohl maschinell aufgespritzt als auch händisch als Wurfmasse verarbeitet)

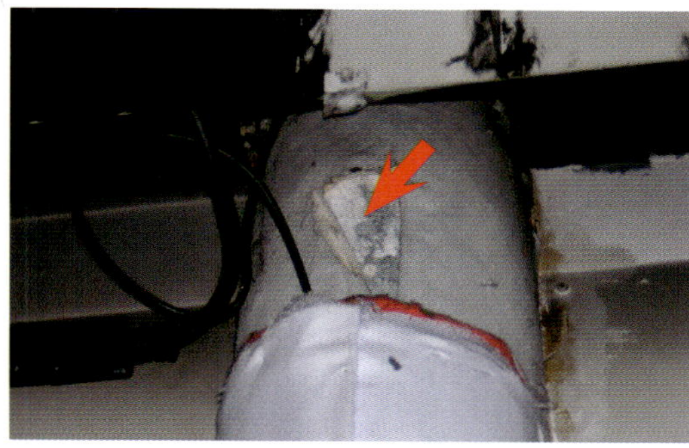

Abb. 3.30: Spritzasbest als Stützenverkleidung, mehrfach überdeckt

Abb. 3.31: PCB-haltige Wandfarbe

PAK

- Fugenmassen und Gussmassen in allen Bauteilfugen
- Anstriche, auch Holzteeranstriche, insbesondere in – ggf. ehemaligen – Nassräumen, Stallungen u. Ä.
- Teerpappen in Horizontalsperren
- teerhaltige Korkplatten bzw. Backkorkplatten und Korkschüttungen in Zwischenwänden, z. B. für Kühlräume und Wärmekammern
- Klebstoffe für Teerpappen, teerhaltige Korkplatten bzw. Backkorkplatten und andere Beläge
- Holzteerreste mit Ruß in Räucherkammern sowie Rückstände früherer Brandereignisse
- Chlornaphthalin, Kresole und andere den PAK verwandte Verbindungen in Spanplatten, z. B. in V-100-Platten für Pavillonbauten, und als Bestandteile anderer Holzbauimprägnierungen
- PAK-haltige Lösungen für insektizide Anwendungen in Hohlräumen

Formaldehyd

- Verbundstoffklebstoffe mit Formaldehydabspaltung in Holzwerkstoffplatten und -formteilen für Leichtbauwände und Wandelemente
- Verbundstoffklebstoffe in Mineralwollematten und -formteilen für Raumisolierungen
- Topfkonservierer für Belagsklebstoffe, Reinigungsmittel und Farben

VOC

- Lösemittel in Metallbaulacken, z. B. auf Wandpaneelen
- Lösungsvermittler in Anstrichfarben
- Belagsklebstoffe, insbesondere Haftklebstoffe für schwere Wandbeläge und -verkleidungen
- Kunststoffe für glatte Beläge oder Teppichbodenteile, in Deckenrasterplatten, Verkleidungen und Wandbelägen
- kunstharzvergütete Fertigputze
- Weichmacher (SVOC) in Wandbeschichtungen und Wandlacken
- Flammschutzmittel (ggf. SVOC) in Wandbekleidungen (insbesondere mit Schaumstoffanteilen) und in Wandvorhängen
- Duftstoffe zur Produkt- und Raumodorierung

Schwermetalle

- Bleiblechdichtungen, insbesondere in den Steinfugen von historischen Natursteinbauwerken (z. B. Kirchensäulen)
- Installationen (siehe hierzu Kapitel 3.2 „Schadstoffe in technische Einrichtungen“)

Abb. 3.32: AZ-Streifen in einer Betondeckenschalfuge

Abb. 3.33: Spritzasbest mit Beschichtung auf einem Stahlträger (Bruchstücke)

3.1.7 Decken

Asbest

fest gebunden

- AZ-Platten und AZ-Wellplatten von Leichtbaudecken auf abgehängten T-Profilen oder auf Unterkonstruktionen (je nach Beflammungsseite ausgelegt) und als Akustiklochplatten, z. B. in Werkhallen, Umkleidebereichen, Versammlungsstätten, Treppenhaustrennungen, Pavillonbauten
- Faserbeton im Betonbau
- AZ-Streifen bzw. verfestigte AZ-Streifen der verlorenen Schalung, eingelegt in die Schalungsplattenstöße (Abb. 3.32), je nach ehemaliger Befestigung in den Beton eingebunden, untersichtig aufliegend oder im späteren Bauablauf entfernt und einen Schalungsabdruck hinterlassend (entsprechend den ehemaligen Bauerfordernissen uneinheitlich verlegt)
- weitere Asbestprodukte wie bei Innenwänden (siehe hierzu Kapitel 3.1.6 „Innenwände")

schwach gebunden

- Asbestpappen in Deckenplatten, z. B. in alten Barackenbauten, oder für Gleitlager von Deckenträgern
- Spritzasbest, z. B. unter Kuppel- und Gewölbedecken oder an Deckenstahlträgern, ggf. mit Haftgrundanstrichen (z. B. Bitumen- und Teeranstriche) in die Grenzschicht eingebunden
- Asbestdübel, insbesondere für brandschutzklassifizierte Bauteile
- leichter Fasermörtel für Rabitzdecken und Stahlträgerummantelungen (Abb. 3.33)
- Asbestsäckchen mit Asbestfüllung zum Einlegen in Decken- und Wanddurchbrüche (Abb. 3.27)
- Fasergips in Gipsstuckteilen der Rasterunterdecken, teils mit filigraner Struktur

- leichte asbesthaltige Platten als Brandschutzdeckenplatten (Abb. 3.34 bis 3.36) (siehe auch Kapitel 3.1.6 „Innenwände“) und für Akustikputze, z. B. in Kirchen, Konzerthallen und anderen Versammlungsstätten
- Akustikplatten und Brandschutzplatten mit feiner, unregelmäßiger Dekor- und Akustiklochung bzw. mit regelmäßiger Bohrlochung (Abb. 3.37)
- leichte asbesthaltige Platten als Deckenrandleisten (Schattenfugen) der Unterdecken, auch bei Decken ohne Brandschutzfunktion, teils abwechselnd mit Holzleisten
- leichte asbesthaltige Platten und Pappen als verlorene Betonbauschalungen
- Asbestreste und Asbestfasern im Altstaub von Zwischendecken (aus der Bauzeit und aus zwischenzeitlichen Baumaßnahmen mit Störungen der vorhandenen Asbestvorkommen), Belastungen oft durch Luftströmungen und durch Verschleppung uneinheitlich geprägt und unter Belägen und Beschichtungen verborgen

KMF

- Mineralwollematten für Akustikauflagen von Unterdecken, mit Schwarzvlieskaschierungen, in Hüllfolien oder ohne Kaschierungen, für Deckenauflagen gegen kalte Dachgeschosse und hinter Tragverkleidungen gegen kalte Kellergeschosse (Abb. 3.38 und 3.39)
- verfestigte Akustikplatten mit charakteristischer Lochstruktur in Akustikunterdecken, verklebt, verschraubt oder in Raster eingelegt
- Spritzfaserbeschichtungen von Stahlbauteilen und für andere Brandschutzanforderungen
- Faserputze für akustische Ausstattungen und für Rabitzdecken

Holzschutzmittel und andere Biozide

- Imprägnierungen von Deckenpaneelen und Holzunterkonstruktionen (Abb. 3.40)
- Rückstände aus Entwesungsaktionen gegen Insekten (z. B. Kakerlaken), Mäuse und Ratten, z. B. in Wohnhäusern, Lagerhäusern, Unterkünften, Küchen

PCB

- Fugenmassen in allen Bauteilfugen
- Ölbinderfarben in Deckenbeschichtungen
- flammhemmende Anstriche bei Holzbauteilen
- Akustikplatten, vorwiegend in größeren Formaten und für Versammlungsstätten, ggf. mit KMF-Fasereinlagen

PAK

- Imprägnierungen von Hölzern, z. B. für Tragbalken und Dielenlagen
- Teerpappen in Horizontalsperren und in Balkenkopfentkopplungen
- teerhaltige Korkpappen bzw. Backkorkplatten und Korkschüttungen bzw. Ascheschüttungen zu kalten Geschossen
- Klebstoffe für Teerpappen, teerhaltige Korkplatten bzw. Backkorkplatten und andere Beläge

Formaldehyd

- Verbundstoffklebstoffe mit Formaldehydabspaltung in Holzwerkstoffplatten und -formteilen für Deckenelemente, z. B. als verlorene Schalungen für Betondecken (Abb. 3.41)

Abb. 3.34: Leichte asbesthaltige Platten einer Unterdecke

Abb. 3.35: Detailaufnahme einer Bruchstelle aus der Deckenverkleidung in Abb. 3.34

Abb. 3.36: Asbesthaltige Platten als Verschluss eines Deckendurchbruchs

Abb. 3.37: Deckenplatte mit Dekor von Basaltfaserplatten (Variante mit geringerer Stärke als die sonst üblichen leichten asbesthaltigen Platten)

Abb. 3.38: KMF-Mineralwolle als Unterdeckenauflage

Abb. 3.39: KMF-Mineralwolle Akustikdeckeneinlage

Abb. 3.40: Holzschutzmittelbelastete Unterdeckenvertäfelung

Abb. 3.41: Formaldehydhaltige verlorene Betondeckenschalung

- Verbundstoffklebstoffe in Mineralwollematten für die Wärmeisolierung und für Akustikeinlagen abgehängter Deckenverkleidungen
- Topfkonservierer für Belagsklebstoffe, Reinigungsmittel und Farben
- Reaktionsharzbestandteile von Ortschaumisolierungen, insbesondere bei Wärmeschutzmaßnahmen gegen kalte Bauteile (z. B. Kellerdecken, Dachgeschossdecken)

VOC

- Imprägnierungen von Holzbauteilen
- Lackbeschichtungen von Deckenbauteilen
- Belagsklebstoffe, insbesondere Haftklebstoffe für schwere Deckenbeläge und -verkleidungen
- Lösemittel und Flammschutzmittel (SVOC) in Kunststoffen in Deckenrasterplatten und Deckenbelägen
- Flammschutzmittel (ggf. SVOC) in Deckenbekleidungen

Schwermetalle

- Bleiblechdichtungen, insbesondere in den Steinfugen von historischen Natursteinbauwerken (z. B. Kirchensäulen)
- Installationen (siehe hierzu Kapitel 3.2 „Schadstoffe in technischen Einrichtungen")

3.1.8 Treppen, Schächte und Anschlussfugen

Asbest

Durch erhöhte Brandschutzanforderungen an Treppenhäuser ist dort mit mehr Asbestprodukten als an anderen Bauteilen zu rechnen. Die Bauteilfugen, Innenwände, Decken und Böden von Treppenhäusern sind jeweils auch als Einzelbauteile zu betrachten (siehe hierzu Kapitel 3.1.2, 3.1.6, 3.1.7 und 3.1.10).

fest gebunden

- AZ-Platten für die Füllungen von Geländerbrüstungen (Abb. 3.42)
- Rückwände bzw. hinter Rückwänden von Wandhydranten-, E-Verteiler- und Sicherungskästen, zum Teil als Montagerückwände der Installationen
- AZ-Platten für Schachtverschlüsse
- AZ-Werksteine für Treppenstufen und Fußleisten

schwach gebunden

- leichte asbesthaltige Platten als Brandschutzaufdoppelungen unter Beton- und Holztreppen (Abb. 3.43), hinter Installationskästen und hinter den Blechverkleidungen von Aufzugsportalen, hinter Brandschutzschachtauskleidungen und für Anschlussabdichtungen (Abb. 3.44), sowie Wände aus leichten asbesthaltigen Platten (Abb. 3.45), Hinterfütterungen z. B. von Hydrantenkästen (Abb. 3.46), Brandschutzbekleidungen
- Spritzasbestschotte und -verschlüsse (Abb. 3.47; siehe auch Kapitel 3.1.6 „Innenwände")
- Gewebematten an Anschlussfugen und Bodenspalten
- leichte Asbestplatten als Abkofferungen und Fugenüberdeckungen

Abb. 3.42: AZ-Platten einer Treppengeländerbrüstung

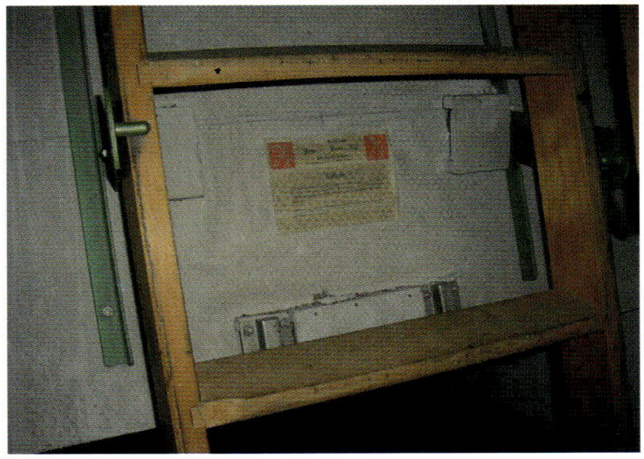

Abb. 3.43: Asbesthaltige Platte auf einer Dachbodentreppenklappe

Abb. 3.44: Leichte asbesthaltige Platten in einem Schacht

Abb. 3.45: Asbesthaltige Platten einer Schachtwand

Abb. 3.46: Asbesthaltige Platte als schachtseitige Rückwandverkleidung eines Hydrantenkastens

Abb. 3.47: Spritzasbest in einem Schachtabschluss

PCB

- Kunstharze für Kieselputze, ggf. mit Asbestfaseranteilen (siehe auch Kapitel 3.1.6 „Innenwände")
- Fugenmassen in allen Bauteilfugen
- Ölbinderfarben in strapazierfähigen Wandbeschichtungen und Primer für sandende Wandputze
- Brandschutzbeschichtungen von Stahlbauteilen (Konstruktion und Geländer), ggf. mit Asbestfaseranteilen

Schwermetalle

- Bleimennige in Rostschutzfarben und Bleipigmente in Lackfarben für Metalltreppen und -treppenbauteile wie z. B. Geländer

3.1.9 Balkone, Geländer und Brüstungen

Asbest

fest gebunden

- AZ-Platten und hoch verdichtete AZ-Platten für die Füllungen von Geländern und Sichtblenden (Abb. 3.48)
- AZ-Formteile für Balkonkästen und Pflanzkübel
- AZ-Platten für Verschlussplatten von frontseitigen Installationskanälen

schwach gebunden

- Spritzasbest in Durchbrüchen für Installationen von frontseitigen Installationskanälen
- leichte asbesthaltige Platten als Außenkanäle, Brandüberschlagsschürzen und Brüstungsplatten

KMF

- leichte und schwere Mineralwollematten sowie Spritzfasermassen für die Füllung von Außenkanälen
- Glasfiberschnüre und gefüllte Seile für die Durchbrüche der Fassadenkanäle

Holzschutzmittel und andere Biozide

- Imprägnierungen, insbesondere von bewitterten Holzkonstruktionen

PAK

- Teerpappen mit Gussmassen für die Balkonabdichtung (z. B. unter Mörtellagen mit Flieseneindeckung oder unter aufgelegten Holzdielenlagen) sowie z. B. für Wandverkleidungen, Sockel, Simse
- Imprägnierungen von Hölzern (z. B. für Holzgerüste und Bretterlagen), teerhaltige Korkplatten bzw. Backkorkplatten und Korkschüttungen bzw. Ascheschüttungen zu warmen Geschossen
- Klebstoffe für Teerpappen, teerhaltige Korkplatten bzw. Backkorkplatten und andere Beläge
- Gussasphalte mit Sand- oder Gesteinskornzuschlägen (siehe auch Kapitel 3.1.1 „Gründungen, erdberührte Bauteile und Außenanlagen")

Abb. 3.48: Leichte asbesthaltige Platten einer Balkonbrüstung

Abb. 3.49: Asbestgussmasse (rot) als Bodenbelag

Abb. 3.50: Hartelastische Asbestbodenfliesen (hell) über PAK-haltigen Gussasphaltfliesen (dunkel)

Abb. 3.51: Asbestschwarzklebstoff unter einem PVC-Belag

Formaldehyd

Siehe Kapitel 3.1.3 „Außenwände".

VOC

Siehe Kapitel 3.1.3 „Außenwände".

Schwermetalle

- Bleimennige in Rostschutzfarben und Bleipigmente in Lackfarben von Stahlkonstruktionen

3.1.10 Böden und Bodenbeläge

Asbest

fest gebunden

- AZ-Platten in aufgeständerten Doppelböden (z. B. für Elektroräume)
- Vergussmassen für Industrieböden und Feuchträume (Abb. 3.49)
- Gussasphaltplatten (Fliesen), ggf. mit PAK-Anteilen (Abb. 3.50)
- faserhaltiger Kunststoff mit elastischen PVC-Platten, vorwiegend in quadratischem Format, in verschiedenen, oft gestromten und typischen Farbtönen (Abb. 3.50)
- Bitumenklebstoffe mit Fasern bei einem Teil der vorgenannten PVC-Platten und bei anderen Belägen (Abb. 3.51)

- Teppichbodenrücken mit hartelastischem, ca. 5 mm starkem Rücken mit Asbestfasern
- PVC-Bahnenware mit Asbestfaseranteilen (Abb. 3.52), z. B. bei Schaltanlagenräumen
- Magnesitestriche mit wechselnden Anteilen von Asbest und Holzfasern, insbesondere in Gewerbebauten wie Industriegebäuden oder Lagerhäusern
- AZ-Werksteine für Bodenfliesen und für Fußleisten (Abb. 3.53)
- AZ-Platten und AZ-Wellplatten unter Bodenaufbauten, z. B. Tragplatten von Pavillonbauten
- Faserbeton im Stahlbetonbau

schwach gebunden

- leichte asbesthaltige Platten in Trockenestrichplatten, über Durchbrüchen und Schachtverschlüssen
- Holzbetonestrich und Holzwerkstoffplatten mit weißem und blauem Asbest, insbesondere in Gewerbebauten
- Asbestpappen unter Weich-PVC (sog. Cushion Vinyls) (Abb. 3.54), für Isolierungen von Bodenelektranten (bodengleiche Elektroanschlusskästen) und als gesonderte Akustiktrennlage von Bodenbelägen
- Asbestkissen, -stopfpackungen und -mörtel in Kabeldurchführungen, z. B. in Fernmeldeanlagen und Elektroschächten
- Spritzasbest in Installationsdurchbrüchen, z. B. für Heizungsrohre oder Injektionslüftungen, für die Isolierung von filigranen Betondecken im Fassadenbereich, für die Brandschutzabdichtung von Installationskanälen im Fassadenbereich, oft einer frontseitigen oder flurwandseitigen Systematik folgend hinter Geräteverkleidungen, Einbaumöbeln oder Plattenverkleidungen angebracht
- Reststücke, Spritzasbest-Overspray und Faserstaub im Baustaub unter schwimmendem Estrich, z. B. durch in der Nähe liegende Asbestbauteile, ehemalige Bearbeitungsorte im Bauablauf oder Staubverschleppungen

KMF

- selbsttragende Mineralwollematten für die thermische und akustische Entkopplung im schwimmenden Estrich
- leichte Mineralwollematten in doppelten Böden

Holzschutzmittel und andere Biozide

- Imprägnierungen von Holzböden und Holzträgerbalken sowie von Wollteppichen
- Rückstände aus Entwesungsaktionen gegen Insekten (z. B. Kakerlaken), Mäuse und Ratten, z. B. in Wohnhäusern, Lagerhäusern, Unterkünften, Küchen

PCB

- Estrichepoxidharzbeschichtungen, z. B. für die typischen grauen Kellerbodenanstriche oder als azurblaue Schwimmbadfarben
- Fugenmassen in allen Bauteilfugen

Abb. 3.52: Asbestkunststoffbahn unter einem Teppichboden

Abb. 3.53: AZ-Fliesen, -Fußleisten und -Stufenbeläge

Abb. 3.54: Weichelastischer Belag mit einem Asbestpappenrücken (helle Punkte in der Schadstelle)

Abb. 3.55: PCB-haltiger Bodenbelag und PCB-haltiger Lack der Metalltürzarge (dunkelbraun)

- Bodenbeläge und Bodenbelagsklebstoffe (Abb. 3.55)
- Pflegemittel (Wachse und Imprägnierungen)

PAK

- Gussmassen (Teerpech) und Anstriche (Teeröl) bzw. Mischungen unterschiedlicher Viskosität, insbesondere in – ggf. ehemaligen – Nassräumen und Stallungen sowie auf Vordächern und Terrassen und in Kühlräumen und nicht unterkellerten Räumen, flächig aufgetragen oder als erstarrte Zwischenschichten (Horizontalsperren) bzw. zähflüssig in Wannenausbildungen für Balkenlagen gegossen
- Teerpappen und -papierbahnen, ggf. in Verbindung mit vorgenannten Gussmassen und Anstrichen sowie Klebstoffen
- teerhaltige Korkplatten bzw. Backkorkplatten und Korkschüttungen in Zwischenböden und unter schwimmenden Estrichen
- Filzplatten und Torfplatten für Isolierungen

- Klebstoffe für Bodenbeläge, insbesondere für Parkettböden mit Schwarzklebstoff (Abb. 3.56) und für Hirnholzböden mit Vergussmassen, hier auch als Fugenmassen, sowie für Teerpappen, teerhaltige Korkplatten bzw. Backkorkplatten und andere Beläge
- Gussmassen mit Sanden (Gussasphalt) oder Gesteinskörnungen (Asphalt), insbesondere in Nassräumen, Lagerräumen, Werkräumen, Garagen, Stallungen und erdberührten Bodenplatten
- Chlornaphthalin, Kresole und andere den PAK verwandte Verbindungen in Spanplatten, z. B. in V-100-Platten für Pavillonbauten, und als Bestandteile anderer Holzbauimprägnierungen
- teerhaltige Gussasphaltfliesen, ggf. mit Asbestfaseranteilen

Formaldehyd

- Verbundstoffklebstoffe mit Formaldehydabspaltung, insbesondere in Holzwerkstoffverlegeplatten
- Verbundstoffklebstoffe in Mineralwollematten für die Trittschallisolierung unter schwimmendem Estrich
- Belagsklebstoffe
- Topfkonservierer für Reinigungsmittel, Farben, Lacke, Massen und andere belagsvorbereitende Produkte
- Reaktionsharzbestandteile von Ortschaumisolierungen von Böden gegen kalte Bauteile, insbesondere bei Wärmeschutzaltbausanierungen

VOC

- Imprägnierungen von Parkettböden
- Lackbeschichtungen von Estrichen
- Belagsklebstoffe, insbesondere Haftklebstoffe
- Weichmacher (SVOC) in Kunststoffen für glatte Beläge oder in Teppichböden mit Kunststoffanteilen
- höhere Aldehyde aus Spaltprodukten von Leinölprodukten wie Linoleum oder Imprägniermitteln, insbesondere bei alkalischer Verseifung (scharfe Reiniger oder Zementbaufeuchte) oder biologischer Zersetzung (Dauerfeuchte)
- natürliche Inhaltsstoffe von Hölzern mit unterschiedlichsten Verbindungen und stark variierenden Anteilen
- Flammschutzmittel (ggf. SVOC) in Teppichböden bzw. deren Schaumstoffanteilen
- Lösemittel in Vorstrichen, Haftgründen, Rissfüllern, Spezialspachteln und anderen vorbereitenden Produkten für die Belagsreife von Rohböden und Altbelägen

Schwer- und Halbmetalle

- Bleipigmente in Lackfarben
- Quecksilbertropfen oder -pfützen durch ausgelaufene Geräte oder durch ehemaliges Gewerbe (z. B. Spiegelherstellung)
- Quecksilberbeizen von Saatgutlagerungen
- Quecksilberholzschutzmittel
- Kupferbeizen in Holzschutzmitteln

Abb. 3.56: PAK-haltiger Parkettklebstoff (schwarz)

Abb. 3.57: Dachdeckung mit AZ-Wellplatten

Abb. 3.58: KMF-Dachisolierung (gelb) und Reste von AZ-Wellplatten (grau)

Abb. 3.59: AZ-Platte (grau), PAK-haltige Dachhautklebstoffe (schwarz) und KMF-Isolierung (im Vordergrund unten)

- Arsenholzschutzmittel, -farben, -giftköder
- Schwermetallimprägnierungen oder -färbungen alter Wollteppiche

3.1.11 Dächer

Asbest

fest gebunden

- AZ-Wellplatten (Abb. 3.57 und 3.58)
- AZ-Platten für Attikaverkleidungen, Dachaufbauverkleidungen, Dachunterbau (Abb. 3.59) und für Brandüberschlagsmauern
- Kunstschieferplatten für Attikaverkleidungen, Dachaufbauverkleidungen, Dachunterbau und für Brandüberschlagsmauern
- AZ-Formteile für Abgasrohre und Lüftungszüge
- Teer- und Bitumenbahnen und Gussmassen sowie Reparaturspachtel

schwach gebunden

- leichte asbesthaltige Platten als Belagsunterbau und Brandüberschlagsmauern unter Dach

- Spritzasbestunterisolierungen von Hallendächern (z. B. Rundsporthallen) und für Stahlbauteilisolierungen

KMF

- Mineralwollematten für die Gebäudeisolierung, mit Aluminiumfolienkaschierungen, mit Oberflächenverfestigung oder ungebunden, als Klemmfilze oder leichte Matten, zwischen Sparren und auf Decken, durch Unterspannbahnen und Schneeschutzbahnen eingehüllt oder offen und ggf. zerstört vorliegend (Abb. 3.58 und 3.59)
- Spritzfaserbeschichtungen von Stahlbauteilen und für die Unterseite von Dächern

Holzschutzmittel und andere Biozide

- Imprägnierungen von Holzdachstühlen
- Rückstände aus Entwesungsaktionen gegen Insekten (z. B. Kakerlaken), Mäuse und Ratten, z. B. in Wohnhäusern, Lagerhäusern, Unterkünften, Küchen
- staubförmige Reste benachbarter Quellen

PCB

- Fugenmassen in allen Bauteilfugen
- wasserdichte Beschichtungen (Estrichfarben)

PAK

- Teerpappen für Dachdeckungen, insbesondere von Flachdächern (Abb. 3.60), aber auch auf geneigten Dächern und als Unterlegbahn für andere Dachdeckungen (z. B. Zinkblech), durch Reparatur und Wartungsmaßnahmen oft in mehrfacher Lage (Abb. 3.61), unterschiedlich belastet
- Unterlagen der Teerpappeneindeckung, z. B. teergetränkte Bohlenlagen und andere Tragschichten, Trenneinlagen und Isoliermaterialien
- teerhaltige Korkplatten (Abb. 3.61) bzw. Backkorkplatten und Korkschüttungen (z. B. in Sparrenzwischenräumen) zur Wärmeisolierung
- Filzplatten und Torfplatten für Isolierungen
- Klebstoffe für Teerpappen, teerhaltige Korkplatten bzw. Backkorkplatten und andere Beläge
- Chlornaphthalin, Kresole und andere den PAK verwandte Verbindungen in Spanplatten und als Bestandteile von Holzbalken- und Spanplattenimprägnierungen (V-100-Platten)
- Gussasphalte mit Sand- oder Gesteinskornzuschlägen (siehe auch Kapitel 3.1.1 „Gründungen, erdberührte Bauteile und Außenanlagen“) gegen Schneeflug und Dachleckagen

Formaldehyd

- Verbundstoffklebstoffe mit Formaldehydabspaltung in Holzwerkstoffplatten, insbesondere im Aufbau der Flachdächer und in Holzwerkstoffformteilen (z. B. in verlorenen Schalungen)

Abb. 3.60: PAK-haltige Vordachbelegung

Abb. 3.61: PAK-haltige Korkisolierung unter einer geöffneten Dachhaut

- Verbundstoffklebstoffe in Mineralwollematten und -formteilen für Raumisolierungen
- Topfkonservierer für Belagsklebstoffe und Beschichtungen
- Reaktionsharzbestandteile von Ortschaumisolierungen, insbesondere bei Wärmeschutzaltbausanierungen in doppelschaligen Dachaufbauten oder unter Pfannendächern, ggf. hinter Folienverkleidungen

VOC

- Imprägnierungen von Holzständerwerken
- Lösemittel und Weichmacher (SVOC) für Dachhautfolien und deren Kleb- und Quellschweißmittel

Schwermetalle

- Bleiplatten in Dachhäuten und Klempnerbauteilen
- staubförmige Ablagerungen mit Blei, Cadmium oder Thallium aus industriellen Prozessen, Verbrennungsflugaschen oder dem Autoverkehr (Blei)
- Blei- und Cadmiumanteile in Kunststoffbauteilen

3.1.12 Schornsteine

Asbest

fest gebunden

- AZ-Formteile von Rauchgaszügen
- AZ-Platten auf Schornsteinabdeckungen und an Verkleidungen

schwach gebunden

- Asbestschnüre und -seile in Fuchs- und Segmentabdichtungen und für die Umwicklung von Abgasrohren (z. B. Notstromaggregate), für die Ringspaltabdichtung von Rohrdurchführungen und als Bewegungseinlagen zwischen Klinkern, Schamottesteinen und Stahlbauteilen

- Asbestpappen in Revisionsöffnungsklappen aus Metall (Abb. 3.62) und in Wand-/Deckendurchführungen und für Hüllmäntel von Stahlrohren und Verankerungseisen, für die Hinterfütterung von Stahlbändern um Schornsteine, für Bewegungseinlagen der Schornsteine zwischen Klinkern und Schamottesteinen bzw. zwischen den Schamottesteinen
- Asbestmörtel oder -stopfpackungen zwischen Klinkern und Schamottesteinen

KMF

- leichte und schwere Mineralwollematten für die thermische Isolierung von Schornsteinen, insbesondere in kalten Dachbereichen
- Formteile oder Schüttungen um eingesetzte Innenzüge
- Glasfiberschnüre und gefüllte Seile in Elementfugen und Bewegungsfugen der Schamottesteine

PAK

- Teerpappen mit Gussmassen für die Schornsteinverkleidung gegen Schlagregen
- teerhaltige Korkplatten bzw. Backkorkplatten und Korkschüttungen bzw. Ascheschüttungen in Schornsteindoppelwänden
- Klebstoffe für Teerpappen, teerhaltige Korkplatten bzw. Backkorkplatten und andere Beläge
- Kondensate der Rauchgase mit charakteristischem Tiefenprofil, insbesondere in allen saugfähigen Materialien der Rauchgaszüge wie z. B. Mörtel, Schamottesteinen oder Putzen

3.2 Schadstoffe in technischen Einrichtungen

3.2.1 Kaltwasserversorgungsanlagen und Abwasseranlagen

Asbest

fest gebunden

- AZ-Rohre aller Größen, z. B. für Abwasserrohre (Abb. 3.63), Regenwasserrohre (Fallrohre) und Trinkwasserleitungen
- asbestfaserhaltige Bitumen- und Teerbeschichtungen, z. B. im Korrosionsschutz der Stahlwasserbauteile (Spundwände und Schleusenanlagen) und anderer Stahlbauteile von Schifffahrtswegebauten, ggf. in Verbindung mit PAK-Anteilen

schwach gebunden

- Asbestpappen in Flanschdichtungen und Isolierungen (Abb. 3.64 und 3.65), in Einbaurahmen für Bodenablaufkanäle und andere Installationen und zur Ausfütterung von Rohrschellen
- Asbestschnüre in Durchführungen und in Installationsdichtungen (Abb. 3.66)

Abb. 3.62: Asbestpappe in einer Rauchgaszugrevisionsklappe mit offenem Saum (hellgrau, teils überrostet)

Abb. 3.65: Asbestpappen in Flanschdichtungen, offen

Abb. 3.63: AZ-Abwasserrohre

Abb. 3.64: Asbestpappen in Flanschdichtungen, geschlossen

Abb. 3.66: Asbestschnur (weiß) in einer Armaturendichtung

KMF

- leichte und schwere Mineralwollematten für Rohrisolierungen und Anlagenisolierungen mit verschiedenen Ummantelungen (z. B. Gips, Karton, Metall)
- Formteile für vorgenannte Installationsisolierungen
- Glasfiberschnüre und gefüllte Seile für Rohrumwicklungen und Durchführungen

PCB

- Epoxidharzbeschichtungen von Schwimmbädern, z. B. als azurblaue Farbe von Nassräumen und Nebenbecken
- Fugenmassen in allen Bauteilfugen
- Binderfarben in Wandbeschichtungen
- Primer für sandende Wandputze
- Kunstharze für Kieselputze, u. a. in allen technischen Gebäuden der Wasserwirtschaft, ggf. in Verbindung mit Asbestfaseranteilen

PAK

- Gussmassen und Anstriche für die Nassraumabdichtung (z. B. hinter Fliesen), für den äußeren Korrosionsschutz von Kaltwasserrohren und Stahlwasserbauwerken (z. B. Spundwände und Schleusenanlagen), ggf. in Verbindung mit Asbestfaseranteilen
- teerhaltige Korkplatten bzw. Backkorkplatten und -formteile und Korkschüttungen für Warm- und Kaltwasserrohrisolierungen
- Klebstoffe für Teerpappen, teerhaltige Korkplatten bzw. Backkorkplatten und andere Beläge

Formaldehyd

- Reaktionsharzbestandteile von Formschaumisolierungen
- Pressmassen

VOC

- Reaktionsbestandteile und Lösemittel von Kunstharzbeschichtungen für Nassräume und Metallbaulacke

Schwer- und Halbmetalle

- Bleiwasserrohre und Bleischeibenflanschdichtungen
- Kupferwasserrohre
- Arsenholzschutzmittel, -farben, -giftköder
- zinnorganische Antifoulinganstriche (TBT-Anstriche)
- Blei- und Cadmiumanteile in Kunststoffbauteilen

Abb. 3.67: AZ-Formteil eines Zuluftkanals in einem Heizungsraum

3.2.2 Gas- und Wärmeversorgungsanlagen

Asbest

fest gebunden

- AZ-Platten, eingestellt in Radiatorgräben
- AZ-Formteile für Zuluftkanäle (Abb. 3.67)
- AZ-Plättchen für die Tropfkörper von Kühltürmen

schwach gebunden

- leichte asbesthaltige Platten als Heizkesselisolierungen, verklebt als Hitzeschilde und Antidröhnplatten von Blechverkleidungen
- aufgeklebte Asbestpappen hinter hölzernen Radiatorverkleidungen, unter Holzfensterbänken und unter Sitzbänken aus Holz über Radiatoren und als eingestellte Asbestpappen bei Heizungsradiatoren, insbesondere bei Lamellenradiatoren
- Asbestdichtungspappen in Flanschdichtungen und Fugeneinlagen von Rohren, Brennern, Heizkesselsegmenten und anderen Stahlbauteilen
- Asbesttrennpappen zwischen Stahlträgern und Stahlrohren sowie in Rohrschellen, zwischen Schamottesteinen, Klinkern und Stahlbauteilen
- Schutzpappen für Schweißarbeiten
- Isolierpappen und -schnüre oder Gussmassen in vielen Hitze ausgesetzten Geräten oder Geräteteilen wie Thermometerhaltern, Bunsenbrennernetzen oder Kalorimeterumwicklungen
- Asbestschnüre in Ringspalten von Rohrdurchführungen (teilweise in Hüllrohre eingesetzt, die aus der Wand herausstehen und in die weitere Rohrisolierung hineinragen), ferner als Schnüre bei Rohrisolierungen, insbesondere an den Endstücken von Blechummantelungen, vor allem bei Heißdampfleitungen (z. B. Fernwärme) als vollständige Rohrumwicklung,

des Weiteren in Dichtungen und Isolierungen der Revisionsöffnungen, um Steuerstangen und Lagerstangendurchführungen von heißen Industrieanlagen, in Schamotteisolierungen und Heizkesselmauerungsanlagen (insbesondere in Anschlussfugen zu Stahlkonstruktionen)
- Schnurdichtungen und Stopfwollen in Ringspalten von Rauchgasrohrdurchführungen und Fuchseinfädelungen in Rauchgaszüge (Abb. 3.68 bis 3.70)
- Asbestseildochte in Ölöfen
- Asbestfaseranteile in tonigen Erden alter Heizungsrohrisolierungen (Abb. 3.71), mit unterschiedlich hohen Konzentrationen (mehrfache Beprobung notwendig)
- Asbestpackungen (Spritzasbest und andere faserhaltige Massen) in Blechummantelungen heißer Rohre, in Doppelmänteln und elektrischen Heizmänteln von Heißtanks und Reaktoren, in Heizkesselummantelungen und in Brennöfen (z. B. für Tonwaren), in Rohrbündelmänteln von Kraftwerkswärmetauschern und deren Stahlgerüstbauteilen, deren Schamottefugen und Schamottezwischen- oder -außenlagen, in Ziegeleien, Trocknungsanlagen, Sinteröfen, Sprüh- und Schmelzlackierstraßen und in Katalysatoren als Trägermaterial sowie in vielen anderen industriellen Anlagen mit Hitzeentwicklung

KMF

- leichte und schwere Mineralwollematten für die Mantelisolierung von Heizungsanlagen
- Faserpackungen und -mörtel für Heizkessel
- Glasfiberschnüre und gefüllte Seile in Flanschdichtungen und in Fugenabdichtungen von Kesselummantelungen
- Glasseidentextilien in Hitzeschutzkleidung, Kompensatorgeweben, Löschdecken und anderen Textilien
- Faserschüttungen für Brennöfen und andere Anlagen (in der Wärmeanlagentechnik als Ersatzstoff für Asbest an den gleichen Einsatzorten wie Asbest, bei sehr heißen Anwendungen oft als Keramikwolle)
- Faserverbundstoffe in Gießereiformen

PCB

- Lackbeschichtungen von Brandschutztüren, deren Zargen und anderen Stahlbauteilen
- Epoxidharzbeschichtungen öldichter Wannen
- Lackbeschichtungen von Heizungsradiatoren

Formaldehyd

- Reaktionsharzbestandteile von Formschaumisolierungen
- Pressmassen
- Reaktionsprodukte unvollständiger offener Verbrennung, typischerweise bei offenen Gasflammen, Tabakrauch u. Ä.

Abb. 3.68: Asbeststopfwolle im Ringspalt der Einfädelung eines Heizkesselfuchses

Abb. 3.69: Asbestschnur (Markierung) in einer Rohrdurchführung, nebenliegend leichte Asbestplatten

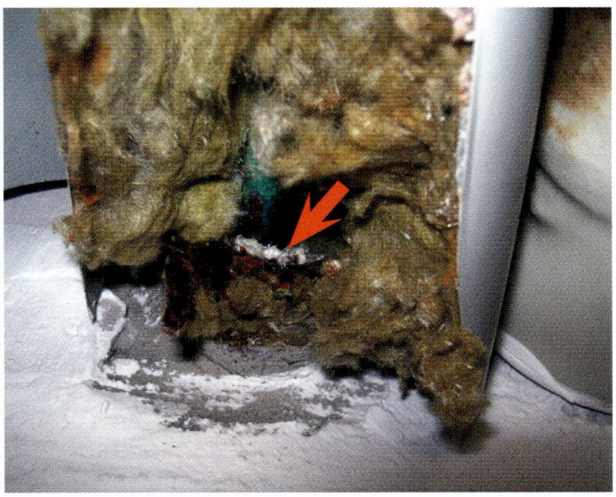

Abb. 3.70: Asbestschnur (hell) in einem Hüllrohrspalt

Abb. 3.71: Asbesttonerden (braun) als Heizungsrohrisolierung, teilweise umwickelt

VOC

- Reaktionsbestandteile und Lösemittel von Kunstharzbeschichtungen für Metallbaulacke
- Brennstoffanteile (Heizöle, Alkohole)

Schwermetalle

- Bleimennige in Rostschutzfarben und Bleipigmente in Lackfarben
- Quecksilbertropfen oder -pfützen durch ausgelaufene Geräte wie Thermometer, Manometer, Kontaktschalter
- Kupferwasserrohre

Abb. 3.72: AZ-Platten als Kabinenwände einer Transformatorstation

Abb. 3.73: AZ-Bodenplatte eines E-Verteilerraums

Abb. 3.74: Asbestbeschichtung (weiß) auf einem KMF-Weichschott

Abb. 3.75: Elektrokabelkanal aus leichten asbesthaltigen Platten

3.2.3 Elektrische Anlagen

Asbest

fest gebunden

- AZ-Montageplatten bei Schaltanlagen
- AZ-Platten für Rückwände oder Stahlgestellfüllungen von Elektroschränken (Abb. 3.72)
- AZ-Tragplatten von aufgeständerten Kabelverlegeböden (Abb. 3.73)
- PVC-Beläge von Doppelbödenplatten
- Brandschutzbeschichtungen von Weichschotten für Kabeldurchführungen (Abb. 3.74)
- Kunststofffarb- und -spachtelbeschichtungen von Gehäuseblechen

schwach gebunden

- leichte asbesthaltige Platten als Kabelkanäle (Abb. 3.75 und 3.76)
- Schnüre an Abgasrohren von Notstrommotoren
- Packungen in Auspuffkrümmerverkleidungen von Notstrommotoren und in der Mantelisolierung von elektrischen Brennöfen (z. B. Ton, Emaille)
- Kernträgerblöcke aus Asbestmassen in Nachtspeicherheizungen (Abb. 3.77) (im Heizluftstrom) bzw. in deren Steuerpatronen (nicht im Heizluft-

Abb. 3.76: Asbesthaltige Platten als doppelte Beplankung eines Kabelkanals

Abb. 3.77: Nachtspeicherheizung mit Asbestkernträger

Abb. 3.78: Asbestpappen als Trennpappen in NH-Sicherungen

Abb. 3.79: Notbeleuchtung mit Asbestpappe im inneren Reflektorschild

strom) und mit anderen Nebenvorkommen, ggf. kombiniert mit Asbestpappen bei großen Blockspeicheranlagen (z. B. für Turnhallen)

- gewirkte Ummantelungen von Heiz- und Leuchtgerätekabeln (z. B. Bügeleisen, Kochplatten, Brennöfen, Projektoren)
- Trennpappen in Niederspannungshochleistungs-(NH-)Sicherungen (Abb. 3.78) und von Heizspiralen
- Unterlegpappen und -platten in Kabelpritschen (z. B. für den Tropfschutz im Brandfall)
- Isolierpappen in Bügelmaschinen, Heißmangeln, Backöfen, Kochplatten, Koch-/Bratanlagen, Fluchtwegbeschilderungsleuchten (Abb. 3.79) und Projektorlampen
- Packungen und Filterpackungen in chemischen Anlagen für Elektrolyse und Galvanik, in Diaphragmen und anderen chemikalienresistenten Anwendungen

KMF

- leichte und schwere Mineralwollematten für den Wärmeschutz von Stahlschränken bzw. Elementkonstruktionen
- Glasfiberschnüre und gefüllte Seile in Bauteilfugen

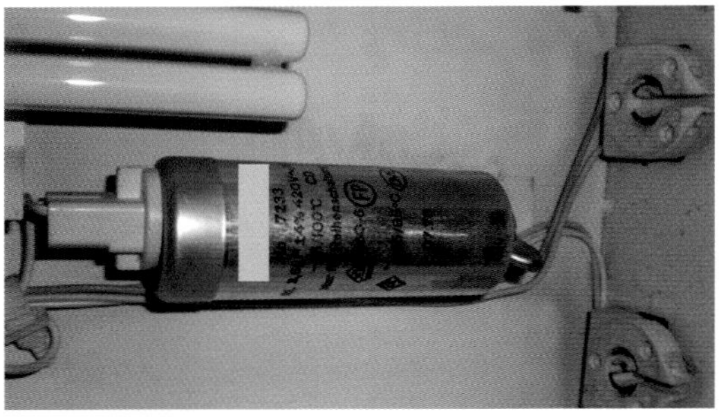

Abb. 3.80: PCB-haltiger Leuchtenkondensator

PCB

- Füllungen ölgetränkter Wickelkondensatoren für Leuchtstofflampen in geschlossener Verwendung (Abb. 3.80), oft chargenweise mit Leckagen
- Füllungen ölgekühlter kV-Transformatoren (inzwischen einem Austauschprogramm unterworfen)
- Weichmacher in Kunststoffummantelungen von Sonderkabeln

PAK

- Teerpapiere für die Umwicklung von Elektroleitungen, z. B. in Zinkhüllrohren
- Gussmassen für Isolierkörper und Kondensatoren
- Anstriche für den Korrosionsschutz von Stahlschränken
- imprägnierte Isolierpappen und -filze
- teerhaltige Korkplatten bzw. Backkorkplatten und Korkschüttungen in elektrischen Geräten und Anlagen
- Klebstoffe für teerhaltige Korkplatten bzw. Backkorkplatten und andere Beläge

Formaldehyd

- Reaktionsharzbestandteile von Formschaumisolierungen
- Pressmassen

Schwermetalle

- Quecksilber in Thermometern, Manometern, Kontaktschaltern, Dampflampen und Leuchtstofflampen
- Bleibatterien
- Kupferkabel
- Anteile verschiedener Schwermetalle in elektronischen Bauteilen (z. B. Platinen)

3.2.4 Lufttechnische Anlagen

Asbest

fest gebunden

- AZ-Formteile für Lüftungskanäle und Zuluftstutzen (Abb. 3.81), ggf. hinter Abmauerungen, in Kriechkellern und in Beton eingegossen

Abb. 3.81: AZ-Formteile freigelegter Lüftungszüge

Abb. 3.82: Verfestigte Asbestplatten eines Lüftungskanals

Abb. 3.83: Asbestkitt in einem Lüftungskanalflansch (schmaler Spalt, hell)

Abb. 3.84: Leichte asbesthaltige Platte (Mitte) auf einem Lüftungskanal

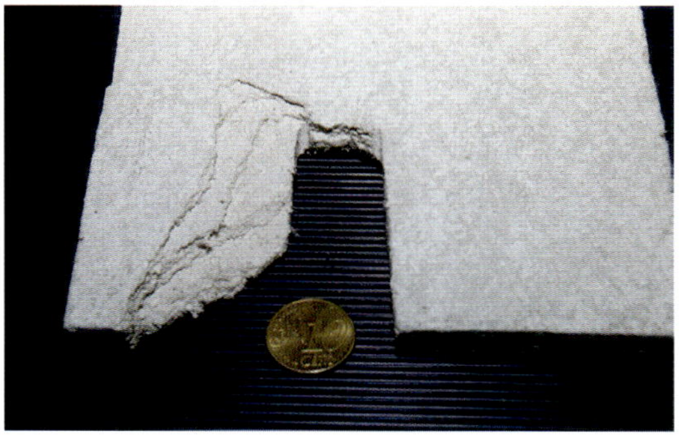

Abb. 3.85: Leichte asbesthaltige Lüftungskanalplatte (Variante mit geringerer Stärke als die sonst üblichen leichten asbesthaltigen Platten)

- AZ-Platten und hoch verdichtete AZ-Platten in Lüftungskanälen mit Stahlrahmenkonstruktion
- Asbestfaserkunstharzplatten für Lüftungskanäle mit Metallwinkelprofilkonstruktion (Abb. 3.82)
- Asbestkitte und -dichtmassen in Blechkanalflanschdichtungen (Abb. 3.83)

schwach gebunden

- leichte asbesthaltige Platten als selbsttragende Lüftungskanäle und als Verkleidungen bzw. Auskleidungen von Blechkanälen (Abb. 3.84 und 3.85)

sowie als Abkofferungen und Anschlussbauteile für Brandschutzklappen (Abb. 3.86) bzw. als Klappenblätter der Brandschutzklappen (Abb. 3.87) und als Schalldämmplatten unter den Fußpunkten von Lüftungsanlagen
- Asbestschichtplatten mit verfestigter Oberfläche und Fasermittellage für Lüftungskanäle
- Asbestschnüre in Flanschdichtungen von Lüftungskanalsegmenten aus Blech und von Lüftungsanlagenbauteilen sowie in Achsendichtungen von Brandschutzklappen und Lüftermotoren und in Anlagenanschlüssen an andere Bauteile (Abb. 3.88)
- Asbestdübel für die Abhängungen von Lüftungsanlagenbauteilen
- Spritzasbest im Brandschutz der Anlagenbauteile (Abb. 3.89)
- Gewebematten der Bewegungskompensatoren zwischen Ventilatoren und Kanalstücken
- Asbestmassen und -formteile in Schalldämm- und Wärmewiedergewinnungskörpern
- asbesthaltiger Faserschaumstoff in den Anschlagsdichtungen von Brandschutzklappen

KMF

- leichte und schwere Mineralwollematten für die Wärmeisolierung von Lüftungskanälen, insbesondere bei den kalten Zuluftsträngen aus Blech (Kondensatschutz) sowie den zugehörigen Anlagenteilen, für die Füllung von Brandschutztüren und deren Stahlzargen in Lüftungsanlagen, für die Füllung von Schallregistern im Luftstrom, für die Innenisolierung von erdverlegten Kanälen und bei der Überbrückung kalter Räume
- Glasfiberschnüre und gefüllte Seile in allen Anlagenbauteilfugen und Dichtungen von Kanalsegmentflanschen

Holzschutzmittel und andere Biozide

- Rückstände aus Entwesungsaktionen gegen Insekten (z. B. Kakerlaken), Mäuse und Ratten in Installationsbereichen
- Badzusätze in Befeuchterkammern

PAK

- Fugenmassen in Dichtungen von Lüftungskanalflanschen
- teerhaltige Korkplatten bzw. Backkorkplatten und Korkschüttungen, insbesondere zur Isolierung kalter Zuluftstränge
- Antidröhnplatten von Stahlblechen in Lüftungsanlagen und Klebstoffe für teerhaltige Korkplatten bzw. Backkorkplatten und andere Beläge

Formaldehyd

- Verbundstoffklebstoffe mit Formaldehydabspaltung in Holzwerkstoffplatten und Kunstharzfaserplatten sowie in Mineralwollematten und -formteilen für die Kanalisolierung

VOC

- Duftstoffe zur Raumodorierung

Schwermetalle

- Bleimennige in Rostschutzfarben und Bleipigmente in Lackfarben

Abb. 3.86: Leichte asbesthaltige Platte als Einbaumaske einer Brandschutzklappe

Abb. 3.87: Leichte asbesthaltige Platte als Klappenblatt einer Brandschutzklappe

Abb. 3.88: Asbestschnur eines zerstörten Brandschotts

Abb. 3.89: Spritzasbestpackung in einer Lüftungsrohrdurchführung

3.2.5 Aufzüge

Asbest

fest gebunden

- AZ-Platten für Innenverkleidungen, Deckenverschlüsse und Verkleidungen von Fahrtreppen und Aufzügen bzw. Aufzugportalen
- asbesthaltige Verbundstoffplatten (Reibbeläge) in Bremsbelägen (Abb. 3.90)

schwach gebunden

- leichte asbesthaltige Platten als Aufzugsportalverkleidungen, Aufzugstüren, Verschlüsse von Schachtdurchführungen wie Installationsschächten (z. B. Tragseildurchführungen) und Lüftungs- bzw. Kabelkanälen (z. B. für die Steuerung von Feuerwehraufzügen) (Abb. 3.91)
- asbesthaltige Pappen in Glasfalzen, Beleuchtungen und Schaltern und als Blechhinterfütterungen
- Asbestschnüre in Kabinenfüllungen und Glasfalzen
- Reste, Overspray und Faserstaub in alten Staubablagerungen der Schächte einschließlich der Schachtköpfe und -sümpfe

KMF

- leichte und schwere Mineralwollematten für die Füllung von Aufzugstüren, -portalen und -kabinenelementen zur thermischen und akustischen Entkopplung
- Glasfiberschnüre und gefüllte Seile für Zargenfüllungen und für Bauteildichtungen
- Asbestersatz in Reibbelägen

Biozide

- Rückstände aus Entwesungsaktionen gegen Insekten (z. B. Kakerlaken), Mäuse und Ratten, z. B. in Wohnhäusern, Lagerhäusern, Unterkünften, Küchen

PCB

- Hydrauliköle von Hydraulikaufzügen, ggf. auch als Restbelastung

Schwermetalle

- Bleimennige in Rostschutzfarben und Bleipigmente in Lackfarben

3.2.6 Bühnenbau und Bühnentechnik

Ein Bühnenbau hat als Gebäude dieselben Belastungsbilder wie andere Gebäudearten auch. Da aber besondere Anforderungen an den Brandschutz bestehen, werden die für den Bühnenbau typischen Asbestverwendungen gesondert aufgeführt. Der Spielbetrieb (z. B. Kulissenbau und Bühnenmalerei) wird hier nicht betrachtet.

Abb. 3.90: Asbestreibbelag (hellbraun) einer Aufzugsbremse

Abb. 3.91: Leichte asbesthaltige Platte als Kanalverkleidung (links, vertikal verlaufend) in einem Aufzugsschacht

Asbest

fest gebunden

- AZ-Platten in Leichtbauwänden und Kulissendecken, insbesondere hinter der Bühnenbeleuchtung
- Asbestkunstharzbeschichtungen für die Brandschutzbeschichtung von Stahlbauteilen wie Trägern, Stützen, Treppenkonstruktionen, Geländern, Hebekonstruktionen
- Asbestschnüre auf Raumteilern verklebt und beschichtet

schwach gebunden

- Spritzasbest im Deckenbereich (z. B. freitragende Hallendächer, u. a. bei Rundsporthallen) und bei allen Brandwanddurchführungen sowie in stählernen Brandschutzvorhängen (sog. „eiserne Vorhänge“)
- leichte asbesthaltige Platten im gesamten Bühnenaufbau, unter Holzbauten, als Stahlbauabkofferungen, Lüftungskanäle und Leichtbauwände sowie im Kulissen- und Bühnenkellerbereich (z. B. als Schallsegel, Sichtblenden oder technischer Brandschutz)
- Asbestpappen in Notbeleuchtungen, Löschschlauchkästen und Verwendungen wie bei den vorgenannten leichten asbesthaltigen Platten
- Asbestschnüre in beweglichen Raumteilern
- Akustikputze, z. B. in Kirchen, Konzerthallen, Schwimmbädern und anderen Versammlungsstätten

3.2.7 Stahlbau und Fahrzeugbau

Asbest

fest gebunden

- AZ-Platten für Boots-, Kabinen- und Waggonwände und -decken
- Duroplastkunstharzbauteile (Verteilerdosenköpfe und -finger, Faserkunststoffplatten und -formteile)
- asbestfaserhaltige PVC-Bodenbeläge und Kunstharzgussmassen auf Böden
- faserhaltige Korrosionsschutz- und Brandschutzanstriche
- asbesthaltige Glätt- und Reparaturspachtel, z. B. in Kfz-Polyesterspachteln und anderen Blechspachteln

schwach gebunden

- Spritzasbestverkleidungen auf Drahtnetzen und direkt auf Kabinendachblechen, in Bootsrümpfen und Brandschotten, im Maschinensonderbau wie z. B. von Triebwerken oder Turbinen, in Heiztanks, Erdtanks und Reaktormänteln nebst Zuleitungen, in Kraftwerks- und Heizkesselanlagen, in allen Bauteilen der chemischen Industrie, der Raffinerien, des Schiffbaus, der Schwerindustrie, in Kühlanlagen, im verarbeitenden Gewerbe
- Asbestschnüre und -textilien in Heizgeräten, als Wicklungen von Abgasrohren und anderen exponierten heißen Teilen von Motoren und Geräten (Abb. 3.92 und 3.93), in Kabinendach- und Wandisolierungen, an den heißen Teilen von Bahn- und Schiffsmotoren und anderen Schwerlastmaschinen (z. B. mobile Anlagen wie Krane oder Bagger, aber auch Schmiedeautomaten, Metallbearbeitungsmaschinen, Montage-, Sinter- und Backstraßen)
- Asbestpappen in Flanschdichtungen, Motordichtungen, Rohrdurchführungen, Rohrschelleneinlagen, Blechhinterfütterungen und unter Bodenbelägen

KMF

- leichte und schwere Mineralwollematten für die Füllung von Stahlbauteilen und anderen Mantelelementen
- Glasfiberschnüre und gefüllte Seile in allen Anlagenbauteilfugen
- glasfaserverstärkte Kunststoffe, insbesondere in Booten und anderen Leichtbaufahrzeugen

PCB

- Lackbeschichtungen von Blechen
- Weichmacher für verschiedene Kunststoffe, z. B. in Verkleidungen, Bauteilen und Kabelummantelungen
- Transformator- und Kondensatorfüllungen
- Hydraulik- und Betriebsöle

PAK

- teerhaltige Gussmassen in Fugen von Stahlblechstößen, für den Korrosionsschutz von Wasserstraßenstahlbauteilen (Abb. 3.94), ggf. mit Asbestfaseranteilen, für den Unterbodenschutz von Fahrzeugen und als Belagsklebstoffe
- teerhaltige Korkplatten bzw. Backkorkplatten und Korkschüttungen zur Isolierung (z. B. Antidröhnplatten von Kabinen, Einhausungen, Motorgehäusen)
- Imprägnierungen von Holzbauten in feuchten Einsatzbereichen

Formaldehyd

- Verbundstoffklebstoffe in Mineralwollen und Textilfilzen als Isoliermatten, Verkleidungen und Formteile
- Topfkonservierer für Belagsklebstoffe, Reinigungsmittel, Pflegemittel und Farben
- Reaktionsharzbestandteile von Formschaumisolierungen
- Desinfektionsmittel in medizinischen Geräten und sterilen Anlagenteilen

Abb. 3.92: Asbestschnur als Rohrisolierung an einem medizinischen Gerät (Sterilisator)

Abb. 3.93: Asbestmatte als Manschette eines Abgasrohrs (Notstromaggregat)

Abb. 3.94: PAK-Gussmasse als Korrosionsschutz auf den Stahlbauteilen im Wasserstraßenstahlbau

VOC

- Imprägnierungen, Pflegemittel und Betriebsmittel (Kraftstoffe)
- Lackbeschichtungen von Metallbauteilen
- Belagsklebstoffe, insbesondere Haftklebstoffe für Beläge und Verkleidungen
- Kunststoffe (teils mit SVOC) in Belägen und Bauteilen

Schwer- und Halbmetalle

- Bleimennige in Rostschutzfarben und Bleipigmente in Lackfarben
- Bleiplattendichtungen, Mutternsicherungslaschen, Batterien
- zinnorganische Antifoulinganstriche (TBT-Anstriche) im Bootsbau
- bleihaltige Kraftstoffe (früheres Antiklopfmittel)
- staubförmige Belastungen aus Verbrennungsmotoren mit bleihaltigen Kraftstoffen
- Cadmium in Rostschutzbelägen (Cadmierung), Legierungen und Loten
- Cadmium in Nickel-Cadmium-Akkumulatoren, in gelben bis intensiv roten Farbpigmenten, in Kunststoffzusätzen, Halbleitern und Leuchtstoffen
- Arsen in Kupferlegierungen
- Chrom(VI)-Verbindungen in Kühlflüssigkeiten

3.3 Sonstige Vorkommen

3.3.1 Gebrauchsgegenstände und Kleingeräte

Asbest

fest gebunden

- AZ-Formteile für Aschenbecher, Blumenkübel und Balkonkästen
- asbesthaltige Duroplaste im Modellbau (z. B. in Flugzeugmodellen)
- asbesthaltige Begleitbestandteile von Natursteinobjekten aus bestimmten gewachsenen Gesteinsarten (sekundär bedingt auch in Sedimentgesteinen), z. B. in Specksteinskulpturen, die nicht petrografisch untersucht wurden

schwach gebunden

- Asbestpappen in Overheadprojektoren (insbesondere in der Lampenspiegelisolierung), Werkunterlagen aus Asbestpappe (z. B. für heiße Glasarbeiten und für Lötarbeiten, Ätzverfahren, chemische Experimente), Schweißerschilde aus stabilem Asbestkarton, Dichtungsscheibensortimente für die Installation, in Bügeleisen und Bügelbrettbezügen, in Thermoskannen (z. B. Griffisolierung), Haarföhngeräten und Lockenstäben, in Kochplatten, Elektrogrills, Waffeleisen und in Backofenkästen und -türen, zwischen Backöfen und Holzeinbaumöbeln (z. B. Kinderküchen) sowie Öfen und Küchenherden, in Brenn- und Emaillieröfen
- Textilien in Kabelstrümpfen, Löschdecken (rote Soforthilfekästen), hitzefeste Handschuhe (z. B. zur Bedienung von Keramikbrennöfen) und hitzefeste Stiefel und Anzüge für Gießerei- und Feuerwehrausrüstungen
- Asbestmassen in Bunsenbrennernetzen, Schutzfiltermasken, Dochten, Matratzen, Brennofenisolierungen und Gasmaskenfiltern
- asbesthaltige Verbrauchsmaterialien im Handwerkersortiment, insbesondere Stopfschnüre, Dichtungspappen in Tafeln und fertigen Ringen, Schweißschutzplatten und Niederspannungshochleistungs-(NH-)Sicherungen

Holzschutzmittel und andere Biozide

- Anwendungsapparate (z. B. Verdampfer, Fallen) und Anwendungsmittel (z. B. Pulver, Sprays, Räucherkegel, Halsbänder) für Entwesungsaktionen gegen Insekten (z. B. Kakerlaken), Mäuse und Ratten
- fungizide und schädlingsvergrämende Ausrüstung von Leder (hier insbesondere PCP), Holz (Abb. 3.95) und Textilien

PCB

- Kondensatorfüllungen (z. B. in Unterhaltungselektronik, Computern), Lackierungen
- Weichmacher für verschiedene Kunststoffe, z. B. in Verkleidungen, Bauteilen und Kabelummantelungen
- Imprägnierungen von Bindegarnen und anderen technischen Textilien

Abb. 3.95: Holzschutzmittelbelastete Einrichtungen

PAK

- Beimengungen in Kunststoffen, insbesondere bei preiswerten Importprodukten
- Antidröhnplatten, Wärmeisolierungen von Stahlblechen, Klebstoffe für Beläge

Formaldehyd

- Verbundstoffklebstoffe mit Formaldehydabspaltung in Holzwerkstoffplatten und -formteilen für Möbel, in Wandelementen und verlorenen Schalungen sowie in Mineralwollematten bzw. -formteilen und Textilfilzen für Raum- und Geräteisolierungen
- Topfkonservierer für Dispersionsklebstoffe, Reinigungsmittel, Pflegemittel und Farben
- Reaktionsprodukte in Belagsklebstoffen
- Reaktionsharzbestandteile von Schaumisolierungen
- beschichtete Papiere

VOC

- Klebstoffe im Haushalts- und Heimwerkerbedarf
- Kunststoffe in Druckerzeugnissen (z. B. in Einbänden) und Gebrauchsgegenständen wie Schreibtischunterlagen
- Weichmacher, Flammschutzmittel und andere SVOC in Kunststoffgegenständen

Schwer- und Halbmetalle

- Bleimennige in Rostschutzfarben und Bleipigmente in Lackfarben
- Bleianteile in Glasuren, PVC und Batterien
- Quecksilber in Thermometern, Manometern, Kontaktschaltern, Dampflampen und Leuchtstofflampen
- Cadmium in Nickel-Cadmium-Akkumulatoren, in gelben bis intensiv roten Farbpigmenten, in Kunststoffzusätzen, Halbleitern und Leuchtstoffen
- Arsenpuder in Tierpräparaten (Abb. 3.96)
- Schwermetalle aus Gerbstoffen für Leder

Abb. 3.96: Arsenbelastete Tierpräparate

3.3.2 Brandstellen

In Abhängigkeit von der Zusammensetzung der verbrannten Baustoffe und Einrichtungsgegenstände können in den Brandrückständen alle vorher im Brandobjekt vorhandenen Schadstoffe enthalten sein. Zusätzlich kann durch nicht verdunstetes Löschwasser Schimmelpilzwachstum begünstigt werden.

Darüber hinaus finden sich in der erkalteten Brandstätte folgende typische Brandfolgeprodukte:

PAK und andere unvollständig verbrannte Kohlenwasserstoffe

- Rauchgaskondensat an Decken und Wänden oberhalb des entstandenen Rauchhorizonts, insbesondere in saugenden Putzen
- Ruß der schwarzen Kohlenstoffablagerungen

Halogenverbindungen

- Chloride bzw. Salzsäure, vor allem aus verbrannten chlororganischen Materialien (z. B. PVC in Belägen, Kabeln, Kunststoffrahmen) sowie aus PCB (z. B. in Kondensatoren); die gebildete Mineralsäure ist korrosiv u. a. für Stahlbauteile, elektronische Geräte und Beton bzw. Zement
- Dioxine und Furane (unter ungünstigen Bedingungen des Brandorts und Brandverlaufs)
- zur Salzsäure und zu Dioxinen und Furanen analoge Verbindungen aus den Halogenen Brom und Fluor, die z. B. als flammhemmende Ausrüstungen vorhanden waren

4 Entsorgung

Frank Koser

4.1 Regeln der Abfallwirtschaft

Bei fast jeder menschlichen Tätigkeit fallen Abfälle an, sei es im Rahmen der allgemeinen Lebensführung oder bei der Ausübung verschiedenster Berufe. Dabei unterscheiden sich Art, Menge und Zusammensetzung der Abfälle erheblich. Den bei der Sanierung von Gebäuden anfallenden Abfällen kommt hinsichtlich ihrer Handhabung und der damit verbundenen Entsorgung eine besondere Bedeutung zu.

4.1.1 Abfälle – Begriffsdefinition

Nach den EU- und bundesrechtlichen Vorgaben sind Abfälle grundsätzlich **bewegliche Sachen**, deren sich ihr Besitzer entledigt, entledigen will oder entledigen muss. Damit eine „Sache" ein „Abfall" sein kann, muss sie außerdem einer Abfallgruppe im Anhang I des „Gesetzes zur Förderung der Kreislaufwirtschaft und Sicherung der umweltverträglichen Beseitigung von Abfällen" (Kreislaufwirtschafts- und Abfallgesetz) vom 27. September 1994 zugeordnet werden können.

Ein Gebäude, das abgerissen werden soll, ist noch kein Abfall, wenn mit der Tätigkeit des Abrisses noch nicht begonnen worden ist. Das Gleiche gilt für einen Boden, der ausgehoben und anschließend entsorgt werden soll oder anderweitig zur Auffüllung vorgesehen ist; erst mit der Tätigkeit des Aushebens selbst wird er zu einem Abfall.

Der Begriff der „Entledigung" ist dreigeteilt. Ein **Entledigungswille** ist dann gegeben, wenn jemand sich einer beweglichen Sache entledigen will, es aber noch nicht getan hat. Im Allgemeinen besteht der Wille zur Entledigung dann, wenn eine Sache für ihren Besitzer keinen Wert mehr hat und er sie für die ursprüngliche Zweckbestimmung nicht mehr verwenden will oder verwenden kann. Abzugrenzen ist der Entledigungswille von der Reparatur einer Sache mit dem Ziel, die Sache nach der Reparatur wieder zu benutzen. Unabhängig vom Entledigungswillen kann ein Abfall noch einen positiven Marktwert besitzen.

Die **Entledigung** selbst ist die Tätigkeit, die gerade ausgeübt wird, also z. B. der Transport eines Bodens zu einer Deponie und die dortige Ablagerung.

Ein **Entledigungszwang** liegt dann vor, wenn von einem Abfall eine erhebliche Gefahr für Mensch und Umwelt ausgeht oder ausgehen kann und der Besitzer nicht in der Lage ist bzw. nicht sicherstellen kann, eine ordnungsgemäße Handhabung in eigener Verantwortung durchzuführen. Der Gesetzgeber beabsichtigt mit dem Zwang zur Entledigung, den Schadstoff, aus dem der Abfall besteht oder der in einem Abfall enthalten ist, zur Gänze dem Wirtschaftskreislauf zu entziehen, wie das z. B. bei Asbest der Fall ist.

4.1.2 Rechtliche Vorgaben für die Abfallwirtschaft

Das Abfallrecht wird von einer großen Zahl von Vorschriften in Form von Gesetzen, Verordnungen, Richtlinien, Erlassen, Satzungen und Anordnungen bestimmt. Seit 1972 wurden EU-weit ca. 200 Rechtsakte im Umweltbereich erlassen, davon allein 50 für den Bereich der Abfallwirtschaft. Damit ist das Abfallrecht auf EU-Ebene umfassend geregelt und wirkt mittelbar und unmittelbar auf die nationale Gesetzgebung ein.

Die Grundlage des EU-Abfallrechts bildet die EU-Abfallrahmenrichtlinie (Richtlinie 2006/12/EG vom 5. April 2006 [novelliert durch die Richtlinie 2008/98/EG vom 19. November 2008; erste Fassung war die Richtlinie 75/442/EWG vom 15. Juli 1975]). Neben der Definition des Abfallbegriffs enthält sie die Verpflichtung der Mitgliedstaaten, Maßnahmen zur Vermeidung, Verwertung und Beseitigung von Abfällen (vgl. Kapitel 4.1.4) unter dem Grundsatz des Umwelt- und Gesundheitsschutzes zu ergreifen.

Daneben sind für eine ordnungsgemäße Abfallentsorgung noch folgende EU-Vorschriften zu nennen:

- Verordnung über die Entsorgung persistenter organischer Schadstoffe (Verordnung [EG] Nr. 850/2004 vom 29. April 2004)
- Verordnung über die Verbringung von Abfällen (Verordnung [EG] Nr. 1013/2006 vom 14. Juni 2006)
- Richtlinie über gefährliche Abfälle (Richtlinie 91/689/EWG vom 12. Dezember 1991)
- Richtlinien hinsichtlich einer stoffgruppenbezogenen Entsorgung (Elektro- und Elektronikschrott, Batterien, Altfahrzeuge, Fluorchlorkohlenwasserstoffe [FCKW] usw.) und einer anlagenbezogenen Entsorgung (Deponierung, Verbrennung usw.)

Das Abfallrecht der Bundesrepublik Deutschland basiert grundlegend auf dem Kreislaufwirtschafts- und Abfallgesetz, das 1996 in Kraft trat. Das Ziel der Abfallwirtschaft ist demnach die Rückführung von Abfällen in den Wirtschaftskreislauf und damit einhergehend die Schonung von Ressourcen.

Über diverse im Kreislaufwirtschafts- und Abfallgesetz verankerte Verordnungsermächtigungen wurde mittlerweile – analog zur EU-Gesetzgebung – eine Vielzahl von Verordnungen erlassen; Beispiele sind in Tabelle 4.1 genannt.

Tabelle 4.1: Anlagenbezogene Verordnungen, stoff- und stoffgruppenbezogene Verordnungen sowie Verordnungen zur Überwachung im bundesdeutschen Abfallrecht

Verordnungstyp	Beispiele
anlagenbezogene Verordnungen	Deponieverordnung[1)], Versatzverordnung
stoff- und stoffgruppenbezogene Verordnungen	Altholzverordnung, Altölverordnung, Bioabfallverordnung, Gewerbeabfallverordnung, Klärschlammverordnung, PCB/PCT-Abfallverordnung, Verpackungsverordnung
Verordnungen zur Überwachung	Abfallverzeichnis-Verordnung, Entsorgungsfachbetriebeverordnung, Nachweisverordnung, Transportgenehmigungsverordnung

1) Mit Inkrafttreten der neuen „Verordnung über Deponien und Langzeitlager" (Deponieverordnung) vom 27. April 2009 sind die Abfallablagerungsverordnung vom 20. Februar 2001, die vorherige Deponieverordnung vom 24. Juli 2002 sowie die Deponieverwertungsverordnung vom 25. Juli 2005 am 16. Juli 2009 außer Kraft getreten.

4.1.3 Unterscheidung zwischen gefährlichen und nicht gefährlichen Abfällen

4.1.3.1 Grundsätze der Abfalleinstufung

Im Sinne einer Harmonisierung von Abfallrecht und Gefahrstoffrecht werden Abfälle grundsätzlich dann als gefährlich eingestuft, wenn sie geeignet sind, das Wohl der Allgemeinheit und die Umwelt zu gefährden. Dies ist insbesondere dann der Fall, wenn einem Abfall mindestens 1 Gefährlichkeitskriterium (sogenanntes H-Kriterium [hazardous: gefährlich], Stufen: H 1 bis H 14) aus dem Gefahrstoffrecht zugeordnet werden kann. Die Gefährlichkeitskriterien sind in der EU-Stoffrichtlinie definiert (Richtlinie 67/548/EWG des Rates vom 27. Juni 1967, zuletzt novelliert durch Richtlinie 2009/2/EG der Kommission vom 15. Januar 2009). Stoffe werden dann als gefährlich eingestuft, wenn sie giftig, entzündlich oder brandfördernd, explosionsgefährlich, reizend oder ätzend, infektiös, gesundheitsschädlich oder umweltgefährdend sind. Weitere Merkmale eines gefährlichen Stoffes sind krebserzeugende, erbgutverändernde oder fortpflanzungsgefährdende Eigenschaften.

Typische Gefahrstoffe aus der Gebäudesanierung sind z. B. natürliche Mineralfasern wie Asbest und künstliche Mineralfasern (KMF) wie Mineralwollen, bestimmte Schwermetalle, polycyclische aromatische Kohlenwasserstoffe (PAK), polychlorierte Biphenyle (PCB), Holzschutzmittel wie Pentachlorphenol (PCP), Lindan oder Teeröle, Dioxine und Furane.

In der EU-Stoffrichtlinie sind die jeweiligen Gefahrstoffe mit Konzentrationsgrenzen angegeben, wenn sie als Bestandteil eines Stoffgemisches vorliegen. Übertragen auf das Abfallrecht bedeutet dies, dass ein Abfall, der Gefahrstoffe enthält, dann als gefährlich einzustufen ist, wenn dieser Schadstoff eine bestimmte Konzentrationsgrenze im Abfall übersteigt oder wenn die Gefahr besteht, dass der Schadstoff in einer bestimmten Größenordnung aus dem Abfall auslaugt, also freigesetzt wird.

Grundlage einer weltweiten Vereinheitlichung des Chemikalienrechts ist das GHS (Globally Harmonised System of Classification an Labelling of Chemicals: Global harmonisiertes System zur Einstufung und Kennzeichnung von Chemikalien) der Vereinten Nationen. Das GHS wurde durch eine EU-Gefahrstoffverordnung, die sogenannte GHS-Verordnung (Verordnung [EG] Nr. 1272/2008 vom 16. Dezember 2008), umgesetzt und löst sukzessive das bisherige Gefahrstoffrecht, wie z. B. die EU-Stoffrichtlinie, ab.

4.1.3.2 Zuordnung von Abfällen zu Abfallschlüsseln

Abfälle werden EU-weit in einem Abfallverzeichnis nach Herkunftsbereich (z. B. Bau, Abbruch, organische oder anorganische Chemie, Oberflächenbehandlung, fotografische Industrie), Art und Zusammensetzung kategorisiert und sechsstelligen Abfallschlüsseln zugeordnet (siehe Entscheidung der Kommission 2000/532/EG vom 3. Mai 2000). Die bundesdeutsche „Verordnung über das europäische Abfallverzeichnis" (Abfallverzeichnis-Verordnung) vom 10. Dezember 2001, die diese EU-Vorgabe umsetzt, enthält insgesamt 839 verschiedene Abfallschlüssel. Gefährliche Abfälle werden einem Abfallschlüssel zugeordnet, der mit einem Sternchen (*) versehen ist. Tabelle 4.2 führt beispielhaft mineralische Abfälle auf, die bei Bau- und Abbrucharbeiten anfallen können.

Tabelle 4.2: Abfallschlüssel einiger mineralischer Abfälle aus Bau- und Abbrucharbeiten

Abfallbezeichnung	Abfallschlüssel	Bemerkung
Beton	170101	nicht gefährlich
Ziegel	170102	nicht gefährlich
Fliesen, Ziegel und Keramik	170103	nicht gefährlich
Gemische aus oder getrennte Fraktionen von Beton, Ziegeln, Fliesen und Keramik, die gefährliche Stoffe enthalten	170106*	gefährlich
Gemische aus oder getrennte Fraktionen von Beton, Ziegeln, Fliesen und Keramik mit Ausnahme derjenigen, die unter 170106* fallen	170107	nicht gefährlich

Die Abfälle, die unter den Abfallschlüsseln 170106* und 170107 eingestuft werden, haben grundsätzlich die gleiche stoffliche Zusammensetzung, allerdings mit dem Unterschied, dass die dem Abfallschlüssel 170106* zugeordneten Abfälle aufgrund ihres Schadstoffgehalts als gefährlich eingestuft werden. Von diesen auch als Spiegeleinträge bezeichneten korrespondierenden Abfallschlüsseln gibt es in der bundesdeutschen Abfallverzeichnis-Verordnung ca. 200.

4.1.4 Abfallwirtschaftliche Grundziele und Hierarchiestufen

Die Abfallwirtschaft wird durch die Vorgabe der EU-Abfallrahmenrichtlinie 2008/98/EG von einer **fünfstufigen Zielhierarchie** bestimmt: In erster Linie ist das Entstehen von Abfällen zu **vermeiden** (1). Nur wenn das Entstehen von Abfällen nicht vermieden werden kann, sind diese einer **Wiederverwendung** (2) für den ursprünglichen Zweck zuzuführen (eine Wiederverwendung kann sich sowohl auf Abfälle als auch auf Produkte beziehen, je nachdem, ob eine vorbereitende [abfallwirtschaftliche] Maßnahme vorangestellt werden muss). Ist auch dies nicht möglich, sind Abfälle mit dem Ziel einer Rückführung in den Wirtschaftskreislauf und einer Schonung natürlicher Ressourcen zu **recyceln** (3) (stoffliche Verwertung) oder **anderweitig zu verwerten** (4) (energetische Verwertung durch die Substitution von Primärenergieträgern). Kann die Entstehung von Abfällen nicht verhindert werden und ist eine Wiederverwendung oder eine Verwertung ebenfalls nicht möglich, so sollen Abfälle aus dem Wirtschaftskreislauf ausgeschleust und zur Wahrung des Wohles der Allgemeinheit ordnungsgemäß **beseitigt** (5) werden. Diese mit der Richtlinie 2008/98/EG eingeführte fünfstufige Zielhierarchie muss noch in bundesdeutsches Recht übernommen werden (Stand Nov. 2009).

Unter Berücksichtigung technischer und wirtschaftlicher Aspekte soll auch bei der Gebäudesanierung bzw. beim Abbruch eine Wiederverwendung anfallender Materialien angestrebt werden. Werden z. B. Altfenster ausgebaut, so soll dies auf eine Weise geschehen, dass diese Altfenster gebrauchsfähig bleiben und gegebenenfalls an anderer Stelle wieder eingebaut werden können. Wenn dieses Vorgehen technisch oder wirtschaftlich nicht möglich ist oder eine Wiederverwendung vom Gesetzgeber verboten ist, hat die Verwertung dieser Abfälle Vorrang vor deren Beseitigung.

4.1.5 Wer darf Abfälle entsorgen?

Zur Abfallentsorgung befähigt sind Unternehmen, die über die notwendige Sach- und Fachkunde verfügen. So dürfen Abfälle grundsätzlich nur mit einer gültigen **Transportgenehmigung** gewerbsmäßig eingesammelt und befördert werden.

Entsorgungsfachbetriebe unterziehen sich, ähnlich wie beim Qualitätsmanagement, einem aufwendigen Zertifizierungsverfahren und einer Prüfung durch einen vereidigten Sachverständigen. Mit diesem System soll ein Anreiz zur Sicherstellung eines hohen Qualitätsniveaus in der Entsorgungswirtschaft geschaffen werden. Darüber hinaus erhält auch der Entsorgungsfachbetrieb selbst im Sinne einer Deregulierung einen Anreiz, indem er z. B. keine separate Transportgenehmigung für den gewerbsmäßigen Abfalltransport benötigt.

4.2 Abfallwirtschaftliche Grundpflichten

An der Entsorgung von Abfällen sind mehrere Parteien beteiligt (Abb. 4.1), die besondere Anforderungen hinsichtlich der Erfüllung der gesetzlichen Vorgaben zu beachten haben. Grundsätzlich handelt es sich hierbei um den **Erzeuger/Besitzer**, den **Beförderer** und den **Entsorger** von Abfällen. Je nach Gefährlichkeit eines Abfalls sind von diesen Beteiligten abfallrechtliche Belege auszufüllen und von den zuständigen Behörden vorab genehmigen zu lassen (vgl. Kapitel 4.3.7). Die in Kapitel 4.1.5 genannten Entsorgungsfachbetriebe benötigen diese Genehmigungen im Einzelfall nicht zwingend.

In diesem Zusammenhang stellt sich die Frage, wer im Vorfeld die notwendigen Genehmigungen einzuholen hat, wenn die bauausführenden Maßnahmen und die Abfallentsorgung von Bauherren und Auftraggebern an Architekten, Fachplaner, Sanierungs- und Bauunternehmen sowie Entsorgungsunternehmen vergeben werden, wer also Erzeuger und Besitzer der Abfälle ist.

4.2.1 Erzeuger und Besitzer von Abfällen

Erzeuger und Besitzer von Abfällen sind im Kreislaufwirtschafts- und Abfallgesetz definiert. Danach ist der **Erzeuger** von Abfällen *„jede natürliche oder juristische Person,* ***durch deren Tätigkeit*** *Abfälle angefallen sind, oder jede Person, die Vorbehandlungen, Mischungen oder sonstige Behandlungen vorgenommen hat, die eine Veränderung der Natur oder der Zusammensetzung dieser Abfälle bewirken".* (§ 3 Abs. 5; Hervorh. durch d. Verf.) **Besitzer** von Abfällen ist dagegen *„jede natürliche oder juristische Person, die die tatsächliche Sachherrschaft über Abfälle hat".* (§ 3 Abs. 6)

Die Auslegung der gesetzlichen Definition des Abfallerzeugers ist insbesondere bei der Beauftragung von Dienstleistungsunternehmen im Baugewerbe juristisch umstritten. Beauftragt eine natürliche oder juristische Person (Auftraggeber) ein Unternehmen mit der Ausführung von Tätigkeiten (Auftragnehmer), in deren Folge Abfälle anfallen, so kann je nach Verkehrsanschauung der Auftragnehmer, aber auch der Auftraggeber als Abfallerzeuger im Sinne des Kreislaufwirtschafts- und Abfallgesetzes angesehen werden. Grundsätzlich wird der Auftraggeber dann als Abfallerzeuger angesehen, wenn er nicht nur die Dienstleistung als solche ausschreibt, sondern diese nach Auftragserteilung faktisch auch steuert, an der Erzeugung von Abfällen mitwirkt und auch die Entsorgung der Abfälle durch Weisungen mit beeinflusst. Zivilrechtlich kann durch einen Werkvertrag nach dem Bürgerlichen Gesetzbuch (BGB) die gesamte Verantwortung, auch zur Entsorgung der Abfälle, an den Auftragnehmer übertragen werden, nach öffentlichem Recht ist der Auftraggeber damit jedoch noch nicht aus der Verantwortung entlassen (Kropp, 2003, S. 284 f.).

Werden die bei der Tätigkeit (hier: Sanierung) anfallenden Abfälle auf dem Grundstück des Auftraggebers für den späteren Abtransport bereitgestellt, hat der Auftraggeber auch die tatsächliche Sachherrschaft über die Abfälle. Er ist damit zugleich Abfall(erst)besitzer. Wird mit einer Baumaßnahme auch die Entsorgung der dabei entstandenen Abfälle in Auftrag gegeben, geht der Abfall in den Besitz des Auftragnehmers – also des Bauunternehmers – über, sobald der Auftraggeber seine Sachherrschaft über die Abfälle vollständig aufgibt. Es wird dann auch von Zweitbesitzern der Abfälle gesprochen.

Auch ein Abfallbeförderer wird nach geltendem Abfallrecht in dem Augenblick, wo er Abfälle zur Beförderung übernimmt, zu einem Besitzer. Dies ist unabhängig davon zu sehen, dass er lediglich die Abfallbeförderung von der Anfallstelle zur Entsorgungsanlage durchführt. Und letztlich ist auch der Abfallentsorger Besitzer von Abfällen, wenn er diese vom Beförderer übernimmt und der Entsorgung zuführt.

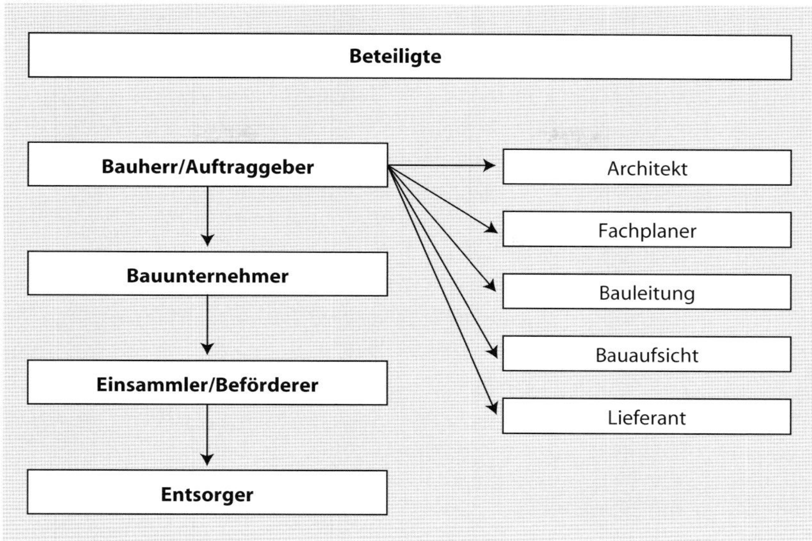

Abb. 4.1: Beteiligte bei der Gebäudesanierung (Quelle: Kropp, 2007)

4.2.2 Verantwortlichkeiten bei der Abfallentsorgung

Da nach dem Kreislaufwirtschafts- und Abfallgesetz die Pflichten zur Verwertung und gemeinwohlverträglichen Beseitigung von Abfällen dem Abfallerzeuger und -besitzer auferlegt werden, sind alle, die bei der Entstehung von Abfällen beteiligt sind, für eine ordnungsgemäße Entsorgung der Abfälle verantwortlich.

Wie bereits dargestellt, kann ein Bauherr, der als Abfallerzeuger und zunächst auch als Abfallbesitzer anzusehen ist, sich seiner hieraus resultierenden abfallrechtlichen Verantwortlichkeit nicht bereits durch vertragliche Vereinbarungen mit dem beauftragten Unternehmen entledigen. Dies wird häufig zu Unrecht vor allem unter Hinweis auf Regelungen der in der bauwirtschaftlichen Praxis zugrunde gelegten DIN 18299 „VOB Vergabe- und Vertragsordnung für Bauleistungen – Teil C: Allgemeine Technische Vertragsbedingungen für Bauleistungen (ATV) – Allgemeine Regelungen für Bauarbeiten jeder Art" (2006) angenommen (Enders, 2005, S. 381 f.).

Die abfallwirtschaftlichen Pflichten bleiben demnach auch dann bestehen, wenn sich der Auftraggeber zur Erfüllung seiner Pflichten Dritter bedient. Dies wird unmissverständlich in § 16 Abs. 1 Kreislaufwirtschafts- und Abfallgesetz klargestellt. Bedient sich ein Auftraggeber/Abfallerzeuger eines Dritten zur Erfüllung seiner Grundpflichten, so hat er sich im Vorfeld über die Zuverlässigkeit dieses Dritten zu informieren.

4.2.3 Überlassungspflichten (Andienungspflichten)

Die oben dargestellten Pflichten gelten grundsätzlich auch für private Auftraggeber. Ihre Pflichten entfallen nur, wenn sie der Überlassungspflicht an den öffentlich-rechtlichen Entsorgungsträger unterliegen, da sie in diesen Fällen keine Wahlmöglichkeit zur Entsorgung ihrer Abfälle haben. Überlassungspflichten, die häufig auch als Andienungspflichten an den öffentlich-rechtlichen Entsorgungsträger bezeichnet werden, greifen nach dem Kreislaufwirtschafts- und Abfallgesetz regelmäßig für Abfälle, die der Abfallerzeuger nicht selbst einer Verwertung zuführen kann. Hiervon zu unterscheiden sind Andienungs- und Überlassungspflichten, die im Rahmen der **Landes**abfallgesetze der einzelnen Bundesländer definiert werden (zu diesen landesrechtlichen Andienungs- und Überlassungspflichten siehe Kapitel 4.4.2).

4.2.4 Ahndung von Verstößen

Werden Abfälle nicht den umweltrechtlichen Vorschriften entsprechend entsorgt, so müssen die zur ordnungsgemäßen und schadlosen Entsorgung Verpflichteten mit rechtlichen Konsequenzen rechnen.

Strafrechtlich relevant ist hierbei der **unerlaubte Umgang mit gefährlichen Abfällen**. Werden Abfälle, die dazu geeignet sind, Menschen, Tiere, Pflanzen oder eines der Umweltschutzgüter (Gewässer, Boden, Luft) nachhaltig zu schädigen, außerhalb einer dafür zugelassenen Anlage oder unter wesentlicher Abweichung von einem vorgeschriebenen oder zugelassenen Verfahren entsorgt, kann dies nach den §§ 326 und 327 des Strafgesetzbuchs (StGB) mit Geldstrafe oder mit Freiheitsstrafe von bis zu 5 Jahren geahndet werden. Auch die nicht genehmigte grenzüberschreitende Verbringung gefährlicher Abfälle sowie das Betreiben von nicht genehmigten Entsorgungsanlagen kann als Straftat geahndet werden. Es ist zu beachten, dass allein die mögliche, abstrakte Umweltgefährdung bereits den Tatbestand einer Straftat erfüllen kann. Neben der umweltgefährdenden Abfallentsorgung regeln die §§ 324 und 325 StGB die strafrechtliche Verfolgung bei Gewässer-, Boden- und Luftverunreinigungen.

Auch wenn bei der Entsorgung von Abfällen keine Schutzgüter gefährdet und damit auch nicht die Rechtsfolgen des Strafgesetzes berührt werden, so können Verstöße gegen die vielfältigen Vorschriften aus dem Abfallrecht doch Ordnungswidrigkeiten darstellen, die mit Bußgeld von bis zu 50.000 € geahndet werden.

4.3 Entsorgung als integraler Bestandteil der Sanierung und des Abbruchs

Der Gebäudesanierung und dem Abbruch sollte eine äußerst sorgfältige Planung vorangehen. Dies gilt grundsätzlich auch für die Entsorgung der bei der Sanierung oder beim Abbruch anfallenden Abfälle. Damit ist die Entsorgungsplanung immer auch als integraler Bestandteil des Gesamtsanierungskonzepts zu verstehen.

Es sind insbesondere die Verfahren der Vorerkundung und der darauf basierenden Ausschreibung, die Auswahl und Beauftragung der bauausführenden Unternehmen und der Entsorger der Abfälle, eine gut strukturierte Baustelleneinrichtung und die Einhaltung der gesetzlichen Anforderungen an die ordnungsgemäße Abfallentsorgung detailliert zu planen. Hilfreich ist hier die Erstellung eines Entsorgungskonzepts. Nicht zuletzt kann eine gute Vorbereitung auch Kosten sparen.

Da in den vorangegangenen Kapiteln bereits ausführlich auf Vorkommen, Eigenschaften und Bewertung der einzelnen Schadstoffe eingegangen wurde,

Abfallbeschreibung	Abfallschlüssel und -bezeichnung	Anfallstelle/ Bauteil	Geschätzte Menge (kg oder l)	Nachweis der Entsorgung	Entsorger	Bemerkungen

Abb. 4.2: Muster eines Entsorgungskonzepts

beziehen sich die nachfolgenden Ausführungen vor allem auf die Entsorgung der bei der Sanierung bzw. beim Abbruch anfallenden Abfälle.

4.3.1 Vorerkundung

Je nach Sanierungsziel und -umfang ist im Vorfeld eine Bestandsaufnahme dessen, was saniert werden soll, durchzuführen. Folgende Fragen sollten mindestens geklärt werden:

- Wo im und am Gebäude werden die Arbeiten durchgeführt?
- Welche Abfälle sind dabei zu erwarten?
- Welche Verunreinigungen liegen vor?
- Wann wurden die zu entfernenden Materialien verbaut?
- In welcher Größenordnung (Gewicht, Volumen, Anzahl) werden die jeweiligen Abfälle anfallen?
- Existieren noch Unterlagen über den Einbau bzw. die Verwendung der zu entfernenden Stoffe?
- Sind bereits vor der Sanierung Proben zu entnehmen und auf Schadstoffe analysieren zu lassen?

Da in den letzten Jahren in der EU- und in der bundesdeutschen Umweltpolitik die Herstellung und Verwendung besonders umweltrelevanter Stoffe wie Asbest und PCB verboten wurden („Verordnung über Verbote und Beschränkungen des Inverkehrbringens gefährlicher Stoffe, Zubereitungen und Erzeugnisse nach dem Chemikaliengesetz“ [Chemikalien-Verbotsverordnung] vom 14. Oktober 1993), kommt insbesondere der Frage des Zeitraums des Einbaus von Materialien eine besondere Bedeutung zu.

4.3.2 Erstellung eines Entsorgungskonzepts

Ist zu erwarten, dass bei der Gebäudesanierung schadstoffhaltige Abfälle anfallen, ist die Erstellung eines ersten Entsorgungskonzepts zu empfehlen (siehe das Muster in Abb. 4.2). Es kann auch dazu genutzt werden, die bei der Entsorgung der Abfälle anfallenden Kosten abzuschätzen, und es erlaubt einen schnellen Überblick über die Art und Menge der anfallenden und zu entsorgenden Abfälle. Die Angaben sind gegebenenfalls durch Skizzen oder weitere Erläuterungen zu ergänzen. Mengenangaben können unter Nennung des Umrechnungsfaktors statt in Masse (kg) auch in Volumen (l) erfolgen (Cronjaeger et al., 2006, S. 6).

Abb. 4.3: Dämmmaterial aus künstlichen Mineralfasern – links in nicht ordnungsgemäßer, loser Schüttung, rechts ordnungsgemäß in Big-Bags verpackt (Quelle: SAM Sonderabfall-Management-Gesellschaft Rheinland-Pfalz mbH, Mainz)

4.3.3 Probenahme und Analyse von Abfällen

Schadstoffhaltige Abfälle fallen als Monochargen mit Baumaterialien gleicher Art (z. B. asbesthaltige Dachbahnen) und als Mischchargen (PCB-haltige Fugenmassen, mit Lindan belastetes Altholz usw.) an. Für die richtige Abfalldeklaration und die Festlegung des späteren Entsorgungsweges sind insbesondere bei den Mischchargen eine ordnungsgemäße Probenahme und die sich anschließende Analyse erforderlich (so ist z. B. Dämmmaterial aus künstlichen Mineralfasern [Abb. 4.3] auch ohne Probenahme und Analyse grundsätzlich als gefährlicher Abfall einzustufen).

Die Probenahme von Abfällen erfolgt grundsätzlich nach den Vorgaben der LAGA PN 98 „Richtlinie für das Vorgehen bei physikalischen, chemischen und biologischen Untersuchungen im Zusammenhang mit der Verwertung/Beseitigung von Abfällen. Grundregeln für die Entnahme von Proben aus festen und stichfesten Abfällen sowie abgelagerten Materialien" (2001-12). Diese Richtlinie legt fest, wie die Entnahme von Proben aus festen und stichfesten Abfällen sowie abgelagerten Materialien durchgeführt wird. Eine Probenahme sollte grundsätzlich nur von geschultem und fachkundigem Personal durchgeführt werden. Die Erstellung eines Probenahmeprotokolls ist obligatorisch (Muster im Anhang C der LAGA PN 98).

Die Analyse von Abfällen sollte von nach ISO 15189 „Medizinische Laboratorien – Besondere Anforderungen an die Qualität und Kompetenz" (2007) oder DIN EN ISO/IEC 17025 „Allgemeine Anforderungen an die Kompetenz von Prüf- und Kalibrierlaboratorien" (2005) akkreditierten Laboratorien durchgeführt werden; diese haben sich einem Qualitätsmanagementverfahren unterzogen und damit einen Kompetenznachweis erbracht.

4.3.4 Auswahl der Entsorgungsunternehmen

Bei der Beauftragung von Unternehmen ist grundsätzlich darauf zu achten, dass sie für die von ihnen auszuführenden Tätigkeiten über die notwendige Sach- und Fachkunde verfügen. Entsprechende Nachweise sollten bereits bei Angebotsabgabe vorgelegt werden. So sollte bei der Auswahl des Entsorgungsunternehmens darauf geachtet werden, dass es sich um einen Entsorgungsfachbetrieb handelt.

Abb. 4.4: Ausgebaute und separat gelagerte Althölzer aus der Gebäudesanierung (Quelle: SAM Sonderabfall-Management-Gesellschaft Rheinland-Pfalz mbH, Mainz)

Abb. 4.5: Kabelabfälle in einem Absetzcontainer (Quelle: SAM Sonderabfall-Management-Gesellschaft Rheinland-Pfalz mbH, Mainz)

Wie dargestellt, ist mit dem Entsorgungsfachbetrieb ein Anreiz zur Sicherstellung eines hohen Qualitätsniveaus in der Entsorgungswirtschaft geschaffen worden. Das Verfahren zur Qualifizierung wird durch die „Verordnung über Entsorgungsfachbetriebe“ (Entsorgungsfachbetriebeverordnung) vom 10. September 1996 vorgegeben. Allerdings kann auch durch nicht zertifizierte Entsorgungsunternehmen eine ordnungsgemäße Abfallentsorgung gewährleistet sein. Im Zweifel sollte bei den für das jeweilige Bundesland zuständigen Stellen (siehe Kapitel 4.4.2, Tabelle 4.4) nachgefragt werden.

Bei der Entsorgung von Abfällen aus Gebäudesanierung und -abbruch kommen regelmäßig sogenannte Containerdienste zum Einsatz. Diese stellen der Baustelle für die jeweiligen Abfallfraktionen geeignete Transportcontainer zur Verfügung und führen nach Beendigung der Baumaßnahme die Abfälle einer ordnungsgemäßen Entsorgung zu. Hinsichtlich der Frage der Abfallbeförderung sollte sich der Auftraggeber vergewissern, dass eine gültige Transportgenehmigung bzw. alternativ ein Entsorgungsfachbetriebezertifikat vorliegt (vgl. Kapitel 4.1.5). Die Entsorgungsanlage muss über die erforderlichen Genehmigungen zur Entsorgung der Abfälle verfügen.

Darüber hinaus sollte sich der Auftraggeber bei der Vertragsgestaltung die Eignung, Bereitschaft und Befugnis zur ordnungsgemäßen Abfallentsorgung zusichern lassen. Er sollte in den Vertrag ferner aufnehmen, dass alle behördlichen Genehmigungen im Vorfeld der Abfallentsorgung eingeholt und dem Auftraggeber vorgelegt werden und dieser über auftretende Probleme unverzüglich in Kenntnis gesetzt wird. Im Zweifel kann es auch angebracht sein, sich die Entsorgungsanlage und das durchgeführte Entsorgungsverfahren vor Ort zeigen zu lassen.

4.3.5 Baustelleneinrichtung

Grundsätzlich spielt das Platzangebot auf der Baustelle eine wichtige Rolle. Eine Trennung der belasteten von den nicht belasteten, also der gefährlichen von den nicht gefährlichen Abfällen (Abb. 4.4 und 4.5) kann eine Wiederverwendung der nicht gefährlichen Abfälle ermöglichen und sorgt für eine Reduzierung der Masse an schadstoffhaltigen Abfällen. Mit dieser Maßnahme können die Entsorgungskosten erheblich reduziert werden.

Abb. 4.6: Abrollcontainer für Bauschutt, Baumischabfälle, Gewerbeabfälle, Boden, Sperrmüll usw. (Fassungsvermögen: 10 bis 40 m³, Bauweise: offen) (Quelle: SAM Sonderabfall-Management-Gesellschaft Rheinland-Pfalz mbH, Mainz)

Abb. 4.7: Absetzcontainer für Bauschutt, Baumischabfälle, Gewerbeabfälle, Boden, Sperrmüll usw. (Fassungsvermögen: 5,5 bis 18 m³, Bauweise: offen oder geschlossen) mit flexiblen Schüttgutbehältern (Big Bags) für Schüttgüter aller Art wie z. B. Asbest oder KMF (Fassungsvermögen: ab 500 kg bzw. 500 l) (Quelle: SAM Sonderabfall-Management-Gesellschaft Rheinland-Pfalz mbH, Mainz)

Abb. 4.8: 240-l-MGB (Quelle: SAM Sonderabfall-Management-Gesellschaft Rheinland-Pfalz mbH, Mainz)

Eine Trennung sollte in jedem Fall dort erfolgen, wo Baumaterialien gleicher Art (z. B. Dachbalken oder Paneele aus der Holzverkleidung) separat ausgebaut werden.

Es kann darüber hinaus auch sinnvoll sein, direkt an der Baustelle anfallende Verbundstoffe voneinander zu trennen und getrennt zur Entsorgung bereitzustellen. Hier ist vorab zu klären, ob dies technisch möglich ist und wie groß der damit verbundene Arbeitsaufwand unter Beachtung des Arbeitsschutzes ist.

Daher ist das Aufstellen von Behältern und Containern (Abb. 4.6 bis 4.8) auf der Baustelle im Vorfeld der Sanierung in die Planung mit aufzunehmen, denn der Platzbedarf kann je nach Sanierungsvorhaben erheblich sein. Dies ist mit den Entsorgungsunternehmen und den bauausführenden Unternehmen abzustimmen. Behälter und Container kosten Standmiete, sodass ihre Aufstellung erst mit Beginn der Sanierungsmaßnahme erfolgen sollte.

Einige Abfälle wie Asbest benötigen spezielle Transportbehältnisse. Ferner kommen fahrbare Großmülltonnen und Großmüllbehälter (sogenannte MGB:

Müllgroßbehälter) für feste Sortierreste (z. B. Fugenmassen, Baustellenabfälle, Kabel, Elektro- und Elektronikschrott, Gewerbeabfälle) mit einem Fassungsvermögen von 60 bis 360 l bzw. 1,1 m^3 in Betracht.

4.3.6 Einstufung und Entsorgung belasteter Abfälle aus Gebäudesanierung bzw. -abbruch

Bei den im Rahmen der Gebäudesanierung bzw. des Abbruchs anfallenden Abfällen sind typische Baustellenabfälle, also Abfälle, die beim Einrichten der Baustelle und beim Baustellenbetrieb anfallen (Verpackungsabfälle, Dosen, verschmutzte Betriebsmittel usw.), und Abfälle, die bei der Sanierung bzw. beim Abbruch anfallen, zu unterscheiden. Für die Entsorgung der Abfälle aus dem Baustellenbetrieb ist in erster Linie der Auftragnehmer verantwortlich, für die bei der Sanierung bzw. beim Abbruch anfallenden Abfälle grundsätzlich der Auftraggeber. Dieser sollte hiermit jedoch fachkundige Unternehmen beauftragen.

Weiterhin wird unterschieden in überwiegend organische und überwiegend anorganische bzw. mineralische Abfälle sowie in gefährliche und nicht gefährliche Abfälle.

Tabelle 4.3 gibt einen Überblick über die typischerweise in und an Gebäuden vorkommenden und bei der Gebäudesanierung bzw. beim Abbruch anfallenden schadstoffhaltigen Abfälle in Bezug auf die abfallrechtliche Einstufung und die grundsätzlichen Entsorgungswege dieser Abfälle; dabei sind hier nur die wichtigsten Schadstoffe aufgeführt, branchentypische Schadstoffe, Schimmelkeime oder radioaktiv belastete Abfallarten sind nicht berücksichtigt.

Tabelle 4.3: Abfallrechtliche Einstufung, Vorkommen und Entsorgungswege von Schadstoffen

Schadstoff	Abgrenzung gefährlicher/ nicht gefährlicher Abfall	Abfallschlüssel und Abfallbezeichnung nach der Abfallverzeichnis-Verordnung	Abfallart (Beispiele)	häufigste Entsorgungswege
Asbest	1.000 mg/kg	170605* asbesthaltige Baustoffe	Fassaden- und Welldachplatten (z. B. Eternitplatten), Bodenbeläge, Asbestzementrohre, Fußbodenplatten	Deponierung
		170601* Dämmmaterial, das Asbest enthält	Isoliermaterialien, Spritzasbest, Brandschutzklappen und -türen	Deponierung
KMF	1.000 mg/kg	170603* anderes Dämmmaterial, das aus gefährlichen Stoffen besteht	Dämmwolle als Glas- und Steinwolle	Deponierung, Herstellung von Zuschlagstoffen für Ziegelindustrie

Tabelle 4.3: Fortsetzung

Schadstoff	Abgrenzung gefährlicher/ nicht gefährlicher Abfall	Abfallschlüssel und Abfallbezeichnung nach der Abfallverzeichnis-Verordnung	Abfallart (Beispiele)	häufigste Entsorgungswege
PCB	50 mg/kg (entspricht 10 mg/kg nach DIN 51527[1)])	170902* Bau- und Abbruchabfälle, die PCB enthalten	PCB-haltige Dicht- und Fugenmassen, Kabelummantelungen, Kitte, Klebstoffe, Verguss- und Spachtelmassen	Sonderabfallverbrennung
		170204* Holz, Glas und Kunststoff, die gefährliche Stoffe enthalten	PCB-haltiges Altholz (z. B. Wilhelmi-Deckenplatten)	Sonderabfallverbrennung
PAK	100 bis 1.000 mg/kg[2)]	170303* Kohlenteer und teerhaltige Produkte	teerhaltige Dachbahnen	Verbrennung nach Zerkleinerung
	30 bis 1.000 mg/kg[2)]	170106* gefährlicher Bauschutt[3)]	Estrich oder Fliesen mit PAK-haltigem Kleber, Kaminauskleidungen	oberirdische oder Untertagedeponierung
	1.000 mg/kg[2)]	170204* Holz, Glas und Kunststoff, die gefährliche Stoffe enthalten	Altholz mit Parkettkleber	Verbrennung
	30 bis 1.000 mg/kg[2)]	170301 kohlenteerhaltige Bitumengemische	teerhaltiger Straßenaufbruch	Aufbereitung zu hydraulisch gebundenen Tragschichten, Deponierung
Schwermetalle (SM)[4)]	je nach SM und Verbindung ab 1.000 mg/kg[5)]	160213* gefährliche Bestandteile enthaltende gebrauchte Geräte	Chrom(VI) in Nachtspeicheröfen (enthalten ggf. auch Asbest)	Deponierung
		170503* Boden und Steine, die gefährliche Stoffe enthalten	Schüttungen in Fehlböden oder Ausgleichsmassen	Deponierung
		120116* Strahlmittelabfälle, die gefährliche Stoffe enthalten	Strahlmittelrückstände (enthalten ggf. auch PCB, PAK oder Holzschutzmittel)	je nach Gehalt an organischen Bestandteilen Deponierung oder Verbrennung
		170106* gefährlicher Bauschutt[3)]	Farbanstriche an Wänden und Putze (enthalten ggf. auch PCB)	oberirdische oder Untertagedeponierung
PCP/ Lindan	3 oder 50 mg/kg[2)]	170204* Holz, Glas und Kunststoff, die gefährliche Stoffe enthalten	mit Holzschutzmitteln belastetes Altholz (enthält ggf. auch Schwermetallsalze oder PAK)	Verbrennung

Tabelle 4.3: Fortsetzung

Schadstoff	Abgrenzung gefährlicher/ nicht gefährlicher Abfall	Abfallschlüssel und Abfallbezeichnung nach der Abfallverzeichnis-Verordnung	Abfallart (Beispiele)	häufigste Entsorgungswege
Dioxine/ Furane	15 µg/kg	6)	als Verunreinigung in einigen Abfallarten enthalten	Verbrennung, Untertagedeponierung
FCKW und halogenierte FCKW (H-FCKW)	1.000 mg/kg	160211* gebrauchte Geräte, die teil- und vollhalogenierte FCKW enthalten	Kühlgeräte, Kühlanlagen, Klimaanlagen	Abtrennung und Zerstörung des FCKW und H-FCKW und stoffliche Verwertung der übrigen Teile des Abfalls

1) DIN 51527-1 „Prüfung von Mineralölerzeugnissen – Bestimmung polychlorierter Biphenyle (PCB) – Flüssigchromatographische Vortrennung und Bestimmung 6 ausgewählter PCB mittels eines Gaschromatographen mit Elektronen-Einfang-Detektor (ECD)" (1987)
2) in den Bundesländern unterschiedlich gehandhabt
3) Originalbezeichnung: „Gemische aus oder getrennte Fraktionen von Beton, Ziegeln, Fliesen und Keramik, die gefährliche Stoffe enthalten"
4) Zu den umweltrelevanten und häufig vorkommenden Schwer- und Halbmetallen zählen Chrom(VI), Quecksilber, Cadmium, Blei, Kupfer, Nickel, Zink und Arsen.
5) Bei Schwermetallen sind auch die Eluatwerte (Werte der Auslaugung bei Wasserkontakt) zu berücksichtigen. Die Zuordnungswerte für die Deponieklasse II in Anhang 3 Tabelle 2 Spalte 7 der Deponieverordnung vom 27. April 2009 dürfen nicht überschritten werden.
6) Zuordnung zu verschiedenen Abfallschlüsseln

Die in Tabelle 4.3 aufgeführten Schadstoffe treten bei bestimmten Abfallarten nicht selten zusammen mit anderen Schadstoffen auf. Für die Abgrenzung zwischen gefährlichen und nicht gefährlichen Abfällen ist hierbei die Konzentration für jeden Schadstoff einzeln (in einigen Fällen auch kumulativ) festzustellen und zu bewerten. Wie am Beispiel des Schadstoffs PAK in Tabelle 4.3 angemerkt, kann diese Abgrenzung in den Bundesländern unterschiedlich erfolgen. Daher ist es erforderlich, sich im Vorfeld einer Entsorgung mit den jeweiligen Einstufungen in den Bundesländern vertraut zu machen und im Zweifelsfall die für das jeweilige Bundesland zuständigen Stellen (siehe Kapitel 4.4.2, Tabelle 4.4) zu kontaktieren.

Neben der abfallrechtlichen Einstufung kann auch die Zuordnung zu den jeweiligen Abfallschlüsseln in den Bundesländern unterschiedlich sein. Hinsichtlich der Entsorgungswege ist jedoch fast durchgängig ein einheitliches Vorgehen gegeben. Die meisten bei der Gebäudesanierung und beim Abbruch anfallenden gefährlichen Abfälle werden in (Sonderabfall-)Verbrennungsanlagen verbrannt oder auf oberirdischen bzw. in Untertagedeponien abgelagert. Welcher Entsorgungsweg beschritten werden muss, hängt in erster Linie davon ab, ob es sich um einen überwiegend organischen (Verbrennung) oder anorganischen Abfall (Deponierung) handelt und ob für bestimmte Schadstoffe spezielle Vorschriften im Abfallrecht existieren. Darüber hinaus können die Genehmigungen der Entsorgungsanlagen Einschränkungen für bestimmte Abfallarten oder Schadstoffkonzentrationen enthalten. In Rheinland-Pfalz z. B. gelten für Deponien Feststoffgrenzwerte für Schwermetalle und organische Schadstoffe, die im bundesdeutschen Deponierecht nur für wenige organische Schadstoffe nicht existieren.

Für die Einstufung von Althölzern gibt die „Verordnung über Anforderungen an die Verwertung und Beseitigung von Altholz" (Altholzverordnung) vom 15. August 2002 einen guten Überblick. Im Anhang III der Verordnung werden die gängigsten Altholzsortimente nach ihrer Einstufung als gefährlich und nicht gefährlich aufgeführt und den jeweiligen Abfallschlüsseln zugeordnet. Eine Probenahme und Analyse von Vollholz ist, wenn diese Vorgaben eingehalten werden, grundsätzlich nicht erforderlich.

Bei der Gebäudesanierung fällt oft auch mit Formaldehyd **belastetes** Material (insbesondere Altholz) an. Als **gefährlich** werden solche Abfälle jedoch dann nicht eingestuft, wenn sie **nur** mit Formaldehyd belastet sind.

4.3.7 Abfallrechtliches Nachweisverfahren

Die „Verordnung über die Nachweisführung bei der Entsorgung von Abfällen" (Nachweisverordnung) vom 10. September 1996 stellt mit den Vorgaben zum abfallrechtlichen Nachweisverfahren das bundesweit gültige Kontrollinstrument für die Entsorgung von Abfällen dar. Sie gliedert die Abfallentsorgung in 3 Stufen: die **Vorabkontrolle**, die **Verbleibskontrolle** und die **Führung von Registern**.

4.3.7.1 Das elektronische Nachweisverfahren

Die im Folgenden beschriebenen Verfahren der Vorabkontrolle, der Verbleibskontrolle sowie der Registerführung werden seit dem 1. Februar 2007 bundesweit – zunächst auf freiwilliger Basis, ab dem 1. April 2010 verpflichtend – für die Nutzung moderner Kommunikationstechniken geöffnet. Die ab dem 1. April 2010 durchzuführende elektronische Nachweisführung wird den Austausch von Nachweisdaten der Nachweispflichtigen untereinander und mit den zuständigen Behörden auf elektronischem Weg sicherstellen.

Die Übermittlung der Daten erfolgt unter Nutzung einer vom BMU definierten einheitlichen EDV-Schnittstelle, die von allen EDV-Systemen anzuwenden ist und damit erst die Möglichkeit zur Kommunikation aller Beteiligten untereinander ermöglicht.

Ferner haben die Bundesländer eine technische Infrastruktur geschaffen, die als Datendrehscheibe den Austausch der elektronischen Daten ermöglicht. Diese Datendrehscheibe, die **Zentrale Koordinierungsstelle (ZKS)**, enthält u. a. die Funktionen „Virtuelle Poststelle", „Länder-eANV" und „Servicemodul" (Abb. 4.9).

Die **Virtuelle Poststelle** legt die von den Nachweispflichtigen und Behörden versandten Daten in elektronische Postfächer ab, aus denen diese Daten von den am elektronischen Nachweisverfahren Beteiligten wieder abgerufen werden können. Die Nachweispflichtigen haben dafür Sorge zu tragen, dass sie Nachweisdaten unter Nutzung der Datenschnittstelle des BMU elektronisch erstellen, versenden und empfangen können. Firmeneigene Software zur Erstellung von Nachweisdokumenten, die Inanspruchnahme privatwirtschaftlicher Provider (Softwareunternehmen, die als Dienstleister am Markt die Erstellung, das Versenden und das Empfangen der Nachweisdaten er-

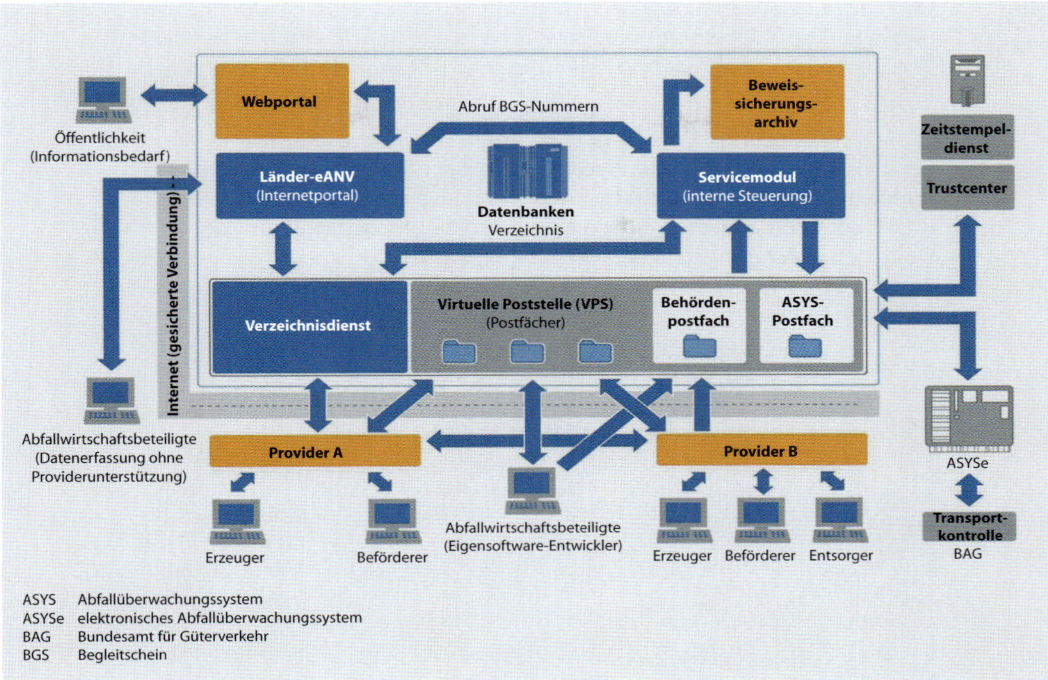

Abb. 4.9: Funktionsweise der Zentralen Koordinierungsstelle der Länder (ZKS) (Quelle: InformationsKoordinierende Stelle Abfall DV-Systeme [IKA])

möglichen und weitere Dienstleistungen erbringen können) und nicht zuletzt das bereits erwähnte **Länder-eANV**, ein von den Bundesländern im Zusammenhang mit der ZKS geschaffenes Internetportal, bieten die Auswahl zur Teilnahme am elektronischen Nachweisverfahren. Dabei sollte sich jedes Unternehmen über die Möglichkeiten zur Nutzung der elektronischen Kommunikation ausreichend informieren und sich für das für seine Belange am besten geeignete System entscheiden. Weitere Informationen sind über die Länderarbeitsgruppe GADSYS (Gemeinsame Abfall-DV-Systeme der Länder) unter www.gadsys.de sowie über die zuständigen Behörden der einzelnen Bundesländer (siehe Kapitel 4.4.2, Tabelle 4.4) abrufbar.

Das **Servicemodul** der ZKS schließlich erbringt weitere Dienstleistungen wie Viren-, Signatur- und Formatprüfungen.

4.3.7.2 Die qualifizierte elektronische Signatur (qeS)

Mit der Einführung des elektronischen Nachweisverfahrens entfällt künftig auch die händische Unterschrift unter den einzelnen Nachweisformularen bzw. -dokumenten. Ein elektronisches Dokument kann zur Erlangung der Rechtsgültigkeit grundsätzlich auch nur mit einer elektronischen Unterschrift versehen werden. Diese Unterschrift darf aufgrund rechtlicher Vorgaben nur mit einer qualifizierten elektronischen Signatur (qeS) erfolgen.

Für eine qeS benötigt der Unterzeichner eine auf seinen Namen ausgestellte Chipkarte mit den darauf gespeicherten Angaben zu seiner Person sowie eine entsprechende achtstellige Codenummer. Die Chipkarte kann nur von zugelassenen Zertifizierungsdiensteanbietern persönlich oder im Postident-Verfahren erworben werden. Diese Chipkarte ist immer personen- und nicht firmenbezogen, was bei der Festlegung, wer im Unternehmen welche Daten signieren darf, beachtet werden sollte.

Des Weiteren wird ein Kartenlesegerät benötigt, das das zu signierende Dokument mit der Chipkarte virtuell verbindet und versiegelt und damit gewährleistet, dass zu jedem Zeitpunkt nachvollzogen werden kann, wer die Dokumente elektronisch unterschrieben hat, und das ebenfalls gewährleistet, dass spätere Änderungen an diesem Dokument oder seinen Inhalten nachvollzogen werden können. Weitere Informationen hierzu sind über das Bundesamt für Sicherheit in der Informationstechnologie (www.bsi.de) oder die Bundesnetzagentur (www.bundesnetz-agentur.de) erhältlich.

4.3.7.3 Vorabkontrolle – der Entsorgungsnachweis

Die Entsorgung gefährlicher Abfälle (vgl. Kapitel 4.1.3) muss im Vorfeld durch die für die Entsorgungsanlage zuständige Behörde genehmigt werden. Dazu müssen Abfallerzeuger/-besitzer und Entsorger (Betreiber der Entsorgungsanlage) die Daten aus den Formblättern der Nachweisverordnung mithilfe spezieller Software am PC oder im Internet online ausfüllen und der zuständigen Entsorgerbehörde über die ZKS zuleiten. Aus diesen Daten geht hervor, wer Abfallerzeuger/-besitzer ist, welche Abfälle (gegebenenfalls mittels Probenahmeprotokollen und Analysen nachgewiesen) in welcher Größenordnung anfallen und in welcher Entsorgungsanlage diese Abfälle wie entsorgt werden sollen. Die Behörde prüft diese Unterlagen und bestätigt die zulässige Entsorgung, indem sie eine Behördenbestätigung erteilt und diese ebenfalls über die ZKS wieder an die Verfahrensbeteiligten zurückschickt. Alle Formulare bzw. die in den Formularen enthaltenen Daten oder Informationen bilden zusammen den **Entsorgungsnachweis**.

Fallen bei einem Abfallerzeuger weniger als 20 t eines gefährlichen Abfalls pro Jahr an – was bei der Gebäudesanierung je nach Abfallart der Regelfall sein dürfte –, so kann sich der Abfallerzeuger auch eines sogenannten **Sammelentsorgungsnachweises** bedienen. Beim Sammelentsorgungsnachweis tritt ein Einsammler von Abfällen – in der Regel ein gewerbsmäßiger Abfallbeförderer – an die Stelle des eigentlichen Abfallerzeugers/-besitzers, indem er gleiche Abfälle, die an verschiedenen Orten in geringfügigen Mengen anfallen, einsammelt und zur Entsorgungsanlage transportiert.

4.3.7.4 Verbleibskontrolle – Begleitschein und Übernahmeschein

Nach der Genehmigung der Abfallentsorgung müssen je Transportvorgang **Verbleibsdokumente** (Begleitschein und Übernahmeschein; siehe Übersicht in Abb. 4.10) ausgefüllt und beim Transport mitgeführt werden bzw. im elektronischen Nachweisverfahren so mitgeführt werden, dass sie den zur Kontrolle von Fahrzeugen Befugten (z. B. Polizei oder Bundesamt für Güterverkehr) sichtbar gemacht werden können. Beim Entsorgungsnachweis ist dazu von Abfallerzeuger, Beförderer und Entsorger bis zum 1. April 2010 ein **Begleitschein** als Sechsfachdurchschreibesatz auszufüllen. Nach durchgeführter Entsorgung verbleiben 2 dieser Belege beim Abfallerzeuger. Unterschrie-

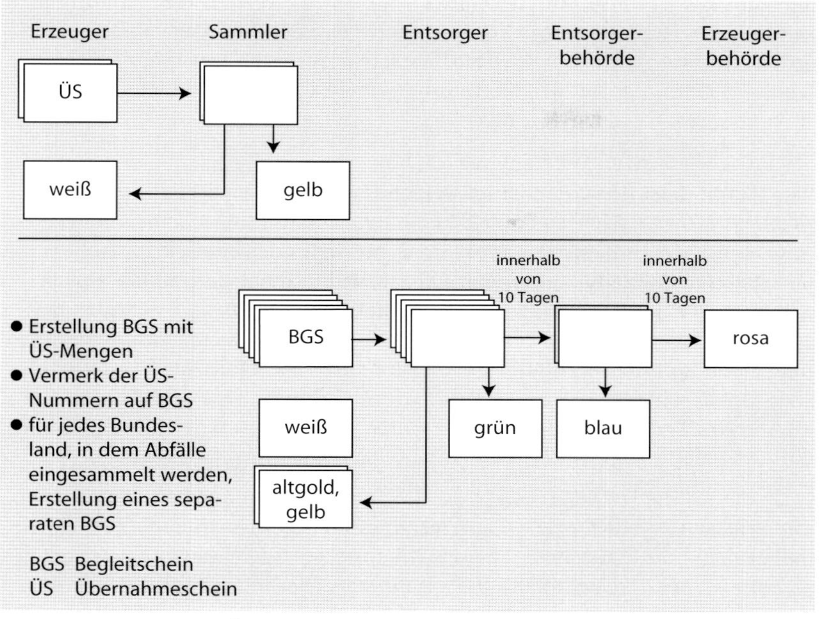

Abb. 4.10: Begleit- und Übernahmescheinführung bei der Sammelentsorgung von gefährlichen Abfällen (Quelle: SAM Sonderabfall-Management-Gesellschaft Rheinland-Pfalz mbH, Mainz)

ben wird der Begleitschein immer bei der Übergabe der Abfälle. Schließlich erhalten auch die zuständigen Erzeuger- und Entsorgerbehörden je 1 Beleg. Ab dem 1. April 2010 wird auch der Begleitschein elektronisch geführt, indem er vom Erzeuger, Beförderer und schließlich Entsorger ausgefüllt und mit der Signatur versehen wird. Dabei ist es sowohl im Papier- als auch im elektronischen Verfahren besonders wichtig, dass die Reihenfolge der Unterschriften bzw. Signaturen eingehalten wird, d. h. Erzeuger vor Beförderer vor Entsorger. Im elektronischen Verfahren ist hier insbesondere zu beachten, dass der Fahrer des Beförderers die Übernahme der Abfälle vom Erzeuger beim Erzeuger oder spätestens vor Abgabe an den Entsorger beim Entsorger qualifiziert signieren kann.

Bei der Entsorgung von Abfällen über den in Kapitel 4.3.7.3 dargestellten Sammelentsorgungsnachweis muss lediglich der Einsammler zusammen mit dem Entsorger einen Begleitschein ausfüllen und diesen unterschreiben bzw. signieren. Der ursprüngliche Abfallerzeuger/-besitzer füllt bei Übergabe der Abfälle an den Einsammler mit diesem einen **Übernahmeschein** in zweifacher Ausfertigung aus. Der Abfallerzeuger sollte sich vom Einsammler den genehmigten Sammelentsorgungsnachweis vorlegen und eine Kopie für seine Unterlagen anfertigen lassen. Im Gegensatz zu Entsorgungs- und Sammelentsorgungsnachweis und Begleitschein kann der Übernahmeschein zwischen dem Erzeuger und dem Einsammler im Sammelnachweisverfahren auch nach dem 1. April 2010 weiter in Papierform geführt werden.

Bei dem in Abb. 4.10 dargestellten Begleitscheinverfahren handelt es sich grundsätzlich um das Begleitscheinverfahren in Papierform, das jedoch auch auf das elektronische Verfahren angewendet werden kann, allerdings mit dem Unterschied, dass keine farbigen Ausfertigungen des Begleitscheins mehr existieren und diese durch elektronische Dokumente ersetzt werden.

4.3.7.5 Registerführung

Alle Dokumente der Vorab- und Verbleibskontrolle, also Entsorgungs-/Sammelentsorgungsnachweis, Begleitschein und Übernahmeschein, sind in einem sogenannten Register sowohl im Papier- als auch im elektronischen Verfahren in der zeitlichen Reihenfolge ihres Erhalts und einander zugeordnet abzulegen bzw. zu speichern und mindestens 3 Jahre lang aufzubewahren. In das Register können auch Probenahmeprotokolle und Analyseergebnisse aufgenommen werden. Das Register stellt demnach eine Sammlung aller Dokumente und Daten dar, die belegen können, dass die Abfallentsorgung ordnungsgemäß durchgeführt wurde. Im elektronischen Nachweisverfahren ist die Ablage der Dokumente in das Register mit der qualifizierten elektronischen Signatur (qeS) zu versehen.

Die Pflicht zur Registerführung – und damit die Aufbewahrung der Originalbelege bzw. -dokumente – liegt bei demjenigen, der bei der Sanierung als Abfallerzeuger im Nachweisverfahren auftritt. Dies kann auch der Bauunternehmer als Auftragnehmer sein. Der Auftraggeber sollte sich jedoch von diesen Dokumenten zur eigenen Sicherheit immer Kopien anfertigen lassen.

4.3.7.6 Besonderheiten der elektronischen Nachweisführung

Wie bereits erwähnt, müssen Entsorgungsnachweise und Begleitscheine ab dem 1. April 2010 zwingend elektronisch geführt werden. Für die rechtssichere Unterschrift ist die personenbezogene qeS zu verwenden. Diese Forderung gilt für Abfallerzeuger und -beförderer zwingend jedoch erst ab dem 1. Februar 2011 (Abb. 4.11).

Da die Abfallentsorgung bei Ausfall der elektronischen Kommunikation nicht stillstehen kann und darf, sind in Fällen der Störung des Kommunikationssystems die abfallrechtlichen Dokumente aus dem DV-System auszudrucken und handschriftlich zu zeichnen. Nach Behebung der Störung sind die abfallrechtlichen Nachweisdokumente erneut über das elektronische Verfahren zu versenden. Die Behebung der Störung liegt in der Verantwortung desjenigen, bei dem die Störung aufgetreten ist bzw. der sie zu verantworten hat. Im Rahmen der Übergangsfrist vom 1. April 2010 bis zum 31. Januar 2011 und bei Störung des Kommunikationssystems genügt für die Begleitscheinführung der Ausdruck nur eines Beleges, auf dem die Begleitscheindaten vermerkt sind, des sogenannten Quittungsbelegs.

Insbesondere auf Baustellen bereitet die Organisation der elektronischen Nachweisführung (in der Regel die Führung der Begleitscheine) und das Erstellen der Signatur Probleme. Es ist daher ratsam, auch in dieser Fragestellung im Vorfeld von Sanierungsmaßnahmen die entsprechenden Organisationsstrukturen zu schaffen. Grundsätzlich muss u. a. geklärt werden, wer letztlich befugt sein wird, als oder für den Abfallerzeuger den Begleitschein elektronisch zu erstellen und qualifiziert zu signieren.

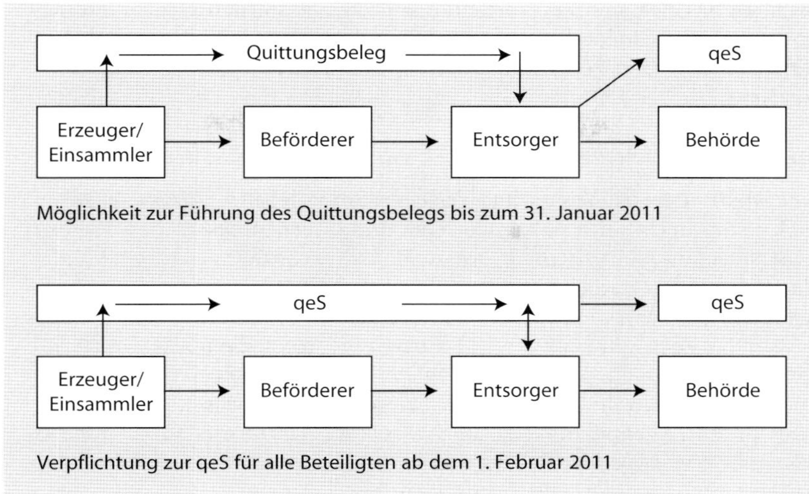

Abb. 4.11: Begleitscheinführung im elektronischen Nachweisverfahren (mit und ohne Quittungsbeleg) (Quelle: SAM Sonderabfall-Management-Gesellschaft Rheinland-Pfalz mbH, Mainz)

4.4 Abfallentsorgung in den Bundesländern

4.4.1 Zuständigkeiten der Bundesländer

Da die Abfallbewirtschaftung und die Sicherstellung einer ordnungsgemäßen Abfallentsorgung in den Aufgabenbereich der jeweiligen Bundesländer fallen, hat zur Umsetzung dieser Aufgaben jedes der 16 Bundesländer ein eigenes Abfallgesetz und zugehörige Verordnungen geschaffen. Die konkurrierende Gesetzgebung erlaubt den Bundesländern dabei, zu im Kreislaufwirtschafts- und Abfallgesetz nicht oder nicht abschließend geregelten Fragen selbst Festlegungen zu treffen. Die Landesgesetze dürfen dabei jedoch nicht gegen das Bundesrecht verstoßen bzw. etwas anderes bestimmen.

Insbesondere dort, wo es keine eindeutigen Festlegungen zu Grenzwerten von Schadstoffen in Abfällen gibt, haben die Bundesländer eigene Vorgaben geschaffen. So liegen z. B. die Grenzwerte für PAK in teerhaltigen Dachbahnen je nach Bundesland zwischen 100 und 1.000 mg/kg. Dies ist insbesondere dann zu beachten, wenn Abfälle in einem anderen Bundesland als dem Ursprungsbundesland entsorgt werden sollen (vgl. Kapitel 4.3.6).

4.4.2 Bundesländerübergreifende Entsorgung

Die Bundesländer sind für die Gewährleistung der Entsorgungssicherheit der in ihrem Gebiet anfallenden Abfälle verantwortlich. Dies ist nur möglich, wenn die vorgehaltenen Entsorgungsanlagen auch entsprechend ausgelastet sind. Daher haben einige Bundesländer Sonderabfallgesellschaften gegründet, die diese Vorgaben umsetzen sollen. Diese Sonderabfallgesellschaften haben im Rahmen einer sogenannten **Andienungspflicht** die Aufgabe, die in ihrem Bundesland angefallenen Abfälle auch in die im Bundesland liegenden Entsorgungsanlagen zu lenken, solange ein freier Warenverkehr, wie er auch für Abfälle zur Verwertung bestimmt ist, davon nicht berührt wird.

Darüber hinaus betreiben einige dieser Sonderabfallgesellschaften auch eigene Entsorgungsanlagen, in denen gefährliche Abfälle zur Beseitigung im Rahmen einer **Überlassungspflicht** grundsätzlich zu entsorgen sind (zu den landesrechtlichen Überlassungs- und Andienungspflichten vgl. Tabelle 4.4).

Tabelle 4.4: Andienungspflichten und Überlassungspflichten sowie zuständige Stellen in den Bundesländern (Stand Nov. 2009)

Bundesland	Andienungspflicht oder Überlassungspflicht	zuständige Behörde bzw. Sonderabfallgesellschaft des Bundeslands	Telefon	Website
Baden-Württemberg	A	Sonderabfallagentur Baden-Württemberg GmbH (SAA)	0711 951961-0	www.saa.de
Bayern	Ü	Bayerisches Landesamt für Umweltschutz	09221 604-0	www.lfu.bayern.de
Berlin	A	Senatsverwaltung für Gesundheit, Umwelt und Verbraucherschutz	030 9025-0	www.berlin.de/sen/guv/
Brandenburg	A	Sonderabfallgesellschaft Brandenburg/Berlin mbH (SBB)	0331 2793-0	www.sbb-mbh.de
Bremen	–	Senat für Umwelt, Bau, Verkehr und Europa	0421 361-0	www.umwelt.bremen.de
Hamburg	–	Behörde für Stadtentwicklung und Umwelt	040 42845-0	www.hamburg.de/bsu
Hessen	A, Ü	Regierungspräsidium Darmstadt	06151 12-0	www.rp-darmstadt.hessen.de
Mecklenburg-Vorpommern	–	Landesamt für Umwelt, Naturschutz und Geologie	03843 777-0	www.lung.mv-regierung.de
Niedersachsen	A	Niedersächsische Gesellschaft zur Endablagerung von Sonderabfall mbH (NGS)	0511 3608-0	www.ngs-mbh.de
Nordrhein-Westfalen	–	Landesamt für Natur, Umwelt und Verbraucherschutz	0211 1590-0	www.lanuv.nrw.de
Rheinland-Pfalz	A	SAM Sonderabfall-Management-Gesellschaft Rheinland-Pfalz mbH	06131 98298-0	www.sam-rlp.de
Saarland	–	Landesamt für Umweltschutz	0681 8500-0	www.lfu.saarland.de
Sachsen	–	Sächsisches Staatsministerium für Umwelt und Landwirtschaft	0351 8928-0	www.smul.sachsen.de
Sachsen-Anhalt	–	Landesamt für Umweltschutz	0345 5704-0	www.mu.sachsen-anhalt.de
Schleswig-Holstein	Ü	GOES Gesellschaft für die Organisation der Entsorgung von Sonderabfällen mbH	04321 9994-0	www.goes-sh.de
Thüringen	–	Landesverwaltungsamt	0361 3773-0	www.thueringen.de/de/tlvwa/umwelt

A Andienungspflicht
Ü Überlassungspflicht
– weder Andienungspflicht noch Überlassungspflicht

Neben der in Kapitel 4.2.3 beschriebenen Pflicht zur Andienung und Überlassung bestimmter Abfälle an den öffentlich-rechtlichen Entsorgungsträger haben diese Entsorgungsträger gemäß § 15 Kreislaufwirtschafts- und Abfallgesetz wiederum die Pflicht, die ihnen angedienten und überlassenen Abfälle einer ordnungsgemäßen und schadlosen Entsorgung zuzuführen.

Weitere nützliche Informationen zur Entsorgung von Abfällen finden sich auf den Websites des Bundesministeriums für Umwelt, Naturschutz und Reaktorsicherheit (BMU) und des Umweltbundesamtes (UBA) (vgl. Bundesministerium für Umwelt, Naturschutz und Reaktorsicherheit: Abfallwirtschaft sowie Umweltbundesamt: Abfallwirtschaft). Je nach Bundesland können auch die zuständigen Handwerks- bzw. Industrie- und Handelskammern angesprochen werden.

5 Schadstoffe kompakt

Asbest

Zu Details siehe Kapitel 2.3.1.

häufigste Vorkommen	• Asbestzementprodukte, Dichtungen, Packungen, Feuerschutzplatten, Wärmeschutzplatten und -massen, Schallschutzplatten, Spritzputze, Gips-, Stuck- und Zementputze, Estriche auf Magnesiabasis, Trockenestriche, Spachtelmassen, Anstriche, Beschichtungen, Klebstoffe, Fliesenklebstoffe, Bodenbeläge, Fugendichtungsmassen, Dachbahnen und -dichtmassen, Isolierungen in Geräten und Anlagen zur Heizung und Lüftung, Verunreinigungen in Gestein, das als Zuschlagmittel verwendet wird
Gehalt im Material	• unter 0,1 bis 100 %
Gesundheitsrisiken	• krebserzeugend • Asbestose verursachend
wichtige Regelwerke	• ChemVerbotsV (Anhang [zu § 1], Abschnitt 2: Asbest) • GefStoffV (Anhang IV, Nr. 1) • Asbest-Richtlinie • TRGS 517 (< 0,1 % Gewichtsanteil) • TRGS 519 (≥ 0,1 % Gewichtsanteil)
Richtwerte/Grenzwerte (Innenräume)	• Einstufung – Gefahrstoff: ≥ 0,1 % – schwach gebundenes Material: ≤ 1 t/m³ – Einstufung nach dem Faserverhalten: > 1 und < 1,4 t/m³ – fest gebundenes Material: ≥ 1,4 t/m³ • Richtwert für Innenräume: 0 Fasern pro m³ • Grenzwerte Nutzerschutz: – < 500 Fasern pro m³ (Messwert) sowie 1.000 Fasern pro m³ als statistisch berechnete obere Grenze des 95-%-Vertrauensbereichs (nach einer Sanierung) – < 1.000 Fasern pro m³ (während einer Sanierung zum Schutz Dritter) • Grenzwerte Arbeitsschutz: – < 15.000 Fasern pro m³: „Arbeiten mit geringer Exposition" – < 100.000 Fasern pro m³: „Arbeiten geringen Umfangs" – > 100.000 Fasern pro m³: „umfangreiche Arbeiten"
Risikobewertung/Feststellung der Sanierungsdringlichkeit	• Materialuntersuchungen • Staubuntersuchungen • Gehaltsbestimmungen zur Differenzierung, ob als Gefahrstoff einzustufen bzw. ob fest oder schwach gebunden • Bewertung nach der Punkteliste der Asbest-Richtlinie (Nutzerschutz)
Sanierung	• Entfernen, Beschichten, Räumliche Trennung • Je nach Material und gewählter Expositionskategorie sind differenzierte Sachkundenachweise gemäß TRGS 519 erforderlich.

Asbest Fortsetzung

Entsorgung	• Abfallschlüssel 170601: Isoliermaterial, das freien Asbest enthält • Abfallschlüssel 170204: Baustoffe auf Asbestbasis • Abfallschlüssel 160204: gebrauchte Geräte, die freien Asbest enthalten • Abfallschlüssel 160206: Abfälle aus der Asbest verarbeitenden Industrie
Besonderheiten	• Asbestfasern sind fein, flugfähig, hydrophob und biopersistent.

Asbest-Richtlinie	Richtlinie für die Bewertung und Sanierung schwach gebundener Asbestprodukte in Gebäuden (Asbest-Richtlinie) (1996-01)
ChemVerbotsV	Verordnung über Verbote und Beschränkungen des Inverkehrbringens gefährlicher Stoffe, Zubereitungen und Erzeugnisse nach dem Chemikaliengesetz (Chemikalien-Verbotsverordnung – ChemVerbotsV) v. 13.06.2003, Bundesgesetzblatt I, Nr. 26, 25.06.2003, S. 867
GefStoffV	Verordnung zum Schutz vor Gefahrstoffen (Gefahrstoffverordnung – GefStoffV) v. 23.12.2004, Bundesgesetzblatt I, Nr. 74, 29.12.2004, S. 3758
TRGS 517	TRGS 517 Technische Regeln für Gefahrstoffe – Tätigkeiten mit potenziell asbesthaltigen mineralischen Rohstoffen und daraus hergestellten Zubereitungen und Erzeugnissen (2007-01), zuletzt geändert und ergänzt: GMBl. Nr. 28, 02.07.2009, S. 606–608, Ausschuss für Gefahrstoffe (AGS), Geschäftsführung: Bundesanstalt für Arbeitsschutz und Arbeitsmedizin, Dortmund
TRGS 519	TRGS 519 Technische Regeln für Gefahrstoffe – Asbest: Abbruch-, Sanierungs- oder Instandhaltungsarbeiten (2007-03), Ausschuss für Gefahrstoffe (AGS), Geschäftsführung: Bundesanstalt für Arbeitsschutz und Arbeitsmedizin, Dortmund

Bakterien

Zu Details siehe Kapitel 2.4.3.

häufigste Vorkommen	• nur selten gereinigte bzw. schwer zu reinigende Oberflächen, Böden (Teppiche), Matratzen, Federdecken und -kissen, Haustiere, Mensch (z. B. Kleidung, Hautschuppen), Pflanzen, Blumenerde, Baumaterialien mit entsprechender Nährstoffquelle in Verbindung mit erhöhtem Feuchtegehalt, in Vergesellschaftung mit Schimmelpilzen
Gehalt	• bis 10^6 Keime pro cm^2 bzw. pro cm^3
Gesundheitsrisiken	• infektiös • toxisch • allergenes Potenzial
wichtige Regelwerke	• TRBA 466
Richtwerte/Grenzwerte (Innenräume)	–
Risikobewertung/Feststellung der Sanierungsdringlichkeit	• Eine mögliche Gesundheitsgefährdung ist jeweils abhängig von der Bakterienzahl und -art sowie vom Immunstatus der Bewohner.
Sanierung	Siehe Schimmelpilze.
Entsorgung	Siehe Schimmelpilze.
Besonderheiten	• Es besteht noch erheblicher Forschungsbedarf. • Eine weitere Standardisierung der Analysemethoden ist erforderlich.

TRBA 466	TRBA 466 Technische Regeln für Biologische Arbeitsstoffe – Einstufung von Bakterien (Bacteria) und Archaebakterien (Archaea) in Risikogruppen (2005-12), Ausschuss für biologische Arbeitsstoffe (ABAS)

Blei

Zu Details siehe Kapitel 2.2.1.

häufigste Vorkommen	• Bleche, Rohrleitungsmaterial, Kabelummantelungen, Anstriche, Akkumulatoren, Batterien • Funktion: Baustoff, Legierungsbestandteil, Zusatzstoff in Farben und PVC, Biozid, Abschirmung
Gehalt im Material	• bis mehrere 100 mg/kg
Gesundheitsrisiken	• toxisch • fruchtbarkeitsgefährdend • fruchtschädigend • bioakkumulierend
wichtige Regelwerke	• Nutzerschutz: – TrinkwV 2001 • Arbeitsschutz: – TRGS 905 – BGR 128
Richtwerte/Grenzwerte	• TrinkwV 2001: – 0,025 mg/l (bis 30.11.2013) – 0,01 mg/l (ab 01.12.2013)
Risikobewertung/Feststellung der Sanierungsdringlichkeit	• Staubuntersuchungen • Materialuntersuchungen • Wasseruntersuchungen • Human-Biomonitoring
Sanierung	• Primärquellen: Ausbau • Sekundärquellen: Reinigung • Sachkunde gemäß BGR 128 erforderlich
Entsorgung	• verschiedene Abfallschlüssel (je nach Herkunft und Material) • u. a. 170106*: gefährlicher Bauschutt
Besonderheiten	• Aufnahme von Blei vor allem über Nahrung und Trinkwasser • Insbesondere in älteren Gebäuden ist die Einhaltung des Trinkwassergrenzwerts zu überprüfen.

BGR 128	BGR 128 Berufsgenossenschaftliche Regel für Sicherheit und Gesundheit bei der Arbeit – Kontaminierte Bereiche (1997-04), aktual. Fassung Februar 2006, Hauptverband der gewerblichen Berufsgenossenschaften, Fachausschuss „Tiefbau" der BGZ
TRGS 905	TRGS 905 Technische Regeln für Gefahrstoffe – Verzeichnis krebserzeugender, erbgutverändernder oder fortpflanzungsgefährdender Stoffe (2005-07), zuletzt geändert und ergänzt: Mai 2008, Ausschuss für Gefahrstoffe (AGS), Geschäftsführung: Bundesanstalt für Arbeitsschutz und Arbeitsmedizin, Dortmund
TrinkwV 2001	Verordnung über die Qualität von Wasser für den menschlichen Gebrauch (Trinkwasserverordnung – TrinkwV 2001) v. 21.05.2001, Bundesgesetzblatt I, Nr. 24, 28.05.2001, S. 959

Carbolineum

Zu Details siehe Kapitel 2.1.1.5.

häufigste Vorkommen	• Anstriche, Imprägnierungen von Eisenbahnschwellen, Strommasten, Telegrafenmasten, Zäunen, Spundwänden für Häfen und Wasserwege • Funktion: Fungizid, vorbeugender chemischer Holzschutz
Gehalt im Material	• bis mehrere 1.000 mg PAK pro kg in Altprodukten • Begrenzung der Konzentration durch GefStoffV, Anhang IV Nr. 13 • Benzo[*a*]pyren: < 50 mg/kg • Phenol: < 3 %
Gesundheitsrisiken	• krebserzeugend • erbgutverändernd • immuntoxisch • lebertoxisch • schleimhautreizend
wichtige Regelwerke	• Nutzerschutz: – TeerölV (erste Verwendungsbeschränkung 1991) – GefStoffV, Anhang IV Nr. 13 „Teeröle" (Beschränkung der Herstellung und Verwendung ausschließlich für gewerbliche und industrielle Zwecke) • Arbeitsschutz: – GefStoffV (insbesondere Anhang IV Nr. 13) – BGR 128
Richtwerte/Grenzwerte (Innenräume)	• Verwendungsverbot in Innenräumen
Risikobewertung/Feststellung der Sanierungsdringlichkeit	• Materialuntersuchungen
Sanierung	• Primärquellen: Ausbau • Sekundärquellen: Ausbau • Sachkunde gemäß BGR 128 erforderlich
Entsorgung	• Abfallschlüssel 170301*: kohlenteerhaltige Bitumengemische • Abfallschlüssel 170303*: Kohlenteer und teerhaltige Produkte • Abfallschlüssel 170106*: Beton, Ziegel, Fliesen, Keramik mit schädlichen Verunreinigungen • Abfallschlüssel 170204*: Glas, Kunststoff und Holz, die gefährliche Stoffe enthalten oder durch gefährliche Stoffe verunreinigt sind
Besonderheiten	• charakteristischer Geruch • Gefahr der Aufnahme über die Haut • Verwendungsverbot in Innenräumen und im Außenbereich auf Spielplätzen, in Gärten und Parks sowie an anderen Orten, sofern die Gefahr eines häufigen Hautkontakts besteht

BGR 128	BGR 128 Berufsgenossenschaftliche Regel für Sicherheit und Gesundheit bei der Arbeit – Kontaminierte Bereiche (1997-04), aktual. Fassung Februar 2006, Hauptverband der gewerblichen Berufsgenossenschaften, Fachausschuss „Tiefbau" der BGZ
GefStoffV	Verordnung zum Schutz vor Gefahrstoffen (Gefahrstoffverordnung – GefStoffV) v. 23.12.2004, Bundesgesetzblatt I, Nr. 74, 29.12.2004, S. 3758
PAK	polycyclische aromatische Kohlenwasserstoffe
TeerölV	Verordnung zur Beschränkung des Herstellens, des Inverkehrbringens und der Verwendung von Teerölen zum Holzschutz (Teerölverordnung – TeerölV) v. 27.05.1991, Bundesgesetzblatt I, Nr. 33, 05.06.1991, S. 1195

DDT

Zu Details siehe Kapitel 2.1.1.4.

häufigste Vorkommen	• Anstriche, Insektenbekämpfungsmittel, Desinfektionsmittel • Funktion: Insektizid, vorbeugender chemischer Holzschutz
Gehalt im Material	• bis mehrere 100 mg/kg
Gesundheitsrisiken	• hohe akute Toxizität gegenüber Gliederfüßern • krebserzeugend (K2) • erbgutschädigend • neurotoxisch • bioakkumulierend
wichtige Regelwerke	• Nutzerschutz: – Richtwerte, 2005 • Arbeitsschutz: – BGR 128
Richtwerte/Grenzwerte (Innenräume)	• Richtwerte, 2005: – Richtwert I (vorläufig): 0,3 µg/m³ – Richtwert II (vorläufig): 3 µg/m³
Risikobewertung/Feststellung der Sanierungsdringlichkeit	• Staubuntersuchungen • Materialuntersuchungen • Raumluftmessungen
Sanierung	• Primärquellen: Ausbau, Beschichtung • Sekundärquellen: Ausbau, Beschichtung • Sachkunde gemäß BGR 128 erforderlich
Entsorgung	• Abfallschlüssel 170204*: Glas, Kunststoff und Holz, die gefährliche Stoffe enthalten oder durch gefährliche Stoffe verunreinigt sind • Abfallschlüssel 170603*: Dämmmaterial, das aus gefährlichen Stoffen besteht oder solche enthält
Besonderheiten	• Die Höhe der DDT-Raumluftkonzentration ist temperaturabhängig. • DDT-belastete Raumluft führt zu Sekundärkontaminationen von Bauteilen und Materialien der Raumausstattung. Daraus resultieren hohe Anforderungen an die Planung und die Ausführung der Sanierung.

BGR 128	BGR 128 Berufsgenossenschaftliche Regel für Sicherheit und Gesundheit bei der Arbeit – Kontaminierte Bereiche (1997-04), aktual. Fassung Februar 2006, Hauptverband der gewerblichen Berufsgenossenschaften, Fachausschuss „Tiefbau" der BGZ
Richtwerte, 2005	Richtwerte für die Innenraumluft in Mecklenburg-Vorpommern. Stand: September 2005 [online]. Schwerin: Sozialministerium Mecklenburg-Vorpommern, 2005. Internet: http://www.lagus.mv-regierung.de/land-mv/LAGuS_prod/LAGuS/Gesundheit/Umwelthygiene__Umweltmedizin/Services__Formulare/Lufthygiene/509RW_MV.pdf) [Zugriff: 15.04.2009]

Dioxine und Furane

Zu Details siehe Kapitel 2.1.3.

häufigste Vorkommen	• enthalten in polychlorierten Biphenylen (PCB), Pentachlorphenol (PCP), Flugasche, Brandrückständen, Kieselrot, Chlorbleiche; Entstehung bei Kabelverschwelung
Gehalt im Material	• ppb- bis ppm-Bereich
Gesundheitsrisiken	• chronisch toxisch • krebserzeugend (2,3,7,8-TCDD) (K2) • fortplanzungsgefährdend (2,3,7,8-TCDD) (R3) • neurotoxisch • immuntoxisch • lebertoxisch • bioakkumulierend (Anreicherung im Fettgewebe)
wichtige Regelwerke	• Nutzerschutz: – BGA – BBodSchV • Arbeitsschutz: – GefStoffV – TRGS 524 – TRGS 557 – BGR 128 – VdS 2357
Richtwerte/Grenzwerte	• BGA: – Vorsorgewert: 0,5 pg TEQ pro m^3 Raumluft – Interventionswert: 5 pg TEQ pro m^3 Raumluft • BBodSchV: – Kinderspielplätze: 100 ng TEQ/kg – städtische Gebiete: 1.000 ng TEQ/kg – Industriegebiete: 10.000 ng TEQ/kg
Risikobewertung/Feststellung der Sanierungsdringlichkeit	• Staubuntersuchungen • Raumluftmessungen
Sanierung	• Primärquellen: Ausbau • Sekundärquellen: Ausbau • Sachkunde gemäß BGR 128 erforderlich • Anzeigepflicht bei der zuständigen Berufsgenossenschaft
Entsorgung	• entweder Entsorgung als PCB-haltiger Abfall oder als PCP-haltiges Holz oder konzentrationsabhängig Verbrennung nach bundesländerspezifischen Regelungen in einer Hausmüll- oder in einer Sonderabfallverbrennungsanlage
Besonderheiten	• Dioxine und Furane kommen fast ausschließlich partikelgebunden vor.

BBodSchV	Bundes-Bodenschutz- und Altlastenverordnung (BBodSchV) v. 12.07.1999, Bundesgesetzblatt I, Nr. 36, 16.07.1999, S. 1554
BGA	Bundesgesundheitsamt 1992, nach Rotard, W.: PCDD und PCDF in Brandrückständen. Bewertung der gesundheitlichen Risiken und Sanierung der Schadensfälle. In: Technische Überwachung 33 (1992), Nr. 5, S. 185–191, hier S. 189; Blessing, R.: Polychlorierte Dioxine und Furane in öffentlichen Gebäuden. In: Gefahrstofffe – Reinhaltung der Luft 57 (1997), Nr. 7, S. 305–309, hier S. 306
BGR 128	BGR 128 Berufsgenossenschaftliche Regel für Sicherheit und Gesundheit bei der Arbeit – Kontaminierte Bereiche (1997-04), aktual. Fassung Februar 2006, Hauptverband der gewerblichen Berufsgenossenschaften, Fachausschuss „Tiefbau" der BGZ
GefStoffV	Verordnung zum Schutz vor Gefahrstoffen (Gefahrstoffverordnung – GefStoffV) v. 23.12.2004, Bundesgesetzblatt I, Nr. 74, 29.12.2004, S. 3758
pg	Picogramm; 1 pg = 10^{-12} g
ppb	parts per billion; 1 ppb entspricht 0,0000001 % oder z. B. 0,001 mg/kg oder 0,001 ml/m^3
ppm	parts per million; 1 ppm entspricht 0,0001 % oder z. B. 1 mg/kg oder 1 ml/m^3
TCDD	Tetrachlordibenzodioxin
TEQ	Toxizitätsäquivalent (toxic equivalent)
TRGS 524	TRGS 524 Technische Regeln für Gefahrstoffe – Sanierung und Arbeiten in kontaminierten Bereichen (1998-03), Ausschuss für Gefahrstoffe (AGS), Geschäftsführung: Bundesanstalt für Arbeitsschutz und Arbeitsmedizin, Dortmund
TRGS 557	TRGS 557 Technische Regeln für Gefahrstoffe – Dioxine (2008-08), Ausschuss für Gefahrstoffe (AGS), Geschäftsführung: Bundesanstalt für Arbeitsschutz und Arbeitsmedizin, Dortmund
VdS 2357	VdS 2357 (05) Richtlinien zur Brandschadensanierung (2007-04), Gesamtverband der Deutschen Versicherungswirtschaft e. V. (GDV), Köln

Flüchtige organische Verbindungen (VOC)

Zu Details siehe Kapitel 2.1.6.

häufigste Vorkommen	• Farben, Lacke, Anstriche, Klebstoffe, Grundierungen • Funktion: Lösemittel, Lösungsvermittler, Verdünnung
Gehalt in der Raumluft	• bis > 10.000 µg/m³
Gesundheitsrisiken	• Reizungen der Atemwege • Kopfschmerzen • Geruchsbelastungen
wichtige Regelwerke	–
Richtwerte/Grenzwerte (Innenräume)	• Ad-hoc-AG IRK/AOLG, 2008
Risikobewertung/Feststellung der Sanierungsdringlichkeit	• Raumluftmessungen • Materialuntersuchungen (zur Quellensuche)
Sanierung	• Lüften • Entfernung der Quellen
Entsorgung	–
Besonderheiten	• Besonders hohe Konzentrationen können auftreten, wenn Produkte, die nur für den Außenbereich geeignet sind, in Innenräumen angewandt werden.
Ad-hoc-AG IRK/AOLG, 2008	Richtwerte für die Innenraumluft. Letzte Änderung: 16.12.2008 [online]. Dessau-Roßlau: Umweltbundesamt, 2008. Internet: http://www.umweltbundesamt.de/gesundheit/innenraumhygiene/richtwerte-irluft.htm [Zugriff: 14.04.2009]

Formaldehyd

Zu Details siehe Kapitel 2.1.5.

häufigste Vorkommen	• Holzwerkstoffe, Möbel aus Spanplatten, Tabakrauch • Funktion: Bestandteil von Bindemitteln für Holzwerkstoffe
Gehalt in der Raumluft	• bis > 200 µg/m³
Gesundheitsrisiken	• krebserzeugend • Reizungen der Augen, Schleimhäute und Atemwege • Kopfschmerzen
wichtige Regelwerke	• GefStoffV • ChemVerbotsV
Richtwerte/Grenzwerte (Innenräume)	• BGA, 1992: – 0,1 ppm (124 µg/m³) • WHO, 2000: – Richtwert: 100 µg/m³ • AGÖF, 2008: – Orientierungswert: 30 µg/m³
Risikobewertung/Feststellung der Sanierungsdringlichkeit	• Raumluftmessungen • Materialuntersuchungen (zur Quellensuche)
Sanierung	• Erhöhung der Luftwechselrate, Verringerung der Raumtemperatur und der relativen Luftfeuchte • Entfernung der Quellen • dampfdiffusionsdichte Beschichtung oder Bekleidung der Quellen • Bekleidung der Quellen mit Schafwollvlies
Entsorgung	–
Besonderheiten	• Besonders hohe Konzentrationen können in älteren Fertighäusern auftreten.

AGÖF, 2008	AGÖF-Orientierungswerte für flüchtige organische Verbindungen in der Raumluft. Fassung 10.10.2008 [online]. Springe-Eldagsen: Arbeitsgemeinschaft ökologischer Forschungsinstitute, 2008. Internet: http://agoef.de/agoef/oewerte/photoarchiv/pdfs/AGOEF_Orientwerte [Zugriff: 18.03.2009]
BGA, 1992	Bundesgesundheitsamt: Zur Gültigkeit des 0,1-ppm-Wertes für Formaldehyd. In: Bundesgesundheitsblatt 35 (1992), Nr. 9, S. 482–483
ChemVerbotsV	Verordnung über Verbote und Beschränkungen des Inverkehrbringens gefährlicher Stoffe, Zubereitungen und Erzeugnisse nach dem Chemikaliengesetz (Chemikalien-Verbotsverordnung – ChemVerbotsV) v. 14.10.1993, Bundesgesetzblatt I, Nr. 54, 20.10.1993, S. 1720
GefStoffV	Verordnung zum Schutz vor Gefahrstoffen (Gefahrstoffverordnung – GefStoffV) v. 23.12.2004, Bundesgesetzblatt I, Nr. 74, 29.12.2004, S. 3758
WHO, 2000	Air Quality Guidelines for Europe. 2. Aufl. Kopenhagen: World Health Organization, Regional Office for Europe, 2000 (WHO Regional Publications, European Series 91)

Hausschwamm und andere Holz zerstörende Pilze

Zu Details siehe Kapitel 2.4.6.

häufigste Vorkommen	• Gebäudeteile mit verbautem Holz oder Holzwerkstoffen und erhöhter Feuchte (z. B. durch bauphysikalische Mängel, unzureichenden oder fehlenden Feuchteschutz, undichte Dächer), Holz und andere cellulosehaltige Materialien in feuchten Keller- und Lagerräumen
Gehalt im Material	–
Gesundheitsrisiken	• ggf. Einsturzgefahr • allergenes Potenzial, wenn Fruchtkörper mit Sporen vorhanden sind
wichtige Regelwerke	• DIN 68800-1 bis -5 • WTA-Merkblatt 1-2-05/D • DIN EN 350-2 • DIN EN 460 • GefStoffV (bei Anwendung von Holzschutzmitteln)
Richtwerte/Grenzwerte (Innenräume)	–
Risikobewertung/Feststellung der Sanierungsdringlichkeit	• Bestimmung des Schadenserregers und des Befallsausmaßes, meist verbunden mit Bauteilöffnungen
Sanierung	• Vorgehen gemäß DIN 68800-4 • Sicherungsmaßnahmen • Ausbau befallenen Materials (Einhaltung der geforderten Sicherheitsabstände) • ggf. Mauerwerksbehandlung • chemischer Holzschutz • ggf. Sonderverfahren (z. B. im Denkmalschutz) • Ermittlung und Beseitigung der Ursache erhöhter Feuchte • Trocknung
Entsorgung	• Deponierung bzw. Verbrennung • Beachtung der AltholzV bei zusätzlicher Belastung durch Chemikalien • Wiederverwendung von Materialien ausschließen
Besonderheiten	• Aufgrund der Feuchteeinwirkung treten zusätzlich zu Holz zerstörenden Pilzen auch häufig Schimmelpilze und Bakterien auf, die fachgerecht zu sanieren sind. • Der Echte Hausschwamm entwickelt sich bevorzugt versteckt in luftberuhigten Räumen (z. B. hinter Wandverkleidungen oder in Zwischendecken). Er kann Schüttungsmaterialien, Mauerwerk, Versorgungskanäle u. Ä. durchwachsen und sich über weite Strecken ausbreiten. • Bei Befall durch Echten Hausschwamm Meldepflicht in Thüringen und Sachsen (Stand: 2008)

AltholzV	Verordnung über Anforderungen an die Verwertung und Beseitigung von Altholz (Altholzverordnung – AltholzV) v. 15.08.2002, Bundesgesetzblatt I, Nr. 59, 23.08.2002, S. 3302
DIN 68800-1	DIN 68800-1:1974-05 Holzschutz im Hochbau; Allgemeines
DIN 68800-2	DIN 68800-2:1996-05 Holzschutz – Teil 2: Vorbeugende bauliche Maßnahmen im Hochbau
DIN 68800-3	DIN 68800-3:1990-04 Holzschutz; Vorbeugender chemischer Holzschutz
DIN 68800-4	DIN 68800-4:1992-11 Holzschutz; Bekämpfungsmaßnahmen gegen holzzerstörende Pilze und Insekten
E DIN 68800-5	E DIN 68800-5:1990-01 Holzschutz im Hochbau; Vorbeugender chemischer Schutz von Holzwerkstoffen
DIN EN 350-2	DIN EN 350-2:1994-10 Dauerhaftigkeit von Holz und Holzprodukten – Teil 2: Leitfaden für die natürliche Dauerhaftigkeit und Tränkbarkeit von ausgewählten Holzarten von besonderer Bedeutung in Europa
DIN EN 460	DIN EN 460:1994-10 Dauerhaftigkeit von Holz und Holzprodukten – Natürliche Dauerhaftigkeit von Vollholz – Leitfaden für die Anforderungen an die Dauerhaftigkeit von Holz für die Anwendung in den Gefährdungsklassen
GefStoffV	Verordnung zum Schutz vor Gefahrstoffen (Gefahrstoffverordnung – GefStoffV) v. 23.12.2004, Bundesgesetzblatt I, Nr. 74, 29.12.2004, S. 3758
WTA-Merkblatt 1-2-05/D	WTA-Merkblatt 1-2-05/D Der Echte Hausschwamm – Erkennung, Lebensbedingungen, vorbeugende Maßnahmen, bekämpfende chemische Maßnahmen, Leistungsverzeichnis (2005), Wissenschaftlich-Technische Arbeitsgemeinschaft für Bauwerkserhaltung und Denkmalpflege e.V., München

Künstliche Mineralfasern (KMF) – Altprodukte

Zu Details siehe Kapitel 2.3.2.

häufigste Vorkommen	• Baustoff und Ausbaumaterial, Spritzbrandschutzisolierung, Wärmedämmmaterial im Bereich der Haustechnik • Funktion: Schallschutz, Wärmeschutz, Brandschutz
Gehalt im Material	–
Gesundheitsrisiken	• je nach Kanzerogenitätsindex krebserzeugende Wirkung (K2) oder Verdacht auf krebserzeugende Wirkung (K3) • reizend
wichtige Regelwerke	• GefStoffV • TRGS 521 • BGR 128
Richtwerte/Grenzwerte (Innenräume)	• Zwiener, 1997 (Empfehlungen): – < 500 Produktfasern pro m^3: nicht erhöht bis geringfügig erhöht; kein Handlungsbedarf – 500–1.000 Produktfasern pro m^3: mäßig erhöht; Prüfung weiterer Maßnahmen oder Durchführung von Minderungsmaßnahmen – > 1.000 Produktfasern pro m^3: deutlich erhöht; Prüfung und ggf. Beseitigung von Mängeln (Sanierung)
Risikobewertung/Feststellung der Sanierungsdringlichkeit	• Materialuntersuchungen mit Bestimmung des Kanzerogenitätsindexes • Beurteilung des Einbauzustands • ggf. Raumluftmessungen
Sanierung	• Ausbau • in Ausnahmefällen Sicherungsmaßnahmen durch räumliche Trennung • Sachkunde gemäß BGR 128 erforderlich
Entsorgung	• Abfallschlüssel 170603*: anderes Dämmmaterial, das aus gefährlichen Stoffen besteht oder solche Stoffe enthält
Besonderheiten	• Krebserzeugende KMF-Produkte sind visuell nicht von neuen, nicht krebserzeugenden Produkten (ab 1. Juni 2000 zugelassene Produkte) zu unterscheiden.

BGR 128	BGR 128 Berufsgenossenschaftliche Regel für Sicherheit und Gesundheit bei der Arbeit – Kontaminierte Bereiche (1997-04), aktual. Fassung Februar 2006, Hauptverband der gewerblichen Berufsgenossenschaften, Fachausschuss „Tiefbau" der BGZ
GefStoffV	Verordnung zum Schutz vor Gefahrstoffen (Gefahrstoffverordnung – GefStoffV) v. 23.12.2004, Bundesgesetzblatt I, Nr. 74, 29.12.2004, S. 3758
TRGS 521	TRGS 521 Technische Regeln für Gefahrstoffe – Abbruch-, Sanierungs- und Instandhaltungsarbeiten mit alter Mineralwolle (2008-02), Ausschuss für Gefahrstoffe (AGS), Geschäftsführung: Bundesanstalt für Arbeitsschutz und Arbeitsmedizin, Dortmund
Zwiener, 1997	Zwiener, Gerd: Handbuch Gebäude-Schadstoffe für Architekten, Sachverständige und Behörden. Köln: Verlagsgesellschaft Rudolf Müller, 1997

Kupfer

Zu Details siehe Kapitel 2.2.2.

häufigste Vorkommen	• Wasserleitungen, Kabel, Anstriche, Holzschutzmittel, Schädlingsbekämpfungsmittel • Funktion: Baustoff, Legierungsbestandteil, Biozid, vorbeugender chemischer Holzschutz
Gehalt im Material	• bis mehrere 100 mg/kg
Gesundheitsrisiken	• geringe Toxizität • Risikogruppe: Säuglinge und Kleinkinder
wichtige Regelwerke	• Nutzerschutz: – TrinkwV 2001 • Arbeitsschutz: – BGR 128
Richtwerte/Grenzwerte	• TrinkwV 2001: – 2 mg/l
Risikobewertung/Feststellung der Sanierungsdringlichkeit	• Staubuntersuchungen • Materialuntersuchungen • Raumluftmessungen • Wasseruntersuchungen
Sanierung	• Primärquellen: Ausbau • Sekundärquellen: Ausbau und/oder Reinigung • Sachkunde gemäß BGR 128 erforderlich
Entsorgung	• verschiedene Abfallschlüssel (je nach Herkunft und Material) • u. a. 170204*: Glas, Kunststoff und Holz, die gefährliche Stoffe enthalten oder durch gefährliche Stoffe verunreinigt sind
Besonderheiten	• Aufnahme von Kupfer vor allem über Nahrung und Trinkwasser • Insbesondere in neuen Gebäuden ist die Einhaltung des Trinkwassergrenzwerts zu überprüfen, wenn das Trinkwasser einen niedrigen pH-Wert aufweist.

BGR 128	BGR 128 Berufsgenossenschaftliche Regel für Sicherheit und Gesundheit bei der Arbeit – Kontaminierte Bereiche (1997-04), aktual. Fassung Februar 2006, Hauptverband der gewerblichen Berufsgenossenschaften, Fachausschuss „Tiefbau" der BGZ
TrinkwV 2001	Verordnung über die Qualität von Wasser für den menschlichen Gebrauch (Trinkwasserverordnung – TrinkwV 2001) v. 21.05.2001, Bundesgesetzblatt I, Nr. 24, 28.05.2001, S. 959

Legionellen

Zu Details siehe Kapitel 2.4.4.

häufigste Vorkommen	• Wasser aus Wassererwärmern, Duschen, Whirlpools, Klimaanlagen, Kühltürmen, Bewässerungsanlagen
Gehalt	–
Gesundheitsrisiken	• Erkrankung durch Inhalation von Aerosolen (Pontiac-Fieber, Legionellose)
wichtige Regelwerke	• DVGW-Arbeitsblatt W 551
Richtwerte/Grenzwerte	• < 100 Keime pro 100 ml Wasser
Risikobewertung/Feststellung der Sanierungsdringlichkeit	• mikrobiologische Untersuchung des Wassers
Sanierung	• Desinfektion
Entsorgung	–
Besonderheiten	• Abtötung der Legionellen durch Erwärmen des Wassers auf 70 °C

DVGW-Arbeitsblatt W 551	DVGW-Arbeitsblatt W 551 Trinkwassererwärmungs- und Trinkwasserleitungsanlagen; Technische Maßnahmen zur Verminderung des Legionellenwachstums; Planung, Errichtung, Betrieb und Sanierung von Trinkwasser-Installationen (2004-04), Deutsche Vereinigung des Gas- und Wasserfaches e.V., Bonn

Lindan (γ-HCH)

Zu Details siehe Kapitel 2.1.1.3.

häufigste Vorkommen	• Anstriche, Pflanzenschutzmittel, Desinfektionsmittel • Funktion: Insektizid, vorbeugender chemischer Holzschutz, Pflanzenschutz
Gehalt im Material	• bis mehrere 100 mg/kg
Gesundheitsrisiken	• hohe akute Toxizität • krebserzeugend im Tierversuch (K3) • neurotoxisch • nierenschädigend • bioakkumulierend
wichtige Regelwerke	• Nutzerschutz: – PCP-Richtlinie – Richtwerte, 2005 • Arbeitsschutz: – BGR 128
Richtwerte/Grenzwerte (Innenräume)	• Richtwerte, 2005: – Richtwert I (vorläufig): 0,1 µg/m³ – Richtwert II (vorläufig): 1 µg/m³
Risikobewertung/Feststellung der Sanierungsdringlichkeit	• Raumluftmessungen • Staubuntersuchungen • Materialuntersuchungen
Sanierung	• Primärquellen: Ausbau, Beschichtung • Sekundärquellen: Ausbau, Beschichtung • Sachkunde gemäß BGR 128 erforderlich
Entsorgung	• Abfallschlüssel 170204*: Glas, Kunststoff und Holz, die gefährliche Stoffe enthalten oder durch gefährliche Stoffe verunreinigt sind • Abfallschlüssel 170603*: Dämmmaterial, das aus gefährlichen Stoffen besteht oder solche enthält
Besonderheiten	• Die Höhe der Lindan-Raumluftkonzentration ist temperaturabhängig. • Mit der Anwesenheit von α-HCH und β-HCH ist zu rechnen. • Lindan-belastete Raumluft führt zu Sekundärkontaminationen von Bauteilen und Materialien der Raumausstattung. Daraus resultieren hohe Anforderungen an die Planung und die Ausführung der Sanierung.

BGR 128	BGR 128 Berufsgenossenschaftliche Regel für Sicherheit und Gesundheit bei der Arbeit – Kontaminierte Bereiche (1997-04), aktual. Fassung Februar 2006, Hauptverband der gewerblichen Berufsgenossenschaften, Fachausschuss „Tiefbau" der BGZ
HCH	Hexachlorcyclohexan
PCP-Richtlinie	Richtlinie für die Bewertung und Sanierung Pentachlorphenol (PCP)-belasteter Baustoffe und Bauteile in Gebäuden, Fassung Oktober 1996 [online]. Projektgruppe „Schadstoffe" der Fachkommission Baunormung der Arbeitsgemeinschaft der für das Bau-, Wohnungs- und Siedlungswesen zuständigen Minister der Länder (ARGEBAU), 1996. Internet: http://www.gewerbeaufsicht.baden-wuerttemberg.de/servlet/is/16493/6_3.pdf [Zugriff: 21.04.2009]
Richtwerte, 2005	Richtwerte für die Innenraumluft in Mecklenburg-Vorpommern. Stand: September 2005 [online]. Schwerin: Sozialministerium Mecklenburg-Vorpommern, 2005. Internet: http://www.lagus.mv-regierung.de/land-mv/LAGuS_prod/LAGuS/Gesundheit/Umwelthygiene__Umweltmedizin/Services__Formulare/Lufthygiene/509RW_MV.pdf) [Zugriff: 15.04.2009]

Mikrobielle flüchtige organische Verbindungen (MVOC)

Zu Details siehe Kapitel 2.4.2.

häufigste Vorkommen	• in der Innenraumluft bei mikrobiellen Kontaminationen
Gehalt in der Raumluft	• bei Kontaminationen: unterer ng/m³-Bereich bis unterer µg/m³-Bereich • Hintergrundkonzentration: bis 50 ng/m³ für Einzelverbindungen
Gesundheitsrisiken	• Geruchsbelastungen • schleimhautreizend • kann Befindlichkeitsstörungen auslösen • nicht toxisch bei Inhalation (gesundheitliche Bedeutung in Innenräumen jedoch noch weitgehend unbekannt)
wichtige Regelwerke	–
Richtwerte/Grenzwerte (Innenräume)	–
Risikobewertung/Feststellung der Sanierungsdringlichkeit	• Bewertung noch ungeklärt • Sanierung wegen Geruchsbelastungen erforderlich
Sanierung	• je nach Schadensausmaß unterschiedlicher Aufwand • Entfernung der verursachenden mikrobiellen Kontaminationen (vgl. Schimmelpilze)
Entsorgung	–
Besonderheiten	• Da einige MVOC sich auf Baumaterialien oder Einrichtungsgegenständen niederschlagen, kann auch nach einer Sanierung der Quelle Geruch auftreten.

Pentachlorphenol (PCP)

Zu Details siehe Kapitel 2.1.1.2.

häufigste Vorkommen	• Anstriche, Injektionen, Konservierungsmittel, Pflanzenschutzmittel, Desinfektionsmittel • Funktion: Fungizid, vorbeugender chemischer Holzschutz, Schwammsperrmittel
Gehalt im Material	• bis mehrere 1.000 mg/kg
Gesundheitsrisiken	• krebserzeugend (K2) • erbgutverändernd • fruchtschädigend • starke akute Toxizität • neurotoxisch • immuntoxisch • lebertoxisch
wichtige Regelwerke	• Nutzerschutz: – PCP-Richtlinie – Ad-hoc-AG IRK, 1997 • Arbeitsschutz: – GefStoffV (insbesondere Anhang IV Nr. 12) – BGR 128
Richtwerte/Grenzwerte (Innenräume)	• PCP-Richtlinie: – Interventionswert in Wohnungen, Kindertagesstätten u. Ä.: 1 µg/m³, wenn > 70 µg PCP pro l Blut (Serum) oder > 40 µg PCP pro l Urin – Interventionswert in sonstigen Aufenthaltsräumen: 1 µg/m³ – Vorsorgewert/Sanierungszielwert: 0,1 µg/m³ • Ad-hoc-AG IRK, 1997: – Richtwert I: 0,1 µg/m³ – Richtwert II: 1 µg/m³
Risikobewertung/Feststellung der Sanierungsdringlichkeit	• Raumluftmessungen • Staubuntersuchungen • Materialuntersuchungen • Human-Biomonitoring
Sanierung	• Primärquellen: Ausbau, Beschichtung • Sekundärquellen: Ausbau, Beschichtung • Sachkunde gemäß BGR 128 erforderlich
Entsorgung	• Abfallschlüssel 170204*: Glas, Kunststoff und Holz, die gefährliche Stoffe enthalten oder durch gefährliche Stoffe verunreinigt sind • Abfallschlüssel 170603*: Dämmmaterial, das aus gefährlichen Stoffen besteht oder solche enthält
Besonderheiten	• Die Höhe der PCP-Raumluftkonzentration ist temperatur- und feuchteabhängig. • Mit der Anwesenheit von Dioxinen und Furanen ist zu rechnen. • PCP-belastete Raumluft führt zu ggf. erheblichen Sekundärkontaminationen von Bauteilen und Materialien der Raumausstattung. Daraus resultieren hohe Anforderungen an die Planung und die Ausführung der Sanierung.

Ad-hoc-AG IRK, 1997	Ad-hoc-Arbeitsgruppe aus Mitgliedern der Innenraumlufthygiene-Kommission (IRK) des Umweltbundesamtes und des Ausschusses für Umwelthygiene (AUH) der Leitenden Medizinalbeamtinnen und -beamten der Länder (AGLMB): Richtwerte für die Innenraumluft: Pentachlorphenol. In: Bundesgesundheitsblatt 40 (1997), Nr. 7, S. 234–236
BGR 128	BGR 128 Berufsgenossenschaftliche Regel für Sicherheit und Gesundheit bei der Arbeit – Kontaminierte Bereiche (1997-04), aktual. Fassung Februar 2006, Hauptverband der gewerblichen Berufsgenossenschaften, Fachausschuss „Tiefbau" der BGZ
GefStoffV	Verordnung zum Schutz vor Gefahrstoffen (Gefahrstoffverordnung – GefStoffV) v. 23.12.2004, Bundesgesetzblatt I, Nr. 74, 29.12.2004, S. 3758
PCP-Richtlinie	Richtlinie für die Bewertung und Sanierung Pentachlorphenol (PCP)-belasteter Baustoffe und Bauteile in Gebäuden, Fassung Oktober 1996 [online]. Projektgruppe „Schadstoffe" der Fachkommission Baunormung der Arbeitsgemeinschaft der für das Bau-, Wohnungs- und Siedlungswesen zuständigen Minister der Länder (ARGEBAU), 1996. Internet: http://www.gewerbeaufsicht.baden-wuerttemberg.de/servlet/is/16493/6_3.pdf [Zugriff: 21.04.2009]

Polychlorierte Biphenyle (PCB)

Zu Details siehe Kapitel 2.1.2.

häufigste Vorkommen	• Dichtmassen, Anstriche, Kunstharze, Klebstoffe, Kondensatoren, Transformatoren • Funktion: Weichmacher, Flammschutzmittel, Dielektrikum
Gehalt im Material	• bis > 50 % (Dichtmassen)
Gesundheitsrisiken	• chronisch toxisch • Verdacht auf krebserzeugende Wirkung (K3) • fortplanzungsgefährdend (R2) • neurotoxisch • immuntoxisch • lebertoxisch • bioakkumulierend (Anreicherung im Fettgewebe)
wichtige Regelwerke	• Nutzerschutz: – PCB-Richtlinien 1993, 1994, 1996 – Ad-hoc-AG IRK, 2007 • Arbeitsschutz: – GefStoffV (insbesondere § 11) – BGR 128
Richtwerte/Grenzwerte	• PCB-Richtlinien 1993, 1994, 1996: – Vorsorgewert/Sanierungszielwert: 300 ng/m³ – Interventionswert: 3.000 ng/m³ • Ad-hoc-AG IRK, 2007: – Bei Anstrichen mit hochchlorierten PCB sind bei > 1.000 ng/m³ und gleichzeitig > 10 ng PCB 118 pro m³ umgehend expositionsmindernde Maßnahmen zu ergreifen. • PCBAbfallV: Einstufung als gefährlicher Abfall: 50 mg/kg
Risikobewertung/Feststellung der Sanierungsdringlichkeit	• Raumluftmessungen
Sanierung	• Primärquellen: Ausbau • Sekundärquellen: Ausbau, Beschichtung • Sachkunde gemäß BGR 128 erforderlich • Anzeigepflicht bei der zuständigen Berufsgenossenschaft
Entsorgung	• Abfallschlüssel 170902*: Bau- und Abbruchabfälle, die PCB enthalten
Besonderheiten	• Die Höhe der PCB-Raumluftkonzentration ist stark temperaturabhängig. • PCB-belastete Raumluft führt zu ggf. erheblichen Sekundärkontaminationen von Bauteilen und Materialien der Raumausstattung. Daraus resultieren hohe Anforderungen an die Planung und die Ausführung der Sanierung.

Ad-hoc-AG IRK, 2007 Ad-hoc-Arbeitsgruppe der Innenraumlufthygiene-Kommission des Umweltbundesamtes und der obersten Landesgesundheitsbehörden: Gesundheitliche Bewertung dioxinähnlicher polychlorierter Biphenyle in der Innenraumluft. In: Bundesgesundheitsblatt – Gesundheitsforschung – Gesundheitsschutz 50 (2007), Nr. 11, S. 1455–1466

BGR 128 BGR 128 Berufsgenossenschaftliche Regel für Sicherheit und Gesundheit bei der Arbeit – Kontaminierte Bereiche (1997-04), aktual. Fassung Februar 2006, Hauptverband der gewerblichen Berufsgenossenschaften, Fachausschuss „Tiefbau" der BGZ

GefStoffV Verordnung zum Schutz vor Gefahrstoffen (Gefahrstoffverordnung – GefStoffV) v. 23.12.2004, Bundesgesetzblatt I, Nr. 74, 29.12.2004, S. 3758

PCBAbfallV Verordnung über die Entsorgung polychlorierter Biphenyle, polychlorierter Terphenyle sowie halogenierter Monomethyldiphenylmethane (PCB/PCT-Abfallverordnung – PCBAbfallV) v. 26.06.2000, Bundesgesetzblatt I, Nr. 28, 29.06.2000, S. 932

PCB-Richtlinie 1993 Richtlinie für die Bewertung und Sanierung PCB-belasteter Baustoffe und Bauteile in Gebäuden (PCB-Richtlinie). Erlass des Ministeriums für Landesentwicklung, Wohnen, Landwirtschaft, Forsten und Naturschutz v. 25.10.1993, Staatsanzeiger für das Land Hessen, Nr. 47, 22.11.1993, S. 2848

PCB-Richtlinie 1994 Richtlinie für die Bewertung und Sanierung PCB-belasteter Baustoffe und Bauteile in Gebäuden, Fassung September 1994 [online]. Projektgruppe „Schadstoffe" der Fachkommission Baunormung der Arbeitsgemeinschaft der für das Bau-, Wohnungs- und Siedlungswesen zuständigen Minister der Länder (ARGEBAU), 1994. Internet: http://www.stmi.bayern.de/imperia/md/content/stmi/bauen/rechtundtechnikundbauplanung/_bautechnik/gesundheit_umwelt/pcb_richtlinie.pdf [Zugriff: 21.04.2009]

PCB-Richtlinie 1996 Richtlinie für die Bewertung und Sanierung PCB-belasteter Baustoffe und Bauteile in Gebäuden (PCB-Richtlinie NRW), Fassung Juni 1996. Runderlaß des Ministeriums für Bauen und Wohnen v. 03.07.1996 (II B4-476.101), Ministerialblatt für das Land Nordrhein-Westfalen, Nr. 52, 09.08.1996, S. 1260

Polycyclische aromatische Kohlenwasserstoffe (PAK)

Zu Details siehe Kapitel 2.1.4.

häufigste Vorkommen	• Dichtungsbahnen, Dachbahnen, Bodenbeläge, Klebstoffe, Bautenschutz, Anstriche, Vergussmassen, Spachtelmassen • Funktion: Abdichtung gegen Feuchte, Holzschutz
Gehalt im Material	• Steinkohlenteer: > 30 % • Asphaltfußbodenplatten: ca. 1,6 % • Teerklebstoffe: 5–20 %
Gesundheitsrisiken	• zahlreiche krebserzeugende Verbindungen • erbgutschädigend • immuntoxisch • lebertoxisch • schleimhautreizend
wichtige Regelwerke	• Nutzerschutz: – Sagunski/Heger, 2004 • Arbeitsschutz: – GefStoffV – BGR 128
Richtwerte/Grenzwerte (Innenräume)	• Sagunski/Heger, 2004: – Richtwert I: 2 µg Naphthalin pro m^3 – Richtwert II: 20 µg Naphthalin pro m^3 • Bewertung der gesamten PAK-Konzentration nach Toxizitätsäquivalenten • expositionsmindernde Maßnahmen in Wohnungen empfohlen, wenn > 1 mg Benzo[*a*]pyren pro kg Frischstaub oder > 20 mg PAK pro kg Frischstaub
Risikobewertung/Feststellung der Sanierungsdringlichkeit	• Hausstaubuntersuchungen • Raumluftmessungen • Wischproben nach Brandschäden
Sanierung	• Primärquellen: Ausbau, ggf. Einkapselung • Sekundärquellen: Ausbau • Sachkunde gemäß BGR 128 erforderlich • Anzeigepflicht bei der zuständigen Berufsgenossenschaft
Entsorgung	• Abfallschlüssel 170301*: kohlenteerhaltige Bitumengemische • Abfallschlüssel 170303*: Kohlenteer und teerhaltige Produkte • Abfallschlüssel 170106*: Beton, Ziegel, Fliesen, Keramik mit schädlichen Verunreinigungen • Abfallschlüssel 170204*: Glas, Kunststoff und Holz, die gefährliche Stoffe enthalten oder durch gefährliche Stoffe verunreinigt sind
Besonderheiten	• PAK sind visuell nicht von teerfreien Bitumenprodukten zu unterscheiden. • PAK besitzen z. T. einen charakteristischen Geruch.

BGR 128	BGR 128 Berufsgenossenschaftliche Regel für Sicherheit und Gesundheit bei der Arbeit – Kontaminierte Bereiche (1997-04), aktual. Fassung Februar 2006, Hauptverband der gewerblichen Berufsgenossenschaften, Fachausschuss „Tiefbau" der BGZ
GefStoffV	Verordnung zum Schutz vor Gefahrstoffen (Gefahrstoffverordnung – GefStoffV) v. 23.12.2004, Bundesgesetzblatt I, Nr. 74, 29.12.2004, S. 3758
Sagunski/Heger, 2004	Sagunski, H.; Heger, W.: Richtwerte für die Innenraumluft: Naphthalin. In: Bundesgesundheitsblatt – Gesundheitsforschung – Gesundheitsschutz 47 (2004), Nr. 7, S. 705–712

Quecksilber

Zu Details siehe Kapitel 2.2.3.

häufigste Vorkommen	• Thermometer, Leuchtstofflampen, Energiesparlampen, Anstriche • Funktion: Bakterizid, Fungizid, Insektizid, Algizid, vorbeugender chemischer Holzschutz
Gehalt im Material	• bis mehrere 100 mg/kg
Gesundheitsrisiken	• hohe Toxizität • neurotoxisch • nierenschädigend • bioakkumulierend
wichtige Regelwerke	• Nutzerschutz: – Link, 1999 – TrinkwV 2001 • Arbeitsschutz: – TRGS 900 – BGR 128
Richtwerte/Grenzwerte	• Link, 1999: – Richtwert I: 0,035 µg/m³ – Richtwert II: 0,35 µg/m³ • TrinkwV 2001: – 0,001 mg/l • TRGS 900: – Arbeitsplatzgrenzwert: 0,1 mg/m³
Risikobewertung/Feststellung der Sanierungsdringlichkeit	• Staubuntersuchungen • Materialuntersuchungen • Raumluftmessungen
Sanierung	• Primärquellen: Ausbau • Sekundärquellen: Ausbau • Sachkunde gemäß BGR 128 erforderlich
Entsorgung	• verschiedene Abfallschlüssel (je nach Herkunft und Material)
Besonderheiten	• bei Zimmertemperatur flüssiges Metall • erhöhte Raumluftkonzentrationen insbesondere bei zerbrochenen oder defekten Geräten

BGR 128	BGR 128 Berufsgenossenschaftliche Regel für Sicherheit und Gesundheit bei der Arbeit – Kontaminierte Bereiche (1997-04), aktual. Fassung Februar 2006, Hauptverband der gewerblichen Berufsgenossenschaften, Fachausschuss „Tiefbau" der BGZ
Link, 1999	Link, B.: Richtwerte für die Innenraumluft: Quecksilber. In: Bundesgesundheitsblatt – Gesundheitsforschung – Gesundheitsschutz 42 (1999), Nr. 2, S. 168–174
TRGS 900	TRGS 900 Technische Regeln für Gefahrstoffe – Arbeitsplatzgrenzwerte (2006-01), zuletzt geändert und ergänzt: Gemeinsames Ministerialblatt, Nr. 28, 02.07.2009, S. 605, Ausschuss für Gefahrstoffe (AGS), Geschäftsführung: Bundesanstalt für Arbeitsschutz und Arbeitsmedizin, Dortmund
TrinkwV 2001	Verordnung über die Qualität von Wasser für den menschlichen Gebrauch (Trinkwasserverordnung – TrinkwV 2001) v. 21.05.2001, Bundesgesetzblatt I, Nr. 24, 28.05.2001, S. 959

Schimmelpilze

Zu Details siehe Kapitel 2.4.1.

häufigste Vorkommen	• in Innenräumen bei Wasser- und Feuchteschäden (die meisten Arten kommen überall in der Umwelt vor)
Gehalt im Material	• 10^2–10^8 KBE pro g
Gesundheitsrisiken	• allergenes Potenzial (Diagnostik abhängig von verfügbaren Testextrakten der Pharmaindustrie) • infektiös (nur wenige Arten und nur bei stark immungeschwächten Menschen) • toxinogenes Potenzial (von Schimmelpilzen erzeugte Mykotoxine können je nach Umweltbedingungen in Bioaeroslen vorkommen, allerdings nicht in akut toxischen Mengen)
wichtige Regelwerke	• BioStoffV • BGI 858 • VDI 4300 Blatt 10 • LGA BW, 2004 • LGA BW, 2006 • UBA, 2002 • UBA, 2005 • VDI 4252 Blatt 2 • VDI 4253 Blatt 2
Richtwerte/Grenzwerte (Innenräume)	–
Risikobewertung/Feststellung der Sanierungsdringlichkeit	• Kontaminationen durch Schimmelpilze in Innenräumen sind aus hygienischer Sicht nicht tolerierbar und müssen entfernt werden (Vorsorgeprinzip aufgrund schwieriger Risikobewertung).
Sanierung	• Bagatellschäden: in Eigenarbeit möglich, Desinfektion • ausgedehnte Wasser- und Feuchteschäden: durch Fachfirmen • Rückbau und Austausch von Gewerken: durch Fachfirmen mit qualifiziertem Personal, Sanierungskonzept und Begründung erforderlich
Entsorgung	• Transport stark kontaminierter Baumaterialien in fest verschlossen Behältern oder Umhüllungen, um Kontaminationen in Innenräumen zu vermeiden • keine getrennte Entsorgung erforderlich, da Schimmelpilze auf Baumaterialien in der Regel zu Umweltarten der Risikogruppe 1 gehören, also kein infektiöses Material darstellen; nach Desinfektion ist Entsorgung über Bauschutt oder entsprechende Müllsorten ausreichend
Besonderheiten	• Es sind staubmindernde Maßnahmen zu treffen und es ist Schutzkleidung zu verwenden, da sich durch Staubfreisetzung hohe Schimmelpilzkonzentrationen in der Atemluft bilden können.

BGI 858	BGI 858 Handlungsanleitung: Gesundheitsgefährdungen durch biologische Arbeitsstoffe bei der Gebäudesanierung (2006-10), Berufsgenossenschaft der Bauwirtschaft, Berlin
BioStoffV	Verordnung über Sicherheit und Gesundheitsschutz bei Tätigkeiten mit biologischen Arbeitsstoffen (Biostoffverordnung – BioStoffV) v. 27.01.1999, Bundesgesetzblatt I, Nr. 4, 29.01.1999, S. 50
KBE	koloniebildende Einheit (Mikroorganismen, die auf einem Kulturmedium durch Vermehrung jeweils 1 Kolonie bilden)
LGA BW, 2004	Schimmelpilze in Innenräumen – Nachweis, Bewertung, Qualitätsmanagement. Abgestimmtes Arbeitsergebnis des Arbeitskreises „Qualitätssicherung – Schimmelpilze in Innenräumen" am Landesgesundheitsamt Baden-Württemberg. 14.12.2001 (überarbeitet Dezember 2004). Stuttgart: Landesgesundheitsamt Baden-Württemberg, 2004
LGA BW, 2006	Handlungsempfehlung für die Sanierung von mit Schimmelpilzen befallenen Innenräumen. 2., überarb. Aufl., Juni 2006. Stuttgart: Regierungspräsidium Stuttgart, Landesgesundheitsamt Baden-Württemberg, 2006
UBA, 2002	Leitfaden zur Vorbeugung, Untersuchung, Bewertung und Sanierung von Schimmelpilzwachstum in Innenräumen („Schimmelpilz-Leitfaden"). Berlin: Umweltbundesamt, 2002
UBA, 2005	Leitfaden zur Ursachensuche und Sanierung bei Schimmelpilzwachstum in Innenräumen („Schimmelpilz-Sanierungsleitfaden"). Dessau: Umweltbundesamt, 2005
VDI 4252 Blatt 2	VDI 4252 Blatt 2:2004-06 Erfassen luftgetragener Mikroorganismen und Viren in der Außenluft – Aktive Probenahme von Bioaerosolen – Abscheidung von luftgetragenen Schimmelpilzen auf Gelatine/Polycarbonat-Filtern
VDI 4253 Blatt 2	VDI 4253 Blatt 2:2004-06 Erfassen luftgetragener Mikroorganismen und Viren in der Außenluft – Verfahren zum kulturellen Nachweis der Schimmelpilz-Konzentrationen in der Luft – Indirektes Verfahren nach Probenahme auf Gelatine/Polycarbonat-Filtern
VDI 4300 Blatt 10	VDI 4300 Blatt 10:2008-07 Messen von Innenraumluftverunreinigungen – Messstrategien zum Nachweis von Schimmelpilzen im Innenraum

Taubenkot

Zu Details siehe Kapitel 2.4.5.

häufigste Vorkommen	• Dachböden, leer stehende Häuser und Fabrikhallen, Bahnhöfe, Brückenkästen
Gehalt im Material	–
Gesundheitsrisiken	• infektiös (Durchfallerkrankungen, Ornithose) • allergenes Potenzial
wichtige Regelwerke	• BGI 892
Richtwerte/Grenzwerte (Innenräume)	–
Risikobewertung/Feststellung der Sanierungsdringlichkeit	• In von Menschen bewohnten Gebäuden und in Arbeitsbereichen muss Taubenkot entfernt werden.
Sanierung	• Quellen: Beseitigung • betroffene Flächen: Desinfektion
Entsorgung	• Sammlung in stabilen Behältern sowie Kennzeichnung der Behälter • bundesländerspezifische Entsorgungsregelungen
Besonderheiten	• Es sind staubmindernde Maßnahmen zu treffen, da sich durch Staubfreisetzung hohe Keimgehalte in der Atemluft bilden können.

BGI 892 BGI 892 Gesundheitsgefährdungen durch Taubenkot. Handlungsanleitung zur Gefährdungsbeurteilung nach Biostoffverordnung (BioStoffV) (2004-05), Tiefbau-Berufsgenossenschaft, München

6 Anhang

6.1 Normen, Rechtsvorschriften, Richtlinien, Merkblätter und Literatur

Kapitel 1.1: Übersicht über die rechtlichen Grundlagen für das Erkennen, Bewerten und Beseitigen von Schadstoffen in Bauwerken

Matthias Wilke

Literatur

Finkelnburg, Klaus; Ortloff, Karsten-Michael: Öffentliches Baurecht. Bd. 2: Bauordnungsrecht, Nachbarschutz, Rechtsschutz. 5., neu bearb. Aufl. München: Beck, 2005

Gädtke, Horst; Temme, Heinz-Georg; Heintz, Detlef; Czepuck, Knut: BauO NRW. Kommentar. 11., neu bearb. Aufl. Köln: Werner, 2008

Halstenberg, Michael: Zum Einfluss Technischer Baubestimmungen auf Rechtliche Regelungen. In: Baurecht (2008), Nr. 6, S. 892–893

Hornmann, Gerhard: Hessische Bauordnung (HBO). München: Beck, 2004

Kittner, Michael; Pieper, Ralf: Arbeitsschutzrecht – Arbeitsschutzgesetz, Arbeitssicherheitsgesetz und andere Arbeitsschutzvorschriften. 3., erw. u. überarb. Aufl. Frankfurt am Main: Bund-Verlag, 2006

Klett, Wolfgang; Enders, Rainald: Der Bauherr als Abfallbesitzer und Abfallerzeuger nach geltendem und künftigem Abfallrecht. In: Betriebs-Berater (1996), S. 2003–2005

Kloepfer, Michael: Umweltschutzrecht. München: Beck, 2008

Koepfer, Isabell: Asbest: Rechtliche Risiken und Verantwortlichkeiten. In: Baurecht (2005), Nr. 1, S. 28–40

Krahnefeld, Lutz: Die abfallrechtlichen Entsorgungspflichten – eine vergleichende Betrachtung von AbfG und KrW-/AbfG. In: Natur und Recht (1996), S. 269–275

Kropp, Olaf: Umfang und Dauer der abfallrechtlichen Verantwortung des Abfallerzeugers und -besitzers. In: Zeitschrift für Umweltrecht (2008), S. 401–406

Kuhn, Stefanie: Das Umweltschadensgesetz: Neue Risiken für Architekten, Ingenieure und Bauunternehmer! In: Zeitschrift für Immobilien- und Baurecht (2008), S. 196

Mitsch, Wolfgang: Recht der Ordnungswidrigkeiten. 2. Aufl. Berlin: Springer, 2005

Reese, Moritz; Schütte, Peter: Die abfallrechtliche Verantwortung des Abfallerzeugers. In: Zeitschrift für Umweltrecht (1999), S. 136–141

Tröndle, Herbert; Fischer, Thomas: Strafgesetzbuch und Nebengesetze. 54. Aufl. München: Beck, 2007

Kapitel 1.2: Zivilrechtliche Haftung in Fällen unsachgemäßer Sanierung

Matthias Wilke

Literatur

Bamberger, Heinz Georg; Roth, Herbert (Hrsg.): Kommentar zum Bürgerlichen Gesetzbuch. 2. Aufl. München: Beck, 2008 [zitiert nach Bearbeiter]

Heil, Thomas E.: Die strafrechtliche Verantwortung der Sicherheits- und Gesundheitsschutzkoordinatoren oder: „Die üblichen Verdächtigen". In: Neue Zeitschrift für Baurecht und Vergaberecht (2005), S. 545–550

Jochem, Rudolf: Architektenhaftung für Planungs- und Überwachungsfehler beim Bauen im Bestand. In: Baurecht (2007), S. 281–288

Kniffka, Rolf; Koeble, Wolfgang: Kompendium des Baurechts. 3. Aufl. München: Beck, 2008

Koepfer, Isabell: Asbest: Rechtliche Risiken und Verantwortlichkeiten. In: Baurecht (2005), Nr. 1, S. 28–40

Locher, Horst; Koeble, Wolfgang; Frik, Werner (Hrsg.): Kommentar zur HOAI. Mit einer Einleitung in das Recht der Architekten und Ingenieure. 9. Aufl. Köln: Werner, 2006

Meier, Frank: Bauversicherungsrecht – Haftungsfragen und Versicherungsschutz für Architekten, Ingenieure und Bauunternehmen. Mannheim: id-Verlag, 2006 [auch online: http://www.ibr-online.de]

Palandt, Otto (Hrsg.): Bürgerliches Gesetzbuch mit Nebengesetzen insbesondere mit Einführungsgesetz (Auszug), Allgemeines Gleichbehandlungsgesetz (Auszug), BGB-Informationspflichten-Verordnung, Unterlassungsklagengesetz, Produkthaftungsgesetz, Erbbaurechtsgesetz, Wohnungseigentumsgesetz, Lebenspartnerschaftsgesetz,

Gewaltschutzgesetz. 68., neubearb. Aufl. München: Beck, 2009 [zitiert nach Bearbeiter]

Portz, Evelin: Die Honorierung des Sicherheits- und Gesundheitsschutzkoordinators nach der Baustellenverordnung. In: Baurecht (2002), S. 1160–1167

Säcker, Franz Jürgen; Rixecker, Roland (Hrsg.): Münchener Kommentar zum Bürgerlichen Gesetzbuch. Bd. 5: Schuldrecht – Besonderer Teil III – §§ 705–853 – Partnerschaftsgesellschaftsgesetz – Produkthaftungsgesetz. 5. Aufl. München: Beck, 2009 [zitiert nach Bearbeiter]

Schulze-Hagen, Alfons: Planungsfehler vom bauleitenden Architekten übersehen: Welche Haftungsquote? In: Zeitschrift für Immobilien- und Baurecht (2009), S. 93

Schwenker, Hans Christian; Wessel, Markus: Bauherr, bauplanender und bauaufsichtsführender Architekt – Wer haftet für mangelhafte Planung? (zugleich Anmerkung zu BGH, Urteil v. 27.11.2008 – VII ZR 206/06). In: Zeitschrift für Immobilienrecht (2009), S. 279–283

Seibel, Mark: Die Bedeutung der Funktionstauglichkeit für die Beurteilung der Qualität einer Bauleistung (zugleich Anmerkung zu BGH, Urteil v. 08.11.2007 – VII ZR 183/05). In: Zeitschrift für deutsches und internationales Bau- und Vergaberecht (2009), S. 107–112

Simon, Jürgen; Busse, Alfons: Bayerische Bauordnung. Loseblatt-Kommentar. 94. Erg.-Lfg. München: Beck, 2008

Thode, Reinhold; Wirth, Axel; Kuffer, Johann: Praxishandbuch Architektenrecht. München: Beck, 2004

Tröndle, Herbert; Fischer, Thomas: Strafgesetzbuch und Nebengesetze. 54. Aufl. München: Beck, 2007

Zenner, Andreas: Der Vertrag mit Schutzwirkung zu Gunsten Dritter – Ein Institut im Lichte seiner Rechtsgrundlage. In: Neue Juristische Wochenschrift (2009), 1030–1034

Kapitel 1.3: Vorgehensweise bei Sanierung, Rückbau und Umnutzung
Thomas Osberghaus

Normen

DIN 1960:2006-05 VOB Vergabe- und Vertragsordnung für Bauleistungen – Teil A: Allgemeine Bestimmungen für die Vergabe von Bauleistungen

DIN 1961:2006-10 VOB Vergabe- und Vertragsordnung für Bauleistungen – Teil B: Allgemeine Vertragsbedingungen für die Ausführung von Bauleistungen

DIN 18299:2006-10 VOB Vergabe- und Vertragsordnung für Bauleistungen – Teil C: Allgemeine Technische Vertragsbedingungen für Bauleistungen (ATV) – Allgemeine Regelungen für Bauarbeiten jeder Art

Rechtsvorschriften

Gesetz über die Durchführung von Maßnahmen des Arbeitsschutzes zur Verbesserung der Sicherheit und des Gesundheitsschutzes der Beschäftigten bei der Arbeit (Arbeitsschutzgesetz – ArbSchG) v. 07.08.1996, Bundesgesetzblatt I, Nr. 43, 20.08.1996, S. 1246

Gesetz zur Förderung der Kreislaufwirtschaft und Sicherung der umweltverträglichen Beseitigung von Abfällen (Kreislaufwirtschafts- und Abfallgesetz – KrW-/AbfG) v. 27.09.1994, Bundesgesetzblatt I, Nr. 66, 06.10.1994, S. 2705

Verordnung über das europäische Abfallverzeichnis (Abfallverzeichnis-Verordnung – AVV) v. 10.12.2001, Bundesgesetzblatt I, Nr. 65, 12.12.2001, S. 3379

Verordnung über die Entsorgung polychlorierter Biphenyle, polychlorierter Terphenyle sowie halogenierter Monomethyldiphenylmethane (PCB/PCT-Abfallverordnung – PCBAbfallV) v. 26.06.2000, Bundesgesetzblatt I, Nr. 28, 29.06.2000, S. 932

Verordnung über die Nachweisführung bei der Entsorgung von Abfällen (Nachweisverordnung – NachwV) v. 10.09.1996, Bundesgesetzblatt I, Nr. 47, 20.09.1996, S. 1382

Verordnung über Sicherheit und Gesundheitsschutz auf Baustellen (Baustellenverordnung – BaustellV) v. 10.06.1998, Bundesgesetzblatt I, Nr. 35, 18.06.1998, S. 1283

Verordnung zum Schutz vor Gefahrstoffen (Gefahrstoffverordnung – GefStoffV) v. 23.12.2004, Bundesgesetzblatt I, Nr. 74, 29.12.2004, S. 3758

Richtlinien

BGR 128 Berufsgenossenschaftliche Regel für Sicherheit und Gesundheit bei der Arbeit – Kontaminierte Bereiche (1997-04), aktual. Fassung Februar 2006, Hauptverband der gewerblichen Berufsgenossenschaften, Fachausschuss „Tiefbau" der BGZ

Musterbauordnung – MBO. Fassung November 2002, zuletzt geändert durch Beschluss der Bauministerkonferenz vom Oktober 2008 [online]. Berlin: Konferenz der für Städtebau, Bau- und Wohnungswesen zuständigen Minister und Senatoren der Länder (Bauministerkonferenz). Internet: http://www.bauministerkonferenz.de [Navigation: Mustervorschriften / Mustererlasse\Bauaufsicht / Bautechnik] [Zugriff: 04.08.2009]

TRGS 519 Technische Regeln für Gefahrstoffe – Asbest: Abbruch-, Sanierungs- oder Instandhaltungsarbeiten (2007-03), Ausschuss für Gefahrstoffe (AGS)

TRGS 521 Technische Regeln für Gefahrstoffe – Abbruch-, Sanierungs- und Instandhaltungsarbeiten mit alter Mineralwolle (2008-02), Ausschuss für Gefahrstoffe (AGS)

Kapitel 2.1: Organische Schadstoffe

Einleitung *Andreas Stache*

Norm

DIN ISO 16000-6:2004-12 Innenraumluftverunreinigungen – Teil 6: Bestimmung von VOC in der Innenraumluft und in Prüfkammern, Probenahme auf TENAX TA®, thermische Desorption und Gaschromatographie mit MS/FID

Literatur

Hellwinkel, D.: Die systematische Nomenklatur der organischen Chemie – eine Gebrauchsanweisung. 5., erw., korr. u. erg. Aufl. Berlin: Springer, 2006

Zwiener, G.; Mötzl, H.: Ökologisches Baustoff-Lexikon. Bauprodukte, Chemikalien, Schadstoffe, Ökologie, Innenraum. 3., völlig neu bearb. u. erw. Aufl. Heidelberg: C. F. Müller, 2006

Kapitel 2.1.1: Holzschutzmittel: PCP, Lindan, DDT, Carbolineum

Andreas Stache

Normen

DIN 68800-3:1990-04 Holzschutz; Vorbeugender chemischer Holzschutz

DIN EN 60335-2-69:2008-11 Sicherheit elektrischer Geräte für den Hausgebrauch und ähnliche Zwecke – Teil 2-69: Besondere Anforderungen für Staub- und Wassersauger einschließlich kraftbetriebener Bürsten für industrielle und gewerbliche Zwecke

Internationaler Vertrag

The Stockholm Convention on Persistent Organic Pollutants. Internet: http://www.pops.int/documents/convtext/convtext_en.pdf [Zugriff: 06.08.2009]

Rechtsvorschriften

Allgemeine Verwaltungsvorschrift zur Änderung der Verwaltungsvorschrift wassergefährdende Stoffe v. 27.07.2005, Bundesanzeiger, Jg. 57, Nr. 142a, 30.07.2005

Bundes-Bodenschutz- und Altlastenverordnung (BBodSchV) v. 12.07.1999, Bundesgesetzblatt I, Nr. 36, 16.07.1999, S. 1554

Pentachlorphenolverbotsverordnung (PCP-V) v. 12.12.1989, Bundesgesetzblatt I, Nr. 59, 22.12.1989, S. 2235

Richtlinie 76/769/EWG des Rates vom 27. Juli 1976 zur Angleichung der Rechts- und Verwaltungsvorschriften der Mitgliedstaaten für Beschränkungen des Inverkehrbringens und der Verwendung gewisser gefährlicher Stoffe und Zubereitungen, Amtsblatt der Europäischen Gemeinschaften, Nr. L 262, 27.09.1976, S. 201

Verordnung (EG) Nr. 850/2004 des Europäischen Parlaments und des Rates vom 29. April 2004 über persistente organische Schadstoffe und zur Änderung der Richtlinie 79/117/EWG, Amtsblatt der Europäischen Union, Nr. L 158, 30.04.2004, S. 7

Verordnung (EG) Nr. 1272/2008 des Europäischen Parlaments und des Rates vom 16. Dezember 2008 über die Einstufung, Kennzeichnung und Verpackung von Stoffen und Gemischen, zur Änderung und Aufhebung der Richtlinien 67/548/EWG und 1999/45/EG und zur Änderung der Verordnung (EG) Nr. 1907/2006, Amtsblatt der Europäischen Union, Nr. L 353, 31.12.2008, S. 1

Verordnung über Anforderungen an die Verwertung und Beseitigung von Altholz (Altholzverordnung – AltholzV) v. 15.08.2002, Bundesgesetzblatt I, Nr. 59, 23.08.2002, S. 3302

Verordnung über Anwendungsverbote für Pflanzenschutzmittel (Pflanzenschutz-Anwendungsverordnung – PflSchAnwV) v. 10.11.1992, Bundesgesetzblatt I, Nr. 53, 21.11.1992, S. 1887

Verordnung über das europäische Abfallverzeichnis (Abfallverzeichnis-Verordnung – AVV) v. 10.12.2001, Bundesgesetzblatt I, Nr. 65, 12.12.2001, S. 3379

Verordnung über die Qualität von Wasser für den menschlichen Gebrauch (Trinkwasserverordnung – TrinkwV 2001) v. 21.05.2001, Bundesgesetzblatt I, Nr. 24, 28.05.2001, S. 959

Verordnung zum Schutz vor Gefahrstoffen (Gefahrstoffverordnung – GefStoffV) v. 23.12.2004, Bundesgesetzblatt I, Nr. 74, 29.12.2004, S. 3758

Verordnung zur Beschränkung des Herstellens, des Inverkehrbringens und der Verwendung von Teerölen zum Holzschutz (Teerölverordnung – TeerölV) v. 27.05.1991, Bundesgesetzblatt I, Nr. 33, 05.06.1991, S. 1195

Richtlinien

Ad-hoc-Arbeitsgruppe aus Mitgliedern der Innenraumlufthygiene-Kommission (IRK) des Umweltbundesamtes und des Ausschusses für Umwelthygiene (AUH) der Leitenden Medizinalbeamtinnen und -beamten der Länder (AGLMB): Richtwerte für die Innenraumluft: Pentachlorphenol. In: Bundesgesundheitsblatt 40 (1997), Nr. 7, S. 234–236

Anforderungen an die stoffliche Verwertung von mineralischen Reststoffen/Abfällen – Technische Regeln (06.11.2003), Länderarbeitsgemeinschaft Abfall (LAGA) (Mitteilungen der

Länderarbeitsgemeinschaft Abfall 20)

BGR 128 Berufsgenossenschaftliche Regel für Sicherheit und Gesundheit bei der Arbeit – Kontaminierte Bereiche (1997-04), aktual. Fassung Februar 2006, Hauptverband der gewerblichen Berufsgenossenschaften, Fachausschuss „Tiefbau" der BGZ

Musterbauordnung – MBO. Fassung November 2002, zuletzt geändert durch Beschluss der Bauministerkonferenz vom Oktober 2008 [online]. Berlin: Konferenz der für Städtebau, Bau- und Wohnungswesen zuständigen Minister und Senatoren der Länder (Bauministerkonferenz). Internet: http://www.bauministerkonferenz.de [Navigation: Mustervorschriften / Mustererlasse\Bauaufsicht / Bautechnik] [Zugriff: 04.08.2009]

Richtlinie für die Bewertung und Sanierung Pentachlorphenol (PCP)-belasteter Baustoffe und Bauteile in Gebäuden, Fassung Oktober 1996 [online]. Projektgruppe „Schadstoffe" der Fachkommission Baunormung der Arbeitsgemeinschaft der für das Bau-, Wohnungs- und Siedlungswesen zuständigen Minister der Länder (ARGEBAU), 1996. Internet: http://www.gewerbeaufsicht.baden-wuerttemberg.de/servlet/is/16493/6_3.pdf [Zugriff: 21.04.2009]

Richtwerte für die Innenraumluft in Mecklenburg-Vorpommern. Stand: September 2005 [online]. Schwerin: Sozialministerium Mecklenburg-Vorpommern, 2005. Internet: http://www.lagus.mv-regierung.de/land-mv/LAGuS_prod/LAGuS/Gesundheit/Umwelthygiene__Umweltmedizin/Services__Formulare/Lufthygiene/509RW_MV.pdf [Zugriff: 15.04.2009]

Thumulla, J.; Maraun, W.: AGÖF-Orientierungswerte für den Hausstaub. In: Umwelt, Gebäude & Gesundheit: Innenraumschadstoffe, Fogging und Gerüche. Springe-Eldagsen: Arbeitsgemeinschaft ökologischer Forschungsinstitute, 2007, S. 57–65

TRGS 900 Technische Regeln für Gefahrstoffe – Arbeitsplatzgrenzwerte (2006-01), zuletzt geändert und ergänzt: Gemeinsames Ministerialblatt, Nr. 28, 02.07.2009, S. 605, Ausschuss für Gefahrstoffe (AGS)

TRGS 905 Technische Regeln für Gefahrstoffe – Verzeichnis krebserzeugender, erbgutverändernder oder fortpflanzungsgefährdender Stoffe (2005-07), zuletzt geändert und ergänzt: Mai 2008, Ausschuss für Gefahrstoffe (AGS)

Literatur

Alsen-Hinrichs, C.; Bauer, A.; Wassermann, O.: Stoffmonographie Pentachlorphenol – Referenz- und Human-Biomonitoring-Werte. In: Umweltmedizin (1998), Nr. 22/23 (Nr. 6–8/1998) [online]. Internet: http://www.umweltmedizin.de/content/articles/511/539/159/index.html?catid=159&artid=3059&topid=539&nosum=1 [Zugriff: 04.08.2009]

Daunderer, M.: Handbuch der Umweltgifte – klinische Umwelttoxikologie für die Praxis. 18. Erg.-Lfg., 8/1995, Kap. III-3: Pentachlorphenol. Landsberg am Lech: ecomed, 1995

Deutsches Institut für Bautechnik (DIBt) (Hrsg.): Holzschutzmittelverzeichnis. Verzeichnis der Holzschutzmittel mit allgemeiner bauaufsichtlicher Zulassung, Auflistung der Holzschutzmittel mit RAL-Gütezeichen, Auflistung der Bläueschutzmittel nach VdL-Richtlinie. 57. Aufl. Stand: April 2009. Berlin: Erich Schmidt, 2009

Gift im Holz, mit Extrateil Formaldehyd. 6. Aufl. Juli 1994. Bremen: Bremer Umweltinstitut für Analyse und Bewertung von Schadstoffen, 1994 (Bremer Reihe Umwelt & Arbeit)

Hassauer, M.; Kalberlah, F.; Oltmanns, J.; Schneider, K.: Basisdaten Toxikologie für umweltrelevante Stoffe zur Gefahrenbeurteilung bei Altlasten. Forschungsbericht 102 03 443/01. Hrsg.: Umweltbundesamt. Berlin: Erich Schmidt, 1993 (Berichte, Umweltbundesamt 4/93; Umweltforschungsplan des Bundesministeriums für Umwelt, Naturschutz und Reaktorsicherheit; UBA-FB 92 101)

Institut für Bautechnik (IfBt) (Hrsg.): Verzeichnis der Prüfzeichen für Holzschutzmittel und Auflistung der Holzschutzmittel mit RAL-Gütezeichen im nichtamtlichen Teil. 43. Aufl. Stand: 1. Juli 1990. Berlin: Erich Schmidt, 1990

Kommission „Human-Biomonitoring" des Umweltbundesamtes: Stoffmonographie Pentachlorphenol – Referenz- und Human-Biomonitoring-Werte (HBM). In: Bundesgesundheitsblatt 40 (1997), Nr. 6, S. 212–222

Krause, C.; Englert, N.: Zur gesundheitlichen Bewertung pentachlorphenolhaltiger Holzschutzmittel in Wohnräumen. In: Holz als Roh- und Werkstoff 38 (1980), Nr. 11, S. 429–432

Mendez, E.: LINDANE (*gamma*,1,2,3,4,5,6-Hexachlorocyclohexane). In: Pesticide residues in food – 2002. Evaluations. Part II: Toxicological evaluations. Joint Meeting of the FAO Panel of Experts on Pesticide Residues in Food and the Environment and the WHO Expert Group on Pesticide Residues. Rome (Italy), 16–25 Sep 2002. Rom: FAO, 2003 [online]. Internet: http://www.inchem.org/documents/jmpr/jmpmono/2002pr08.htm [Zugriff: 06.08.2009]

Schneider, K.; Oltmanns, J.; Gartiser, S.: Arbeitsplatzbelastungen bei der Verwendung von bioziden Produkten. Teil 3: Expositionsszenarien und Arbeitsschutzmaßnahmen bei der Anwendung von Molluskiziden, Insektiziden, Repellentien und Lockmitteln. Dortmund: Bundesanstalt für Arbeitsschutz und Arbeitsmedizin, 2008 (Forschung Projekt F 1922)

Solecki, R.: DDT (*para,para'*-Dichlorodiphenyltrichloroethane) (addendum). In: Pesticide residues in food – 2000. Evaluations. Part II: Toxicological evaluations. Joint Meeting of the FAO Panel of Experts on Pesticide Residues in Food and the Environment and the WHO Core Assessment Group. Geneva (Switzerland), 20–29 Sep 2000. Genf: WHO, 2001 [online]. Internet: http://www.inchem.org/documents/jmpr/jmpmono/v00pr03.htm [Zugriff: 06.08.2009]

Umweltprobenbank des Bundes. Umweltproben [online]. Dessau-Roßlau: Umweltbundesamt. Internet: http://www.umweltbundesamt.de/umweltproben/upb19.htm [Zugriff: 11.08.2009]

US-EPA: Pentachlorphenol. In: Reviews of Environmental Contamination and Toxicology 104 (1988), S. 183–194

Kapitel 2.1.2: Polychlorierte Biphenyle (PCB) *Gerd Zwiener*

Rechtsvorschriften

Gesetz zum Schutz vor schädlichen Umwelteinwirkungen durch Luftverunreinigungen, Geräusche, Erschütterungen und ähnliche Vorgänge (Bundes-Immissionsschutzgesetz – BImSchG) v. 15.03.1974, Bundesgesetzblatt I, Nr. 27, 21.03.1974, S. 721

Gesetz zur Förderung der Kreislaufwirtschaft und Sicherung der umweltverträglichen Beseitigung von Abfällen (Kreislaufwirtschafts- und Abfallgesetz – KrW-/AbfG) v. 27.09.1994, Bundesgesetzblatt I, Nr. 66, 06.10.1994, S. 2705

Verordnung über das europäische Abfallverzeichnis (Abfallverzeichnis-Verordnung – AVV) v. 10.12.2001, Bundesgesetzblatt I, Nr. 65, 12.12.2001, S. 3379

Verordnung über die Entsorgung polychlorierter Biphenyle, polychlorierter Terphenyle sowie halogenierter Monomethyldiphenylmethane (PCB/PCT-Abfallverordnung – PCBAbfallV) v. 26.06.2000, Bundesgesetzblatt I, Nr. 28, 29.06.2000, S. 932

Verordnung zum Schutz vor Gefahrstoffen (Gefahrstoffverordnung – GefStoffV) v. 23.12.2004, Bundesgesetzblatt I, Nr. 74, 29.12.2004, S. 3758

Richtlinien

Ad-hoc-Arbeitsgruppe der Innenraumlufthygiene-Kommission des Umweltbundesamtes und der obersten Landesgesundheitsbehörden: Gesundheitliche Bewertung dioxinähnlicher polychlorierter Biphenyle in der Innenraumluft. In: Bundesgesundheitsblatt – Gesundheitsforschung – Gesundheitsschutz 50 (2007), Nr. 11, S. 1455–1466

LAGA-Merkblatt Entsorgung von PCB-haltigen Reststoffen und Abfällen (1992-02), Länderarbeitsgemeinschaft Abfall (LAGA), Arbeitsgruppe „PCB-haltige Abfälle" (Mitteilungen der Länderarbeitsgemeinschaft Abfall 24, Teil 2)

MAK- und BAT-Werte-Liste 2008: Maximale Arbeitsplatzkonzentrationen und Biologische Arbeitsstofftoleranzwerte. Hrsg.: Deutsche Forschungsgemeinschaft, Senatskommission zur Prüfung gesundheitsschädlicher Arbeitsstoffe. Weinheim: Wiley-VCH, 2007 (Mitteilung der Senatskommission zur Prüfung gesundheitsschädlicher Arbeitsstoffe 44)

Richtlinie für die Bewertung und Sanierung PCB-belasteter Baustoffe und Bauteile in Gebäuden, Fassung September 1994 [online]. Projektgruppe „Schadstoffe" der Fachkommission Baunormung der Arbeitsgemeinschaft der für das Bau-, Wohnungs- und Siedlungswesen zuständigen Minister der Länder (ARGEBAU), 1994. Internet: http://www.stmi.bayern.de/imperia/md/content/stmi/bauen/rechtundtechnikundbauplanung/_bautechnik/gesundheit_umwelt/pcb_richtlinie.pdf [Zugriff: 21.04.2009]

Richtlinie für die Bewertung und Sanierung PCB-belasteter Baustoffe und Bauteile in Gebäuden (PCB-Richtlinie). Erlass des Ministeriums für Landesentwicklung, Wohnen, Landwirtschaft, Forsten und Naturschutz v. 25.10.1993, Staatsanzeiger für das Land Hessen, Nr. 47, 22.11.1993, S. 2848

Richtlinie für die Bewertung und Sanierung PCB-belasteter Baustoffe und Bauteile in Gebäuden (PCB-Richtlinie NRW), Fassung Juni 1996. Runderlaß des Ministeriums für Bauen und Wohnen v. 03.07.1996 (II B4-476.101), Ministerialblatt für das Land Nordrhein-Westfalen, Nr. 52, 09.08.1996, S. 1260

TRGS 519 Technische Regeln für Gefahrstoffe – Asbest: Abbruch-, Sanierungs- oder Instandhaltungsarbeiten (2007-03), Ausschuss für Gefahrstoffe (AGS)

TRGS 905 Technische Regeln für Gefahrstoffe – Verzeichnis krebserzeugender, erbgutverändernder oder fortpflanzungsgefährdender Stoffe (2005-07), zuletzt geändert und ergänzt: Mai 2008, Ausschuss für Gefahrstoffe (AGS)

Literatur

Ballschmiter, K.; Zell, M.: Analysis of polychlorinated biphenyls (PCB) by glass capillary gas chromatography: Composition of technical Aroclor and Clophen PCB mixtures. In: Fresenius' Journal of Analytical Chemistry (1980), Nr. 302, S. 20–31

Roßkamp, E.: Polychlorierte Biphenyle in der Innenraumluft – Sachstand. In: Bundesgesundheitsblatt 35 (1992), Nr. 9, S. 424

Zur chronischen Gesundheitsbelastung durch Baustoffe. In: Bundesgesundheitsblatt 27 (1984), Nr. 6, S. 192–193

Kapitel 2.1.3: Dioxine und Furane

Hans Gerhard Varbelow

Rechtsvorschriften

Bundes-Bodenschutz- und Altlastenverordnung (BBodSchV) v. 12.07.1999, Bundesgesetzblatt I, Nr. 36, 16.07.1999, S. 1554

Siebzehnte Verordnung zur Durchführung des Bundes-Immissionsschutzgesetzes (Verordnung über Verbrennungsanlagen für Abfälle und ähnliche brennbare Stoffe – 17. BImSchV) v. 23.11.1990, Bundesgesetzblatt I, Nr. 64, 30.11.1990, S. 2545

Verordnung (EG) Nr. 1881/2006 der Kommission vom 19. Dezember 2006 zur Festsetzung der Höchstgehalte für bestimmte Kontaminanten in Lebensmitteln, Amtsblatt der Europäischen Union, Nr. L 364, 20.12.2006, S. 5

Verordnung über Verbote und Beschränkungen des Inverkehrbringens gefährlicher Stoffe, Zubereitungen und Erzeugnisse nach dem Chemikaliengesetz (Chemikalien-Verbotsverordnung – ChemVerbotsV) v. 14.10.1993, Bundesgesetzblatt I, Nr. 54, 20.10.1993, S. 1720

Verordnung zum Schutz vor Gefahrstoffen (Gefahrstoffverordnung – GefStoffV) v. 23.12.2004, Bundesgesetzblatt I, Nr. 74, 29.12.2004, S. 3758

Richtlinien

TRGS 524 Technische Regeln für Gefahrstoffe – Sanierung und Arbeiten in kontaminierten Bereichen (1998-03), Ausschuß für Gefahrstoffe (AGS)

TRGS 557 Technische Regeln für Gefahrstoffe – Dioxine (2008-08), Ausschuss für Gefahrstoffe (AGS)

VdS 2357 (05) Richtlinien zur Brandschadensanierung (2007-04), Gesamtverband der Deutschen Versicherungswirtschaft e. V. (GDV), Köln

Literatur

van den Berg, M.; Birnbaum, L.; Bosveld, B. T. C.; Brunström, B.; Cook, P.; Feeley, M.; Giesy, J. P.; Hanberg, A.; Hasegawa, R.; Kennedy, S. W.; Kubiak, T.; Larsen, J. C.; van Leeuwen, F. X. R.; Liem, A. K. D.; Nolt, C.; Peterson, R. E.; Poellinger, L.; Safe, S.; Schrenk, D.; Tillitt, D.; Tysklind, M.; Younes, M.; Waern, F.; Zacharewski, T.: Toxic Equivalency Factors (TEFs) for PCBs, PCDDs, PCDFs for humans and wildlife. In: Environmental Health Perspectives 106 (1998), Nr. 12, S. 775–792

van den Berg, M.; Birnbaum, L. S.; Denison, M.; de Vito, M.; Farland, W.; Feeley, M.; Fiedler, H.; Hakansson, H.; Hanberg, A.; Haws, L.; Rose, M.; Safe, S.; Schrenk, D.; Tohyama, C.; Tritscher, A.; Tuomisto, J.; Tysklind, M.; Walker, N.; Peterson, R. E.: The 2005 World Health Organization Re-evaluation of Human and Mammalian Toxic Equivalency Factors for Dioxins and Dioxin-like Compounds. In: Toxicological Sciences 93 (2006), Nr. 2, S. 223–241

Bewertung von Schadstoffen, für die keine Immissionswerte festgelegt sind – Orientierungswerte für die Sonderfallprüfung und für die Anlagenüberwachung sowie Zielwerte für die langfristige Luftreinhalteplanung unter besonderer Berücksichtigung der Wirkung krebserzeugender Luftschadstoffe. Bericht des Länderausschusses für Immissionsschutz, September 2004. Düsseldorf, 2004

Blessing, R.: Polychlorierte Dioxine und Furane in öffentlichen Gebäuden. In: Gefahrstoffe – Reinhaltung der Luft 57 (1997), Nr. 7, S. 305–309

Dioxin-Datenbank des Bundes und der Länder [online]. Internet: http://www.pop-dioxindb.de/d/stat_basiswissen-bewertung [Zugriff: 08.07.2009]

Funcke, W.; Theisen, J.; Balfanz, E.; König, J.: Entstehung halogenierter organischer Substanzen in Brandfällen. In: Halogenierte organische Verbindungen in der Umwelt. Hrsg.: VDI Verein Deutscher Ingenieure. Düsseldorf: VDI-Verlag, 1989, S. 195–200 (VDI-Berichte 745)

International Toxicity Equivalency Factor (I-TEF). Method of risk assessment for complex mixtures of Dioxins and related compounds. Pilot study on international information exchange on Dioxins and related compounds. Brüssel: North Atlantic Treaty Organization, Committee on Challenges of Modern Society, 1988 (Report 176)

Polychlorinated Dibenzo-para-dioxins and Polychlorinated Dibenzofurans. Lyon: World Health Organization, International Agency for Research on Cancer, Working Group on the Evaluation of the Carcinogenic Risks to Humans, 1997 (IARC Monographs on the Evaluation of Carcinogenic Risks to Humans 69)

Rotard, W.: PCDD und PCDF in Brandrückständen. Bewertung der gesundheitlichen Risiken und Sanierung der Schadensfälle. In: Technische Überwachung 33 (1992), Nr. 5, S. 185–191

Sachstand Dioxine. Stand November 1984. Hrsg.: Umweltbundesamt. Berlin: Schmidt, 1985 (UBA-Berichte 5/85)

2. Bericht der Bund/Länder-Arbeitsgruppe Dioxine, November 1993. Bonn: Bundesministerium für Umwelt, Naturschutz und Reaktorsicherheit, 1993

Website

Gesamtverband der Deutschen Versicherungswirtschaft e. V. (GDV), http://www.gdv.de

Kapitel 2.1.4: Polycyclische aromatische Kohlenwasserstoffe (PAK) *Andreas Stache*

Normen

DIN 18299:2006-10 VOB Vergabe- und Vertragsordnung für Bauleistungen – Teil C: Allgemeine Technische Vertragsbedingungen für Bauleistungen (ATV) – Allgemeine Regelungen für Bauarbeiten jeder Art

DIN 68701:1993-09 Holzpflaster GE für gewerbliche Zwecke

DIN EN 60335-2-69:2008-11 Sicherheit elektrischer Geräte für den Hausgebrauch und ähnliche Zwecke – Teil 2-69: Besondere Anforderungen für Staub- und Wassersauger einschließlich kraftbetriebener Bürsten für industrielle und gewerbliche Zwecke

Rechtsvorschriften

Bundes-Bodenschutz- und Altlastenverordnung (BBodSchV) v. 12.07.1999, Bundesgesetzblatt I, Nr. 36, 16.07.1999, S. 1554

Gesetz über die Durchführung von Maßnahmen des Arbeitsschutzes zur Verbesserung der Sicherheit und des Gesundheitsschutzes der Beschäftigten bei der Arbeit (Arbeitsschutzgesetz – ArbSchG) v. 07.08.1996, Bundesgesetzblatt I, Nr. 43, 20.08.1996, S. 1246

Gesetz zum Schutz vor gefährlichen Stoffen (Chemikaliengesetz – ChemG) v. 02.07.2008, Bundesgesetzblatt I, Nr. 28, 11.07.2008, S. 1147

Richtlinie 67/548/EWG des Rates vom 27. Juni 1967 zur Angleichung der Rechts- und Verwaltungsvorschriften für die Einstufung, Verpackung und Kennzeichnung gefährlicher Stoffe, Amtsblatt der Europäischen Gemeinschaften, Nr. L 196, 16.08.1967, S. 1

Richtlinie 1999/45/EG des Europäischen Parlaments und des Rates vom 31. Mai 1999 zur Angleichung der Rechts- und Verwaltungsvorschriften der Mitgliedstaaten für die Einstufung, Verpackung und Kennzeichnung gefährlicher Zubereitungen, Amtsblatt der Europäischen Gemeinschaften, Nr. L 200, 30.07.1999, S. 1

Verordnung (EG) Nr. 1272/2008 des Europäischen Parlaments und des Rates vom 16. Dezember 2008 über die Einstufung, Kennzeichnung und Verpackung von Stoffen und Gemischen, zur Änderung und Aufhebung der Richtlinien 67/548/EWG und 1999/45/EG und zur Änderung der Verordnung (EG) Nr. 1907/2006, Amtsblatt der Europäischen Union, Nr. L 353, 31.12.2008, S. 1

Verordnung über Arbeitsstätten (Arbeitsstättenverordnung – ArbStättV) v. 12.08.2004, Bundesgesetzblatt I, Nr. 44, 24.08.2004, S. 2179

Verordnung über das europäische Abfallverzeichnis (Abfallverzeichnis-Verordnung – AVV) v. 10.12.2001, Bundesgesetzblatt I, Nr. 65, 12.12.2001, S. 3379

Verordnung über die Qualität von Wasser für den menschlichen Gebrauch (Trinkwasserverordnung – TrinkwV 2001) v. 21.05.2001, Bundesgesetzblatt I, Nr. 24, 28.05.2001, S. 959

Verordnung über Sicherheit und Gesundheitsschutz auf Baustellen (Baustellenverordnung – BaustellV) v. 10.06.1998, Bundesgesetzblatt I, Nr. 35, 18.06.1998, S. 1283

Verordnung über Sicherheit und Gesundheitsschutz bei der Benutzung persönlicher Schutzausrüstungen bei der Arbeit (PSA-Benutzungsverordnung – PSA-BV) v. 04.12.1996, Bundesgesetzblatt I, Nr. 63, 10.12.1996, S. 1841

Verordnung über Sicherheit und Gesundheitsschutz bei der Bereitstellung von Arbeitsmitteln und deren Benutzung bei der Arbeit, über Sicherheit beim Betrieb überwachungsbedürftiger Anlagen und über die Organisation des betrieblichen Arbeitsschutzes (Betriebssicherheitsverordnung – BetrSichV) v. 27.09.2002, Bundesgesetzblatt I, Nr. 70, 02.10.2002, S. 3777

Verordnung über Sicherheit und Gesundheitsschutz bei Tätigkeiten mit biologischen Arbeitsstoffen (Biostoffverordnung – BioStoffV) v. 27.01.1999, Bundesgesetzblatt I, Nr. 4, 29.01.1999, S. 50

Verordnung zum Schutz vor Gefahrstoffen (Gefahrstoffverordnung – GefStoffV) v. 23.12.2004, Bundesgesetzblatt I, Nr. 74, 29.12.2004, S. 3758

Verordnung zur arbeitsmedizinischen Vorsorge (ArbMedVV) v. 18.12.2008, Bundesgesetzblatt I, Nr. 62, 23.12.2008, S. 2768

Richtlinien und Leitfäden

Ad-hoc-Arbeitsgruppe aus Mitgliedern der Innenraumlufthygiene-Kommission (IRK) des Umweltbundesamtes und des Ausschusses für Umwelthygiene der AGLMB [Arbeitsgemeinschaft der Leitenden Medizinalbeamtinnen und -beamten der Länder]: Richtwerte für die Innenraumluft: Basisschema. In: Bundesgesundheitsblatt 39 (1996), Nr. 11, S. 422–426

BGI 504-40b (ZH 1/600.40b) Auswahlkriterien für die spezielle arbeitsmedizinische Vorsorge nach dem Berufsgenossenschaftlichen Grundsatz G 40 „Krebserzeugende Gefahrstoffe – allgemein", hier: Benzo(a)pyren (1998), Berufsgenossenschaftliche Zentrale für Sicherheit und Gesundheit, Ausschuß Arbeitsmedizin

BGR 128 Berufsgenossenschaftliche Regel für Sicherheit und Gesundheit bei der Arbeit – Kontaminierte Bereiche (1997-04), aktual. Fassung Februar 2006, Hauptverband der gewerblichen Berufsgenossenschaften, Fachausschuss „Tiefbau" der BGZ

BGV A1 Berufsgenossenschaftliche Vorschrift – Grundsätze der Prävention (2004-01), aktualisierter Nachdruck Januar 2009, Deutsche Gesetzliche Unfallversicherung e. V. (DGUV), Berlin

BGV C22 Berufsgenossenschaftliche Vorschrift für Sicherheit und Gesundheit bei der Arbeit – Bauarbeiten, 01.04.1977, in der Fassung v. 01.01.1997, Hauptverband der gewerblichen Berufsgenossenschaften (HVBG) [bisherige VBG 37]

Gesundheitsschädliche Arbeitsstoffe: Toxikologisch-arbeitsmedizinische Begründungen von MAK-Werten – Maximale Arbeitsplatz-Konzentrationen. Hrsg.: Deutsche Forschungsgemeinschaft, Kommission zur Prüfung gesundheitsschädlicher Arbeitsstoffe. Lfg. 45. Weinheim: Wiley-VCH, 2008 (Losebl.-Ausg.)

Klug, M.; Stettnisch, M.; Henzel, H.: Umgang mit teerhaltigen Materialien im Hochbau. PAK-Handlungsanleitung. Umbau – Instandhaltung – Rückbau. Überarb. Neuaufl. 1.2, November 2007. Berlin: Landesamt für Arbeitsschutz, Gesundheitsschutz und technische Sicherheit Berlin (LAGetSi), Abteilung III, 2007

MAK- und BAT-Werte-Liste 2008: Maximale Arbeitsplatzkonzentrationen und Biologische Arbeitsstofftoleranzwerte. Hrsg.: Deutsche Forschungsgemeinschaft, Senatskommission zur Prüfung gesundheitsschädlicher Arbeitsstoffe. Weinheim: Wiley-VCH, 2007 (Mitteilung der Senatskommission zur Prüfung gesundheitsschädlicher Arbeitsstoffe 44)

Musterbauordnung – MBO. Fassung November 2002, zuletzt geändert durch Beschluss der Bauministerkonferenz vom Oktober 2008 [online]. Berlin: Konferenz der für Städtebau, Bau- und Wohnungswesen zuständigen Minister und Senatoren der Länder (Bauministerkonferenz). Internet: http://www.bauministerkonferenz.de [Navigation: Mustervorschriften / Mustererlasse\Bauaufsicht / Bautechnik] [Zugriff: 04.08.2009]

Praxisleitfaden für den Umgang mit Epoxidharzen. Berlin: Berufsgenossenschaft der Bauwirtschaft, 2004

Projektgruppe Schadstoffe der Fachkommission Bautechnik der Bauministerkonferenz – Konferenz der für Städtebau, Bau- und Wohnungswesen zuständigen Minister und Senatoren der Länder (ARGEBAU): Hinweise für die Bewertung und Maßnahmen zur Verminderung der PAK-Belastung durch Parkettböden mit Teerklebstoffen in Gebäuden (PAK-Hinweise). Fassung April 2000. In: DIBt-Mitteilungen (2000), Nr. 4, S. 114–123

Sagunski, H.; Heger, W.: Richtwerte für die Innenraumluft: Naphthalin. In: Bundesgesundheitsblatt – Gesundheitsforschung – Gesundheitsschutz 47 (2004), Nr. 7, S. 705–712

Thumulla, J.; Maraun, W.: AGÖF-Orientierungswerte für den Hausstaub. In: Umwelt, Gebäude & Gesundheit: Innenraumschadstoffe, Fogging und Gerüche. Springe-Eldagsen: Arbeitsgemeinschaft ökologischer Forschungsinstitute, 2007, S. 57–65

TRGS 524 Technische Regeln für Gefahrstoffe – Sanierung und Arbeiten in kontaminierten Bereichen (1998-03), Ausschuß für Gefahrstoffe (AGS)

TRGS 555 Technische Regeln für Gefahrstoffe – Betriebsanweisung und Information der Beschäftigten (2008-02), geändert und ergänzt: Gemeinsames Ministerialblatt, Nr. 28, 02.07.2009, S. 608, Ausschuss für Gefahrstoffe (AGS)

TRGS 900 Technische Regeln für Gefahrstoffe – Arbeitsplatzgrenzwerte (2006-01), zuletzt geändert und ergänzt: Gemeinsames Ministerialblatt, Nr. 28, 02.07.2009, S. 605, Ausschuss für Gefahrstoffe (AGS)

TRGS 905 Technische Regeln für Gefahrstoffe – Verzeichnis krebserzeugender, erbgutverändernder oder fortpflanzungsgefährdender Stoffe (2005-07), zuletzt geändert und ergänzt: Mai 2008, Ausschuss für Gefahrstoffe (AGS)

VDI 4300 Blatt 8:2001-06 Messen von Innenraumluftverunreinigungen – Probenahme von Hausstaub

VdS 2357 (05) Richtlinien zur Brandschadensanierung (2007-04), Gesamtverband der Deutschen Versicherungswirtschaft e. V. (GDV), Köln

Verzeichnis krebserzeugender, erbgutverändernder oder fortpflanzungsgefährdender Stoffe, Tätigkeiten und Verfahren nach

Anhang VI Teil 3 der Verordnung (EG) Nr. 1272/2008, TRGS 905 und TRGS 906, Stand: Januar 2009 [online]. Dortmund: Bundesanstalt für Arbeitsschutz und Arbeitsmedizin (BAuA). Internet: http://www.baua.de/nn_18534/de/Themen-von-A-Z/Gefahrstoffe/Einstufung-und-Kennzeichnung/pdf/CMR-Gesamtliste.pdf? [Zugriff: 04.08.2009]

Literatur

Umweltbundesamt: Chemikalienpolitik und Schadstoffe, REACH. GHS (Globally Harmonised System). Letzte Änderung: 15.07.2009 [online]. Internet: http://www.umweltbundesamt.de/chemikalien/ghs.htm [Zugriff: 05.08.2009]

Weis, N.; Köhler, M.; Zorn, C.: Bewertung von PAK-Belastungen in Innenräumen anhand von Toxizitätsäquivalenten. In: Umwelt, Gebäude & Gesundheit: Innenraumschadstoffe, Fogging und Gerüche. Springe-Eldagsen: Arbeitsgemeinschaft ökologischer Forschungsinstitute, 2007, S. 66–82

Zwiener, G.; Mötzl, H.: Ökologisches Baustoff-Lexikon. Bauprodukte, Chemikalien, Schadstoffe, Ökologie, Innenraum. 3., völlig neu bearb. u. erw. Aufl. Heidelberg: C. F. Müller, 2006

Kapitel 2.1.5: Formaldehyd

Martina Clemens-Ströwer

Normen

DIN EN 120:1992-08 Holzwerkstoffe; Bestimmung des Formaldehydgehaltes; Extraktionsverfahren genannt Perforatormethode

DIN EN 717-1:2005-01 Holzwerkstoffe – Bestimmung der Formaldehydabgabe – Teil 1: Formaldehydabgabe nach der Prüfkammer-Methode

DIN EN 717-2:1995-01 Holzwerkstoffe – Bestimmung der Formaldehydabgabe – Teil 2: Formaldehydabgabe nach der Gasanalyse-Methode

DIN EN 717-3:1996-05 Holzwerkstoffe – Bestimmung der Formaldehydabgabe – Teil 3: Formaldehydabgabe nach der Flaschen-Methode

DIN EN ISO 16000-3:2002-08 Innenraumluftverunreinigungen – Teil 3: Messen von Formaldehyd und anderen Carbonylverbindungen; Probenahme mit einer Pumpe

Rechtsvorschriften

Verordnung über Sicherheit und Gesundheitsschutz bei Tätigkeiten mit biologischen Arbeitsstoffen (Biostoffverordnung – BioStoffV) v. 27.01.1999, Bundesgesetzblatt I, Nr. 4, 29.01.1999, S. 50

Verordnung über Verbote und Beschränkungen des Inverkehrbringens gefährlicher Stoffe, Zubereitungen und Erzeugnisse nach dem Chemikaliengesetz (Chemikalien-Verbotsverordnung – ChemVerbotsV) v. 14.10.1993, Bundesgesetzblatt I, Nr. 54, 20.10.1993, S. 1720

Verordnung zum Schutz vor Gefahrstoffen (Gefahrstoffverordnung – GefStoffV) v. 23.12.2004, Bundesgesetzblatt I, Nr. 74, 29.12.2004, S. 3758

Richtlinien

AGÖF-Orientierungswerte für flüchtige organische Verbindungen in der Raumluft. Fassung 10.10.2008 [online]. Springe-Eldagsen: Arbeitsgemeinschaft ökologischer Forschungsinstitute, 2008. Internet: http://agoef.de/agoef/oewerte/photoarchiv/pdfs/AGOEF_Orientwerte [Zugriff: 18.03.2009]

Air Quality Guidelines for Europe. 2. Aufl. Kopenhagen: World Health Organization, Regional Office for Europe, 2000 (WHO Regional Publications, European Series 91)

Berufsverband Deutscher Baubiologen VDB e.V.: Chemische und mikrobiologische Untersuchungen. Fürth: Verlag des AnBUS e.V., 2004 (Richtlinien 2)

Empfehlung des Umweltbundesamtes: Krebserzeugende Wirkung von Formaldehyd – Änderung des Richtwertes für die Innenraumluft von 0,1 ppm nicht erforderlich. In: Bundesgesundheitsblatt – Gesundheitsforschung – Gesundheitsschutz 49 (2006), Nr. 11, S. 1169

ETB-Richtlinie zur Begrenzung der Formaldehydemission in die Raumluft bei Verwendung von Harnstoff-Formaldehydharz-Ortschaum (ETB-Ri UF-Ortschaum) (1985-04), Ausschuss für „Einheitliche Technische Baubestimmungen“

MAK- und BAT-Werte-Liste 2008: Maximale Arbeitsplatzkonzentrationen und Biologische Arbeitsstofftoleranzwerte. Hrsg.: Deutsche Forschungsgemeinschaft, Senatskommission zur Prüfung gesundheitsschädlicher Arbeitsstoffe. Weinheim: Wiley-VCH, 2007 (Mitteilung der Senatskommission zur Prüfung gesundheitsschädlicher Arbeitsstoffe 44)

Literatur

Bundesgesundheitsamt: Zur Gültigkeit des 0,1-ppm-Wertes für Formaldehyd. In: Bundesgesundheitsblatt 35 (1992), Nr. 9, S. 482–483

Fischer, J.; Englert, N.; Seifert, B.: Luftverunreinigungen und geruchliche Wahrnehmungen unter besonderer Berücksichtigung von Innenräumen. Berlin: Umweltbundesamt – Institut für Wasser-, Boden- und Lufthygiene, 1998 (WaBoLu-Hefte 1998,1)

Maraun, W.: Schadstoffe in Fertighäusern. In: Tagungsunterlagen der VDB-Tagung „Schadstoffe in Innenräumen" am 16. u. 17.11.07 in Soest. Jesteburg: Berufsverband Deutscher Baubiologen VDB e.V., 2007

Moriske, H.-J.; Turowski, E. (Hrsg.): Handbuch für Bioklima und Lufthygiene. Mensch, Wetter, Klima, Innenraum- und Außenlufthygiene. Grundlagen, Forschungsergebnisse, Trends. 18. Erg.-Lfg., 12/2006. Landsberg am Lech: ecomed, 2006

Zwiener, G.: Handbuch Gebäude-Schadstoffe für Architekten, Sachverständige und Behörden. Köln: Verlagsgesellschaft Rudolf Müller, 1997

Zwiener, G.; Mötzl, H.: Ökologisches Baustoff-Lexikon. Bauprodukte, Chemikalien, Schadstoffe, Ökologie, Innenraum. 3., völlig neu bearb. u. erw. Aufl. Heidelberg: C. F. Müller, 2006

Kapitel 2.1.6: Flüchtige organische Verbindungen (VOC)

Martina Clemens-Ströwer

Normen

DIN 68763:1990-09 Spanplatten – Flachpressplatten für das Bauwesen – Begriffe, Anforderungen, Prüfung, Überwachung

DIN EN ISO 16000-1:2006-06 Innenraumluftverunreinigungen – Teil 1: Allgemeine Aspekte der Probenahmestrategie

DIN EN ISO 16000-5:2007-05 Innenraumluftverunreinigungen – Teil 5: Probenahmestrategie für flüchtige organische Verbindungen (VOC)

Rechtsvorschrift

Zweite Verordnung zur Durchführung des Bundes-Immissionsschutzgesetzes (Verordnung zur Emissionsbegrenzung von leichtflüchtigen halogenierten organischen Verbindungen – 2. BImSchV) v. 10.12.1990, Bundesgesetzblatt I, Nr. 68, 18.12.1990, S. 2694

Richtlinien

Ad-hoc-Arbeitsgruppe aus Mitgliedern der Innenraumlufthygiene-Kommission (IRK) des Umweltbundesamtes und des Ausschusses für Umwelthygiene der AGLMB [Arbeitsgemeinschaft der Leitenden Medizinalbeamtinnen und -beamten der Länder]: Richtwerte für die Innenraumluft: Basisschema. In: Bundesgesundheitsblatt 39 (1996), Nr. 11, S. 422–426

AGÖF-Orientierungswerte für flüchtige organische Verbindungen in der Raumluft. Fassung 10.10.2008 [online]. Springe-Eldagsen: Arbeitsgemeinschaft ökologischer Forschungsinstitute, 2008. Internet: http://agoef.de/agoef/oewerte/photoarchiv/pdfs/AGOEF_Orientwerte [Zugriff: 18.03.2009]

Bekanntmachung des Umweltbundesamtes. Beurteilung von Innenraumluftkonzentrationen mittels Referenz- und Richtwerten. Handreichung der Ad-hoc-Arbeitsgruppe der Innenraumlufthygiene-Kommission des Umweltbundesamtes und der Obersten Landesgesundheitsbehörden [Ad-hoc-AG IRK/AOLG]. In: Bundesgesundheitsblatt – Gesundheitsforschung – Gesundheitsschutz 50 (2007), Nr. 7, S. 990–1005

Berufsverband Deutscher Baubiologen VDB e.V.: Chemische und mikrobiologische Untersuchungen. Fürth: Verlag des AnBUS e.V., 2004 (Richtlinien 2)

Liste der krebserzeugenden, erbgutverändernden oder fortpflanzungsgefährdenden Stoffe, Stand: 16. Januar 2009 [online]. Sankt Augustin: BGIA – Institut für Arbeitsschutz der Deutschen Gesetzlichen Unfallversicherung, 2009. Internet: http://www.dguv.de/bgia/de/fac/kmr/kmr.pdf [Zugriff: 14.04.2009]

MAK- und BAT-Werte-Liste 2008: Maximale Arbeitsplatzkonzentrationen und Biologische Arbeitsstofftoleranzwerte. Hrsg.: Deutsche Forschungsgemeinschaft, Senatskommission zur Prüfung gesundheitsschädlicher Arbeitsstoffe. Weinheim: Wiley-VCH, 2007 (Mitteilung der Senatskommission zur Prüfung gesundheitsschädlicher Arbeitsstoffe 44)

Richtwerte für die Innenraumluft. Letzte Änderung: 16.12.2008 [online]. Dessau-Roßlau: Umweltbundesamt, 2008. Internet: http://www.umweltbundesamt.de/gesundheit/innenraumhygiene/richtwerte-irluft.htm [Zugriff: 14.04.2009]

Richtwerte für die Innenraumluft in Mecklenburg-Vorpommern. Stand: September 2005 [online]. Schwerin: Sozialministerium Mecklenburg-Vorpommern, 2005. Internet: http://www.lagus.mv-regierung.de/land-mv/LAGuS_prod/LAGuS/Gesundheit/Umwelthygiene__Umweltmedizin/Services__Formulare/Lufthygiene/509RW_MV.pdf [Zugriff: 15.04.2009]

VDI 4300 Blatt 1:1995-12 Messen von Innenraumluftverunreinigungen – Allgemeine Aspekte der Meßstrategie

Literatur

Hott, U.; Schleibinger, H.; Marchl, D.; Braun, P.; Plieninger, P.: Konzentrationen flüchtiger organischer Verbindungen (VOC) in der Innenraumluft im Zeitraum 1988 bis 1999. In: Arbeitsgemeinschaft ökologischer Forschungsinstitute (Hrsg.): Umwelt, Gebäude & Gesundheit: Von Energieeffizienz zur Raumlufthygiene. Springe-Eldagsen: Arbeitsgemeinschaft ökologischer Forschungsinstitute, 2001, S. 204–215

Jann, O.; Wilke, O.; Brödner, D.; Plehn, W.: Emissionsarme Möbel: Emissionsverhalten, Prüfanforderungen, Umweltzeichen. In: Ökologisches Bauen: Energiesparend, emissionsarm und zukunftsfähig?! Springe-Eldagsen: Arbeitsgemeinschaft ökologischer Forschungsinstitute, 1999, S. 172–184

Moriske, H.-J.: Richt- und Grenzwerte – Schadstoffüberblick. In: Moriske, H.-J.; Turowski, E. (Hrsg.): Handbuch für Bioklima und Lufthygiene. Mensch, Wetter, Klima, Innenraum- und Außenlufthygiene. Grundlagen, Forschungsergebnisse, Trends. 10. Erg.-Lfg., 12/2003. Landsberg am Lech: ecomed, 2003, S. 1–8

Öko-Zentrum NRW GmbH: baubiologie24 – Fernlehrgang „Baubiologie und Aspekte von Innenraumbelastungen“. Lerneinheit 4: Innenraumbelastungen. Hamm: Öko-Zentrum NRW GmbH, 2006

Organische Luftschadstoffe in Innenräumen – Probenahme, Messung und Bewertung. Augsburg: Bayerisches Landesamt für Umwelt, 2003

Salthammer, T.: Vorkommen und Bewertung von flüchtigen Verbindungen in Innenräumen – Internationaler Stand der Forschung. In: Keller, R. (Hrsg.): Erfassung biogener und chemischer Schadstoffe des Innenraumes und die Bewertung umweltbezogener Gesundheitsrisiken. VIII. Lübecker Fachtagung für Umwelthygiene. Lübeck: Schmidt-Römhild, 2004 (Schriftenreihe des Instituts für medizinische Mikrobiologie und Hygiene der Universität zu Lübeck 8), S. 233–254

Scholz, H.: Vorkommen ausgewählter VOC in Innenräumen und deren Bewertung. In: Gebäudestandard 2000: Energie & Raumluftqualität. Springe-Eldagsen: Arbeitsgemeinschaft ökologischer Forschungsinstitute, 1998, S. 205–215

Seifert, B.: Richtwerte für die Innenraumluft. Die Beurteilung der Innenraumluftqualität mit Hilfe der Summe der flüchtigen organischen Verbindungen (TVOC-Wert). In: Bundesgesundheitsblatt – Gesundheitsforschung – Gesundheitsschutz 42 (1999), Nr. 3, S. 270–278

Zwiener, G.; Mötzl, H.: Ökologisches Baustoff-Lexikon. Bauprodukte, Chemikalien, Schadstoffe, Ökologie, Innenraum. 3., völlig neu bearb. u. erw. Aufl. Heidelberg: C. F. Müller, 2006

Kapitel 2.2: Anorganische Schadstoffe *Andreas Stache*

Rechtsvorschriften

Bundes-Bodenschutz- und Altlastenverordnung (BBodSchV) v. 12.07.1999, Bundesgesetzblatt I, Nr. 36, 16.07.1999, S. 1554

Verordnung über Anwendungsverbote für Pflanzenschutzmittel (Pflanzenschutz-Anwendungsverordnung – PflSchAnwV) v. 10.11.1992, Bundesgesetzblatt I, Nr. 53, 21.11.1992, S. 1887

Verordnung über die Qualität von Wasser für den menschlichen Gebrauch (Trinkwasserverordnung – TrinkwV 2001) v. 21.05.2001, Bundesgesetzblatt I, Nr. 24, 28.05.2001, S. 959

Verordnung zum Schutz vor Gefahrstoffen (Gefahrstoffverordnung – GefStoffV) v. 23.12.2004, Bundesgesetzblatt I, Nr. 74, 29.12.2004, S. 3758

Richtlinien

Ad-hoc-Arbeitsgruppe aus Mitgliedern der Innenraumlufthygiene-Kommission (IRK) des Umweltbundesamtes und des Ausschusses für Umwelthygiene der AGLMB [Arbeitsgemeinschaft der Leitenden Medizinalbeamtinnen und -beamten der Länder]: Richtwerte für die Innenraumluft: Basisschema. In: Bundesgesundheitsblatt 39 (1996), Nr. 11, S. 422–426

BGR 128 Berufsgenossenschaftliche Regel für Sicherheit und Gesundheit bei der Arbeit – Kontaminierte Bereiche (1997-04), aktual. Fassung Februar 2006, Hauptverband der gewerblichen Berufsgenossenschaften, Fachausschuss „Tiefbau“ der BGZ

Link, B.: Richtwerte für die Innenraumluft: Quecksilber. In: Bundesgesundheitsblatt – Gesundheitsforschung – Gesundheitsschutz 42 (1999), Nr. 2, S. 168–174

TRGS 900 Technische Regeln für Gefahrstoffe – Arbeitsplatzgrenzwerte (2006-01), zuletzt geändert und ergänzt: Gemeinsames Ministerialblatt, Nr. 28, 02.07.2009, S. 605, Ausschuss für Gefahrstoffe (AGS)

TRGS 905 Technische Regeln für Gefahrstoffe – Verzeichnis krebserzeugender, erbgutverändernder oder fortpflanzungsgefährdender Stoffe (2005-07), zuletzt geändert und ergänzt: Mai 2008, Ausschuss für Gefahrstoffe (AGS)

Literatur

Der Rat der Sachverständigen für Umweltfragen: Umweltgutachten 2004 – Umweltpolitische Handlungsfähigkeit sichern. Baden-Baden: Nomos, 2004

Hillenbrand, T.; Marscheider-Weidemann, F.; Strauch, M.; Heitmann, K.: Umweltdaten 2006: Prioritäre Stoffe der Wasserrahmenrichtlinie. Datenblatt Nr. 20: Blei. September 2006 [online]. Internet: http://www.umweltdaten.de/wasser/themen/stoffhaushalt/blei.pdf [Zugriff: 06.08.2009]

Schwermetalle im Hausstaub [online]. Wuppertal: INDIKATOR

Gesellschaft für Umweltanalytik GmbH. Internet: http://www.indikator-labor.de [Zugriff: 06.08.2009]

Umwelt-Survey. Bd. IIIa: Wohn-Innenraum: Spurenelementgehalte im Hausstaub. Berlin: Institut für Wasser-, Boden- und Lufthygiene des Bundesgesundheitsamtes, 1991 (WaBoLu-Hefte 1991,2)

Umwelt-Survey 1990/92 [online]. Dessau-Roßlau: Umweltbundesamt. Letzte Änderung: 27.08.2002. Internet: http://www.umweltbundesamt.de/gesundheit/survey/us9092/staub.htm [Zugriff: 06.08.2009]

Vinyl 2010 – Nachhaltigkeitsinitiative der europäischen PVC-Industrie. In: Lexikon der Nachhaltigkeit [online]. Aachen: Aachener Stiftung Kathy Beys. Internet: http://www.nachhaltigkeit.info/artikel/vinyl_2010_614.htm [Zugriff: 06.08.2009]

Kapitel 2.3: Mineralfasern

Einleitung *Alexander Berg*

Richtlinie

Richtlinie für die Bewertung und Sanierung schwach gebundener Asbestprodukte in Gebäuden (Asbest-Richtlinie) (1996-01)

Literatur

Duesberg, P.: Chromosomal Chaos and Cancer. In: Scientific American 296 (2007), Nr. 5, S. 53–59 (deutsche Fassung: Duesberg, P.: Das Chaos in den Chromosomen. In: Spektrum der Wissenschaft [2007], Nr. 10, S. 55–64)

Pott, F.: Tierexperimentelle Ergebnisse zur Bedeutung von Größe und chemischer Zusammensetzung von Fasern für ihre kanzerogene Potenz. In: Fischer, Manfred; Meyer, Eckart (Hrsg.): Zur Beurteilung der Krebsgefahr durch Asbest. München: MMV-Medizin-Verlag, 1984, S. 82–89 (BGA-Schriften 2/84)

Scholz, W.: Baustoffkenntnis – der Schlüssel zur Wirtschaftlichkeit und Schadensverhütung. 5., erw. Aufl. Düsseldorf: Werner, 1962

Kapitel 2.3.1: Asbest *Alexander Berg*

Normen

DIN 1960:2006-05 VOB Vergabe- und Vertragsordnung für Bauleistungen – Teil A: Allgemeine Bestimmungen für die Vergabe von Bauleistungen

DIN 1961:2006-10 VOB Vergabe- und Vertragsordnung für Bauleistungen – Teil B: Allgemeine Vertragsbedingungen für die Ausführung von Bauleistungen

DIN 4102-5:1977-09 Brandverhalten von Baustoffen und Bauteilen; Feuerschutzabschlüsse, Abschlüsse in Fahrschachtwänden und gegen Feuer widerstandsfähige Verglasungen; Begriffe, Anforderungen und Prüfungen

DIN 18090:1969-02 Aufzüge; Flügel und Falttüren für Fahrschächte mit feuerbeständigen Wänden

DIN 18299:2006-10 VOB Vergabe- und Vertragsordnung für Bauleistungen – Teil C: Allgemeine Technische Vertragsbedingungen für Bauleistungen (ATV) – Allgemeine Regelungen für Bauarbeiten jeder Art

DIN EN 60335-2-65:2009-02 Sicherheit elektrischer Geräte für den Hausgebrauch und ähnliche Zwecke – Teil 2-65: Besondere Anforderungen für Luftreinigungsgeräte

Rechtsvorschriften

Verordnung über Sicherheit und Gesundheitsschutz bei Tätigkeiten mit biologischen Arbeitsstoffen (Biostoffverordnung – BioStoffV) v. 27.01.1999, Bundesgesetzblatt I, Nr. 4, 29.01.1999, S. 50

Verordnung über Verbote und Beschränkungen des Inverkehrbringens gefährlicher Stoffe, Zubereitungen und Erzeugnisse nach dem Chemikaliengesetz (Chemikalien-Verbotsverordnung – ChemVerbotsV) v. 13.06.2003, Bundesgesetzblatt I, Nr. 26, 25.06.2003, S. 867

Verordnung zum Schutz vor gefährlichen Stoffen (Gefahrstoffverordnung – GefStoffV) v. 26.10.1993, Bundesgesetzblatt I, Nr. 57, 30.10.1993, S. 1783

Verordnung zum Schutz vor Gefahrstoffen (Gefahrstoffverordnung – GefStoffV) v. 23.12.2004, Bundesgesetzblatt I, Nr. 74, 29.12.2004, S. 3758

Richtlinien

BIA-Handbuch: Sicherheit und Gesundheitsschutz am Arbeitsplatz; ergänzbare Sammlung der sicherheitstechnischen Informations- und Arbeitsblätter für die betriebliche Praxis. Hrsg.: Berufsgenossenschaftliches Institut für Arbeitssicherheit. Bielefeld: Schmidt (Losebl.-Ausg.)

BGI 664 Verfahren mit geringer Exposition gegenüber Asbest bei Abbruch-, Sanierungs- und Instandhaltungsarbeiten (bisher ZH 1/511), Hauptverband der gewerblichen Berufsgenossenschaften, Berufsgenossenschaftliches Institut für Arbeitssicherheit des HVBG (BIA) (2000-07)

Merkblatt ASI-Arbeiten beim Umgang mit Asbest: Anforderungen an Materialschleusen. In: Tätigkeit mit Asbest bei ASI-Arbeiten. Erläuterungen zur TRGS 519 mit ergänzenden Anforderungen des Amtes für Arbeitsschutz Hamburg. Hamburg: Freie und Hansestadt Hamburg, Behörde für Soziales, Familie, Gesundheit und Verbraucherschutz – Amt für Arbeitsschutz, 2007, S. 25–26

Merkblatt über den Stand der Technik bei Staubsauge-, Filter- und Unterdruckhalteanlagen (SFU-Anlagen) für den immissionsschutzrechtlichen und bauordnungsrechtlichen Umgang mit faserförmigen bzw. partikelförmigen Luftschadstoffen, insbesondere Asbestfasern. Hamburg: Freie und Hansestadt Hamburg, Baubehörde – Amt für Bauordnung und Hochbau, Januar 2001

Richtlinie für die Bewertung und Sanierung schwachgebundener Asbestprodukte in Gebäuden (Asbest-Richtlinien) (1989-05)

Richtlinie für die Bewertung und Sanierung schwach gebundener Asbestprodukte in Gebäuden (Asbest-Richtlinie) (1996-01)

Richtlinie zur Untersuchung baulicher Anlagen auf das Vorhandensein von Asbest. Hamburg: Freie und Hansestadt Hamburg, Baubehörde – Amt für Bauordnung und Hochbau, August 1996 (Anlage zum Schreiben des Amtes für Bauordnung und Hochbau der Freien und Hansestadt Hamburg an die nach § 4 der Asbest-SachverständigenV behördlich anerkannten Sachverständigen v. 18.12.1996, Geschäftszeichen: BOA 41/637.203-00)

Spritzasbest und ähnliche Asbestprodukte in Innenräumen – erkennen, bewerten, sanieren. Berlin: Institut für Bautechnik, 1986

TRGS 505 Blei (2007-02), Ausschuss für Gefahrstoffe (AGS)

TRGS 517 Asbest (1988-09), Ausschuß für Gefahrstoffe (AGS)

TRGS 517 Tätigkeiten mit potenziell asbesthaltigen mineralischen Rohstoffen und daraus hergestellten Zubereitungen und Erzeugnissen (2007-01), zuletzt geändert und ergänzt: Gemeinsames Ministerialblatt, Nr. 28, 02.07.2009, S. 606–608, Ausschuss für Gefahrstoffe (AGS)

TRGS 519 Asbest: Abbruch-, Sanierungs- oder Instandhaltungsarbeiten (1990-09), Ausschuß für Gefahrstoffe (AGS)

TRGS 519 Asbest: Abbruch-, Sanierungs- oder Instandhaltungsarbeiten (1991-09), Ausschuß für Gefahrstoffe (AGS)

TRGS 519 Asbest: Abbruch-, Sanierungs- oder Instandhaltungsarbeiten (1995-03), Ausschuß für Gefahrstoffe (AGS)

TRGS 519 Asbest: Abbruch-, Sanierungs- oder Instandhaltungsarbeiten (2001-09), Ausschuss für Gefahrstoffe (AGS)

TRGS 519 Asbest: Abbruch-, Sanierungs- oder Instandhaltungsarbeiten (2007-03), Ausschuss für Gefahrstoffe (AGS)

TRGS 521 Abbruch-, Sanierungs- und Instandhaltungsarbeiten mit alter Mineralwolle (2008-02), Ausschuss für Gefahrstoffe (AGS)

TRGS 551 Teer und andere Pyrolyseprodukte aus organischem Material (1999-07), Ausschuss für Gefahrstoffe (AGS)

VBG 119 Unfallverhütungsvorschrift: Gesundheitsgefährlicher mineralischer Staub (01.10.1979)

VDI 3492:2004-10 Messen von Innenraumluftverunreinigungen – Messen von Immissionen – Messen anorganischer faserförmiger Partikeln – Rasterelektronenmikroskopisches Verfahren

VDI 3866 Blatt 4:2002-02 Bestimmung von Asbest in technischen Produkten – Phasenkontrastmikroskopisches Verfahren

VDI 3866 Blatt 5:2004-10 Bestimmung von Asbest in technischen Produkten – Rasterelektronenmikroskopisches Verfahren

E VDI 3877 Blatt 1:2009-09 Messen von Innenraumverunreinigungen – Messen von auf Oberflächen abgelagerten Faserstäuben – Rasterelektronenmikroskopisches Verfahren

Literatur

Fischer, Manfred; Meyer, Eckart (Hrsg.): Zur Beurteilung der Krebsgefahr durch Asbest. München: MMV-Medizin-Verlag, 1984 (BGA-Schriften 2/84)

Pott, F.; Friedrichs, K. H.: Tumoren der Ratte nach i.p.-Injektion faserförmiger Stäube. In: Naturwissenschaften 59 (1972), S. 318

Stanton, M. F.; Wrench, C.: Mechanisms of mesothelioma induction with asbestos and fibrous glass. In: Journal of the National Cancer Institute 48 (1972), S. 797–821

Stegemann, Rudolf: Das große Baustoff-Lexikon. Handwörterbuch der gesamten Baustoffkunde. Stuttgart: Deutsche Verlags-Anstalt, 1941

Kapitel 2.3.2: Künstliche Mineralfasern (KMF) *Martin Kessel*

Rechtsvorschriften

Entscheidung der Kommission 2000/532/EG vom 3. Mai 2000 zur Ersetzung der Entscheidung 94/3/EG über ein Abfallverzeichnis gemäß Artikel 1 Buchstabe a) der Richtlinie 75/442/EWG des Rates über Abfälle und der Entscheidung 94/904/EG des Rates über ein Verzeichnis gefährlicher Abfälle im Sinne von Artikel 1 Absatz 4 der Richtlinie 91/689/EWG über gefährliche Abfälle, Amtsblatt der Europäischen Gemeinschaften, Nr. L 226, 06.09.2000, S. 3

Gesetz zur Förderung der Kreislaufwirtschaft und Sicherung der umweltverträglichen Beseitigung von Abfällen (Kreislaufwirtschafts- und Abfallgesetz – KrW-/AbfG) v. 27.09.1994, Bundesgesetzblatt I, Nr. 66, 06.10.1994, S. 2705

Richtlinie 67/548/EWG des Rates vom 27. Juni 1967 zur Angleichung der Rechts- und Verwaltungsvorschriften für die Einstufung, Verpackung und Kennzeichnung gefährlicher Stoffe, Amtsblatt der Europäischen Gemeinschaften, Nr. L 196, 16.08.1967, S. 1

Verordnung über das europäische Abfallverzeichnis (Abfallverzeichnis-Verordnung – AVV) v. 10.12.2001, Bundesgesetzblatt I, Nr. 65, 12.12.2001, S. 3379

Verordnung über die Nachweisführung bei der Entsorgung von Abfällen (Nachweisverordnung – NachwV) v. 10.09.1996, Bundesgesetzblatt I, Nr. 47, 20.09.1996, S. 1382

Verordnung über Verbote und Beschränkungen des Inverkehrbringens gefährlicher Stoffe, Zubereitungen und Erzeugnisse nach dem Chemikaliengesetz (Chemikalien-Verbotsverordnung – ChemVerbotsV) v. 14.10.1993, Bundesgesetzblatt I, Nr. 54, 20.10.1993, S. 1720

Verordnung zum Schutz vor Gefahrstoffen (Gefahrstoffverordnung – GefStoffV) v. 23.12.2004, Bundesgesetzblatt I, Nr. 74, 29.12.2004, S. 3758

Richtlinien

Richtlinie für die Bewertung und Sanierung schwach gebundener Asbestprodukte in Gebäuden (Asbest-Richtlinie) (1996-01)

TRGS 500 Technische Regeln für Gefahrstoffe – Schutzmaßnahmen (2008-01), ergänzt: Mai 2008, Ausschuss für Gefahrstoffe (AGS)

TRGS 521 Technische Regeln für Gefahrstoffe – Abbruch-, Sanierungs- und Instandhaltungsarbeiten mit alter Mineralwolle (2008-02), Ausschuss für Gefahrstoffe (AGS)

TRGS 905 Technische Regeln für Gefahrstoffe – Verzeichnis krebserzeugender, erbgutverändernder oder fortpflanzungsgefährdender Stoffe (2005-07), zuletzt geändert und ergänzt: Mai 2008, Ausschuss für Gefahrstoffe (AGS)

Verzeichnis krebserzeugender, erbgutverändernder oder fortpflanzungsgefährdender Stoffe, Tätigkeiten und Verfahren nach Anhang VI Teil 3 der Verordnung (EG) Nr. 1272/2008, TRGS 905 und TRGS 906, Stand: Januar 2009 [online]. Dortmund: Bundesanstalt für Arbeitsschutz und Arbeitsmedizin (BAuA). Internet: http://www.baua.de/nn_18534/de/Themen-von-A-Z/Gefahrstoffe/Einstufung-und-Kennzeichnung/pdf/CMR-Gesamtliste.pdf? [Zugriff: 04.08.2009]

Vollzugshilfe zum neuen Europäischen Abfallverzeichnis. Berlin: Umweltbundesamt, Anlaufstelle Basler Übereinkommen, 2001 (Informationsmaterialien 1/2001)

Literatur

Zwiener, Gerd: Handbuch Gebäude-Schadstoffe für Architekten, Sachverständige und Behörden. Köln: Verlagsgesellschaft Rudolf Müller, 1997

Kapitel 2.4.1: Schimmelpilze

Guido Fischer

Norm

DIN 4108-2:2003-07 Wärmeschutz und Energie-Einsparung in Gebäuden – Teil 2: Mindestanforderungen an den Wärmeschutz

Rechtsvorschriften

Verordnung (EG) Nr. 466/2001 der Kommission vom 8. März 2001 zur Festsetzung der Höchstgehalte für bestimmte Kontaminanten in Lebensmitteln, Amtsblatt der Europäischen Gemeinschaften, Nr. L 77, 16.03.2001, S. 1

Verordnung (EG) Nr. 472/2002 der Kommission vom 12. März 2002 zur Änderung der Verordnung (EG) Nr. 466/2001 zur Festsetzung der Höchstgehalte für bestimmte Kontaminanten in Lebensmitteln, Amtsblatt der Europäischen Gemeinschaften, Nr. L 75, 16.03.2002, S. 18

Verordnung über energiesparenden Wärmeschutz und energiesparende Anlagentechnik bei Gebäuden (Energieeinsparverordnung – EnEV) v. 24.07.2007, Bundesgesetzblatt I, Nr. 34, 26.07.2007, S. 1519

Verordnung über Höchstmengen an Mykotoxinen in Lebensmitteln (Mykotoxin-Höchstmengenverordnung – MHmV) v. 02.06.1999, Bundesgesetzblatt I, Nr. 29, 11.06.1999, S. 1248

Richtlinien und Leitfäden

BGI 858 Handlungsanleitung: Gesundheitsgefährdungen durch biologische Arbeitsstoffe bei der Gebäudesanierung (2006-10), Berufsgenossenschaft der Bauwirtschaft, Berlin

Handlungsempfehlung für die Sanierung von mit Schimmelpilzen befallenen Innenräumen. 2., überarb. Aufl., Juni 2006. Stuttgart: Regierungspräsidium Stuttgart, Landesgesundheitsamt Baden-Württemberg, 2006

Leitfaden zur Ursachensuche und Sanierung bei Schimmelpilzwachstum in Innenräumen („Schimmelpilz-Sanierungsleitfaden"). Dessau: Umweltbundesamt, 2005

Leitfaden zur Vorbeugung, Untersuchung, Bewertung und Sanierung von Schimmelpilzwachstum in Innenräumen („Schimmelpilz-Leitfaden"). Berlin: Umweltbundesamt, 2002

Schimmelpilze in Innenräumen – Nachweis, Bewertung, Qualitätsmanagement. Abgestimmtes Arbeitsergebnis des Arbeitskreises „Qualitätssicherung –

Schimmelpilze in Innenräumen“ am Landesgesundheitsamt Baden-Württemberg. 14.12.2001 (überarbeitet Dezember 2004). Stuttgart: Landesgesundheitsamt Baden-Württemberg, 2004

TRBA 460 Technische Regeln für Biologische Arbeitsstoffe – Einstufung von Pilzen in Risikogruppen (2002-10), Ausschuss für biologische Arbeitsstoffe (ABAS)

VDI 4252 Blatt 2:2004-06 Erfassen luftgetragener Mikroorganismen und Viren in der Außenluft – Aktive Probenahme von Bioaerosolen – Abscheidung von luftgetragenen Schimmelpilzen auf Gelatine/Polycarbonat-Filtern

VDI 4253 Blatt 2:2004-06 Erfassen luftgetragener Mikroorganismen und Viren in der Außenluft – Verfahren zum kulturellen Nachweis der Schimmelpilz-Konzentrationen in der Luft – Indirektes Verfahren nach Probenahme auf Gelatine/Polycarbonat-Filtern

VDI 4300 Blatt 10:2008-07 Messen von Innenraumluftverunreinigungen – Messstrategien zum Nachweis von Schimmelpilzen im Innenraum

WTA-Merkblatt 4-4-04/D Mauerwerksinjektion gegen kapillare Feuchtigkeit (2004), Wissenschaftlich-Technische Arbeitsgemeinschaft für Bauwerkserhaltung und Denkmalpflege e. V., München

WTA-Merkblatt 4-6-05/D Nachträgliches Abdichten erdberührter Bauteile (2005), Wissenschaftlich-Technische Arbeitsgemeinschaft für Bauwerkserhaltung und Denkmalpflege e. V., München

WTA-Merkblatt 4-7-02/D Nachträgliche mechanische Horizontalsperre (2002), Wissenschaftlich-Technische Arbeitsgemeinschaft für Bauwerkserhaltung und Denkmalpflege e. V., München

Literatur

Fischer, G.; Forst, A.; Simon, A.; Floehr, T.: Background levels of filamentous fungi in the environment with special reference to opportunistic and allergenic species. In: Umweltmedizin in Forschung und Praxis 13 (2008), Nr. 5, S. 330 [Abstract des Beitrags auf der 2. Jahrestagung der Gesellschaft für Hygiene, Umweltmedizin und Präventivmedizin (GHUP), Graz, 01.–04.10.2008]

Fischer, G.; Möller, M.; Gabrio, T.; Palmgren, U.; Keller, R.; Richter, H.; Dott, W.; Paul, R.: Vergleich der Messverfahren zur Bestimmung von MVOC in Innenräumen. In: Bundesgesundheitsblatt – Gesundheitsforschung – Gesundheitsschutz 48 (2005), Nr. 1, S. 43–53

Fischer, G.; Müller, T.; Ostrowski, R.; Dott, W.: Mycotoxins of *Aspergillus fumigatus* in pure culture and in native bioaerosols from compost facilities. In: Chemosphere 38 (1999), Nr. 8, S. 1745–1755

Fischer, G.; Müller, T.; Schwalbe, R.; Ostrowski, R.; Dott, W.: Species-specific profiles of mycotoxins produced in cultures and associated with conidia of airborne fungi derived from biowaste. In: International Journal of Hygiene and Environmental Health 203 (2000), Nr. 2, S. 105–116

Fischer, G.; Thißen, R.; Hinz, R.-K.; Hollbach, N.; Schmitz, C.; Dott, W.: Luftgetragene Schimmelpilze in der Umwelt des Menschen – gesundheitliche Relevanz und Möglichkeiten der Risikobewertung. In: Gefahrstoffe – Reinhaltung der Luft 65 (2005), Nr. 9, S. 335–340

Hornberg, C.; Kopf, M.: Bioaerosole in der Innenraumluft: Risikokommunikation im Kontext von Handlungsleitlinien zur Bewertung und Vermeidung von Innenraumluftbelastungen. In: Umweltmedizin in Forschung und Praxis 13 (2008), Nr. 5, S. 330–331 [Abstract des Beitrags auf der 2. Jahrestagung der Gesellschaft für Hygiene, Umweltmedizin und Präventivmedizin (GHUP), Graz, 01.–04.10.2008]

Pitten, F. A.; Fischer, G.; Gabrio, T.; Laußmann, D.; Szewzyk, R.; Wiesmüller, G. A.: Schimmelpilzbelastung in Innenräumen – Befunderhebung, gesundheitliche Bewertung und Maßnahmen. In: Bundesgesundheitsblatt – Gesundheitsforschung – Gesundheitsschutz 50 (2007), Nr. 10, S. 1308–1323

Sorenson, W. G.; Frazer, D. G.; Jarvis, B. B.; Simpson, J.; Robinson, V. A.: Trichothecene mycotoxins in aerosolized conidia of *Stachybotrys atra*. In: Applied and Environmental Microbiology 53 (1987), Nr. 6, S. 1370–1375

Trautmann, C.: Aussagekraft von Schimmelpilzuntersuchungen. In: Schimmel sicher erkennen, bewerten und sanieren. 9. Pilztagung des VBD, 9. bis 10. Juni 2005 in Hamburg. Fürth: Verlag des AnBUS e. V., 2005, S. 17–32

Trautmann, C.; Gabrio, T.; Dill, I.; Weidner, U.: Hintergrundkonzentrationen von Schimmelpilzen in Hausstaub. In: Bundesgesundheitsblatt – Gesundheitsforschung – Gesundheitsschutz 48 (2005), Nr. 1, S. 29–35

Kapitel 2.4.2: Mikrobielle flüchtige organische Verbindungen (MVOC)
Guido Fischer

Leitfäden

Leitfaden zur Vorbeugung, Untersuchung, Bewertung und Sanierung von Schimmelpilzwachstum in Innenräumen („Schimmelpilz-Leitfaden“). Berlin: Umweltbundesamt, 2002

Schimmelpilze in Innenräumen – Nachweis, Bewertung, Qualitätsmanagement. Abgestimmtes Arbeitsergebnis des Arbeitskreises „Qualitätssicherung – Schimmelpilze in Innenräumen" am Landesgesundheitsamt Baden-Württemberg. 14.12.2001 (überarbeitet Dezember 2004). Stuttgart: Landesgesundheitsamt Baden-Württemberg, 2004

Literatur

Fischer, G.: Comparison of microbiological and chemical methods for assessing the exposure to air-borne fungi in composting plants. Aachen: Shaker, 2000 (Akademische Edition Umweltforschung 10)

Fischer, G.; Möller, M.; Gabrio, T.; Palmgren, U.; Keller, R.; Richter, H.; Dott, W.; Paul, R.: Vergleich der Messverfahren zur Bestimmung von MVOC in Innenräumen. In: Bundesgesundheitsblatt – Gesundheitsforschung – Gesundheitsschutz 48 (2005), Nr. 1, S. 43–53

Fischer, G.; Schwalbe, R.; Möller, M.; Ostrowski, R.; Dott, W.: Species-specific production of microbial volatile organic compounds (MVOC) by airborne fungi from a compost facility. In: Chemosphere 39 (1999), Nr. 5, S. 795–810

Hempel-Jorgensen, A.; Kjaergaard, S. K.; Mølhave, L.; Hudnell, K. H.: Sensory eye irritation in humans exposed to mixtures of volatile organic compounds. In: Archives of Environmental Health 54 (1999), Nr. 6, S. 416–424

Herr, C.; Schenke, S.; Harpel, S.; Fischer, G.; Rethage, T.; Ulu, F.; Bergmann, A.; Stilianakis, N.; Lindemann, H.; Eikmann, T.: Exposure assessment of microbial volatile organic compounds (MVOC) and organic contaminants in normal bedrooms of children with airway disease. In: Epidemiology 15 (2004), Nr. 4, S. 68

Keller, R.: Microbial volatile organic compounds (MVOCs) in Innenräumen: Entwicklung einer Methode zur Detektion von MVOCs aus Schimmelpilzen. Düsseldorf: VDI-Verlag, 2002 (Fortschritt-Berichte VDI, Reihe 17, Biotechnik/Medizintechnik 219)

Keller, R.; Reinhardt-Benitez, S.; Böge, K.-P.; Döringer, K.; Eilers, J.; Laußmann, D.; Mergner, H.-J.; Ohgke, H.; Schleibinger, H.; Schmidt, A.; Senkpiel, K.; Solbach, W.; Walker, G.; Weiß, R.; Butte, W.: Hintergrundwerte von flüchtigen Schimmelpilzmetaboliten in unbelasteten Gebäuden. In: Keller, R.; Senkpiel, K.; Samson, R. A.; Hoekstra, E. S. (Hrsg.): Schutzmaßnahmen vor mikrobiellen Belastungen des Innenraumes. Lübeck: Schmidt-Römhild, 2003, S. 127–139 (Schriftenreihe des Instituts für Medizinische Mikrobiologie und Hygiene der Universität zu Lübeck 7)

Keller, R.; Senkpiel, K.; Ohgke, H.: Geruch als Indikator für Schimmelpilzbelastungen in natürlich belüfteten Innenräumen – Nachweis mit analytischer MVOC-Messung. In: Keller, R. (Hrsg.): Gesundheitliche Gefahren durch biogene Luftschadstoffe. Lübeck: Schmidt-Römhild, 1998, S. 161–170 (Schriftenreihe des Instituts für Medizinische Mikrobiologie und Hygiene der Medizinischen Universität zu Lübeck 2)

Korpi, A.; Kasanen, J.-P.; Alaire, Y.; Kosma, V.-M.; Pasanen, A.-L.: Sensory irritating potency of some microbial volatile organic compounds (MVOCs) and a mixture of five MVOCs. In: Archives of Environmental Health 54 (1999), Nr. 5, S. 347–352

Larsen, T. O.; Frisvad, J. C.: Chemosystematics of *Penicillium* based on profiles of volatile metabolites. In: Mycological Research 99 (1995), Nr. 10, S. 1167–1174

Lorenz, W.: MVOC-Bestimmungen zur Erkennung mikrobieller Schäden in Gebäuden. In: Moriske, H.-J.; Turowski, E. (Hrsg.): Handbuch für Bioklima und Lufthygiene. Mensch, Wetter, Klima, Innenraum- und Außenlufthygiene. Grundlagen, Forschungsergebnisse, Trends. 16. Erg.-Lfg., 12/2005, Kap. III-4.4.5. Landsberg am Lech: ecomed, 2005, S. 1–32

Norbäck, D.; Mi, Y.-H.; Larsson, L.; Wady, L.; Tao, J.; Mi, Y.-L.: Current asthma, respiratory infections and hypersensitivity to moulds in pupils in Shanghai, China, in relation to microbial components in the classroom. In: Indoor Air '02: Proceedings of the 9th International Conference on Indoor Air Quality and Climate, Monterey, CA, 30 June–5 July 2002. Bd. 3. Santa Cruz: The International Academy of Indoor Air Sciences, 2002, S. 410–415

Reiling, N.; Brandt, E.; Lorenz, W.: The Effect of Microbial Emissions on human Granulocytes. In: Proceedings International Conference Healthy Buildings. Bd. 2. Porto: Universidade do Porto, 2006, S. 415–418

Schleibinger, H.; Laußmann, D.; Eis, D.; Samwer, H.; Rüden, H.: Sind MVOC geeignete Indikatoren für einen verdeckten Schimmelbefall. In: Umweltmedizin in Forschung und Praxis 9 (2004), Nr. 3, S. 151–162

Ström, G.; Palmgren, U.; Wessén, B.; Hellström, B.; Kumlin, A.: The sick building syndrome. An effect of microbial growth in building constructions? In: Walkinshaw, D. S. (Hrsg.): Indoor Air '90: Proceedings of the 5th International Conference on Indoor Air Quality and Climate, Toronto, Canada, 29 July–3 August 1990. Bd. 1. Ottawa: International Conference on Indoor Air Quality and Climate, 1990, S. 173–178

Ström, G.; West, J.; Wessén, B.; Palmgren, U.: Quantitative analysis of microbial volatiles in damp Swedish houses. In: Samson, R. A.; Flannigan, B.; Flannigan, M. E.; Verhoeff, A. P.; Adan, O. C. G.; Hoekstra, E. S. (Hrsg.): Health implications of fungi in indoor environments. Amsterdam: Elsevier, 1994, S. 291–305

Wady, L.; Larsson, L.: Determination of microbial volatile organic compounds adsorbed on house dust particles and gypsum board using SPME/GC-MS. In: Indoor Air, Supplement 15 (2005), Nr. 9, S. 27–32

Walinder, R.; Ernstgard, L.; Johanson, G.; Norbäck, D.; Venge, P.; Wieslander, G.: Acute effects of a fungal volatile compound. In: Environmental Medicine 113 (2005), Nr. 12, S. 1775–1778

Wessén, B.; Schoeps, K.-O.: Microbial Volatile Organic Compounds – What substances can be found in Sick Buildings? In: Analyst 121 (1996), Nr. 9, S. 1203–1205

Kapitel 2.4.3: Bakterien

Udo Jäckel und Peter Kämpfer

Literatur

Huttunen, K.; Hyvärinen, A.; Nevalainen, A.; Komulainen, H.; Hirvonen, M.-R.: Production of Proinflammatory Mediators by Indoor Air Bacteria and Fungal Spores in Mouse and Human Cell Lines. In: Environmental Health Perspectives 111 (2003), Nr. 1, S. 85–92

Jussila, J.; Komulainen, H.; Huttunen, K.; Roponen, M.; Hälinen, A.; Hyvärinen, A.; Kosma, V.-M.; Pelkonen, J.; Hirvonen, M.-R.: Inflammatory Responses in Mice after Intratracheal Instillation of Spores of *Streptomyces californicus* Isolated from Indoor Air of a Moldy Building. In: Toxicology and Applied Pharmacology 171 (2001), Nr. 1, S. 61–69

Jussila, J.; Ruotsalainen, M.; Komulainen, H.; Savolainen, K.; Nevalainen, A.; Hirvonen, M.-R.: *Streptomyces anulatus* from indoor air of moldy houses induce NO and IL-6 production in a human alveolar epithelial cell-line. In: Environmental Toxicology and Pharmacology 7 (1999), Nr. 4, S. 261–266

Kämpfer, P.; Engelhart, S.; Rolke, M.; Sennekamp, J.: Extrinsic Allergic Alveolitis (Hypersensitivity Pneumonitis) Caused by *Sphingobacterium spiritivorum* from the Water Reservoir of a Steam Iron. In: Journal of Clinical Microbiology 43 (2005), Nr. 9, S. 4908–4910

Lorenz, W.; Kroppenstedt, R. M.; Trautmann, C.; Stackebrandt, E.; Dill, I.: Actinomycetes in Building Materials. In: Wai, Tham Kwok; Sekhar, Chandra; Cheong, David (Hrsg.): Healthy Buildings 2003. Energy-Efficient Healthy Buildings. Proceedings of ISIAQ 7th International Conference, 7th–11th December 2003, Singapore. Bd. 1. Singapur: International Society of Indoor Air Quality and Climate, 2003, S. 583

Lorenz, W.; Trautmann, C.; Dill, I.; Mehrer, A.: Bakterielle Verunreinigungen in Innenräumen. In: Moriske, H.-J.; Turowski, E. (Hrsg.): Handbuch für Bioklima und Lufthygiene. Mensch, Wetter, Klima, Innenraum- und Außenlufthygiene. Grundlagen, Forschungsergebnisse, Trends. 10. Erg.-Lfg., 12/2003, Kap. III-4.3.2. Landsberg am Lech: ecomed, 2003, S. 1–22

Szewzyk, R.: Schimmelpilze sind nicht die einzigen Übeltäter bei Feuchteschäden in Wohnungen [online]. In: telegramm: umwelt+gesundheit. Information des Umweltbundesamtes, Nr. 02/2009, 17.02.2009, S. 1–2. Internet: http://www.umweltbundesamt.de/gesundheit/telegramm/Ausgabe02-2009.pdf [Zugriff: 14.05.2009]

Kapitel 2.4.4: Legionellen

Evelyn Schwarz

Normen

DIN EN ISO 19458:2006-12 Wasserbeschaffenheit – Probenahme für mikrobiologische Untersuchungen

ISO 11731:1998-05 Wasserbeschaffenheit – Nachweis und Zählung von Legionellen

ISO 11731-2:2004-05 Wasserbeschaffenheit – Nachweis und Zählung von Legionellen – Teil 2: Direktes Membranfiltrationsverfahren mit niedriger Bakterienzahl

Rechtsvorschriften

Bekanntmachung des Bundesministeriums für Gesundheit: Liste der Aufbereitungsstoffe und Desinfektionsverfahren gemäß § 11 Trinkwasserverordnung 2001. In: Bundesgesundheitsblatt – Gesundheitsforschung – Gesundheitsschutz 45 (2002), Nr. 10, S. 827–845 [Erste Fassung der Liste]

Liste der Aufbereitungsstoffe und Desinfektionsverfahren gemäß § 11 Trinkwasserverordnung 2001. 10. Änderung. Stand: Dezember 2008 [online]. Dessau-Roßlau: Umweltbundesamt, Abteilung Trink- und Badebeckenwasserhygiene, 2008. Internet: http://www.umweltbundesamt.de/wasser/themen/downloads/trinkwasser/trink11.pdf [Zugriff: 19.03.2009]

Verordnung über die Qualität von Wasser für den menschlichen Gebrauch (Trinkwasserverordnung – TrinkwV 2001) v. 21.05.2001, Bundesgesetzblatt I, Nr. 24, 28.05.2001, S. 959

Richtlinien

DVGW-Arbeitsblatt W 291 Reinigung und Desinfektion von Wasserverteilungsanlagen (2000-03), Deutsche Vereinigung des Gas- und Wasserfaches e. V., Bonn

DVGW-Arbeitsblatt W 294-1 UV-Geräte zur Desinfektion in der Wasserversorgung. Teil 1: Anforderungen an Beschaffenheit, Funktion und Betrieb (2006-06), Deutsche Vereinigung des Gas- und Wasserfaches e. V., Bonn

DVGW-Arbeitsblatt W 294-2 UV-Geräte zur Desinfektion in der Wasserversorgung. Teil 2: Prüfung von Beschaffenheit, Funktion und Desinfektionswirksamkeit (2006-06), Deutsche Vereinigung des Gas- und Wasserfaches e. V., Bonn

DVGW-Arbeitsblatt W 294-3 UV-Geräte zur Desinfektion in der Wasserversorgung. Teil 3: Messfenster und Sensoren zur radiometrischen Überwachung von UV-Desinfektionsgeräten; Anforderungen, Prüfung und Kalibrierung (2006-06), Deutsche Vereinigung des Gas- und Wasserfaches e. V., Bonn

DVGW-Arbeitsblatt W 551 Trinkwassererwärmungs- und Trinkwasserleitungsanlagen; Technische Maßnahmen zur Verminderung des Legionellenwachstums; Planung, Errichtung, Betrieb und Sanierung von Trinkwasser-Installationen (2004-04), Deutsche Vereinigung des Gas- und Wasserfaches e. V., Bonn

DVGW-Arbeitsblatt W 553 Bemessung von Zirkulationssystemen in zentralen Trinkwassererwärmungsanlagen (1998-12), Deutsche Vereinigung des Gas- und Wasserfaches e. V., Bonn

Nachweis von Legionellen in Trinkwasser und Badebeckenwasser. Empfehlung des Umweltbundesamtes nach Anhörung der Trink- und Badewasserkommission des Umweltbundesamtes. In: Bundesgesundheitsblatt – Gesundheitsforschung – Gesundheitsschutz 43 (2000), Nr. 11, S. 911–915

Kapitel 2.4.5: Taubenkot und Taubenzecken *Hubert Theißen*

Norm

DIN EN 60335-2-65:2009-02 Sicherheit elektrischer Geräte für den Hausgebrauch und ähnliche Zwecke – Teil 2-65: Besondere Anforderungen für Luftreinigungsgeräte

Rechtsvorschrift

Verordnung über Sicherheit und Gesundheitsschutz bei Tätigkeiten mit biologischen Arbeitsstoffen (Biostoffverordnung – BioStoffV) v. 27.01.1999, Bundesgesetzblatt I, Nr. 4, 29.01.1999, S. 50

Richtlinien

BGI 892 Gesundheitsgefährdungen durch Taubenkot. Handlungsanleitung zur Gefährdungsbeurteilung nach Biostoffverordnung (BioStoffV) (2004-05), Tiefbau-Berufsgenossenschaft, München

BGR 190 Berufsgenossenschaftliche Regel für Sicherheit und Gesundheit bei der Arbeit – Benutzung von Atemschutzgeräten (2004-04), Hauptverband der gewerblichen Berufsgenossenschaften, Fachausschuss „Persönliche Schutzausrüstungen“ der BGZ

BGR 191 Berufsgenossenschaftliche Regel für Sicherheit und Gesundheit bei der Arbeit – Benutzung von Fuß- und Knieschutz (2007-01), Deutsche Gesetzliche Unfallversicherung e. V. (DGUV), Fachausschuss „Persönliche Schutzausrüstungen“

BGR 192 Berufsgenossenschaftliche Regel für Sicherheit und Gesundheit bei der Arbeit – Benutzung von Augen- und Gesichtsschutz (2001-07), aktual. Nachdr. Februar 2006, Hauptverband der gewerblichen Berufsgenossenschaften, Fachausschuss „Persönliche Schutzausrüstungen“ der BGZ

BGR 193 Berufsgenossenschaftliche Regel für Sicherheit und Gesundheit bei der Arbeit – Benutzung von Kopfschutz (2000-01), aktual. Nachdr. Januar 2006, Hauptverband der gewerblichen Berufsgenossenschaften, Fachausschuss „Persönliche Schutzausrüstungen“ der BGZ

BGR/GUV-R 194 Regel für Sicherheit und Gesundheitsschutz – Benutzung von Gehörschutz (2008-09), Deutsche Gesetzliche Unfallversicherung e. V. (DGUV), Fachausschuss „Persönliche Schutzausrüstungen“

BGR 195 Berufsgenossenschaftliche Regel für Sicherheit und Gesundheit bei der Arbeit – Benutzung von Schutzhandschuhen (1994-04), aktual. Nachdr. Oktober 2007, Deutsche Gesetzliche Unfallversicherung e. V. (DGUV), Fachausschuss „Persönliche Schutzausrüstungen“

BGR 206 Berufsgenossenschaftliche Regel für Sicherheit und Gesundheit bei der Arbeit – Desinfektionsarbeiten im Gesundheitsdienst (1999-07), Hauptverband der gewerblichen Berufsgenossenschaften, Fachausschuß „Gesundheitsdienst und Wohlfahrtspflege“

TRBA 460 Technische Regeln für Biologische Arbeitsstoffe – Einstufung von Pilzen in Risikogruppen (2002-10), Ausschuss für biologische Arbeitsstoffe (ABAS)

TRBA 462 Technische Regeln für Biologische Arbeitsstoffe – Einstufung von Viren in Risikogruppen (1998-08), Ausschuß für biologische Arbeitsstoffe (ABAS)

TRBA 466 Technische Regeln für Biologische Arbeitsstoffe – Einstufung von Bakterien (Bacteria) und Archaebakterien (Archaea) in Risikogruppen (2005-12), Ausschuss für biologische Arbeitsstoffe (ABAS)

TRBA 500 Technische Regeln für Biologische Arbeitsstoffe – Allgemeine Hygienemaßnahmen: Mindestanforderungen (1999-03), Ausschuß für biologische Arbeitsstoffe (ABAS)

Literatur

Albrecht, A.; Schies, U.; Kämpfer, P.; Scholbeck, R.: Gesundheitsgefährdung durch Taubenkot. Sonderdruck aus Tiefbau, Heft 5/2001 und 3/2002. Überarbeitete Fassung vom Februar 2003. München: Tiefbau-Berufsgenossenschaft, 2003

Berliner Betrieb für zentrale gesundheitliche Aufgaben: Taubenzecken. Häufig in Berlin vorkommende Schädlinge [online]. Internet: http://www.s-jarosch.de/media/taubenzecken.pdf [Zugriff: 04.05.2009]

Berufsgenossenschaft der Bauwirtschaft: Kompendium Arbeitsschutz – KompAS [CD-ROM]. Heidelberg: Jedermann-Verlag, Pfeffer, 2008

Desinfektionsmittel-Liste des VAH: Liste der von der Desinfektionsmittel-Kommission im Verbund für Angewandte Hygiene (VAH) e. V. in Zusammenarbeit mit den Fachgesellschaften bzw. Berufsverbänden DGHM, DGKH, GHUP, DVG, BVÖGD und BDH auf der Basis der Standardmethoden der DGHM zur Prüfung chemischer Desinfektionsverfahren geprüften und als wirksam befundenen Verfahren für die prophylaktische Desinfektion und die hygienische Händewaschung. Stand: 01.01.2008. Hrsg.: Desinfektionsmittel-Kommission im Verbund für Angewandte Hygiene e. V. (VAH). Wiesbaden: mhp, 2008

Hartwig Gauder, Architekt und Olympia-Sieger im Gehen, im Gespräch mit Klaus Kastan. Bayerischer Rundfunk, 20.09.2004, 20:15 Uhr [online]. Internet: http://www.br-online.de/download/pdf/alpha/g/gauder.pdf [Zugriff: 04.05.2009]

Liste der vom Robert Koch-Institut geprüften und anerkannten Desinfektionsmittel und -verfahren [online]. Berlin: Robert Koch-Institut. Internet: http://www.rki.de/DE/Content/Infekt/Krankenhaushygiene/Desinfektionsmittel/desinfektionsmittel__node.html [Zugriff: 04.05.2009]

Pabel, H.: Biologie. In: Praxiswissen Zecken [online]. Herford, 11.12.2005. Internet: http://www.drpabel.de/html/biologie.html [Zugriff: 04.05.2009]

Scheurer, S.: Tauben in der Stadt – Probleme und Gesundheitliche Gefahren. In: Heilberufe 43 (1991), S. 240–241

Sixl, W.: Zum Problem der verwilderten Stadttaube (Aves, Columbiformes, Columbidae). In: Mitteilungen der Abteilung Zoologie am Landesmuseum Johanneum in Graz 4 (1975), Nr. 1, S. 87–97

Vater, G.: Wie viele Tauben gibt es in mitteleuropäischen Städten? In: Der praktische Schädlingsbekämpfer 50 (1998), Nr. 5, S. 12–17

Kapitel 2.4.6: Hausschwamm und andere Holz zerstörende Pilze

Ingrid Dill

Normen

DIN 52183:1977-11 Prüfung von Holz; Bestimmung des Feuchtigkeitsgehaltes

DIN 68800-1:1974-05 Holzschutz im Hochbau; Allgemeines

DIN 68800-2:1996-05 Holzschutz – Teil 2: Vorbeugende bauliche Maßnahmen im Hochbau

DIN 68800-3:1990-04 Holzschutz; Vorbeugender chemischer Holzschutz

DIN 68800-4:1992-11 Holzschutz; Bekämpfungsmaßnahmen gegen holzzerstörende Pilze und Insekten

E DIN 68800-5:1990-01 Holzschutz im Hochbau; Vorbeugender chemischer Schutz von Holzwerkstoffen

DIN EN 350-2:1994-10 Dauerhaftigkeit von Holz und Holzprodukten – Teil 2: Leitfaden für die natürliche Dauerhaftigkeit und Tränkbarkeit von ausgewählten Holzarten von besonderer Bedeutung in Europa

DIN EN 460:1994-10 Dauerhaftigkeit von Holz und Holzprodukten – Natürliche Dauerhaftigkeit von Vollholz – Leitfaden für die Anforderungen an die Dauerhaftigkeit von Holz für die Anwendung in den Gefährdungsklassen

Rechtsvorschriften

Verordnung über Anforderungen an die Verwertung und Beseitigung von Altholz (Altholzverordnung – AltholzV) v. 15.08.2002, Bundesgesetzblatt I, Nr. 59, 23.08.2002, S. 3302

Verordnung zum Schutz vor Gefahrstoffen (Gefahrstoffverordnung – GefStoffV) v. 23.12.2004, Bundesgesetzblatt I, Nr. 74, 29.12.2004, S. 3758

Merkblatt

WTA-Merkblatt 1-2-05/D Der Echte Hausschwamm – Erkennung, Lebensbedingungen, vorbeugende Maßnahmen, bekämpfende chemische Maßnahmen, Leistungsverzeichnis (2005), Wissenschaftlich-Technische Arbeitsgemeinschaft für Bauwerkserhaltung und Denkmalpflege e. V., München

Literatur

Ausschluss des Wohngebäude-Versicherungsschutzes bei Schwamm erstreckt sich nur auf „echten" Hausschwamm. OLG Koblenz, Urteil vom 13.01.2006, Az. 10 U 145/03 [online]. Köln: Jurion, Wolters Kluwer Deutschland GmbH, 2009. Internet: http://www.jurion.de/login/login.jsp?goToUrl=../urteil/168439.

html&docid=1-168439 [Zugriff: 08.04.2009]

Deutsches Institut für Bautechnik (DIBt) (Hrsg.): Holzschutzmittelverzeichnis. Verzeichnis der Holzschutzmittel mit allgemeiner bauaufsichtlicher Zulassung, Auflistung der Holzschutzmittel mit RAL-Gütezeichen, Auflistung der Bläueschutzmittel nach VDL-Richtlinie. 56. Aufl. Stand: Januar 2008. Berlin: Erich Schmidt, 2008 [erscheint jährlich]

DIN – Deutsches Institut für Normung e.V.; DGfH – Deutsche Gesellschaft für Holzforschung e.V. (Hrsg.): Holzschutz – baulich, chemisch, bekämpfend. Erläuterungen zu DIN 68800-2, -3, -4. Berlin: Beuth, 1998

Grosser, D.: Pflanzliche und tierische Bau- und Werkholz-Schädlinge. Leinfelden-Echterdingen: DRW-Verlag, 1985

Huckfeldt, T.; Schmidt, O.: Hausfäule- und Bauholzpilze. Diagnose und Sanierung. Köln: Verlagsgesellschaft Rudolf Müller, 2006

Kempe, K.: Holzschädlinge. Vermeiden – Erkennen – Bekämpfen. Stuttgart: Fraunhofer IRB Verlag, 2004

Schmidt, O.: Holz- und Baumpilze. Berlin: Springer, 1994

Sutter, H.-P.: Holzschädlinge an Kulturgütern erkennen und bekämpfen. Bern: Haupt, 2002

Weiß, B.; Wagenführ, A.; Kruse, K.: Beschreibung und Bestimmung von Bauholz-Pilzen. Leinfelden-Echterdingen: DRW-Verlag, 2000

Kapitel 2.5.1: Radioaktive Stoffe

Andreas Stache

Normen

DIN 25706-1:1994-11 Passive Radonmessung – Teil 1: Kernspurmeßverfahren

DIN 25706-2:1994-11 Passive Radonmessung – Teil 2: Aktivkohlemeßverfahren

Rechtsvorschriften

Radonschutzgesetz (Entwurf [22.03.2005]) [online]. Gesundheitsamt Dachau; Gesundheitsamt Garmisch. Internet: http://www.gapinfo.de/gesundheitsamt/alle/gesetz/strahl/rsg [Zugriff: 04.09.2009]

Verordnung über den Schutz vor Schäden durch ionisierende Strahlen (Strahlenschutzverordnung – StrlSchV) v. 20.07.2001, Bundesgesetzblatt I, Nr. 38, 26.07.2001, S. 1714

Richtlinie

Valentin, J. (Hrsg.): The 2007 recommendations of the International Commission on Radiological Protection. Oxford: Elsevier, 2007 (ICRP Publication 103; Annals of the ICRP 37, 2–4) [deutsche Übersetzung auf der Website des Bundesamtes für Strahlenschutz unter http://www.bfs.de/de/ion/ICRP.html, Zugriff: 04.09.2009]

Literatur

Bochicchio, F.; McLaughling, J. P.; Piermattei, S.: Radon in indoor air. Hrsg.: European Commission, Directorate General for Science, Research and Development, Joint Research Centre, Environment Institute. Luxemburg: Office for Official Publications of the European Communities, 1995 (European Concerted Action: Indoor Air Quality & its Impact on Man. Environment and quality of life 15. EUR 16123 EN)

Deutschland-Karte der Radonaktivitätskonzentration in der Bodenluft [online]. Bonn: Kemski & Partner – Beratende Geologen, 2007. Internet: http://www.radon-info.de/shtml/karten_bl.shtml [Zugriff: 15.09.2009]

Gertis, Karl: Radon in Gebäuden. Stuttgart: Fraunhofer IRB Verlag, 2008

Herrmann, T.; Baumann, M.: Klinische Strahlenbiologie. 3., völlig überarb. Aufl. Jena: Fischer, 1997

Kemski, J.; Siehl, A.; Stegemann, R.; Valdivia-Manchego, M.: Geogene Faktoren der Strahlenexposition unter besonderer Berücksichtigung des Radonpotentials. Dossenheim: grm Vertriebsservice Merkel, 1999 (Schriftenreihe Reaktorsicherheit und Strahlenschutz 534; BMU-1999-534)

Kreuzer, M.; Jung, T.: Radon in Wohnungen als wichtigster Umweltrisikofaktor für Lungenkrebs – Determinanten. In: Umweltmedizinischer Informationsdienst (2008), Nr. 2, S. 19–21

Menzler, S.; Schaffrath Rosario, A.; Wichmann, H. E.; Kreienbrok, L.: Abschätzung des attributablen Lungenkrebsrisikos in Deutschland durch Radon in Wohnungen. Landsberg am Lech: ecomed, 2006

Natürliche Radionuklide in Baumaterialien [online]. Salzgitter: Bundesamt für Strahlenschutz, 2005 (Infoblatt Juli 2005). Internet: http://www.bfs.de/de/bfs/druck/infoblatt/nat_nuklide_baustoffe.html [Zugriff: 04.09.2009]

Radon-Handbuch Deutschland. Bonn: Bundesministerium für Umwelt, Naturschutz und Reaktorsicherheit; Bundesamt für Strahlenschutz, 2001

Radonhandbuch Schweiz [online]. Bern: Bundesamt für Gesundheit, Abteilung Strahlenschutz, Sektion Radiologische Risiken, 2000. Internet: http://www.bag.admin.ch/themen/chemikalien/00238/01355/01357/index.html?lang=de&download=M3wBUQCu/8ulmKDu36WenojQ1NTTjaXZnqWfVpzLhmfhnapmmc7Zi6rZnqCkkIV1fnmBbKbXrZ2lhtTN34al3p6YrY7P1oah162apo3X1cjYh2+hoJVn6w [Zugriff: 04.09.2009]

Radon-Messstellen [online]. Jena: Thüringer Landesanstalt für Umwelt und Geologie. Internet:

http://www.tlug-jena.de/content-frs/fach_07/radon/64_01010_01_messstellen.html [Zugriff: 04.09.2009]

Updating and revision of the air quality guidelines for Europe. Meeting of the Working Group on Certain Indoor Air Pollutants, Hanover, Germany, 27–29 March 1995, EUR/HFA target 21. Kopenhagen: World Health Organization, Regional Office for Europe, 1996

Kapitel 2.5.2: Elektrische, magnetische und elektromagnetische Felder in Innenräumen und Gebäuden *Martin Schauer*

Rechtsvorschriften

Sechsundzwanzigste Verordnung zur Durchführung des Bundes-Immissionsschutzgesetzes (Verordnung über elektromagnetische Felder – 26. BImSchV) v. 16.12.1996, Bundesgesetzblatt I, Nr. 66, 20.12.1996, S. 1966

Verordnung über den Schutz vor nichtionisierender Strahlung (NISV) v. 23.12.1999 [online]. Internet: http://www.admin.ch/ch/d/sr/8/814.710.de.pdf [Zugriff: 13.03.2009] [Verordnung des Schweizerischen Bundesrats]

Richtlinien

Baubiologie Maes; Institut für Baubiologie + Ökologie Neubeuern IBN: Baubiologische Richtwerte für Schlafbereiche SBM-2008. Ergänzung zum Standard der baubiologischen Messtechnik SBM-2008 [online]. Neuss: Baubiologie Maes; Neubeuern: Institut für Baubiologie + Ökologie Neubeuern IBN, 2008. Internet: http://www.baubiologie.de/downloads/RICHTWERTE_2008.PDF [Zugriff: 13.03.2009]

Berufsverband Deutscher Baubiologen VDB e. V.: Physikalische Untersuchungen. Fürth: Verlag des AnBUS e. V., 2004 (Richtlinien 1)

NCRP Scientific Committee 89-3: Draft Report on Extremely Low Frequency Electric and Magnetic Fields, 13.06.1995

Oberfeld, Gerd: Informationsmappe Elektrosmog [online]. Hrsg.: Land Salzburg, Landessanitätsdirektion, Referat Gesundheit, Hygiene und Umweltmedizin. Salzburg: Land Salzburg, Abteilung 9, Gesundheit und Landesanstalten, Mai 2007. Internet: http://www.salzburg.gv.at/infomappe-elektrosmog-3.pdf [Zugriff: 30.03.2009]

Standard for TCO'03 Displays requirements [online]. Stockholm: Tjänstemännens Centralorganisation [Zentralverband der Angestellten und Beamten], TCO Development. Internet: http://www.tcodevelopment.com [Navigation: PRODUCT GROUPS:\Displays\Standard TCO'03] [Zugriff: 30.03.2009]

STOA: Die physiologischen und umweltrelevanten Auswirkungen nicht ionisierender elektromagnetischer Strahlung. Options Brief und Zusammenfassung PE Nr. 297.574 [online]. Europäisches Parlament, Generaldirektion Wissenschaft, Direktion A, Abteilung Industrie, Forschung, Energie und Umwelt, STOA [Science and Technology Options Assessment] – Bewertung Wissenschaftlicher und Technologischer Optionen, März 2001. Internet: http://www.next-up.org/pdf/00-07-03sum_de.pdf [Zugriff: 13.03.2009]

Literatur

Becker, Robert O.: Heilkraft und Gefahren der Elektrizität: Die Chancen der Energiemedizin und die Gefahren des Elektrosmog. 1. Aufl. d. Sonderausg. Bern: Scherz, 1993

Elektromagnetische Felder. Hrsg.: Weltgesundheitsorganisation, Regionalbüro für Europa; Bundeskanzleramt [Österreich]; Bundesministerium für Wissenschaft und Verkehr [Österreich], 1999. – Original: Electromagnetic fields. Kopenhagen: World Health Organization, Regional Office for Europe, 1999 (Local authorities, health and environment briefing pamphlet series 32)

Oberfeld, Gerd: Die Veränderung des elektromagnetischen Spektrums und ihre Folgen. In: Schauer, Martin; Virnich, Martin H.: Baubiologische Elektrotechnik – Grundlagen, Feldmesstechnik und Praxis der Feldreduzierung. Heidelberg: Hüthig & Pflaum, 2005, S. 17–50

Schauer, Martin: Veraltete Energieverteilungssysteme in der Diskussion – Prinzipbedingte Fehlströme und Magnetfelder in TN-C- und TN-C-S-Systemen. In: Energieversorgung & Mobilfunk: elektromagnetische Verträglichkeit. Fürth: Verlag des AnBUS e. V., 2006, S. 61–75

Schauer, Martin; Virnich, Martin H.: Baubiologische Elektrotechnik – Grundlagen, Feldmesstechnik und Praxis der Feldreduzierung. Heidelberg: Hüthig & Pflaum, 2005

Wertheimer, Nancy; Leeper, Ed: Electrical wiring configurations and childhood cancer. In: American Journal of Epidemiology 109 (1979), Nr. 3, S. 273–284

Wertheimer, Nancy; Leeper, Ed: Adult cancer related to electrical wires near the home. In: International Journal of Epidemiology 11 (1982), Nr. 4, S. 345–355

Kapitel 2.6.1: Sick-Building-Syndrom (SBS) *Wolfgang Bischof und Gerhard Andreas Wiesmüller*

Richtlinien und Leitfäden

Guidance for Biological Agents in the Indoor Environment. Draft. Genf: World Health Organization, 2003

Handlungsempfehlung für die Sanierung von mit Schimmelpilzen befallenen Innenräumen. 2., überarb. Aufl., Juni 2006 [online]. Stuttgart: Regierungspräsidium Stuttgart, Landesgesundheitsamt Baden-Württemberg, 2006. Internet: http://www.gesundheitsforum-bw.de/servlet/PB/menu/1204421/index.html [Zugriff: 07.09.2009]

Leitfaden zur Ursachensuche und Sanierung bei Schimmelpilzwachstum in Innenräumen („Schimmelpilz-Sanierungsleitfaden") [online]. Dessau: Umweltbundesamt, 2005. Internet: http://www.umweltdaten.de/publikationen/fpdf-l/2951.pdf [Zugriff: 07.09.2009]

Leitfaden zur Vorbeugung, Untersuchung, Bewertung und Sanierung von Schimmelpilzwachstum in Innenräumen („Schimmelpilz-Leitfaden") [online]. Berlin: Umweltbundesamt, 2002. Internet: http://www.umweltdaten.de/publikationen/fpdf-l/2199.pdf [Zugriff: 07.09.2009]

Schimmelpilze in Innenräumen – Nachweis, Bewertung, Qualitätsmanagement. Abgestimmtes Arbeitsergebnis des Arbeitskreises „Qualitätssicherung – Schimmelpilze in Innenräumen" am Landesgesundheitsamt Baden-Württemberg. 14.12.2001 (überarbeitet Dezember 2004) [online]. Stuttgart: Landesgesundheitsamt Baden-Württemberg, 2004. Internet: http://www.gesundheitsamt-bw.de/servlet/PB/menu/1204439/index.html [Zugriff: 07.09.2009]

VDI 4300 Blatt 6:2000-12 Messstrategie für flüchtige organische Verbindungen (VOC)

Literatur

Andersen, T. E.; Knudsen, H. N.; Tirkkonen, T.; Orko, I.; Saarela, K.; Clausen, G.; Fanger, P. O.: Air pollutant concentration effects on VOC emission rates of building and furnishing materials. In: Yoshizawa, S.; Kimura, K.; Ikeda, K.; Tanabe, S.; Iwata, T. (Hrsg.): Indoor Air '96. Proceedings of the 7th International Conference on Indoor Air Quality and Climate, Nagoya, Japan, 21–26 July 1996. Bd. 1. Tokio: Seec Ishibashi, 1996, S. 559–564

Andersson, K.; Fagerlund, I.; Bodin, L.; Ydreborg, B.: Questionnaire as an instrument when evaluating indoor climate. In: Berglund, B.; Lindvall, T. (Hrsg.): Healthy Buildings '88. Bd. 3. Stockholm: Swedish Council for Building Research, 1988, S. 139–145

Andersson, K.; Fagerlund, I.; Löfman, O.; Erlandsson, B.: A follow-up questionnaire study after restoring modern dwellings with SBS problems. In: Walkinshaw, D. S. (Hrsg.): Indoor Air '90. Proceedings of the 5th International Conference on Indoor Air Quality and Climate, Toronto, Canada, 29 July–3 August 1990. Bd. 1. Ottawa: International Conference on Indoor Air Quality and Climate, 1990, S. 563–568

Andersson, K.; Hane, M.: Compilation and testing of questionnaires in occupational health care – experiences from the Örebro system. In: Proceedings from XXI. International Congress on Occupational Health, Dublin, 1984. Dublin: Ireland Abstracts, 1984, S. 706

Andersson, K.; Marchant, R.: Use of questionnaires. In: Levy, F.; Maroni, M. (Hrsg.): NATO/CCMS Pilot study on indoor air quality. 4th plenary meeting. Epidemiology and medical management of building-related complaints and illnesses. Oslo: National Institute of Occupational Health, 1992, S. 164–165

Andersson, K.; Stridh, G.: The use of standardized questionnaires in building-related illness (BRI) and sick building syndrome (SBS) surveys. In: Levy, F.; Maroni, M. (Hrsg.): NATO/CCMS Pilot study on indoor air quality. 4th plenary meeting. Epidemiology and medical management of building-related complaints and illnesses. Oslo: National Institute of Occupational Health, 1992, S. 47–64

Baldwin, C. M.; Bell, I. R.; O'Rourke, M. K.: Odor sensitivity and respiratory complaint profiles in a community based sample with asthma, hay fever, and chemical odor intolerance. In: Toxicology and Industrial Health 15 (1999), S. 403–409

Baur, X.; Vogelmeier, C.: Die exogen-allergische Alveolitis als schwer erkennbare Krankheit. In: Medizinische Klinik 83 (1988), S. 710–715

Bischof, W.; Brasche, S.; Bullinger, M.; Frick, U.; Gebhardt, H.; Herzog, V.; Kruppa, B.; von Mackensen, S.; Mayer, E.; Schata, M.; Thien-Seitz, U.: Gesundheit, Leistungsfähigkeit und Befindlichkeit in Bürogebäuden. In: Allergologie 21 (1998), Nr. 5, S. 192–197

Bischof, W.; Bullinger-Naber, M.; Kruppa, B.; Müller, B. H.; Schwab, R.: Expositionen und gesundheitliche Beeinträchtigungen in Bürogebäuden. Stuttgart: Fraunhofer IRB Verlag, 2003

Bischof, W.; Clausen, G.; de Oliveira Fernandes. E.: European data base on indoor air pollution sources in buildings. In: Dompke, M.; Kruppa, B.; Mayer, E. (Hrsg.): Sick Building Syndrome II. Forschungsstand und -umsetzung. Bonn: TGC, 1996, S. 52–61

Bischof, W.; Wiesmüller, G. A.: „Kranke" Gebäude – Krank in Gebäuden. In: Moriske, H.-J.; Turowski, E. (Hrsg.): Handbuch für Bioklima und Lufthygiene. Mensch, Wetter, Klima, Innenraum- und Außenlufthygiene. Grundlagen, Forschungsergebnisse, Trends. 14. Erg.-Lfg., 06/2005, Kap. III-4.4.8. Landsberg am Lech: ecomed, 2005, S. 1–26

Bischof, W.; Wiesmüller, G. A.: Sick Building Syndrome (SBS). In: Letzel, S.; Nowak, D. (Hrsg.): Handbuch der Arbeitsmedizin. 5. Erg.-Lfg., 12/2007, Kap. D I-13.1.1. Landsberg am Lech: ecomed, 2007, S. 1–28

Bischof, W.; Wiesmüller, G. A.: Das Sick Building Syndrome (SBS) und die Ergebnisse der ProKlimA-Studie. In: Umweltmedizin in Forschung und Praxis 12 (2007), S. 23–42

Black, D. W.; Okiishi, C.; Schlosser, S.: A nine year follow up of people diagnosed with multiple chemical sensitivities. In: Psychosomatics 41 (2000), S. 253–261

Bolt, H. M.; Kiesswetter, E.: Is multiple chemical sensitivity a clinically defined entity? In: Toxicology Letters 128 (2002), S. 99–106

Bornehag, C.-G.: Evaluation of a method for dealing with humidity and odour problems in concrete floors. In: Yoshizawa, S.; Kimura, K.; Ikeda, K.; Tanabe, S.; Iwata, T. (Hrsg.): Indoor Air '96. Proceedings of the 7th International Conference on Indoor Air Quality and Climate, Nagoya, Japan, 21–26 July 1996. Bd. 4. Tokio: Seec Ishibashi, 1996, S. 325–330

Brasche, S.; Bullinger, M.; Bronisch, M.; Bischof, W.: Eye- and skin symptoms in German office workers – subjective perception vs. objective medical screening. In: International Journal of Hygiene and Environmental Health 203 (2001), S. 311–316

Brasche, S.; Bullinger, M.; Morfeld, M.; Gebhardt, H. J.; Bischof, W.: Why do women suffer from sick building syndrome more often than men? – Subjective higher sensitivity versus objective causes. In: Indoor Air 11 (2001), S. 217–222

Brasche, S.; Bullinger, M.; Schwab, R.; Gebhardt, H.; Herzog, V.; Bischof, W.: Comparison of risk factor profiles concerning self-reported skin complaints and objectively determined skin symptoms in German office workers. In: Indoor Air 14 (2004), S. 137–143

Brasche, S.; Heinz, E.; Hartmann, T.; Richter, W.; Bischof, W.: Vorkommen, Ursachen und gesundheitliche Aspekte von Feuchteschäden in Wohnungen. In: Bundesgesundheitsblatt – Gesundheitsforschung – Gesundheitsschutz 46 (2003), S. 683–693

Brülls, C.; Niggemann, H.; Weißbach, W.; Dott, W.; Fischer, M.; Merk, H. F.; Blömeke, B.; Isselstein, J.; Ilgner, J.; Westhofen, M.; Wiesmüller, G. A.: Pilotstudie zu Lebensgewohnheiten und Lebensumfeld von Patienten mit selbstberichteter multipler Chemikaliensensitivität, Duftstoffallergien oder Polyposis nasi. In: Allergologie 31 (2008), S. 130–141

Bullinger, M.: Erfassung des Befindens in Innenräumen. In: Luftverunreinigung in Innenräumen. Herkunft, Messung, Wirkung, Abhilfe. Hrsg.: Kommission Reinhaltung der Luft im VDI und DIN. Düsseldorf: VDI-Verlag, 1994, S. 633–644 (VDI-Berichte 1122)

Bullinger, M.: Stand des laufenden BMBF-Vorhabens „Untersuchung zu positiven und negativen Wirkungen raumlufttechnischer Anlagen auf Gesundheit, Leistungsfähigkeit und Befindlichkeit". In: Dompke, M.; Kruppa, B.; Mayer, E. (Hrsg.): Sick Building Syndrome II. Forschungsstand und -umsetzung. Bonn: TGC, 1996, S. 132–155

Bullinger, M.; Frick, U.; Kirchberger, I.; von Mackensen, S.; Hasford, J.: Erfassung des Sick-Building-Syndroms. In: Bischof, W.; Dompke, M.; Schmid, W. (Hrsg.): Sick Building Syndrome. Forschung und Erkenntnisumsetzung. Dokumentation. Karlsruhe: C. F. Müller, 1993, S. 88–96

Bullinger, M.; von Mackensen, S.; Morfeld, M.: Psychosoziale Determinanten des Sick-Building-Syndroms. In: Arbeitsmedizin – Sozialmedizin – Umweltmedizin 32 (1997), S. 225–228

Bullinger, M.; Morfeld, M.; von Mackensen, S.: Psychosoziale Aspekte des Sick Building Syndroms. In: Allergologie 21 (1998), Nr. 5, S. 198–208

Bullinger, M.; Morfeld, M.; von Mackensen, S.; Brasche, S.: The Sick Building Syndrome – Do women suffer more? In: Zentralblatt für Hygiene und Umweltmedizin 202 (1998/99), S. 235–241

Burge, P. S.; Hedge, A.; Wilson, S.; Bass, J. H.; Robertson, A. S.: Sick building syndrome: A study of 4373 office workers. In: Annals of Occupational Hygiene 31 (1987), S. 493–504

Burt, T.: Sick building syndrome: Acoustic aspects. In: Indoor and Built Environment 5 (1996), S. 44–59

Caress, S. M.; Steinemann, A. C.: A Review of a Two-Phase Population Study of Multiple Chemical Sensitivities. In: Environmental Health Perspectives 111 (2003), S. 1490–1497

Cullen, M. R.: The worker with chemical sensitivities: an overview. In: Cullen, M. R. (Hrsg.): Occupational Medicine: State of the Art Reviews. Bd. 2. Philadelphia: Hanley and Belfus, 1987, S. 655–661

Dulson, W.: Die Richtlinien der Reihe VDI 4300. In: Luftverunreinigung in Innenräumen. Herkunft, Messung, Wirkung, Abhilfe. Hrsg.: Kommission

Reinhaltung der Luft im VDI und DIN. Düsseldorf: VDI-Verlag, 1994, S. 123–130 (VDI-Berichte 1122)

Eckerbom, G.; Hall, T.; Palmgren, U.; Akerlind, L.-O.: Variation in volatile organic compounds and radon in buildings caused by change in barometric pressure. In: Yoshizawa, S.; Kimura, K.; Ikeda, K.; Tanabe, S.; Iwata, T. (Hrsg.): Indoor Air '96. Proceedings of the 7th International Conference on Indoor Air Quality and Climate, Nagoya, Japan, 21–26 July 1996. Bd. 3. Tokio: Seec Ishibashi, 1996, S. 563–566

Eis, D.; Beckel, T.; Birkner, N.; Renner, B.: Untersuchungen zur Aufklärung der Ursachen des MCS-Syndroms bzw. der IEI unter besonderer Berücksichtigung des Beitrages von Umweltchemikalien. Forschungsbericht 29862274. UBA-FB 000396/1. Berlin: Umweltbundesamt, 2003 (WaBoLu-Hefte 2003,2)

Englund, F.; Harderup, L. E.: Indoor air VOC levels during the first year of a new three-story building with wooden frame. In: Yoshizawa, S.; Kimura, K.; Ikeda, K.; Tanabe, S.; Iwata, T. (Hrsg.): Indoor Air '96. Proceedings of the 7th International Conference on Indoor Air Quality and Climate, Nagoya, Japan, 21–26 July 1996. Bd. 3. Tokio: Seec Ishibashi, 1996, S. 47–52

Englund, F.; Larsen, A.; Winther Funch, L.; Saarela, K.; Tirkkonen, T.: Emissions of VOC from wooden floors, surface treated with oils and waxes. In: Yoshizawa, S.; Kimura, K.; Ikeda, K.; Tanabe, S.; Iwata, T. (Hrsg.): Indoor Air '96. Proceedings of the 7th International Conference on Indoor Air Quality and Climate, Nagoya, Japan, 21–26 July 1996. Bd. 3. Tokio: Seec Ishibashi, 1996, S. 89–94

Exner, M.: Mikrobiologische Probleme in Innenräumen. In: Schadstoffbelastung in Innenräumen. Hrsg.: Kommission Reinhaltung der Luft im VDI und DIN. Düsseldorf: VDI-Verlag, 1992, S. 153–169 (Kommission Reinhaltung der Luft im VDI und DIN, Schriftenreihe 19)

Fanger, P. O.: Sensory characterization of air quality and pollution sources. In: Knöppel, H.; Wolkoff, P. (Hrsg.): Chemical and Environmental Science. Bd. 4: Chemical, microbiological, health and comfort aspects of indoor air quality – State of the Art in SBS. Dordrecht: Kluwer Academic Publishers, 1992, S. 59–71

Fanger, P. O.: Perceived indoor environment: New human requirements to the indoor air quality and the thermal environment. In: Bischof, W.; Dompke, M.; Schmid, W. (Hrsg.): Sick Building Syndrome. Forschung und Erkenntnisumsetzung. Dokumentation. Karlsruhe: C. F. Müller, 1993, S. 38–47

Finnegan, M. J.; Pickering, C. A. C.; Burge, P. S.: The sick building syndrome: Prevalence studies. In: British Medical Journal 289 (1984), S. 1573–1575

Flannigan, B.: Indoor microbiological pollutants – Sources, species, characterisation and evaluation. In: Knöppel, H.; Wolkoff, P. (Hrsg.): Chemical and Environmental Science. Bd. 4: Chemical, microbiological, health and comfort aspects of indoor air quality – State of the Art in SBS. Dordrecht: Kluwer Academic Publishers, 1992, S. 73–98

Flatheim, G.: Primary prevention of IAQ-problems in new buildings. In: Levy, F.; Maroni, M. (Hrsg.): NATO/CCMS Pilot study on indoor air quality. 4th plenary meeting. Epidemiology and medical management of building-related complaints and illnesses. Oslo: National Institute of Occupational Health, 1992, S. 108–123

Gravesen, S.; Frisvad, J. C.; Samson, R. A.: Microfungi. Kopenhagen: Munksgaard, 1994

Gross, R.; Löffler, M.: Prinzipien der Medizin. Berlin: Springer, 1997

Han, K. Q.; Jing, H. N.: Chamber testing of VOCs from indoor materials. In: Yoshizawa, S.; Kimura, K.; Ikeda, K.; Tanabe, S.; Iwata, T. (Hrsg.): Indoor Air '96. Proceedings of the 7th International Conference on Indoor Air Quality and Climate, Nagoya, Japan, 21–26 July 1996. Bd. 3. Tokio: Seec Ishibashi, 1996, S. 107–111

Hausteiner, C.; Bornschein, S.; Hansen, J.; Zilker, T.; Förstl, H.: Self-reported chemical sensitivity in Germany: a population-based survey. In: International Journal of Hygiene and Environmental Health 208 (2005), S. 271–278

Hedge, A.: Questionnaire design guidelines for investigations of "sick" buildings. In: Walkinshaw, D. S. (Hrsg.): Indoor Air '90. Proceedings of the 5th International Conference on Indoor Air Quality and Climate, Toronto, Canada, 29 July–3 August 1990. Bd. 1. Ottawa: International Conference on Indoor Air Quality and Climate, 1990, S. 605–610

Hedge, A.: In defence of "The Sick Building Syndrome". In: Indoor and Built Environment 4 (1995), S. 251–253

Henne, A.; Neuhann, H. F.; Winneke, G.: Das Sick-Building-Syndrom. In: Jahresbericht 1992/93. Hrsg.: Gesellschaft zur Förderung der Lufthygiene und Silikoseforschung; Medizinisches Institut für Umwelthygiene. Düsseldorf: Albers, 1993, S. 74–97 (Umwelthygiene 25)

Hodgson, A. T.: A review and a limited comparison of methods for measuring total volatile organic compounds in indoor air. In: Indoor Air 5 (1995), S. 247–257

Hornberg, C.; Pauli, A.; Wiesmüller, G. A.: Multiple Chemical Sensitivity (MCS) – eine Herausforderung interdisziplinärer Patientenversorgung und Forschung. In: umwelt – medizin – gesellschaft 16 (2003), S. 274–285

Indoor air pollution – Exposure and health effects. Kopenhagen: World Health Organization, Regional Office for Europe, 1983 (EURO Reports and Studies 78)

Ishibashi, M.; Tonori, H.; Miki, T.; Miyajima, E.; Kudo, Y.; Tsunoda, M.; Sakabe, K.; Aizawa, Y.: Classification of patients compaining of sick house syndrome and/or multiple chemical sensitivity. In: Tohoku Journal of Experimental Medicine 211 (2007), Nr. 3, S. 223–233

Jaakkola, J. J. K.; Miettinen, P.: Type of ventilation system in office buildings and sick building syndrome. In: American Journal of Epidemiology 141 (1995), S. 755–765

Jaakkola, J. J. K.; Miettinen, P.; Tuomaala, P.; Seppänen, O.: The Helsinki office environment study: The type of ventilation system and the "sick building syndrome". In: Jaakkola, J. J. K.; Ilmarinen, R.; Seppänen, O. (Hrsg.): Indoor Air '93. Proceedings of the 6th International Conference on Indoor Air Quality and Climate, Helsinki, Finland, 4–8 July 1993. Bd. 1. Helsinki: Indoor Air '93, 1993, S. 285–290

Kildesø, J.; Schneider, T.: Characterization of surface contamination in a cleaning intervention study. In: Yoshizawa, S.; Kimura, K.; Ikeda, K.; Tanabe, S.; Iwata, T. (Hrsg.): Indoor Air '96. Proceedings of the 7th International Conference on Indoor Air Quality and Climate, Nagoya, Japan, 21–26 July 1996. Bd. 4. Tokio: Seec Ishibashi, 1996, S. 151–156

Kildesø, J.; Tornvig, L.: The effect of improved cleaning methods on the composition of dust and the well-being of people. In: Yoshizawa, S.; Kimura, K.; Ikeda, K.; Tanabe, S.; Iwata, T. (Hrsg.): Indoor Air '96. Proceedings of the 7th International Conference on Indoor Air Quality and Climate, Nagoya, Japan, 21–26 July 1996. Bd. 2. Tokio: Seec Ishibashi, 1996, S. 923–928

Koch, T.; Steup, A.; Wiesmüller, G. A.; Ranft, U.: Sensitivity and reliability of a sick building syndrome-questionnaire for the German-speaking area. In: Raw, G.; Aizlewood, C.; Warren, P. (Hrsg.): Indoor Air 99. Proceedings of the 8th International Conference on Indoor Air Quality and Climate, Edinburgh, Scotland, 8–13 August 1999. Bd. 1. London: Construction Research Communications, 1999, S. 786–791

Köhle, K.: Funktionelle Syndrome in der inneren Medizin. Epidemiologie, Ätiologie, Pathogenese, Psychodynamik und Differentialdiagnose. In: Internist 32 (1991), S. 3–11

Kommission „Methoden und Qualitätssicherung in der Umweltmedizin": Infraschall und tieffrequenter Schall – ein Thema für den umweltbezogenen Gesundheitsschutz in Deutschland? In: Bundesgesundheitsblatt – Gesundheitsforschung – Gesundheitsschutz 50 (2007), S. 1582–1589

Kommission „Methoden und Qualitätssicherung in der Umweltmedizin": Schimmelpilzbelastung in Innenräumen – Befunderhebung, gesundheitliche Bewertung und Maßnahmen. In: Bundesgesundheitsblatt – Gesundheitsforschung – Gesundheitsschutz 50 (2007), S. 1308–1323

Kröling, P.: Gesundheits- und Befindensstörungen in klimatisierten Gebäuden. Vergleichende Untersuchungen zum „building illness"-Syndrom. BMFT-Projekt 01, VD 132. München: Zuckschwerdt, 1985

Kröling, P.: Untersuchungen zum „Building Illness"-Syndrom in klimatisierten Gebäuden. In: Gesundheits-Ingenieur – Haustechnik, Bauphysik, Umwelttechnik 108 (1987), S. 121–130

Kröling, P.: Das Sick-Building-Syndrom in klimatisierten Gebäuden: Symptome, Ursachen und Prophylaxe. In: Diel, F. (Hrsg.): Innenraumbelastungen – erkennen, bewerten, sanieren. Wiesbaden: Bauverlag, 1993, S. 22–37

Kröling, P.: Sick-Building-Syndrom. In: Luftbelastung und Gesundheit. München: Pfeil, 1996, S. 173–185 (Rundgespräche der Kommission für Ökologie 11)

Kröling, P.: Sick Building Syndrom. Symptome, Ursachen und Prophylaxe gebäudebedingter Gesundheitsstörungen. In: Allergologie 21 (1998), Nr. 5, S. 180–191

Lefsen, K.: Der Einfluß von Baumaterialien auf die Belastung der Innenraumluft durch organische Schadstoffe. In: Dompke, M.; Bischof, W.; Schmid, W. (Hrsg.): Sick Building Syndrome. Forschung und Erkenntnisumsetzung. Dokumentation. Karlsruhe: C. F. Müller, 1993, S. 71–77

Lindvall, T.: The sick building syndrome – Overview and frontiers. In: Knöppel, H.; Wolkoff, P. (Hrsg.): Chemical, microbiological, health and comfort aspects of indoor air quality – State of the art in SBS. Dordrecht: Kluwer Academic Publishers, 1992, S. 1–14

Marmot, A. F.; Eley, J.; Stafford, M.; Stansfeld, S. A.; Warwick, E.; Marmot, M. G.: Building health: an epidemiological study of "sick building syndrome" in the Whitehall II study. In: Occupational and Environmental Medicine 63 (2006), S. 283–289

Maroni, M.; Levy, F.: Definitions. In: Levy, F.; Maroni, M. (Hrsg.): NATO/CCMS Pilot study on indoor air quality. 4th plenary meeting. Epidemiology and medical management of building-related complaints and illnesses. Oslo: National Institute of Occupational Health, 1992, S. 160–161

Mendell, M. J.: Non-specific symptoms in office workers: A review and summary of the epidemiologic literature. In: Indoor Air 3 (1993), S. 227–236

Mendell, M. J.; Fisk, W. J.; Deddens, J. A.; Seavey, W. G.; Smith, A. H.; Smith, D. F.; Hodgson, A. T.; Daisey, J. M.; Goldman, L. R.: Elevated symptom prevalence associated with ventilation type in office buildings. In: Epidemiology 7 (1996), Nr. 6, S. 583–589

Mendell, M. J.; Smith, A. H.: Consistent pattern of elevated symptoms in air-conditioned office buildings: A reanalysis of epidemiologic studies. In: American Journal of Public Health 80 (1990), S. 1193–1199

Mølhave, L.: The sick buildings and other buildings with indoor climate problems. In: Environment International 15 (1989), S. 65–74

Multiple chemical sensitivity: a 1999 consensus. In: Archives of Environmental Health 54 (1999), S. 147–149

Nethercott, J. R.; Davidoff, L. L.; Curbow, B.; Abbey, H.: Multiple chemical sensitivities syndrome: toward a working case definition. In: Archives of Environmental Health 48 (1993), S. 19–26

Neuhann, H. F.; Wiesmüller, G. A.: Diagnostische Strategien bei gebäudebezogenen Gesundheitsstörungen. In: Luftverunreinigung in Innenräumen. Herkunft, Messung, Wirkung, Abhilfe. Hrsg.: Kommission Reinhaltung der Luft im VDI und DIN. Düsseldorf: VDI-Verlag, 1994, S. 597–622 (VDI-Berichte 1122)

Norbäck, D.: Epidemiology of principal building-related illnesses and complaints. In: Levy, F.; Maroni, M. (Hrsg.): NATO/CCMS Pilot study on indoor air quality. 4th plenary meeting. Epidemiology and medical management of building-related complaints and illnesses. Oslo: National Institute of Occupational Health, 1992, S. 27–46

Norbäck, D.; Edling, C.: Environmental, occupational, and personal factors related to the prevalence of sick building syndrome in the general population. In: British Journal of Industrial Medicine 48 (1991), S. 451–462

Pasanen, A.-L.; Lappalainen, S.; Korpi, A.; Pasanen, P.; Kalliokoski, P.: Volatile metabolic products of moulds as indicators of mould problems in buildings. In: Yoshizawa, S.; Kimura, K.; Ikeda, K.; Tanabe, S.; Iwata, T. (Hrsg.): Indoor Air '96. Proceedings of the 7th International Conference on Indoor Air Quality and Climate, Nagoya, Japan, 21–26 July 1996. Bd. 2. Tokio: Seec Ishibashi, 1996, S. 669–674

Peters, T.: Büropraxis. Besser arbeiten, mehr leisten, gesund bleiben. Ludwigshafen: Kiehl, 1993

Petrovitch, A.: Sick-Building-Syndrome. In: Umweltmedizin in Forschung und Praxis 1 (1996), Nr. 3, S. 143–150

von Pettenkofer, M.: Über den Luftwechsel in Wohngebäuden. München: J. G. Cotta'sche Buchhandlung, 1858

Plehn, W.: Herkunft von Luftverunreinigungen in Innenräumen – Übersicht. In: Luftverunreinigung in Innenräumen. Herkunft, Messung, Wirkung, Abhilfe. Hrsg.: Kommission Reinhaltung der Luft im VDI und DIN. Düsseldorf: VDI-Verlag, 1994, S. 57–81 (VDI-Berichte 1122)

Qin, Y.; Han, K.; Jing, H.; Kong, J.: Indoor air pollution caused by wall paint. In: Yoshizawa, S.; Kimura, K.; Ikeda, K.; Tanabe, S.; Iwata, T. (Hrsg.): Indoor Air '96. Proceedings of the 7th International Conference on Indoor Air Quality and Climate, Nagoya, Japan, 21–26 July 1996. Bd. 2. Tokio: Seec Ishibashi, 1996, S. 693–697

Regoui, C.; Ramalho, O.; Kirchner, S.: Discrimination of volatile organic compounds emitted by building materials using an electronic nose. In: Woods, J. E.; Grimsrud, D. T.; Boschi, H. (Hrsg.): Healthy Buildings '97. Bd. 3. Washington, D. C.: Healthy Buildings; IAQ '97, 1997, S. 485–490

Reichel, C.; Langkilde, G.: Indoor air quality and electronic noses. In: Yoshizawa, S.; Kimura, K.; Ikeda, K.; Tanabe, S.; Iwata, T. (Hrsg.): Indoor Air '96. Proceedings of the 7th International Conference on Indoor Air Quality and Climate, Nagoya, Japan, 21–26 July 1996. Bd. 3. Tokio: Seec Ishibashi, 1996, S. 351–356

Roache, N.; Howard, E.; Guo, Z.; Fortmann, R.: Observations on application of the field and laboratory emission cell (FLEC) for latex paint emissions – Effect of relative humidity. In: Yoshizawa, S.; Kimura, K.; Ikeda, K.; Tanabe, S.; Iwata, T. (Hrsg.): Indoor Air '96. Proceedings of the 7th International Conference on Indoor Air Quality and Climate, Nagoya, Japan, 21–26 July 1996. Bd. 2. Tokio: Seec Ishibashi, 1996, S. 657–662

Salthammer, T.: VOC emissions from cabinet furnitures: Concentrations in the test chamber and in the cabinet. In: Yoshizawa, S.; Kimura, K.; Ikeda, K.; Tanabe, S.; Iwata, T. (Hrsg.): Indoor Air '96. Proceedings of the 7th International Conference on Indoor Air Quality and Climate, Nagoya, Japan, 21–26 July 1996. Bd. 3. Tokio: Seec Ishibashi, 1996, S. 567–572

Salthammer, T.; Fuhrmann, F.: Emission of monoterpenes from wooden furniture. In: Yoshizawa, S.; Kimura, K.; Ikeda, K.; Tanabe, S.; Iwata, T. (Hrsg.): Indoor Air '96. Proceedings of the 7th International Conference on Indoor Air Quality and Climate, Nagoya, Japan, 21–26 July 1996. Bd. 3. Tokio: Seec Ishibashi, 1996, S. 607–612

Sandström, M.; Hansson Mild, K.; Lönnberg, G.; Stenberg, B.; Sundell, J.; Zingmark, P. A.; Wall, S.: The Office Illness Project in Northern Sweden. Part IV: Skin symptoms among VDT workers related to electromagnetic fields – A case referent study. In: Walkinshaw, D. S. (Hrsg.): Indoor Air '90. Proceedings of the 5th International Conference on Indoor Air Quality and Climate, Toronto, Canada, 29 July–3 August 1990. Bd. 4. Ottawa: International Conference on Indoor Air Quality and Climate, 1990, S. 659–664

Schepank, H.: Psychogene Erkrankungen der Stadtbevölkerung. Berlin: Springer, 1987

Schneider, T.; Sundell, J.; Bischof, W.; Bohgard, M.; Cherrie, J. W.; Clausen, P. A.; Dreborg, S.; Kildesø, J.; Kjaergaard, S. K.; Lovik, M.; Pasanen, P.; Skyberg, K.: "EUROPART". Airborne particles in the indoor environment. A European interdisciplinary review of scientific evidence on associations between exposure to particles in buildings and health effects. In: Indoor Air 13 (2003), Nr. 1, S. 38–48

Schreiber, F.; Fitzner, K.: Untersuchung der empfundenen Luftqualität in Innenräumen mit einer elektronischen Nase. In: Neuere Entwicklungen bei der Messung und Beurteilung der Luftqualität. Hrsg.: Kommission Reinhaltung der Luft im VDI und DIN. Düsseldorf: VDI-Verlag, 1999, S. 361–370 (VDI-Berichte 1443)

Schulz, H.: Methodische Möglichkeiten zur Bestimmung von Emissionen aus Innenraummaterialien. In: 4. Freiberger Polymertag, 27. und 28. Mai 1999. Freiberg/Sachsen: Forschungsinstitut für Leder- und Kunstledertechnologie, 1999, S. 1–15

Schulze, S.; Lüth, P.; Schäcke, G.: Vorgehen bei gebäudebezogenen Beschwerden. In: Luftverunreinigung in Innenräumen. Herkunft, Messung, Wirkung, Abhilfe. Hrsg.: Kommission Reinhaltung der Luft im VDI und DIN. Düsseldorf: VDI-Verlag, 1994, S. 899–902 (VDI-Berichte 1122)

Seeber, A.; Kiesswetter, E.; Meyer-Baron, M.; Müller, M.; Vangala, R. R.; Zupanic, M.: Das Sick Building Syndrom als psychologisches Problem. In: Allergologie 21 (1998), Nr. 5, S. 209–219

Seeber, A.; Kiesswetter, E.; Rutenfranz, J.: Beeinträchtigungen des Befindens in einem Bürogebäude. Eine psychologische Untersuchung unter Berücksichtigung von Formaldehyd in der Raumluft. In: Zeitschrift für Arbeitswissenschaft 43 (1989), S. 147–151

Seifert, B.: Das „sick building"-Syndrom. In: Öffentliches Gesundheits-Wesen 53 (1991), S. 376–382

Seitz, T.: NIOSH Indoor Air Investigations. In: Weekes, D. W.; Gammage, R. B. (Hrsg.): The practitioner's approach to indoor air quality investigations. Proceedings of the Indoor Air Quality International Symposium, St. Louis, Missouri, 23 May 1989. Akron/Ohio: American Industrial Hygiene Association, 1990, S. 163–171

Sick Building Syndrome. A practical guide. Hrsg.: Commission of the European Communities, Directorate General for Science, Research and Development, Joint Research Centre – Institute for the Environment. Luxemburg: Office for Publications of the European Communities, 1989 (European Concerted Action: Indoor Air Quality & its Impact on Man. Cost project 613. Environment and quality of life 4)

Skov, P.; Valbjørn, O.; Danish Indoor Climate Study Group (DICSG): The sick building syndrome in the office environment: The Danish Town Hall Study. In: Environment International 13 (1987), S. 339–349

Skov, P.; Valbjørn, O.; Danish Indoor Climate Study Group (DICSG): The Danish Town Hall Study – A one-year follow up. In: Walkinshaw, D. S. (Hrsg.): Indoor Air '90. Proceedings of the 5th International Conference on Indoor Air Quality and Climate, Toronto, Canada, 29 July–3 August 1990. Bd. 1. Ottawa: International Conference on Indoor Air Quality and Climate, 1990, S. 787–791

Skov, P.; Valbjørn, O.; Pedersen, B. V.; Danish Indoor Climate Study Group (DICSG): Influence of personal characteristics, job-related factors and psychosocial factors on the sick building syndrome. In: Scandinavian Journal of Work, Environment and Health 15 (1989), S. 266–295

Stenberg, B.; Hansson Mild, K.; Sandström, M.; Sundell, J.; Wall, S.: The Office Illness Project in Northern Sweden. Part I: A prevalence study of sick building syndrome (SBS) related to demographic data, work characteristics and building factors. In:

Walkinshaw, D. S. (Hrsg.): Indoor Air '90. Proceedings of the 5th International Conference on Indoor Air Quality and Climate, Toronto, Canada, 29 July–3 August 1990. Bd. 4. Ottawa: International Conference on Indoor Air Quality and Climate, 1990, S. 627–632

Stenberg, B.; Lönnberg, G.; Wall, S.: The Office Illness Project in Northern Sweden. Part II: Case referent study of sick building syndrome (SBS) and VDT related skin symptoms – Clinical characteristics of cases and predisposing factors. In: Walkinshaw, D. S. (Hrsg.): Indoor Air '90. Proceedings of the 5th International Conference on Indoor Air Quality and Climate, Toronto, Canada, 29 July–3 August 1990. Bd. 4. Ottawa: International Conference on Indoor Air Quality and Climate, 1990, S. 683–688

Stenberg, B.; Wall, S.: Why do women report "sick building symptoms" more often than men? In: Social Science and Medicine 40 (1995), S. 491–502

Sullivan Jr., J. B.; van Ert, M.; Krieger, G. R.: Indoor air quality and human health. In: Sullivan Jr., J. B.; Krieger, G. R. (Hrsg.): Hazardous Materials Toxicology. Clinical Principles of Environmental Health. Baltimore: Williams & Wilkins, 1992, S. 667–689

Sundell, J.: On the association between building ventilation characteristics, some indoor environmental exposures, some allergic manifestations and subjective symptom reports. Kopenhagen: Munksgaard, 1994 (Indoor Air, Supplement 2)

Sundell, J.; Lönnberg, G.; Wall, S.; Stenberg, B.; Zingmark, P. A.: The Office Illness Project in Northern Sweden. Part III: A case-referent study of SBS in relation to building characteristics and ventilation. In: Walkinshaw, D. S. (Hrsg.): Indoor Air '90. Proceedings of the 5th International Conference on Indoor Air Quality and Climate, Toronto, Canada, 29 July–3 August 1990. Bd. 4. Ottawa: International Conference on Indoor Air Quality and Climate, 1990, S. 633–638

Tirkkonen, T.; Andersen, T. E.; Saarela, K.; Clausen, G.; Knudsen, H.: VOC emissions from selected materials in different chambers. In: Yoshizawa, S.; Kimura, K.; Ikeda, K.; Tanabe, S.; Iwata, T. (Hrsg.): Indoor Air '96. Proceedings of the 7th International Conference on Indoor Air Quality and Climate, Nagoya, Japan, 21–26 July 1996. Bd. 3. Tokio: Seec Ishibashi, 1996, S. 613–618

Tress, W.; Manz, R.; Sollors-Mossler, B.: Epidemiologie in der psychosomatischen Medizin. In: Adler, R.; Herrmann, J. M.; Köhle, K.; Schonecke, O. W.; von Uexküll, T.; Wesiack, W. (Hrsg.): Psychosomatische Medizin. 4. Aufl. München: Urban und Schwarzenberg, 1990, S. 63–74

von Uexküll, T.: Funktionelle Syndrome in der Praxis. In: Psyche 12 (1959), S. 481–496

Wargocki, P.; Sundell, J.; Bischof, W.; Brundrett, G.; Fanger, P. O.; Gyntelberg, F.; Hanssen, S. O.; Harrison, P.; Pickering, A.; Seppänen, O.; Wouters, P.: Ventilation and health in non-industrial indoor environments: report from a European Multidisciplinary Consensus Meeting (EUROVEN). In: Indoor Air 12 (2002), Nr. 2, S. 113–128

Weißbach, W.; Niggemann, H.; Kunert, H. J.; Riley, F.; Maarouf, Z.; Bas, G.; Srecec, D.; Dott, W.; Wiesmüller, G. A.: Home conditions of persons with self-reported multiple chemical sensitivity. In: Yang Don, X.; Zhao, B.; Zhao, R. (Hrsg.): Indoor Air 2005. Proceedings of the 10th International Conference on Indoor Air Quality and Climate, Beijing, China, 4–9 September 2005. Bd. 5. Beijing: Tsinghua University Press, 2005, S. 3899–3903

Welch, L. S.; Sokas, R.: Development of multiple chemical sensitivity after an outbreak of sickbuilding syndrome. In: Toxicology and Industrial Health 8 (1992), S. 47–50

Wessén, B.; Schoeps, K.-O.: MVOC ratios – An aid for remediation of sick buildings. In: Yoshizawa, S.; Kimura, K.; Ikeda, K.; Tanabe, S.; Iwata, T. (Hrsg.): Indoor Air '96. Proceedings of the 7th International Conference on Indoor Air Quality and Climate, Nagoya, Japan, 21–26 July 1996. Bd. 3. Tokio: Seec Ishibashi, 1996, S. 557–561

Whillans, F. D.; Lamont, G. S.: Volatile metabolites from fungi: Absorbent choice and breakthrough, and quantitation. In: Yoshizawa, S.; Kimura, K.; Ikeda, K.; Tanabe, S.; Iwata, T. (Hrsg.): Indoor Air '96. Proceedings of the 7th International Conference on Indoor Air Quality and Climate, Nagoya, Japan, 21–26 July 1996. Bd. 3. Tokio: Seec Ishibashi, 1996, S. 215–220

Wiesmüller, G. A.: A sick building syndrome-questionnaire for the German-speaking area. In: Yoshizawa, S.; Kimura, K.; Ikeda, K.; Tanabe, S.; Iwata, T. (Hrsg.): Indoor Air '96. Proceedings of the 7th International Conference on Indoor Air Quality and Climate, Nagoya, Japan, 21–26 July 1996. Bd. 2. Tokio: Seec Ishibashi, 1996, S. 907–912

Wiesmüller, G. A.: Medizinische Aspekte bei Sick Building Syndrom-(SBS)-Untersuchungen. In: Dompke, M.; Kruppa, B.; Mayer, E. (Hrsg.): Sick Building Syndrome II. Forschungsstand und -umsetzung. Bonn: TGC, 1996, S. 156–175

Wiesmüller, G. A.: Diagnostische Strategien zum Umgang mit dem Sick Building Syndrom (SBS). In: Allergologie 21 (1998), S. 220–235

Wiesmüller, G. A.; Bischof, W.: Fragebögen bei SBS-Verdacht. In: Beyer, A.; Eis, D. (Hrsg.): Praktische Umweltmedizin. Folgelieferung 2/2002, Sektion 11.05. Berlin: Springer, 2002, S. 1–18

Wiesmüller, G. A.; Ebel, H.; Hornberg, C.: Syndrome in der Umweltmedizin: Varianten von Somatisierungsstörungen? In: Fortschritte der Neurologie – Psychiatrie 69 (2001), S. 175–188

Wiesmüller, G. A.; Ebel, H.; Hornberg, C.; Kwan, O.; Friel, J.: Are syndromes in environmental medicine variants of somatoform disorders? In: Medical Hypotheses 61 (2003), S. 419–430

Wiesmüller, G. A.; Hornberg, C.: Multiple Chemikalienüberempfindlichkeiten (MCS) – Eine Herausforderung moderner Diagnostik und Therapie. In: Allergologie 24 (2001), S. 507–514

Wiesmüller, G. A.; Ranft, U.: Applicability of a set of diagnostic tests in indoor air health research. In: International Journal of Hygiene and Environmental Health 207 (2004), S. 125–139

Wiesmüller, G. A.; Steup, A.; Ranft, U.: Inner Room Questionnaire for the German-speaking area. In: Zentralblatt für Hygiene und Umweltmedizin 202 (1998/99), S. 435–470

Wilkes, C.; Koontz, M.; Ryan, M.; Cinalli, C.: Estimation of emission profiles for interior latex paints. In: Yoshizawa, S.; Kimura, K.; Ikeda, K.; Tanabe, S.; Iwata, T. (Hrsg.): Indoor Air '96. Proceedings of the 7th International Conference on Indoor Air Quality and Climate, Nagoya, Japan, 21–26 July 1996. Bd. 2. Tokio: Seec Ishibashi, 1996, S. 55–60

Wilson, S.; Hedge, A.: "The Office Environment Survey". A study of building sickness. London: Building Use Studies, 1987

Winneke, G.; Neuf, M.: Psychological response to sensory stimulation by environmental stressors: Trait or state? In: Applied Psychology 41 (1992), S. 257–267

Wolkoff, P.: Volatile organic compounds – Sources, measurements, emissions, and the impact on indoor air quality. Kopenhagen: Munksgaard, 1995 (Indoor Air, Supplement 2)

Wolkoff, P.: Characterization of emissions from building products: Long-term chemical evaluation. The impact of air velocity, temperature, humidity, oxygen, and batch/repeatability in the FLEC. In: Yoshizawa, S.; Kimura, K.; Ikeda, K.; Tanabe, S.; Iwata, T. (Hrsg.): Indoor Air '96. Proceedings of the 7th International Conference on Indoor Air Quality and Climate, Nagoya, Japan, 21–26 July 1996. Bd. 1. Tokio: Seec Ishibashi, 1996, S. 579–584

Wolkoff, P.; Jensen, B.; Kjaer, U. D.; Nielsen, P. A.: Characterization of emissions from building products: Short-term chemical and comfort evaluation after two years. In: Yoshizawa, S.; Kimura, K.; Ikeda, K.; Tanabe, S.; Iwata, T. (Hrsg.): Indoor Air '96. Proceedings of the 7th International Conference on Indoor Air Quality and Climate, Nagoya, Japan, 21–26 July 1996. Bd. 4. Tokio: Seec Ishibashi, 1996, S. 331–336

Wolkoff, P.; Kjaer, U. D.; Knudsen, H. N.; Nielsen, P. A.: Characterization of emissions from building products: Long-term chemical evaluation. The impact of air velocity and concentration. In: Yoshizawa, S.; Kimura, K.; Ikeda, K.; Tanabe, S.; Iwata, T. (Hrsg.): Indoor Air '96. Proceedings of the 7th International Conference on Indoor Air Quality and Climate, Nagoya, Japan, 21–26 July 1996. Bd. 4. Tokio: Seec Ishibashi, 1996, S. 337–342

Ziem, G. E.; Davidoff, L. L.: Illness from chemical "odors": Is the health significance understood? Editorial. In: Archives of Environmental Health 47 (1992), S. 88–91

Kapitel 2.6.2: „Fogging" – schwarze Niederschläge in Innenräumen

Jörg Thumulla

Richtlinien

VdS 2357 (04) Richtlinien zur Brandschadensanierung (2002-10), Gesamtverband der Deutschen Versicherungswirtschaft e.V. (GDV), Köln

VdS 2357 (05) Richtlinien zur Brandschadensanierung (2007-04), Gesamtverband der Deutschen Versicherungswirtschaft e.V. (GDV), Köln

Literatur

Grün, L.: Das Phänomen plötzlicher Staubablagerungen (Magic Dust?). Welche Rolle spielen Heizung, Lüftung oder Bauphysik? In: Umwelt, Gebäude & Gesundheit: Von Energieeffizienz zur Raumlufthygiene. Springe-Eldagsen: Arbeitsgemeinschaft ökologischer Forschungsinstitute, 2001, S. 312–318

Grün, L.: Thermophorese als Ursache von Schwarzfärbungen an Raumumschließungsflächen („Foggingerscheinungen") – Theorie und Fallbeispiele. In: Umwelt, Gebäude & Gesundheit: Innenraumschadstoffe, Fogging und Gerüche. Springe-Eldagsen: Arbeitsgemeinschaft ökologischer Forschungsinstitute, 2007, S. 132–145

Lorenz, W.; Hölzer, J.; Kroh, L. W.; Richter, H.; Esbach, R.: Laborversuche zur Klärung des „Fogging-Phänomens". In: Umwelt, Gebäude & Gesundheit: Innenraumschadstoffe, Fogging und Gerüche. Springe-Eldagsen: Arbeitsgemeinschaft ökologischer Forschungsinstitute, 2007, S. 183–193

Moriske, H.-J.: Auftreten von plötzlichen Staubimmissionen in Wohnungen. In: Moriske, H.-J.; Turowski, E. (Hrsg.): Handbuch für Bioklima und Lufthygiene. Mensch, Wetter, Klima, Innenraum- und Außenlufthygiene. Grundlagen, Forschungsergebnisse, Trends. 8. Erg.-Lfg., 12/2002, Kap. III-4.4.1. Landsberg am Lech: ecomed, 2002, S. 1–44

Moriske, H.-J.: Attacke des schwarzen Staubes. Das Phänomen „schwarze Wohnungen". Ursachen – Wirkungen – Abhilfe. Stand: August 2004. Berlin: Umweltbundesamt, 2004

Münzenberg, U.; Thumulla, J.: Thesen zum Phänomen Magic Dust. In: Umwelt, Gebäude & Gesundheit: Von Energieeffizienz zur Raumlufthygiene. Springe-Eldagsen: Arbeitsgemeinschaft ökologischer Forschungsinstitute, 2001, S. 308–311

Plieninger, P.: Schwarzstaub: Ruß, Dreck oder Spuk? In: Umwelt, Gebäude & Gesundheit: Von Energieeffizienz zur Raumlufthygiene. Springe-Eldagsen: Arbeitsgemeinschaft ökologischer Forschungsinstitute, 2001, S. 319–327

Rudolphi, A.: Untersuchung elektrostatischer Ladungsprozesse als Auslöser von spontanen Staubablagerungen. Stuttgart: Fraunhofer IRB Verlag, 2003 (Bau- und Wohnforschung, F 2437)

Scholz, H.; Quost, A.; Santl, H.: Fogging in Innenräumen – ausgewählte Fallbeispiele. In: Diel, F.; Feist, W.; Krieg, H.-U.; Linden, W. (Hrsg.): Ökologisches Bauen und Sanieren. Heidelberg: C. F. Müller, 1998, S. 90–97

Tappler, P.; Damberger, B.; Twrdik, F.: Ursachenermittlung und analytische Vorgehensweise bei Auftreten von Schwarzstaubbelastungen in Gebäuden. In: Gebäudestandard 2000: Energie & Raumluftqualität. Springe-Eldagsen: Arbeitsgemeinschaft ökologischer Forschungsinstitute, 1998, S. 235–241

Wensing, M.; Salthammer, T.; Schripp, T.; Fauck, C.; Meinlschmidt, P.; Uhde, E.; Moriske, H.-J.: Untersuchungen in Klimakammern und realen Innenräumen zum „Phänomen der Schwarzen Wohnungen". In: Umwelt, Gebäude & Gesundheit: Innenraumschadstoffe, Fogging und Gerüche. Springe-Eldagsen: Arbeitsgemeinschaft ökologischer Forschungsinstitute, 2007, S. 146–162

Wesselmann, M.; Fittschen, U.; Santen, M.: Feinstaubuntersuchungen in „schwarzen" und „weißen" Wohnungen. Hamburger Studie zur Untersuchung der Feinstaub-Konzentration in Wohnräumen, 2006. In: Umwelt, Gebäude & Gesundheit: Innenraumschadstoffe, Fogging und Gerüche. Springe-Eldagsen: Arbeitsgemeinschaft ökologischer Forschungsinstitute, 2007, S. 167–182

Wesselmann, M.; Santen, M.: Bestimmung der Feinstaubkonzentration feiner und ultrafeiner Partikel in Innenräumen in Abhängigkeit von Außenlufteinflüssen und Quellen im Innenraum. In: Umwelt, Gebäude & Gesundheit: Innenraumschadstoffe, Fogging und Gerüche. Springe-Eldagsen: Arbeitsgemeinschaft ökologischer Forschungsinstitute, 2007, S. 163–166

Kapitel 4: Entsorgung *Frank Koser*

Normen

DIN 18299:2006-10 VOB Vergabe- und Vertragsordnung für Bauleistungen – Teil C: Allgemeine Technische Vertragsbedingungen für Bauleistungen (ATV) – Allgemeine Regelungen für Bauarbeiten jeder Art

DIN 51527-1:1987-05 Prüfung von Mineralölerzeugnissen – Bestimmung polychlorierter Biphenyle (PCB) – Flüssigchromatographische Vortrennung und Bestimmung 6 ausgewählter PCB mittels eines Gaschromatographen mit Elektronen-Einfang-Detektor (ECD)

DIN EN ISO/IEC 17025:2005-08 Allgemeine Anforderungen an die Kompetenz von Prüf- und Kalibrierlaboratorien

ISO 15189:2007-04 Medizinische Laboratorien – Besondere Anforderungen an die Qualität und Kompetenz

Rechtsvorschriften – Europäische Union

Entscheidung der Kommission 2000/532/EG vom 3. Mai 2000 zur Ersetzung der Entscheidung 94/3/EG über ein Abfallverzeichnis gemäß Artikel 1 Buchstabe a) der Richtlinie 75/442/EWG des Rates über Abfälle und der Entscheidung 94/904/EG des Rates über ein Verzeichnis gefährlicher Abfälle im Sinne von Artikel 1 Absatz 4 der Richtlinie 91/689/EWG über gefährliche Abfälle, Amtsblatt der Europäischen Gemeinschaften, Nr. L 226, 06.09.2000, S. 3

Richtlinie 67/548/EWG des Rates vom 27. Juni 1967 zur Angleichung der Rechts- und Verwaltungsvorschriften für die Einstufung, Verpackung und Kennzeichnung gefährlicher Stoffe, Amtsblatt der Europäischen Gemeinschaften, Nr. L 196, 16.08.1967, S. 1

Richtlinie des Rates 75/442/EWG vom 15. Juli 1975 über Abfälle, Amtsblatt der Europäischen Gemeinschaften, Nr. L 194, 25.07.1975, S. 39

Richtlinie 91/689/EWG des Rates vom 12. Dezember 1991 über gefährliche Abfälle, Amtsblatt der Europäischen Gemeinschaften, Nr. L 377, 31.12.1991, S. 20

Richtlinie 2006/12/EG des europäischen Parlaments und des Rates vom 5. April 2006 über Abfälle, Amtsblatt der Europäischen Union, Nr. L 114, 27.04.2006, S. 9

Richtlinie 2008/98/EG des Europäischen Parlaments und des Rates vom 19. November 2008 über Abfälle und zur Aufhebung bestimmter Richtlinien, Amtsblatt der Europäischen Union, Nr. L 312, 22.11.2008, S. 3

Richtlinie 2009/2/EG der Kommission vom 15. Januar 2009 zur 31. Anpassung der Richtlinie 67/548/EWG des Rates zur Angleichung der Rechts- und Verwaltungsvorschriften für die Einstufung, Verpackung und Kennzeichnung gefährlicher Stoffe an den technischen Fortschritt, Amtsblatt der Europäischen Union, Nr. L 11, 16.01.2009, S. 6

Verordnung (EG) Nr. 850/2004 des Europäischen Parlaments und des Rates vom 29. April 2004 über persistente organische Schadstoffe und zur Änderung der Richtlinie 79/117/EWG, Amtsblatt der Europäischen Union, Nr. L 158, 30.04.2004, S. 7

Verordnung (EG) Nr. 1013/2006 des Europäischen Parlaments und des Rates vom 14. Juni 2006 über die Verbringung von Abfällen, Amtsblatt der Europäischen Union, Nr. L 190, 12.07.2006, S. 1

Verordnung (EG) Nr. 1272/2008 des Europäischen Parlaments und des Rates vom 16. Dezember 2008 über die Einstufung, Kennzeichnung und Verpackung von Stoffen und Gemischen, zur Änderung und Aufhebung der Richtlinien 67/548/EWG und 1999/45/EG und zur Änderung der Verordnung (EG) Nr. 1907/2006, Amtsblatt der Europäischen Union, Nr. L 353, 31.12.2008, S. 1

Rechtsvorschriften – Bundesrepublik Deutschland

Altölverordnung (AltölV) v. 27.10.1987, Bundesgesetzblatt I, Nr. 49, 31.10.1987, S. 2335

Gesetz zur Förderung der Kreislaufwirtschaft und Sicherung der umweltverträglichen Beseitigung von Abfällen (Kreislaufwirtschafts- und Abfallgesetz – KrW-/AbfG) v. 27.09.1994, Bundesgesetzblatt I, Nr. 66, 06.10.1994, S. 2705

Klärschlammverordnung (AbfKlärV) v. 15.04.1992, Bundesgesetzblatt I, Nr. 21, 28.04.1992, S. 912

Verordnung über Anforderungen an die Verwertung und Beseitigung von Altholz (Altholzverordnung – AltholzV) v. 15.08.2002, Bundesgesetzblatt I, Nr. 59, 23.08.2002, S. 3302

Verordnung über das europäische Abfallverzeichnis (Abfallverzeichnis-Verordnung – AVV) v. 10.12.2001, Bundesgesetzblatt I, Nr. 65, 12.12.2001, S. 3379

Verordnung über den Versatz von Abfällen unter Tage (Versatzverordnung – VersatzV) v. 24.07.2002, Bundesgesetzblatt I, Nr. 52, 24.07.2002, S. 2833

Verordnung über Deponien und Langzeitlager (Deponieverordnung – DepV) v. 24.07.2002, Bundesgesetzblatt I, Nr. 52, 29.07.2002, S. 2807 [diese Deponieverordnung v. 24.07.2002 ist am 16.07.2009 mit Inkrafttreten der neuen Verordnung über Deponien und Langzeitlager (Deponieverordnung – DepV) v. 27.04.2009 außer Kraft getreten]

Verordnung über Deponien und Langzeitlager (Deponieverordnung – DepV) v. 27.04.2009, Bundesgesetzblatt I, Nr. 22, 29.04.2009, S. 900 [diese neue Deponieverordnung hat mit Inkrafttreten am 16.07.2009 die alte Deponieverordnung v. 24.07.2002, sowie die Abfallablagerungsverordnung und die Deponieverwertungsverordnung ersetzt]

Verordnung über die Entsorgung polychlorierter Biphenyle, polychlorierter Terphenyle sowie halogenierter Monomethyldiphenylmethane (PCB/PCT-Abfallverordnung – PCBAbfallV) v. 26.06.2000, Bundesgesetzblatt I, Nr. 28, 29.06.2000, S. 932

Verordnung über die Entsorgung von gewerblichen Siedlungsabfällen und von bestimmten Bau- und Abbruchabfällen (Gewerbeabfallverordnung – GewAbfV) v. 19.06.2002, Bundesgesetzblatt I, Nr. 37, 24.06.2002, S. 1938

Verordnung über die Nachweisführung bei der Entsorgung von Abfällen (Nachweisverordnung – NachwV) v. 10.09.1996, Bundesgesetzblatt I, Nr. 47, 20.09.1996, S. 1382

Verordnung über die Rücknahme und Entsorgung gebrauchter Batterien und Akkumulatoren (Batterieverordnung – BattV) v. 27.03.1998, Bundesgesetzblatt I, Nr. 20, 02.04.1998, S. 658

Verordnung über die umweltverträgliche Ablagerung von Siedlungsabfällen und über biologische Abfallbehandlungsanlagen (Abfallablagerungsverordnung – AbfAblV) v. 20.02.2001, Bundesgesetzblatt I, Nr. 10, 27.02.2001, S. 305 [die Abfallablagerungsverordnung ist am 16.07.2009 mit Inkrafttreten der neuen Verordnung über Deponien und Langzeitlager (Deponieverordnung – DepV) v. 27.04.2009 außer Kraft getreten]

Verordnung über die Vermeidung und Verwertung von Verpackungsabfällen (Verpackungsverordnung – VerpackV) v. 21.08.1998, Bundesgesetzblatt I, Nr. 56, 27.08.1998, S. 2379

Verordnung über die Verwertung von Abfällen auf Deponien über Tage und zur Änderung der Gewerbeabfallverordnung (Deponieverwertungsverordnung – DepVerwV) v. 25.07.2005, Bundesgesetzblatt I, Nr. 46, 28.07.2005, S. 2252 [die Deponieverwertungsverordnung ist am 16.07.2009 mit Inkrafttreten der neuen Verordnung über Deponien und Langzeitlager (Deponieverordnung – DepV) v. 27.04.2009 außer Kraft getreten]

Verordnung über die Verwertung von Bioabfällen auf landwirtschaftlich, forstwirtschaftlich und gärtnerisch genutzten Böden (Bioabfallverordnung – BioAbfV) v. 21.09.1998, Bundesgesetzblatt I, Nr. 65, 28.09.1998, S. 2955

Verordnung über Entsorgungsfachbetriebe (Entsorgungsfachbetriebeverordnung – EfbV) v. 10.09.1996, Bundesgesetzblatt I, Nr. 47, 20.09.1996, S. 1421

Verordnung über Verbote und Beschränkungen des Inverkehrbringens gefährlicher Stoffe, Zubereitungen und Erzeugnisse nach dem Chemikaliengesetz (Chemikalien-Verbotsverordnung – ChemVerbotsV) v. 14.10.1993, Bundesgesetzblatt I, Nr. 54, 20.10.1993, S. 1720

Verordnung zur Transportgenehmigung (Transportgenehmigungsverordnung – TgV) v. 10.09.1996, Bundesgesetzblatt I, Nr. 47, 20.09.1996, S. 1411

Richtlinien

LAGA PN 98 Richtlinie für das Vorgehen bei physikalischen, chemischen und biologischen Untersuchungen im Zusammenhang mit der Verwertung/Beseitigung von Abfällen. Grundregeln für die Entnahme von Proben aus festen und stichfesten Abfällen sowie abgelagerten Materialien (2001-12), Länderarbeitsgemeinschaft Abfall (LAGA) (Mitteilungen der Länderarbeitsgemeinschaft Abfall 32)

Richtlinie für die Bewertung und Sanierung Pentachlorphenol (PCP)-belasteter Baustoffe und Bauteile in Gebäuden, Fassung Oktober 1996 [online]. Projektgruppe „Schadstoffe" der Fachkommission Baunormung der Arbeitsgemeinschaft der für das Bau-, Wohnungs- und Siedlungswesen zuständigen Minister der Länder (ARGEBAU), 1996. Internet: http://www.gewerbeaufsicht.baden-wuerttemberg.de/servlet/is/16493/6_3.pdf [Zugriff: 21.04.2009]

TRGS 519 Technische Regeln für Gefahrstoffe – Asbest: Abbruch-, Sanierungs- oder Instandhaltungsarbeiten (2007-03), Ausschuss für Gefahrstoffe (AGS)

TRGS 521 Technische Regeln für Gefahrstoffe – Abbruch-, Sanierungs- und Instandhaltungsarbeiten mit alter Mineralwolle (2008-02), Ausschuss für Gefahrstoffe (AGS)

Literatur

Bundesministerium für Umwelt, Naturschutz und Reaktorsicherheit: Abfallwirtschaft [online]. Internet: http://www.bmu.de/abfallwirtschaft/aktuell/3794.php [Zugriff: 07.05.2009]

Cronjaeger, Jan; Decker, Jürgen; Eurich, Martin; Herold, Silke; Ludwig, Hermann; Seidel, Ulrike; Stork, Claudia: Merkblatt „Entsorgung von Bauabfällen". Stand: 04.04.2006. Hrsg.: Regierungspräsidium Darmstadt; Regierungspräsidium Gießen; Regierungspräsidium Kassel, Abteilung Umwelt (Baumerkblatt)

Enders, Rainald: Die öffentlichrechtliche und zivilrechtliche Verantwortlichkeit des Abfallerzeugers. In: Neue Zeitschrift für Verwaltungsrecht 24 (2005), Nr. 4, S. 381–388

Kropp, Olaf: Abfallrechtliche Verantwortung im Bauwesen. In: Umwelt- und Planungsrecht 23 (2003), Nr. 8, S. 284–288

Kropp, Olaf: Abfallrecht im Bauwesen: Wer ist Erzeuger, Besitzer, Entsorger von Abfällen und wie weit reicht deren Verantwortung? PowerPoint-Präsentation, SAM-Workshop: Abfallrechtliche Nachweisführung, 12.02.2007, Mainz

Schadstoffratgeber Gebäuderückbau [online]. Augsburg: Bayerisches Landesamt für Umwelt. Internet: http://www.lfu.bayern.de/boden/fachinformationen/schadstoffratgeber [Zugriff: 30.04.2008]

Umweltbundesamt: Abfallwirtschaft [online]. Internet: http://www.umweltbundesamt.de/abfallwirtschaft [Zugriff: 07.05.2009]

6.2 Autorinnen und Autoren

Alexander Berg

Dr. rer. nat.; Diplom-Chemiker; 1973–1981 Studium der Chemie in Marburg; 1978 Gründung der Wartig Chemie GbR, 1980 Umwandlung in Wartig Chemieberatung GmbH, Arbeitsschwerpunkt: Entwicklung von Recyclingverfahren; Geschäftsführer in beiden Gesellschaften; 1985 Promotion; ab 1985 Aufbau der Wartig Chemieberatung GmbH, Standort Hamburg, zunächst Entwicklung von Recyclingverfahren und Verbrauchertests, dann Beginn der Tätigkeit als Asbestsachverständiger und Entwicklung von Sanierungsverfahren; 1989 Anerkennung als Asbestsachverständiger nach der Hamburger Asbest-Sachverständigen-Verordnung; 1995 öffentlich bestellter und vereidigter Asbestsachverständiger des Landes Mecklenburg-Vorpommern; ab 1996 Begutachtung von Schimmelschäden, Erarbeitung von Sanierungsmethoden; 2002 Gründung der AB – Dr. A. Berg GmbH, Planungsbüro für Schadstoffsanierung und Brandschutz, Aufnahme, Bewertung, Planung und Bauleitung der Sanierung von Gefahrstoffen und Schimmelschäden bei Gebäuden, Ingenieurbauwerken und Schiffen, Behebung von Brandschutzmängeln; 2005 Handbuch der Bauwerkstrocknung im Fraunhofer IRB Verlag; Mitglied im Netzwerk Schimmel

Wolfgang Bischof

Priv.-Doz., Dr. med. habil., Dr.-Ing.; 1968–1977 Studium der Technischen Thermodynamik, anschließend Arbeiten zum Wärme- und Stoffaustausch; 1981–1987 Studium der Medizin in Jena und Erfurt, Ausbildung zum Facharzt für Hygiene und Umweltmedizin; seit 1994 Leiter der Arbeitsgruppe „Raumklimatologie“ am Institut für Arbeits- und Sozialmedizin des Klinikums der Friedrich-Schiller-Universität Jena; seit 1993 Mitglied der Innenraumhygienekommission des Umweltbundesamtes; Arbeitsschwerpunkt: Beurteilung von Raumklima und Raumluftqualität aus medizinisch-hygienischer Sicht

Hans-Dieter Bossemeyer

Diplom-Ingenieur; Ausbildung zum chemisch-technischen Assistenten; Chemotechniker im Analysegerätebau für die klinische Chemie; Studium des Chemieingenieurwesens, Schwerpunkt Instrumentelle Analytik, an der FH Münster-Steinfurt; Aufbau eines Umweltlabors mit behördlicher Anerkennung; Aufbau der Asbestanalytik im Labor Dr. Wessling; seit der Gründung bei der Wessling Beratende Ingenieure GmbH, Altenberge, u. a. als Geschäftsführer tätig; beratender Ingenieur der Ingenieurkammer-Bau Nordrhein-Westfalen; Sicherheitsingenieur der BAU-Dortmund; Sachverständiger für Asbest mit behördlicher Anerkennung; Mitglied der VDI-Kommission 4300; Referententätigkeit im Bereich Innenraumluft und Bauprodukte, u. a. Dozent des ECO-Kurses der Architektenkammer Niedersachsen

Martina Clemens-Ströwer

Jg. 1960; Diplom-Ingenieurin; Studium der Agrarwissenschaften an der Justus-Liebig-Universität Gießen;. Berufstätigkeit in Afrika; 1992 Fortbildung zur Baubiologin; Gaststudentin an der FH Münster in den Fächern Bauphysik und Baustofflehre; 1995 Gründung des Sachverständigenbüros für Baubiologie, Welver; freiberufliche Baubiologin und Sachverständige für Gerichte, Kommunen, Unternehmen und Privatpersonen; öffentlich bestellte und vereidigte Sachverständige für Schimmelpilze und andere Innenraumschadstoffe; Mitglied im IHK-Sachverständigen-Fachgremium Innenraumschadstoffe; Vorstandsmitglied des Berufsverbands Deutscher Baubiologen VDB e. V.

Ingrid Dill

Dr. rer. nat.; Diplom-Biologin; Studium der Biologie an der TU Braunschweig; 1985 Promotion an der TU Berlin zum Thema „Mikrobiologische und chemische Analyse des palo podrido – selektiver Ligninabbau in den Regenwäldern Südchiles“; Tätigkeit an der TU Berlin und in der Industrie; seit 1997 freiberufliche Sachverständige für Schimmelpilze und Holz zerstörende Pilze in Gebäuden; seit 1998 von der IHK Berlin öffentlich bestellte und vereidigte Sachverständige für Schimmelpilze, Hausschwamm und andere Holz zerstörende Pilze; 1999 Gründung der Umweltmykologie Dr. Dill und Dr. Trautmann GbR, Arbeitsschwerpunkt: Untersuchung und Beurteilung von mikrobiellen Belastungen bei Feuchteschäden in Gebäuden (Laborservice, Gutachten, Beratung, Vorträge, Weiterbildung und Auftragsforschung)

Guido Fischer

Prof. Dr. rer. nat.; 1988–1994 Studium der Biologie an der RWTH Aachen, Nebenfachstudium der Siedlungswasserwirtschaft im Fachbereich Bauingenieurwesen; 1993 Diplomarbeit am Instituut voor Planteziektenkundig Onderzoek und am Centraalbureau voor Schimmelcultures, Niederlande; 1996–1999 Promotionsstipendium der Deutschen Bundesstiftung Umwelt (BDU) zum Thema „Comparison of microbiological and chemical methods for assessing the exposure to air-borne fungi in composting plants“; seit 2003 Lehr- und Forschungsgebiet Juniorprofessur „Umwelthygiene – Mykologie und biogene Umweltnoxen“ an der Medizinischen Fakultät der RWTH Aachen; Leitung des Referenzlabors im Ringversuch „Differenzierung von Schimmelpilzen in Innenräumen und Lebensmitteln“ am Institut für Hygiene und Umweltmedizin der RWTH Aachen; seit November 2009 LGA Landesgesundheitsamt Stuttgart, Sachgebiets- und Laborleitung „Biomonitoring, Analytische Qualitätssicherung", Referat 96 – Arbeitsmedizin, umweltbezogener Gesundheitsschutz; Mitglied im IHK-Sachverständigen-Fachgremium Innenraumschadstoffe; Richtlinienarbeit in der Kommission Reinhaltung der Luft (KRdL) im VDI und DIN; gutachterliche Tätigkeit im Bereich Innenraumhygiene und Schimmelpilze

Udo Jäckel

Dr. rer. nat.; Diplom-Biologe; Ausbildung zum chemisch-technischen Assistenten mit Schwerpunkt Umweltanalytik; Tätigkeit im medizinischen Routinelabor; Studium der Biologie an der Philipps-Universität Marburg; 1998–2001 Promotion und Postdoc am Max-Planck-Institut für terrestrische Mikrobiologie in Marburg, Schwerpunkt „Mikrobiell katalysierte Eisenreduktion, Methanbildung und Methanoxidation in unterschiedlichen Bodensystemen"; 2001–2006 wissenschaftlicher Assistent an der Justus-Liebig-Universität Gießen, Schwerpunkt „Bakterien an mikrobiologisch hoch belasteten Arbeitsplätzen"; seit 2006 wissenschaftlicher Leiter des mikrobiologischen Labors der Bundesanstalt für Arbeitsschutz und Arbeitsmedizin (BAuA) in Berlin; Mitglied mehrerer Gremien der Kommission Reinhaltung der Luft (KRdL) im VDI und DIN sowie Mitarbeit in Gremien des Ausschusses für Biologische Arbeitsstoffe (ABAS)

Peter Kämpfer

Prof. Dr.-Ing. Dr. rer. nat.; Studium der Biologie an der Universität Bonn, 1985 Abschluss als Diplom-Biologe, 1986–1988 Aufbaustudium Technischer Umweltschutz an der TU Berlin; 1988 Promotion an der TU Berlin zum Dr.-Ing., 1990 Promotion an der Universität Bonn zum Dr. rer. nat., 1993 Habilitation an der TU Berlin zum Dr.-Ing. habil., Venia Legendi für Umwelthygiene und Umweltmikrobiologie; 1994–1995 wissenschaftlicher Oberassistent am Institut für Hygiene und Umweltmedizin der RWTH Aachen; seit 1995 Professor für Mikrobiologie der Recyclingprozesse an der Justus-Liebig-Universität Gießen; vielfältige Tätigkeiten in universitären und außeruniversitären Gremien, u. a. seit 1997 Editor (Systematic and Applied Microbiology), seit 2003 Editor-in-Chief (International Journal of Systematic and Evolutionary Microbiology), seit 1997 Mitglied und stellvertretender Vorsitzender des Ausschusses „Mikrobielle Luftverunreinigungen" der Kommission Reinhaltung der Luft (KRdL) im VDI und DIN; seit 1999 Mitglied in Projektgruppen und Unterausschüssen des Ausschusses für Biologische Arbeitsstoffe (ABAS), seit 2008 Vorsitzender des Ausschusses für Biologische Arbeitsstoffe

Martin Kessel

Diplom-Ingenieur; Studium der Chemie an der Technischen Universität Darmstadt; wissenschaftlicher Mitarbeiter am Zentrum für Umweltforschung der Johann Wolfgang Goethe-Universität Frankfurt am Main mit dem Schwerpunkt Analytik von Luftschadstoffen im Zusammenhang mit Waldschadensforschung; seit 1993 tätig bei der ARCADIS Consult GmbH, Niederlassung Karlsruhe, Abteilungsleiter Rückbau – Schadstoffsanierung – Immobilien; Dozent im Masterstudiengang Altbauinstandsetzung der Universität Karlsruhe (TH); Seminarleiter und Referent u. a. beim altlastenforum Baden-Württemberg e. V.und beim VDI

Frank Koser

Jg. 1963; Diplom-Ingenieur Umwelttechnik; Studium des Technischen Umweltschutzes an der TU Berlin; Mitarbeit im Fachbereich Vorsorgende Abfallwirtschaft an der TU Berlin; seit 1998 bei der SAM Sonderabfall-Management-Gesellschaft Rheinland-Pfalz mbH, Mainz, Leiter der Abteilung Vorabkontrolle; Referententätigkeit; Autor mehrerer von der SAM GmbH herausgegebener Informationsbroschüren; Mitarbeit in Bund-Länder-Arbeitsgemeinschaften zur Novellierung bundesdeutscher abfallrechtlicher Vorschriften

Thomas Osberghaus

Jg. 1964; Diplom-Geologe; von der IHK Reutlingen öffentlich bestellter und vereidigter Sachverständiger für das Sachgebiet „Altlasten – Erkundung, Bewertung"; Sachverständiger nach § 18 Bundes-Bodenschutzgesetz für die Gefährdungsabschätzung der Wirkungspfade Boden–Gewässer und Boden–Mensch; seit 1990 als Sachverständiger im Bereich Flächenrecycling, Bausubstanzerkundung, Rückbauplanung und Altlastenbearbeitung tätig; Autor der Handlungshilfe „Abbruchplanung" der Landesanstalt für Umwelt, Messungen und Naturschutz Baden-Württemberg; Leiter der Niederlassung der HPC HARRESS PICKEL CONSULT AG in Rottenburg

Martin Schauer

von der Handwerkskammer für Unterfranken öffentlich bestellter und vereidigter Sachverständiger im Elektrotechniker-Handwerk und für elektrische, magnetische und elektromagnetische Felder; Hauptarbeitsgebiet: elektromagnetische Verträglichkeit in Elektroanlagen; Referent bei Fachverbänden und Akademien; Beratung, Planung Messdienstleistungen zum Themengebiet Baubiologie/Elektromagnetische Verträglichkeit zur Umwelt; Herausgeber des Buches „Baubiologische Elektrotechnik"; Autor von Fachartikeln in Elektrotechnik-Fachzeitschriften

Evelyn Schwarz

Diplom-Biologin; Tätigkeit als Chemielaborantin; Abendgymnasium; Studium der Biologie mit Schwerpunkt Genetik an der Universität zu Köln; wissenschaftliche Mitarbeiterin am Institut für Mikrobiologie und Hygiene der Universität zu Köln; seit 2001 bei TÜV Rheinland, Projektleiterin Mikrobiologie/Hygiene, Leiterin des mikrobiologischen Labors; Arbeitsschwerpunkte: Untersuchung und Beurteilung von mikrobiellen Schäden im Trinkwasser, in der Luft und in Gebäuden; Auftragsforschung, Referententätigkeit

Andreas Stache

Jg. 1963; Diplom-Mineraloge; zertifizierter Baubiologe; Studium der Mineralogie an der Ruprecht-Karls-Universität Heidelberg; Tätigkeit am Forschungsinstitut Senckenberg und an der Griffith University, Division of Australian Environmental Studies, Brisbane, Australien; Tätigkeit in den Bereichen Altlastenerkundung, Grundwassersanierung und mikrobiologische Bodensanierung; seit 1997 wissenschaftlicher Mitarbeiter bei KATALYSE Institut für angewandte Umweltforschung e. V., Arbeitsschwerpunkte: Innenraumschadstoffe, Elektrosmog, Wasser und Verbraucherberatung; seit 1998 Sachverständigenbüro Stache Baubiologie & Umweltmesstechnik, Köln, Arbeitsschwerpunkte: baubiologische Beratung, Sanierungsplanung und Überwachung, Messung von Innenraumschadstoffen und Elektrosmog, Schimmelpilzuntersuchungen im Rahmen der Innenraumlufthygiene; Mitglied im VDI, in der Deutschen Vereinigung des Gas- und Wasserfaches e. V.(DVGW) und im Berufsverband Deutscher Baubiologen VDB e. V., dort seit 2006 Vorstandsmitglied

Hubert Theißen

Diplom-Biochemiker; Studium der Biochemie an der FU Berlin; wissenschaftlicher Mitarbeiter am Max-Planck-Institut für molekulare Genetik in Berlin; 1988–1995 Geschäftsführer bei MiboLab Mikrobiologisches Labor, Berlin; seit 1996 externes Mitglied im Sachgebiet 12 „Biologische Gefährdung" der Berufsgenossenschaft Bau, Leitung der Arbeitskreise „Tätigkeiten auf Deponien" und „Gesundheitsgefährdungen durch Taubenkot"; zugelassener Dozent für Lehrgänge BGR 128 bei verschiedenen Lehrgangsträgern; seit 1996 hauptsächlich als Planer und Gutachter für die Boden- und Grundwassersanierung tätig

Jörg Thumulla

Jg. 1966; Diplom-Chemiker; von der IHK Mittelfranken öffentlich bestellter und vereidigter Sachverständiger für Schadstoffe und Gerüche in Innenräumen; Studium der Chemie in Erlangen und Braunschweig, Schwerpunkt Ökologische Chemie; Gründungsmitglied des Vereins zur Analyse und Bewertung von Umweltschadstoffen (AnBUS) e. V., Fürth; 1996–1999 Vorstand der Arbeitsgemeinschaft ökologischer Forschungsinstitute; Gründungsmitglied des Berufsverbands Deutscher Baubiologen VDB e. V.; Arbeitsschwerpunkt: Gutachten im Bereich Innenraumschadstoffe und Innenraumhygiene (Schadstoffe, Gerüche, Schimmelpilze, Baufeuchte); seit 2000 technischer Leiter der anbus analytik GmbH, Gesellschaft für Gebäudediagnostik, Umweltanalytik und Umweltkommunikation, Fürth

Hans Gerhard Varbelow

Jg. 1952; Dr. rer. nat.; Ausbildung und Tätigkeit als Chemielaborant; Abendgymnasium; Studium der Chemie, der Physik und der Mathematik; seit 1992 selbstständig, Arbeitsschwerpunkte: Brandschadensanierung, Dekontamination giftiger und hochgiftiger Stoffe aus Gebäuden; Fachgutachter Altlastensanierung; Probenahme aus heterogenen Systemen; Sicherheitskoordination; Projekte: Rückbau Pflanzenschutzmittelfabrik Boehringer, Hamburg, Rückbau Metallhütte Fahlbusch, Rastatt, Brandschadensanierung Generalhauptdepot des Heeres, Neckarzimmern

Gerhard Andreas Wiesmüller

Prof. Dr. med.; 1984–1991 Studium der Humanmedizin an der Universität zu Köln; 1992 Promotion an der Universität zu Köln zum Thema „Modell zur standardisierten und quantifizierten Untersuchung von Interaktionen zwischen Thrombozyten und Koronarendothel"; Ausbildung in klinischer Umweltmedizin (Zusatzbezeichnung „Umweltmedizin") und zum Facharzt für Hygiene und Umweltmedizin; 2002 Habilitation an der RWTH Aachen zum Thema „Möglichkeiten und Grenzen der Diagnostik in der Umweltmedizin"; seit Mai 2006 Leiter der Teilbank Humanproben und der Datenbank der Umweltprobenbank des Bundes am Universitätsklinikum Münster; seit 2007 Mitglied, seit 2008 Vorstandsmitglied des Arbeitskreises Umweltmonitoring der Fachgruppe Umweltchemie und Ökotoxikologie der Gesellschaft Deutscher Chemiker e. V.; Arbeitsschwerpunkte: klinische Umweltmedizin, Human-Biomonitoring, präventive Umweltmedizin, Umwelthygiene, Innenraumhygiene

Matthias Wilke

Jg. 1957; Studium der Rechtswissenschaften an der Johann Wolfgang Goethe-Universität Frankfurt am Main; Rechtsanwalt und Notar in Frankfurt am Main; Fachanwalt für Bau- und Architektenrecht und stellvertretender Vorsitzender des Fachanwaltsausschusses „Bau- und Architektenrecht"; Schiedsrichter in baurechtlichen Streitigkeiten; Partner der SMNG Rechtsanwaltsgesellschaft mbH, Frankfurt am Main, dort u. a.

Begleitung von Großbauvorhaben und Immobilientransaktionen in den Bereichen öffentliches Baurecht, Immissionsschutz-, Gefahrstoff- und Altlastenrecht sowie immobilienrechtliche Vertragsgestaltung

Gerd Zwiener

Dr. rer. nat.; Diplom-Chemiker; behördlich anerkannter Asbestsachverständiger; Inhaber des Sachverständigen-Büros Dr. Zwiener; Arbeitsschwerpunkte: Gebäudeschadstoffe und Innenraumluft, gesundheitsbezogene Bewertung von Bauprodukten, Sicherheits- und Gesundheitsschutzkoordination; Mitautor des Ökologischen Baustoff-Lexikons; Dozent im Masterstudiengang Architektur und Umwelt der Hochschule Wismar und in Sachkundelehrgängen zu Gebäudeschadstoffen

Gesamtverband Schadstoffsanierung GbR

Die Gesamtverband Schadstoffsanierung GbR wurde 2007 von den Gesellschaftern Fachverband Schadstoffsanierung e. V.(FAS) und Fachverband Gefahrstoffdemontage und Entsorgungstechnik e. V.(GDE) gegründet und vereint die führenden Unternehmen der Branche.

Auf dieser Basis werden gemeinsame Projekte wie das vorliegende Kompendium realisiert und ein striktes Gütekonzept umgesetzt.

Extern zertifizierte Sanierungsfachbetriebe sowie spezialisierte Planer, Gutachter, Labore und Zulieferer stehen mit umfangreicher Praxiskompetenz für die Lösung spezieller Probleme und die Abwicklung von Sanierungsvorhaben zur Verfügung.

Fachausschüsse der Verbände arbeiten an Regelwerken, Handlungsanleitungen und Zertifizierungsrichtlinien mit.

6.3 Register

A

B

Q

R

S

T

U

V

W

Z